功能蛋白质组学
技术与方法

Functional Proteomics
Methods and Protocols

（美）王星（Xing Wang）
M. 库鲁茨（Matthew Kuruc） 编
马悦欣 译

化学工业出版社
·北京·

内容简介

《功能蛋白质组学：技术与方法》阐述了在蛋白质组学领域研究蛋白质功能的技术和方法。内容涵盖从蛋白质的功能分析到蛋白质其他方面的分析，特别是翻译后修饰方面的研究。每章内容包括各领域背景知识，进行这些研究所需的材料和试剂，实验技术的具体步骤，实验中可能出现的问题分析和排除以及易错步骤的重点提示。

《功能蛋白质组学：技术与方法》每章都由相应领域的一线专家撰写，旨在帮助读者在生物学研究中开辟新的学术前沿，发现重要的药物靶点，开发通过临床验证的生物标志物和疾病诊断产品。

《功能蛋白质组学：技术与方法》可供生命科学、基础医学和药学等领域研究生和其他研究人员参阅。

First published in English under the title
Functional Proteomics: Methods and Protocols
edited by Xing Wang and Matthew Kuruc

图书在版编目（CIP）数据

功能蛋白质组学：技术与方法 /（美）王星，（美）M. 库鲁茨（Matthew Kuruc）编；马悦欣译．—北京：化学工业出版社，2022.10

书名原文：Functional Proteomics: Methods and Protocols
ISBN 978-7-122-41548-6

Ⅰ.①功…　Ⅱ.①王…②M…③马…　Ⅲ.①蛋白质 - 基因组 - 研究　Ⅳ.①Q51

中国版本图书馆 CIP 数据核字（2022）第 093316 号

责任编辑：傅四周　　文字编辑：朱雪蕊
责任校对：宋　玮　　装帧设计：王晓宇

出版发行：化学工业出版社（北京市东城区青年湖南街 13 号　邮政编码 100011）
印　　装：三河市航远印刷有限公司
787mm×1092mm　1/16　印张 22¼　彩插 3　字数 545 千字
2022 年 11 月北京第 1 版第 1 次印刷

购书咨询：010-64518888　　售后服务：010-64518899
网　　址：http://www.cip.com.cn
凡购买本书，如有缺损质量问题，本社销售中心负责调换。

定　　价：199.00元　

撰稿者名单

Juhani Aakko Turku Centre for Biotechnology, University of Turku and Åbo Akademi University, Turku, Finland

Shiva Ahmadi Institute for Biochemistry and Molecular Biology, University of Bonn, Bonn, Germany

Magnus Ø. Arntzen Faculty of Chemistry, Biotechnology and Food Science, Norwegian University of Life Sciences (NMBU), Ås, Norway

Sandrine Aros-Calt Service de Pharmacologie et d'Immunoanalyse, Laboratoire d'Etude du Métabolisme des Médicaments, CEA, INRA, Université Paris Saclay, MetaboHUB, Gif-sur-Yvette, France; bioMérieux S.A., Marcy l'Etoile, France

John R. Barr Division of Laboratory Sciences, Centers for Disease Control and Prevention, Atlanta, GA, USA

Matteo Battarra Diabetes Research Institute, University of Miami, Miami, FL, USA

Miroslav Berka Faculty of AgriSciences, Department of Molecular Biology and Radiobiology, CEITEC—Central European Institute of Technology, Phytophthora Research Centre, Mendel University in Brno, Brno, Czech Republic

Keren Byrne CSIRO Agriculture and Food, St Lucia, QLD, Australia

Zheng Cao Department of Laboratory Medicine, Beijing Obstetrics and Gynecology Hospital, Capital Medical University, Beijing, China

Javier Carabias-Sánchez Proteomics Unit, Cancer Research Centre (IBMCC/CSIC/USAL/IBSAL), Salamanca, Spain

Florence A. Castelli Service de Pharmacologie et d'Immunoanalyse, Laboratoire d'Etude du Métabolisme des Médicaments, CEA, INRA, Université Paris Saclay, MetaboHUB, Gif-sur-Yvette, France

Martin Černý Faculty of AgriSciences, Department of Molecular Biology and Radiobiology, CEITEC—Central European Institute of Technology, Phytophthora Research Centre, Mendel University in Brno, Brno, Czech Republic

Ru Chen Department of Medicine, University of Washington, Seattle, WA, USA

Yun Chen School of Pharmacy, Nanjing Medical University, Nanjing, China

Michelle L. Colgrave CSIRO Agriculture and Food, St Lucia, QLD, Australia

Li-Jun Di Faculty of Health Sciences, Cancer Center, University of Macau, Macau, China

Hu Duan State Key Laboratory of Proteomics, Beijing Proteome Research Center, National Center for Protein Sciences (PHOENIX Center, Beijing), Beijing Institute of Lifeomics, Beijing, China

Vincent G. H. Eijsink Faculty of Chemistry, Biotechnology and Food Science, Norwegian University of Life Sciences (NMBU), Ås, Norway

Laura L. Elo Turku Centre for Biotechnology, University of Turku and Åbo Akademi University, Turku, Finland

Andrew Emili Donnelly Centre for Cellular and Biomolecular Research, University of Toronto,

Toronto, ON, Canada; Department of Biology, Boston University, Boston, MA, USA; Department of Biochemistry, Boston University, Boston, MA, USA; Center for Network System Biology, Boston University, Boston, MA, USA

François Fenaille Service de Pharmacologie et d'Immunoanalyse, Laboratoire d'Etude du Métabolisme des Médicaments, CEA, INRA, Université Paris Saclay, MetaboHUB, Gif-sur-Yvette, France

Jonatan Fernández-García Proteomics Unit, Cancer Research Centre (IBMCC/CSIC/USAL/IBSAL), Salamanca, Spain

Manuel Fuentes Proteomics Unit, Cancer Research Centre (IBMCC/CSIC/USAL/IBSAL), Salamanca, Spain; Department of Medicine and Cytometry General Service-NUCLEUS, Cancer Research Centre (IBMCC/CSIC/USAL/IBSAL), Salamanca, Spain

Rodrigo García-Valiente Proteomics Unit, Cancer Research Centre (IBMCC/CSIC/USAL/IBSAL), Salamanca, Spain

Gaspard Gervasi bioMérieux S.A., Marcy l'Etoile, France

Rafael Góngora Proteomics Unit, Cancer Research Centre (IBMCC/CSIC/USAL/IBSAL), Salamanca, Spain; Department of Medicine and Cytometry General Service-NUCLEUS, Cancer Research Centre (IBMCC/CSIC/USAL/IBSAL), Salamanca, Spain

María Gonzalez-Gonzalez Proteomics Unit, Cancer Research Centre (IBMCC/CSIC/USAL/IBSAL), Salamanca, Spain; Department of Medicine and Cytometry General Service-NUCLEUS, Cancer Research Centre (IBMCC/CSIC/USAL/IBSAL), Salamanca, Spain

Hana Habánová Faculty of AgriSciences, Department of Molecular Biology and Radiobiology, CEITEC—Central European Institute of Technology, Phytophthora Research Centre, Mendel University in Brno, Brno, Czech Republic

Crispin A. Howitt CSIRO Agriculture and Food, Canberra, ACT, Australia

Alba Hykollari Department für Chemie, Universität für Bodenkultur, Vienna, Austria

Luca Inverardi Diabetes Research Institute, University of Miami, Miami, FL, USA

Constance Jeffery Department of Biological Sciences, University of Illinois at Chicago, Chicago, IL, USA

Christophe Junot Service de Pharmacologie et d'Immunoanalyse, Laboratoire d'Etude du Métabolisme des Médicaments, CEA, INRA, Université Paris Saclay, MetaboHUB, Gif-sur-Yvette, France

Srikanth Kakumanu Focus Proteomics, Hudson, NH, USA

T. S. Keshava Prasad Center for Systems Biology and Molecular Medicine, Yenepoya Research Centre, Yenepoya (Deemed to be University), Mangalore, India

Zsuzsanna Kuklenyik Division of Laboratory Sciences, Centers for Disease Control and Prevention, Atlanta, GA, USA

Matthew Kuruc Biotech Support Group LLC, Monmouth Junction, NJ, USA

Lisa A. Lai Department of Medicine, University of Washington, Seattle, WA, USA

Patricia Lamourette Service de Pharmacologie et d'Immunoanalyse, Laboratoire d'Etude du Métabolisme des Médicaments, CEA, INRA, Université Paris Saclay, MetaboHUB, Gif-sur-Yvette, France

Alicia Landeira-Viñuela Proteomics Unit, Cancer Research Centre (IBMCC/CSIC/USAL/IBSAL), Salamanca, Spain; Department of Medicine and Cytometry General Service-NUCLEUS, Cancer Research Centre (IBMCC/CSIC/USAL/IBSAL), Salamanca, Spain

Giacomo Lanzoni Diabetes Research Institute, University of Miami, Miami, FL, USA

Sarah E. Leonard Chemical and Biomolecular Engineering, University of Illinois Champaign-Urbana School of Chemical Sciences, Champaign, IL, USA

Haili Li CSIRO Agriculture and Food, St Lucia, QLD, Australia; Institute of Animal Husbandry and Veterinary Science, Henan Academy of Agricultural Sciences, Zhengzhou, Henan, China

Peipei Li Faculty of Health Sciences, Cancer Center, University of Macau, Macau, China

Liang Liu School of Pharmacy, Nanjing Medical University, Nanjing, China

Daniel Malzl Department für Chemie, Universität für Bodenkultur, Vienna, Austria

Yuan Meng Faculty of Health Sciences, Cancer Center, University of Macau, Macau, China

Bruno H. Muller bioMérieux S.A., Marcy l'Etoile, France

Sheng Pan Institute of Molecular Medicine, University of Texas Health Science Center at Houston, Houston, TX, USA

Katharina Paschinger Department für Chemie, Universität für Bodenkultur, Vienna, Austria

Ray C. Perkins New Liberty Proteomics Corporation, New Liberty, KY, USA

Sami Pietilä Turku Centre for Biotechnology, University of Turku and Åbo Akademi University, Turku, Finland

Sneha M. Pinto Center for Systems Biology and Molecular Medicine, Yenepoya Research Centre, Yenepoya (Deemed to be University), Mangalore, India

Pascal Poncet Allergy and Environment Team, Biochemistry Department, Armand Trousseau Children Hospital (AP-HP), Paris, France; Center for Innovation and Technological Research, Institute Pasteur, Paris, France

Reza Pourhaghighi Donnelly Centre for Cellular and Biomolecular Research, University of Toronto, Toronto, ON, Canada

J. Robert O'Neill Cancer Research UK Edinburgh Centre, MRC Institute of Genetics and Molecular Medicine, The University of Edinburgh, Edinburgh, UK; Department of Clinical Surgery, Royal Infirmary of Edinburgh, Edinburgh, UK

Swapan Roy Biotech Support Group LLC, Monmouth Junction, NJ, USA

Hélène Sénéchal Allergy and Environment Team, Biochemistry Department, Armand Trousseau Children Hospital (AP-HP), Paris, France

Youcef Shahali Razi Vaccine and Serum Research Institute, Agricultural Research, Education and Extension Organization (AREEO), Karaj, Iran

Gary Smejkal Focus Proteomics, Hudson, NH, USA

Yashwanth Subbannayya Center for Systems Biology and Molecular Medicine, Yenepoya Research Centre, Yenepoya (Deemed to be University), Mangalore, India

Tomi Suomi Turku Centre for Biotechnology, University of Turku and Åbo Akademi University, Turku, Finland

Choo Hock Tan Venom Research and Toxicology Laboratory, Department of Pharmacology, Faculty of Medicine, University of Malaya, Kuala Lumpur, Malaysia

Kae Yi Tan Protein and Interactomic Laboratory, Department of Molecular Medicine, Faculty of Medicine, University of Malaya, Kuala Lumpur, Malaysia

Nget Hong Tan Protein and Interactomic Laboratory, Department of Molecular Medicine, Faculty of Medicine, University of Malaya, Kuala Lumpur, Malaysia

Zachary Tong Department of Medicine, University of Washington, Seattle, WA, USA

Christopher A. Toth Division of Laboratory Sciences, Centers for Disease Control and Prevention, Atlanta, GA, USA

Tina R. Tuveng Faculty of Chemistry, Biotechnology and Food Science, Norwegian University of Life Sciences (NMBU), Ås, Norway

Ingrid M. Verhamme Department of Pathology, Microbiology and Immunology, Vanderbilt University School of Medicine, Nashville, TN, USA

David Wang University of Iowa School of Medicine, Iowa City, IA, USA

Hongye Wang State Key Laboratory of Proteomics, Beijing Proteome Research Center, National Center for Protein Sciences (PHOENIX Center, Beijing), Beijing Institute of Lifeomics, Beijing, China

Li Wang Faculty of Health Sciences, Cancer Center, University of Macau, Macau, China

Iain B. H.Wilson Department für Chemie, Universitüat für Bodenkultur, Vienna, Austria

Dominic Winter Institute for Biochemistry and Molecular Biology, University of Bonn, Bonn, Germany

Xiaobo Yu State Key Laboratory of Proteomics, Beijing Proteome Research Center, National Center for Protein Sciences (PHOENIX Center, Beijing), Beijing Institute of Lifeomics, Beijing, China

Lina Zhang Center for Translational Biomedical Research, University of North Carolina at Greensboro, Kannapolis, NC, USA

Qibin Zhang Center for Translational Biomedical Research, University of North Carolina at Greensboro, Kannapolis, NC, USA; Department of Chemistry and Biochemistry, University of North Carolina at Greensboro, Greensboro, NC, USA

译者的话

功能蛋白质组学主要研究细胞或组织内与某个功能相关或在某种条件下表达的所有相关蛋白质，其核心是以蛋白质为中心，研究与之相关的各种生命过程，这是一个新兴的快速发展的科学研究领域，对于研究生命的基础功能特别是蛋白质功能有独特的视角，这一新的学科同时在药物开发和疾病诊断方面体现出越来越大的价值和潜力。

《功能蛋白质组学：技术与方法》一书翻译自王星博士和M. 库鲁茨博士编的*Functional Proteomics*: *Methods and Protocols*。本书的英文版自2018年在世界著名的Springer公司出版后迅速成为畅销的科学著作之一。基于此书的前沿性和在生命科学基础及应用方面的价值，译者决定将此书译成中文介绍到国内的生命科学领域。獐子岛集团股份有限公司对本书的出版提供了部分经费支持，在此表示感谢。本书是目前在功能蛋白质组学领域最系统和先进的理论与应用的集合，里面的综述文章出自国际知名院校的科学家之手，体现了现在生命科学领域对系统生物学特别是功能蛋白质组学的理解和前瞻。本书收集了为研究蛋白质组规模的蛋白质功能开发的一系列方法和技术。书中的方法部分技术描述非常详细，基本概括了现在功能蛋白质组学最新进展。

希望读者通过本书，了解在功能蛋白质组学研究中的前沿技术，开阔基础研究思路，利用这些新技术开辟生物系统的蛋白质组功能研究新领域，提升功能蛋白质组学研究的应用。

前言

在过去的二十年里，蛋白质组学领域取得了巨大的进展，蛋白质组学研究的目的是发现蛋白质组的系统差异。可测量的蛋白质标志物一旦建立，则有助于阐明生物学机制、明确疾病机理、确定治疗靶点，以及提供更精确的个性化医疗干预措施。

与其他“组学”分析一样，蛋白质组学是数据驱动的，可以为各种结果分析提供比较客观的蛋白质组图谱。这些分析结果能形成系统水平的对比，例如，用药与非用药细胞模型对比、健康组织与病变组织对比等等。这个领域的发展使我们对许多生物系统和疾病有了更深入的了解。蛋白质组学领域的这些进展得益于许多分析技术尤其是质谱技术的发展，质谱技术已经从一种灵敏度较低的定性工具发展到用于蛋白质分析和表征的高灵敏度定量系统。目前，系统生物学特别是蛋白质组学正从两个不同但同样重要的方向推进生物学的发展：一个方向是对生物系统的整体理解，无论是有机体、器官、组织还是人体循环系统，另一个方向是对单细胞的分析，这样可以最大限度地减少生物的异质性，并可以在更同质的背景中对生物过程建立更严谨的模型。掌握从事这些重要研究必要的工具和方法，将极大地促进精准医学和其他生物领域的发展。

在蛋白质组学最常见的研究工作中，通常对总蛋白质组进行蛋白酶水解处理后获得数据，然后衍生肽通过纳升液相色谱 - 质谱联用仪（LC-MS）进行分析。这样由仪器产生肽的质谱，并通过进一步的碎裂化得到 MS2 谱，再与公共基因库中已知的氨基酸质谱进行比较。肽序列匹配是通过计算得到的，并且从这些数据鉴定出蛋白质。从这些分析中，来源于基因产物的肽标记物可以作为基因产物的替代物。通过对这些肽标记物的差异表达分析，蛋白质组学可以用来鉴定那些定义表型的基因产物。然而，作为几乎所有生物行为驱动力的蛋白质组的功能，并没有通过现有的 LC-MS 序列注释方法得到充分的阐明，这本书的目的是填补这一知识和技术的空白。本书汇集了蛋白质组规模的蛋白质功能研究所需的一系列技术。在组织编写这本书的内容时，我们考虑了以下几点：①应该将生物学的理解从蛋白质功能过渡到蛋白质分析的其他方面，特别是在蛋白质翻译后修饰方面，因为大多数细胞蛋白质利用这一机制来实现其在细胞调节中的独特作用。②本书还应该为系统生物学研究的其他领域提供桥梁，包括基因组学和代谢组学，以便读者能够对如何研究他们感兴趣的生物学系统有个完整的了解。③根据蛋白质功能分析的不同方面对分析技术进行了分类，以便读者可以在其特定的功能蛋白质组学研究中使用相应的技术。④最后，也介绍了对多种疾病当前和未来研究有重要影响的技术方法。

我们希望读者可以利用这些新技术，开辟生物学研究的新领域，确定重要的药物靶点，开发临床有效的生物标志物和诊断方法。本书编写旨在对我们在功能蛋白质组学研究中的新技术作一个最精确的描述和概括，并为读者提供他们在研究各种生物学系统的蛋白质组功能时所需的一系列方法。

王星，于美国密苏里州圣路易斯

M. 库鲁茨，于美国新泽西州蒙茅斯

目 录

第 1 章

为什么要发展功能蛋白质组学

Ray C. Perkins

摘要 为什么要发展功能蛋白质组学？首先要将功能蛋白质组与基因蛋白质表达产物区分开来。定性地说，翻译后修饰（PTM）的普遍发生实际上保证了单种功能蛋白质不等同于它们的基因表达非修饰产物。在数量上，考虑到 PTM 的频率和对蛋白质相互作用产生的功能实体数量的保守估计，功能蛋白质组的大小至少超过人类基因组两个数量级。人类基因组不能提供功能蛋白质组信息。此外，人类基因组与人体微生物群落的总基因组相比，相形见绌。有了这些事实，在系统生物学的框架下继续研究功能蛋白质组学（其中“基因表达”和“表观遗传学”只是更大的整体的一部分），得出的结论是功能相关的网络构成了生物活性的主要模体。创建这样的网络中心不仅对于扩展基础知识而且对于将这些知识应用于药物和生物标志物开发的实际工作都至关重要。功能蛋白质组学通过提供网络传导模体构建了一个开发药物和生物标志物，以及实现精准医疗的轮廓。本章将对充分利用功能蛋白质组学的知识库和方法进行评估。考虑到几十年来对基因组学简单化理论的痴迷，蛋白质组学知识库和方法被评估为不好到一般也就不足为奇了。然而，研究资金的微小转变和方法开发公司面临的新挑战将迅速改善目前的状况。实施所应涵盖的“路线图”实际上将使 21 世纪成为人们期待已久的生物学革命世纪。

关键词 蛋白质，基因，基因组，蛋白质组，功能蛋白质组，蛋白质组学，功能蛋白质组学，微生物群落，翻译后修饰，蛋白质相互作用，表观遗传学，基因表达，生物网络，系统生物学，药物开发，生物标志物开发，精准，医疗

1.1 引言

这一章的标题“为什么要发展功能蛋白质组学”可能会给人一种画蛇添足的感觉。因为很难找出一种不依赖于蛋白质“功能”的生物学特性或过程。生物体的大小和形状等基本特性、生物体与环境的相互作用以及有特殊功能结构体的存在等，都直接反映了蛋白质的特性。代谢、消化、温度维持和生物繁殖等大范围过程都依赖于蛋白质的综合功能。在小范围的跨膜运输、病原体检测、转录和翻译中，蛋白质功能对机体的健康至关重要。正是后者——与遗传相关过程的活性——促成了写这一章和这本书的动机，几十年的对 DNA 测序领域的过分侧重更使得本书的编写变得更重要。

本章从两个方面来说明“为什么要发展功能蛋白质组学”：一个从广义的角度，另一个从狭义但同样重要的角度。广义的角度包括：（1）功能蛋白质组的表征，（2）功能蛋白质组学与系统生物学的相互关系，（3）功能蛋白质组学在重要基础领域（如药物和生物标志物发现）的潜在应用。功能蛋白质组的表征包括测定功能蛋白质组大小和性质的事实描述和逻辑方法，特别是与人类基因组信息的输出结果进行对比。在系统生物学框架中进行功能蛋白质组学分析以验证生物学相关性，尤其是将功能蛋白质组学应用于疾病诊断和治疗方面。“为什么要发展功能蛋白质组学”狭义的解释是对功能蛋白质组学现有知识的开放性评估。评估可获得基本蛋白质组学指标，如蛋白质特性、定位和活性，并将这些指标与相关方法联系在一起。将功能蛋白质组学的基本指标与现有信息源和方法进行比较，就可以确定两种方法各自的缺点和优点，以及功能蛋白质组信息在目前生物学信息中的影响范围。

“为什么要发展功能蛋白质组学”的主标题和二级标题为：

• 与基因组相关的功能蛋白质组

• 功能蛋白质组和系统生物学

• 功能蛋白质组学应用：

——生物标志物和诊断 / 风险评估中的应用

——药物开发

——精准医疗

• 功能蛋白质组知识库

——知识水平 / 不足

——蛋白质组学方法评价

• 结束语

总结本章的主要观点，值得指出的是功能蛋白质组的大小比基因组要大几个数量级。无论信息复杂程度如何，功能蛋白质组学是系统生物学的天然组成部分。基于功能蛋白质组学开发的生物标志物自然是多种多样的，不是为单种蛋白质而是为功能网络和途径而筛选。功能蛋白质组学与药物开发、表型药物开发的前沿自然融合。很遗憾，尽管功能蛋白质组学对产生新知识和新疗法有巨大潜力，但这个领域的现有知识基础还很薄弱。在其他领域中，这种不足制约了功能蛋白质组学对精准医疗的贡献。幸运的是，解决知识薄弱的方法是众所周知的，包括努力工作、智慧和决心。

1.2 与基因组相关的功能蛋白质组

从 5000 万碱基对开始的 17 号染色体负链上的 *COL1A1* 基因并不能为人体的结构完整性提供主要的基础，而它所对应的蛋白质——胶原蛋白可以[1]。从 1.43 亿碱基对开始的 7 号染色体正链上的 *PRSS1* 基因不能消化食物，而它所对应的蛋白质——胰蛋白酶可以。位于 11 号和 16 号染色体上的 *HBB*、*HBA1* 和 *HBA2* 基因不能作为血液循环中氧气的运输载体，而它们所对应的蛋白质——血红蛋白却可以。这些例子对说明基因组与蛋白质组之间没有必然的相关性具有更大的说服力。胶原蛋白和胰蛋白酶的翻译产物都处在非活性状态。胶原蛋白的翻译产物包括 N 端信号肽和 N、C 端前肽。最终需要从翻译产物中去除这三种肽，共 406 个氨基酸，产生胶原蛋白 α1 链。类似地，从翻译产物中切除 N 端信号肽和 N 端前肽（激活所需）以产生胰蛋白酶 1。血红蛋白的亚基是单独翻译的，三种翻译产物结合产生一种功能性蛋白质。综上所述，所有这三种蛋白质都不能直接将翻译产物视为功能性蛋白质。这三种蛋白质类似的例子将贯穿在本章中进行详细介绍。

前面已经界定了功能性蛋白质组的范围，接下来将继续展开与基因组的比较。挖掘公共可用资源，将对由全基因转录和选择性表达产生的蛋白质的数量做一个估算。对具有人类遗传起源的不同的蛋白质实体的数量将在翻译后修饰的基础上进行第二次估算，这其中包括人类微生物群落对生物体内蛋白质数量影响的简短而有说服力的估计。本章还描述了导致蛋白质功能差异的不同活性或活动，进一步扩展了“功能蛋白质组”的范围和性质。

人体内有多少种蛋白质？这是一个起点，令人惊讶的是，要找到一个一致的数字是很难的——估计值从 25 万到数百万不等[2]。一个简单的分析有助于弄清相对数量级。这个分析的数据可以在 Uniprot[1] 上找到，Uniprot 是一个具有多级搜索参数和灵活输出格式的公共数据库。Uniprot 将非机器注释（“审核”）的数据与从文献搜索或其他数据库挖掘未经审核的数据进行了区分。选择 Uniprot 的“Homo sapiens（Human）[9606]”作为“有机体”，产生 160566 个结果，其中 20239 个是非机器注释的（搜索日期：2017 年 11 月）。非机器注释库（又名“Swiss-Prot”）中的数据在众多其他信息中包括了按种类和序列位置判断单种蛋白质翻译后修饰（postranslational modification，PTM）产物的数量。下载并整理四种最常见的单一氨基酸 PTM 的数据，结果汇总在表 1-1 中（“修饰残基”包括单种氨基酸修饰，涉及磷酸化、乙酰化、羟基化等。“链”包括关键的蛋白质水解事件，如“信号”“启动子”“前肽”。蛋白质水解在“蛋白酶：功能蛋白质组学的关键支点”一章中有详细论述）。

表 1-1　翻译后修饰的类别和发生率

翻译后修饰处理类别	每种蛋白质的PTM
交联	0.21
修饰残基	2.67
糖基化	1.01
二硫键	0.88
链	0.33
每种蛋白质的平均PTM	5.1

注：从 Uniprot 持有的数据总结了平均一种蛋白质的翻译后修饰（PTM）种类（尽管糖基化在技术上是修饰残基，但它很常见，可以单独归类）。假设未经修饰的蛋白质及其所有的修饰形式都是有活性的，则每个蛋白质编码基因平均产生六种功能不同的蛋白质。

对于每一种表达的蛋白质，平均存在 6.1 种不同的蛋白质种类（因其他处理之后产生的，正如后来所描述的那样，存在所表达的蛋白质可能不代表该蛋白质具有活性）。有了这个数字，以及基因数量和每个基因的选择性表达产物的数量，就可以估计不同种类蛋白质的数量。人类基因组计划（human genome project，HGP）之前估计人类基因数量有数百万，大多数人认为在 40000 到 140000 之间[3]。随着 HGP 的进展，基因数量逐渐减少，甚至在今天，其数量仍在继续减少，最近报道的基因数量接近 19000[4]。每个基因表达的蛋白质数量为 3.4[5]（Uniprot 数据表明，仅通过选择性剪接每个基因平均表达 2.5 种蛋白质，与公布的数据基本一致）。假设相对表达的蛋白质也受翻译后修饰过程的影响，对功能蛋白质组大小的估计如下：

（基因组大小）×（每个基因的蛋白质数量）×（每种蛋白质的 PTM 数量）=329460 种蛋白质

那么基因表达的蛋白质组是如何与功能蛋白质组相联系的呢？直接表达蛋白质的数量约为65000种（19000个基因 ×3.4种蛋白质/基因）。每种表达的蛋白质平均要经过5种翻译后修饰。因此，考虑到翻译后修饰的高速率，很可能很少或没有蛋白质有零修饰：基因表达的蛋白质组只包含很少或甚至没有包括功能蛋白质组。更通俗地说，人类基因组不能反映人类蛋白质组的种类和数量。由此可见：

$$蛋白质_{基因} \neq 蛋白质_{功能}$$

到目前为止，研究工作界定了组成人类蛋白质组的蛋白质数量，但这只是确定“功能”蛋白质组的起点。随着蛋白质与其他生物分子相互作用功能实体数量的增加，这项工作将继续进行。

蛋白质相互作用是生命活动（包括遗传学）的核心。蛋白质自结合以及与其他蛋白质和多核苷酸异结合形成多个中心的复合体，然后结合到细胞膜上。在每种情况下，相互作用都会导致所有参与实体的结构变化，并且，由于功能随结构变化而发生变化，由任何相互作用产生的组合实体必须被归类为不同的“功能”实体。那么每种参与的蛋白质之间有多少种相互作用呢？正如所料，估计值各不相同，但仅二元蛋白质相互作用的合理保守数字是5（这个数字也由Uniprot数据证实）。当将每种蛋白质的5种相互作用用于估计为308142的蛋白质组大小时，可得出功能蛋白质组的估计值［图1-1（a）］：

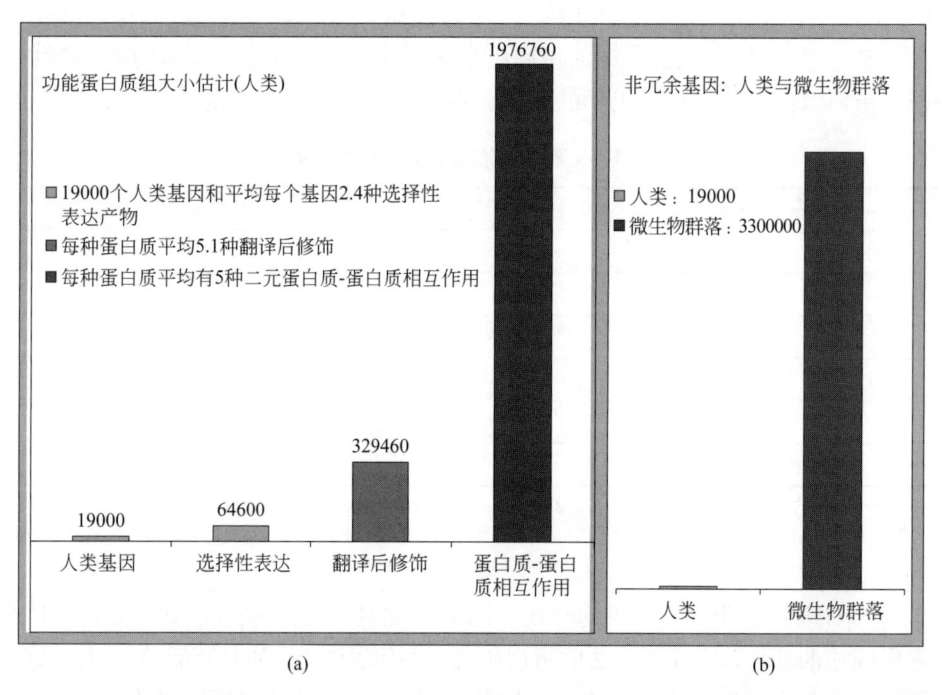

图1-1 （a）蛋白质组学面临的挑战在于其基本的、不可简化的复杂性。考虑到选择性剪接和翻译后修饰，单个人类基因平均可以产生12种独特的蛋白质，所有这些都需鉴定和分类。然而，研究者对蛋白质真正的兴趣在于它们的功能，为此，必须辨别、量化、归类和比较它们之间的各种相互作用。每一种蛋白质平均有5种二元相互作用（忽略多中心蛋白质复合体和与其他类型分子的相互作用），需要鉴定和研究的蛋白质数目惊人，接近200万种！将其与人类基因组中仅有的19000个蛋白质编码基因进行比较，就可以清楚地看出为什么简化的方法永远无法胜任这项任务。（b）单从绝对数量来看，其影响的微生物群落一定是巨大的。然而，非感染性细菌蛋白质对人类蛋白质影响的数据却很少（在“蛋白酶：功能蛋白质组学的关键支点”一章中论述了一些感染性细菌蛋白质的作用）

（结合实体数量＋游离蛋白质数量）×（不同种蛋白质数量）=1976760 种功能蛋白质实体

有趣的是，这项工作集中在上述从 25 万到数百万不等的广泛分歧的估计上。区别在于考虑个体实体与功能实体。功能蛋白质组的相对累积大小也反映了相对信息含量——这一主题将在精准医疗部分再次讨论。即使是现在，这项工作也还没有完成，因为人类有机体不止包括一个物种的基因和蛋白质组贡献——或者不止一个信息来源，这取决于对人体微生物群落所起的作用的考虑。如果现在要将每个人体内的微生物群落包括在内，至少有一份报告指出，人体微生物群落中有 330 万个非冗余基因［图 1-1（b）］。至少，那些严格说来不是胞内功能的微生物群落蛋白质与人类的生命活动有关联。“人类”总体的蛋白质组可以很容易地超过 100 万种不同的蛋白质，最多可能多达 500 万种其他的功能实体。如果完全忽略微生物群落对人体蛋白质组的贡献（考虑到蛋白质组数据的缺乏），仅功能蛋白质组的大小就比人类基因组大两个数量级。甚至这也是一个保守的说法。除了与其他大分子相互作用外，蛋白质还与小分子相互作用，实际上蛋白质是可以被小分子激活的，小分子包括小核苷酸、代谢物、肽、脂类甚至是水。从蛋白质功能的角度来看，每一种相互作用都为功能蛋白质组增加了另一个成员。即便如此，从技术上来说这个分析也是不充分的，因为单种蛋白质的每一种构象都是其活性（例如蛋白质“折叠”和“错误折叠”）的潜在驱动因素，因此，也是功能的一个方面。阐述与蛋白质生物学相关的功能表现是一个重大挑战，但必须接受这个挑战，因为回报可能是巨大的。当功能蛋白质组被视为一种信息资源时，它不仅比基因组大许多个数量级，而且信息的本质反映了生命的瞬间到瞬间的动态，也就是生命的基础。

从定量和定性上讲，组成一个复杂有机体的生命活动，反映其健康和疾病并推动有机体与其环境的相互作用不能由它们的基因组来阐明或预测。活性作为生物学的基础，研究必须聚焦于生物学的参与者身上：游离和结合的蛋白质。

1.3　功能蛋白质组和系统生物学

“为什么要发展功能蛋白质组学”这一节是本章其余部分的背景。背景知识依然是几十年来对基因组研究的重视。Francis Collins（现任美国国家卫生研究院院长）在 2006 年发表的文章中表达了对基因组学的最新期望：

“从本质上讲，基因组学使我们现在能够阅读这本教科书。这是一本非常精确地描述了如何在人体内构建每一个细胞的手册。这也是一本解释人类如何随时间进化的历史书。这也是一本医学教科书，其中包含了有助于医生预测并最终治愈疾病的见解。”

现在，十多年后的今天，“基因组泡沫”[7] 的现实已大不相同 [8]：

“有了完整的基因组结果在我们面前，专家们现在认为，基因图谱和序列的知识只是未来生物学和医学研究的一个起点。”

在“基因组泡沫”之后对基因组学的进一步研究和转化的策略必须改变，而这种改变取决于采用更综合和实用的范式，即系统生物学（图 1-2）[9]。基因的特性和用途是作为一个更大的整体的一部分，就像“表观遗传学”可以连接基因的功能活动到更大的系统一样。系统生物学还包括了一些早期和持续存在的有争论的研究，例如，相对于体内研究，体外研究的优缺点。系统生物学不仅重视多层次和测试材料选择的价值，还认识到它们的整合和综合价值：显而易见，这是一项艰巨的任务。

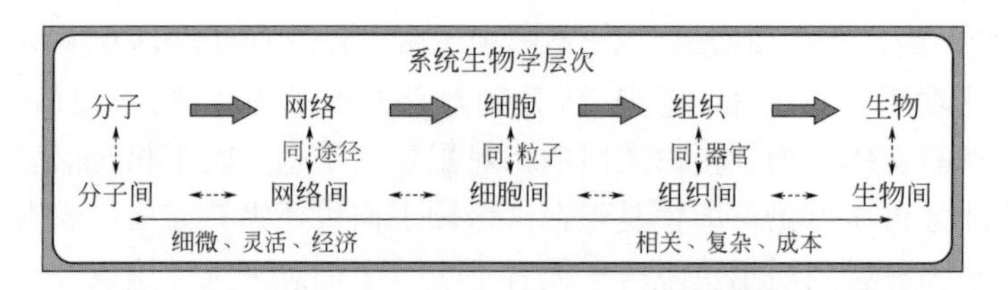

图 1-2　人体结构如此复杂，传统上认为它是由组织、细胞和分子构成的多层次结构。虽然这是一个有用的组织方式，但实际上这些层次并不是独立的。它们互相联系，互相影响。因此，研究它们不能把它们作为一个单独的个体，而是作为一个整体（系统生物学）。在研究蛋白质功能的详细机制时，必须保持对其细胞环境的认识，任何偏离生物条件的情况都应该最小化，并且必须得到承认。在生物体水平上进行测试时，应着眼于分子网络如何相互连接可能造成意想不到的影响。最重要的是，必须在“学科”之间建立和维持材料鉴定和处理的通用术语，以便在研究之间可以进行比较

系统生物学是一个多层次的放大和缩小的过程，既专注于单个分子，又专注于机体对外界刺激的反应。系统生物学是可同时实现多个目标的完美方法：增加基础知识、了解疾病、开发新的治疗和诊断方法以及实施精准医疗。系统生物学采用了一种特殊的方法和概念——“可转化性”，这个主题将在药物开发[10]部分进一步探讨。分子研究必须根据它们在生物体中的特定环境来实施和分析。当分子方法偏离生理环境时，必须承认这种偏离，并以非专家可理解的术语明确说明其潜在的限定条件。对网络、细胞、组织和有机体的研究工作必须有严格的质量控制，特别是蛋白质，以适应蛋白质高度多样性的特点，避免引入人为因素。与分子水平的研究一样，所有领域的报告都必须以易理解的术语说明结果的限定条件。在不同复杂程度的系统中进行的研究都是相互关联的，例如细胞水平上获得的知识可以很好地应用在分子水平上新的研究工作。如果没有在网络水平所获得的知识，在细胞水平上进行的工作就会受到限制。这项研究工作没有捷径，包括作者和同事以及多个国际实验室在内的一系列相关和正在进行的努力就是一个例子。

2015 年新自由蛋白质组学公司（New Liberty Proteomics，NLP）[11]参与评估测试分子文库调节肽和蛋白质相互作用的能力，前者与众所周知的一个疾病病理学相关，后者被确定为同一疾病的遗传危险因素。因此，从一开始，分子评估就以疾病表现和疾病遗传易感性的形式与生物体相联系。在所选择的方法学（电子顺磁共振谱和自旋标记）的能力范围内，肽 - 蛋白质相互作用及其调节可预见地呈现出特征谱图。“筛选”完成后，部分数据确实符合预期的谱图。然而，这种谱图只是分子文库所展示的四种明显的作用机制之一。文库显示出四种明显的作用机制：抑制肽与蛋白质结合，促进肽与蛋白质结合，另外两种是改变了肽的构象。初步的研究至少是这样。NLP 的工作成为其他实验室生物物理工作的起点，进一步证实了前面发现的两种肽 - 蛋白质相互作用的调节——一些分子抑制了相互作用，另一些则促进了相互作用（第二种方法的局限性使得肽构象的变化没有检测到）。这些共同的结果为进一步的工作提供了支持，在这些工作中，两个生物物理实验室的研究中并入了更多的与疾病相关的蛋白质。在 NLP 的研究中，研究人员检测了三种或三种以上蛋白质的组合，从而进入了生物网络的领域（NLP 也单独研究了肽，并证实了早期的猜测，即一些测试分子确实直接影响肽，尽管还不能进行准确的解释）。这两个实验室的工作再次证明了测试文库多样性在肽和蛋白质的多种组合中具有不同的活性，从而为其他专注于细胞和组织的实验室继续向有机体发展奠定了基础。对细胞和组织的研究从一组简化的分子进行，这些分子是从早期的生物物理结果中鉴定出来的，它们在过去已经成功的被应用，这种应用将来也会继续。因此，从分子（选择与生物体直接关联）到细胞水平的研究过程以一种合理的方式进行，尽管工作是在不同地点和专业的实验室中进行的。在这种情况下，将小鼠有机体并入目前的研究有待进一步的资助。本章后面各部分将适当地对这项工作作进一步的说明。

在这个例子中，系统生物学的实施紧密地依赖于实验观察对象的信息种类。在不断收集数据的情况下，并不能证明基因组学可以作为研究的“指导手册”或“说明书”。疾病无法轻易诊断，系统级的数据也不容易获得。但是，考虑到环境的多样性、研究目的的多样性和对刺激的不同响应性，可观测分子的一个合理选择是蛋白质。蛋白质是消化、代谢、病原体响应和肌肉收缩的活跃驱动因子。它们也是主要的结构元件、组织间运输载体和存储装置。在细胞水平上，蛋白质控制不同分子的进出，再循环失活的分子和细胞，调节遗传过程。在分子水平上，蛋白质与小分子、大分子和膜表面进行各种各样的相互作用。它们产生并受到多次修正，呈现多种构象并以多种低聚状态存在。改变蛋白质活性是治疗的主要目标和 / 或结果，而评估酶活性是医学诊断的主要指标。后面这些例子——药物和诊断开发——将在本章的后续内容中进行详细论述。

在任何情况下实施系统生物学研究都是具有挑战性的，甚至是令人生畏的。以测试-材料-复杂性层次结构所代表的研究领域的数量达到了数百个。这些专业领域内的相关文献每年将相应达到数万篇。几乎没有一个人能掌握所有这些领域的专业知识，跨专业交流也很困难，而且没有任何基金支持学术界或产业界进行如此广泛和深入的研究。在人类身上进行的实验理应受到监管。尽管如此，系统生物学建立了一个合理的、渐进的和自动校正的范式。从下面生物标志物和诊断制剂的开发、药物的开发和精准医疗的实施的论述中可以看出功能蛋白质组学的应用和多点切入正在进行。

1.4　功能蛋白质组学应用：生物标志物和诊断/风险评估中的应用

美国国家卫生研究院（NIH）[12] 将生物标志物定义为“……作为正常的生物学过程、病原体的致病过程或对医疗干预的药理学反应的标志而被客观测量和评价的特征”。血压、脉搏和体温是长期存在的生物标志物，对尿液等体液的分析也是如此 [13]。事实上，21 世纪实验室对尿液的分析与公元前 3 世纪希波克拉底关于尿液颜色和味道的论述如出一辙。这也是与生物标志物相关的对象或特性与现有技术之间密切相关的一个例子。长期以来，发热一直被认为是一种疾病的征兆。然而，精确和准确地测量体温取决于有一个可靠的温度计——例如 1592 年的伽利略温度计或 1714 年的华氏温度计。由于技术的进步和发展，21 世纪可用的生物标志物范围涉及从系统级测量，例如体温，到病原体的鉴定，再到蛋白质水平和基因序列的测量。经验证生物标志物的作用不断扩大。生物标志物有助于疾病的诊断，治疗方法的确定和治疗效果的监测。

疾病会改变机体的功能，通过观察得出图 1-3（a），图中按功能对生物标志物进行了分类。例如，鉴于病人出现在医生办公室本身就是疾病的预先证据，诊断性生物标志物的功能是区分疾病。用于确定治疗方法的生物标志物的功能是根据疾病诊断结果确定与患者匹配的治疗方法——这就是精准医疗的目标。追踪疾病进展是风险评估生物标志物的功能。在这种情况下，没有一个先验的理由来假设一个诊断性生物标志物也可以作为确定治疗方法或追踪疾病进展的生物标志物。然而，在一般认可的基因组学模型中，这种明显的多样性的生物标志物等效性假设是成立的：一个基因对应一种疾病。对于慢性病来说尤其如此。功能蛋白质组学作为生物标志物开发工具的务实思想与之形成了鲜明的对比。功能蛋白质组不仅包含广泛的生物学活性，而且还包括生物学修饰对疾病和治疗的改变做出瞬时反应。同样，将患者的疾病表现与已知的治疗作用机制结合强调需要功能蛋白质组学知识。类似的论点支持用功能蛋白质组学来跟踪疾病的发展。为了完整起见，图 1-3（a）中包含了预测未来疾病风险的预测性生物标志物，这部分内容将在“精准医疗”一节中进行详述。

本章在系统生物学范围内和功能蛋白质组学的框架中论述生物标志物的应用和开发。重点关注的领域包括生物标志物与疾病诊断、风险评估和选择适合患者的治疗方法（即精准医疗）之间的关系。预测或风险评估作为一个单独的主题进行简要讨论。仔细研读美国食品药品监督管理局（Food and Drug Administration，FDA）批准的现有诊断化验是一个很有用的出发点。

FDA 批准的 59707 项体外诊断化验[14]涉及了各种指标：激素和代谢物的定量、病原体的检测和鉴定、pH 的测量等。蛋白质检测占批准检查项目的 22%，以酶活性为主，其余为单一蛋白质定量［图 1-3（b）]。在批准的名单中有许多相同的检测，因为多家公司为相同的单

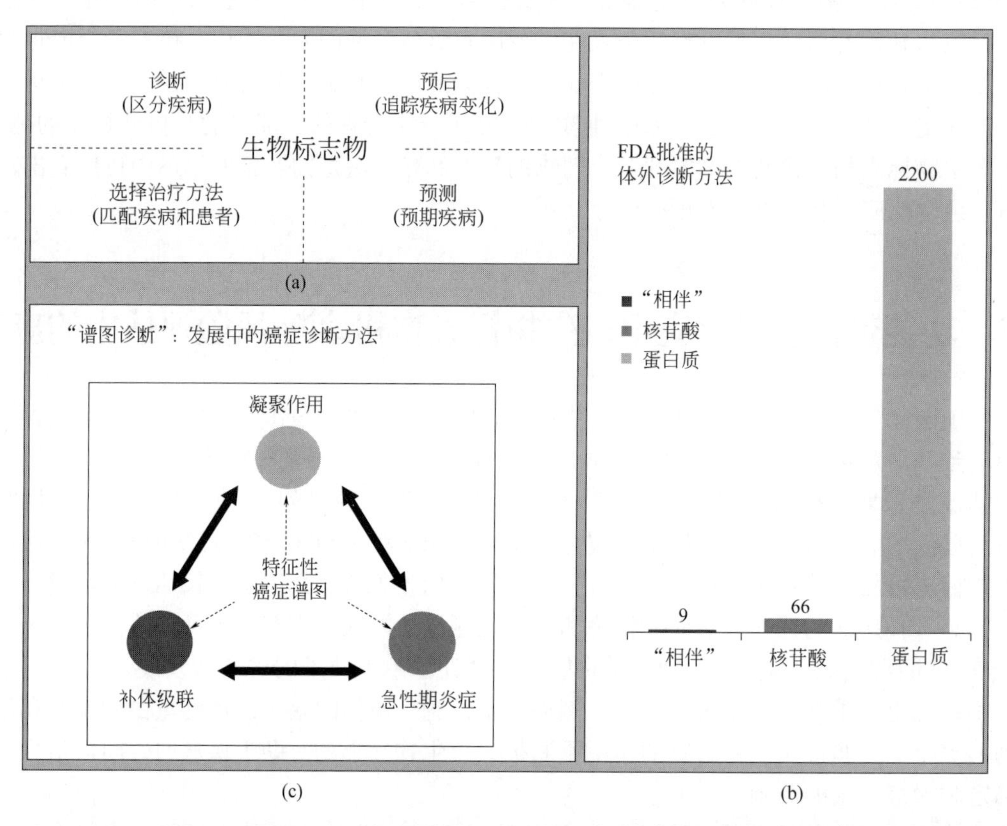

图 1-3 （a）生物标志物本质上是任何可以测量的能反映个人健康状况的特征。以往我们用其来诊断疾病和跟踪疾病发展。近来人们尝试用其作为确定最适合患者的治疗方法并取得了一些成功。也有人尝试用其来预测病人可能患的疾病，但这种方法的成功率较低争议也较多。（b）体外诊断检查受 FDA 监管，蛋白质定量和 / 或活性检查数量与基因变异的检查数之比为 33：1。“相伴”诊断法（目前只有 9 种）是为已经诊断出患有某种特定疾病的患者选择一种适合的治疗方法，这是现代精准医疗方向有希望的开端。（c）最近对癌症患者的一项研究[13]发现血清中多种蛋白质水平升高与止血、炎症和补体系统相关的规律。有关这些系统之间联系的更多信息，请参阅“蛋白酶：功能蛋白质组学的关键支点”一章

项检查提供诊断方法 / 服务。已批准的不同种类的诊断化验总计约为 10000 项，其中约 2200 项是蛋白质化验。已批准的核苷酸诊断化验有单独的清单，化验项目较少，只有 99 项，并且其中三分之一是彼此重复的。“相伴”诊断法（针对已经诊断出患有某种特定疾病的患者选择一种适合治疗的检查项目）批准的检查项目更少，只有 9 种，其中 3 种是蛋白质组检查，6 种是评估特定基因变异。FDA 批准的体外诊断清单总计包括 2200 项蛋白质化验，66 项核苷酸化验和 9 种“相伴”诊断方法。这些数目既反映了生物标志物的发展历史，也反映了医学面貌的变化。它们也是受 FDA 直接监管的检查项目。其他不受 FDA 直接监管的项目包括细胞检查，例如需要专家进行和解释的细胞检查。对于这些检查项目，FDA 只根据临床实验室改进修订（CLIA）指南来管理实验室的操作。然而，所进行的检查项目不受严格的验证或监管。

从历史的角度看，体外诊断的发展进程是从小分子到蛋白质再到核苷酸。这反映了随着时间推移理解水平和使用的技术水平提高。此外，分析的对象几乎都是单一的——单一蛋白质的浓度，这是由过去技术的局限性造成的。测定的蛋白质（不到人类总蛋白质的 1%）和核酸数量少，这也预示着诊断领域有巨大的发展机遇。

“相伴”诊断是一种选择患者进行临床药物试验的检查项目。如果成功，“相伴”诊断随后也用于患者治疗。只有 9 种“相伴”诊断方法被批准的事实严重限制了新疗法的开发。这 9 种方法要么是基因检测，要么是基因相关蛋白质的测定。

随着关键技术的重大改进，功能蛋白质组在质量和数量上的范围都远远超出了现有的诊断范围。尽管功能蛋白质组的数量有几百万种，但迄今为止只有几千种蛋白质被开发利用。此外，在这几千种蛋白质中，无论是通过浓度的定量还是酶活性的测定都集中在单种蛋白质上。在系统生物学的范围内，现有的诊断方法仅涉及可利用分子的一小部分。因此，新诊断技术开发的一个机遇在于增加平行检查蛋白质的数量以寻找其更多与生物学相关的规律。现在的技术可以对大量的蛋白质进行检查，而之前与疾病相关的变化在分子和调节系统水平上进行的检查是很有限的。这个过程已经显示出成功的迹象，其内容将在诊断 / 风险评估部分进行详述。

人功能蛋白质组保守估计有约 200 万个功能实体（由大约 30 万种蛋白质组成）[图 1-1（a）]——暂时忽略微生物群落的贡献。功能蛋白质组在多种意义上是动态的，包括翻译后修饰以及蛋白质与其他蛋白质、多核苷酸、小分子和细胞膜的相互作用，还包括蛋白质不断被“循环利用”，单种蛋白质的寿命从几分钟到几个月不等。功能蛋白质组同时也是多样性的，可塑的，可对内部变化和外部刺激作出即时反应。相比之下，基因组是静态的（功能蛋白质组学整体包含“表观遗传学”和“基因表达”）。如果系统生物学是一个机体，功能蛋白质组学就是在这个机体内运转和反应的一个系统。这种有机的结合是应用和开发新的诊断性生物标志物的前提。

如上所述，现有的大多数基于蛋白质的体外诊断是测定单种蛋白质的浓度或活性。在系统生物学范式中，现有的体外诊断几乎刚刚涉及分子水平。所有蛋白质，包括基因在内的生物分子没有单独起作用的。一种蛋白质的浓度、位置或活性的任何偏差都会在多层次网络中产生连锁反应，因此，蛋白质会通过整个复杂的层次结构影响到生物体。因此，任何疾病状态都包括许多分子和网络水平上的改变，这些改变反过来又改变了细胞、组织和有机体水平上的功能。由此可见，常规诊断法应用的最简单方法是在具有良好分子水平基础的网络水平上进行的。这种方法称为“型态诊断法”——吸引了许多学术和商业实验室研究者的积极参与，其中一个有希望的尝试可以作为一个示例[15]。

这项研究是一个经典的“自底向上”的液相色谱 - 串联质谱（LC-MS/MS）方法，随后逐渐关注到在人类血清中的候选分子。该研究从一开始就有三个特征因素：

① 没有先验的期望或模型。

② 去除血清白蛋白。

③ 研究小组受限于高可检测性蛋白质。

事先设定期望或基于模型的先入之见是传统研究方法的基本思维，它会有意无意地影响实验的设计和分析。高浓度的血清白蛋白（3.5 ～ 5.5g/dL 或 500 ～ 800μmol/L）干扰了许多血清蛋白质的检测。最后，虽然低水平的蛋白质是我们感兴趣的，但追求诊断质量的生物标志物的首要目标是可重复性和有效性：一组基本的蛋白质，在不存在血清白蛋白干扰的情况下，以数百对数千的数量平行进行研究分析。Biotech Support Group（BSG）公司选择癌症患者和正常对照组的血清进行比较，癌症患者与对照组蛋白质不同的研究成果在系统生物学框架下是功能蛋白质组学研究者普遍感兴趣的。

该公司已成功证明癌症患者的血清蛋白质组［图 1-3（c）］与年龄 / 性别匹配的对照组患者（Stroma Liquid Biopsy 生物标志物）不同。然而，对他们结果的分析远不限于创建一个简单的不同蛋白质列表。他们发现的生物标志物的一部分是来源于三个相互连接的途径或网络的蛋白质。此外，蛋白质的差别在很大程度上依赖于翻译后修饰和这些修饰的控制机制。这提供了一个有内控能力和可自我增强的生物标志物。更令人印象深刻的是对生物标志物的互联性产生了新认识，这些新认识可能在许多方面都有贡献。一个“基本论点”是：功能蛋白质组学（在这个例子中是多种蛋白质的浓度测定）不是指单种蛋白质，而是指功能相关的蛋白质组——与生物学系统的预期行为一致。因此，即使在分子水平的研究也能解释更复杂的生物实体甚至是有机体自身的行为。而这仅仅是功能性蛋白质组学潜力的冰山一角。

系统生物学的复杂层次关系为功能蛋白质组学在诊断和风险评估中的应用和方法开发方面提供了许多机会。分子水平的应用就是一个明显的例子。对于可溶性蛋白源（如血清、血浆、脑脊液、淋巴、尿液、细胞外液、细胞或组织提取物），蛋白质鉴定和浓度测定只是一个起点。正如 BSG 公司所实施的那样，生物标志物应用的第一个目标是开发一种实验方法，产生可靠和可重复的结果（蛋白质测定研究不是“食谱”实验）。诊断应用的标准远高于简单公布结果的标准。结果的可重复性如何？一旦用于诊断，一个“好的”实验方法如果是 90% 的“灵敏性”和 90% 的“特异性”意味着假阴性率和假阳性率为 10%。该方法必须在诊断本身预期的错误报告率内具有良好的可重复性。例如，如果实验结果显示与对照样品的平均值有几个百分数的散点，则这一散点值就是生物标志物性能的下限。因此，确定正确的衡量指标是首要任务。假定达到了这种基本的可靠性，并且测试人群的区分具有足够的精确度，那么对差异蛋白质的分析引向考虑下一级复杂层次水平：网络水平（图 1-4）。

一组功能上相关的起始差异蛋白质——差异设置 V_0。对差异设置 V_0 中蛋白质的检查将人们注意力引向一个或多个已知的网络或途径。在推断出哪些网络可以由差异设置 V_0 来代表后，有可能将其他蛋白质添加到一个逐渐聚焦的蛋白质组，即一个亚蛋白质组（参见“检测 SERPIN 蛋白酶抑制剂功能亚组的方法”一章）。在亚蛋白质组选择和其区分目标患者组的能力之间进行多个循环试验，同时使最佳亚蛋白质组选择和诊断质量汇合。成功研究的结果是诊断 V_0 的确立。在这个循环中还存在其他的选择，如为特定的蛋白质选择不同的 PTM 产品，根据已知 PTM 的相关网络过程选择。这个过程的结果命名为候选诊断法的第零版。

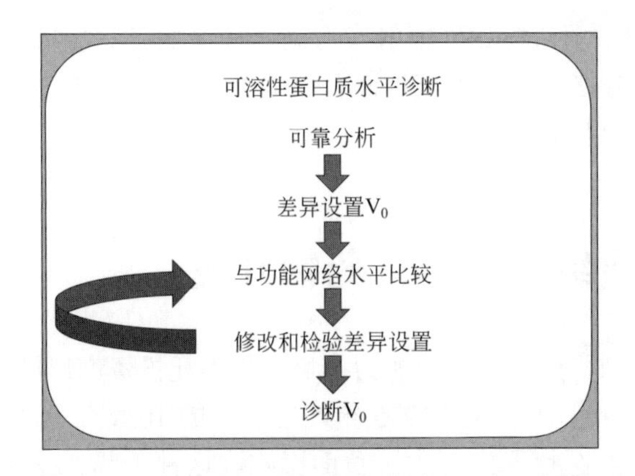

图 1-4　根据体液中蛋白质浓度或活性开发的典型的可靠诊断方法。所选择的化验方法一开始就必须是可靠和可重复的，并且指标符合这些标准。该化验起初应提供广度以便评估范围广泛的蛋白质（“鸟枪”）。如果真实情况存在差异，则测试人群的差异将表明与生物网络有关联。这些“基于谱图”的关联能够使化验测试条件集中在更详细的网络上，即范围越来越窄的试验蛋白质的选择。除去数据中的可疑数据，除去非重要的部分，重复这个过程直到病人组和对照组的区分具有高灵敏度和高特异性：候选诊断法

虽然这种方法有巨大的应用前景，但它只是刚刚触及了功能蛋白质组学用作诊断和风险评估的巨大潜力。

这里所举的例子仅仅涉及功能蛋白质组学的最基础水平：测定和已知网络或途径相偶联的可溶性蛋白质的特性和浓度。超出这个相对简单的策略可带来系统生物学复杂问题和 / 或实验观测值的变化。例如，在注意到所选择的可溶性蛋白质的浓度是以网络水平为主的扩展的诊断法的组成部分之后，下一个合理的改进是评估这些网络系统内的蛋白质的相互作用。在此基础上，至少在假设的情况下，将实验计划扩展到包括细胞水平在内的需要向越来越多的生理化验材料发展。在细胞水平上的可观范围要囊括蛋白质 - 细胞相互作用和细胞相关蛋白质分布。然而，层次复杂性和实验可观察范围的每一步变化都需要对当前可用的方法进行清晰的评估。这些问题是下面蛋白质组学方法评估章节的主题。这预示着目前开发的分析方法对于功能蛋白质组学的充分应用——不只是对诊断应用，也对药物开发和精准医疗是一个瓶颈。

最后是关于在疾病临床表现发生之前使用诊断法成功预测该病的一个简短总结。这当然不是一个新概念，事实上，这是广泛使用降胆固醇药物以减轻或根治心血管疾病的基础（这一正在进行的临床实践的有效性一直受到争论）。尽管如此，及早发现疾病的愿望仍然存在。必须指出几点，第一，早期发现的价值只有在特定疾病的治疗或实践立即可用的情况下才存在，即预测是否可行？鉴于目前还没有针对慢性疾病的有效诊断和治疗方法，任何开出的防治疾病的处方药，充其量是根据疾病模型而定的，就像降胆固醇药物一样。然而，这些简单的事实并未缓和未经验证的“风险评估”化验的实施。第二，对普通人群实施任何诊断法都会显著提高对诊断法的质量要求 [16]。例如，考虑灵敏度和特异性值为 90 的诊断法。在明显患病的人群中，这些数字是可以接受的。对健康的人群进行同样的化验，虽然漏检 10% 的高危人群仍被认为是可以接受的，但 10% 的假阳性率会造成相当大的伤害。这种逻辑是不可避免的。任何疾病的相对发病率都是总人群的一小部分。因此，几乎在所有情况下，任何特定的化验的高假阳性值都可能远远超出疾病本身真实发病率的人数。如乳腺癌和前列腺癌 [17]，90% 的高危乳腺癌患者不会患病。不幸的是，除了这些错误造成的巨大的精神创伤外，许多妇女还要接受不必要的手术活检和硬辐射（这是一种增加患癌症风险的手术）。最关键的问题是预测诊断的标准设置必须高于临床诊断几个数量级。不幸的是，在今天西方的某些国家的实践中，情形正好相反[16]。

1.5 功能蛋白质组学应用：药物开发

半个多世纪以来，制药行业的生产能力（每十亿美元投资产出的新分子药物数量）一直在急剧下降[18][图 1-5（a）]，达不到 1975 年产出能力的 10%[19]。虽然这对行业收入几乎没有影响，但已经预见到对医疗卫生产生了负面影响。这种下降在很大程度上与药物开发模式从表型方法向靶向方法的根本转变有关。以往遵循表型药物开发的方法是漫长而多半成功控制传染病的艰难尝试。研究人员测定可能成为药物的分子杀死病原体细胞的能力。成功地杀死细胞的分子随后在受感染的动物身上进行试验，在动物身上有效且安全的分子随后在人类患者身上进行试验。那些艰难尝试的成功以及疫苗的开发和广泛使用使人类寿命延长，进而使人们把新药开发的注意力转向主要随年龄增长而出现的疾病：心血管疾病、癌症和神经退行性疾病。然而，由于慢性疾病的细胞和动物模型并不存在，已证明表型药物开发（phenotypic drug discovery，PDD）方法的转化是难以实现的。此时需要检验其他开发方法，在不到十年的时间里，PDD 减少到以前使用的一小部分。随着还原论思维和分子水平评估技术的同时改进，药物开发范式转向了基于靶点的药物开发（target-based drug discovery，TDD）方法。人们的想法是，单种蛋白质的严重改变是疾病的核心，而严重改变可以通过“合理的药物设计”来改进。在早期，ACE（血管紧张素转换酶）抑制剂成功加速了 PDD 向 TDD 的转变。然而，从 PDD 到 TDD 更普遍的影响是基于全基因组测序的可能性。根据基因组模型知识，确切地说是单一疾病相关的基因突变可用来鉴定其活性可以调节到一个更可接受状态的靶蛋白。TDD 的基础在于单个基因突变与疾病起源直接关联。单个基因突变 / 单一蛋白质靶标模型通常是从家族性的罕见疾病的经验中总结出来的，对这类疾病“相伴”诊断也是明显有效的。在这个错误的概念引导的几十年里，现实已经证明大多数疾病与这种单一基因和蛋白质的假设大不相同也更加复杂。最近发表的一项综合分析具有这方面的指导意义[20]。

23 种不同癌症的基因组数据表明，每种癌症类型存在 164000 个单核苷酸多态性（single-nucleotide polymorphism，SNP）。人们试图从功能上将 SNP 分类为诊断上有意义的型态，但大多没有成功。类似地，将许多明显的基因突变归类为神经退行性疾病和心血管疾病的致病原因，但没有一个是确定的。基因组学被期望作为“一本极其精确地描述如何在人体内建造每一个细胞的说明书”将无法实现。基于以上结果，TDD 已经失去了它的靶点源和基本原理。毫不奇怪，人们对回归 PDD 的兴趣再度升温，尽管 TDD 继续主导着制药行业和许多资助研究。然而，尽管 PDD 的使用率较低，但在临床上对 PDD 效果的分析是比较乐观的。

2011 年 FDA 对 1999 年至 2008 年期间批准的药物进行了一项调查[21]，结果显示，对于“首创”药物而言，表型开发方法比基于靶点的开发方法优越 60%，而“仿效”药物的比例则正好相反。请注意时间线是令人印象特别深刻的，因为源自 PDD 的项目数量远远超过源自 TDD 的项目。自本报告编写之日起，对开发和使用 PDD 的重视程度迅速加强。当然，还有很多工作要做，特别是针对那些已经证明对动物和细胞模型难以奏效的慢性病。然而，应该指出在系统生物学的框架下 PDD 与功能蛋白质组学的自然融合[22]：“这里提出了术语可转化链来描述人类疾病模型、试验示值读数和疾病生物学的共同存在的机制基础，以此作为开发可能具有更强预测效力的表型筛选试验的框架。”

“可转化链”的概念［图 1-5（b）］将 PDD 与系统生物学紧密相连，从而与功能蛋白质组学紧密相连。这一概念通过对功能蛋白质组学中使用的分析方法与 PDD 中使用的分析方法重叠的认识得到加强。试验示值读数分析也加强了这一概念。因此，正如 2004 年所指出的那样[10]，在系统生物学框架下，PDD 和功能蛋白质组学的核心目标是相同的。一方的成功就是另一方的成功，缺点和死胡同也同样如此。为了实现这样一个具有挑战性和潜在益处的目标，PDD 尝试同时扩展到多个领域。

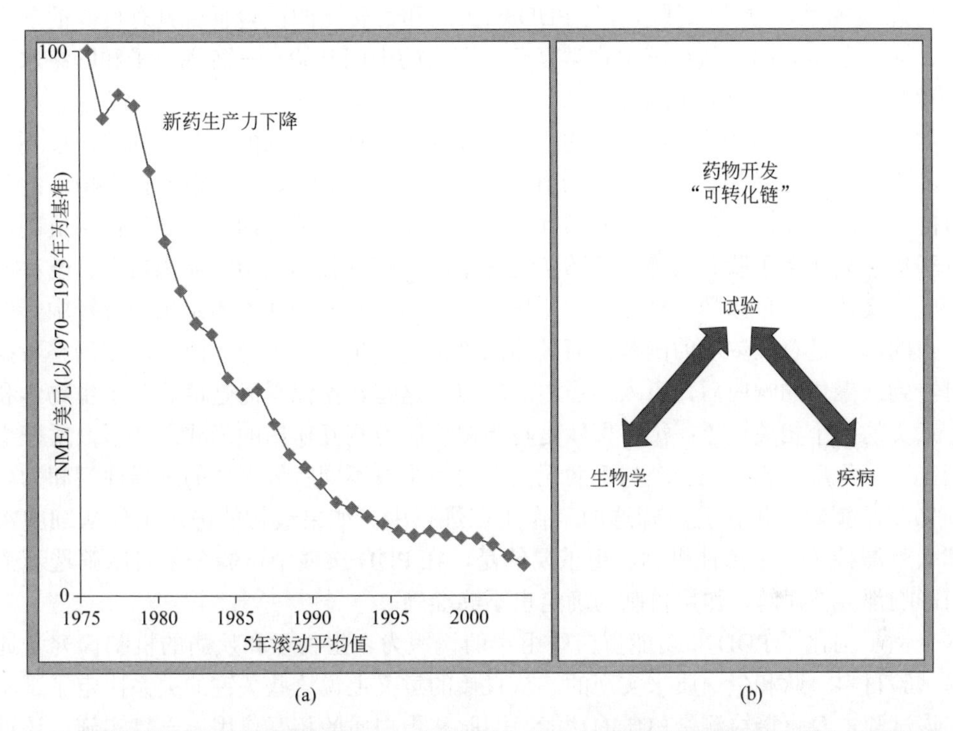

图 1-5 （a）药物开发研究的效率骤降到 1975 年的 10% 以下（数据引自参考文献 [19]）。虽然有许多因素起作用，但方法上的一个重大转变与这一时期的下降相吻合：基于靶点的药物开发（TDD）。TDD 主要以基因为中心，根据基因突变来选择“靶”蛋白，这种模式已经失败。更多表型方法正在重新兴起，这些表型方法与功能蛋白质组学的扩展特征高度交织在一起。（b）对表型药物开发方法的简要总结，强调了试验方法的根本重要性。“可转化链”（参考文献 [22]）意味着试验方法必须反映和显示生物学和疾病病理学知识

与历史上的成功一致，大多数的 PDD 的工作重点是在细胞水平上的活性——细胞处于复杂的系统生物学水平的中间。以往先例也促使染色剂 / 染料在许多（尽管不是全部）试验中大量使用。有这样一个例子[23]被称为色彩斑斓的“细胞绘画”，是一种将 6 种荧光染料在 5 个通道中混合成像的形态学剖析试验，以揭示 8 种广泛相关的细胞成分或细胞器，然后“自动图像分析软件可以鉴别单个细胞，并测量大约 1500 种形态学特征”。因此，“细胞绘画”是获得数量丰富的生物或药理调节剂对细胞修饰的数据和实现“高通量”的基础。此外，结合本书主题，染料（按设计）结合选定的蛋白质，从而示值读数反映了那些蛋白质的特性和在细胞内的分布。试验的目的是了解蛋白质功能。尽管如此，这样的试验如何融入试验 - 疾病 - 生物学三位一体需要解决。在撰写本章时，药物开发的主要“解决方案”是将试验库化合物产生的“高通量”的细胞形态与具有“已知”生物作用机制的分子参考库产生的细胞形态进行比较。试验分子与参考分子之间“匹配”的前题是假定试验分子与参考分子的作用机制也匹配。因此，试验与生物学（和疾病）之间的关系取决于参考库的可靠性和适用性、细胞系的选择以及染料对细胞活性可能造成的干扰。细胞绘画和相关方法是试验库化合物的强大区分器，但这个区分不一定意味着正确的机制选择。然而，在这本书和这一章中，必须强调的是，细胞绘画的核心机制是由功能蛋白质组学驱动的。

上述所引用的方法只是支持 PDD 的数百种新开发的试验方法之一。与此同时，在越来越多的生物结构中处理细胞领域也取得了令人兴奋的进展。在个体干细胞分离并将其转化[24]为多种器官相容性细胞方面的进展也在继续。在这方面，大量的资源正投入到所谓的芯片器官这个研究领域[25]。这些都预示着与 PDD 相关的和可转化的试验平台具有良好的前景。即便如此，人们还是倾向于从系统生物学复杂性层次的中间开始——忽视分子和网络水平——这是一种必须要重新考量的思维方式。

正如上面系统生物学部分所引用的，作者和同事进行了成功的试验库筛选，以判定病理相关肽和疾病风险相关蛋白质之间相互作用的机制[11]。结果表明，试验库有 40% 的分子具有显著的活性。然而，与简单的二元相互作用模型相比，发现了四种不同的作用机制，其中一些分子似乎只作用于肽。在筛查后随访过程中，了解到肽的试验响应源自不是一种而是四种不同的肽实体——单体和三种可溶性低聚体。虽然这些低聚体的鉴定仍在进行中，但已知它们各自的浓度是总肽浓度的函数，而具体浓度值是在生理范围内。此外，在调整数据分析程序可看到低聚体的响应后，引入了蛋白质靶点。这些数据似乎清楚地表明了生物学和病理学上有意义的两个相关现象：①寡聚肽是与蛋白质靶点相互作用的形式。②蛋白质靶点的两个亚型，一个与疾病相关，一个与疾病无关，表现出对不同肽低聚体的选择性亲和力。根据这一新知识，重新分析试验库筛选的工作正在进行中。如果最初的筛选工作从细胞水平开始，那么就漏掉了分子活性机制。更重要的是，在 PDD 实践中试验分子对肽筛选示值读数的任何影响都会被误解，作用机制的确定也不够准确。

这个例子强化了 PDD 和功能蛋白质组学的说服力。生物学和疾病的机制探究是通过合理选择试验材料、肽和蛋白质来实现的。从直接的意义上说这些关键的关系决定了试验是否成功。该试验本身直接检测蛋白质的功能，即肽和蛋白质的相互作用。一旦实施，该试验进一步加深了对肽行为的认识，并通过与蛋白质差异和实体选择性结合与疾病相关联。最后，正如上面所提到的，该试验立即被推广到蛋白质网络调节的评估中，并且相同试验的体外应用正在计划中。

那么，在功能蛋白质组学、系统生物学和可转化性的多重研究框架中，表型药物开发的前景如何？首先，从系统生物复杂层次的中间——细胞水平——开始，可能是一个高风险的决定。除非开发出模拟慢性病的细胞系，否则针对病原的 PDD 的传统起点是有问题的。相比之下，大多数疾病都与一种或多种蛋白质有明确的关系，因此 PDD 开发项目可以以简单但仍然与疾病相关的方式启动。另外分子水平的筛选既快又便宜。接下来，正如所提供的例子一样，将分子水平研究扩展到网络或途径试验（如果不是在实践中）至少在理论上是简便的。分子和网络水平研究结果的结合，可以预见能为生物学 / 疾病和细胞水平试验计划提供有用信息。然后扩展到原始源材料（来源于病人的细胞、体液、提取物等），既简略又可能充分了解情况。一个现实的好处是掌握疾病或“相伴”诊断的信息。最后，引用的例子指出了通过表型方法可以获得另一个理想的结果——选择具有多方面或“多药理”活性的试验分子[26]。

源于所有生物体的复杂性，没有分子在所有时间点都表现出单一的活性。任何分子决定其活性的功能属性，如抑制蛋白质相互作用，在统计学都与其他蛋白质、细胞或核苷酸上的多个位点相适应。此外，同一分子的其他属性使其能够表现其他活性。因此，单一的试验库分子（或任何分子）呈现出多种活性或功能。阿司匹林可能是多“作用机制”结合多药理应用的代表。疾病也存在多种平行的病理表现。在生物体水平上，疾病有多种不同的症状表现。疼痛可能伴有或不伴有发热，发热可能伴有或不伴有肠道疾病，疼痛和发热都可能伴有或不伴有疲劳。在分子水平上，疾病诊断源于多项试验的比较，意味着在分子水平上一种疾病有多种表现。将分子的多种活性和疾病的多种表现这两种实际情况联系起来提出了基于其多种药理活性的试验分子选择的概念。受概念限制，基于靶点评估是不合逻辑的。从更广阔领域的角度考虑，PDD 更正确和直接地同时处理多种属性——而这些属性可以通过功能蛋白质组学获得。

在结束关于药物开发这一节时，这一节加上诊断学部分给出了一个结论：一种适当试验设计填补了对生物学和疾病的综合理解的空白，从而支持新的疗法和诊断法的共同发展。毕竟，两者都反映了同一生物体的特性。

1.6　功能蛋白质组学应用：精准医疗

精准医疗（precision medicine，PM）的目标是对患者的匹配治疗[27]。正如许多人所看到的那样，PM 已经实践了很长时间。仔细考虑疾病诊断、治疗手段和疾病风险评估之间的循环关系［图 1-6（b）］。患者表现出明显的疾病症状可能伴有可测量的指标，如体温升高、血压升高或脉搏加快。经医生或护士问诊，其他症状通常可以提供一个初始的诊断。此时有多种疗法可供选择。选择最合适的药物不仅取决于诊断结果，还取决于患者曾用过哪些药物或其家族史，以及患者目前是否正在服用其他药物。根据这些信息，医生会选择一种疗法，通常是一种药物，然后病人开始按推荐的方案治疗。在治疗过程中疾病的变化通常由病人通过感受来确定。如果成功，也就是症状减轻或消除，除了本身的恢复治疗这个过程就结束了。如果不成功或患者对所选择的治疗反应不佳，可以选择其他疗法，并继续循环。如果没有一种疗法是成功的，那么就要考虑患有更严重疾病的可能性，并启用扩大的诊断程序。应该指出的是，一系列的相伴诊断，包括现有的药典，缩短了大部分的治疗周期，减少患者接触具有多种副作用的多种药物、减少药物消费以及减少就诊次数等好处可能相当可观。

展望 21 世纪，国际上对精准医疗的期待决定了现在的投资侧重在基因组学领域。在进一步阐明这一进程和探讨“为什么要发展功能蛋白质组学”之前，必须仔细地审查现有药典与疾病疗效之间的关系。

众所周知，不是所有的药物对所有人都有效。这一点在询问家族史和正在服用药物情况的常规实践中是公认的。而行外人所不清楚的是现有药物起作用的程度。如现有的止痛药，包括一些非处方药（over-the counter，OTC）和处方药［图 1-6（a）］。对于 OTC，大多数人因一种而不是另一种药物得到缓解，或者一种药物的潜在副作用只能影响某些人，而不能影响其他人。缓解疼痛和耐受副作用相结合决定了个人对缓解疼痛药物的选择。人们对止痛药的使用率进行了研究，其中一项研究被称为“牛津止痛效果排行榜”[28]。相关的类别标

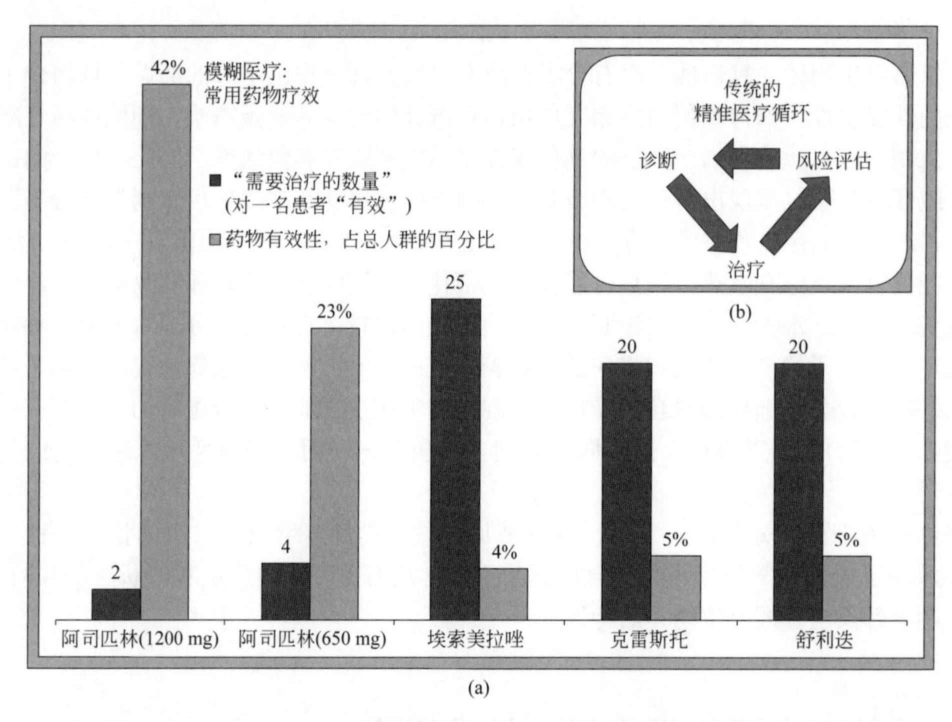

图 1-6（a）当看到常用药物的"需要治疗的数量"数字时，精准（即因人而异的）医疗的驱动力是显而易见的。由于个人体质的不同，1200mg 的阿司匹林（相当于 2 片强效药或胶囊）只对 42% 的美国人有效。其他常用药物，标准剂量的有效率为 5% 或更低。知道病人是否是幸运的 5% 至关重要。（b）精准医疗循环已经实施了几千年：诊断疾病，确定什么是最有效的疗法并给予医治（病人没有严重的不良反应）。检查病人的病程发展，根据结果调整疗法或者诊断。随着相伴诊断技术的发展，人们希望使该循环变得更有效，尽量减少不当治疗的不良影响

题是"NNT"，代表"需要治疗的数量"。例如，如果 NNT 是 2.4，那么每 2.4 人服用药物，它只对一个人有效。最常见的止痛药阿司匹林的 NNT 剂量为 1200mg（在美国一片普通的 OTC 含有 325 mg）。另一种计算某一疗法的 NNT 是计算服药有效人群的比例。以阿司匹林为例，1200mg 只对 42% 的人有效，而 650mg（2 片 OTC）只对 23% 的人有效。这些数字看起来不高，但实际上是一种"好"药。对处方量要求很大 [29] 的药物如埃索美拉唑（Nexium）、克雷斯托（Crestor）和舒利迭（Advair Diskus）进行检测，其 NNT 分别为 25、20 和 20 或仅对 4% ～ 5% 的确诊人群有效。这里揭示了 21 世纪关于 PM 的讨论，即现有的药物处方更合理——或者根本不需要使用。

精准医疗正如制药公司所宣传的那样，数以千计的小公司和政府资助机构"成功案例"尤其是在癌症治疗方面的成功案例。对于诊断并接受过治疗的某种癌症患者而言，一个特定的存在的基因突变被选定用于实施针对该突变所表达蛋白质的靶向治疗。对平均约三分之一的受试人群有效，肿瘤平均在 3 ～ 8 个月变小，那时癌症又复发了。这种情况下计算 NNT 有点棘手，但是假设对于高额治疗费用 3 ～ 8 个月变小被认为是"有效的"话，NNT 最多也就是 3 左右。关于证明 PM 是否在这种情况下是成功的，详细论述可以查阅文献 [16,30,31]。本研究的目的是为全面和正确地发挥 PM 的真正潜力提供背景信息。

在整部药典中对病人全面实施 PM 匹配疗法需要了解患者所表现的疾病症状和对患者治疗效果的表现。有许多与蛋白质组功能相关的问题产生，但大多数还没有得到任何研究资金的资助。例如，个体内的功能性蛋白质组是如何随时间变化的，与觉醒 / 睡眠周期有关，还是对病原体的反应，还是作为慢性病发展的一部分？对药物的反应也可以提出类似的问题。当一个病人坐在诊室等待诊断时，也可以询问这些问题。所有考虑将功能蛋白质组学应用于 PM 的人都得出了一个简单而有说服力的结论：现在并不掌握精准治疗必要的背景知识。为什么会出现这种情况是显而易见的——数千亿美元的基因组测序投资缺乏重点。目前和在可预见的未来，功能蛋白质组学在治疗选择合理化方面的巨大潜力有待开发 [9]。这一想法为揭示功能蛋白质组知识库提供了思路。

1.7　功能蛋白质组知识库

前面的章节已经说明了重新关注功能蛋白质组学的必要性。功能蛋白质组比人类基因组大两个数量级。这是一个保守的估计，原因在于和微生物群落对功能蛋白质组有重要影响但尚未充分研究一样，忽略了普遍存在的调节蛋白质活性和功能，如辅因子结合。功能蛋白质组学包含了所有与基因组学相关的活动，包括转录、翻译、表观遗传学和不太明确的“基因表达”。功能蛋白质组学为用于诊断 / 风险评估生物标志物开发提供了重要手段，同时为生物学和疾病领域提供新知识。由于类似的原因，在系统生物学框架下的功能蛋白质组是 21 世纪药物开发：表型药物开发的自然模式。鉴于功能蛋白质组学的巨大潜力，达到其完整性需要先回答两个实际问题：

（1）现有的功能蛋白质组知识库有多完整？

（2）现有方法对该知识库的贡献有多大？

没有这些问题的答案，就无法确定试验的优先次序，也无法制订实际的计划。本章论述了这两个关键问题，并以达到非常理想的终点的优先路线图结束：通过精选的功能蛋白质组和整套可靠的方法来达到这一终点。通过将“人类蛋白质组计划”（human proteome project，HPP）[32] 等结果与图 1-1（a）提供的数据进行比较，开始对与所期望终点相关的现有的知识库进行评估。

HPP 的持续目标是创建人类蛋白质组的生物体比例图，并且从一开始就必须包含选择性表达、PTM 和蛋白质相互作用。然而，迄今为止收集的是基于基因组的数据。因此，现有的蛋白质组知识库被限定于图 1-1（a）中最小列，代表约 19000 种不同的蛋白质。没有人会认为这样的知识库是完整的或充足的，但却没看到科学家共同努力来扩大这个知识库。因此，蛋白质鉴定工作所依赖的数据库局限于基于基因组的非常有限的蛋白质组。依赖基于基因组的数据库鉴定混合物中的蛋白质几乎肯定是错误的（正如上文所述，基因表达的蛋白质可能是没有活性的功能实体）。最后必须要说明的问题是：用于确定人类蛋白质组的个别蛋白质根本不是原基因表达产物，而是在特定宿主细胞中经 PTM 步骤表达的人类基因序列（例如在大肠埃希菌其他宿主中表达的人类基因）。尽管有如此的弱点，这种蛋白质组知识库却获得了基于基因组学方法的预期结果：以忽视蛋白质特异性的信息来换取对基因组的覆盖率。

现有的知识库根据设计将蛋白质组与公认的不完整的参考数据集（即仅由基因组提供的表征）联系起来。然而，可以通过采取多种形式对参考数据集合理扩充逐步纠正这种不完全性或特异性不足。其中一种形式是不断发展的从未停止的基于蛋白质的研究，该研究仔细检测相对简单但具有高度特异性的蛋白质。因此，蛋白质组知识库以渐进而可靠的方式被扩充。

此外，将基于基因自底向上的鸟枪法[33]和基于蛋白质自顶向下的步枪法[34]结合能够并且正在被非常有效地使用。一个恰当的例子是上面论述的基于蛋白质组的生物标志物的开发[15]。例如，自底向上的方法能可靠地区分疾病，为随后明确辨别该蛋白质的高度特异性选择奠定基础。这一主题，即覆盖率和特异性双重性，与整体功能蛋白质组知识库是一致的，不仅包括知识本身，还包括获取知识的方法。

一个理想的Uniprot框架，例如，对于任何特定的蛋白质，包括下列精选的数据：PTM分布、所有可能的亚型和构型的结构、在组织和细胞水平上的蛋白质分布、所有可能区域的浓度、与这些区域内任何类型的其他分子的相互作用等。获得这样一个理想化的清单是不太可能的，而且也不是真正需要的，但蛋白质组特性的广度确实为蛋白质组研究及其应用奠定了基础。此外，该清单实际上可以这样分类以便在建立功能蛋白质组特性的基集时保持通用性。正是基于这一基集，对功能蛋白质组知识库的状态与现有方法评定关键信息（特性、结构、定量、定位和活性）的能力同时做出评价（见表1-2）。

表1-2　蛋白质组特性、测定方法和蛋白质组覆盖率

蛋白质组特性	方法示例	方法的可靠性	潜在覆盖率	迄今为止蛋白质组覆盖率
鉴定	质谱法	好	全面	有限
	抗体	一般	有限	
结构	X射线	好	有限	小
	核磁共振	好	有限	
定量	质谱法	一般至好	全面	小
	抗体	一般	有限	
定位	免疫荧光	一般	有限	小
	荧光蛋白标记	一般至好	有限	
活性	酵母双杂交	差	非常有限	小
	融合	差		
	表面亲和力	差		

注：对蛋白质组的了解如同数据一样精确和深厚。这里总结了蛋白质的五种基本特性。对每种特性列出了最常用的测定方法，并根据单一测定方法的准确性和精确性（方法的可靠性）及其对所有蛋白质和蛋白质相互作用的适用范围（潜在覆盖率）进行了分级。最后一列显示了对蛋白质组的任何指定特性进行评估的程度（迄今为止蛋白质组覆盖率）。迄今为止，功能蛋白组覆盖率信息不足是推进生物标志物开发和特定患者疗法开发的最大障碍。

1.7.1　蛋白质组学方法评价

表1-2将关键功能蛋白质组指标和用于评估指标的方法（方法示例）、特定测定方法的可靠性（方法的可靠性）、针对特定蛋白质组特性所用方法报告整体功能蛋白质组信息的潜力（潜在覆盖率）以及针对特定蛋白质组特性所有现有知识报告整体功能蛋白质组的程度联系在一起。测定结构时，X射线提供了精美详细的空间信息，因此是一种可靠的方法。然而，它对整个蛋白质组的覆盖能力受到无法使蛋白质组中的每种蛋白质结晶的限制。相比之下，测定蛋白质相互作用活性方法时采用的酵母双杂交，容易出现很高的假阳性和假阴性结果（下面将详细论述），因此，它的可靠性很差，其对蛋白质组的覆盖能力极为有限。

对现有蛋白质组的覆盖率评估偏低的原因是方法的局限性和协同努力不足。各种方法及其对蛋白质基本特性的贡献能力总结如下。

1.7.2　鉴定

蛋白质组的大多数“现代”研究重点一直是蛋白质的鉴定，特别是蛋白质混合物中蛋白质的鉴定。主要的研究方法是各种分离程序（Sep-Sci、凝胶电泳、液相色谱等）和质谱（mass spectrometry，MS）分析。事实上，MS 的使用常常（错误地）被认为质谱分析等同于蛋白质组学，反之亦然。其他鉴定方法包括 Edman 测序、定量氨基酸分析和基于抗体分析（如酶联免疫吸附试验，enzyme-linked immunosorbent assay，ELISA）。单独使用 Sep-Sci 可进行粗略鉴定，但分子量分辨率通常不足以区分紧密排列的亚型或翻译后修饰的程度或种类。MS 对某些蛋白质的研究有类似的问题，但对其他蛋白质则没有。通常应用于蛋白质混合物的“自底向上”的方法[33]在很大程度上依赖于将分解后的氨基酸序列图谱与各种蛋白质的序列数据库进行比较。必须要明确两个问题：①算法驱动的分析只能根据数据库（对 cDNA 表达的蛋白质权重很大）中的成员来评估蛋白质的鉴定；②任何已鉴定蛋白质的“序列覆盖率”可以从 30% 到 99% 不等，该范围通常反映了混合物中蛋白质的相对浓度。与自底向上的方法相比，还有几种“自顶向下”的 MS 方法[34]可用。顾名思义，完整的蛋白质组成试验样品。自顶向下的方法可以分辨紧密排列的亚型，并且可以明确 PTM 的程度和类型。但是，与自底向上的方法一样，如果与现有数据库进行算法分析比较，只有当参考数据库中存在被试验的蛋白质（包括 PTM）时才有可能。此外，自顶向下的方法通常用于蛋白质较少的混合物。Sep-Sci/MS 的关键一点是鉴定结果在规定的限定条件内是合理的。如果需要，可通过“正交”方法（如 Edman 测序）进行确认。只有这样，不合格的蛋白质鉴定才能合理确定。

与 MS 等基于仪器的方法形成鲜明对比的是可利用抗体 / 抗原结合来鉴定蛋白质[35]。一般情况下，抗体是为单一蛋白质抗原制备和分离的。蛋白质混合物中的某一蛋白质随后与抗体结合，作为该蛋白质是原始蛋白质 / 抗原的证据。从本质上讲，抗体和蛋白质 / 抗原之间的关系是相对应的，即单一蛋白质试验。然而，可以并且已经将多种抗体结合到阵列面上，其最终结果是可以检测蛋白质的混合物并鉴定抗体选择的蛋白质。理论上基于抗体的试验和 Sep-Sci/MS 试验可互相作为蛋白质鉴定的正交方法，但是实践中这两种方法很少在单一的研究中使用，而且在少数可粗略比较的情况下，这两种方法并不完全相辅相成。因此，不能认为 Sep-Sci/MS 和基于抗体的鉴定是正交的方法。所有基于抗体研究的关键是没有内在证据能够证明抗体只对单一抗原具有选择性。归根结底，试图证明选择性就是试图证明一个否定的结论。在实际操作上应该假设抗体具有模糊的选择性。

用于鉴定的知识库是不一致的，有些数据库对某些蛋白质有详细描述，对其他蛋白质则是空白。必须强调组织分布是系统生物学的一个初步基础，也是一个特别值得关注的问题，全世界共同努力是最好的选择。MS 方法有两个突出问题：①扩充参考库以便更接近代表实际的蛋白质组（包括 PTM）；②自底向上方法所依赖分解方法的分辨率。抗体研究的首要问题是选择性，而且如上所述，证明绝对选择性是不可能的。然而，证明关键数据的非选择性也许是可行的。任何一种主要方法的报道都不应被视为是权威的，而应被视为靶向方法的方向指示信号。

1.7.3　定量

与蛋白质鉴定密切相关的是蛋白质浓度的测定。尽管实施方式不同，用于定量的方法与用于鉴定的方法类似。基于抗体的研究[35]，就像在准备 ELISA 试验时所做的那样，在抗体上加入一个报告基团，用单一试验进行鉴定和定量。对于基于 MS 的研究[36]，各种标记方法提供了混合物中蛋白质相对浓度的信息。这些方法与准备的对照混合物相结合，可以提供原始源材料中蛋白质绝对浓度的一些指示。将绝对蛋白质浓度最佳测定和显著提高低浓度蛋白质的检测相结合，应用“多反应监测（multiple reaction monitoring，MRM）”[37]是首选方法。MRM 需要强化开发手段，而绝对浓度只能以降低对蛋白质的覆盖率为代价获得。

用于定量的知识库是不一致的，因为它依赖于鉴定作为前提。实施与选择的亚蛋白质组 MRM 分析一致的相对浓度的 MS 标记实验是可行的。MRM 绝对浓度测定原则上为 MS 标记结果的更大覆盖率的相对浓度提供适当的补充。

1.7.4 结构

结构和功能密切相关并且只有两种方法在蛋白质结构测定中起主要作用：X 射线晶体学和“溶液”核磁共振（NMR）[38]。在这两种方法中，蛋白质数据库（protein data bank，PDB）中列出的 X 射线结构数量与核磁共振列出的结构数量比例约为 10∶1。这两种方法加起来占所有存档结构的 98.4%（低温电子显微镜，2017 年获诺贝尔奖，只占 PDB 结构的 1.4%）。从这些方法得到的数据质量非常好——但对蛋白质组的覆盖率较小。

顾名思义，X 射线晶体学要求样品具有显著的宏观均匀性。把一个分子灵巧地做成均匀性结构是科学、方法和艺术的结合，而且许多蛋白质根本不适合做成这种强迫的均匀性结构。这一事实限制了 X 射线可以研究的蛋白质的范围。与这一限制相耦合的是对覆盖率的反向影响：被迫进入扩展的、均匀状态的蛋白质几乎肯定不代表蛋白质在溶液中状态的多样性。在最好的情况下，结晶的结构可能被认为是主要的或有活性的构象；在最坏的情况下，结构可能反映的是没有生物活性的状态。溶液 NMR 在很大程度上避免了这个潜在的问题，但也有其自身的局限性。

溶液 NMR 可测定的蛋白质浓度范围为 0.1 ～ 5mmol/L[40]，而绝大多数的蛋白质样品含有的蛋白质分子质量小于 50kDa［略小于人类蛋白质的平均值（53kDa），略大于中值（42kDa）］。对于应用于蛋白质的最常用的 NMR 方法，50% 的人蛋白质组结构是无法获得的（有的 NMR 方法虽排除了分子量限制，但受到磁场技术和成本的限制）。对于 50% 的人蛋白质，溶液 NMR 谱图不仅能反映其二级结构，还能部分说明构象状态的变化。此外，还可以评估溶液变化和小分子效应物对结构的影响。然而，NMR 的第二个限制因素，即灵敏度 / 浓度要被考虑到。NMR 样品的浓度超过了几乎所有蛋白质的生理浓度，因为其首选的浓度下限为 2mmol/L（对于 10kDa 蛋白质，1mmol/L=10mg/mL）。此外，典型的样品量略大于 0.5mL，样品的成本可能很高，因为需要考虑用一种或多种元素（C、H 和 N）的局部或大范围同位素替代来表达蛋白质而增加的费用。

蛋白质结构研究的“黑马”很可能是作者在本章中引用的肽 - 蛋白质相互作用方法：电子顺磁共振波谱（electron paramagnetic resonance spectroscopy，EPR）和自旋标记相结合[41,42]。这一方法不仅可以辨别蛋白质间相互作用，而且可以确定蛋白质内部结构和个别氨基酸的流动性质。

显然，扩展综合方法的解决方案是一种全新的方法。正如分子量是 NMR 的限制因素一样，蛋白质结晶是 X 射线的限制因素。冷冻电子显微镜更广泛的应用可以弥补一些不足。如前所述，避免 X 射线和 NMR 的限制的 EPR/ 自旋标记是一种尚未充分开发的方法。只有增加经费支持才能提高蛋白质组覆盖率。

1.7.5　定位

评估蛋白质定位状态必须考虑两种截然不同的方法：基于体液的方法和基于细胞的方法。生物学系统自然提供细胞外液，例如血浆、淋巴液、脑脊液和组织间液。这些样品可采用那些在蛋白质鉴定和定量中所论述的方法。基于体液的方法也可用于亚细胞器的选择性分离和裂解。因此，在上面提到的限定条件内，基于体液的定位研究能经得起检验。基于细胞的蛋白质定位需要完全不同的方法，例如免疫荧光（immunofluorescence，IF）和荧光蛋白标记（fluorescent-protein tagging，FP）[43]。

选择不同的蛋白质用于检测所需的直接修饰或作为蛋白质特异性荧光标记抗体的抗原。显示器显示的细胞图像揭示了在各种感兴趣的条件下标记实体的定位。对于任何一种标记方法，都有提醒注意的某些警示标志。无论是 FP 还是 IF，细胞外标记蛋白质的引入都不能保证标记真正的生物相关的分布，特别是细胞内的细胞器的分布。其次，与所有的标记方法一样，标记本身可能会显著地改变分子的行为。在 IF 的特定情况下，抗体选择性缺乏会产生假阳性结果。鉴于抗体是经过设计的活性作用剂，它们也可能通过捕获抗原将平衡往复合体方向转移，从而扰乱被观察的系统。在一项对 506 种靶蛋白的并行研究中这些问题的影响得到了量化 [43]。

在不同的亚细胞区域两种标记方法的比较结果分为相同、相似和不同三类。在那些区域之间相同结果的范围为 15% ～ 70%，平均约为 40%（从图形资料目测估计的数字）。相同加上相似结果（相似意味着两种方法的定位重叠）的范围为 75% ～ 95%，而 10% ～ 25% 的试验蛋白质产生的结果不同。虽然相同和相似结果的总和是令人满意的，但相同和不同结果的相对数量是要注意的。虽然这项研究还没有得出结论，但很明显，研究人员更偏爱标记蛋白质（FP）结果而不是抗体定位（IF）。例如，37 个（8%）抗体没有表现出染色结果，即使 RNA 测序证明存在这些蛋白质。在假阳性方面，研究人员怀疑靶蛋白低浓度时存在抗体非靶蛋白的交叉反应。

细胞外蛋白质的定位可通过上述鉴定和定量方法获得。在活细胞中定位蛋白质的方法仍然存在问题，尽管零散的数据支持标记蛋白质方法多于抗体定位检测方法。在大规模实施任何给定的方法之前，需要开发更多的方法。

1.7.6　活性

这部分主要涉及最普遍的蛋白质活性和蛋白质相互作用——不仅仅是二元蛋白质 - 蛋白质相互作用，而是所有蛋白质相互作用。根据本章的分析，主要的功能蛋白质组实体（83%）是结合蛋白质。功能蛋白质组学和系统生物学都需要评估蛋白质在生物相关环境中的相互作用。这对于转化到生物标志物和药物开发以及精准医疗等重要领域的研究是十分有用的。在这些领域的用途包括评估蛋白质之间（二元和多元）、蛋白质和多核苷酸之间以及蛋白质和膜表面之间相互作用。此外，评估必须包括溶液条件变化以及辅因子、底物或新候选药物等效应分子引入对这些相互作用的影响。然而，正如两篇参考文献所证实的那样，实际上蛋白质间相互作用的测量是方法学链中最薄弱的一环。

2002 年一项研究对现有数据进行了综合分析 [44]。该研究的重要结论是，只有 3% 报道的相互作用由一种以上的方法支持。在 2009 年的一项研究 [45] 中这种低“命中率”继续存在，多种方法仅对 8% 的试验蛋白质对达成一致——所有这些都是“已知的”相互作用蛋白质对。

此外，2009年的研究对已知相互作用的蛋白质对采用最佳方法试验，遗漏了三分之二的相互作用对——假阴性值为66%。这些结果使作者得出结论：“……蛋白质-蛋白质相互作用的大量数据集的错误率差别很大，没有简单的方法来比较不同的相互作用数据集。”最近的其他综述注意到方法总体表现不佳，选择完全比较分析，例如同源性，或通过电脑模拟进行各种各样的预测[46]。事实上，许多大学课程都采用这种方法，几乎避开将实际测量的细节作为蛋白质序列的比较确认。这种逻辑存在循环性，因为同源比较的基础来自于性能差的产生同源比较的方法。功能蛋白质组学在这些条件下无法进行。尽管如此，对现有方法的简要回顾还是必要的。

最常用的方法是酵母双杂交（yeast two-hybrid，Y2H），其特点是转录步骤的下游激活依赖于酵母细胞细胞核中两种融合蛋白的相互作用，使两种待试验蛋白之一的序列成为每种融合蛋白的一部分。因为下游步骤只能由融合蛋白的相互作用触发，所以该步骤的触发意味着试验蛋白的相互作用。2009年报道Y2H最佳灵敏度是25%。将Y2H方法直接用于药物开发等基本应用是不可能的。大多数其他现有蛋白质相互作用测量方法包括相互作用对的捕获/融合或其中一种试验蛋白与表面结合的相互作用分析。这些方法包括串联亲和标记、免疫共沉淀和表面等离子共振。虽然这些方法都在有限的情况下得到应用，但没有一种方法能够提供系统生物学范式中功能蛋白质组学所要求的可靠性或灵敏性[46]。

使用EPR和自旋标记是上文结构一节中提到的一种重要的研究较少的候选方法。正如作者正在进行的研究和其他研究报道所证明的那样[41]，该方法的综合能力适用于检测蛋白质与任何相互作用分子的相互作用[47]，并且已经在复杂的试验介质中得到应用。事实上，至少有一个例子证明了它在杜氏肌肉萎缩症诊断中的潜在应用。一旦大量应用，EPR的应用范围可能相当广泛。

现在需要什么？显而易见的答案是新方法。没有一种现有的方法可以作为评价其他方法的标准。因为各种方法导出的结果不完全一致，也不能信任用各种方法作为相互的修正机制。现在是关注EPR和自旋标记等新方法的时候了。

1.7.7 路线图的优先顺序

表1-2评估了功能蛋白质组的整体知识库，认为它比较差，而且在大多数情况下那些方法对蛋白质组的覆盖率有限。任何路线图都必须同时具有加快优势领域的数据收集和改进薄弱领域的方法的基本功能。优势领域包括鉴定和定量蛋白质的能力。这就要求积极支持更新PTM等参考资料和广泛收集数据。这项基础性的工作有高度优先权。结构确定可以与新方法开发的需求并行以解决知识的局限性。目前，定位方法是具有很好开发前景但缺乏可靠性和可重复性方法。作为与蛋白质相互作用检测相关的蛋白质组活性测定方法基本上是停滞不前的。现在必须开发全新的方法，特别是能够在复杂介质中进行活性评估的方法。

1.7.8 关于重组蛋白质使用的警示

正如本章开头所简要提到的，重组蛋白质（实验室蛋白质的主要来源）是根据宿主细胞表达蛋白质的翻译后产物进行修饰的。例如，细菌细胞会产生细菌PTM，人细胞会产生人PTM。PTM的程度和种类几乎从未明确说明，或者很可能供应商也不知道。因此，几乎所有使用重组蛋白质的蛋白质研究都不能完全明确说明原始材料。那些每天被打开几千次的小瓶子里的东西的基本特性根本不为人知。研究人员必须了解全蛋白质组成明细，包括 PTM（蛋白质含量通常只占总质量的 50%）。实验室内部蛋白质测序必须成为常态。

1.8　结束语

生物学是适应生命的化学和物理过程及属性。在这种情况下，有两类生物分子值得高度关注：多肽和多核苷酸——蛋白质和 DNA/RNA。两句简单的陈述确定了这两类基本的生物分子之间的关系：

没有基因就没有蛋白质。

没有蛋白质就没有遗传活动。

谈到第一个生物学真理，越来越清楚的是“基因组”这个词并不是单一的概念。大量的遗传变异不仅存在于个体之间，而且存在于个体内部。个人的基因组很可能也会随着时间而变化。关于第二个真理，很少有生物事件的发生没有蛋白质的调节，包括表观遗传学、“基因表达”、转录、翻译和 DNA 修复。这又引出了第三个真理：

生物学是变化的，所有的生物体随着时钟的每一次滴答而变化。

蛋白质是起作用的动力，既推动变化，又对变化作出反应。显然，研究必须从基因组学的有限和被动的角度转向功能蛋白质组学的系统和主动的角度。本章最后将综述功能蛋白质组学的需求，以及这些需求如何（或是否）能够（或不能）得到满足。首先对功能蛋白质组的全部特性的潜在回报进行了综述。

文献中有许多关于适用于鉴定药物靶点、诊断疾病或选择药物的生物标志物的报道。许多是关于一些先前未报道的基因变异的应用。意识到任何特定的报道都有一半的机会可重复或者现在那个基因组变异已经很普遍。所有这些研究的结果是，对包括阿尔茨海默病在内的许多疾病都没有阳性诊断，对任何慢性病也都没有真正的预测性诊断。研究的重点和思维都必须改变。功能蛋白质组学，即使在目前相对未经彻底探索的阶段也已经为许多领域的研究指明了前进的方向。即使在系统生物学的最低水平，分子水平阶段，正在推出的候选诊断方法不仅能区分疾病而且能说明疾病的性质 [15]。在药物开发的前沿，除了简单地“筛选”试验库分子之外，生物学和疾病知识的自然扩展的表型方法重新成为关注的焦点 [22]。更进一步说，试验需要包括支持精准医疗的高期望目标的可靠相伴诊断法的协调开发。如果继续取得进展，生物学研究和该开发的转化之间的人为界限应该将不复存在。问题是这种进展能继续吗？

正如所有的科学研究一样，进展在很大程度上依赖于时机、资源和毅力加上智慧。现在是研究功能蛋白质组学的时候了。这种说法即使在短短的几十年前也是不现实的。鉴于传统方法获得蛋白质的种类有限，而重组 DNA 技术的突破使今天的研究人员只需点击鼠标就能获得成千上万种蛋白质。直到 2004 年，聚丙烯酰胺凝胶才实现标准化生产。诺贝尔奖直到 1991 年才颁发给将 NMR 普遍用于蛋白质结构测定的研究人员。1980 年，只有几十种蛋白质结构通过 X 射线测定。现在，已经有超过 100000 种蛋白质结构在 PDB 中保存。正与 NMR 一样，MS 只是最近才从小分子方法发展成一种常规用于同时鉴定多种蛋白质的方法。时机显然是合适的，那么资源呢？

这里的“资源”至少有两层含义。将分析能力放在首位，功能蛋白质组学所需的分析资源是一个混合工具箱（见上文的“功能蛋白质组知识库”）。鉴定和定量蛋白质的能力相当不错。需要改进的领域已在上文中指出，最需要改进的部分是合理化的参考库和分析算法。这两项需求虽然相当大，但可以用其他资源——经费来满足。PTM 和组织分布的蛋白质鉴定和定量参考库的回报现在可能无法想象。当然，这只是触及了功能蛋白质组学的表面知识。接下来的蛋白质结构的测定情况就没那么乐观。主要方法虽然在其限定领域已经足够却不能轻易地扩展到其限定领域之外。活细胞中蛋白质的定位可以借助现有的蛋白质标记方法，但在基础层面还需要做更多的工作（可能需要增加时间维度上的研究）。最后一个蛋白质组学特性即活性是最难预测的。现有的蛋白质相互作用方法根本不足以完成这项任务，因此，相当一部分的功能性蛋白质组——相互作用实体——目前是不可触及的。如前所述，结构和活性评估必须有可采用的新方法，其中一种有前途的方法是 EPR/ 自旋标记。总的说来，目前的分析手段为功能蛋白质组学奠定了基础，而后期的发展需要开发新的方法。现在对资源资金再次进行探讨。

过去半个世纪，制药公司和美国国家卫生研究院（National Institute of Health，NIH）等机构的研发支出大幅增长。虽然总支出在过去十年中保持平缓，但支持水平仍然很高：每年 1000 亿美元，即十年内 1 万亿美元（这还不包括总花费不易统计的基因测序市场的风险投资和销售，估计在 5000 亿～ 1000 亿美元之间）。这看起来可为各种各样的资助提供足够的资金，但遗憾的是情况并非如此。基因组学，更确切地说是多核苷酸测序，把很大部分的资源占用了。例如，在美国，NIH 的申请者被告知，生物化学的基础研究获得资助的机会为零。在这样的环境下，为功能蛋白质组学的全面研究争取资金似乎不太可能。尽管如此，还是有乐观的迹象。

本章涉及的两个主题值得注意。上述“生物标志物和诊断 / 风险评估中的应用”中所描述的方法的早期成功是未来成功的预兆。以网络连接蛋白质为基础的知识是诊断和风险评估的未来。这种乐观期望延伸到了药物开发的前沿也是出于同样的原因。试验分子调节表型能力的客观判定与疾病的病理完全一致。在这两种情况下，“可转化链”的概念都适用：生物标志物和候选药物的平行开发同时增加了生物学和疾病的知识，并为各种应用的风险评估提供可能的候选药物。随着生物标志物和药物开发向表型依据的转变，在越来越多与生物相关的环境中处理细胞和细胞器的许多新方法也随之出现。就像所引用的那样，阐明未曾发现疾病的功能实体的检测和表征分析对非主流方法的重新评价可以开辟新的前沿。与功能蛋白质组学同步的是在个体水平上干细胞分离和将它们转化为多种细胞类型技术的不断完善。人造的源自病人的器官样结构也在快速研发。所有这些进展，再加上功能蛋白质组学方法的全面应用，预示着 21 世纪将是生物学的世纪。

时机已到，一切就绪。

参考文献

1. Pundir S, Martin M, O’Donovan C (2017) UniProt protein knowledgebase. Methods Mol Biol 1558:41-55. https://doi.org/10.1007/978-1-4939-6783-4_2
2. Savage N (2015) Proteomics: high-protein research. Nature 527:S6. https://doi.org/10.1038/527S6a
3. Pennisi E (2012) ENCODE project writes eulogy for junk DNA. Science 337 (6099):1159-1161. https://doi.org/10.1126/science.337.6099.1159
4. Ezkurdia I, Juan D, Rodriguez JM, Frankish A, Diekhans M, Harrow J, Vazquez J, Valencia A, Tress ML (2014) Multiple evidence strands suggest that there may be as few as 19 000 human protein-coding genes. Hum Mol Genet 23(22):5866-5878

5. Ponomarenko EA, Poverennaya EV, Ilgisonis EV, Pyatnitskiy MA, Kopylov AT, Zgoda VG, Lisitsa AV, Archakov AI (2016) The size of the human proteome: the width and depth. Int J Anal Chem 2016:7436849
6. Collins FS (2006) The language of god. Francis S. Collins on unveiling the human genome. Free Press, New York, p 1-3
7. Ball P (2010) Bursting the genomics bubble. Nature. https://www.nature.com/news/2010/ 100331/full/news.2010.145.html. https://doi.org/10.1038/news.2010.145
8. Gisler M (2010) The rise and fall of the human genome project. MIT Technology Review
9. Weston AD, Hood L (2004) Systems biology, proteomics, and the future of health care: toward predictive, preventative, and personalized medicine. J Proteome Res 3:179-196
10. Butcher EC, Berg EL, Kunkel EJ (2004) Systems biology in drug discovery. Nat Biotechnol 22:1253-1259. https://doi.org/10.1038/nbt1017
11. Perkins RC. Paul Kenis, Deborah Berthhold & Sarah-Ellen Leonard, University of Illinois, Urbana/Champaign; Jonathan Lee, recently of Eli Lily; and Ray Perkins, New Liberty Proteomics
12. Strimbu K, Tavel JA (2010) What are biomarkers? Curr Opin HIV AIDS 5(6):463-466
13. Berger D (1999) A brief history of medical diagnosis and the birth of the clinical laboratory. MLO Med Lab Obs 31(7). 28-30, 32, 34-40
14. FDA (2018.) In vitro diagnostics. https://www.fda.gov/MedicalDevices/ProductsandMedicalProcedures/InVitroDiagnostics/default.htm
15. Kuruc M (2017) Stroma liquid biopsy—biomarkers of the dysregulation of the serum proteome in cancer First presented at NJ cancer Retreat, May 25, 2017 New Brunswick, NJ USA. https://www.biotechsupportgroup.com/v/vspfiles/templates/257/pdf/NJ%20Cancer%20Retreat%20Stroma%20Liquid%20Biopsy%20Poster.pdf
16. Lowe D (2016) In the pipeline: precision oncology isn't quite there yet Science Translational Medicine weblog, Lowe D (2016). http://blogs.sciencemag.org/pipeline/archives/2016/09/12/precision-oncology-isntquite-there-yet
17. Gigerenzer G (2014) Risk savvy. Penguin Group, New York, NY
18. Booth B, Zemmel R (2004) Opinion: prospects for productivity. Nat Rev Drug Discov 3:451-456. https://doi.org/10.1038/nrd1384
19. Scannell JW, Blanckley A, Boldon H, Warrington B (2012) Diagnosing the decline in pharmaceutical R&D efficiency. Nat Rev Drug Discov 11. https://doi.org/10.1038/nrd3681
20. Lawrence MS, Stoianov P, Polak P, Kryukov GV, Cibulskis K, Sivachenko A, Carter SL et al (2013) Mutational heterogeneity in cancer and the search for new cancer-associated genes. Nature 499. https://doi.org/10.1038/nature12213
21. Swinney D (2013) Phenotypic vs. target-based drug discovery for first-in-class medicines. Clin Pharmacol Ther 93(4):299-301
22. Moffat JG, Vincent F, Lee JA, Eder J, Prunotto M (2017) Opportunities and challenges in phenotypic drug discovery: an industry perspective. Nat Rev Drug Discov 16:531-543. https://doi.org/10.1038/nrd.2017.111
23. Bray M-A, Singh S, Han H, Davis CT, Borgeson B, Hartland C, Kost-Alimova M, Gustafsdottir SM, Gibson CC, Carpenter AE (2016) Cell painting, a high-content imagebased assay for morphological profiling using multiplexed fluorescent dyes. Nat Protoc 11:1757-1774. https://doi.org/10.1038/nprot.2016.105
24. Avior Y, Sagi I, Benvenisty N (2016) Pluripotent stem cells in disease modelling and drug discovery. Nat Rev Mol Cell Biol 17. https://doi.org/10.1038/nrm.2015.27
25. Esch EW, Bahinski A, Huh D (2015) Organson-chips at the frontiers of drug discovery. Nat Rev Drug Discov 14(4). https://doi.org/10.1038/nrd4539
26. Boran AD, Ivengar R (2010) Systems approaches to polypharmacology and drug discovery. Curr Opin Drug Discov Devel 13(3):297-309
27. Ashley EA (2016) Towards precision medicine. Nat Rev Genet 17. https://doi.org/10.1038/nrg.2016.86

28. Bandolier (2007) The Oxford league table of analgesic efficacy. http://www.bandolier.org. uk/booth/painpag/Acutrev/Analgesics/lftab.html
29. Schork NJ (2015) Personalized medicine: time for one-person trials. Nature 520:609-611. https://doi.org/10.1038/520609a
30. Prasad V (2016) Perspective: the precisiononcology illusion. Nat Biotechnol 537(S63). https://doi.org/10.1038/537S63a
31. Brock A, Huang S (2017) Precision oncology: between vaguely right and precisely wrong. Cancer Res. https://doi.org/10.1158/0008-5472.CAN-17-0448
32. HUPO (2016) The human proteome project. https://hupo.org/human-proteome-project
33. Zhang Y, Fonslow BR, Shan B, Baek M-C, Yates JR (2013) Protein analysis by shotgun/bottom-up proteomics. Chem Rev 113(4):2343-2394. https://doi.org/10.1021/cr3003533
34. Catherman AD, Skinner OS, Kelleher NL (2014) Top down proteomics: facts and perspectives. Biochem Biophys Res Commun 445(4):683-693. https://doi.org/10.1016/j.bbrc.2014.02.041
35. Solier C, Langen H (2014) Antibody-based proteomics and biomarker research—current status and limitations. Proteomics 14 (6):774-783. https://doi.org/10.1002/pmic.201300334
36. Wasinger VC, Zeng M, Yau Y (2013) Current status and advances in quantitative proteomic mass spectrometry. Int J Proteomics 2013:180605
37. Wolf-Yadlin A, Hautaniemi S, Lauffenbuger DA, White FM (2007) Multiple reaction monitoring for robust quantitative proteomic analysis of cellular signaling networks. Proc Natl Acad Sci U S A 104(14):5860-5865. https://doi.org/10.1073/pnas.0608638104
38. Berman HM, Westbrook J, Feng Z, Gilliland G, Bhat TN, Weissig H, Shindyalov IN, Bourne PE (2000) The protein data bank. Nucleic Acids Res 28(1):235-242
39. Wang H, Wang J (2017) How cryo-electron microscopy and X-ray crystallography complement each other. Protein Sci 26(1):32-39. https://doi.org/10.1002/pro.3022
40. MSU 900 MHz NMR sample requirements. https://www2.chemistry.msu.edu/facilities/nmr/900mhz/MCSB_NMR_sample.html
41. Claxton DP, Kazmier K, Mishra S, Mchaourab HS (2015) Navigating membrane protein structure, dynamics, and energy landscapes using spin labeling and EPR spectroscopy. Methods Enzymol 564:349-387. https://doi.org/10.1016/bs.mie.2015.07.026
42. Yang Y, Ramelot TA, McCarrick RM, Ni S, Feldmann EA et al (2010) Combining NMR and EPR methods for Homodimer protein structure determination. J Am Chem Soc 132 (34). https://doi.org/10.1021/ja105080h
43. Stadler C, Rexhepaj E, Singan VR, Murphy RF, Pepperkok R, Uhlén M, Simpson JC, Lundberg E (2013) Immunofluorescence and fluorescent-protein tagging show high correlation for protein localization in mammalian cells. Nat Methods 10:315-323. https://doi.org/10.1038/nmeth.2377
44. von Mering C, Krause R, Snel B, Cornell M, Oliver SG, Fields S, Bork P (2002) Comparative assessment of large-scale data sets of protein-protein interactions. Nat Biotechnol 417:399-403
45. Braun P, Tasan M, Dreze M, Barrios-Rodiles-M, Lemmens I, Yu H, Sahalie JM, Murray RR, Roncari L, A-Sd S, Venkatesan K, Rual J-F, Cusick ME, Pawson T, Hill DE, Tavernier J, Wrana JL, Roth FP, VidalM(2009) An experimentally derived confidence score for binary protein-protein interactions. Nat Methods 6 (1):91-97. https://doi.org/10.1038/nmeth.1281
46. Rao VS, Srinivas K, Sujini GN, Kumar GNS (2014) Protein-protein interaction detection: methods and analysis. Int J Proteomics 2014:12. https://doi.org/10.1155/2014/147648
47. Klare J (2013) Site-directed spin labeling EPR spectroscopy in protein research. Biol Chem 394(10):1281-1300. https://doi.org/10.1515/hsz-2013-0155J

第2章

检测SERPIN蛋白酶抑制剂功能亚组的方法

Swapan Roy, Matthew Kuruc

摘要　在蛋白质组学分析中被注释为SERPIN的蛋白酶抑制剂的独特家族的构象变体往往被低估。这限制了人们对蛋白酶相互作用网中这个蛋白质家族对网络展现的复杂调控的理解。证明了利用NuGel™系列蛋白质组富集制品——特别是AlbuVoid™和AlbuSorb™——提供的基于磁珠分离方法在血清SERPIN研究方面的应用。还建议利用它们来开发SERPIN蛋白质型态的功能图谱，以及这些蛋白质型如何与疾病表型、基因突变和失调机制建立关系。

关键词　SERPIN，SERPIN功能，功能蛋白质组学，SERPIN机制，SERPIN生物标志物，SERPIN蛋白质型态

2.1　引言

血清中蛋白质水解活性的平衡和调节对基于血液的生物标志物的开发和可能的医疗干预至关重要。血液成分的变化通常反映了抵御外界胁迫的急性反应，如皮肤被割破时的凝血反应，或被微生物感染时的炎症反应。这些快速反应由蛋白质水解级联反应的激活控制，其本质上是通过蛋白质结构的受控降解来调整功能。虽然急性反应是必要的，但这些蛋白质水解级联反应的持续激活可能导致慢性疾病。因此，这些蛋白质水解级联反应的平衡和调节是控制异常蛋白质水解所必需的。

这个调控是通过蛋白酶抑制剂或抗蛋白酶系统性调节蛋白质因子来完成的。很明显，在控制蛋白酶网内的子网络的快速开关级联反应中抑制的影响可能和酶原激活同样重要[1]。其中一个例子是一种参与肿瘤侵袭和血管生成的金属蛋白酶MMP 2的无活性酶原被α1-抗胰蛋白酶（抑制剂）底物（中性粒细胞弹性蛋白酶）激活[2]。因此，有必要考虑一下在不同的和往往是复杂的调控方式下抑制剂本身受到的调控。其中蛋白酶抑制剂的SERPIN超家族就是这种情况的特例。

2.1.1　SERPIN超家族自杀性抑制剂

自杀性丝氨酸蛋白酶抑制剂SERPIN家族在调节多种生物学活性方面起着不可或缺的作

用，占循环血浆蛋白的 2% ～ 10%。SERPIN 与许多其它途径一起调节凝血、激素转运、补体和炎症、血管生成和血压。在血清的主要调节因子中，SERPINA1（也称为 α1- 抗胰蛋白酶）保护肺组织免受嗜中性粒细胞弹性蛋白酶的影响，SERPINC1（也称为抗凝血酶）控制凝血蛋白酶活性，SERPING1（也称为血浆 C1 抑制剂）调节补体激活，SERPINF2（又称为 α2- 纤溶酶抑制剂）抑制纤溶酶并调节纤溶 [3,4]。

这种独特的蛋白质抑制剂家族与癌症的病情发展或缓解有关，因此它们可能成为很重要的治疗或诊断用生物标志物。在临床应用中，前列腺特异性抗原（prostate-specific antigen，PSA）也被称为激肽释放酶 -3，是前列腺癌常用的生物标志物。然而，激肽释放酶蛋白酶家族的蛋白质在血浆中的丰度很低，很难进行观察和定量。进一步，PSA 受 SERPIN 抑制剂家族的调节；在前列腺癌男性患者中，游离（未结合）PSA 与总 PSA 的比值降低，表明 SERPIN 抑制剂家族在癌症患者中起到更大的抑制作用。

通过这些例子，与其将蛋白质组研发工作的重点放在像组织激肽释放酶这样的低丰度蛋白质上，不如剖析更高丰度的组织激肽释放酶抑制剂如 SERPINA5（蛋白质 C 抑制剂）、SERPINA3（糜蛋白酶抑制剂）和 SERPINA4（激肽释放酶结合蛋白），以更好地理解潜在的疾病机制并有可能产生新的生物标志物。然而，SERPIN 在这些关键时刻中的作用很少像更简单的二元结合抑制那样简单。对于功能水平的解释，只依靠严格的丰度测量如通过 ELISA 或定量 LC-MS 可获得的数据并不能区分 SERPIN 与其靶蛋白酶相互作用的看似相反结果的亚组表现。

这是因为 SERPIN 具有不同于其他的蛋白酶抑制剂家族的涉及其形状剧烈变化的复杂的作用机制，形成了自杀底物抑制机制的基础 [3,4]。反应中心环（reactive center loop，RCL）从蛋白质主体延伸出来直接与靶蛋白酶结合。蛋白酶在 RCL 内的反应键位点切割使 SERPIN 反应位点的羧基与蛋白酶的丝氨酸羟基之间形成共价键 [4]。由此产生的非活性丝氨酸蛋白酶抑制剂 - 蛋白酶复合体高度稳定，结构紊乱导致这个蛋白质复合体水解失活。结果，蛋白酶被永久抑制和功能失活。然而，抑制剂还不止于此，因为在与底物蛋白酶起始的相互作用之后，可能会出现两种可能的结果之一，如图 2-1 所示。

一种可能的结果是因为 SERPIN 肽反应键区与蛋白酶不可逆结合由共价修饰导致永久地失去抑制能力，因此不能恢复为原始活性形式。第二种可能的结果是因为肽 RCL 区被切割，SERPIN 的蛋白质型态永久失活而不能再与靶底物结合 [4]。因此，即使遗传变异和翻译后修饰引起结构的细微变化也能改变 SERPIN 的功能并引起各种临床表现。已知大约 200 种不同的丝氨酸蛋白酶抑制剂结构转变会导致疾病 [5]。尤其是，影响抗凝血酶的转变易导致血栓，影响 C1 抑制剂的转变易导致血管性水肿，影响纤溶酶抑制剂的转变易导致出血。有趣的是，α1- 抗胰蛋白酶 RCL 区的甲硫氨酸被精氨酸取代的转变，使其作为中性粒细胞弹性蛋白酶抑制剂的功能可能转变为凝血蛋白酶的高效抑制剂的替代功能；其后果是出现危及生命的出血性疾病 [6]。

转变可以在整个序列的任何位点发生而影响蛋白质的功能。然而，转变引起的最常见的丝氨酸蛋白酶抑制剂的功能丧失是那些影响 RCL 内或附近分子的易变的铰链的功能。这些影响会使完整的反应环插入主 β 折叠中形成无活性的潜伏形态，或将一个分子的环插入到下一个分子的 β 折叠中形成多聚体构象的自发变化。α1- 抗胰蛋白酶发生聚合作用产生于常见的 Z 变体转变，导致从肝脏到血液循环的分泌减少，从而导致肺气肿和肝硬化 [7]。RCL 区的氨基酸取代是转变为非抑制性丝氨酸蛋白酶抑制剂的可能步骤。α1- 抗胰蛋白酶 RCL 区的翻译后修饰如甲硫氨酸的氧化也被认为是功能障碍的来源 [8]。

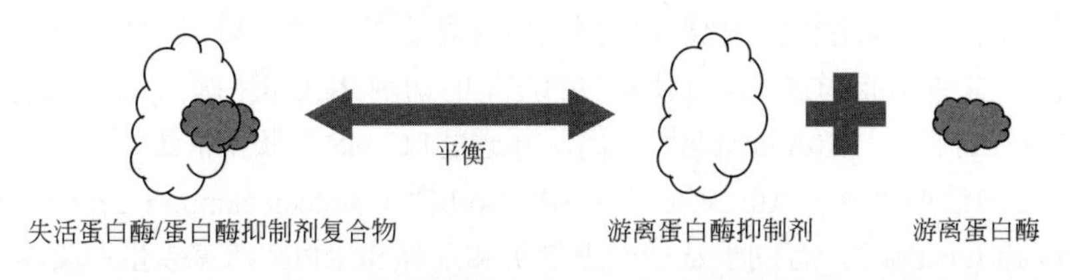

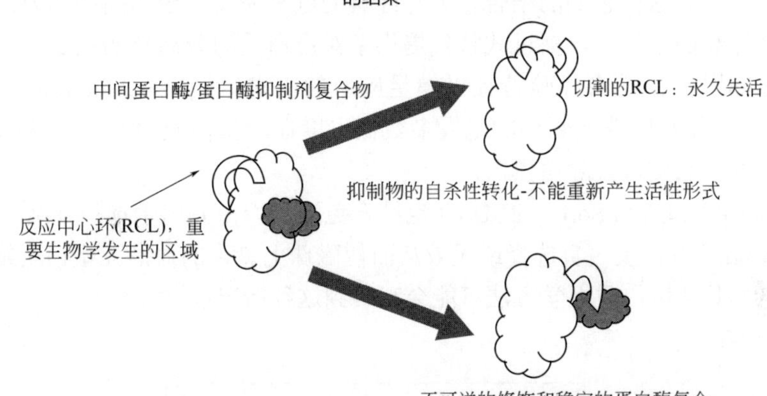

图 2-1　SERPIN 蛋白酶抑制剂与二元结合物的不同

因此，了解内在的机制、遗传因素或环境胁迫的作用，以及它们与异常蛋白质水解作用的关系，是确定疾病特征的必要条件。功能蛋白质组学分析提供了新的观察视角以检查所产生的可作为疾病表型的潜在生物标志物的构象变体。例如，其中一种通常被称为 α1- 抗胰蛋白酶（alpha-1-antitrypsin，AAT）的抑制剂 SERPINA1，使用 2-DE（二维凝胶电泳）观察到血浆中有几种异构体，通常作为构象疾病的模型 [5,9]。健康人体血液循环流中的 AAT 浓度在 1.2 ～ 2mg/mL 之间，但在炎症和感染的急性期会增加。它的功能和活性受其构象相关特征所引起的许多变体的控制，术语“蛋白质型态”经常被用来描述这种构象的可变性，这里采用这个术语。

其他研究发现 AAT 的构象特性对肿瘤细胞活力有多种影响，在肿瘤发生中有多种作用，表明这类异构体可能为癌症和神经退行性疾病的诊断提供特定的依据 [8,10,11]。然而，在蛋白质组学中常常将所有 SERPIN 亚组都并于一个同质组计算。因此，这些系统中的调节、平衡和动态及其对疾病发展的蛋白酶网的影响不能得到恰当的研究，而且事实上基于这样测量得出的结论可能具有误导性。

因此，在本章中将全面考虑阐明由这个蛋白质超家族的构象变体所产生的许多亚组之间的重要区别的方法。具体而言，可以监测起始抑制剂 - 蛋白酶相互作用的两个看似相反的结果的功能蛋白质组学研究：

① 基于完整的 RCL 区的 SERPIN 潜在抑制总活力。

② 基于切割的 RCL 区改变的抑制剂亚组永久地失去其抑制潜力。

2.1.2 SERPIN 功能剖析的新方法

通过将独特的结合策略和排出高丰度蛋白质相结合的方法，可以观察到具有独特的结合偏差的不同亚组。之前曾报道过 α1- 抗胰蛋白酶产生的切割 RCL 蛋白质型态和未切割 RCL 蛋白质型态是非常独特的亚组，由 AlbuVoid™ 分离，并通过 LC-MS 在肽特征级别报告[12]。在本章中，将考虑去除白蛋白的产品——AlbuVoid™ 和 AlbuSorb™（Biotech Support Group 公司，美国新泽西州 Monmouth Junction），有助于从功能上剖析和阐释 SERPIN 超家族蛋白质的复杂生物学。

50μm 多孔二氧化硅磁珠通过专有的聚合物涂层交联和钝化。这是 NuGel™ 表面化学的基础。结合相互作用的混合模式是形成亲和力弱或不完全匹配相互作用的一般非特异性吸附剂或磁珠的基础。这样它们的结合行为与经典的近乎完美适合的高亲和力结合有很大的不同。在蛋白质饱和的条件下，渐进式替代提供了对蛋白质的分离正向或反向选择。因此，所有衍生的 NuGel™ 产品都有经验特征以满足应用的需求，例如，AlbuVoid™ 选择性地排出（不结合）白蛋白并对磁珠上剩余的绝大多数低丰度血清蛋白质组具有特殊的偏向性。两种基于 NuGel™ 的产品支持去除白蛋白：

① AlbuSorb™ 和 AlbuSorb™ PLUS（也结合免疫球蛋白）用于选择性结合白蛋白。

② AlbuVoid™ 对白蛋白负选择或无效从而使磁珠上剩余的血清亚蛋白质组富集。

因此，虽然其他蛋白质组学方法可能会观察到这种情况：

过去的观察：

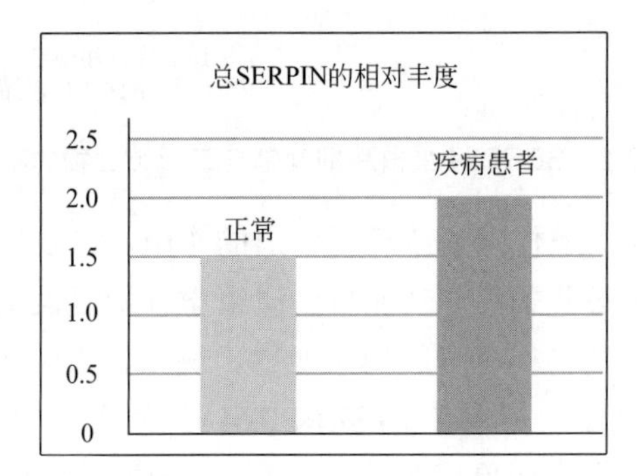

描述的方法观察到这种情况：

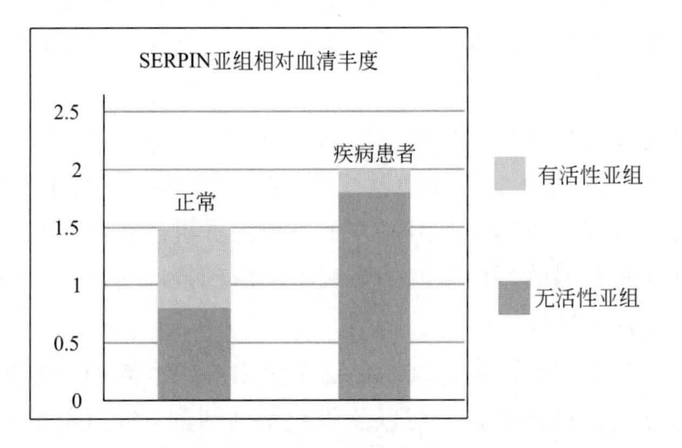

在这种假设的情况下，有活性亚组与无活性亚组的比例在疾病患者中有很大的变化，而对总蛋白质组的简单丰度测量将不会提供很多信息（见注释①和②）。在表 2-1 中，报告了通过 LC-MS 观察到的 SERPIN 以及通过谱图计数测量它们如何偏向 AlbuVoid™ 和 AlbuSorb™。

表 2-1　血清 SERPIN 的 LC-MS 观察

蛋白质名称	别名[浓度]	功能	AlbuVoid™ 磁珠结合的谱图计数	流经（未结合）AlbuSorb™ 的谱图计数	反应（RCL）键位点	重要的变体
SERPINA1	α1- 抗胰蛋白酶（AAT）[1 ～ 2mg/mL]	炎症、弹性蛋白酶抑制	59（强烈偏向于 RCL 完整的蛋白质型态）	519	Met382-Ser383	Z变体 {Glu366 → Lys366} 缺陷综合征，Pittsburgh 变体 {Met382 → Arg382} 危及生命的出血性疾病
SERPING1	血浆 C1 抑制剂 [0.25mg/mL]	调节补体级联反应，在炎症期间浓度上升约 2 倍	51	63	Ala465-Arg466 胰凝乳蛋白酶 Arg466-Thr467	
SERPINA3	胰凝乳蛋白酶抑制剂 [100 ～ 500μg/mL]	细胞凋亡、阿尔茨海默病、炎症	86	117	Leu383-Ser384	
SERPIND1	肝素辅因子Ⅱ [40 ～ 80μg/mL]	凝血，肝素激活的凝血酶抑制剂	124	28	Leu463-Ser464	
SERPINA8	血管紧张素原（angiotensinogen，AGT）[40 ～ 60μg/mL]	血管紧张素Ⅰ前体，调节血压，非抑制性	4	62	无	二硫键不稳定，与氧化二硫键形式的比例接近 40∶60
SERPINC1	抗凝血酶，ATⅢ [0.12mg/mL]	抑制凝血酶，调节凝血，血管生成，肝素辅因子	58	79	Arg425-Ser426	转变 / 变体可导致血栓形成风险增加，改变功能性肝素和凝血酶结合区
SERPINF1	色素上皮衍生因子（pigment epithelium-derived factor，PEDF）[20 ～ 175μg/mL]	神经营养因子，非抑制性	45	0	无	
SERPINA4	激肽释放酶结合蛋白 [20μg/mL]	肾脏功能、炎症	45	0	Phe388-Ser389	组织激肽释放酶在反应位点的切割
SERPINF2	α2- 纤溶酶抑制剂 [60 ～ 80μg/mL]	纤维蛋白溶解，纤溶酶和胰蛋白酶抑制剂	10	39	Arg403-Met404 血纤维蛋白溶酶，Met404-Ser405 胰凝乳蛋白酶	在反应位点插入丙氨酸可导致严重的出血性疾病
SERPIN-A10	Z- 依赖性蛋白酶抑制剂 [1 ～ 2μg/mL]	凝血调节	23	0	Tyr408-Ser409	Tyr408 → Ala408 抑制丧失
SERPINA5	蛋白质 C 抑制剂 [5μg/mL]	凝血、炎症	13	0	Arg373-Ser374	接近或位于反应键的变体改变了凝血酶活性的抑制
SERPINA6	皮质类固醇结合球蛋白 [60 ～ 80μg/mL]	激素运输，非抑制性	0	26	无	
SERPINA7	甲状腺素结合球蛋白 [15μg/mL]	激素运输，非抑制性	0	17	无	

猜想由反应键的切割引起的构象变化赋予了与磁珠非特异性相互作用结合力的增加或减少。这种切割稳定了 SERPIN 结构，AlbuVoid™ 尤其偏向与非结构蛋白结合，之前报道过 SERPINA1（α1- 抗胰蛋白酶）完整的 RCL 蛋白质型态对 AlbuVoid™ 的结合优于 RCL 切割的蛋白质型态[12]。值得注意的是，一些非抑制性 SERPIN A6-8 不易与 AlbuVoid™ 结合，为构象稳定性在结合偏向中的作用提供了支持证据。

2.2 材料

所需物品	来源
AlbuVoid™ 磁珠	由制造商提供
结合缓冲液 AVBB, pH 6.0	由制造商提供
洗涤缓冲液 AVWB, pH 7.0	由制造商提供
Spin-X 离心管过滤器	由制造商提供
胰蛋白酶、DTT、碘乙酰胺	未提供

2.3 方法

在本章中，将只考虑支持 AlbuVoid™ 的工作流程，但支持 AlbuSorb™ 的 LC-MS 工作流程将是类似的，要考虑到哪些组分将包含大部分白蛋白，哪些不包含，如图 2-2。

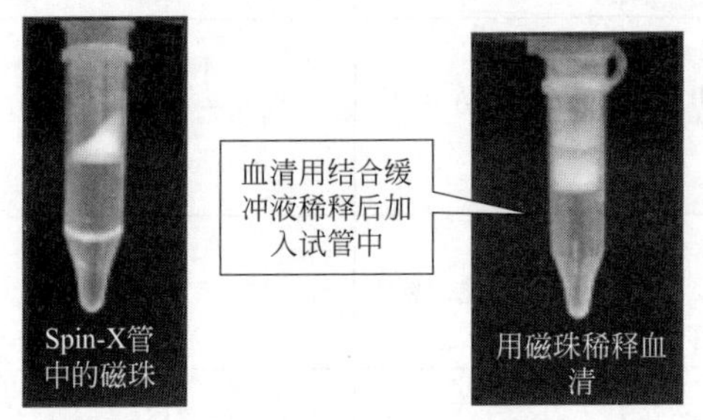

基于磁珠蛋白质水平分离-分析可以是磁珠结合的亚组，也可以是流经的亚组

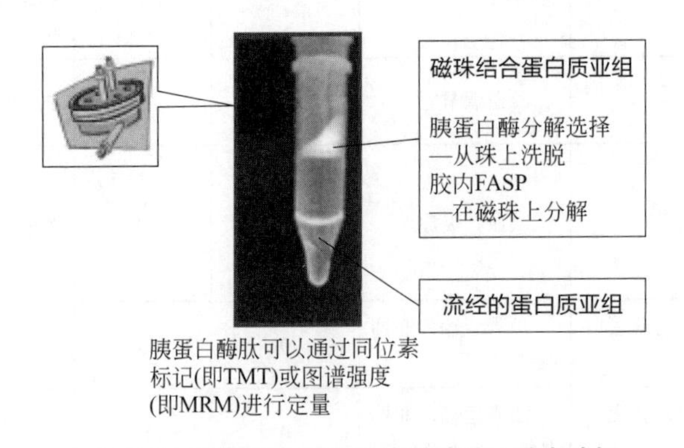

图 2-2 血清蛋白质组分离的富集 / 排出选择

工作流程严格按照制造商的步骤采用 AlbuVoid™ LC-MS On-Bead 样品制备方法。简单地说，加入结合缓冲液处理 50μL 血清，然后加入到 AlbuVoid™ 磁珠上，洗涤。所有步骤都是在微型离心旋转过滤器中进行的。白蛋白最容易排出，而剩下的大部分血清蛋白质组保留在磁珠上。最终洗涤后，在磁珠上发生还原、烷基化和胰蛋白酶分解。

为了达到最佳效果，血清应当是透明的，没有胶体物质。建议在开始制备之前，首先通过 0.45μm 注射器型过滤器进行过滤。

粗体是 AlbuVoid™ LC-MS On-Bead 试剂盒成分。

① 称 25mg AlbuVoid™ 磁珠于离心管中（提供 0.45μm Spin-X 离心管过滤器）。

② 加入 125μL 结合缓冲液 AVBB。在室温下涡旋 5min，然后以 1500×*g* 离心。弃上清液。

③ 重复步骤②。

④ 向 50 ～ 100μL 血清中加 100μL AVBB，将样品准备好。使用注射器型微型滤器澄清血清。将样品加入步骤③中 AlbuVoid™ 磁珠上。涡旋 10min，然后 10000×*g* 离心 5min。

⑤ 弃白蛋白滤液。

⑥ 向磁珠加入 250μL 洗涤缓冲液 AVWB。涡旋 5min，以 10000×*g* 离心 4min。弃洗涤液。

⑦ 重复步骤⑥两次。

AlbuVoid™ 磁珠现在富含白蛋白耗尽的低丰度蛋白质。对于 LC-MS 样品制备，磁珠上分解步骤如下。可用 0.25mol/L Tris、0.5mol/L NaCl、pH 10 溶液洗脱蛋白质（见注释③）。

⑧ 在浓缩步骤⑦的最后洗涤步骤之后，加入 10μL 100mmol/L DTT + 90μL 洗涤缓冲液 AVWB，涡旋 10min，在 60℃下孵育 0.5h。

⑨ 冷却后，加入 20μL 200mmol/L 碘乙酰胺和 80μL 洗涤缓冲液 AVWB，在室温下黑暗孵育 45min。

⑩ 以 10000×*g*（微型离心机最大设置）离心 5min，弃上清液。

⑪ 将 40μL 测序级胰蛋白酶（0.4μg/μL 的 50mmol/L 醋酸溶液）+60μL 洗涤缓冲液 AVWB 加入到磁珠中。在 37℃分解过夜（最长）或其他合适的时间。

⑫ 以 10000×*g*（微型离心机最大设置）离心 5min，保留肽滤液。

⑬ 为了进一步提取剩余的肽，加入 150μL 10% 甲酸，涡旋 10min，以 10000×*g*（微型离心机最大设置）离心 5min，然后将该体积加入到第一体积滤液。

⑭ 总量约为 250μL。按所需的最终浓度制备。在 −80℃下保存直到进行 LC-MS/MS。

LC-MS 报告特征示例。

肽经串联质谱标签（TMT）（Proteome Sciences plc，Surrey UK）标记后合并，利用与 Thermo Scientific™ Q Exactive™ HF（Thermo Scientific）仪器相连接的 nanoRSLC 系统，用单一的 LC-MS/MS 梯度运行 3h 进行分析，使用分辨率为 60000 的数据相关获取，然后对 20 个最强烈的离子进行 MSMS 扫描（HCD 30% 的碰撞能量），重复计数为 2 次，动态排除间隔 60s（表 2-2）。

RCL 的氨基酸区是 368 ～ 392，因此在 Lys367 相邻的 RCL 胰蛋白酶肽（用灰色突出显示）可以很好地比较观察到血清蛋白质亚组，图 2-3。

磁珠结合——通过 AlbuVoid™ 结合观察蛋白质亚组。

流经（未结合）——流经 AlbuVoid™ 磁珠的蛋白质亚组，未结合。

未经处理的——在血清中可观察到的未经任何样品富集的总蛋白质组，即未使用 AlbuVoid™ 或任何浓缩。

表 2-2　SERPINA1（AAT）TMT 比值：合并胰腺癌 / 合并正常

Sp Ct＝肽谱图计数									
				磁珠结合		流经（未结合）		未处理血清	
SERPINA1（AAT）肽区	开始	氨基酸序列	结束	TMT 比值	肽谱图计数	TMT 比值	肽谱图计数	TMT 比值	肽谱图计数
邻近 RCL 胰蛋白酶	360	AVLTIDEK	367	0.35	9	1.78	21	1.53	14
RCL 切割	368	GTEAAGAMFLEAIPM	382			1.05	7	1.16	23
RCL 完整	368	GTEAAGAMFLEAIPMSIPPEVK	389	0.77	5	1.75	1	1.34	50
RCL 切割	383	SIPPEVK	389			1.45	27	1.44	18
全部肽特征总计				0.54	132	1.57	372	1.44	460

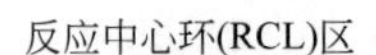
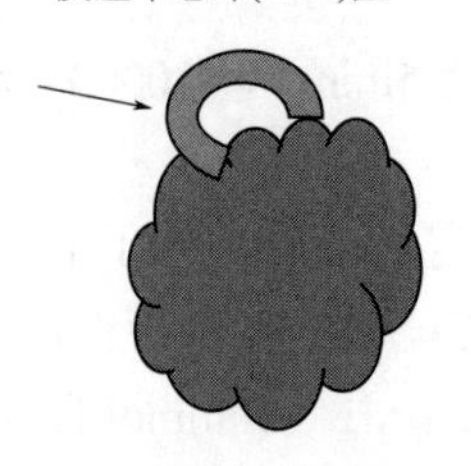

图 2-3　SERPIN LC-MS 报告特征

以深灰色突出显示的是 RCL 完整肽，以浅灰色突出显示的是在自杀性底物相互作用过程中在 Met382 处切割的两个 RCL 肽；注意，在磁珠结合部分中未观察到这些肽。这些数据表明，总 SERPINA（AAT）组以上调的亚组为主并在流经 AlbuVoid™ 部分收集，而在对未经处理的血清进行研究时该亚组在分析中占主导地位。在恶性肿瘤和炎症中常见的急性 AAT 上调就是这种情况。然而，使用我们的方法可区分出由磁珠富集的亚组，来自结合部分的 SERPINA，伴随着癌症严重程度下调！虽然这一观察结果可能具有潜在的生物学意义，但目前还不能对这个发现与特定癌症的相关性做出结论（见注释④）。不过，从生物标志物的角度看，这一发现带来了附加的倍增益处，即报告邻近 RCL 胰蛋白酶肽区未结合 / 结合的两个亚组的比例（1.78/0.35）为 5。由于开发方法中的同位素标记比例有时可以压缩报告差异，一旦开发出更多靶向的定量方法，这一比例可能会变得更大，这是未来试验的计划。

2.4　注释

① 基于磁珠的蛋白质组富集方法能够支持描述这些构象亚组特性必要的功能和结构蛋白质组分析从而使它们可能成为有用的疾病生物标志物。尽管如此，应当认识到这里描述的 RCL 报告方法仅适用于切割位点为非胰蛋白酶作用的 RCL 区，并且这些区必须作为特殊肽

输入 LC-MS 计算流程。“neXtProt：人类蛋白质的知识平台”提供了注释 RCL 切割位点有用的网络资源[13]。为了区分切割位点为胰蛋白酶作用的 RCL 区，有必要区分哪些是在体内哪些是在体外被切割的位点。为此目的已经开发了几种方法，通常属于称为 N 末端组学的方法[14]。这是一个有待进一步研究的领域。

② 像 SERPIN 超家族（即 α1- 抗胰蛋白酶）一样的经典的高丰度蛋白质作为疾病的潜在生物标志物常被忽略。然而，依靠对许多经典血清蛋白相关的各种构象和蛋白质形态变体提供的丰富数据特征依然可以有新的发现。当仔细考虑这些中高丰度蛋白质时，可以通过对可测量的多个亚组的严格定量来区分疾病。本章中描述的方法可以开始阐释和分类这些变体亚组，以便 LC-MS 肽报告特征和潜在的其他功能报告特征（即底物周转率）可以利用更多的功能信息来区分这些蛋白质型态。目的是采用这些方法可以描述典型疾病特征，然后可以用于对最终的生物标志物的效用进行比较和评估。

③ 为了提高重复性和在某些情况下减少 LC-MS 分析所需的分解时间，已经开发了多种胰蛋白酶分解方法[15]。虽然已经证明了 AlbuVoid™ 适合在磁珠上分解的方法，但这里描述的基于磁珠富集物从磁珠上洗脱后仍然与其他常用的分解方法通用，如溶液过滤辅助样品制备（FASP）法和电泳后凝胶内分解法。

④ 通过使用 SERPIN 抑制剂中 RCL 肽区的肽报告特征，现在可以区分“潜在活性”和“永久无活性”两种蛋白质型态，从而为疾病的发生机制增加了新层次的蛋白质组特征。例如，SERPINA1（α1- 抗胰蛋白酶）的遗传功能障碍已经被确定为癌症的危险因素[16]。由于 SERPIN 家族蛋白质中的许多蛋白质在血清中具有中高浓度（10μg/mL 以上范围），这些蛋白质的功能衰竭将对正常健康个体造成严重的调节失调。凝血途径中的几个关键调控因子，如 SERPINA10（Z- 依赖性蛋白酶抑制剂）和 SERPINA5（蛋白质 C 抑制剂），具有显著地改变其抑制功能的基因组变异[13]，因此可能是疾病的危险因素。所以利用本章描述的方法可以进一步研究与 SERPIN 功能相关的遗传因素。

参考文献

1. Fortelny N, Cox JH, Kappelhoff R, Starr AE et al (2014) Network analyses reveal pervasive functional regulation between proteases in the human protease web. PLoS Biol 12(5): e1001869
2. Shamamian P, Schwartz JD, Pocock BJ et al (2001) Activation of progelatinase A (MMP-2) by neutrophil elastase, cathepsin G, and proteinase-3: a role for inflammatory cells in tumor invasion and angiogenesis. J Cell Physiol 189(2):197-206
3. Law RH, Zhang Q, McGowan S et al (2006) An overview of the serpin superfamily. Genome Biol 7(5):216
4. Khan MS, Singh P, Azhar A et al (2011) Serpin inhibition mechanism: a delicate balance between native metastable state and polymerization. J Amino Acids. https://doi.org/10.4061/2011/606797
5. Carrell RW, Lomas DA (2002) Alpha1-antitrypsin deficiency—a model for conformational diseases. N Engl J Med 346(1):45-53
6. Owen MC, Brennan SO, Lewis JH et al (1983) Mutation of antitrypsin to antithrombin: α1-antitrypsin Pittsburgh (358 Met→Arg), a fatal bleeding disorder. N Engl J Med 309 (12):694-698
7. Sifers RN (1992) Z and the insoluble answer. Nature 357(6379):541
8. Janciauskiene S (2001) Conformational properties of serine proteinase inhibitors (serpins) confer multiple pathophysiological roles. Biochim Biophys Acta 1535(3):221-235
9. Mateos-Cáceres PJ, García-Méndez A, Farré AL et al (2004) Proteomic analysis of plasma from patients during an acute coronary syndrome. J Am Coll Cardiol 44(8):1578-1583

10. Wang Y, Kuramitsu Y, Yoshino S et al (2011) Screening for serological biomarkers of pancreatic cancer by two-dimensional electrophoresis and liquid chromatography-tandem mass spectrometry. Oncol Rep 26(1):287-292
11. Zelvyte I, Sjögren HO, Janciauskiene S (2002) Effects of native and cleaved forms of α1-antitrypsin on ME 1477 tumor cell functional activity. Cancer Detect Prev 26(4):256-265
12. Zheng H, Zhao C, Roy S et al (2016) The commonality of the cancer serum proteome phenotype as analyzed by LC-MS/MS, and its application to monitor dysregulated wellness. Poster presented at the AACR annual meeting 2016 conference, New Orleans, LA, USA, April 17-20 2016
13. Lane L, Argoud-Puy G, Britan A et al (2011) neXtProt: a knowledge platform for human proteins. Nucleic Acids Res 40(D1):D76-D83
14. Lai ZW, Petrera A, Schilling O (2015) Protein amino-terminal modifications and proteomic approaches for N-terminal profiling. Curr Opin Chem Biol 24:71-79
15. Zheng H, Zhao C, Qian M et al (2015) Albu Void™ coupled to on-bead digestion-tackling the challenges of serum proteomics. J Proteom Bioinformatics 8(9):225
16. Sun Z, Yang P (2004) Role of imbalance between neutrophil elastase and α1-antitrypsin in cancer development and progression. Lancet Oncol 5(3):182-190

第3章

线粒体膜蛋白的双向16-BAC/SDS-聚丙烯酰胺凝胶电泳分析

Gary Smejkal, Srikanth Kakumanu

摘要　与传统的2D-IEF/SDS-PAGE相比，用反向苄二甲基正十六烷基氯化铵（16-BAC）聚丙烯酰胺凝胶电泳（PAGE）代替等电聚焦（IEF）进行第一向电泳提高了极端疏水蛋白质的溶解度和回收率。16-BAC-PAGE的酸性环境也能更好地保护组蛋白等碱性蛋白质的不稳定甲基化。本章综述了2D 16-BAC/SDS PAGE方法的一些改进，重点介绍低分子量线粒体膜蛋白的分离。将凝胶和缓冲液中的16-BAC浓度降低至原浓度的1/50可减少混合16-BAC/SDS胶束的形成，否则会干扰第二向SDS PAGE中极低分子量蛋白质的分离，从而提高10～30kDa范围内线粒体膜蛋白的分辨率。

关键词　苄二甲基正十六烷基氯化铵，阳离子去垢剂，膜蛋白，线粒体，聚丙烯酰胺凝胶电泳，蛋白质，十二烷基硫酸钠，双向凝胶电泳，跨膜结构域

3.1　引言

已知双向凝胶电泳技术结合了等电聚焦技术和基于不同原理的十二烷基硫酸钠（sodium dodecylsulfate，SDS）-聚丙烯酰胺凝胶电泳（polyacrylamide gel electrophoresis，PAGE）技术。Klose等[1,2]发表的几篇具有里程碑意义的文章中有等电聚焦（isoelectric focusing，IEF）分辨率最好的例证，他们使用超大型的IEF/SDS从小鼠组织中分离出超过10300种蛋白质。使用能分开仅相差0.001个pI单位的蛋白质电荷亚型的固相pH梯度（immobilized pH gradients，IPG）进一步增加了IEF的分辨率，其分辨率比载体两性电解质生成的pH梯度高一个数量级[3]。

然而，对非离子或两性离子去垢剂的严格要求限制了许多去垢剂与IEF的相容性。许多极端疏水性蛋白质不溶于通常用于IEF的去垢剂，或者如果它们起初被溶解，它们可能在等电点附近沉淀，并被排除在第二向分析之外。Klein等[4]用传统的IEF/SDS-PAGE方法分离盐沼盐杆菌（*Halobacterium salinarum*）周边膜蛋白，但未能分离出具有多个跨膜结构域（transmembrane domain，TMD）的整合膜蛋白，因为这些TMD被不可逆地沉淀并困在第一向IPG胶条中。Kalinowski等[5]报道与可溶解90%膜蛋白的SDS相比，常用于IEF的两性离子去垢剂CHAPS只能溶解52%谷氨酸棒杆菌（*Corynebacterium glutamicum*）膜蛋白。与

用 Triton X-100 溶解的组分相比，先用 SDS 溶解微温绿菌（*Chlorobium tepidum*）膜蛋白组分，然后用丙酮沉淀去除 SDS，使 IEF 和 IEF/SDS PAGE 鉴定的蛋白质数量增加了一倍以上[6]。

SDS 在双向正交 PAGE（2D-SDS/SDS PAGE）中的应用利用了极端疏水蛋白质在不同凝胶浓度下的异常迁移[7]。虽然可溶性蛋白质通常结合 1.4 倍其质量的 SDS，但一些膜蛋白结合可达其质量的 4.5 倍[8]，在这种情况下，蛋白质本身不到新形成 SDS 蛋白质复合物总质量的 20%[9]。因此，膜蛋白的迁移与它们的真实分子量不一致，至少在一定程度上可以通过去垢剂诱导的分子量和电荷密度的改变来解释。最近，Meisrimler 和 Luthje[10] 在三向电泳体系中使用 SDS/SDS PAGE 作为第二和第三向，从植物微体中鉴定出的具有多个 TMD 的膜蛋白比 IEF/SDS-PAGE 多 10%。SDS/SDS PAGE 的其他几种变体已经被描述[11, 12]。

MacFarlane[13, 14] 首先描述了在电泳过程中苄二甲基正十六烷基氯化铵（benzyldimethyl-*n*-hexadecylammonium chloride, 16-BAC）PAGE 保护血小板和前骨髓细胞蛋白质的碱性蛋白质不稳定的甲基，随后不久发表了 2D 16-BAC/SDS PAGE[15] 和制备 2D 16-BAC/SDS PAGE[16] 的第一种方法。Hartinger 等[17] 后来应用 2D 16-BAC/SDS PAGE 分析突触小泡和网格蛋白小泡纯化膜中的蛋白质。Zahedi 等[18] 使用 2D 16-BAC/SDS PAGE 鉴定了通过 2D IEF/SDS PAGE 未分离出的 42 种线粒体膜蛋白，其中包括含有 12 个 TMD 的细胞色素 c 氧化酶亚基 Ⅰ。后来他们在管内凝胶中加入了 16-BAC PAGE 以消除切胶的需要[19]。

这些开创性的有关 16-BAC PAGE 和 2D 16-BAC/SDS PAGE 的文献横贯 30 多年，但是在此期间最初的实验描述几乎没有改进。因此，一些早期的错误已经重复了几十年，例如，几乎有关 2D 16-BAC/SDS PAGE 发表的每一篇论文都遵循早期的惯例，即在第二向 SDS-PAGE 之前用考马斯亮蓝染色第一向凝胶以指导切胶。这必然会使蛋白质沉淀在第一向凝胶中，并假设它们在第二向凝胶之前的短暂 SDS 平衡过程中将被完全再溶解。在这种酸性条件下可溶的其他蛋白质并没有固定在凝胶中而是被冲洗掉，不幸的是，有可能把蛋白质随冲洗液一起丢掉。尽管如此，还是有报道在第二向 PAGE 之前，对第一向凝胶进行过夜染色[18]，甚至把它们在染色液中保存[17]。Hartinger 等[17] 使用放射性标记蛋白质估计当染色凝胶转移到第二向时总蛋白损失 10%。相反，我们观察到与未经事先染色立即转入第二向 SDS PAGE 的对照凝胶相比，考马斯亮蓝染色的 16-BAC 凝胶中几乎完全丢失了低分子量线粒体膜蛋白（10 ～ 40kDa 范围内）。

通过 2D 16-BAC PAGE 分离蛋白质是基于 16-BAC 和 SDS 去垢剂对蛋白质的差异结合。与 SDS 不同的是，16-BAC 与蛋白质的结合并没有得到很好的描述（图 3-1）。从 16-BAC 蛋白质衍生物的 Ferguson 图分析得出高、低分子量蛋白质的斜率完全不同[20]。这些图中没有共同的 Y 轴截距表明，与 SDS 不同，并非所有蛋白质都能获得恒定的净电荷密度。这是完全基于分子大小而不受电荷影响的分离的先决条件，例如在 SDS 体系中。16-BAC 与某些蛋白质的差异结合，以卵清蛋白为例，在 16-BAC PAGE 中，卵清蛋白始终显示出与其他只有其一半大小的蛋白质相似的移动性[13,20]。

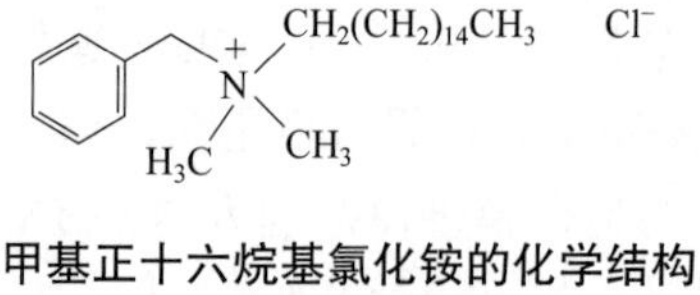

图 3-1　苄二甲基正十六烷基氯化铵的化学结构。分子量 396.1

在另一篇重要的文献中，Kramer[20] 准确算出 16-BAC 在 PAGE 缓冲液中的临界胶束浓度

（critical micelle concentration，CMC），并证明去垢剂在凝胶和电泳缓冲液中的浓度可以降低至 1/50（在样品缓冲液中保持 16-BAC 的物质的量过量以确保蛋白质完全饱和）。在接近或低于 16-BAC 的 CMC 浓度下进行 PAGE，可显著减少 16-BAC/SDS 混合胶束的形成，否则会干扰极低分子量蛋白质在二向 SDS PAGE 中的分离（图 3-2）。因此，10 ～ 30kDa 范围内的膜蛋白的分离得到提高，即使在有胶束的高聚丙烯酰胺凝胶浓度下也是如此。从理论上讲，应该可以将 16-BAC 从浓缩和分离胶中完全排除，依靠阳极缓冲液的游离去垢剂的持续流入来保持溶液的去垢性。

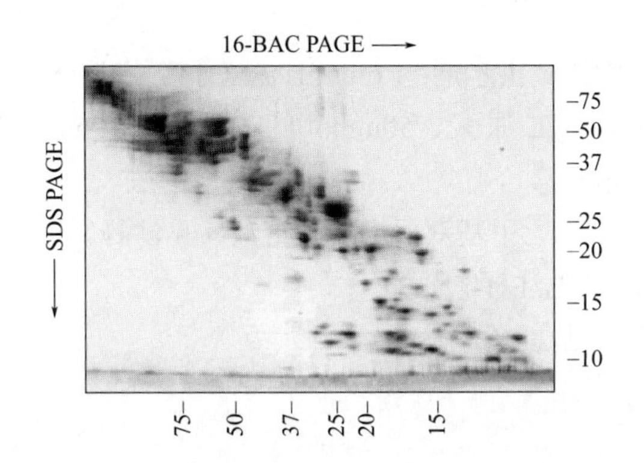

图 3-2　猪心肌线粒体膜蛋白的 2D 16-BAC/SDS-PAGE。第一向 16-BAC PAGE 为 12% 聚丙烯酰胺。第二向 SDS-PAGE 为 15% 聚丙烯酰胺。凝胶浓度的选择以最大限度地分离 10 ～ 30kDa 范围内的蛋白质为宜。凝胶用 KUMASI 染色液染色过夜

3.2　材料

3.2.1　线粒体膜蛋白的分离

① 100mmol/L 苯甲磺酰氟（PMSF），用 100% 异丙醇配制（见注释①）。

② 线粒体分离缓冲液（mitochondria isolation buffer，MIB）：20mmol/L Tris HCl，pH 7.4，250mmol/L 蔗糖，10mmol/L 氟化钾，2mmol/L EGTA，1mmol/L 钒酸钠，1mmol/L PMSF。

③ 氯仿。

④ 甲醇。

3.2.2　第一向 16-BAC PAGE

缓冲液和浓缓冲液原液可在不添加 16-BAC 的情况下预先配制。所有的缓冲液经过滤除菌（例如 Millipore Steriflip 或类似产品）后可在 4℃下保存 3 个月。使用前立即将 16-BAC 去垢剂加入工作溶液中，并在当天使用。

① 浓（4×）分离胶缓冲液：300mmol/L KH_2PO_4，pH 2.1（见注释②）。

② 浓（4×）浓缩胶缓冲液：500mmol/L KH_2PO_4，pH 4.1（见注释③）。

③ 125mmol/L 16-BAC 原液（见注释④）。

④ 浓（10×）电极缓冲液：1.5mol/L 甘氨酸，500mmol/L 正磷酸（见注释⑤）。

⑤ 工作（1×）电极缓冲液：150mmol/L 甘氨酸、50mmol/L 正磷酸、0.05mmol/L 16-BAC（见注释⑥）。

⑥ 9mol/L 尿素（见注释⑦）。

⑦ AG 501-X8 混床离子交换树脂（见注释⑦和⑨）。

⑧ Bond-Breaker™ 500mmol/L 三（2- 羧乙基）膦［Tris (2-carboxyethyl) phosphine,（TCEP）］溶液，中性 pH（Thermo Fisher Scientific，77720）。

⑨ 50% 甘油。

⑩ 浓缩（100 倍）派洛宁 Y 指示剂：1 mg/mL 派洛宁 Y 水溶液。

⑪ 1× 样品缓冲液：4mol/L 尿素、50mmol/L 16-BAC、10mmol/L TCEP、10.5% 甘油、0.005% 派洛宁 Y（见注释⑧）。

⑫ 29.2% 丙烯酰胺，0.8% 亚甲基双丙烯酰胺溶液（见注释⑨）。

⑬ 80mmol/L 抗坏血酸（见注释⑩）。

⑭ 5mmol/L 硫酸亚铁（见注释 ⑪）。

⑮ 30% 过氧化氢。

⑯ 25% 异丙醇。

⑰ Reflection™ 双垂直板电泳系统（Galileo Biosciences，85-1614）。

⑱ Precision Plus Protein™ 标准（Biorad，1610374）。

⑲ 不锈钢组织切片刀，长 22cm。

3.2.3 中和和 SDS 平衡

① 中和缓冲液：375mmol/L Tris HCl，pH 8.8，3mol/L 尿素，5% 甘油，0.001% 溴酚蓝（见注释 ⑫）。

② 二硫苏糖醇（DTT）。

③ SDS 平衡缓冲液：375mmol/L Tris HCl，pH 8.8，3mol/L 尿素，2%SDS，5% 甘油，0.001% 酚红。使用前立即加入固体 DTT，使其浓度为 50mmol/L（见注释 ⑬）。

④ 聚丙烯试剂瓶，60mL。

⑤ 中厚滤纸，100mm×20mm。

3.2.4 第二向 SDS PAGE

① 标准 Dodeca Cell 垂直板电泳系统（Bio-Rad 公司，165-4130）。

② 标准 15%Tris HCl 预制聚丙烯酰胺凝胶（Bio-Rad 公司，345-0019）或标准空盒（见注释 ⑭）。

③ SDS PAGE 电极缓冲液：25mmol/L Tris，192mmol/L 甘氨酸，0.1%SDS，pH 8.3。

④ 30% 乙醇，10% 乙酸。

⑤ KUMASI 稳定胶体考马斯染色液（Focus Proteomics，FPKS-001）。

⑥ 1mol/L 叠氮化钠。

3.3　方法

3.3.1　线粒体膜蛋白的分离

线粒体分离参考 Lee 等所述方法[21]。在安乐死后几分钟内切除猪心脏，并立即放在湿冰上。采集后 1h 内解剖组织。所有步骤均在 4℃下进行。

① 去除结缔组织和脂肪，用食物匀浆机快速研磨心肌。

② 将浸渍悬浮在 5 倍体积的 MIB 中。

③ 将悬浮液在食品加工机中搅拌 3 次 30 s。

④ 将悬浮液 650 RCF（相对离心力）离心 10min，并通过多层纱布过滤上清液。

⑤ 将剩余的沉淀重悬于另外的 MIB 中，重复步骤③和④。将两次上清液混合。

⑥ 将混合上清液离心，14000 RCF 离心 20min。

⑦ 用 Teflon 研磨棒在磨砂玻璃匀浆器中匀浆所得到的沉淀。

⑧ 在 400 RCF 下离心 8min，使细胞碎片沉淀。将上清液转移到新的管中，4000 RCF 离心 20min。

⑨ 重复步骤⑦和⑧，直到上清液澄清，沉淀呈米色。

⑩ 再将线粒体沉淀悬浮在少量 MIB 中，用 Lowry 法（劳里法）测定蛋白质浓度。用 MIB 调节样品体积，使蛋白质浓度为 20mg/mL。线粒体可在 −80℃下保存以备后续分析。

⑪ 分离前，用 MIB 将蛋白质稀释至 3mg/mL。加入四倍体积甲醇、一倍体积氯仿和三倍体积水，每次加入后剧烈涡旋。

⑫ 14000 RCF 离心 2min。

⑬ 除去顶层水层，并加入 400μL 甲醇。14000 RCF 离心，使沉淀蛋白质成团。

⑭ 吸取上清液，让蛋白质沉淀风干，确保沉淀不会过度干燥，否则用于电泳时很难溶解。沉淀可在 −80℃下保存，以备后续分析。

3.3.2　16-BAC PAGE

用 MacFarlane[13] 稍作修改的 Fenton 反应（芬顿反应）催化聚合反应。一般来说，16-BAC 凝胶在灌胶的同一天电泳。如有必要，可在第一天灌分离胶，然后用 1× 分离缓冲液覆盖并在室温下保存过夜。浓缩胶应在第二天跑胶的几个小时内灌胶。所有步骤均在室温下进行。

① 使用上缓冲液室的定位销，组装两块 16cm×14cm 的玻璃板和两个 0.8mm 的垫片，并牢牢夹紧。整个组件被转移到灌胶底座上，并用凸轮固定在适当的位置，以进行防漏灌胶（见图 3-3）。

② 按表 3-1 制备分离胶。将除催化剂外的所有组分放入 50mL 有螺口盖子的离心管中。拧紧盖子，轻轻颠倒混合，注意不要产生气泡。

③ 依次加入抗坏血酸、$FeSO_4$ 和 H_2O_2。拧紧盖子，每次加入后轻轻颠倒混合。

④ 立即将混合物倒入凝胶盒中，距离有凹口的玻璃板顶部 3cm 以内。小心地用 400 ～ 600μL 25% 异丙醇覆盖凝胶（见注释 ⑮）。

⑤ 让凝胶聚合 15 ～ 20min（见注释 ⑯）。

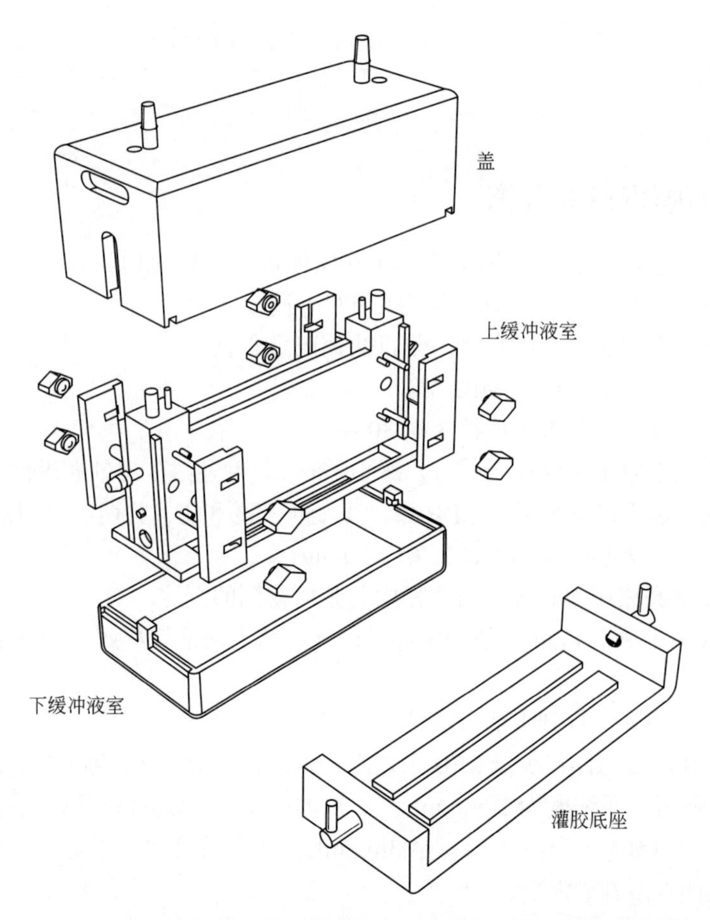

图 3-3 Galileo Biosciences 大规格电泳系统和防漏灌胶系统的分解图。在灌胶过程中，将玻璃板和垫片夹紧到上缓冲液室，直到电泳完成后才能移开。这样可以避免凝胶“弯曲”而导致凝胶脱离玻璃表面以及凝胶与玻璃之间形成气泡

表 3-1 16-BAC PAGE 分离胶组成

原液	终浓度	体积
29.2% 丙烯酰胺，0.8% 双丙烯酰胺	12%	20mL
9mol/L 尿素	2.6mol/L	14.9mL
4× 分离胶缓冲液，pH 2.1	75mmol/L	12.5mL
125mmol/L 16-BAC	0.05mmol/L	20μL
水	—	—
80mmol/L 抗坏血酸	4mmol/L	2.5mL
5mmol/L 硫酸亚铁	8μmol/L	80μL
30% 过氧化氢	0.002%	3.3μL
	总体积	50mL

⑥ 轻轻倒出异丙醇覆盖物，用水冲洗凝胶表面两次（如果将凝胶存放一整夜，用 1× 分离胶缓冲液覆盖）。

⑦ 按表 3-2 制备浓缩胶。将除催化剂外的所有成分混合，拧紧盖子，然后轻轻颠倒混合。依次添加抗坏血酸、$FeSO_4$ 和 H_2O_2。拧紧盖子，每次加入后轻轻颠倒混合。

表 3-2　16-BAC PAGE 浓缩胶组成

原液	终浓度	体积
29.2% 丙烯酰胺，0.8% 双丙烯酰胺	4%	1.35mL
9mol/L 尿素	3mol/L	3.35mL
4× 浓缩胶缓冲液，pH 4.1	75mmol/L	2.5mL
125mmol/L 16-BAC	0.05mmol/L	4μL
水	—	2.3mL
80mmol/L 抗坏血酸	4mmol/L	0.5mL
5mmol/L 硫酸亚铁	8μmol/L	16μL
30% 过氧化氢	0.002%	1μL
	总体积	10mL

⑧ 将凝胶盒中的剩余空间填满浓缩胶，并插入 0.8mm 厚的梳子，注意不要产生气泡，使其聚合至少 1h。

⑨ 取下梳子，使用移液枪用水强力冲洗孔内未聚合溶液。

⑩ 往上下缓冲液室中加电极缓冲液。使用移液枪用电极缓冲液冲洗孔里的水。

3.3.3　样品制备

在分析的当天将 16-BAC 溶于样品缓冲液。电泳前立即制备蛋白质样品。Hartinger 等 [17] 观察到，当样品保存在 16-BAC 样品缓冲液中时，蛋白质发生降解，分辨率下降。

① 将线粒体沉淀（总蛋白 100 ～ 200μg）溶于 25μL 16-BAC 样品缓冲液。60℃孵育 10 ～ 15min 或直至完全溶解（见注释 ⑰）。

② 将蛋白质标准品用 16-BAC 样品缓冲液至少稀释 10 倍。

③ 将样品和标准品 14000 RCF 离心 5min。在每个孔中上样 20μL 上清液，尽可能在样品之间留出空白泳道。

④ 以反极性链接电源，在 50 mA 恒流下开始电泳，直到派洛宁 Y 指示剂迁移到分离胶中 8 ～ 10cm。

3.3.4　中和和 SDS 平衡

① 电泳后，立即拆卸上缓冲液室，用其中一个垫片像打开书一样撬开凝胶盒。一块板应该移走，而凝胶仍然黏附在另一块板上。

② 以浓缩胶和派洛宁 Y 指示剂前沿为参照，使用组织切片刀从每个泳道的中心切一片。为获得最佳效果，凝胶切片宽度不得超过 4mm。修剪派洛宁 Y 以下的浓缩胶和多余的分离胶。

③ 将凝胶切片转移到干净的聚丙烯试剂瓶中，并在 5mL 中和缓冲液中孵育 2×2min。

④ 将每个凝胶切片在 5mL SDS 平衡缓冲液中孵育 2×10min。

3.3.5　第二向 SDS PAGE

① 用水冲洗第二向凝胶表面，去除残留的储存缓冲液。往上缓冲液室加 SDS PAGE 电极缓冲液。

② 将 100mm×20mm 滤纸浸泡在 SDS PAGE 电极缓冲液中。

③ 用小铲将平衡凝胶条放置在第二向凝胶的顶部。将饱和滤纸放在平衡凝胶条的顶部，轻轻向下压，使凝胶条与第二向凝胶紧密接触（图 3-4）。

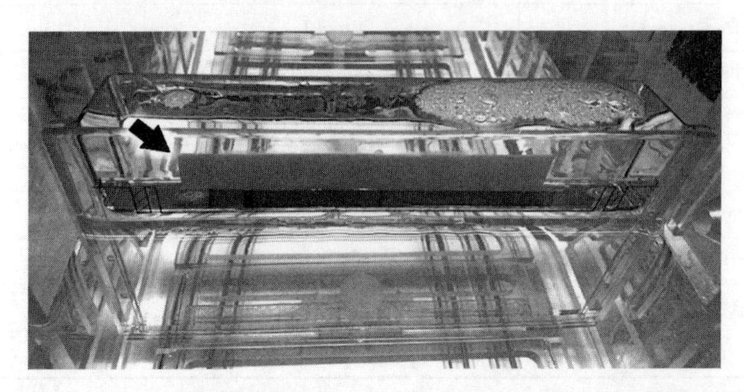

图 3-4 从第一向 16-BAC PAGE 切除泳道的第二向 SDS PAGE。SDS 平衡后的凝胶条通过缓冲液饱和滤纸芯与第二向凝胶保持紧密接触，这样就不需要琼脂糖凝胶覆盖

④ 以正常极性连接电源。在 40mA 恒流下开始电泳 10min。关闭电源，取出滤纸。继续电泳，直到酚红染料前沿移到凝胶底部的几毫米范围内。

3.3.6 KUMASI 染色

① 将凝胶固定在含 30% 乙醇和 10% 乙酸的 100mL 溶液中至少 1h（见注释 ⑱）。

② 将固定剂轻轻倒出，在 100mL KUMASI 染色液中染色过夜（见注释 ⑲）。

③ 用含 30% 乙醇和 10% 乙酸的溶液冲洗凝胶 30s。

④ 将凝胶在 KUMASI 染色试剂盒中的 100mL 活性增强剂溶液中孵育至少 20min。在增强剂溶液中过夜培养可提高对比度。

⑤ 如果凝胶要保存一周以上，则添加 10mmol/L 叠氮化钠（见注释 ⑳）。

3.4 注释

① PMSF 在 pH 为 7.5 和 8.0 的水溶液中的半衰期分别为 55min 和 35min[22]。用 100% 异丙醇配制的原液可保持数月稳定。

② 配制 4× 分离胶缓冲液时，将 8.2g KH_2PO_4 溶于 150mL 水中，并用 1mol/L HCl 调至 pH 2.1。将体积调整至 200mL。过滤除菌，4℃可保存 3 个月。

③ 配制 4× 浓缩胶缓冲液时，将 13.6g KH_2PO_4 溶于 150mL 水中，并用 1mol/L HCl 调至 pH 4.1。将体积调整至 200mL。过滤除菌，4℃可保存 3 个月。

④ 每天现配的 16-BAC 溶液。将 50mg 16-BAC（Millipore-Sigma，B-4136）溶解在 10mL 水中配制 125mmol/L 原液。

⑤ 配制 10× 电极缓冲液时，将 56g 甘氨酸溶于 450mL 水中，加入 28.8mL 85% 正磷酸，并将体积调整至 500mL。自然 pH。过滤除菌，4℃可保存 3 个月。

⑥ 每升工作电极缓冲液使用 100mL 浓（10 倍）缓冲液。每升溶解 20mg 固体 6-BAC，立即使用。

⑦ 将 24.3g 尿素溶于 45mL 水中，置于 50mL 有螺旋盖的离心管中。加入 0.5g AG 501-X8 混床离子交换树脂（Bio-Rad 公司，143-7424），轻轻转动孵育 30 ～ 60min。过滤除菌，室温保存，3 天内使用。

⑧ 每天现配样品缓冲液。将 4.5mL 9mol/L 尿素和 3.5mL 30% 甘油混合。加入 0.2g 16-BAC 并转动溶解。加入 50μL 500mmol/L TCEP 和 50μL 100× 派洛宁 Y，并将体积调至 10mL。

⑨ 丙烯酰胺和亚甲基双丙烯酰胺是强效的神经毒素。为了将危害降到最低，应使用 30% 丙烯酰胺双丙烯酰胺预混溶液（Bio-Rad，161-0159）。将 0.5g AG 501-X8 混床离子交换树脂加入盛有 45mL 30% 丙烯酰胺双丙烯酰胺溶液的 50mL 有螺旋盖的离心管中，轻轻转动孵育 30 ～ 60min。过滤除菌，4℃可保存两个月。

⑩ 现配 80mmol/L 抗坏血酸。将 140mg 抗坏血酸溶于 10mL 水中。

⑪ 现配 5mmol/L 新鲜硫酸亚铁。将 70mg 硫酸亚铁溶于 50mL 水中。

⑫ 溴酚蓝是一种 pH 指示染料，从黄色转变为蓝色表明凝胶条被中和。中和步骤的另一个更重要的作用是在 SDS 平衡之前去除凝胶中残留的 KH_2PO_4，因为 K^+ 会驱动不溶性十二烷基硫酸钾（potassium dodecylsulfate，KDS）的形成。KDS 的克拉夫特点为 36℃。

⑬ DTT 在室温下 pH 为 8.5 时的半衰期约为 1.4h。干燥的 DTT 固体应溶解在 SDS 平衡缓冲液中，并在 1h 内使用。SDS 平衡缓冲液可以事先配制（不含 DTT），过滤除菌，在 −20℃下至少可保存两个月。DTT 作为 pH 7.0 以下的还原剂是无效的，在 pH 7.0 以下 DTT 中只有约 1% 的巯基是能进行化学反应的硫醇盐形式 [23]。

⑭ 正如 Smejkal 等 [9] 详细描述的那样，任何所需凝胶浓度的凝胶都可以手工灌胶到标准空盒中。

⑮ 凝胶可以用喷瓶中 25% 的异丙醇“喷雾”。

⑯ 凝胶聚合速率受温度和相对湿度的影响。如果凝胶在 10min 内聚合，则弃用，并将每种催化剂的用量减少 10% 来制备新凝胶。

⑰ 避免将样品加热到 60℃以上。Asp-Pro 键在高温酸性 pH 下易水解。

⑱ 为了改善染色效果，将凝胶固定过夜以完全去除 SDS。

⑲ 固定液和 KUMASI 染色液至少可重复使用两次。

⑳ 在加入叠氮化钠的增强剂溶液中保存的凝胶可保持数年稳定。观察到保存 9 年的凝胶对比度有所改善灵敏度也没有明显损失。

参考文献

1. Klose J, Kobalz U (1995) Two-dimensional electrophoresis of proteins: an updated protocol and implications for a functional analysis of the genome. Electrophoresis 16:1034-1059

2. Klose J, Nock C, Herrmann M, Stühler K, Marcus K, Blüggel M, Krause E, Schalkwyk LC, Rastan S, Brown SDM, Büssow K, Himmelbauer H, Lehrach H (2002) Genetic analysis of the mouse brain proteome. Nat Genet 30:385-393

3. Hamdan M, Righetti PG (2005) Proteomics today: Protein assessment and biomarkers using mass spectrometry, 2D electrophoresis, and microarray technology. Wiley & Sons, Hoboken, NJ, pp 219-265

4. Klein C, Garcia-Rizo C, Bisle B, Scheffer B, Zischka H, Pfeiffer F, Siedler F, Oesterhelt D (2005) The membrane proteome of *Halobacterium salinarum*. Proteomics 5:180-197

5. Kalinowski J, Wolters D, Poetsch A (2008) Proteomics of *Corynebacterium glutamicum* and other Corynebacteria. From Corynebacteria: genomics and molecular biology (Burkovski A, ed). Caister Academic Press, Norfolk, pp 56-77

6. Aivaliotis M, Corvey C, Tsirogianni I, Karas M, Tsiotis G (2004) Membrane proteome analysis of the green-sulfur bacterium *Chlorobium tepidum*. Electrophoresis 25:3468-3474
7. Moller AJB, Witzel K, Vertommen A, Barkholdt V, Svensson B, Carpentier S Mock HP, Finne C (2011) Plant membrane proteomics: challenges and possibilities. Sample preparation in biological mass spectrometry. Springer, Heidelberg, pp 411-434
8. Rath A, Glibowicka M, Nadeau VG, Chen G, Deber CM (2009) Detergent binding explains anomalous SDS-PAGE migration of membrane proteins. PNAS 106:1760-1765
9. Smejkal GB, Bauer DJ (2012) High speed isoelectric focusing of proteins enabling rapid two-dimensional gel electrophoresis. Gel electrophoresis: principles and basics. Intech, Rijeka, pp 157-170
10. Meisrimler CN, Lüthje S (2012) IPG-strips versus off-gel fractionation: advantages and limits of two-dimensional PAGE in separation of microsomal fractions of frequently used plant species and tissues. J Proteome 75:2550-2562
11. Rabilloud T (2010) Variations on a theme: changes to electrophoretic separations that can make a difference. J Proteome 73:1562-1572
12. Miller M, Ivano Eberini I, Gianazza E (2010) Other than IPG-DALT: 2-DE variants. Proteomics 10:586-610
13. Macfarlane DE (1983) Use of benzyldimethyl- n-hexadecylammonium chloride (16-BAC), a cationic detergent, in an acidic polyacrylamide gel electrophoresis system to detect base labile protein methylation in intact cells. Anal Biochem 132:231-235
14. Macfarlane DE (1984) Inhibitors of cyclic nucleotide phosphodiesterases inhibit protein carboxyl methylation in intact blood platelets. J Biol Chem 259:1357-1362
15. Macfarlane DE (1986) Phorbol diesterinduced phosphorylation of nuclear matrix proteins in HL60 promyelocytes. Possible role in differentiation studied by cationic detergent gel electrophoresis systems. J Biol Chem 261:6947-6953
16. Macfarlane DE (1989) Two dimensional benzyldimethyl-n-hexadecylammonium chloride sodium dodecyl sulfate preparative polyacrylamide gel electrophoresis: a high capacity high resolution technique for the purification of proteins from complex mixtures. Anal Biochem 176:457-463
17. Hartinger J, Stenius K, Högemann D, Jahn R (1996) 16-BAC/SDS-PAGE: a two-dimensional gel electrophoresis system suitable for the separation of integral membrane proteins. Anal Biochem 240:126-133
18. Zahedi RP, Meisinger C, Sickmann A (2005) Two-dimensional benzyldimethyl-nhexadecy-lammonium chloride/ SDS-PAGE for membrane proteomics. Proteomics 2005 (5):3581-3588
19. Zahedi RP, Moebius J, Sickmann A (2007) Two-dimensional BAC/SDS-PAGE for membrane proteins. In: Bertrand E, Faupel M (eds) Subcellular proteomics: from cell deconstruction to system reconstruction. Springer, Dordrecht, pp 13-20
20. Kramer ML (2006) A new multiphasic buffer system for benzyldimethyl-n-hexadecylammonium chloride polyacrylamide gel electrophoresis of proteins providing efficient stacking. Electrophoresis 27:347-356
21. Lee I, Salomon AR, Yu K, Samavati L, Pecina P, Pecinova A, Huttemann M (2009) Isolation of regulatory-competent, phosphorylated cytochrome c oxidase. Methods Enzymol 457:193-210
22. James GT (1978) Inactivation of the protease inhibitor phenylmethylsulfonyl fluoride in buffers. Anal Biochem 86:574-579
23. Singh R, Whitesides GM (1995) Reagents for raid reduction of disulfide bonds in proteins. Techniq Protein Chem VI:259-266

第4章

采用PEP技术系统分析人血清中糖酵解酶的活性

David Wang

摘要 采用功能蛋白质组学技术，系统地监测由改良的双向凝胶分离和随后的蛋白质洗脱板（一种统称为PEP的方法）得到的血清蛋白质中的代谢酶活性。肿瘤患者与对照组患者的代谢酶活性在定性和定量上均存在差异，这些结果为肿瘤诊断和药物开发提供了良好的候选生物标志物。该技术具有广泛的应用前景，可用于功能蛋白质的快速纯化和表征分析以及新的药物靶点的鉴定和验证。PEP技术能够有效地分离和获得功能蛋白质使其可用于分析任何蛋白质及其变体，这对于如蛋白激酶、蛋白磷酸酶、蛋白酶和代谢酶等比较大的酶家族来说尤其有利。

关键词 功能蛋白质组学，双向凝胶电泳，蛋白质纯化，生物标志物，蛋白质洗脱板（PEP），癌症诊断，药物靶点鉴定

4.1 引言

近十年来，许多新技术已用于生物标志物的发现并取得了重大进展。每一种技术都聚焦于不同类型的生物实体，如循环肿瘤细胞（circulating tumor cells，CTC）、细胞外小泡、micro-RNA和癌源无细胞DNA或循环肿瘤源DNA（ctDNA）[1-9]。然而，肿瘤的异质性、肿瘤干细胞（cancer stem cell，CSC）的可塑性和多样性等基本问题使得生物标志物的开发和发展成为一项具有挑战性的工作。在样品采集和保存过程中引入的变量以及对发现的生物标志物候选分子缺乏可靠的验证方法使生物标志物的开发更加复杂[10-19]。由于这些障碍，目前还没有FDA批准的用于肿瘤早期检测的血清试验。鉴于乳腺癌对公共卫生的重要性，快速鉴定和开发用于早期诊断以及可预测患者患病的风险、耐药性产生和治疗选择潜力的新生物标志物至关重要。基于血液生物标志物在癌症筛查中具有巨大的潜力，其作用可以从一般人群风险评估进一步扩展到治疗的反应评估和复发监测[20-27]。血液中富含多种细胞和分子成分，提供了个人健康状况的信息，使其成为开发癌症无创诊断的理想区域。然而，尽管收集了大

量关于常见癌症生物标志物的文献，但是很难开发早期阶段就能报告癌症的存在和预测治疗反应的血液诊断试验。

在过去的十年中，蛋白质组学已经用于从包括血清在内的人类体液中开发潜在的生物标志物。迄今为止，蛋白质组学的研究主要集中在把总蛋白质组水解产生的肽通过质谱分析进行蛋白质组的鉴定和序列注释。已有数千种蛋白质以这种方式从人类血清中鉴定出来（www.serumproteome.org）。人们普遍认识到，仅靠序列注释无法获取这些血清蛋白质所携带的重要信息，因此开发新的研究手段是必要的。双向（2D）凝胶电泳是分离复杂蛋白质样品的一项很有效的技术。第一向称为等电聚焦（IEF），根据蛋白质的等电点（pI）分离，最小具有 0.02 单位 pI 差异的蛋白质可以被分离开，使其成为一种高分辨率的方法。第二向是根据蛋白质的分子大小来分离的。2D 凝胶电泳是利用两个正交参数（电荷和大小）进行双向蛋白质的分离和显示，因此是蛋白质分离最有效的技术之一。使用大型凝胶可分离和检测到 10000 多种蛋白质同时获得它们的相对丰度和翻译后修饰信息。由于这些优点，双向凝胶电泳在蛋白质组学研究中得到了广泛的应用。然而，在典型的 2D 凝胶电泳中，加入破坏二硫键的试剂（DTT 或 β- 巯基乙醇）、防止二硫键形成的化学物质（碘乙酰胺）和高浓度 SDS（通常为 1%）使蛋白质变性。为了保持蛋白质在 2D 凝胶电泳中的活性，本研究讨论的 PEP 技术对典型的双向凝胶电泳进行了一些改进。第一，在 IEF 步骤中不使用还原剂以保持蛋白质中的二硫键完整。第二，省略碘乙酰胺。第三，在 SDS-PAGE 中使用较低的 SDS 浓度（从 1% 降到 0.1%）或不使用 SDS，以尽可能地保持酶活性和蛋白质功能。最近的研究表明，在 SDS 存在的情况下，多种生物体内的许多不同的酶家族都仍然具有活性，如蛋白激酶、蛋白磷酸酶、蛋白酶、氧化还原酶等。

除方法改进外，还设计了一种高分辨率蛋白质洗脱板（protein elution plate，PEP）。小型 PEP 有与通用的 384 孔的微孔板尺寸相匹配的 384 个孔便于样品处理。大型 PEP 由 4 块 384 个孔 PEP 组成，因此有 1536 孔（图 4-1）。无论是大型还是小型 PEP，其中一面都附加一层截留分子质量为 6000Da 的半透膜，这个膜可以使电流和带电的小分子通过，而在 PEP 孔中

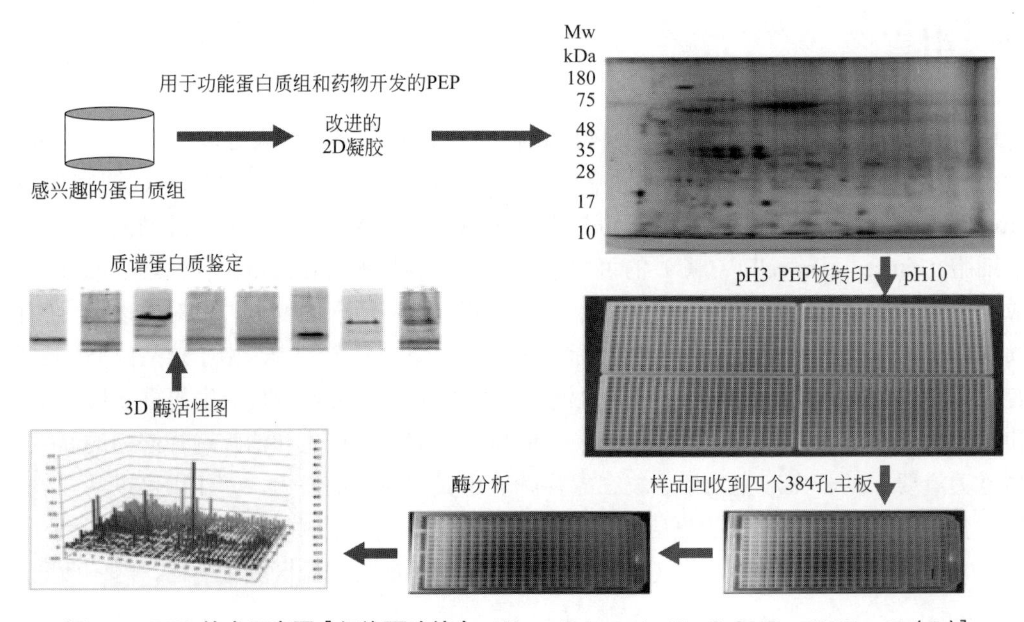

图 4-1　PEP 技术示意图［经许可改编自：Wang D L et al., PLoS ONE，2015，10（3）］

分子质量大于 6000Da 的蛋白质被富集。此外，还为 PEP 匹配开发了一种特殊的溶液以减少蛋白质从凝胶转移到 PEP 过程中的扩散。将洗脱溶液从 PEP 转移到深孔主板后，可使用主板上的部分样品分析酶活性或蛋白质功能，蛋白质的纯度可在标准条件下用 SDS-PAGE 进行验证而蛋白质的鉴定可以通过质谱进行。假设血清中某些酶功能的水平和分布可以反映个体生理变化的蛋白质组学特征和其他参数，这些信息可以作为可能的生物标志物或诊断参数[28-38]。本章综述了 PEP 技术在人血清代谢酶系统分析中的应用。我们相信，从人血清中鉴定和验证的这些功能蛋白质有利于癌症诊断的生物标志物的开发。PEP 技术还可用于其他疾病的功能性生物标志物的开发以及药物靶点鉴定和药物安全性评价（图 4-1）。

4.2　材料

4.2.1　化学药品

所有化学药品均从 MilliporeSigma 公司（St. Louis，MO）购买。能跑不同长度等电聚焦（IEF）的 IEF 电泳仪来自 Bio-Rad 公司（PROTEAN IEF Cell，Hercules，CA）。能够在宽波长选择范围和荧光读数条件下对 384 孔板读数的分光光度计读板器是来自 Molecular Devices 公司（Sunnydale，CA）的 SPECTRAMax Plus。用于蛋白质转印的 Semi-Blot 装置是 Bio-Rad 公司的 Trans-Blot SD Semi-Dry Transfer Cell。AlbuVoid™ 血清蛋白质富集磁珠来自 Biotech Support Group 公司（Monmouth Junction，NJ）。蛋白质洗脱板（PEP）是 Array Bridge 公司（St. Louis，MO）的产品。

① SDS-PAGE 凝胶：可以选择任何形式的 SDS-PAGE 凝胶来检测样品。第一向凝胶每孔的上样量最好是 15μL 或更多。来自 Bio-Rad 公司的凝胶（标准 10% ～ 20%18 孔 Tris HCl 凝胶，目录号 345-0043）。对于第二向凝胶分离，标准 10% ～ 20%IPG+1 孔 Tris HCl 凝胶（Bio-Rad 公司，目录号 345-0107）或来自 Invitrogen 的类似凝胶等可用于蛋白质分离。

② IEF 胶条：可从 Bio-Rad 公司（11cm IPG 胶条，目录号 163-2014 和 18cm IPG 胶条，目录号 163-2033）或 GE Health Life Sciences 公司（11cm，pH 3 ～ 10 固相电解质干胶条，目录号 18101661；18cm，pH 3 ～ 10 非线性固相电解质干胶条，目录号 17123501）购买跑 IEF 的 IPG 胶条。

③ 电解液：用于 IEF 凝胶的电解液可以从 Bio-Rad 公司（Bio-Lyte 缓冲液，pH 3 ～ 10，目录号 163-2094）或 GE Health 公司（Pharmalyte pH 3 ～ 10，目录号 17-0456-01）购买。

④ 蛋白质染色成分：如需蛋白质染色，可采用以下条件，凝胶电泳后，先在固定液（10% 乙酸，10% 乙醇 Milli-Q 水溶液）中固定 1h，然后用 SYPRO Orange（Invitrogen，目录号 S6650）或其他荧光染料在 Milli-Q 水溶液染色过夜，按制造商推荐的方法稀释荧光染料。

⑤ 带一次性枪头的单通道和多通道微量移液枪，标称容量 5 ～ 250μL。用于样品稀释的塑料管（即 1.5 ～ 15mL）。用于加样品的试剂瓶。

4.2.2　糖酵解酶活性测定

通过测定糖酵解途径中的第一种酶已糖激酶来检测人血清中的糖酵解酶活性。利用牛肝提取物提供低基础水平的糖酵解酶，从 PEP 洗脱血清样品中的任何其他的酶可以通过增加己糖激酶活性进行检测。因此，PEP 样品糖酵解酶活性的测定是通过牛肝提取物基础水平上己糖激酶活性的增加来计算的。

己糖激酶活性可通过以下级联反应进行监测：

$$\text{加入的底物}\{\text{D-葡萄糖}+\text{ATP}\}\xrightarrow{\text{己糖激酶}}\text{产物}\{\text{D-葡萄糖 6-磷酸}+\text{ADP}\}$$

$$\text{D-葡萄糖 6-磷酸}+\beta\text{-NADP}\xrightarrow{\text{G-6-PDH}}\text{6-磷酸-D-葡萄糖酸}+\beta\text{-NADPH}$$

在最终的分析溶液中，葡萄糖 216mmol/L，$MgCl_2$ 7.8mmol/L，ATP 0.74mmol/L，NADP 1.1mmol/L。将 25μL 该酶分析溶液与来自主板（如下所述）的 25μL 样品混合，通过测定将 NADP 还原为 NADPH 而增加的 340nm 吸光度监测酶活性。不同时间点如 0h、1h 和 2h 记录正常血清和乳腺癌患者血清样品的读数。但是，以 0.25mg/mL 的牛肝蛋白作为葡萄糖 -6- 磷酸脱氢酶（glucose-6-phosphate dehydrogenase，G-6-PDH）的来源代替纯 G-6-PDH 用于己糖激酶测定。因此，本试验报告了牛肝提取物的内源性己糖激酶活性和来自 PEP 板中试验血清蛋白质的任何外源性活性的加和作用，这些都可能影响 NADP（报告信号）的还原。鉴于此类报告系统可能产生的模糊性，本研究的主要目的是生成足够的信号强度和活性特征，以便在“组学”框架下监测和比较两种样品类型。因此，选择了一种广谱的方法，可能从试验血清中检测己糖激酶和下游糖酵解酶以及其他交叉调节蛋白质的活性（图 4-2）。

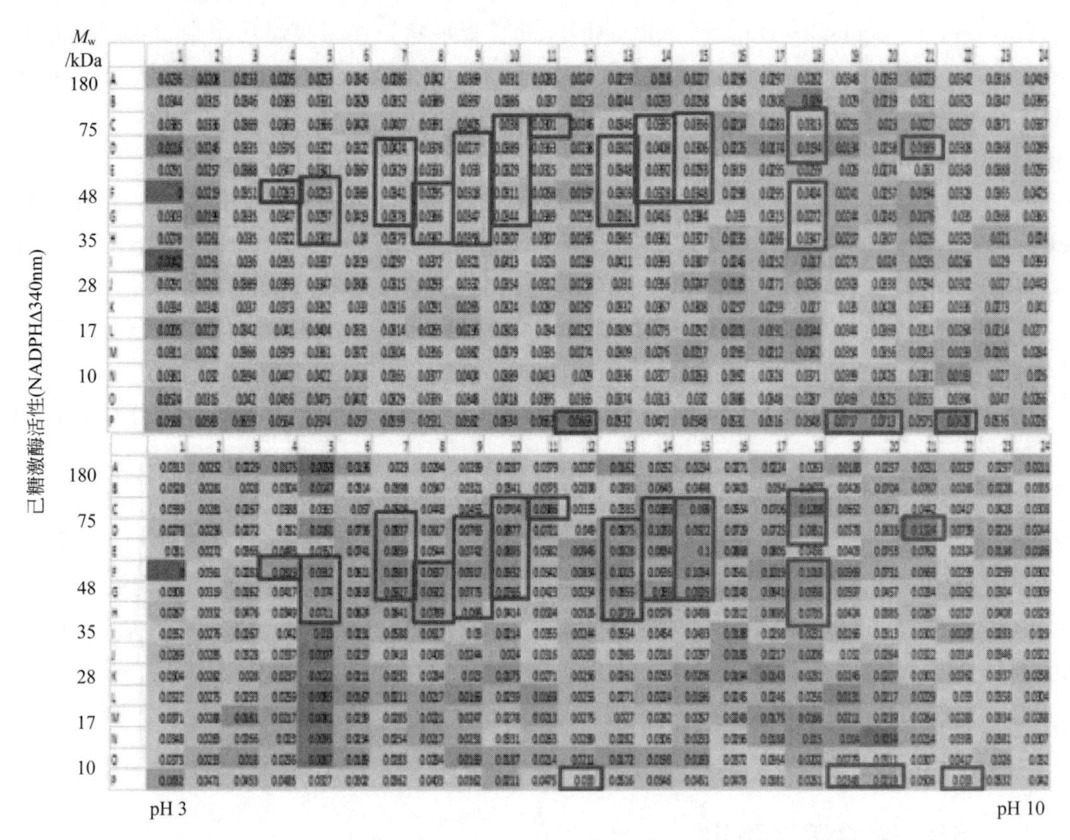

图 4-2　正常人和乳腺癌患者血清己糖激酶活性的测定（见彩图）

［经许可改编自：Wang D L et al., BMC Biomarker Research，2017，5（11）］

4.2.3　由 Array Bridge 公司提供的 PEP 通用蛋白质纯化试剂盒（小型 PEP）的成分（目录号 AB-000401）

① 384 孔 PEP 板。提供用一种特殊的溶液处理的 PEP 板以减少转移蛋白质的结合提高回收率。

② 384 孔主板。提供深孔板以容纳从 PEP 板中回收的样品。

③ 384 孔酶标板。提供标准 384 孔聚丙烯板用于酶分析以确定哪些孔含有感兴趣的蛋白质。

④ 10× 蛋白质转移缓冲液（50mL）。用于跑改良的 SDS-PAGE 或 2D 凝胶的第二向的缓冲液，也用于润湿滤纸以便将蛋白质从凝胶转移到 PEP 板。

⑤ 10×PBS（10mL）。用于主板预处理的缓冲液，用 50μL PBS 装满主板的每个孔。

⑥ 标准 SDS-PAGE 样品缓冲液（0.5mL）。用于检查酶组分纯度的标准 SDS-PAGE 样品处理用的溶液。

⑦ PEP 板蛋白质回收缓冲液（25mL）。用于 PEP 板的溶液以回收从凝胶中洗脱的蛋白质并防止蛋白质扩散的溶液。

⑧ 板封口膜。用于纯化过程中主板和酶标板的密封。Kit AB-00402（两个）。

⑨ 滤纸。用于在蛋白质转移过程中形成夹心结构。

4.2.4　仪器

凝胶电泳装置包括电源和电泳槽。

能够跑不同长度的等电聚焦电泳仪，例如 Bio-Rad PROTEAN IEF Cell（目录号 165-4000）。

分光光度计读板器，可选择宽波长范围和荧光读数读 384 孔板。

用于蛋白质转印的 Semi-Blot 装置，如 Bio-Rad's Trans-Blot SD Semi-Dry Transfer Cell（目录号 170-3940）。

4.3　方法

4.3.1　样品处理

高浓度的盐会干扰 IEF 步骤。当蛋白质浓度小于 5mg/mL，盐浓度大于 100mmol/L 时，建议用 pH7.2 的 5mmol/L 磷酸盐缓冲液透析后使用或用脱盐柱降低盐浓度。

4.3.2　首先跑 IEF 凝胶，然后跑非变性的或改良的 SDS-PAGE

① 建议 IEF 使用 11cm IPG 胶条（Bio-Rad 公司，目录号 163-2033）。要使一根 IPG 胶条水化需要 225μL 的溶液。建议使用总蛋白质不多于 200μg 的 200μL 样品，加入尿素使其最终浓度为 8mol/L，加入 2μL 两性电解质，如 Bio-lyte（Bio-Rad 公司，目录号 163-2094）。如果蛋白质样品可以冻干，那么冻干样品可以溶解于含 8mol/L 尿素和 0.5% Bio-lyt 的样品溶液。

② 首先将溶液加入水化盘，取出保存的 IPG 胶条，剥去塑料膜。将胶面朝下与水化盘

中的样品溶液接触，确保整根IPG胶条与样品溶液充分接触。加入足够的矿物油覆盖IPG胶条以防蒸发并在室温下将样品水化过夜（有时，6h水化对于IEF已经足够，这一点对室温下不稳定但感兴趣的酶尤为重要）。

③ 水化后，从水化盘中取出IPG胶条，用Kim擦拭纸小心地去除附着的矿物油。

④ 在IEF盘中，仔细浸湿两个电极滤纸片（Bio-Rad公司，目录号165-4071）并把IPG胶条胶的两端与正负电极接触。仔细地将IPG胶条胶面朝下放置，轻轻下压IPG胶条使其与滤纸覆盖的金属线紧密接触。加入足够的矿物油覆盖IPG胶条，防止液体蒸发。

⑤ 将IEF盘盖盖在IEF盘上面，然后盖上IEF电泳仪盖（Bio-Rad Protean IEF Unit）。

⑥ 在第一步中，设置电压梯度从0到8000V，持续4h；在第二步中，设置恒压8000V，持续24h。实际上可跑胶过夜，但好的2D分离需要的最低电压-小时是30000V-h（Voltage-hour）。

⑦ IEF完成后，关闭装置，小心地取出IPG胶条，用Kim擦拭纸去除IPG胶条上的矿物油。将IPG胶条放入水化盘中，在试剂盒提供的Tris-甘氨酸转移缓冲液中孵育，孵育10min以除去尿素，并使SDS与蛋白质结合（如果酶对SDS敏感，则只在Tris-甘氨酸中进行孵育，这也会产生可接受的蛋白质分辨率）。

⑧ 取出Bio-Rad公司的标准灌注凝胶，取下塑料梳子，用Milli-Q水冲洗平底孔。将凝胶放入电泳装置中，在下槽和上槽加满Tris-甘氨酸SDS缓冲液（如果该酶对SDS敏感，则只用Tris-甘氨酸缓冲液）。

⑨ 仔细地将IPG胶条放在IPG孔内，当面对凝胶时，IPG酸性端始终在左侧。将5μL未染色蛋白质标准液上样到蛋白质标准液孔中（靠近IPG胶条酸性端的样品孔中）。

⑩ 首先80V电泳15min，然后120V电泳直到蛋白质的前沿染料距离凝胶底部约0.5cm（重要的是80V跑15min使IEF凝胶中尽可能多的蛋白质进入第二向凝胶）。

4.3.3 第二向凝胶后的蛋白质转印

① 当SDS-PAGE仍在进行时，将PEP板放入托盘中，用多通道移液枪将50μL的蛋白质回收溶液加入板的每一孔中，在此步骤中溶液会有一定的溢出，没有影响。如果使用八通道移液枪，溶液可以隔行放出。例如，在第一轮中，向A、C、E等行加入溶液，在第二轮中，向B、D、F等行加入溶液。盖上托盘以减少溶液蒸发。

② 当前沿染料距离凝胶底部约0.5cm时，停止电泳，仔细地从凝胶盒中取出凝胶，用Milli-Q水冲洗，然后在托盘中加入200mL转移缓冲液（随试剂盒提供）。在不同的托盘中将四张转印滤纸（随试剂盒提供）完全浸湿，并将两张纸放在Semi-Dry Trans-Blot Bio-Rad或其他制造商提供的类似Semi-Dry Trans-Blot的金属电极板上。

③ 将PEP板放在滤纸上，然后仔细地将凝胶放在PEP板上，并确保凝胶的左上角与PEP板的左上角对齐。

④ 将另外两张转印滤纸放在凝胶上形成夹心结构（从下往上依次应为滤纸、PEP板、凝胶和滤纸）。

⑤ 用Semi-Dry Trans-Blot的另一块金属电极板盖上，进行夹心结构组装，并在20 V恒压下转印蛋白质60min。结果表明，在此条件下，凝胶中的蛋白质将有效地转印到PEP板中，不建议进行长时间的蛋白质转印。

⑥ 凝胶蛋白质转印时，在回收主板每孔中先加入100μL PBS（如果进行蛋白激酶或蛋

白磷酸酶分析，应使用 Tris-HCl 等无磷缓冲液，以尽量减少缓冲液的干扰）处理 384 孔深孔板。该处理将提高后续步骤的蛋白质回收率供酶活性分析和质谱鉴定用。处理 30min 后，将每个孔中溶液完全排空，再加入 50μL PBS（对于蛋白激酶分析或磷酸盐干扰的任何其他分析，可使用 Tris-HCl 缓冲液或其他缓冲液）。

⑦ 蛋白质转印完成后，关闭电源，取下 Semi-Dry Trans-Blot 盖，松开顶部金属电极板。在提起顶部金属电极板之前等待 10s（这一点很重要，让一些空气进入，以便 PEP 板中的溶液不会被吸出而引起一个孔中的蛋白质溢出到相邻的孔）。移开金属电极板后，仔细地提起两张滤纸，然后移开凝胶（有时滤纸和凝胶会粘在一起，在这种情况下，将两个部分一起提起）。当移开凝胶时，从左到右移开凝胶是很重要的，应当指出的是 PEP 转印缓冲液的特定成分会减少蛋白质扩散。仔细地将不带 PEP 板底部两张转印纸的 PEP 板放入托盘中。

⑧ 用多通道移液枪将回收的蛋白质溶液从 PEP 板转移到相应列的深孔主板中。如果使用八通道移液枪，将转移量程设置为 45μL，以确保将 PEP 板孔中的大部分溶液转移。从 PEP 板左侧的第 1 列开始转移，首先转移奇数行（A、C、E 行等），然后转移第一列偶数行（B、D、F 行等）。重复该过程，直到把 PEP 板上的所有样品都转移到 384 孔主板。

4.3.4　糖酵解酶分析

① 将样品从 PEP 板转移到深孔主板后，应立即（首选）使用主板进行糖酵解酶分析。收集的样品可以进行多种酶分析，因为主板每个孔中的总体积约为 90μL（50μL 缓冲液加上从 PEP 板转移的 40 ～ 45μL 样品）。有关糖酵解酶分析的详细步骤，请参阅第 4.2.2 部分。用分光光度计在 340nm 处测定糖酵解酶的活性。在测定读数之前，由于蛋白质转移缓冲液中的 SDS，酶测定板的一些孔中可能含有气泡（避免气泡的一种技术是设置放出体积小于吸入体积，以便移液枪在放出时不会产生气泡）。在读数前，用移液枪枪头将其清除，这样可以减少气泡的干扰。

② 当对酶测定板读数时，用移液枪从 P24 孔（384 孔板右下角孔）中取出溶液，并用此孔作为空白进行读数。建议至少读 3 个数据，如 0min、60min 和 120min，并将读得的数据在单独的文件中保存。

4.3.5　数据转换与分析

① 将读得的三个（0min、60min 和 120min）数据集导入到 Excel 文件中（如果尚未使用此格式）。

② 在 Microsoft Excel 中，用每个孔的 0min 时读数减去相应的 60min 时读数得出反映血清蛋白质组糖酵解酶活性的 340nm 吸光度差的数据集。使用 Excel 热图在 384 孔表格中显示酶活性或使用插入功能选择三维显示建立该数据集的三维显示图。

③ 用每个孔的 0min 时读数减去相应的 120min 时读数得出反映血清蛋白质组糖酵解酶活性的 340nm 吸光度差的第二个数据集。

4.3.6　蛋白质纯度确认（可选）

① 如果酶检测表明有些孔有感兴趣的酶活性，那么下一步就是检测那些孔中蛋白质的

纯度。在硅化微型离心管中收集所有具有酶活性孔中的样品，将溶液干燥并重悬于 20μL Milli-Q 水中，取 10μL 与 10μL SDS 样品缓冲液混合（该样品缓冲液为含有 20mmol/L DTT 2×SDS-PAGE 样品缓冲液），于 37℃孵育 60min。

② 向 SDS-PAGE 凝胶加样，并按照 4.3.2 部分的步骤进行凝胶电泳。

③ 将凝胶在凝胶固定液（10% 乙醇和 10% 醋酸 Milli-Q 水溶液）中固定至少 2h。

④ 用蒸馏水冲洗，用 Sypro Ruby 或其他荧光染料将凝胶染色过夜。

⑤ 第二天，去除染色液，用蒸馏水洗涤凝胶两次，然后在蒸馏水中适度振荡孵育 5min。

⑥ 使用 Bio-Rad ChemiDoc 等 CCD 相机拍摄凝胶图像。

⑦ 将图像保存在 tiff 文件中，以便以后进行图像处理。从凝胶图像可以判断蛋白质纯度。

4.3.7 用质谱法鉴定感兴趣的蛋白质

① 如果 4.3.6 部分中的凝胶染色显示具有酶活性的部分是纯的，则可将 4.3.6 部分步骤①中的用 10μL Milli-Q 水重悬的样品进行质谱分析（有时可将具有多条蛋白质带的部分提交质谱分析，并且可通过基于蛋白质同源性的生物信息学分析进行蛋白质的鉴定，其中一种假设是不太可能在一个如 PEP 这样高分辨率的系统中会发现在同一个分离的样品中有多种蛋白质并且又具有相同类型的酶活性，例如 GAPDH）。

② 或者，如果在 4.3.6 部分的步骤⑦中荧光染色可以看到足够的蛋白质，则可以切下蛋白质条带并送样进行质谱分析。

4.4 注释

① 在开始分析前使稀释的试剂和缓冲液温度达到室温（18 ～ 25℃）。一旦开始分析所有步骤应按顺序完成不能中断。确保所需的试剂和缓冲液在需要时准备好。在加入板之前，应通过旋转试管轻轻地混合试剂（不要涡旋）。

② 避免试剂、枪头和孔的污染。使用新一次性枪头和试剂瓶，不要将未用过的试剂倒回原液瓶 / 小瓶，也不要弄混原液瓶盖。

③ 对于某些酶，8mol/L 尿素对其酶活性可能破坏性过强，在这种情况下，在 IEF 凝胶中将使用 3mol/L 尿素和 2% 的 CHAPS。如果 SDS 的存在也使酶失活，那么第二向分离可以使用非变性凝胶。在 PEP 洗脱和酶测定之前，需要测试改进条件下凝胶的分辨率。

④ 有时，IEF 不必像制造商建议的那样在 8000V 下进行电泳，已经发现将最高电压设定在 5000V 也可以实现良好的蛋白质分离。

致谢

我要感谢 Array Bridge 公司提供的 PEP 通用蛋白质纯化试剂盒，以及在其实验室进行这项研究的机会。我也要感谢 Liang Li 博士对本研究提供的乳腺癌患者和正常人血清。

参考文献

1. Dos Anjos Pultz B et al (2014) Far beyond the usual biomarkers in breast cancer: a review. J Cancer 5(7):13
2. Li J et al (2002) Proteomics and bioinformatics approaches for identification of serum biomarkers to detect breast cancer. Clin Chem 48(8):9
3. Chan MK, Cooper JD, Bahn S (2015) Com- mercialisation of biomarker tests for mental illnesses: advances and obstacles. Trends Biotechnol 33(12):12
4. Chung L et al (2014) Novel serum protein biomarker panel revealed by mass spectrometry and its prognostic value in breast cancer. Breast Cancer Res 16:R63
5. Henderson MC et al (2016) Integration of serum protein biomarker and tumor associated autoantibody expression data increases the ability of a blood-based proteomic assay to identify breast cancer. PLoS One:11(8)
6. Ingvarsson J et al (2007) Design of recombinant antibody microarrays for serum protein profiling: targeting of complement proteins. J Proteome Res 6:10
7. Lee JS, Magbanua MJM, Park JW (2016) Circulating tumor cells in breast cancer: applications in personalized medicine. Breast Cancer Res Treat 160:411-424
8. Mehan MR et al (2014) Validation of a blood protein signature for non-small cell lung cancer. BMC Clin Proteomics 11(32):12
9. Ross JS et al (2003) Breast cancer biomarkers and molecular medicine. Expert Rev Mol Diagn 3(5):13
10. Ross JS et al (2004) Breast cancer biomarkers and molecular medicine: part II. Expert Rev Mol Diagn 4(2):20
11. Surinova S et al (2015) Prediction of colorectal cancer diagnosis based on circulating plasma proteins. EMBO Mol Med 7(9):13
12. Yezhelyev MV et al (2007) In situ molecular profiling of breast cancer biomarkers with multicolor quantum dots. Adv Mater 19:6
13. Kirmiz C et al (2007) A serum glycomics approach to breast cancer biomarkers. Mol Cell Proteomics 6:13
14. Harsha HC et al (2009) A compendium of potential biomarkers of pancreatic cancer. PLoS Med 6(6):6
15. Kaskas NM et al (2014) Serum biomarkers in head and neck squamous cell cancer. JAMA 140(1):7
16. Wang C-H et al (2015) Current trends and recent advances in diagnosis, therapy and prevention of hepatocellular carcinoma. Asian Pac J Cancer Prev 16(9):10
17. Alexander H et al (2004) Proteomic analysis to identify breast cancer biomarkers in nipple aspirate fluid. Clin Cancer Res 10:11
18. Ma S et al (2016) Multiplexed serum biomarkers for the detection of lung cancer. EBio Med 11:9
19. Evens MJ, Cravatt BF (2006) Mechanismbased profiling of enzyme families. Chem Rev 106:23
20. Wang DL et al (2015) Identification of multiple metabolic enzymes from mice cochleae tissue using a novel functional proteomics technology. PLoS One 10:e0121826
21. Wang DL et al (2017) Identification of potential serum biomarkers for breast cancer using a functional proteomics technology. Biomark Res 5:11
22. Sun Z et al (2016) Identification of functional metabolic biomarkers from lung cancer patient serum using PEP technology. Biomark Res 4:11
23. Sun Z, Yang P (2004) Role of imbalance between neutrophil elastase and a1-antitrypsin in cancer development and progression. Lancet Oncol 5:9
24. Wang X et al (2015) Bead based proteome enrichment enhances features of the protein elution plate (PEP) for functional proteomic profiling. Proteomes 3:13
25. Amorim M et al (2016) Decoding the usefulness of non-coding RNAs as breast cancer markers. J Transl Med 14:15
26. Mabert K et al (2014) Cancer biomarker discovery: current status and future perspectives. Int J Radiat Biol 90(8):18

27. Surinova S et al (2015) Non-invasive prognostic protein biomarker signatures associated with colorectal cancer. EMBO Mol Med 7:13
28. Orla T et al (2011) Metabolic signatures of malignant progression in prostate epithelial cells. Int J Biochem Cell Biol 43:8
29. Teicher BA, Marston WL, Helman LJ (2013) Targeting cancer metabolism. Clin Cancer Res 18(20):9
30. Araujo EP, Carvalheira JB, Velloso LA (2006) Disruption of metabolic pathways—perspectives for the treatment of cancer. Curr Cancer Drug Targets 6:77-87
31. Bryksin AV, Laktionov PP (2008) Role of glyceraldehyde-3-phosphate dehydrogenase in vesicular transport from golgi apparatus to endoplasmic reticulum. Biochemistry 73:7
32. Cairns RA, Harris IS, Mak TW (2011) Regulation of cancer cell metabolism. Nat Rev Cancer 11:11
33. Chaneton B, Gottlieb E (2012) Rocking cell metabolism: revised functions of the key glycolytic regulator PKM2 in cancer. Trends Biochem Sci 37(8):7
34. Chang C-H et al (2015) Metabolic competition in the tumor microenvironment is a driver of cancer progression. Cell 162:13
35. Chiaradonna FR et al (2012) From cancer metabolism to new biomarker and drug targets. Biotechnol Adv 30:30-51
36. Favaro E et al (2012) Glucose utilization via glycogen phosphorylase sustains proliferation and prevents premature senescence in cancer cells. Cell Metab 16:14
37. Ledford H (2014) Metabolic quirks yield tumour hope. Nature 508:2
38. Anderson NL, Anderson NG (2002) The human plasma proteome: history, character, and diagnostic prospects. Mol Ce ll Proteomics 1:23

第5章

蛇毒蛋白质组学中的蛋白质分析策略

Choo Hock Tan, Kae Yi Tan, Nget Hong Tan

摘要 蛇毒是在毒蛇生存中起着至关重要作用的蛋白质和肽的复杂混合物。蛇毒具有多种药理活性，不同蛇毒其组成成分相差较大，因此了解不同蛇毒的全部成分非常重要。然而，剖析毒液蛋白质混合物是具有挑战性的，尤其是涉及蛋白质亚型及其丰度的多样性时。本章介绍了一种将蛋白质分析法与溶液中胰蛋白酶分解和质谱法相结合对蛇毒蛋白质进行分析的优化策略。该方法包括 C_{18} 反相高效液相色谱（RP-HPLC）、十二烷基硫酸钠 - 聚丙烯酰胺凝胶电泳（SDS-PAGE）和纳升电喷雾串联质谱（nano ESI-LC-MS/MS）的综合应用。

关键词 蛇毒，蛋白质分析，毒液分离，反相高效液相色谱，串联质谱，毒液组学

5.1 引言

蛋白质组学的出现极大地促进了蛇毒蛋白质成分的高通量和综合性研究。十年来，“毒液组学”一词已经越来越普遍地被用来表示毒液蛋白质组学的研究[1, 2]。在毒液组学时代之前，生物测定引导的蛋白质纯化是用于鉴定和分析蛇毒蛋白质的主要方法，但这种方法类似于一次找到几块拼图，很难对蛇毒的全部蛋白质进行剖析。蛋白质组学和生物信息学的应用可非常详细地对毒液蛋白质甚至是含量非常低的成分进行全面分析研究[3,4]。毒液组学的这一革命性突破极大地推动了蛇毒研究各个方面的知识积累，包括蛇毒进化、中毒病理生理学、抗蛇毒血清的生产和基于毒素的药物研发[5-7]。

然而，蛇毒是天生可变的蛋白质和肽的复杂混合物[8, 9]。毒液蛋白质组学发现的深度也随着实验步骤、设备或使用技术的不同而变化，因此，当人们打算整理和比较全球毒液组学数据时就会面临挑战。为了从毒液中获得尽可能多的有用蛋白质组信息，提供好的蛋白质分辨率的步骤是很重要的[10]。这可以通过在质谱分析之前进行蛋白质分离来实现，这种步骤在许多毒液组学研究中被广泛采用[11-13]。蛋白质分离通常是通过基于凝胶的方法，如 SDS-PAGE 或双向凝胶电泳（通过蛋白质等电点和分子量的差异进行分离）或使用不同柱子的液相色谱（通过蛋白质在离子电荷、疏水性或分子量上的差异进行分离）实现的[14-18]。通常，色谱分离法特别是 C_{18} 反相色谱柱的使用比凝胶法蛋白质的分辨率更好，并且在基于峰面积（曲线下面积）的蛋白质丰度估计方面具有优势[13, 19]。毒液蛋白质通过疏水作用与反相柱（固定相）结合，通常疏水性越强的蛋白质与柱中的 C_{18} 树脂球结合力越强。流动相由水与可混

合的极性有机溶剂（如乙腈）混合组成，在高压下输送。乙腈浓度在一段时间内的逐步增加，随着流动相的流动洗脱毒液蛋白质。蛋白质在洗脱时被收集为不同的组分，并且蛋白质可在SDS-PAGE上显示。然后对蛋白质组分进行液相色谱串联质谱和数据挖掘，以进行蛋白质鉴定和蛋白质组构建。到目前为止，已经报道了一些基于这种方法的蛇毒蛋白质组学定量研究，并发现这些结果提供了良好的功能相关性和对蛇毒及毒素复杂性的见解。

5.2 材料

5.2.1 蛇毒样品

冷冻干燥蛇毒样品，在 −20℃下保存备用。

5.2.1.1 反相高效液相色谱（RP-HPLC）

固定相：反相高效液相色谱柱 LiChroCART®250-4 LiChrospher®WP 300（美国默克公司）。

流动相：平衡缓冲液（洗脱液 A），0.1% 三氟乙酸（TFA）高效液相色谱级水溶液，向999mL 高效液相色谱级水中加入 1mL TFA；洗脱缓冲液（洗脱液 B），0.1% 三氟乙酸（TFA）高效液相色谱级乙腈（ACN）溶液，向 999mL 高效液相色谱级 ACN 中加入 1mLTFA。

5.2.1.2 SDS-PAGE

0.3g/mL 丙烯酰胺 / 双丙烯酰胺（29.2%∶0.8%）溶液：称取 29.2g 丙烯酰胺单体和 0.8g 双丙烯酰胺（交联剂），转移至含有 50mL ddH_2O 的 100mL Scott 瓶中。加入磁力搅拌棒（20mm×6mm）使混合物（在磁力搅拌器上）混合 10min。用 ddH_2O 配制 100mL 溶液，4℃保存。

含 SDS 的分离胶缓冲液：1.5mol/L Tris-HCl，pH 8.8。称取 181.7g Tris-HCl 和 4.0g SDS，转移到 1L Scott 瓶中，并加 ddH_2O 至 900mL。混合并用 HCl 调 pH。用 ddH_2O 配制 1L 溶液。4℃保存（注释①）。

含 SDS 的浓缩胶缓冲液：0.5mol/L Tris-HCl，pH 6.8。称取 60.6g Tris-HCl 和 4.0g SDS。如前一步所述，配制 1L 溶液。4℃保存（注释①）。

0.1g/mL 过硫酸铵（APS）：称取 30mg APS 并转移至 1.5mL 离心管中，向管中加入300μL ddH_2O 并将其完全溶解（现配的）。

N,N,N,N'- 四甲基乙二胺（TEMED）：4℃保存。

电泳缓冲液：0.025mol/L Tris-HCl，pH 8.3，0.192mol/L 甘氨酸，0.1% SDS。

上样缓冲液（1×）：62mmol/L Tris-HCl（pH 6.8），0.023g/mL SDS，0.05g/mL *β*- 巯基乙醇，0.05mg/mL 溴酚蓝，0.1g/mL 甘油。

凝胶染色和固定液：0.002g/mL 考马斯亮蓝 R-250，40%（体积分数）甲醇，10%（体积分数）醋酸 ddH_2O 溶液。

凝胶脱色液：5%（体积分数）甲醇，7%（体积分数）醋酸 ddH_2O 溶液。

5.2.1.3 蛋白质分解（溶液中胰蛋白酶分解）

胰蛋白酶原液（0.1μg/μL）：在 20μg 冻干胰蛋白酶中加入 200μL ddH_2O 和 1mmol/L HCl。

分解缓冲液：50mmol/L 碳酸氢铵。

还原缓冲液：100mmol/L 二硫苏糖醇（DTT）。

烷基化缓冲液：100mmol/L 碘乙酰胺（IAA）。

5.2.1.4 肽提取与脱盐

材料：Millipore ZipTip® 微量色谱柱 C_{18} 移液枪头由默克公司（美国）提供。

溶液：润湿液，50% ACN；平衡 / 洗涤液，0.1% 甲酸（FA）洗脱液，0.1%FA/50%ACN。

5.3 方法

5.3.1 蛋白质分离

5.3.1.1 RP-HPLC——岛津 LC-20AD 高效液相色谱系统（日本）

① 系统平衡：将 C_{18} 柱（LiChroCART®250-4 LiChrospher®WP 300）连接到 HPLC 系统。用洗脱液 B 平衡 C_{18} 柱 30min，然后用洗脱液 A 平衡 30min。

② 样品制备：称取冻干毒液 2mg，放入 1.5mL 离心管中，向管中加入 200μL 0.1%TFA，并在 10000×g 和 4℃下离心 12min。将上清液转移到新的离心管中。

③ 样品分离：在上样位置将 200μL 上清液上样到进样环（在上样位置），线性梯度洗脱毒液样品，5% 洗脱液 B 10min，5% ～ 15% 洗脱液 B 20min，15% ～ 45% 洗脱液 B 120min，45% ～ 70% 洗脱液 B 20min（注释②）。通过测定 215nm 紫外吸光度检测毒液蛋白质洗脱液。分离在室温（20 ～ 24℃）下进行。

④ 组分收集：手动收集所有蛋白质组分（根据吸光度测定结果）。冷冻干燥获得的所有样品，并在 −20℃下保存备用。

图 5-1 显示了在上述实验条件下眼镜蛇蛇毒的典型 C_{18} RP-HPLC 谱图。

5.3.2 蛋白质显色

5.3.2.1 15% SDS-PAGE

① 在 15mL 离心管中混合 4.5mL 含 SDS 的分离胶缓冲液、3.0mL 丙烯酰胺混合物和 1.5mL ddH_2O，在灌胶前加入 100μL 10%APS 和 10μL TEMED，立即在 7.25cm×10cm×1.5mm 的凝胶盒内灌胶（注释③）。用异丙醇覆盖浓缩胶（注释④）。

② 在 15mL 离心管中混合 1.25mL 含 SDS 的浓缩胶缓冲液、0.7mL 丙烯酰胺混合物和 3.05mL ddH_2O，在灌胶前加入 80μL 10%APS 和 8μL TEMED，立即灌胶，立即插入 10 孔凝胶梳，不要引入气泡。

③ 用 ddH_2O 将从 RP-HPLC 中收集的冻干组分（5.3.1.1 部分步骤④）进行复溶，并用 NanoDrop 分光光度计（Thermo Scientific，USA）测定每个组分的蛋白质浓度。向毒液组分（5 ～ 50μg）中按 1∶1 体积比加上样缓冲液，使总体积小于 20μL。将混合物放入沸水中 10min，并将样品冷却至室温，于 6000×g 离心 30s 使冷凝液沉降下来。

④ 在上样之前，取下凝胶梳。在凝胶的左侧上样标准分子量蛋白质，并在随后的孔中上样加热的样品。在 90V 下对样品进行电泳，直到指示染料到达凝胶底部。

⑤ 电泳后，从电泳系统中取出凝胶盒。用取胶器撬开凝胶板，用 ddH_2O 冲洗凝胶，小

心地将凝胶转移到容器中，用考马斯亮蓝 R-250 染色液染色 15min，用脱色液使凝胶脱色直到凝胶背景清晰，用凝胶扫描仪扫描凝胶。

蛋白质组分的 SDS-PAGE 示意图如图 5-1 所示。

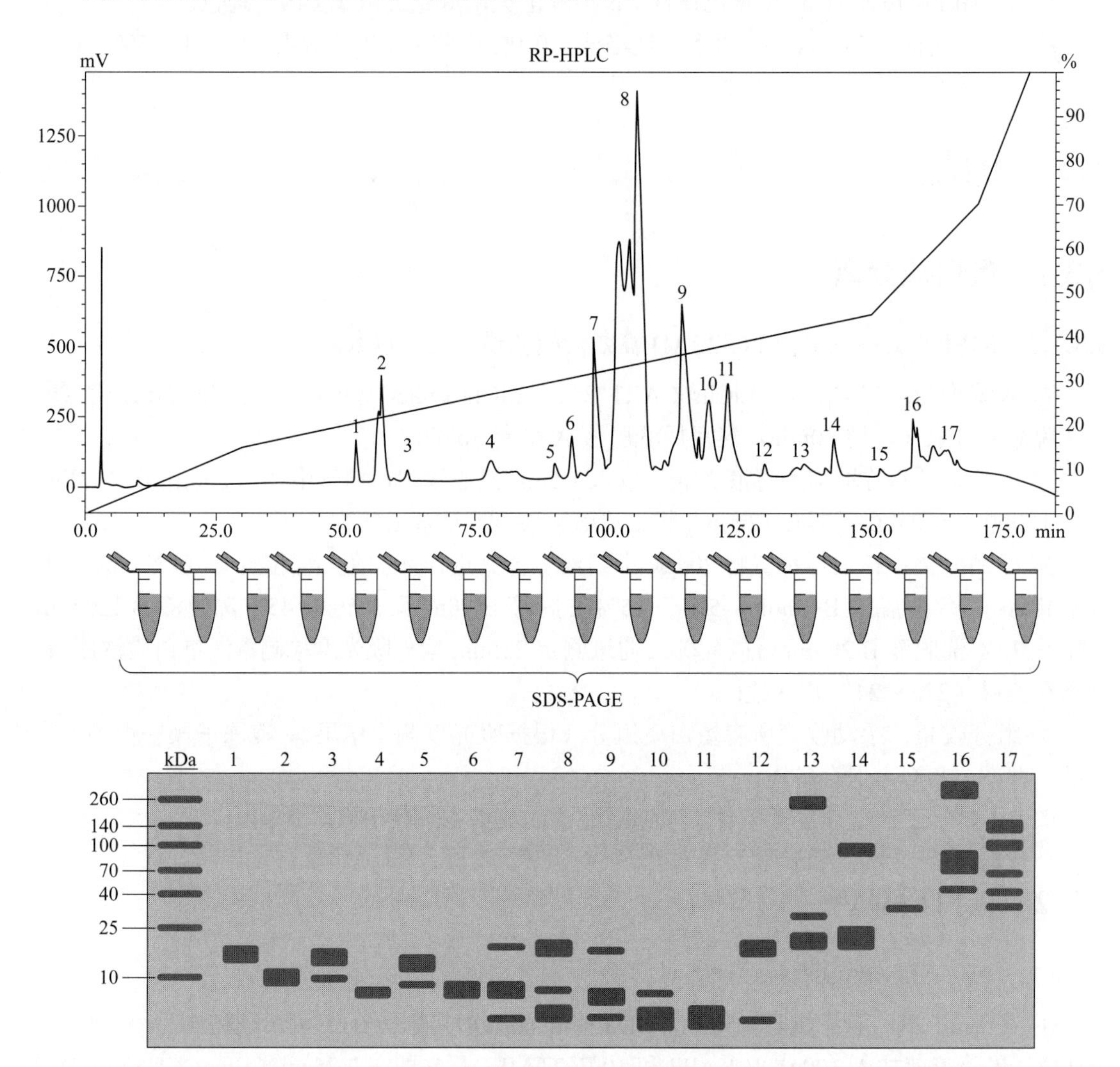

图 5-1 使用 LiChrosphere®RP100 C_{18} 色谱柱（上图）对蛇毒进行反相 HPLC 分离，色谱条件为：5% 洗脱液 B 10min，5% ～ 15% 洗脱液 B 20min，然后 15% ～ 45% 洗脱液 B 120min，45% ～ 70% 洗脱液 B 20min。手动收集 215nm 吸光度色谱组分，并对冻干组分进一步进行 SDS-PAGE（下图，还原条件）。使用蛋白质分子量标准品进行分子量校准，考马斯亮蓝染色观察蛋白质条带

5.3.3 蛋白质鉴定

5.3.3.1 蛋白质分解（溶液中胰蛋白酶分解）和肽提取

① 用 ddH_2O 将来自 RP-HPLC 的样品（5.3.1.1 部分步骤④）进行复溶。将 10μL 含约 5μg 毒液蛋白质（用 DanoDrop 分光光度计测定）的每一复溶组分分别装至 0.5mL 离心管。

② 在离心管中混合 15μL 分解缓冲液和 1.5μL 还原缓冲液，并将混合液在 95℃下加热 5min，将样品冷却至室温。

③ 向加热后的毒液样品中加入 3μL 烷基化缓冲液，室温黑暗孵育 20min。

④ 孵育后，向管中加入 1μL 胰蛋白酶原液（0.1μg/μL），在 37℃孵育 3h。

⑤ 最后，再向管中加入 1μL 胰蛋白酶原液（0.1μg/μL），并在 30℃下孵育过夜，以便完全分解。

⑥ 使用 Millipore ZipTip® 微量色谱柱 C_{18} 移液枪头（Merk 公司，USA）对分解后的肽进行提取和脱盐。用 ZipTip 吸入和放出 10μL 润湿液三次，然后吸入和放出平衡液三次。接着用平衡的 ZipTip 吸入和放出分解的样品十次，使肽结合到 ZipTip 的 C_{18} 树脂上。用洗涤液（吸入和放出三次）洗涤肽结合的 ZipTip 去除盐分。

⑦ 最后，在含有 10μL 洗脱液的新离心管中通过吸入和放出十次从 ZipTip 的 C_{18} 树脂上洗脱肽。将提取和脱盐的肽冻干于 −20℃保存。对这些胰蛋白酶肽进行质谱分析。

工作流程如图 5-2 所示。

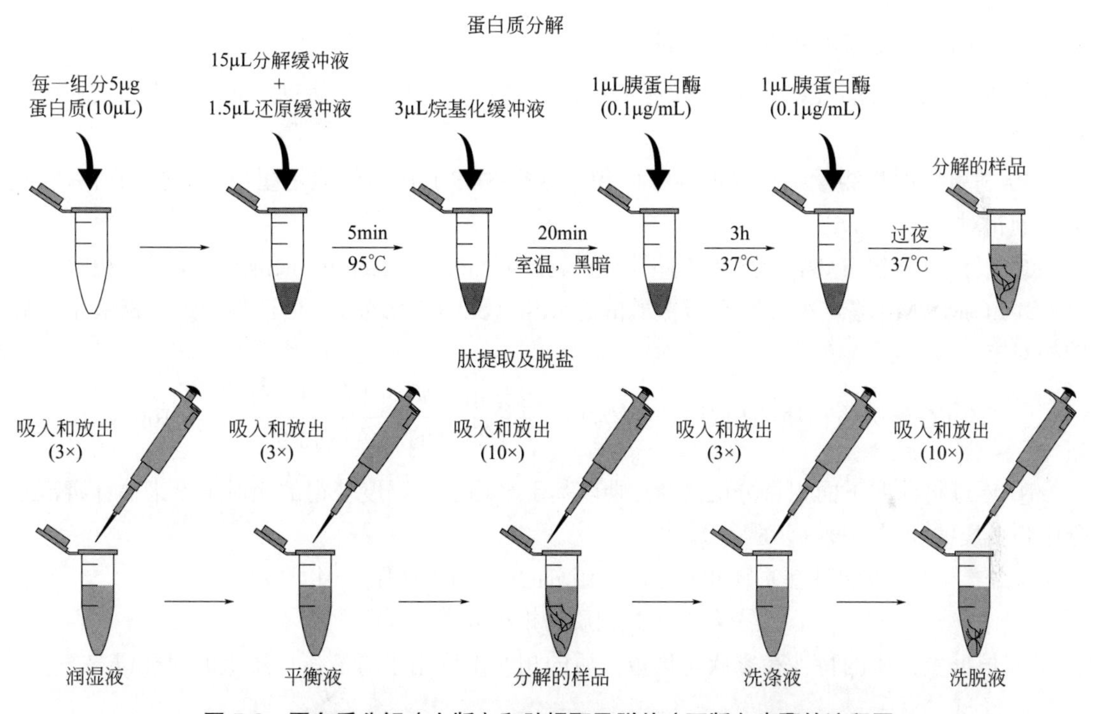

图 5-2　蛋白质分解（上版）和肽提取及脱盐（下版）步骤的流程图

5.3.3.2　纳升电喷雾液相色谱串联质谱（ESI-LC-MS/MS）与数据挖掘

① 使用与有纳升电喷雾电离源的精确 - 质量 Q-TOF 6550 系列连接的 1260 无限纳流 LC 系统（Agilent，Santa Clara，USA）进行检测分析。

② 在 7μL 0.1% 甲酸 ddH_2O 溶液中复溶冻干肽分析物。将肽分析物加入 HPLC 大容量芯片柱 Zorbax 300-SB-C_{18}（160nL 富集柱，75μm×150mm 分析柱，5μm 粒径）中（Agilent，Santa Clara，USA）。

③ 调整每个样品的进样量为 1μL，使用流动相 B（0.1% 甲酸 100% 乙腈溶液），线性洗脱梯度为 5% ～ 70%，流速为 0.4μL/min。

④ 干燥气温度 290℃，流速 11L/min；设置碎裂电压 175V，毛细管电压 1800V。使用 Mass Hunter 获取软件（Agilent，Santa Clara，USA）在 MS/MS 模式下获取质谱，MS 扫描

范围为 200 ～ 3000m/z，MS/MS 扫描范围为 50 ～ 3200m/z。

⑤ 提取 MH^+ 分子质量范围在 50 ～ 3200Da 之间的数据，并使用 Agilent Spectrum Mill MS Proteomics Workbench B.04.00 版本软件包参考包括蛇亚目的非冗余 NCBI 数据库（taxid:8570）和内部转录数据库的合并数据库处理数据（注释⑤）。

⑥ 指定半胱氨酸脲甲基化为固定修饰和氧化甲硫氨酸为可变修饰。

⑦ 使用以下过滤程序对鉴定的蛋白质或肽进行验证：蛋白质得分 >20，肽得分 >10，得分峰值强度（scored peak intensity，SPI）>70%。

⑧ 过滤已鉴定的蛋白质以达到肽谱匹配的错误发现率（false discovery rate，FDR）<1%。

⑨ 考虑所有显示 2 或大于 2 的“不同肽”鉴定结果。

5.3.4 蛋白质定量

5.3.4.1 相对丰度与毒液蛋白质定量

① 使用 Shimadzu LCsolution 软件 1.23 版本通过峰面积测量估算毒液组分中蛋白质的相对丰度。

② 利用峰面积测量结果（曲线下面积）获得 SDS-PAGE 中显示蛋白质条带的所有收集组分的相对丰度（%）。

③ 根据每一组分毒液蛋白质的平均色谱强度（mean spectral intensity，MSI）相对于通过 ESI-LC-MS/MS 鉴定组分所有蛋白质的总 MSI（5.3.3.2 部分），估计每一组分毒液蛋白质的相对丰度（%）。

$$\text{HPLC 组分蛋白质的相对丰度（\%）} = \frac{\text{组分蛋白质的平均色谱强度}}{\text{组分的总色谱强度}} \times 100\%$$

④ 通过将曲线下面积百分比（%）乘以基于平均色谱强度获得的相对丰度来估计毒液组分中蛋白质的相对丰度（步骤③）。

$$\text{毒液中蛋白质相对丰度} = \text{组分的曲线下面积百分比（\%）} \times \text{组分中蛋白质的相对丰度（\%）}$$

⑤ 根据蛋白质的特性和家族富集蛋白质的相对丰度用于毒液蛋白质组的表征研究。

5.4 注释

① SDS 在低温（15℃以下）时容易沉淀。含有 SDS 的缓冲液在使用前需要预热。

② 上述 5.3.1 部分所述的线性梯度是分离眼镜蛇（眼镜蛇属 *Naja* sp.）毒液的优化步骤。建议读者调整和优化眼镜蛇以外蛇类毒液样品的洗脱步骤。

③ 所制备的聚丙烯酰胺凝胶比例取决于待观察的靶蛋白。高比例凝胶（15% ～ 18%）适用于分离低分子质量蛋白质（<20kDa），而低比例凝胶对高分子质量蛋白质有较好的分离效果。一般来说，大多数毒液的蛋白质可以在 15% 的凝胶上分离和观察。

④ 制备分离胶需要 4.5mL 分离溶液混合物。异丙醇使分离胶分层比水更有效。在凝胶凝固之前将灌胶支架上下稍微倾斜 20°使凝胶浓度均匀分布。

⑤ 使用从毒腺转录组学研究获得的数据创建内部转录数据库。在毒液组学研究中，这种转录数据库的使用是可选择的，但可以与蛇亚目的最新非冗余 NCBI 数据集（分类号：8570）合并为蛋白质鉴定过程中的质谱匹配提供更完整的数据库。

参考文献

1. Lomonte B, Fernández J, Sanz L, Angulo Y, Sasa M, Gutiérrez JM, Calvete JJ (2014) Venomous snakes of Costa Rica: biological and medical implications of their venom proteomic profiles analyzed through the strategy of snake venomics. J Proteome 105(Supplement C):323-339. https://doi.org/10.1016/j. jprot.2014.02.020
2. Calvete JJ, Sanz L, Angulo Y, Lomonte B, Gutiérrez JM (2009) Venoms, venomics, anti- venomics. FEBS Lett 583(11):1736-1743. https://doi.org/10.1016/j.febslet.2009.03.029
3. Tan CH, Tan KY, Lim SE, Tan NH (2015) Venomics of the beaked sea snake, *Hydrophis schistosus*: a minimalist toxin arsenal and its cross-neutralization by heterologous antivenoms. J Proteome 126:121-130. https://doi.org/10.1016/j.jprot.2015.05.035
4. Tan KY, Tan NH, Tan CH (2018) Venom proteomics and antivenom neutralization for the Chinese eastern Russell's viper, *Daboia siamensis* from Guangxi and Taiwan. Sci Rep 8(1):8545. https://doi.org/10.1038/s41598-018-25955-y
5. Tan KY, Tan CH, Fung SY, Tan NH (2015) Venomics, lethality and neutralization of *Naja kaouthia* (monocled cobra) venoms from three different geographical regions of Southeast Asia. J Proteome 120:105-125. https://doi.org/10.1016/j.jprot.2015.02.012
6. Gutiérrez JM, Lomonte B, León G, Alape- Girón A, Flores-Díaz M, Sanz L, Angulo Y, Calvete JJ (2009) Snake venomics and antivenomics: proteomic tools in the design and control of antivenoms for the treatment of snakebite envenoming. J Proteome 72 (2):165-182. https://doi.org/10.1016/j. jprot.2009.01.008
7. Vetter I, Davis JL, Rash LD, Anangi R, Mobli M, Alewood PF, Lewis RJ, King GF (2011) Venomics: a new paradigm for natural products-based drug discovery. Amino Acids 40(1):15-28. https://doi.org/10.1007/s00726-010-0516-4
8. Tan KY, Tan CH, Chanhome L, Tan NH (2017) Comparative venom gland transcriptomics of *Naja kaouthia* (monocled cobra) from Malaysia and Thailand: elucidating geographical venom variation and insights into sequence novelty. PeerJ 5:e3142. https://doi. org/10.7717/peerj.3142
9. Augusto-de-Oliveira C, Stuginski DR, Kitano ES, Andrade-Silva D, Liberato T, Fukushima I, Serrano SM, Zelanis A (2016) Dynamic rearrangement in snake venom gland proteome: insights into *Bothrops jararaca* intraspecific venom variation. J Proteome Res 15 (10):3752-3762. https://doi.org/10.1021/ acs.jproteome.6b00561
10. Calvete JJ (2014) Next-generation snake venomics: protein-locus resolution through venom proteome decomplexation. Expert Rev Proteomics 11(3):315-329. https://doi.org/10.1586/14789450.2014.900447
11. Tan CH, Wong KY, Tan KY, Tan NH (2017) Venom proteome of the yellow-lipped sea krait, *Laticauda colubrina* from Bali: insights into subvenomic diversity, venom antigenicity and cross-neutralization by antivenom. J Proteome 166:48-58. https://doi.org/10.1016/j.jprot.2017.07.002
12. Alape-Giron A, Sanz L, Escolano J, Flores- Diaz M, Madrigal M, Sasa M, Calvete JJ (2008) Snake venomics of the lancehead pitviper *Bothrops asper*: geographic, individual, and ontogenetic variations. J Proteome Res 7 (8):3556-3571. https://doi.org/10.1021/pr800332p
13. Wong KY, Tan CH, Tan KY, Naeem QH, Tan NH (2018) Elucidating the biogeographical variation of the venom of *Naja naja* (spectacled cobra) from Pakistan through a venom- decomplexing proteomic study. J Proteome 175:156-173. https://doi.org/10.1016/j. jprot.2017.12.012
14. Faisal T, Tan KY, Sim SM, Quraishi N, Tan NH, Tan CH (2018) Proteomics, functional characterization and antivenom neutralization of the venom of Pakistani Russell's viper (*Daboia russelii*) from the wild. J Proteome 183:1-13. https://doi.org/10.1016/j.jprot. 2018.05.003

15. Petras D, Sanz L, Segura A, Herrera M, Villalta M, Solano D, Vargas M, Leon G, Warrell DA, Theakston RD, Harrison RA, Durfa N, Nasidi A, Gutierrez JM, Calvete JJ (2011) Snake venomics of African spitting cobras: toxin composition and assessment of congeneric cross-reactivity of the pan-African EchiTAb-Plus-ICP antivenom by antivenomics and neutralization approaches. J Proteome Res 10(3):1266-1280. https://doi.org/10.1021/pr101040f
16. Tan NH, Fung SY, Tan KY, Yap MKK, Gnanathasan CA, Tan CH (2015) Functional venomics of the Sri Lankan Russell's viper (*Daboia russelii*) and its toxinological correlations. J Proteome 128:403-423. https://doi.org/10.1016/j.jprot.2015.08.017
17. Tan CH, Fung SY, Yap MK, Leong PK, Liew JL, Tan NH (2016) Unveiling the elusive and exotic: Venomics of the Malayan blue coral snake (*Calliophis bivirgata flaviceps*). J Proteome 132:1-12. https://doi.org/10.1016/j.jprot.2015.11.014
18. Dutta S, Chanda A, Kalita B, Islam T, Patra A, Mukherjee AK (2017) Proteomic analysis to unravel the complex venom proteome of eastern India *Naja naja*: correlation of venom composition with its biochemical and pharmacological properties. J Proteome 156:29-39. https://doi.org/10.1016/j.jprot.2016.12.018
19. Tan CH, Tan KY, Yap MK, Tan NH (2017) Venomics of *Tropidolaemus wagleri*, the sexually dimorphic temple pit viper: unveiling a deeply conserved atypical toxin arsenal. Sci Rep 7:43237. https://doi.org/10.1038/ srep43237

第6章

提高植物蛋白质组覆盖率的分离技术：蛋白质和肽的平行分离和综合分析

Martin Černý, Miroslav Berka, Hana Habánová

摘要 肽谱库可用于复杂植物蛋白质组中低丰度蛋白质的鉴定和定量。这里所描述的蛋白质和肽的平行分离技术可以提高植物蛋白质组覆盖率和促进肽谱库的构建。

关键词 植物蛋白质组学，蛋白质分离，肽分离，C_{18}，SCX, PEG

6.1 引言

蛋白质估计占细胞总质量的20%，粗略估计相当于每立方微米有200万到400万种蛋白质[1]。然而，这些蛋白质大多只属于少数几个高丰度的蛋白质家族，单细胞生物体内低丰度蛋白质和高丰度蛋白质的浓度差异很容易达到5到6个数量级[2]。多细胞生物体内的动态浓度范围进一步扩大。例如，人体平均由至少200种不同类型的37万亿个细胞组成。蛋白质组的复杂性通过翻译后修饰进一步增加。这种综合复杂性是蛋白质组分析的一个重大障碍，即使是近年来质谱仪的快速发展也不能解决所有这些问题。因此，如果要达到合理的蛋白质组覆盖率范围，蛋白质组分离是最好的方法。然而，分离需要相对大量的并不总是容易获得的原材料，而且分离方法耗费时间限制了定量分析。这一问题可以通过靶向方法选择反应监测/多反应监测（selected/multiple reaction monitoring，SRM/MRM）和/或所有理论质谱的顺序窗口获取（sequential window acquisition of all theoretical spectra，SWATH）来解决。这两种技术都提高了检测限，但需要可用的参考肽谱库[3]。这里，提出了用来获取数据构建这样谱库的步骤。该步骤采用蛋白质沉淀和蛋白质（图6-1和图6-2）及肽平行分离（图6-3）：非变性聚乙二醇（PEG）分离[4,5]、低pH和丙酮沉淀蛋白质、苯酚再萃取[6]、基于分子量大小分离的十二烷基硫酸钠-聚丙烯酰胺凝胶电泳（SDS-PAGE）和基于电荷分离等电聚焦（IEF）[7]、高pH C_{18} 肽分离[8]和强阳离子交换（strong cation exchange，SCX）肽分离[9,10]。尽管该工作流程是对1g原材料进行的优化，但原材料的量可以减少，并且该步骤适用于较小规模的实验。此外，它还可以与组织水平的分离、亚细胞富集和通过免疫耗竭高丰度的蛋白质或蛋白质组均衡提高低丰度蛋白质检测的技术相结合[11-13]。

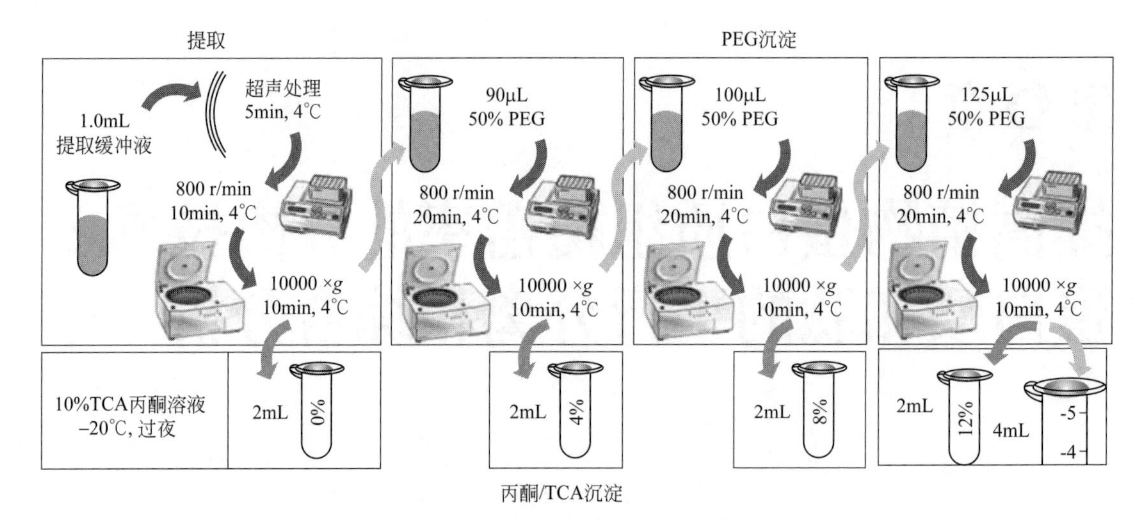

图 6-1　非变性提取和聚乙二醇分离

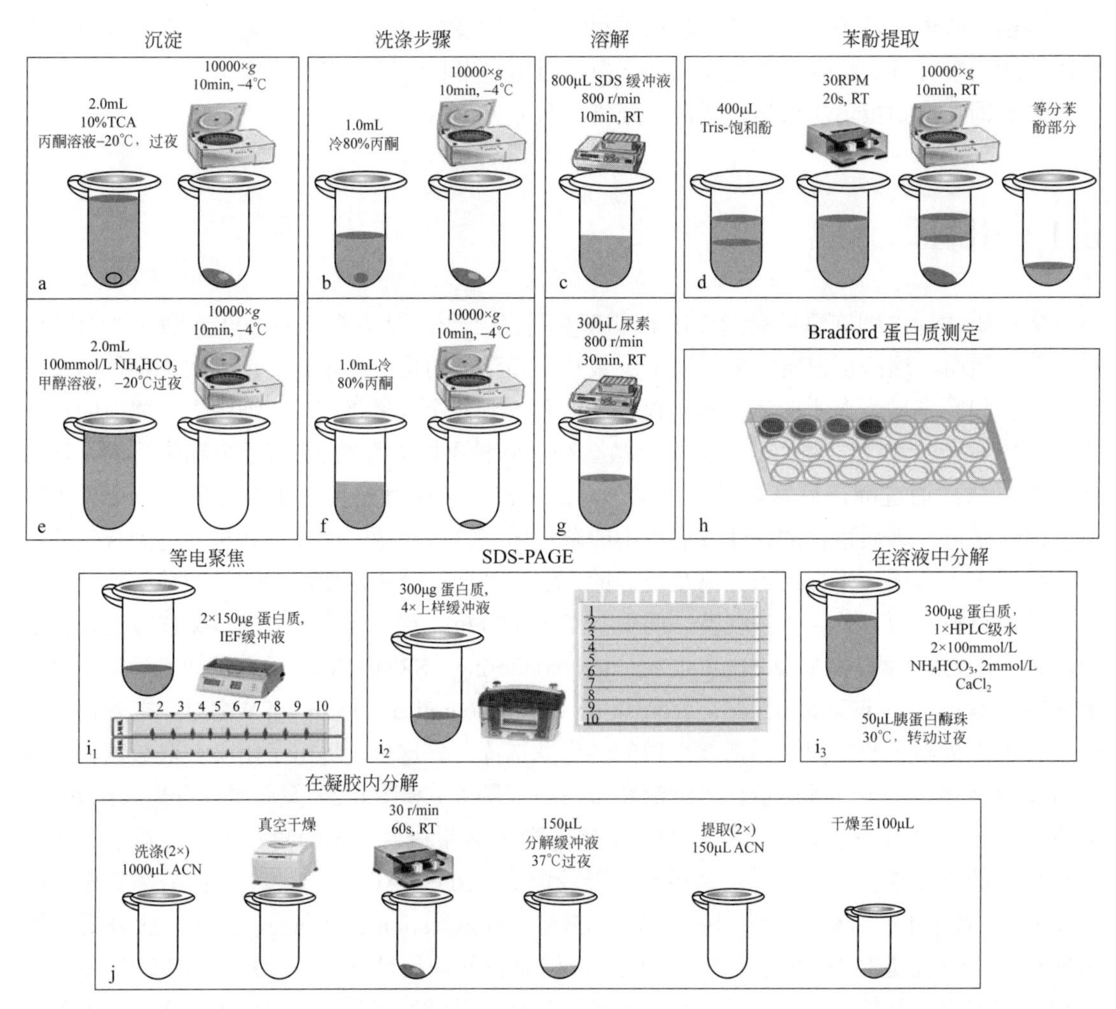

图 6-2　变性蛋白质提取和蛋白质分解。(a ~ g) 蛋白质提取和纯化。(h) 蛋白质浓度的测定。(i_1、i_2) 蛋白质分离和 (i_3，j) 分解

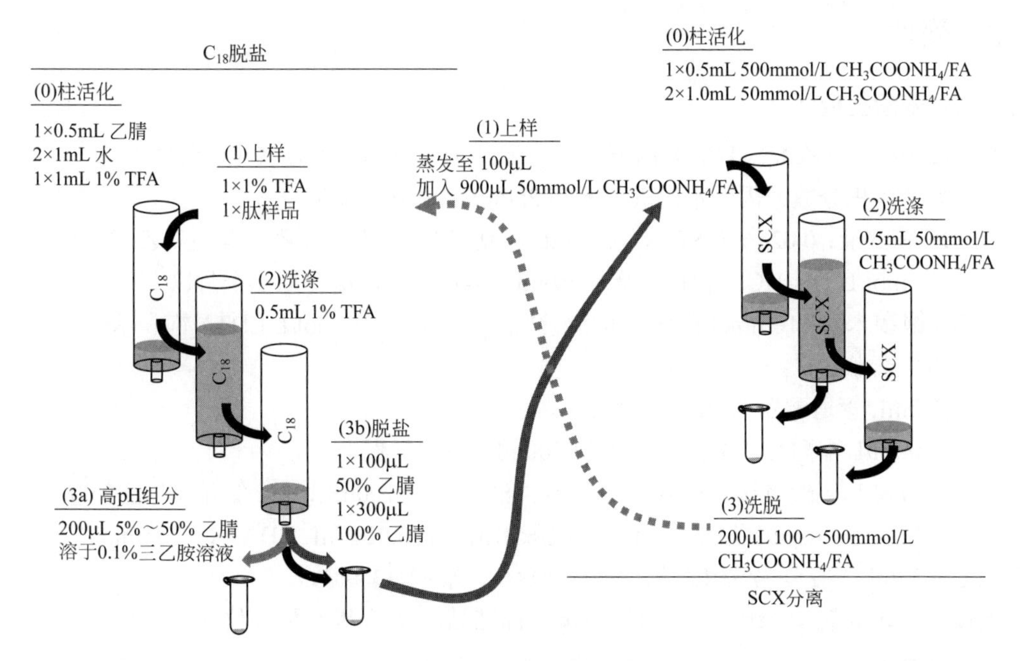

图 6-3　肽脱盐和分离

6.2　材料

为了自我防护和防止样品污染，务必戴上实验室手套。使用超纯溶剂配制溶液，最好采用 LC-MS 级纯度。

6.2.1　匀浆

① 混合研磨仪 MM 400（Retsch），不锈钢研磨罐和磨球（见注释①）。

② 液氮。

③ 2.0mL Eppendorf LoBind 管或类似涂层的低蛋白结合微型离心管。

6.2.2　非变性提取和聚乙二醇分离

① Eppendorf 恒温混匀仪 R（见注释②）。

② 超声波浴。

③ 提取缓冲液：20mmol/L $MgCl_2$，1%（体积分数）β- 巯基乙醇，1mmol/L 乙二胺四乙酸（EDTA），2%（体积分数）IGEPAL，0.5mol/L Tris-HCl，pH 7.8。配制 50mL 并在 4℃保存（见注释③）。使用前，等分为每份 1mL，每份补充 50μL 的蛋白酶抑制剂 Cocktail（Merk）。

④ 聚乙二醇 4000（PEG）。

⑤ 2.0mL 和 5.0mL Eppendorf LoBind 管或类似涂层的低蛋白结合微型离心管。

6.2.3 变性

丙酮 /TCA/ 苯酚提取

① 0.1g/mL 三氯乙酸（TCA）丙酮溶液。配制 1L，−20℃保存（见注释④）。

② 80%（体积分数）丙酮水溶液。配制 250mL，−20℃保存。

③ SDS 缓冲液：0.02g/mL SDS，0.3g/mL 蔗糖，5%（体积分数）*β*- 巯基乙醇，5mmol/L EDTA，100mmol/L Tris-HCl，pH 8。配制 50mL，4℃保存，保存期一个月以上。

④ TE- 饱和苯酚：10mmol/L Tris-HCl 缓冲液 pH 8.0 和 1mmol/L EDTA 饱和苯酚混合。

⑤ 恒温混合仪。

⑥ 带 2.0mL 管适配器的 Retsch 研磨仪。

⑦ 100mmol/L 醋酸铵甲醇溶液，配制 500mL，−20℃保存。

⑧ 100mmol/L 碳酸氢铵，8mol/L 尿素水溶液，配制 100mL，4℃保存（见注释⑤）。

⑨ IEF 增溶剂：7mol/L 尿素，2mol/L 硫脲水溶液，0.02g/mL CHAPS，90mmol/L 二硫苏糖醇。配制 50mL，等分为 5mL/ 管，−20℃保存（见注释③和⑤）。

⑩ Bradford 试剂（Merk），牛血清白蛋白标准品，96 孔板和酶标仪（见注释⑥）。

6.2.4 在溶液中分解

① 碳酸氢铵缓冲液：50mmol/L NH_4HCO_3，2mmol/L $CaCl_2$，8%（体积分数）乙腈。配制 100mL，保存在 4℃。

② 垂直旋转器，培养箱。

③ 固定化胰蛋白酶（Promega）（见注释⑦和⑧）。

6.2.5 蛋白质分离及凝胶内分解

6.2.5.1 IEF

① IPG 胶条：固相非线性 pH 梯度 3 ～ 10 的 7cm ReadyStrips（Bio-Rad 公司）。

② 两性电解质 pH 3 ～ 10（Bio-Rad 公司）。

③ PROTEAN IEF Cell 等电聚焦电泳仪和聚焦盘（Bio-Rad 公司）。

④ 纸芯：适用于 IEF 的电极芯。

⑤ 矿物油。

⑥ 解剖刀。

⑦ 1.5mL Eppendorf LoBind 管或类似涂层的低蛋白结合微型离心管。

6.2.5.2 SDS-PAGE

① Mini-PROTEAN 电泳槽和电源（Bio-Rad 公司）。

② 预制 Mini-PROTEAN TGX 凝胶，4% ～ 20%，10 孔，50μL（见注释⑨）。

③ 电泳缓冲液：25mmol/L Tris-HCl，192mmol/L 甘氨酸，0.1%SDS，pH8.3。用 3g Tris（碱），14.4g 甘氨酸和 1g SDS 配制 1L，不调 pH，4℃保存。

④ 4× 上样缓冲液：0.1g/mL SDS，20% 甘油，10mmol/L 二硫苏糖醇，0.5mg/mL 溴酚蓝，200mmol/L Tris-HCl，pH6.8。配制 20mL，等分为 1.5mL/ 管，−20℃保存。

⑤ 恒温混合仪。

⑥ 解剖刀。

⑦ 1.5mL Eppendorf LoBind 管或类似涂层的低蛋白结合微型离心管。

6.2.5.3　凝胶内分解

① 乙腈。

② SpeedVac 蒸发仪（Thermo Scientific）。

③ 带 2.0mL 管适配器的 Retsch 研磨仪和磨球。

④ 分解缓冲液：在 3.0mL 碳酸氢铵缓冲液中溶解 20μg 测序级胰蛋白酶（例如 Promega 公司）（同 6.2.4）。在冰上配制并立即用于蛋白质分解。这个量足够从 IEF 和 SDS-PAGE 分离获得的 20 个样品用。

⑤ 0.5mL 薄壁 PCR 管。

6.2.6　肽脱盐

① 1%TFA：1%（体积分数）三氟乙酸（TFA）水溶液。配制 200mL，室温保存（见注释④）。

② 50%（体积分数）乙腈水溶液。配制 15mL，盖上铝箔或在黑暗中室温保存。

③ VersaPlate、收集板和 C_{18}（25mg）管（Agilent），真空泵（见注释⑩）。

④ 0.5mL 薄壁 PCR 管。

⑤ SpeedVac 蒸发仪（Thermo Scientific）。

⑥ 肽定量比色测定试剂盒（Thermo Scientific），96 孔板和酶标仪。

6.2.7　肽分离

① VersaPlate，收集板，C_{18}（25mg）和 SCX（50mg）管（Agilent），真空泵（见注释⑩）。

② 1% TFA（配制方法同 6.2.6 步骤①）。

③ 乙腈 0.1%（体积分数）三乙胺溶液浓度系列：配制 2mL 0.1%（体积分数）三乙胺水溶液和 2mL 0.1%（体积分数）三乙胺乙腈溶液。混合 75μL、100μL、125μL、150μL、175μL、200μL 和 250μL 三乙胺乙腈溶液和适量的三乙胺水溶液获得 1mL 每种原液（5% ～ 50%）。

④ 0.5% 甲酸：用水稀释甲酸（FA），配制 15mL 0.5%（体积分数）FA，室温保存。

⑤ 醋酸铵 0.5%FA 溶液浓度系列：配制 1.5mL 500mmol/L 醋酸铵 0.5%FA 溶液（每 1mL 0.5% FA 溶解醋酸铵 38.5mg），然后将 50μL、100μL、250μL、300μL 和 400μL 这一原液与所需量的 0.5%FA 混合稀释获得 0.5mL 的 50 ～ 400mmol/L 原液。

6.3　方法

6.3.1　匀浆

① 用液氮和带预冷不锈钢研磨罐和磨球的 MM400 Retsch 研磨仪匀浆 1g 植物组织（见注释①）。

② 在 30Hz 下研磨 60s 或直到产生细粉，保持罐低温以防样品融化。带防护手套和用适

当的设备处理液氮。

③ 将 250mg 样品等分到 2.0mL Eppendorf LoBind 管并将等份试样在 −80℃保存。

6.3.2 非变性提取和聚乙二醇分离

① 取一份匀浆试样，放在冰上加入 1.0mL 提取缓冲液。

② 在 4℃下超声处理 5min，然后在 4℃、800r/min 的恒温混合仪中孵育 10min。

③ 离心 10min（10000×g，4℃），将上清液转移到新的 2.0mL 管中，并放置在冰上。将沉淀与 0.1g/mL TCA 丙酮溶液混合，然后按照变性提取步骤②～⑨（6.3.3 部分）进行。

④ 加入 90μL 0.5g/mL PEG 溶液使最终浓度为 0.04g/mL，在恒温混合仪中孵育（4℃，800r/min，20min），然后离心 10min（10000×g，4℃），收集上清液，并按上一步骤处理沉淀。

⑤ 按 PEG 浓度梯度逐级重复上清液沉淀，加入 100μL 和 125μL 0.5g/mL PEG 分别得到 0.08g/mL 和 0.12g/mL 的混合物。收集沉淀，与 0.1g/mL TCA 丙酮溶液混合，并将最后一管上清液转移到 5.0mL 管中用 4.0mL 0.1g/mL TCA 丙酮溶液沉淀，然后进行变性提取的第二步（6.3.3 部分）。

6.3.3 变性

丙酮 /TCA/ 苯酚提取

① 用 0.1g/mL TCA 丙酮溶液重悬一份冷冻匀浆组织（加至 2.0mL），加入不锈钢磨球促进样品溶解。

② 将总蛋白在 −20℃下沉淀过夜（见注释 ⑪）。

③ 将样品离心 10min（10000×g，4℃），使沉淀降下来。

④ 用 80%（体积分数）丙酮洗涤沉淀，再次离心 10000×g，10min，然后用 0.8mL SDS 缓冲液重悬。在恒温混合仪中以 800r/min 室温孵育 10min。

⑤ 取出磨球，加入 400μL TE- 饱和苯酚，并以 30r/min 在 Retsch 研磨仪中振荡 20s（见注释①）。

⑥ 将混合物离心 10min（10000×g，20℃），然后将顶（酚）层等分到三个 2.0mL LoBind 管。

⑦ 用冰冷的 100mmol/L 醋酸铵甲醇溶液沉淀过夜（20℃）。

⑧ 离心 10min 收集蛋白质沉淀（10000×g，4℃），用 1.0mL 80%（体积分数）丙酮水溶液洗涤沉淀，去除所有溶剂，在空气中干燥 5min。

⑨ 在恒温混合仪中（i）用 300μL 100mmol/L 碳酸氢铵，8mol/L 尿素溶解蛋白质沉淀用于溶液中分解，或（ii, iii）用 300μL IEF 增溶剂溶解蛋白质沉淀用于等电聚焦和 SDS-PAGE。30℃，800r/min 孵育 30min（见注释⑤），用酶标仪通过 Sigma-Aldrich 公司的 Bradford 法测定蛋白质浓度。用该分离方法每份样品至少可产生 500μg 蛋白质（见注释 ⑫ 和注释 ⑬）。

6.3.4 在溶液中分解

① 用等量水和两倍体积碳酸氢铵缓冲液稀释 300μg 蛋白质。

② 加入 50μL 固定化胰蛋白酶珠（Promega 公司，见注释⑦），放入 30℃培养箱中的 30r/min 的旋转器上培养过夜（见注释⑧）。

6.3.5　蛋白质分离和凝胶内分解

6.3.5.1　IEF

① 用 IEF 增溶剂（如需要）将 300μg 蛋白质稀释至 260μL 的最终体积，加入 1.3μL 两性电解质（pH3 ～ 10），并在水化盘中上样到两个 7cm 3 ～ 10 NL IPG 胶条上（Bio Rad 公司）。

② 覆盖矿物油在室温下水化过夜。

③ 在水中润湿四个纸芯，将 IPG 胶条转移到聚焦盘，在凝胶和电极之间放置湿纸芯防止它们直接接触，再次覆盖矿物油。

④ 在 PROTEAN IEF Cell 等电聚焦电泳仪（Bio-Rad 公司）20℃下等电聚焦蛋白质，共分六步：150V（20min），300V（20min），600V（20min），1500V（20min），3000V（20min）和 4000V 直到 12000Vh。

⑤ 将 IPG 胶条放在干净的滤纸上，凝胶面朝上晾干矿物油。

⑥ 将一根 IPG 胶条与其上面的另一根 IPG 胶条对齐，将凝胶垂直切割成十等份，并将它们收集在 1.5mL LoBind 管中。

6.3.5.2　SDS-PAGE 电泳

① 将 Mini-PROTEAN TGX 预制凝胶（4% ～ 20%，10 孔，50μL）组装到 Mini-PROTEAN 电泳槽，并加入 700mL 电泳缓冲液（见注释⑨）。

② 将 300μg 蛋白质与 4× 上样缓冲液（3∶1）混合，95℃孵育 10min（恒温混合仪），离心收集（1000×*g*），并加入加样孔（每孔 30μg）。

③ 将 Mini-PROTEAN 与其电源连接，使用以下设置分离蛋白质：100V（10min），然后 150V（30min）。溴酚蓝线应离凝胶底部 1cm。

④ 断开电泳仪并小心地打开凝胶盒。用干净的解剖刀刀片修去凝胶的无用部分，将凝胶水平切成十等份。将每份切成小块收集到 1.5mL LoBind 管中。

6.3.5.3　凝胶内分解

① 用 1.0mL 乙腈洗涤凝胶小块两次，在 SpeedVac 蒸发器中干燥样品。

② 使用 Retsch 研磨仪和不锈钢磨球获得细粉（见注释 ⑭）。将样品放在冰上，加入 150μL 分解缓冲液，孵育 15min，然后将管转移到 37℃孵育过夜。

③ 用 150μL 乙腈提取两次肽，将提取物收集到 0.5mL 薄壁 PCR 管中，并在 SpeedVac 蒸发器中干燥至 100μL（见注释 ⑮）。

6.3.6　肽脱盐

① 将肽样品与 1%TFA 1∶1 混合，摇匀，离心（10000×*g*，5min）澄清样品。

② 用 0.5mL 100% 乙腈、2×1mL 水、1×1mL 1%TFA 洗涤 C_{18} SPE 柱。

③ 将酸化样品溶液加入 SPE 柱（见注释 ⑯）。

④ 用 0.5mL 1% TFA 洗涤柱两次。

⑤ 将肽分两步洗脱：100μL 50%（体积分数）乙腈水溶液，然后 300μL 乙腈；收集流经液到 0.5mL 薄壁 PCR 管，在 SpeedVac 蒸发器中将样品干燥至约 40μL（见注释 ⑮），并通过肽定量比色法（Thermo Scientific）测定肽浓度。

6.3.7 肽分离

① 将在溶液中分解的肽样品与 1% TFA 1∶1 混合，摇匀，离心（10000×*g*，5min）澄清样品。

② 用 0.5mL 100% 乙腈、2×1mL 水、1×1mL 1%TFA 洗涤两个 C_{18} SPE 柱。

③ 将酸化样品平均分配到两个 SPE 柱中，用 1%TFA 洗涤一次，然后进行高 pH 或 SCX 分离。

6.3.7.1 高 pH C_{18} 分离

① 用 1.0mL 水洗涤结合肽（见注释 ⑯）。

② 用乙腈 0.1% 三乙胺溶液逐级梯度洗脱肽，依次加入 5%、7.5%、10%、12.5%、15%、17.5%、20%、25% 和 50% 乙腈各 200μL，用 0.5mL 薄壁 PCR 管收集组分。

③ 在 SpeedVac 蒸发器中干燥至 20 ～ 30μL（见注释 ⑮），并通过肽定量比色法（Thermo Scientific）测定肽浓度。

6.3.7.2 肽 SCX 分离

① 依次用 100μL 50%（体积分数）乙腈水溶液和 300μL 乙腈洗脱结合肽，用 0.5mL 薄壁 PCR 管收集组分。

② 在 SpeedVac 蒸发器中干燥至约 100μL（见注释 ⑮），并用 1.0mL 50mmol/L 醋酸铵 0.5%FA 溶液稀释。

③ 依次用 0.5mL 500mmol/L 乙酸铵 0.5%FA 溶液和 2×1.0mL 50mmol/L 乙酸铵洗涤 SCX SPE 柱，然后加入肽样品并将流经液收集到 0.5mL 薄壁 PCR 管（第一组分）。

④ 用醋酸铵 0.5%FA 溶液逐级梯度洗脱肽，依次加入 100mmol/L、250mmol/L、300mmol/L、400mmol/L 和 500mmol/L 醋酸铵各 200μL，用 1.5mL 管收集组分（见注释 ⑰）。

⑤ 用 800μL 0.1%（体积分数）FA 水溶液稀释收集的洗脱液；如 6.3.6 所述，在 C_{18} SPE 柱上进行肽脱盐。

6.4 注释

① 在匀浆和苯酚提取步骤中使用的 Retsch 研磨仪可以分别用标准的研钵和杵以及旋涡混合器代替。

② 建议在低温的房间操作或将恒温混合仪放在冰箱里。

③ 可以用 20mmol/L 二硫苏糖醇（DTT）代替 *β*- 巯基乙醇，但此溶液必须是现配的或在 −20℃等份保存的（DTT 在 pH 8.0 和室温下的半衰期仅为几小时 [14]）。

④ TCA 和 TFA 是强酸，实验期间请穿戴适当的防护用品。

⑤ 尿素的溶解是吸热的，所以直接使用 100mL 的密闭烧瓶在室温下使用磁力搅拌器配制尿素溶液。避免加热，温度高于 30℃会促进尿素分解产生氰酸盐，导致蛋白质氨甲酰化。每 4 周配制一次该溶液，或在 −20℃下等份保存。

⑥ 用移液枪将每个蛋白质样品和相应空白样品（碳酸氢铵和 IEF 缓冲液）移取 2μL，然后迅速用 200μL Bradford 试剂覆盖。保证充分混合然后立即进行测定，具有较适宜的准确性和可重复性。

⑦ 固定化胰蛋白酶可以用标准的测序级胰蛋白酶代替，但固定化胰蛋白酶比非固定化胰蛋白酶更不易自我切割，而且不需要使用者在冰上操作。但是，要注意适当地混合酶珠的悬浮液，以便获得均匀的混合物用于移液。

⑧ 一些样品（如种子贮藏组织）含有可能会干扰溶液中蛋白酶分解的蛋白质抑制剂。如果肽产量低于预期，增加胰蛋白酶与蛋白质的比例，并考虑用 Lys-C 进行预分解或对分解缓冲液进行改进（例如，增加乙腈浓度）。超声波、微波和加热处理可以加快分解步骤；但是，缓冲液中含有尿素，样品可能会发生氨甲酰化的非酶修饰。

⑨ 预制凝胶方便，但可用的梯度范围可能不足以满足蛋白质的提取。可以考虑使用预染色蛋白质梯度系列和测试 PAGE 以确定最佳凝胶梯度，和 / 或切凝胶时重新调整线的位置。不建议对分解材料进行染色，因为需要接着去除染色剂，洗涤凝胶可能会导致较小蛋白质的损耗。

⑩ 用于 VersaPlate 固相提取的真空排枪可以用移液枪代替，例如 Eppendorf 1mL移液枪非常适合 SPE 管。

⑪ 沉淀过夜不是强制性的，但时间较短会对蛋白质产量产生负影响。然而，较长的保存时间并不会降低产量，在 −20℃下保存 6 个月以上的样品质量未发生变化。注意，一些非酶翻译后修饰仍可能发生并影响蛋白质样品的质量。

⑫ 根据实验，250mg 鲜重的预期蛋白质产量为：植株、幼苗和叶片组织 >1500μg，根组织至少 1000μg，种子提取物（如拟南芥、番茄、烟草、大麦、豌豆和夏栎 [6, 7, 12]）>2500μg。

⑬ 注意，常规步骤不包括半胱氨酸烷基化，由此产生的蛋白质组数据库缺少大多数含有半胱氨酸的胰蛋白酶肽。半胱氨酸残基的巯基侧链极易受到翻译后修饰的影响，在定量分析中希望避免这些修饰的发生。半胱氨酸烷基化可以包括在分解步骤之前。对于凝胶内分解，将用 0.5mL 100mmol/L DTT 的 IEF 缓冲液匀浆的凝胶在室温、800r/min 孵育 30min，然后离心，用 0.5mL 乙腈洗涤沉淀，并将沉淀在 0.5mL100mmol/L 碘乙酰胺的 IEF 缓冲液中重悬。在黑暗、800r/min 孵育 30min（碘乙酰胺对光敏感）。离心，用乙腈洗涤，并在 SpeedVac 蒸发仪上干燥。溶液中分解烷基化：将 250mmol/L DTT 原液加入到溶解在尿素 / 碳酸氢铵的蛋白质中至 DTT 最终浓度为 10mmol/L，并在室温 800r/min 孵育 30min。加入碘乙酰胺（250mmol/L 水溶液）至最终浓度为 30mmol/L；在黑暗中 800r/min 孵育 30min，再加入与碘乙酰胺相同体积的 DTT 使碘乙酰胺猝灭。

⑭ 不要加磨球到仅部分干燥的凝胶小块中，因为它们会粘在一起，研磨将不起作用。研磨完全干燥的凝胶小块是快速的，不会导致过热产生。根据经验，研磨能显著提高肽的回收率，促进胰蛋白酶在分解液中的均匀分布。

⑮ 挥发性乙腈会蒸发，其浓度不会干扰 C_{18} 结合。监控蒸发过程，当液体体积达到 100μL（凝胶内分解）或 40μL（脱盐），从 SpeedVac 蒸发器中取出样品。尽量避免样品干燥，因为干燥导致肽凝聚和肽表面相互作用限制了肽的回收 [15]。如果不成功且样品完全干燥，用 4%（体积分数）乙腈水溶液通过超声复溶，并仔细洗涤管的表面。采用薄壁 PCR 管可以提高超声处理效率。

⑯ 较小的肽和亲水性肽（例如一些磷酸肽和糖肽）将在这一步骤中丢失。为了提高样品回收率，可以采用石墨柱 [16]。然而，在 LC-MS 步骤中 C_{18} 不会保留这些肽，因为它们会在最初几分钟内全部洗脱，而且由于离子抑制作用通常不适合定量。

⑰ 脱盐步骤可以用蒸发代替，这样可以去除醋酸铵。然而，根据经验 C_{18} 方法更快更可靠。

致谢

这项工作得到了捷克共和国教育部、青年和体育部项目 CEITEC 2020（LQ1601）和 TE0200177（TACR）、Brno 博士人才 2017（由 Brno 市政府资助）和 IGA 项目 IP 15/2017 对 H. H.（Hana Habánová）的支持。

参考文献

1. Milo R (2013) What is the total number of protein molecules per cell volume? A call to rethink some published values. BioEssays 35:1050-1055
2. Picotti P, Bodenmiller B, Mueller LN, Domon B, Aebersold R (2009) Full dynamic range proteome analysis of *S. cerevisiae* by targeted proteomics. Cell 138:795-806
3. Schubert OT, Gillet LC, Collins BC, Navarro P, Rosenberger G, Wolski WE et al (2015) Building high-quality assay libraries for targeted analysis of SWATH MS data. Nat Protoc 10(3):426-441
4. Acquadro A, Flavo S, Mila S, Albo AG, Comino C, Moglia A, Lanteri S (2009) Proteomics in globe artichoke: protein extraction and sample complexity reduction by PEG fractionation. Electrophoresis 30(9):1594-1602
5. Wang W-Q, Song B-Y, Deng Z-J, Wang Y, Liu S-J, Møller IM, Song S-Q (2015) Proteomic analysis of lettuce seed germination and thermoinhibition by sampling of individual seeds at germination and removal of storage proteins by polyethylene glycol fractionation. Plant Physiol 167(4):1332-1350
6. Cerna H, Černý M, Habánová H, Šafářová D, Abushamsiya K, Navrátil M, Brzobohatý B (2017) Proteomics offers insight to the mechanism behind Pisum sativum L. response to Pea seed-borne mosaic virus (PSbMV). J Proteomics 153:78-88
7. Baldrianová J, Černý M, Novák J, Jedelský PL, Divíšková E, Brzobohatý B (2015) *Arabidopsis* proteome responses to the smoke-derived growth regulator karrikin. J Proteomics 120:7-20
8. Batth TS, Francavilla C, Olsen JV (2014) Off-line high-pH reversed-phase fractionation for in-depth phosphoproteomics. J Proteome Res 13:6176-6186
9. Rappsilber J, Mann M, Ishihama Y (2007) Protocol for micro-purification, enrichment, pre-fractionation and storage of peptides for proteomics using StageTips. Nat Protoc 2:1896-1906
10. Mostovenko E, Hassan C, Rattke J, Deelder AM, van Veelen PA, Palmblad M (2013) Comparison of peptide and protein fractionation methods in proteomics. EuPA Open Proteom 1:30-37
11. Černý M, Skalák J, Kurková B, Babuliaková E, Brzobohaty´ BB (2011) Using a commercial method for rubisco immunodepletion in analysis of plant proteome. Chemické listy 105:640-642
12. Černý M, Jedelský PL, Novák J, Schlosser A, Brzobohatý B (2014) Cytokinin modulates proteomic, transcriptomic and growth responses to temperature shocks in *Arabidopsis*. Plant Cell Environ 37:1641-1655
13. Righetti PG, Boschetti E (2016) Global proteome analysis in plants by means of peptide libraries and applications. J Proteomics 143:3-14
14. Stevens R, Stevens L, Price N (1983) The stabilities of various thiol compounds used in protein purifications. Biochem Educ 11:70
15. Berka M, Luklová M (2017) Limited drying and its effect on peptide recovery rates. In: Polak O et al (eds) MendelNet 2017 Proceedings of 24th International PhD Students Conference. 24th International PhD Students Conference, Brno, November 2017. p 91
16. Nukarinen E, Tomanov K, Ziba I, Weckwerth W, Bachmair A (2017) Protein sumoylation and phosphorylation intersect in *Arabidopsis* signaling. Plant J 91:505-517

第 7 章

高密度蛋白质芯片用于生物标志物筛选的系统分析流程

Rodrigo García-Valiente, Jonatan Fernández-García, Javier Carabias-Sánchez, Alicia Landeira-Viñuela, Rafael Góngora , María Gonzalez-Gonzalez, Manuel Fuentes

摘要 高密度蛋白质芯片为蛋白质表达型态分析、生物标志物的开发和验证提供了一个有潜力的高通量平台。前人根据蛋白质芯片的内容物、形式、检测系统等特点，对不同类型的蛋白质芯片已经进行了描述，并列出了与特定应用和用途相关的优缺点。因此，实验设计是任何基于蛋白质芯片试验筛选的关键；事实上，数据分析策略直接关系到实验设计、蛋白质芯片的类型，因此也直接关系到最终的结果，以及数据分析和结果的解释。本章提出了基于以高通量形式获得功能性蛋白质表征分析综合信息的特制蛋白质芯片平台的生物标志物开发的系统流程。

关键词 蛋白质芯片，分析，蛋白质组，抗体，荧光，蛋白质组学，标准化，生物标志物

7.1 引言

尽管在蛋白质组学研究方面已经取得了许多进展，但是用一种试验方法破译蛋白质组仍是一个挑战，主要是因为蛋白质组的复杂性、多样性和动态性。在众多的不同水平的系统研究中，蛋白质组与其他系统相比较大，例如，人类转录组包括 23000 多个蛋白质编码基因，但可以产生 100000 多种蛋白质，其主要来源是选择性剪接和翻译后修饰（posttranslational modification，PTM）。另外，蛋白质含量的巨大变化导致蛋白质组的动态范围很宽，因此，系统分析就需要提取和富集方法（这些方法并不总是有效的）。而且，质谱法对这种复杂性的了解还只是冰山一角，通常需要许多生物学和技术上的重复。总的来说，全面和详尽的蛋白质组表征分析仍然是一个惊人的挑战。为了克服这些困难，蛋白质芯片已经成为生物标志物和药物开发值得期待的策略之一 [1-3]。高密度蛋白质芯片可以在单个实验中以高通量的形式分析成百上千种已知蛋白质 [4]。

最近，由于蛋白质组学具有强大的综合系统分析能力，蛋白质组学被认为是一种在个体化医学和生物标志物开发中有用的技术，这种技术的价值是通过所谓的五个 R 标准来实现的：正确的患者 / 靶点（right patient/target）、正确的诊断（right diagnosis）、正确的治疗（right treatment）、正确的药物 / 靶点（right drug/target）和正确的剂量 / 时间（right dose/time）[5]。如上所述，高密度蛋白芯片在个体化医学方面有着广泛的应用 [6,7]。考虑到这一点，选择蛋白质芯片可用策略的最佳选项（即内容物、形式、检测系统、实验条件等）对于蛋白质试验非常重要 [8]。

这里对实验设计中的大部分相关特点进行简要叙述：

7.1.1 芯片形式

大多数蛋白质芯片有两种形式（取决于表面）[6, 9-11]：

7.1.1.1 平面阵列

在这种类型的阵列中，内容物（蛋白质、肽、适配体、组织或细胞裂解物）固定在固体基质上的二维（2D）表面（直径约 250μm，间隔约 300 μm）排列的微点中。在这种有序的 2D 空间分布中，大多数商用的蛋白质芯片 [4,11] 的点密度通常达到每平方厘米 1000 点左右。

在这些阵列中，有几个方面与试验性能的可靠性和重复性直接相关 [12]，如：点（大小、形态和重复性）、配体（结合能力）、样品、表面、方法（背景信号）和检测限。此外，其他方面也与表面 [13] 或生物分子的理化性质有关，这些性质对试验开发也有影响，如：点样缓冲液成分影响蛋白质结构、打印方法（接触式或非接触式）[14]、吸水性和湿度等。此外，信背比也很重要，必须对阵列表面上的非特异性结合进行评估和控制，以正确地检测配体 - 试剂联合体 [15]。为此，通常使用不同浓度的牛血清白蛋白（BSA）或脱脂奶粉等传统的封闭缓冲液。

7.1.1.2 微球阵列

在这种形式中，配体与直径一般为 0.02 ～ 0.1μm（纳米粒子）或 0.1μm（微球）的可寻址球（颜色编码球或量子点）结合 [16]。通常，为了能够区分它们，含有不同配体的球先用不同的荧光染料组合进行标记。然后，通过流式细胞术（其中一个或多个激光器激发内部染料）和报告荧光染料（与靶向蛋白质的鉴定或定量相关，其激发 / 发射与内部颜色编码染料的激发 / 发射大不相同）很容易检测到颜色编码球。检测器捕获颜色特征并鉴定配体，从而鉴定靶向蛋白质（通过设定分析物的强度）。

7.1.1.3 芯片内容物

根据放置或显示在表面的生物分子，蛋白质芯片提供很多亚类。为了简化分类，可以将它们分类为组装阵列或自组装阵列 [17]。

（1）组装阵列

通常固定在功能化表面上的由抗体、纯化的蛋白质或其他分子类型物质组成。不同类型的阵列包括：

① 捕获阵列

它们是通过在阵列表面打印分析物特异性试剂（analyte-specific reagents，ASR）生成的，通常是抗体 [18]（图 7-1），但有时是噬菌体 [19] 或其他物质。这些 ASR 用于同时鉴定和定量多种蛋白质实体的存在。因此，用它们来寻找生物标志物和检测分子识别标志。结果的质量取决于 ASR 的质量（特异性和亲和力），就抗体而言，这与它们是多克隆抗体或单克隆抗体有关。测量分析物 - 试剂联合体的检测方法有直接的（如荧光、Cy3 和 / 或 Cy5 抗体）或间接的（用链霉亲和素显示的生物素化样品，或用 HRP 标记的二抗）方法 [17]。

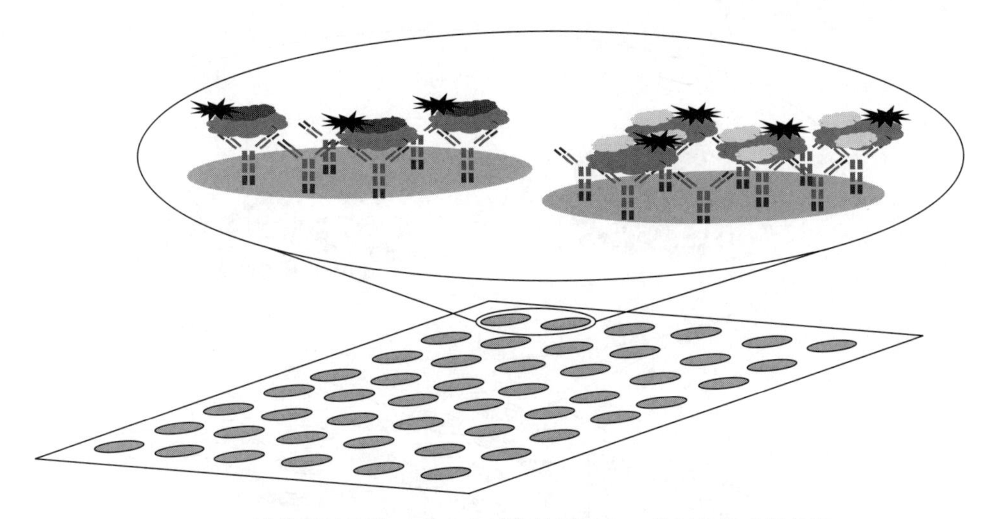

图 7-1　捕获芯片方案。在这个特定的例子中，分析物被直接标记

② 反相阵列

这个概念与捕获阵列相反。在这些阵列上，样品放置在表面上（图 7-2）。反相阵列对于评估针对单一 ASR 的多种样品非常有用。为了避免交叉反应，确保 ASR 的亲和力至关重要。以高通量形式评估理论蛋白质途径是很好的 [20]，然而，这是非常耗时的，并且与捕获阵列相反，它可能难以检测复杂样品中的低丰度配体 [10]。

图 7-2　反相蛋白质芯片方案。荧光标签与每种特异性抗体结合

（2）自组装阵列

在这些阵列中，蛋白质通过体外转录翻译系统编码带有羧基或氨基末端标签的选定蛋白质的固定化 cDNA 原位表达（图 7-3）。它可以对原位表达的蛋白质进行功能表征性分析，也可以对翻译后修饰进行鉴定。到目前为止，已经描述了几种类型：PISA[21]、DAPA[22]、PuCA[23] 和 NAPPA[24]。后者是为高通量分析而优化的。

对于生物标志物的开发，更通用和可用的平台是基于非接触式打印和与化学标记的样品（即生物素化的）一起孵育的平面捕获单色芯片，允许独立操作大量样品。这就是本章将要描述的实例。

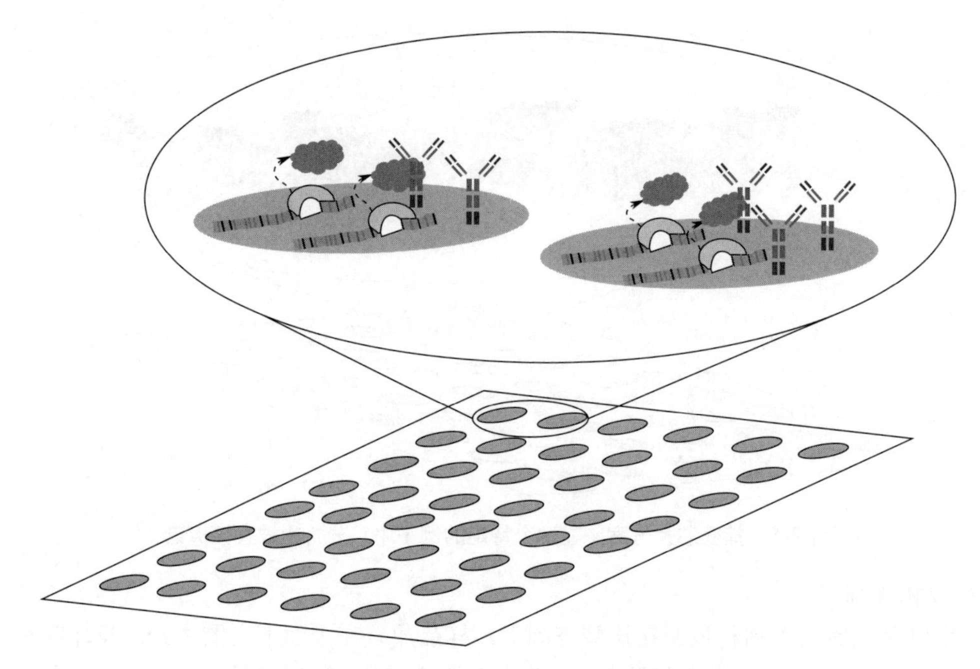

图 7-3 自组装蛋白质芯片的方案。本例是核酸可编程蛋白质阵列——NAPPA

7.2 材料

7.2.1 实验材料

除非另有说明，均在室温下准备所有材料。

7.2.1.1 阵列打印

（1）样品制备

① 一般材料：JetStar™ 芯片特定 384 孔微孔板，微量移液枪 P10、P100 及对应的枪头，管架，1.5mL 管，烧杯≥ 200mL。

② 试剂：PBS Na/K 1×，47% 甘油，BS3。

③ 台式仪器：有搅拌器的加热模块，离心机，涡旋振荡器。

（2）阵列打印准备

① 一般材料：Bel-bulb 移液枪。

② 试剂：有化学活性表面的载玻片。

③ 台式仪器：阵列式喷墨打印机，如 Arrayjet Marathon Argus，超声破碎仪。

7.2.1.2 阵列试验

① 一般材料：芯片孵育室，芯片清洗室，湿室，500mL 烧杯，微量移液枪 P10、P100 及对应的枪头，1.5mL 管，盖玻片。

② 试剂：封闭缓冲液，PBS Na/K 1×+BSA 0.01g/mL，2mg/mL 吐温 20；链霉亲和素 / 荧光偶联物。

③ 台式仪器：振荡器，旋转振荡器，阵列清洗平台。

7.2.1.3　阵列图像采集

台式仪器：芯片扫描仪，例如 Sensovation 荧光阵列成像读取器。

7.2.2　计算资源

推荐的完整计算流程的硬件要求：

① IBM 兼容计算机，配备 1.8 GHz 或更快的 Intel 四核处理器；

② Microsoft Windows 7 64 位或以上版本操作系统；

③ 8GB 或以上内存；

④ 专用显卡 512MB 或以上；

⑤ 256 GB 固态硬盘（用于图像存储）；

⑥ 1280×1024 显示系统，16M 颜色。

7.2.2.1　图像分析

① 推荐软件：GenePix Pro 软件 v. 7 或更高版本。

② 记事本 ++v 7.5 或更高版本。

7.2.2.2　数据分析

推荐软件：R v.3.0.1 或更高版本和 RStudio v.1.1.313 或更高版本，或 Microsoft Excel 2010 或更高版本。

7.3　方法

7.3.1　定制设计

定制阵列（图 7-4）将根据特定筛选的特殊需求进行设计。在基于阵列的试验中必须考虑一些方面。

① 根据研究，选择合适的阳性和阴性对照，并将其纳入配体中。标准的阴性对照是清洗缓冲液。包含内部对照是评估阵列和 / 或样品行为的重要工具。

② 必须包含足够数量的重复。技术重复将提供关于实验的生物学和实验方面的质量的信息，而生物学重复（至少三次，如果可能更多）将提供关于生物学问题的信息。

③ 当使用平面芯片时，如果有大量的样品和中等数量的生物标志物，一个阵列可以分成子阵列，每个子阵列的内容物与其他子阵列相同，但将与不同的样品杂交。因此，不同子阵列中的同一样品将被视为技术重复，而不同子阵列中同一组的不同样品将被视为生物学重复。在每个子阵列上，所有内容物都必须至少以三个重复随机分布在整个表面上显示。理想情况下，从 15 点到 30 点是非常合适的选择（图 7-4）。

7.3.2　实验流程

在室温下进行所有程序，方案步骤中另有规定除外。

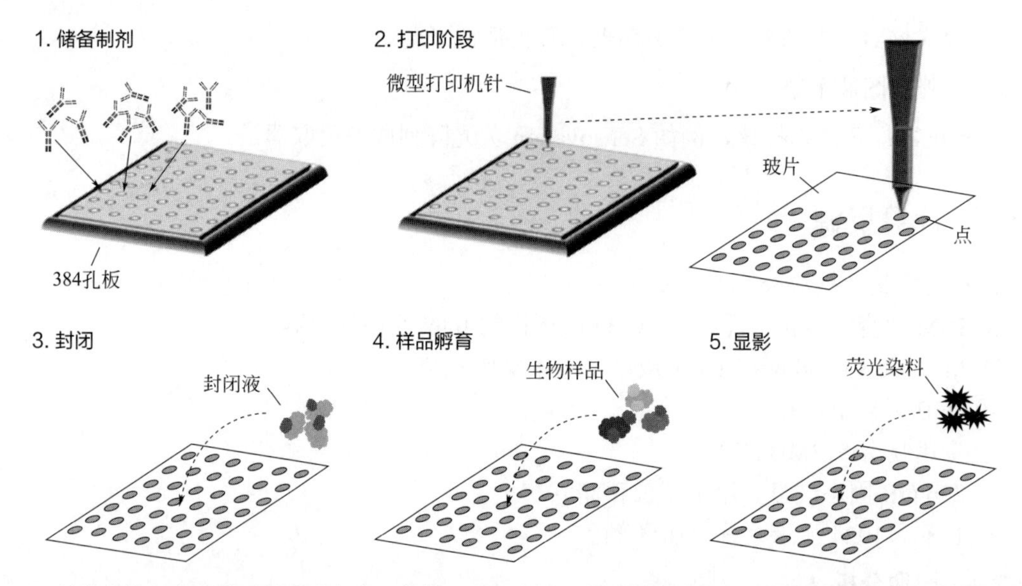

图 7-4 抗体芯片打印和随后的试验方案。在第一阶段（1），每种靶蛋白的每种特异性抗体在一个板中制备，并在其相应的主混合物中洗脱。阵列的打印（2）在温度和湿度可控室内进行。在每个点之间，必须用清洗缓冲液清洗针防止交叉污染。打印后，将该批芯片干燥并保存以备后续使用。在使用芯片之前，必须将其封闭防止非特异性结合（3）。在封闭之后以及在所有以下步骤（4 和 5）之后，芯片必须用蒸馏水彻底冲洗。阵列与样品（4）一起孵育并显影（5）。最后一次冲洗后，将阵列干燥并进行扫描。芯片在可控湿度的室温黑暗环境下保存

如果一次需要打印大量的样品，则必须在不同的实验批次之间随机、均匀地分开设置技术重复和生物学重复，以减少所谓的批次效应。

优化样品和配体的用量是很重要的。为此，建议先结合每种样品和配体的不同稀释度小剂量试验，并选择提供较少背景 / 信噪比的组合。

7.3.2.1 阵列打印

（1）样品制备

① 创建一个 Excel 文件，其中包含样品、阴性对照和阳性对照的预计和随机分布，以打印微孔板（见注释①）。

② 用 70% 乙醇清洁实验室工作台。准备微孔板制备所需的样品和试剂。

③ 蛋白质样品应在 PBS Na/K 1× 中稀释，使用 50mg/mL 的交联剂 BS3。

④ 将根据选择的分布喷点微孔板。每个样品用 47% 甘油（体积分数）1∶1 稀释（体积分数）点样。

⑤ 使用微孔板适配器安装好微孔板后，将它们在离心机中离心。

（2）阵列打印步骤

① 打开阵列式喷墨打印机、相关控制配置，连接至计算机。

② 执行制造商规定的日常维护。

③ 在打印机中放入带有要打印样品的微孔板，以及功能化的玻片、芯片，使用命令加载微孔板和玻片，确保微孔板和玻片的位置正确。

④ 在计算机中，创建一个实验文件夹，在文件夹中保存执行参数。

⑤ 开始打印，按下相应的命令。机器将自动开始打印每个阵列。

⑥ 一旦打印过程结束，将质量结果保存在前面提到的文件夹中。

⑦ 重新初始化系统（见注释②）。

⑧ 取出微孔板并将其在样品要求的条件下保存。

⑨ 取出打印的芯片，贴上标签（见注释③）。

⑩ 将打印的芯片与硅胶吸附剂一起在 37℃的干燥箱中干燥。

⑪ 将芯片在室温下保存。

7.3.2.2　阵列试验

① 芯片封闭。将芯片浸没在芯片清洗室中，每个芯片浸入 6mL 的封闭液中旋转混合 1h（见注释④）。

② 芯片清洗。在阵列清洗平台上用 Milli-Q 水充分冲洗 10min。在此之后，冲洗三次，将每个阵列放置在装满蒸馏水的阵列清洗室中，每个旋转混合 5min。它们在被处理前应一直保存在蒸馏水中。

③ 生物样品处理。在这种情况下，样品必须按照 2016 年《蛋白质组研究杂志》（*Journal Proteome Research*）上 A. Sierra 等所述的步骤进行生物素化处理。

④ 芯片干燥。使用 50mL 管的适配器将芯片以 240×*g* 离心 3min 干燥。干燥状态下可在 4℃保存最多 15 天。

⑤ 将选择好稀释度（见注释⑤）的生物样品在 4℃下，旋转混合孵育过夜。

⑥ 芯片清洗（见注释④）。在阵列清洗平台上用 Milli-Q 水冲洗 7min。在此之后，冲洗三次，将每个阵列放置在装满蒸馏水的阵列清洗室中，每个旋转混合 5min。它们在被处理前一直保存在蒸馏水中。

⑦ 倘若是生物素化标记的样品采用间接法孵育样品。

a. 链霉亲和素的制备。用 Milli-Q 水将 0.1mg 链霉亲和素 / 荧光偶联物按 1∶200（体积比）稀释。

b. 湿室准备。向湿室中加入蒸馏水，以产生一定的湿度，但加入的量不能接触到阵列。

c. 孵育。把盖玻片盖在阵列上，阵列放在湿室中，不要接触水。在无光照条件下，将整个芯片上 200μL 显示样品在湿室中培养 20min。

⑧ 芯片清洗（见注释④）。在阵列清洗平台上用 Milli-Q 水冲洗 7min。在此之后，冲洗三次，将每个阵列放置在装满蒸馏水的阵列清洗室中，每个旋转混合 5min。它们在被处理前应一直保存在蒸馏水中。

⑨ 芯片干燥。使用 50mL 管的适配器将芯片以 240×*g* 离心干燥 3min。一旦干燥，在扫描之前它们必须保存在没有光照的地方。

7.3.2.3　阵列图像获取

该步骤（图 7-5）设计用于在 Sensovation 荧光阵列成像读取器中执行。当使用不同的扫描仪操作时，应根据仪器的特性进行调整。

① 打开设备。等待直到所有内容都正确加载。

② 打开 Sensovation 程序。

③ 打开设备，最多可加载四个阵列。重复步骤③～⑥，直到所有阵列扫描完毕。

④ 点击设置按钮，再点击机架配置设立曝光时间和焦距参数，以建立有关背景信号正确点的显示（图 7-6）。点应清晰划分，背景噪声应均匀且对比良好。保存参数。

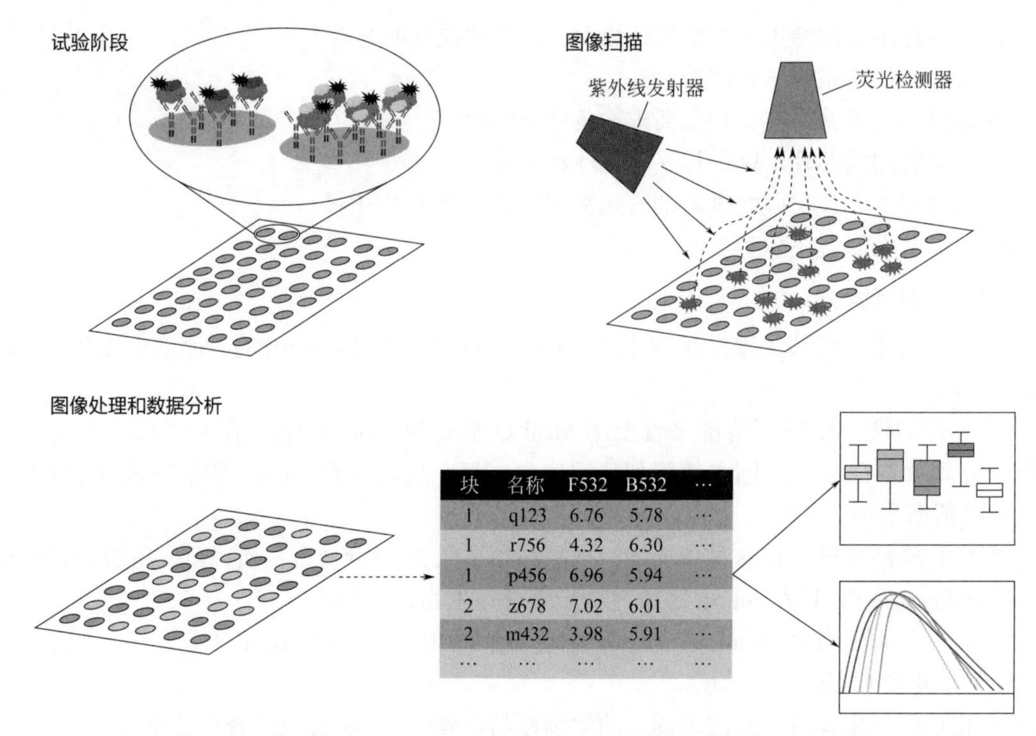

图 7-5　试验之后分析过程的总体方案（见彩图）。试验之后，在荧光阵列成像读取器中对图像进行扫描，该读取器会生成一个包含相关数据的文件用于进一步的统计分析

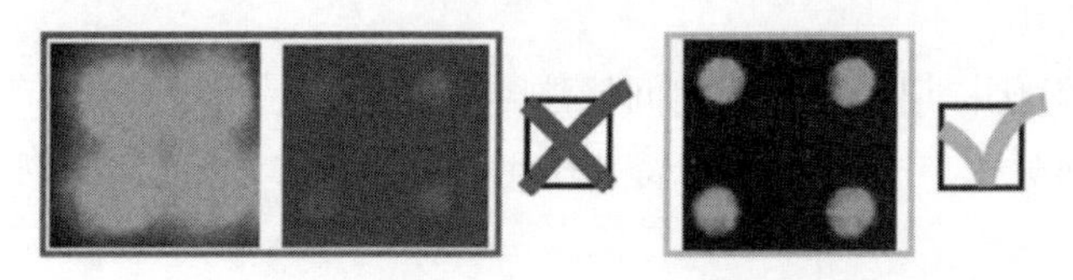

图 7-6　错误的机架配置（左）与正确的机架配置（右）

⑤ 单击设置按钮，点击试验设定以建立扫描选项。设置正确时进行保存。

⑥ 扫描并保存 .tiff 结果（见注释⑥）。

7.3.3　计算分析

7.3.3.1　图像分析

这步建议使用 GenePix 软件，可获得 GenePix 结果文件（GPR）。后续步骤需要此图像强度文件。

对于每个生成的图像：

① 打开图像（Ctrl+O）。

② 选择正确的波长。

③ 调整亮度和对比度。

④ 打开 gal 文件 / 阵列列表（Alt+Y）。

⑤ 调整 gal（手动和 / 或按 F5 键进入自动模式）。

⑥ 分析（Ctrl+A）。

⑦ 设定。背景减法：局部。

⑧ 将结果保存为 .gpr。

⑨ 使用 Notepad ++ 查看 .gpr 文件，关注点的 IDs，并检查它们是否正确。

7.3.3.2　数据分析

为了从芯片实验中获得可靠和有意义的生物学信息，必须用一致的统计方法对其进行分析（见注释⑦）。分析芯片有不同的可用策略，但并不是所有的用于分析其他芯片技术（如 DNA 芯片）的策略都可以很容易地转化用于分析蛋白质芯片。对这类试验进行分析的一般步骤如下：

① 导入的数据集。必须将 Genepix 输出读入用于分析的软件。适合这项任务的软件是 Python、R 或 Matlab。除其他参数外，gpr 文件包含像素强度的平均值、中值和标准差，以及某一特定波长点的总强度。

② 背景减法。一种简单的方法是使用 Genepix 的默认背景测量来为每个强度减去背景。建议使用中值。

③ 此时可通过检测总信号异常低的试验来进行质量控制检查（图 7-7）。

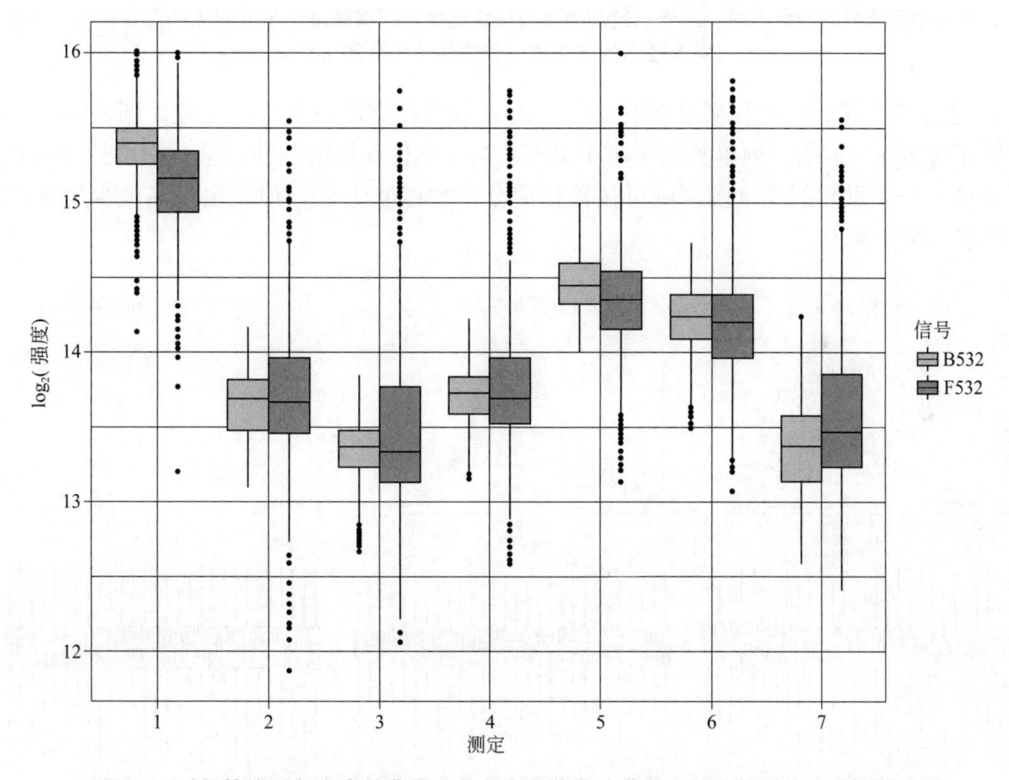

图 7-7　对数转换后每个点的背景（灰色）和前景（黄色）的中值强度分布的箱形图。显示了七种试验结果（见彩图）

④ 减去背景值后，有些样品会是负值，在第⑤步之前必须用零代替。

⑤ 对数据集进行对数转换。

⑥ 设置一个分界点来区分正负点（图 7-8）。这可通过确定正负分布之间的最小值自动实现，可通过对数据分布的中心密度估计实现。

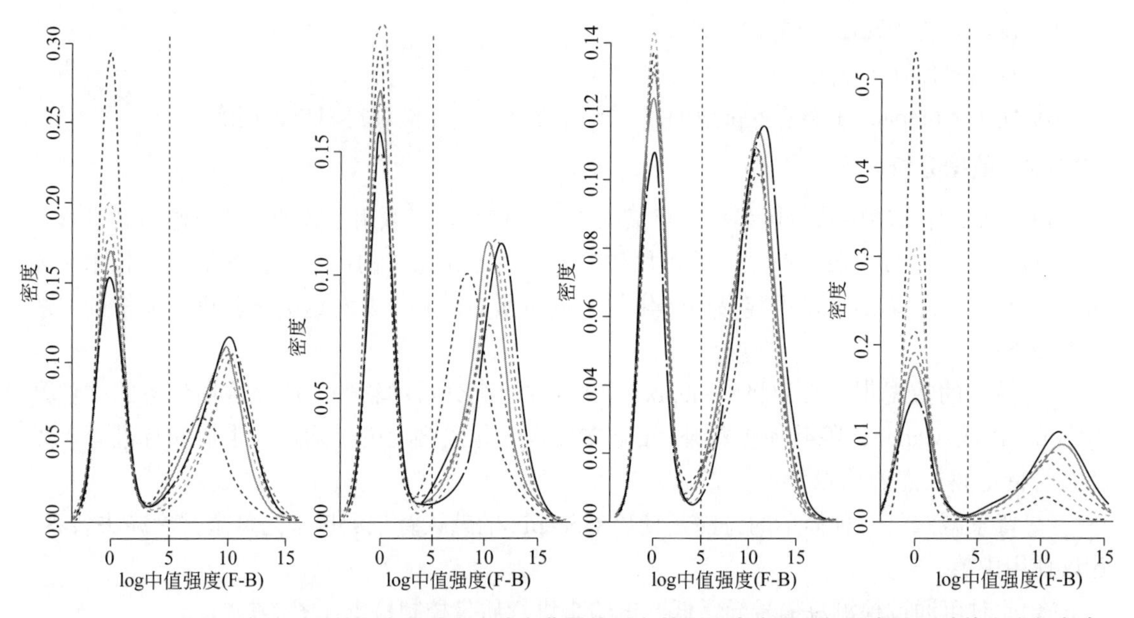

图 7-8　芯片中所有点的对数转换中值强度（减去背景值后）的平滑直方图。如果在同一玻片上进行多个试验，则每个子阵列的颜色不同。分界点绘制为垂直蓝色虚线。所有强度小于分界点的点将被视为负值，强度较高的点将进一步评估（见彩图）

⑦ 进行多个试验比较需要数据标准化。有各种定标方法适合于此任务（图 7-9）。标准评分很容易实施，但它必须单独用于每个具有各自平均值和标准差的试验。如果某些分布显示是由技术变化引起的噪点图，则可按需使用分位数标准化[25]，但这也可能减少生物学差异所贡献的统计能力。

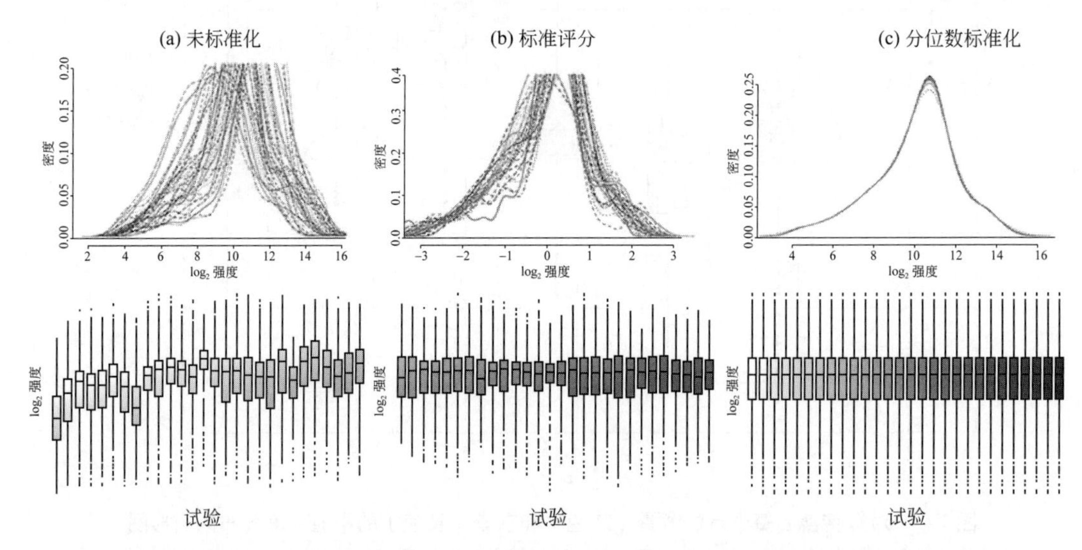

图 7-9　每个试验阳性点的中值强度（对数转换后）的平滑直方图（顶部）和箱形图（底部）。图中显示了未标准化（左）、标准评分（中）和分位数标准化（右）的数据（见彩图）

⑧ 阳性点必须与作为每个单独试验阳性的真正非任意阈值的阴性对照点进行比较。

⑨ 为了评估阵列间的变化性，对显示真正阳性强度的相同分析物点（在上一步之后选择）进行计数。将所有重复中从阴性到阳性检测的置信指数（IC）从 0 到 1 分别分配给每个靶蛋白

（阳性点的数量除以该分析物的总点数）。

⑩ 可通过比较各组样品之间每种蛋白质的 IC 平均值来选择差异表达的蛋白质。这可通过具有控制 FDR 程序的标准 t 检验实现。

7.4　注释

① 推荐的阴性对照之一是 47% 甘油（体积分数）。

② 不同打印试验之间，必须清洗设备。

③ 建议每个标签包含批次、样品和阵列信息。

④ 从本步骤开始到第⑦步，任何时候玻片 / 芯片必须保持湿润。

⑤ 建议用一组减少的不同稀释度的已知对照样品为之前所进行步骤 7.3.2.2 的生物样品选择最佳稀释倍数。通常 1∶100 稀释效果很好。

⑥ 通常建议生成备份文件，并且必须根据扫描的阵列正确标记每个文件。

⑦ 这些分析可以在在线工具 ProtArray（www.ProtArray.com）中完成。

致谢

我们非常感谢西班牙 Carlos Ⅲ卫生研究所（ISCⅡ）对以下项目的资助：FIS PI14/01538、FIS PI17/01930 和 CB16/12/00400。我们还感谢 Fondos FEDER（欧盟）和 Junta Castilla-Leó（项目 SA198A12-2）及 Fundación Solórzano FS38/2017 基金支持。蛋白质组学仪器属于 ProteoRed，PRB3-ISCⅢ，由 ISCⅢ和 FEDER 资金资助的 PE I+D+I 2017-2020 的 PT17/0019/0023 项目支持。

参考文献

1. Sierra-Sánchez Á, Garrido-Martín D, Lourido L, González-González M, Díez P, Ruiz-Romero C et al (2017) Screening and validation of novel biomarkers in osteoarticular pathologies by comprehensive combination of protein array technologies. J Proteome Res 16 (5):1890-1899

2. Zyuzin MV, Díez P, Goldsmith M, Carregal-Romero S, Teodosio C, Rejman J et al (2017) Comprehensive and systematic analysis of the immunocompatibility of polyelectrolyte capsules. Bioconjug Chem 28(2):556-564

3. Díez P, Ibarrola N, Dégano RM, Lécrevisse Q, Rodriguez-Caballero A, Criado I et al (2017) A systematic approach for peptide characterization of B-cell receptor in chronic lymphocytic leukemia cells. Oncotarget 8 (26):42836-42846

4. Merbl Y, Kirschner MW (2011) Protein microarrays for genome-wide posttranslational modification analysis. Wiley Interdiscip Rev Syst Biol Med 3(3):347-356

5. Dasgupta A (2008) Handbook of drug monitoring methods: therapeutics and drugs of abuse. Humana, Totowa, NJ, pp 1-445

6. Yu X, Schneiderhan-Marra N, Joos TO (2011) Protein microarrays and personalized medicine. Ann Biol Clin (Paris) 69(1):17-29

7. Yu X, Schneiderhan-Marra N, Joos TO (2010) Protein microarrays for personalized medicine. Clin Chem 56:376-387

8. Díez P, Dasilva N, González-González M, Matarraz S, Casado-Vela J, Orfao A et al (2012) Data analysis strategies for protein microarrays. Microarrays 1(3):64-83 http://www.mdpi.com/2076-3905/1/2/64/

9. Gonzalez-Gonzalez M, Jara-Acevedo R, Matarraz S, Jara-Acevedo M, Paradinas S, Sayagües JM et al (2012)

Nanotechniques in proteomics: protein microarrays and novel detection platforms. Eur J Pharm Sci 45:499-506
10. Dasilva N, Díez P, Matarraz S, González-González M, Paradinas S, Orfao A et al (2012) Biomarker discovery by novel sensors based on nanoproteomics approaches. Sensors 12:2284-2308
11. Matarraz S, González-González M, Jara M, Orfao A, Fuentes M (2011) New technologies in cancer. Protein microarrays for biomarker discovery. Clin Transl Oncol 13:156-161
12. Ellington AA, Kullo IJ, Bailey KR, Klee GG (2010) Antibody-based protein multiplex platforms: technical and operational challenges. Clin Chem 56:186-193
13. Fuentes M, Díez P, Casado-Vela J (2016) Nanotechnology in the fabrication of protein microarrays. Methods Mol Biol 1368:197-208
14. Glökler J, Angenendt P (2003) Protein and antibody microarray technology. J Chromatogr B Anal Technol Biomed Life Sci 797:229-240
15. Kusnezow W, Jacob A, Walijew A, Diehl F, Hoheisel JD (2003) Antibody microarrays: an evaluation of production parameters. Proteomics 3(3):254-264
16. Casado-Vela J, González-González M, Matarraz S, Martínez-Esteso MJ, Vilella M, Sayagués JM et al (2013) Protein arrays: recent achievements and their application to study the human proteome. Curr Proteomics 10 (2):83-97. https://doi.org/10.2174/1570164611310020003
17. Lourido L, Diez P, Dasilva N, Gonzalez-Gonzalez M, Ruiz-Romero C, Blanco F, et al (2014) Protein microarrays: overview, applications and challenges. In: Genomics and proteomics for clinical discovery and development. Springer. p 147-173., https://doi.org/10.1007/978-94-017-9202-8_8
18. LaBaer J, Ramachandran N (2005) Protein microarrays as tools for functional proteomics. Curr Opin Chem Biol 9:14-19
19. Jara-Acevedo R, Díez P, González- González M, Dégano RM, Ibarrola N, Góngora R et al (2018) Screening phage-display antibody libraries using protein arrays. In: Phage display. Methods Mol Biol 1701:365-380
20. Spurrier B, Ramalingam S, Nishizuka S (2008) Reverse-phase protein lysate microarrays for cell signaling analysis. Nat Protoc 3 (11):1796-1808
21. He M, Taussig MJ (2001) Single step generation of protein arrays from DNA by cell-free expression and in situ immobilisation (PISA method). Nucleic Acids Res 29(15):E73-E73 http://www.ncbi.nlm.nih.gov/entrez/query.fcgi?cmd=Retrieve&db=PubMed&dopt=Cita tion&list_uids=11470888
22. He M, Stoevesandt O, Palmer EA, Khan F, Ericsson O, Taussig MJ (2008) Printing protein arrays from DNA arrays. Nat Methods 5 (2):175-177
23. Tao SC, Zhu H (2006) Protein chip fabrication by capture of nascent polypeptides. Nat Biotechnol 24(10):1253-1254
24. Ramachandran N, Raphael JV, Hainsworth E, Demirkan G, Fuentes MG, Rolfs A et al (2008) Next-generation high-density self-assembling functional protein arrays. Nat Methods 5 (6):535-538
25. Hicks SC, Irizarry RA (2014) When to use quantile normalization? bioRxiv. doi: https://doi. org/10.1101/012203. http://biorxiv.org/con tent/early/2014/12/04/012203.abstract

第8章

肠道微生物群落的宏蛋白质组学研究

Lisa A Lai, Zachary Tong, Ru Chen, Sheng Pan

摘要 蛋白质组学是一种广泛用于确定复杂样品蛋白质组成的方法。这种方法可以在广泛的动态范围内鉴定和定量蛋白质以及检测翻译后修饰，因此蛋白质组学是在功能水平上研究肠道微生物群落的理想平台。肠道微生物群落是一个动态的环境，对总体健康水平至关重要。肠道微生物群落的失衡会影响营养吸收、抵抗病原体，导致炎症和各种人类疾病。目前正在对从粪便样品、结肠灌洗或结肠活检中分离的细菌进行肠道微生物群落的宏蛋白质组学分析。肠道微生物群落研究表明，结肠内存在基于空间位置的独特群落，可与从粪便中分离出的肠道微生物群落分开。肠道微生物群落分析除了增加我们对人类健康和疾病的宿主 - 细菌相互作用的理解外还正在用于生物标志物的开发以辨别正常人和疾病（即炎症性肠病或结肠癌）患者以及监测疾病活动和风险评估。

关键词 微生物群落，蛋白质组学，宏蛋白质组学

8.1 肠道微生物群落-引言

成人胃肠道为从食道经胃和结肠到达直肠。这些器官中生活着大量的微生物种群，可能超过 100 万亿个，这个微生物群落由 15000 到 36000 种不同的细菌组成[1-3]。通过与宿主相互作用，这些细菌、真菌和病毒对其微环境中的刺激作出反应，并影响宿主广泛的基本功能，包括帮助消化食物、维生素生成 / 吸收、代谢、营养摄取、免疫反应以及抵抗病原生物[4, 5]。虽然人类肠道内细菌的数量和密度极高，但其多样性却低得惊人。拟杆菌门（Bacteroides）、厚壁菌门（Firmicutes）、变形菌门（Proteobacteria）和放线菌门（Actinobacteria）四个门的细菌构成了人体胃肠道内 >98% 的微生物[1]，这对肠道微生物群落特别是低丰度种类的宏蛋白质组学分析构成了严峻的挑战。

从胎盘[6]、羊水[7]和脐带[8]中检测到的微生物群落可以证明，人体肠道微生物群落开始在子宫中形成，并在出生后不久完全定植[9]。婴儿肠道微生物群落的发展受到分娩方式的影响[10]。阴道分娩的婴儿肠道被乳杆菌属（*Lactobacillus*）和普雷沃菌属（*Prevotella*）定植，而剖腹产分娩的婴儿肠道则首先被变形菌门和厚壁菌门定植。这种差异可以持续到出生后的头 12 个月。在儿童早期肠道细菌迅速发展和定植，这样到青春期前儿童有与成人相似的肠道微生物群落[11]。然而，肠道微生物群落一旦建立起来并不是保持静止的而是高度动态的，

并且能够对环境刺激如饮食的变化和抗生素治疗等因素作出反应。

最近，人类微生物群落计划（human microbiome project，HMP）开始在包括胃肠道和粪便在内的多个部位对健康个体的微生物群落进行分析[12]。有趣的是，在同一个体的肠腔（粪便）和结肠组织样品中发现微生物种群存在差异[12, 13]，表明微生物群落可能在空间上是不同的。虽然大肠含有的群落多样性比小肠高，但微生物种群相似，以拟杆菌门和厚壁菌门的细菌为主[1]。由 HMP 产生的宏基因组学数据集为人类肠道微生物群落的宏蛋白质组学分析奠定了重要的基础。下一步，综合人类微生物群落计划（Integrative Human Microbiome Project，iHMP）重点对不同患者群体包括新生儿、炎症性肠病（IBD）患者和糖尿病患者[14]的微生物组群落进行纵向研究。肠道菌群失调或失衡与 IBD[15]、肥胖[16, 17]、代谢紊乱和心血管疾病[18]的发病机制有关。

8.2 饮食对肠道微生物菌落的调节作用

由于肠道微生物群落对环境刺激包括饮食的变化作出反应，是一个动态的宿主相互作用，人们对其非常感兴趣。当小鼠从低脂肪的植物性饮食转向高脂肪的饮食时，在一天内能观察到微生物群落基因表达的变化[19]。对人类饮食的研究表明，与动物性饮食者[20]糖类和蛋白质发酵细菌数量的增加相比，植物性饮食者体内植物多糖代谢所需的细菌数量发生了变化[20]。当比较在农村和城市生活的人的粪便微生物群落时，显示细菌种群和群落结构存在差异，且糖类代谢也出现了类似的变化[21]。

8.3 患病时肠道微生物群落的变化

人们对研究人体肠道疾病中的微生物群落依赖性炎症，特别是炎症性肠病［即溃疡性结肠炎（UC）或克罗恩病（CD）[22]］和大肠癌[23, 24]非常感兴趣。已有研究表明，大肠癌伴随着梭杆菌属（*Fusobacterium*）定植并维持在远端转移部位[24]。此外，用抗生素甲硝唑治疗小鼠移植瘤，减少了细菌负荷和肿瘤生长[24]。研究表明，胃肠疾病患者的粪便和组织样品中肠道微生物群落多样性降低和失衡。

除了研究疾病的病因和发病机制外，研究人员还对重新引入细菌以缓解肠道菌群失调的效果感兴趣。研究表明，粪便移植是降低 IBD 患者疾病严重性或治疗艰难梭菌（*Clostridium difficile*）感染引起的反复腹泻的有效治疗方法[26]。最近的一项研究表明，新鲜或冷冻的人的粪便可以成功地移植到悉生小鼠体内，移植后的一周内重现人供体肠道微生物群落；这项研究还讨论了该种动物模型在靶向肠道菌群的药物试验中的效用[19]。

8.4 包括肠道在内的复杂样品的宏蛋白质组学研究

虽然蛋白质组学提供了对样品中同一蛋白质组中蛋白质的全部鉴定和定量，但正如最初提出的那样，宏蛋白质组学是在一个给定时间点对微生物群落中表达蛋白质的综合分析[27]。

宏蛋白质组学已经用于研究人类和动物以及环境如土壤[28]、污泥[27]、食物[29]和海洋[30]中的微生物群落。这种应用目前不如宏基因组学或宏转录组学研究常见，部分原因是缺乏一致的宏蛋白质组样品制备步骤、缺乏有效的生物信息学工具[31]以及在复杂样品中测量低丰度蛋白质的技术[32]。宏蛋白质组学一直依赖于从基因组和宏基因组学数据生成的数据库和文库来进行正确的肽鉴定和途径分析。

以前肠道的宏蛋白质组学研究主要集中在短期培养后分离出的细菌种群，但这种方法仅限于可以在体外培养的菌株，而且这些培养的菌株往往没有表现出相同的肠道微生物群落特征。然而，随着质谱技术的进步，研究人员已经能够成功地分析复杂的微生物群落。使用双向差异凝胶电泳（2D-DIGE）和串联质谱（MS/MS）分析以及基于 SRM 的靶向蛋白质组学验证的一项研究表明 CD 患者的拟杆菌属（*Bacteroides*）种类比例过高和梭菌目（Clostridiales）种类比例较低，参与氧化胁迫、节约能量的蛋白质和 IgA 免疫球蛋白的表达升高，可能促进炎症 GP2（酶原颗粒膜的胰糖蛋白 2）的表达降低[33]。

尽管在这个领域取得了巨大的进展，但由于肠道微生物群落的惊人复杂性——2100 多种不同的分类单元表达了超过 6300 万种独特的蛋白质，宏蛋白质组学仍处于发展阶段[34]。宏蛋白质组分析需要巨大的计算能力。此外，革兰氏阴性细菌的高抗性细胞壁（它们只是微生物群落中的一部分菌株）需要额外的机械破壁方法，例如研磨珠击打或超声处理，以获得最佳的蛋白质提取[32, 35]。而且，从同源蛋白质中正确鉴定肽也面临挑战，因为来自不同种类的相似蛋白质可能具有完全不同的功能，导致冗余蛋白质鉴定和可能的偏差分析。

8.5　使用鸟枪蛋白质组学方法的宏蛋白质组学

在质谱（MS）之前，早期的宏蛋白质组学分析使用双向凝胶电泳（2D-GE）分离蛋白质。后来利用二维液相色谱（LC）纳升喷雾串联质谱联用（nano 2D LC-MS/MS）的鸟枪宏蛋白质组学方法对婴儿粪便样品进行分析，结果证明，随着粪便样品中低丰度微生物蛋白质的富集鉴定的蛋白质增加[36]。使用这种方法研究表明 CD 患者厚壁菌门蛋白质显著减少，炎症反应蛋白质丰度较高以及参与维持黏膜完整性的蛋白质表达降低，所有这些都可能导致慢性炎症[37]。经过优化的小鼠粪便微生物群落分析的 LC-MS/MS 工作流程揭示鉴定了 18000 种非冗余的胰蛋白酶肽（微生物来源的 93%），相当于超过 600 种不同的微生物种类和包括参与能量生产的 TonB 依赖受体家族成员的 250 个蛋白质家族[38]。

8.6　研究肠道微生物群落的样品采集

人体肠道微生物群落的分析基本上采用三种临床材料：大便、结肠活检、结肠灌洗。值得注意的是，一些研究已经注意到成对的粪便和直肠（结肠）样品的微生物群落之间的差异，即使是在同一天采集的没有准备结肠镜检的样品[39]。分析每种临床材料都有优势和影响因素，其中一些概述如下。

因为粪便或大便样品可以非创伤性地采集，许多宏蛋白质组学研究使用这种材料，并且考虑到高达 30% 的粪便生物量可能是细菌，有大量的材料可以使用。粪便是宿主细胞、细菌、食物颗粒和不溶性物质的混合物，需要通过差速离心浓缩[40]、过滤较大的不溶性颗粒[36]和/或沉淀以分离出微生物细胞。从粪便中提取的蛋白质来自细菌和宿主分泌的蛋白质，这可以用来研究宿主和细菌之间的相互作用。利用粪便样品对人体肠道进行的第一项鸟枪宏蛋白质组学研究表明，与翻译、能量生产和糖代谢相关的蛋白质以及参与新的微生物途径和宿主免疫反应的蛋白质的表达高于预期[40]。

结肠活检可以在常规结肠镜检中获得，虽然它们是微创的，但它们确实需要破坏黏膜层。虽然这些活检只是从结肠内的一小块区域取样，但可以针对结肠内的发育异常区域或特定区域（即盲肠、横结肠、近端结肠、直肠等）进行活检。粪便样品的细菌数量可能比活检样品高出 1000 倍，分离出的细菌群落也存在差异[41]。基于 PCR 的技术已用于比较从结肠不同部位和粪便中分离的细菌亚群落的特性。尽管从结肠活检检测到的优势种类始终与活检部位无关，但与粪便样品存在明显差异，表明在结肠镜检期间粪便污染的可能性不大。结肠和粪便微生物群落之间的差异小于个体之间的差异[13]。

结肠灌洗是在结肠镜检期间向结肠内注入少量液体后采集细菌的一种方法[42]。然而，接受结肠镜检的患者通常已经完成了准备程序，因此在检查之前，结肠的大部分已经被清洗干净。此外，对黏膜灌洗液的分析显示，有相当高比例的人体分泌蛋白质（高达 63%）与细菌肽（30%）混合在一起[42]。从粪便样品中分离的蛋白质分析表明，大约 30% 鉴定的蛋白质来源于人体[40]。一些研究表明，黏膜灌洗是首选的采样方法，因为它可以进行特定生境的分析以及重复采样。由于表面微生物群落通过灌洗获得，它们可能比从粪便样品分离的细菌更好地适应黏附、抵抗宿主和其他黏膜营养因子。一项研究观察到黏膜灌洗样品的凝胶内分解明显增加了胰蛋白酶分解的效率，他们推测这可能是胰蛋白酶抑制剂 A1AT 失活所致[42]。

8.7 肠道微生物群落分析面临的挑战

从粪便样品获得微生物群落的一些主要问题是样品的异质性极强，大量的不溶性物质可能会影响蛋白质的检测，不适当的保存条件可能会导致细菌裂解[43]。为了解决异质性问题，一些研究人员在存样前对样品进行了均质化处理。除了冷冻干燥，研究人员还成功地将粪便样品在 RNAlater 中保存——保存条件对微生物群落特性有显著影响[43]。经过大量洗涤后从上清液分离获得的细菌含有裂解的或分泌的细菌蛋白质以及分泌的宿主蛋白质。不同的蛋白质提取方法（包括研磨珠击打和超声处理）与不同的裂解缓冲液（SDS、B-Per 和尿素）组合比较表明，尽管用 SDS 缓冲液和研磨珠击打法组合肽鉴定和蛋白质产量最高，但只有 B-Per 能够从拟杆菌门提取蛋白质，只有用尿素缓冲液裂解才能检测到放线菌门的蛋白质。使用尿素提取可以很好地检测翻译后修饰，但使用其他裂解缓冲液的检测效果较差[32]。

8.8 宏蛋白质组学分析专用软件工具

大多数报道的宏蛋白质组学研究使用鸟枪蛋白质组学方法鉴定细菌蛋白质可能受到复杂

性和灵敏性问题的影响以致检测低丰度蛋白质可能面临挑战。然而，复杂性和动态范围问题可以使用新兴的基于谱库的方法来解决，例如数据独立获取（data-independent acquisition，DIA）提供基于谱库的更广泛范围的肽 / 蛋白质检测 [44-47]。虽然这种方法已经越来越多地应用于人类蛋白质组的定量分析，但其在宏蛋白质组学的应用却相对滞后，部分原因是涉及生物信息学的复杂性。参考数据库正在不断加入培养细菌和病原体种类的质谱分析，以改进微生物种类鉴定的能力 [48]。

最近开发的专用于宏蛋白质组学数据分析设计的软件工具也已经可用。MetaLab 使用谱聚类方法提高肽鉴定速度 [49]。人粪便样品的蛋白质组学分析鉴定肽的分类示例如图 8-1 所示。其他研究表明，通过使用德布鲁因图组装从宏基因组学序列数据预测蛋白质序列并生成参考数据库改进了宏蛋白质组学中的蛋白质鉴定 [50]。可以使用带有去噪的 UniProt-KB 的鸟枪蛋白质组学数据的 UniPept（http://UniPept.ugent.be）进行分类单元特定的肽序列分类以提供更多的生物多样性分析 [51, 52]。粪便样品宏蛋白质组学数据分析的另一个理想选择是 MetaPro-IQ，因为肠道微生物群落基因目录是从不需要匹配的宏基因组学数据的粪便研究中编辑出来的，但是它不太适用于其他类型的微生物群落样品的研究 [53]。

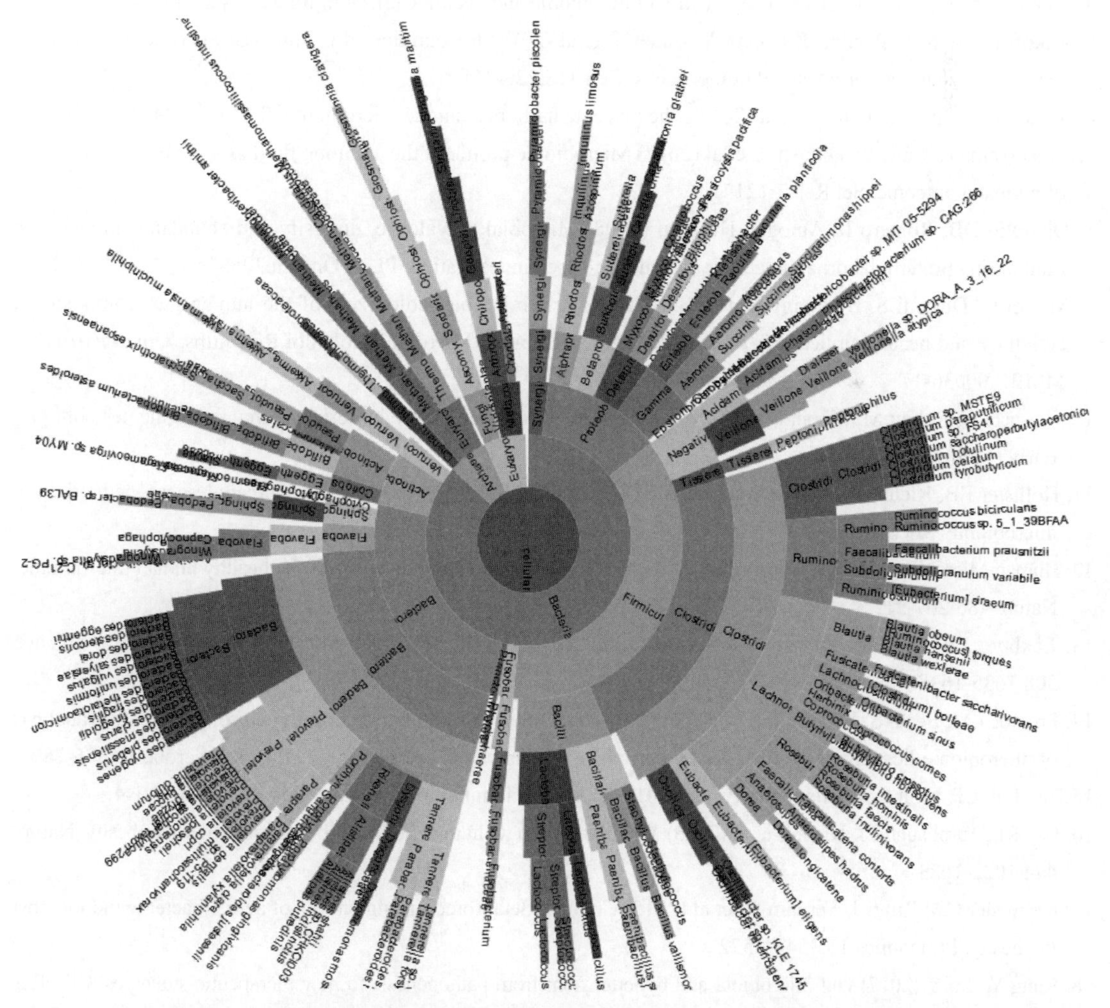

图 8-1　饼状图说明了人粪便样品的宏蛋白质组学分析的分类学分布。中心圆代表生物体，每一向外移动的同心圆代表一级分类单元（即域、界、门、纲、目、科、属和种）

8.9 结论和观点

随着质谱仪和数据分析技术的不断进步，对复杂肠道微生物群落样品的综合分析变得越来越可行。虽然以往的努力主要集中在细菌种类的检测和鉴定上，但希望这些努力会发展延伸到能够整合宏基因组学和宏转录组学数据的分析，从而更全面地了解非常复杂和动态的肠道微生物群落。这些研究的最终目标是确定影响人类健康和疾病的局部和整体相互作用。通过了解微生物群落与肠道之间的密切关系，希望能找到对人类健康素质有积极影响的干预措施。

参考文献

1. Frank DN, St Amand AL, Feldman RA et al (2007) Molecular-phylogenetic characterization of microbial community imbalances in human inflammatory bowel diseases. PNAS 104:13780-13785
2. Cresci GA (2015) The gut microbiome: what we do and don’t know. Nutr Clin Pract 30:734-746
3. Lynch SV, Pederson O (2016) The human intestinal microbiome in health and disease. N Engl J Med 375:2369-2379
4. Tuddenham S, Sears CL (2015) The intestinal microbiome and health. Curr Opin Infect Dis 28:464-470
5. Rakoff-Nahoum S, Paglino J, Eslami-Varzaneh F et al (2014) Recognition of commensal microflora by toll-like receptors is required for intestinal homeostasis. Cell 118:229-241
6. Aagaard K, Ma J, Anthony K et al (2014) The placenta harbors a unique microbiome. Sci Transl Med 6:237ra65
7. Urushiyama D, Suda W, Ohnishi E et al (2017) Microbiome profile of the amniotic fluid as a predictive biomarker of perinatal outcome. Sci Rep 7:12171
8. DiGiulio DB, Romero R, Amogan HP et al (2008) Microbial prevalence, diversity and abundance in amniotic fluid during preterm labor: a molecular and culture-based investigation. PLoS One 3:e3056
9. Milani C, Duranti S, Bottacini F et al (2017) The first microbial colonizers of the human gut: composition, activities, and health implications of the infant gut microbiota. Microbiol Mol Biol Rev. https://doi.org/10.1128/MMBR.00036-17
10. Biasucci G, Rubini M, Riboni S et al (2010) Mode of delivery affects the bacterial community in the newborn gut. Early Hum Dev 86:13-15
11. Hollister EB, Riehle K, Luna RA et al (2015) Structure and function of the healthy preadolescent pediatric gut microbiome. Microbiome 3:36
12. Human Microbiome Project Consortium (2012) Structure, function and diversity of the healthy human microbiome. Nature 486:207-212
13. Eckburg PB, Bik EM, Bernstein CN et al (2005) Diversity of the human intestinal microbial flora. Science 308:1635-1638
14. Proctor LM, Sechi S, DiGiacomo ND et al (2014) The integrative human microbiome project: dynamic analysis of microbiome-host omics profiles during periods of human health and disease. Cell Host Microbe 16:276-289
15. Tamboli CP, Neut C, Desreumaux P et al (2015) Dysbiosis in inflammatory bowel disease. Gut 53:1-4
16. Ley RE, Turnbaugh PJ, Klein S et al (2006) Microbial ecology: human gut microbes associated with obesity. Nature 444:1022-1023
17. Kolmeder CA, Ritari J, Verdam FJ et al (2015) Colonic metaproteomic signatures of active bacteria and the host in obesity. Proteomics 15:3544-3522
18. Kang Y, Cai Y (2017) Gut microbiota and hypertension: from pathogenesis to new therapeutic strategies. Clin Res Hepatol Gastroenterol. https://doi.org/10.1016/j.clinre.2017.09.006
19. Turnbaugh PJ, Ridaura VK, Faith JJ et al (2009) The effect of diet on the human gut microbiome: a metagenomic

analysis in humanized gnotobiotic mice. Sci Transl Med 1:6ra14

20. David LA, Maurice CF, Carmody RN et al (2014) Diet rapidly and reproducibly alters the human gut microbiome. Nature 505:559-563
21. Yatsunenko T, Rey FE, Manary MJ et al (2012) Human gut microbiome viewed across age and geography. Nature 486:222-227
22. Wright EK, Kamm MA, Teo SM et al (2015) Recent advances in characterizing the gastrointestinal microbiome in Crohn's disease: a systematic review. Inflamm Bowel Dis 21:1219-1228
23. Arthur JC, Perez-Chanona E, Myhlbauer M et al (2012) Intestinal inflammation targets cancer-inducing activity of the microbiota. Science 338:120-123
24. Bullman S, Pedamallu CS, Sicinska E et al (2017) Analysis of Fusobacterium persistence and antibiotic response in colorectal cancer. Science. https://doi.org/10.1126/science. aal5240
25. Karolewska-Bochenek K, Grzesiowski P, Banaszkiewicz A et al (2017) A two-week fecal microbiota transplantation course in pediatric patients with inflammatory bowel disease. Springer, Heidelberg, Boston, MA, pp 1-7
26. Fischer M, Sipe B, Cheng YW et al (2017) Fecal microbiota transplant in severe and severe-complicated *Clostridium difficile*: a promising treatment approach. Gut Microbes 8:289-302
27. Wilmes P, Bond PL (2004) The application of two-dimensional polyacrylamide gel electrophoresis and downstream analyses to a mixed community of prokaryotic microorganisms. Env Microbiol 6:911-920
28. Bastida F, Hernandez T, Garcia C (2014) Metaproteomics of soils from semiarid environment: functional and phylogenetic information obtained with different protein extraction methods. J Proteomics 101:31-42
29. Maier TV, Lucio M, Lee H et al (2017) Impact of dietary resistant starch on the human gut microbiome, metaproteome, and metabolome. MBio 8:e01343-e01347
30. Williams TJ, Cavicchioli R (2014) Marine metaproteomics: deciphering the microbial metabolic food web. Trends Microbiol 22:248-260
31. Heyer R, Schallert K, Zoun R et al (2017) Challenges and perspectives of metaproteomic data analysis. J Biotechnol 261:24-36
32. Zhang X, Li L, Mayne J et al (2017) Assessing the impact of protein extraction methods for human gut metaproteomics. J Proteome. https://doi.org/10.1016/j.jprot.2017.07.001
33. Juste C, Kreil DP, Beauvallet C et al (2014) Bacterial protein signals are associated with Crohn's disease. Gut 63:1566-1577
34. Wilmes P, Heintz-Buschart A, Bond PL (2015) A decade of metaproteomics: where we stand and what the future holds. Proteomics 15:3409-3417
35. Glatter T, Ahrne E, Schmidt A (2015) Comparison of different sample preparation protocols reveals lysis buffer-specific extraction biases in gram-negative bacteria and human cells. J Proteome Res 14:4472-4485
36. Xiong W, Giannone RJ, Morowitz MJ et al (2015) Development of an enhanced metaproteomic approach for deepening the microbiome characterization of the human infant gut. J Proteome Res 14:133-141
37. Erickson AR, Cantarel BL, Lamendella R et al (2012) Integrated metagenomics/metaproteomics reveals human host-microbiota signatures of Crohn's disease. PLoS One 7:e49138
38. Tanca A, Palomba A, Pisanu S et al (2014) A straightforward and efficieint analytical pipeline for metaproteome characterization. Microbiome 2:49
39. Durban A, Abellan JJ, Jimenez-Hernandez N et al (2011) Assessing gut microbial diversity from feces and rectal mucosa. Microb Ecol 61:123-133
40. Verberkmoes NC, Russell AL, Shah M et al (2009) Shotgun metaproteomics of the human distal gut microbiota. ISME J 3:179-189
41. Zoetendal EG, von Wright A, Vilpponen- Salmela T et al (2002) Mucosa-associated bacteria in the human

gastrointestinal tract are uniformly distributed along the colon and differ from the community recovered from feces. Appl Environ Microbiol 68:3401-3407

42. Li X, LeBlanc J, Truong A et al (2011) A metaproteomic approach to study humanmicrobial ecosystems at the mucosal luminal interface. PLoS One 6:e26542
43. Choo JM, Leong LEX, Rogers GB (2015) Sample storage conditions significantly influence faecal microbiome profiles. Sci Rep 5:16350
44. Chapman JD, Goodlett DR, Masselon CD (2014) Mulitplexed and data-independent tandem mass spectrometry for global proteome profiling. Mass Spec Rev 33:452-470
45. Nigjeh EN, Chen R, Allen-Tamura Y et al (2017) Spectral library-based glycopeptide analysis--detection of circulating galectin-3 binding protein in pancreatic cancer. Proteomics Clin Appl 11:1700064
46. Rosenberger G, Liu Y, Rost HL et al (2017) Inference and quantification of peptidoforms in large sample cohorts by SWATH-MS. Nat Biotechnol 35:781-788
47. Rost HL, Aebersold R, Schubert OT (2017) Automated SWATH data analysis using targeted extraction of ion chromatograms. Methods Mol Biol 1550:289-307
48. Alispahic M, Hummel K, Jandreski-Cvetkovic D et al (2010) Species-specific identification and differentiation of Arcobacter, Helicobacter, and Campylobacter by full-spectral matrix-associated laser desorption/ionization time of flight mass spectrometry analysis. J Med Microbiol 59:295-301
49. Cheng K, Ning Z, Zhang X et al (2017) Meta- Lab: an automated pipeline for metaproteomic data analysis. Microbiome 5:157
50. Tang H, Li S, Ye Y (2016) A graph-centric approach for metagenome-guided peptide and protein identification in metaproteomics. PLoS Comput Biol 12:e1005224
51. Mesuere B, Devreese B, Debyser G et al (2012) Unipept: tryptic peptide-based biodiversity analysis of metaproteome samples. J Proteome Res 11:5773-5780
52. Mesuere B, Van der Jeugt F, Willems T et al (2018) High-throughput metaprotomics data analysis with Unipept: a tutorial. J Proteome 171:11-22
53. Zhang X, Ning Z, Moore JI et al (2016) Meta- Pro-IQ: a universal metaproteomic approach to studying human and mouse gut microbiota. Microbiome 4:31

第9章

双单向电泳在免疫蛋白质组学中的应用

Youcef Shahali, Hélène Sénéchal, Pascal Poncet

摘要 传统的鉴定候选过敏原蛋白质组学方法是通过高分辨率双向电泳（2-DE）分离蛋白质，随后进行 IgE 免疫印迹，并进一步用质谱分析 IgE 反应蛋白质点。这种方法至少要跑两块凝胶。一块凝胶用于染色，另一块凝胶用于通过特异免疫标记的抗体进行免疫印迹。另外的功能特性分析需要蛋白质纯化或 2-DE 的多个重复，而且受到时间和试剂的限制。这里描述了一种改良的双单向电泳（D1-DE）可以将先前由 2-DE 观察到的蛋白质点转化成扩展的蛋白质带。在 D1-DE 中，感兴趣的蛋白质的纯度与 2-DE 点类似，但其丰度是 2-DE 单点的许多倍，这样就可以从单一的 D1-DE 分离进行许多其他功能分析。

关键词 双单向电泳，D1-DE，2-DE，过敏原，蛋白质组学

9.1 引言

目前免疫蛋白质组学常用双向电泳（2DE）与免疫印迹和质谱分析相结合的方法分离、鉴定和分析复杂过敏原提取物的 IgE 结合蛋白质 [1-4]。迄今为止，这一综合性方法已经鉴定出了 850 多种过敏原，提高了对过敏性疾病的诊断和治疗 [1]。尽管 2-DE 有许多优点，但对于过敏原的功能性研究还有一定的局限性。该技术的主要缺点之一是对每个 2-DE 蛋白质点只能进行单一的实验（例如，质谱分析或免疫印迹后的免疫反应性）[5]。另外的功能或免疫特性需要蛋白质纯化或 2-DE 的多个重复。这项技术的另一个限制是对构成任何蛋白质组重要组成部分的低丰度蛋白质点的检测 [6, 7]。在 2-DE 免疫印迹中，尽管疾病相关蛋白质通常只占全部双向分离的蛋白质数量的很小比例，但整块凝胶必须转印到膜上，并与相当大量的血清（对于 100cm^2 的膜，至少 250～300μL）单独孵育 [5-8]。此外，在过敏组学研究方面，由于 2-DE 尚未微型化，当需要研究几种过敏原时，这种方法显得冗长、耗时和耗试剂 [9]。为了克服这些缺点，建议使用改良的双单向电泳（double one-dimensional electrophoresis，D1-DE），它可以像 2-DE 点一样在根据等电点（pI）和分子量（Mr）分离的同一印迹蛋白质上同时筛查至少 30 份过敏患者血清 [10]。它是最初在 1981 年由 Atland 等报道的用于研究蛋白质遗传变异体的第一个 D1-DE 概念的延伸 [11]。这种方法包括两种电泳分离的顺序单向组合而迁移轴保持

不变。该技术的主要优点是以双重分选参数方式同时分离和高分辨感兴趣的蛋白质。对于过敏组学的应用，设计并开发了将先前 2-DE 显示的蛋白质点转化为延伸的蛋白质带的 D1-DE。因此，感兴趣蛋白质的纯度与 2-DE 点类似，但其丰度比 2-DE 单点高很多倍，可以从独特的 D1-DE 分离进行许多其他功能分析。

9.2 材料

9.2.1 设备

① 水平电泳仪（例如 GE 医疗的 Multiphor Ⅱ，Uppsala，Sweden）。
② 最小 1000V 电泳电源装置（例如 GE 医疗的 EPL 3501 XL）。
③ 恒温循环仪（例如 GE 医疗的 Multitemp Ⅱ）。
④ 半干印迹仪（例如 GE 医疗的 Multiphor Ⅱ电 - 半干转印仪）。
⑤ 凝胶水化槽（例如 GE 医疗的 GelPool）。
⑥ 用于 IEF 胶条的水化盘（例如德国海德堡 Serva 公司的水化盘）。
⑦ 扁平镊子。
⑧ 剪刀。
⑨ 磁力搅拌器。
⑩ 水浴锅。

9.2.2 第一向 IEF

① 聚丙烯酰胺凝胶 4%T，3%C（GE Healthcare BioSciences AB 的 CleanGel，Uppsala，Sweden）。
② 用于 IEF 的载体两性电解质（Servalyt pH 2 ～ 11）来自德国海德堡 Serva 公司。
③ 阴极和阳极缓冲液（德国海德堡 Serva 公司的 Serva IEF 缓冲液）。
④ 电极 GF/B 玻璃纤维条（Whatman）。

9.2.3 使用 SDS-PAGE 进行第二向分离

① 平衡缓冲液组成：114mmol/L Tris pH 6.8 和 0.12g/mL 十二烷基硫酸钠（SDS），均由 Sigma-Aldrich 公司（美国密苏里州圣路易斯）提供。
② 聚丙烯酰胺 8% ～ 18% 梯度凝胶（ExcelGel 梯度 8% ～ 18%），来自 GE 医疗。
③ ExcelGel SDS 缓冲条（GE 医疗的阳极和阴极）。
④ 标准分子量（M_r）蛋白质混合物，来自 Bio-Rad 公司。
⑤ Whatman 1 号和 3 号滤纸（GE 医疗）。

9.3 方法

9.3.1 D1-DE 原理

与标准的 2-DE 一样，D1-DE 包括作为第一向的 IEF 和随后的 SDS-PAGE。两种方法的区别主要在于第二向分离的迁移轴。这意味着从第一向（IEF）的酸性、中性或碱性水平条带被转移到 SDS-PAGE（图 9-1）。因此，蛋白质被分离为纯度与 2-DE 点相当的长条带。本步骤描述了采用 IEF 和 SDS-PAGE 的顺序单向组合以及随后的免疫印迹在同等条件下对患者血清进行 IgE 筛查。为了使 2-DE 和 D1-DE 图谱有更好的相关性，可以使用相同的 IEF 凝胶作为第一向进行 2-DE 和 D1-DE 免疫印迹。

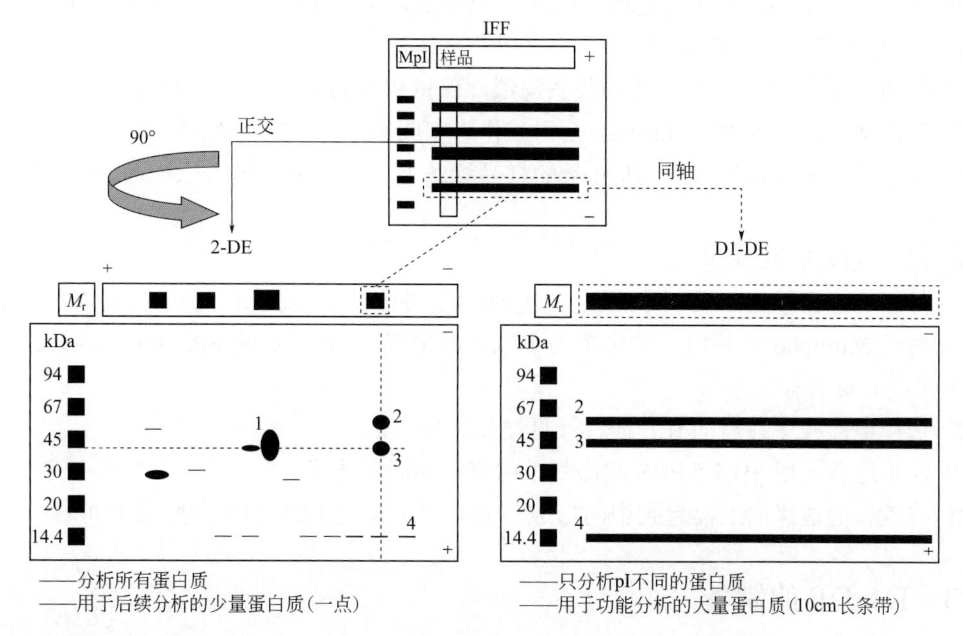

图 9-1　改编自 Shahali 等（2012）[10] 的 D1-DE 示意图。2-DE 和 D1-DE 都包括 IEF 和 SDS-PAGE 的顺序组合。这两种技术的区别在于第二向分离的迁移轴

9.3.2　IEF 的制备

① 将聚丙烯酰胺凝胶 4%T，3%C（GE Healthcare BioSciences AB 的 CleanGel，Uppsala，Sweden）首先在含有载体两性电解质（CleanGel DryIEF-12.5cm×26.0cm）的溶液中水化。

② 为此，首先在蒸馏水中加入 5%（体积分数）Servalytes pH 2 ～ 11（40% 载体水溶液）（德国海德堡 Serva 公司）制备水化缓冲液。

③ 为使整个 CleanGel 水化，用移液管将 25mL 水化溶液移到凝胶槽（水化盘）中。

④ 将 CleanGel IEF 预制凝胶边缘放入水化盘，使胶面朝下缓慢降低进入水化缓冲液中水化，以免产生气泡。

⑤ 用镊子把胶膜的边缘向上提起到中间，再放下来，不要捕获气泡，使液体均匀分布。以缓慢的旋转速度摇动凝胶槽也可以获得非常均匀的水化。

⑥ 同时，打开水平电泳仪的冷却系统（恒温循环仪或 Peltier 冷却板）。

⑦ 1h 后从凝胶槽中取出凝胶，确保达到均匀水化。

⑧ 使用 Whatman 1 号滤纸的边缘吸去凝胶表面多余的缓冲液，直到凝胶表面完全干燥（见注释①）。

⑨ 水化的凝胶可以进行 IEF 电泳。

⑩ 吸取少量煤油（约 2.5mL）到水平冷却板上（如 Multhiphor Ⅱ仪）以改善冷却接触。

⑪ 将凝胶（胶面向上 / 胶膜或 GelBond 向下）置于冷却板的中心。

⑫ 按凝胶长度（26cm）切下电极条。

⑬ 将电极条与凝胶阴极和阳极边缘对齐，电极条与凝胶边缘重叠约 3mm。

⑭ 用阴极和阳极缓冲液（德国海德堡 Serva IEF 缓冲液）分别均匀地润湿阴极和阳极条。

⑮ 从 Whatman 1 号滤纸（GE 医疗）切下两条 10cm 长、0.7cm 宽的长条用于阳极侧上样。

⑯ 切一小片 Whatman 1 号滤纸（0.5cm×0.5cm）用于 IEF 蛋白质标准品（pI 标记），直接放在凝胶的上部中心（阳极侧）。

⑰ 使用镊子将 pI 标记的两边的胶条与纸片保持相同的距离（至少 1cm）。

⑱ 移取 2μL pI 标记物（Bio-Rad 公司）作为宽或窄范围 IEF 的对照。

⑲ 用微量移液枪在每一个 10cm 长的样品纸条上上样（来自过敏原提取物的 55 ～ 60μg 蛋白质）。

⑳ 用湿纸巾清洁铂丝电极。

㉑ 然后将电极移到阳极 / 阴极条上，以确保缓冲液条、凝胶和电极丝之间完全重叠。

㉒ 对于 Multiphor，将电极的电缆与电泳电源装置（GE 医疗的 EPS 3501 XL）连接，最后放下并盖上安全盖。

㉓ 选择电泳程序并启动 IEF 迁移（见注释②）。

㉔ 停止迁移，用 pH 7.5 PBS 洗涤凝胶的阴极和阳极边缘。

㉕ 将胶膜的边缘向上提起到中间形成 U 形，并立即将 PBS 倒在凝胶的中间。

9.3.3 D1-DE 的制备

① IEF 电泳后，在 pI 标记处切下凝胶，同时取一小部分分离样品进行考马斯亮蓝或银染色。

② 将胶面朝下放在干净的塑料薄膜或玻璃板上。标记需要切下转印的区域。这个区域的大小应该是 10cm 长和 7mm 宽。

③ 参考 pI 标记和样品染色，在选定的窄 pI 范围内水平切下含有感兴趣的过敏原蛋白部分的 IEF 胶条。

④ 在此步骤中，IEF 胶条可以转移到 SDS-PAGE 分离或放密封袋中保存备用，也可将胶条于 −20℃保存备用（最长 1 年）。

⑤ 将 IEF 胶条在含有 114mmol/L Tris pH 6.8 和 0.12g/L SDS 的平衡缓冲液中孵育 3×10min。

⑥ 同时打开恒温循环仪调到 12℃。

⑦ 吸取少量煤油（约 2.5mL）到水平冷却板上（例如 GE 医疗 Multiphor Ⅱ 水平电泳槽）以改善冷却接触。

⑧ 在平衡过程中，将薄 8% ～ 18% 梯度聚丙烯酰胺凝胶（GE 医疗的 ExcelGel）胶面向上 / 胶膜向下置于冷却板的中心。

⑨ 将 ExcelGel SDS 缓冲液条（阳极和阴极，GE 医疗）对准凝胶的阴极和阳极边缘，电极条与凝胶边缘重叠至少 5mm。

⑩ 切一小片 Whatman 1 号滤纸（0.5cm×0.5cm）用于分子量蛋白质标准品，直接放在凝胶的上部中心（阳极侧）。

⑪ 从平衡盘上取出 10cm 的 IEF 胶条。

⑫ 用 Whatman 滤纸的边缘吸去多余的缓冲液。

⑬ 使用两把镊子，将每根 IEF 胶条胶面朝下放在 SDS ExcelGel 的顶部，并仔细地将其推向阳极。

⑭ 吸取 2 ～ 5μL 分子量蛋白质标准品（Bio-Rad 公司）到一小片 Whatman 滤纸上。

⑮ 用湿纸巾清洁铂丝电极。

⑯ 然后将电极移到阳极 / 阴极条上，以确保缓冲液条、凝胶和电极丝之间完全重叠。

⑰ 对于 Multiphor，将电极的电缆连接到基本电泳电源装置，最后放下并盖上安全盖。

⑱ 选择电泳程序并启动 SDS-PAGE 迁移（见注释③）。

⑲ 停止迁移，用 pH 7.5 PBS 仔细洗涤整个 SDS 凝胶。在这一步骤，D1-DE 分离物可以根据 Blum 等所述的方法进行银染色[12]、考马斯亮蓝染色或将其印迹到溴化氰活化的硝酸纤维素膜（图 9-2）（德国达塞尔 Schleicher and Schuell 公司的 Optitrans BA-S 83）上[13]以便进行进一步的功能分析（见注释④）[10, 14]。

⑳ 染色后，可将感兴趣的蛋白质带切下、分解并进行质谱分析（见注释⑤）[10,14]。

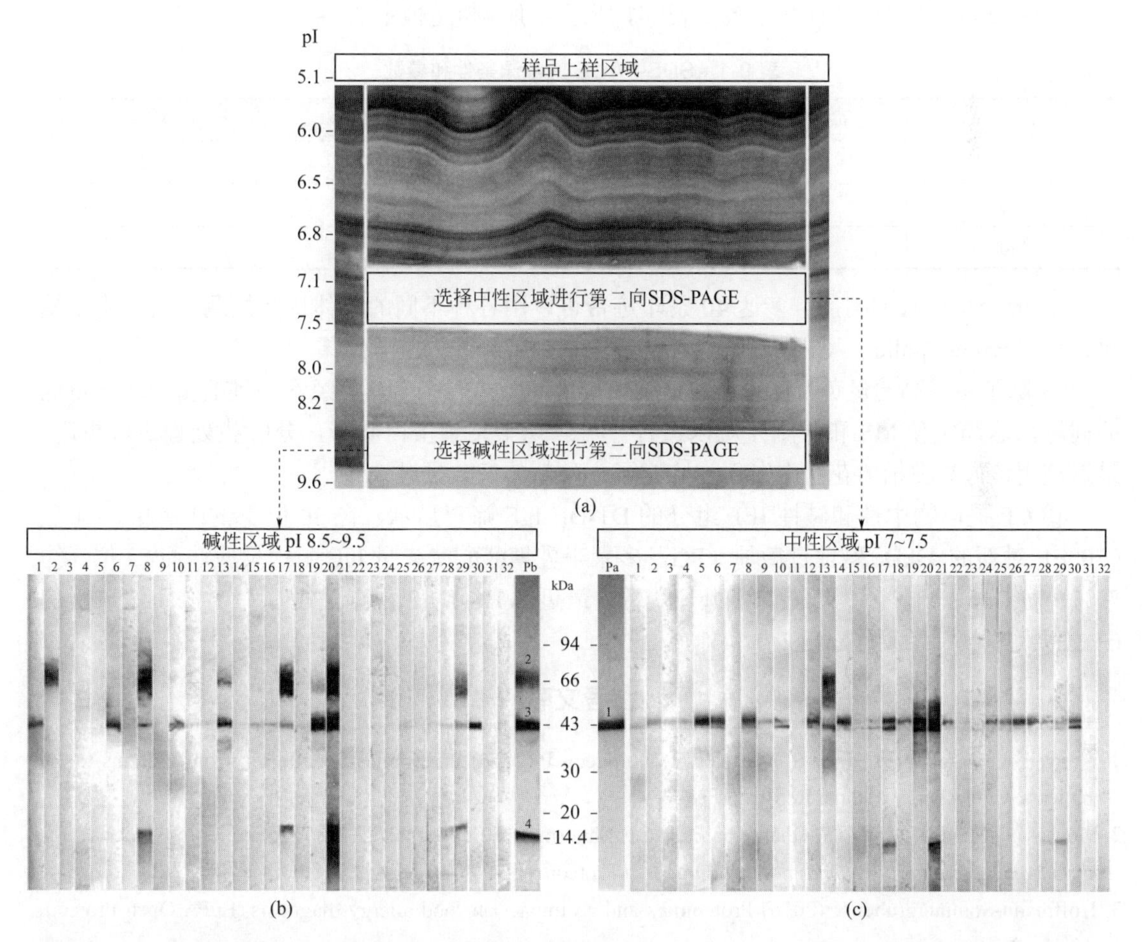

图 9-2　D1-DE 与 IgE 免疫印迹结合（改编自 Shahali 等，2012）[10]。（a）表示第一向 IEF 分离。切下碱性带和中性带后进行银染色。用 30 名柏树花粉（CP）过敏患者血清检测 CP 提取物碱性（b）和中性（c）蛋白质的 IgE 免疫印迹：泳道 1 ～ 30，30 位 CP 过敏患者血清；泳道 31，健康供体血清；泳道 32，无血清（阴性对照）。D1-DE 允许对 43 kDa 的致敏性多聚半乳糖醛酸酶（PG）进行 MS/MS 分析，PG 与另一种称为 Cup s 1 的属于果胶裂解酶（PL）家族的 CP 主要过敏原重叠（在先前的 1-DE 实验中）（见注释⑥）

9.4 注释

① 用一块 Whatman 1 号滤纸吸去凝胶表面多余的缓冲液，直到听到“吱吱”声。

② IEF 实验的电泳条件和参数：电泳温度，12℃；总电泳时间，2.5h。

第 1 阶段：在 60min 内，将电压设置为 50 V 的恒定值。

在该阶段结束时移走上样纸条。

第 2 阶段：在 60min 内，将电压设置为 200V 的恒定值。

第 3 阶段：在 40min 内，将电压设置为 150V 的恒定值。

第 4 阶段：在 90min 内，将功率设置为 1W 的恒定值。

第 5 阶段：在 50min 内，将功率设置为 2W 的恒定值。

第 6 阶段：在 120min 内，将功率设置为 3W 的恒定值。

③ 当细胞色素 c（红色）标记接近阴极时停止 IEF。

SDS-PAGE 的电泳条件和参数如表 9-1 所示。强调值是恒定的。

表 9-1　SDS-PAGE 的电泳条件和参数

时间/min	电压/V	电流/mA	功率/W	温度/℃
75	100	40	40	12
110	750	20	15	12
120	900	25	15	12

④ 无论是否有抑制剂，多达 40 条印迹带可以用各种不同的抗体进行检测，就产生了柏树花粉（cypress pollen，CP）过敏患者过敏原识别特异性的基本结果 [14]。

⑤ 除了用于高通量免疫印迹外，D1-DE 还避免了单个 2-DE 点经常遇到的蛋白质含量低的问题，这通常使 MS 和微测序难以进行。可以切下整条蛋白质带，分解和处理供分析用。最近使用该方法在柏树花粉中发现和鉴定了一种新的低含量过敏原 [15]。

⑥ CP 提取物中性和碱性 IEF 组分的 D1-DE IgE 筛查显示，在 30 位受试患者中，21 位（70%）对新的 43kDa 碱性过敏原（PG，多聚半乳糖醛酸酶）呈 IgE 阳性反应，而 22 位（约 73%）对 Cup s 1（PL，果酸裂解酶）敏感。最近 WHO/IUIS 根据过敏原命名法将这一新的 CP 主要过敏原命名为 Cup s 2[14]。

参考文献

1. Nony E, Le Mignon M, Brier S, Martelet A, Moingeon P (2016) Proteomics for allergy: from proteins to the patients. Curr Allergy Asthma Rep 16:64

2. Mousavi F, Majd A, Shahali Y, Ghahremaninejad F, Shoormasti RS, Pourpak Z (2017) Immunoproteomics of tree of heaven (*Ailanthus atltissima*) pollen allergens. J Proteome 154:94-101

3. Hoffmann-Sommergruber K (2016) Proteomics and its impact on food allergy diagnosis. EuPA Open Proteom 12:10-12

4. Tiotiu A, Brazdova A, Longé C, Gallet P, Morisset M, Leduc V et al (2016) *Urtica dioica* pollen allergy: clinical, biological, and allergomics analysis. Ann Allergy Asthma Immunol 117:527-534

5. Poncet P, Sénéchal H, Clement G, Purohit A, Sutra JP, Desvaux FX et al (2010) Evaluation of ash pollen sensitization pattern using proteomic approach with individual sera from allergic patients. Allergy 65:571-580

6. D'Amato A, Bachi A, Fasoli E, Boschetti E, Peltre G, Sénéchal H et al (2010) In-depth exploration of *Hevea brasiliensis* latex proteome and "hidden allergens" via combinatorial peptide ligand libraries. J Proteome 73:1368-1380
7. Shahali Y, Sutra JP, Fasoli E, D'Amato A, Righetti PG, Futamura N et al (2012) Allergomic study of cypress pollen via combinatorial peptide ligand libraries. J Proteome 77:101-110
8. Shahali Y, Sutra JP, Peltre G, Charpin D, Sénéchal H, Poncet P (2010) IgE reactivity to common cypress (*C. sempervirens*) pollen extracts: evidence for novel allergens. W Allergy Organ J 3:229-234
9. Shahali Y, Nicaise P, Brazdova A, Charpin D, Scala E, Mari A et al (2014) Complementarity between microarray and immunoblot for the comparative evaluation of IgE repertoire of French and Italian cypress pollen allergic patients. Folia Biol 60:192
10. Shahali Y, Sutra JP, Haddad I, Vinh J, Guilloux L, Peltre G et al (2012) Proteomics of cypress pollen allergens using double and triple one-dimensional electrophoresis. Electrophoresis 33:462-469
11. Altland K, Silke R, Hackler R (1981) Demonstation of human prealbumin by double one-dimensional slab gel electrophoresis. Electrophoresis 2:148-155
12. Blum H, Beier H, Gross HJ (1987) Improved silver staining of plant proteins, RNA and DNA in polyacrylamide gels. Electrophoresis 8:93-99
13. Demeulemester C, Peltre G, Laurent M, Panheleux D, David B (1987) Cyanogen bromide-activated nitrocellulose membranes: a new tool for immunoprint techniques. Electrophoresis 8:71-73
14. Shahali Y, Sutra JP, Hilger C, Swiontek K, Haddad I, Vinh J et al (2017) Identification of a polygalacturonase (Cup s 2) as the major CCD-bearing allergen in *Cupressus sempervirens* pollen. Allergy 72:1806-1810
15. Sénéchal H, Šantrůček J, Melčová M, Svoboda P, Zídková J, Charpin D et al (2018) A new allergen family involved in pollen foodassociated syndrome: Snakin/gibberellinregulated proteins. J Allergy Clin Immunol 141:411-414

第10章

BioID：一种邻近依赖标记方法在蛋白质组学中的应用

Peipei Li, Yuan Meng, Li Wang, Li-jun Di

摘要 生命活动主要由蛋白质完成，大多数情况下，这些活动是通过蛋白质复合体或蛋白质 - 蛋白质相互作用（PPI）来实现的。因此，揭示蛋白质复合体是如何组织的并证明PPI参与了生物学过程是至关重要的。除了传统的生化方法外，最近还提出了邻近依赖标记（PDL）来鉴定特定蛋白质的相互作用伙伴。PDL需要靶蛋白与以距离依赖的方式催化反应分子与相互作用伙伴结合的酶的融合表达。对所有被反应分子修饰的蛋白质的进一步分析可以揭示这些被认为是靶蛋白的相互作用伙伴的蛋白质的特性。BioID是应用最广泛的具有代表性的PDL方法之一。BioID中使用的酶是一种在生物素存在时催化靶蛋白的生物素化的生物素连接酶BirA。通过链霉亲和素介导的复合体分离和质谱分析，可以获得某一特定蛋白质的相互作用候选蛋白质的信息。

关键词 BioID，蛋白质 - 蛋白质相互作用，邻近依赖标记

10.1 引言

无论是稳定的还是瞬时的，许多蛋白质都需要通过蛋白质 - 蛋白质相互作用（protein-protein interactions，PPI）形成复合体来发挥重要的生物学功能[1, 2]。所以PPI是最基本的生命活动形式之一，对完成生物学过程至关重要。因此，对蛋白质复合体的了解依赖于对PPI的识别。PPI的传统鉴定依赖于生物化学方法，即通过免疫沉淀靶蛋白可捕获相互作用的蛋白质[3]。免疫共沉淀需要细胞裂解，称为体外技术。有些技术能够在体内捕获PPI，如酵母双 / 三杂交系统[4]。与体外技术相比，活细胞中PPI的体内测定更可取，因为它可以在生理条件下揭示真正相互作用的蛋白质。然而，在这些方法中使用抗体的特异性一直是一个大问题。

荧光共振发射转移（fluorescence resonance emission transfer，FRET）技术已用于直接显示活细胞中的PPI。这项技术基于这样一个事实，即当疑似相互作用的一对蛋白质都融合到不同的荧光蛋白质上时，融合的荧光团将足够接近从荧光供体向荧光受体传递能量，这将改变能量受体发出的荧光信号的波长。通过分析能量受体发出的荧光信号的变化，可以对PPI进行定量。另一种技术称为双分子互补技术，预期相互作用的蛋白质与荧光蛋白质的互补片

段融合，PPI 将使互补片段靠近和荧光信号恢复 [5, 6]。然而，这两种方法都只能验证疑似的相互作用蛋白质对，而不能发现新的相互作用蛋白质对。

最近提出的邻近依赖标记（proximity-dependent labeling，PDL）方法在鉴定体内新的 PPI 时具有更大的灵活性和可靠性。PDL 方法的优点是既可以直接鉴定相互作用的蛋白质，又可以鉴定紧密靠近的蛋白质。在质谱分析中通过分析肽的匹配率可以大致定量 PPI 的频率或相互作用力。PDL 方法的开发依赖于能够在体内通过催化反应基团与任何邻近蛋白质的靶氨基酸结合而修饰邻近蛋白质的酶。已报道了几种 PDL 方法如利用酪胺的邻近蛋白质组选择性标记（selective proteomic proximity labeling assay using tyramide，SPPLAT）、酶介导自由基激活（enzyme mediated activation of radical sources，EMARS）和基于抗坏血酸过氧化物酶（ascorbate peroxidase，APEX）的技术 [7-9]。在这些方法中，BioID 是最早和应用最广泛的 PDL 方法 [10]。

BioID 的原型是基于从大肠埃希菌分离的生物素连接酶 BirA 能够使哺乳动物细胞中的靶蛋白进行生物素化的应用。BioID 原型的局限性在于靶蛋白必须具有 BirA[11,12] 所识别的共有序列。原因是 BirA 催化生物素化需要两个连续的步骤。首先，BirA 催化反应分子 5′-AMP-生物素的形成，该分子不能被释放，而是停留在反应中心。在第二步中，靶蛋白赖氨酸残基的 ε- 氨基和 BirA 反应中心结合，攻击 5′-AMP- 生物素的酸酐生成酰胺键，生物素转移到靶蛋白上 [13, 14]。Roux 等证明即使没有所需的共有序列，通过使一种氨基酸突变（R118G，也称为 BirA*）BirA* 可以被改造为释放 5′-AMP- 生物素和生物素化几乎任何蛋白质。这种升级后的技术现在被称为 BioID[15]。由于反应分子的不稳定性，只有靠近 BirA 反应中心的蛋白质才有机会被修饰。生物素化蛋白质可被链霉亲和素包被的琼脂糖珠捕获，然后通过非靶向质谱或其他靶向技术进一步分析 [16]。

BioID 已成功应用于测定不溶性蛋白质复合体包括层状体和中心体的组成 [17, 18]，细胞质膜结合蛋白质复合体如紧密连接的组成 [19]，Hippo 途径 PPI[20]，以及感染性病原体如刚地弓形虫（*Toxoplasma gondii*）、人类免疫缺陷病毒（HIV）、EB 病毒（EBV）等的蛋白质复合体的组成 [21-23]。由于 BioID 是一种非常灵敏的体内标记方法，蛋白质的非特异性修饰是不可避免的。为了解决这个问题，一些研究尝试在应用 BioID 时使用多种诱饵，这样可以更有效地鉴定真正的 PPI[24]。

在本方法中，介绍一个 BioID 技术的应用实例并描述其详细步骤。

10.2　材料

注释：所有试剂均应为分析级，用 18MΩ · cm 超纯水配制溶液，所有试剂和溶液均应在规定温度下保存。这里仅列出了特殊需要的试剂，而省略了其他常规需要的试剂。

10.2.1　BioID 载体

① BirA* 的表达载体可从 Addgene［pcDNA3.1 MCS-BirA（R118G）-HA #36047 或 pcDNA3.1 mycBioID #35700］获得。

② 目的蛋白编码序列的克隆。

10.2.2 BioID 融合蛋白质的验证

① 293T 或其他适合的细胞系和适合的细胞培养基。

② 1mmol/L 生物素：12.2mg 生物素（Sigma 公司）溶于 50mL 水，经 0.22μm 针头式过滤器过滤除菌，4℃保存。

③ HRP- 链霉亲和素（Sigma 公司）。

④ BioID 融合蛋白质的一抗（如抗 HA/MYC 抗体、抗目的蛋白抗体）。

⑤ Alexa Fluor 标记的链霉亲和素。

⑥ DNA 标记试剂（如 DAPI）。

10.2.3 BioID 复合体分离

① 链霉亲和素结合磁珠（MyOne 链霉亲和素 C1，Invitrogen）。

② 洗涤缓冲液 1：2% SDS 水溶液，室温保存。

③ 洗涤缓冲液 2：0.1% 脱氧胆酸盐、1%Triton X-100、500mmol/L NaCl、1mmol/L EDTA 和 50mmol/L Hepes，pH7.5，室温保存。

④ 洗涤缓冲液 3：250mmol/L LiCl，0.5%NP-40，0.5% 脱氧胆酸盐，1mmol/L EDTA，10mmol/L Tris，pH8.0，室温保存。

⑤ 洗涤缓冲液 4：50mmol/L Tris，pH7.4，室温保存。

⑥ ACN 缓冲液：50mmol/L 碳酸氢铵，室温保存。

10.3 方法

注释：除非另有说明，所有步骤都在室温下进行。

10.3.1 BioID 构建的产生

为了研究某一特定蛋白质的相互作用蛋白质，这种特定蛋白质需要与 BirA* 融合表达。BirA* 的表达载体提供了多克隆位点，靶蛋白编码序列可以被克隆到该位点。这个步骤没有给出基因克隆策略。融合蛋白（现称为 BioID 载体）不应影响原始蛋白质的功能和定位，应仔细考虑基因片段是插入生物素连接酶 N 端还是 C 端以尽量降低靶蛋白对 BirA 的功能影响。此外，可以通过观察融合蛋白以确认正确的细胞内定位和显示预期的功能。

注释：BioID 载体应包含 HA 标签或 Myc 标签以便于检测融合蛋白。此外，选择 N 端或 C 端插入靶蛋白也很重要，因为如果插入位点没有经过仔细的试验，融合蛋白的功能可能会受到影响。

10.3.2 BioID 融合蛋白的验证

① 使用 QIAGEN 质粒制备试剂盒制备 BioID 载体。

② 准备好 6 孔板细胞培养物（和 / 或 8 孔室细胞培养物）用以下载体进行转染：含或不含生物素的空载体，含或不含生物素的 BioID 载体。

注释：空载体转染是 BioID 融合蛋白的验证和随后的 LC- 质谱分析重要的阴性对照。

③ 用脂质体 3000 转染具备上述条件的细胞，转染后 3h 向培养基中加入 50μmol/L 生物素。

注释：转染试剂的选择应根据细胞系而定。过量的生物素可促进蛋白质生物素化，但 50μmol/L 的浓度应该足够进行实验。

④ 转染 24h 后，6 孔板培养细胞可用于免疫印迹试验，8 孔室培养细胞可用于免疫荧光试验。

⑤ 免疫印迹分析：裂解前用 PBS 洗涤细胞，加入 100μL 含蛋白酶抑制剂的细胞裂解缓冲液于冰上裂解 30min，超声处理样品，于 4℃下 15000×*g* 离心 10min。如果靶蛋白是核蛋白，建议使用核提取物。

⑥ 加入 5×SDS-PAGE 上样缓冲液，98℃加热 5min 使蛋白质变性。

⑦ 进行 SDS-PAGE 电泳和蛋白质转膜，将膜置于 1%BSA 封闭缓冲液中室温孵育 30min。

⑧ 将膜置于 BioID 融合蛋白一抗（如抗 HA/MYC 抗体或抗靶蛋白抗体）中室温孵育 1h。

⑨ 用 PBST 洗膜 5 次，每次 5min。

⑩ 将膜置于二抗中室温孵育 1h 以检测一抗。

⑪ 用 PBST 洗膜 5 次，每次 5min。

⑫ 用 ECL 对融合蛋白进行成像。CtBP2 BirA* 的典型免疫印迹如图 10-1（a）所示。

⑬ 在膜再生液中再生膜 20min，用 PBST 多次冲洗膜以去除再生液。

⑭ 用 1% BSA 封闭细胞 0.5h，然后用链霉亲和素 -HRP（1∶20000）室温孵育 1h。

⑮ 用 PBST 洗膜 5 次，每次 5min。

⑯ 用 ECL 观察生物素化蛋白质。典型的免疫印迹结果如图 10-1（b）所示。值得注意的是，矛的出现表明 BioID 复合体分离是成功的。

⑰ 免疫荧光试验：用 4%PFA 室温固定细胞 10min，然后用 0.2%TritonX-100 渗透细胞 10min。

⑱ 用 1% 牛血清白蛋白封闭细胞 0.5h，然后用 Alexa Fluor 标记的链霉亲和素（1∶1000）和 DAPI 孵育，用显微镜观察荧光［图 10-1（c）］。

注释：BSA 对游离生物素的去除效果优于牛奶。

10.3.3 BioID 复合体分离试验

本步骤描述了瞬时表达 BioID 融合蛋白的细胞进行大规模（6×10^7 个细胞）BioID 复合体分离试验和 LC- 质谱（液相色谱质谱）分析。稳定表达 BioID 融合蛋白的细胞也进行 BioID 复合体分离试验。

① 每一实验条件（表达 BioID 构建细胞和对照细胞）准备两个 15cm 培养皿平板。

② 用脂质体或其他合适的转染试剂将空载体或 BioID 载体转染到细胞内，转染 3h 后向培养基中添加 50μmol/L 生物素。

③ 培养细胞 24h。

注释：蛋白质生物素化 24h 即可，延长孵育时间会减少生物素化蛋白质的含量。

④ 用 PBS 洗涤细胞两次，去除游离生物素。

⑤ 每个培养皿加入 1.2mL 细胞裂解缓冲液，刮取收集细胞。

⑥ 将试管置于冰上 30min，超声破碎 DNA，于 4℃下 15000×*g* 离心 10min。

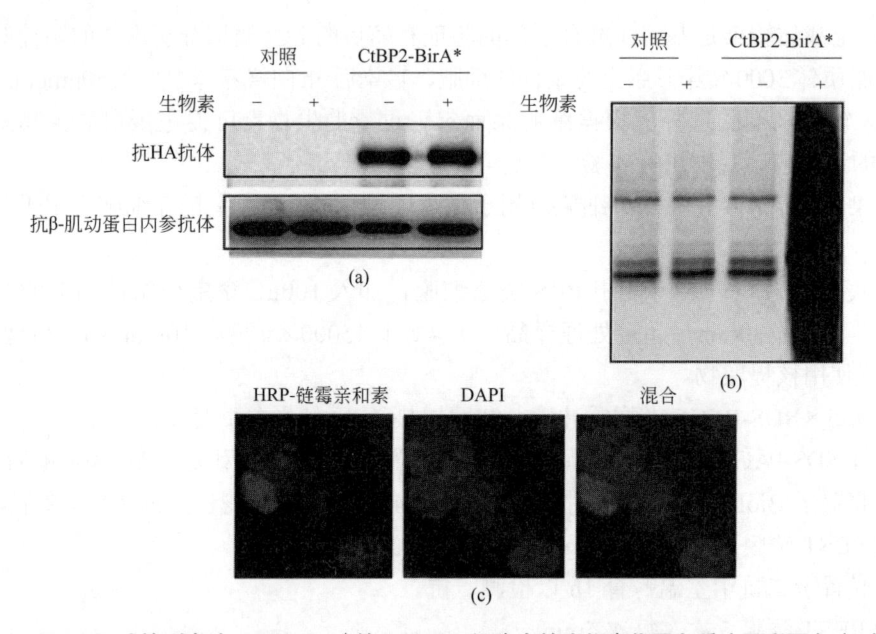

图 10-1 用 BioID 法检测表达 CtBP2-BirA* 的 HEK293 细胞中的生物素化蛋白质（见彩图）。(a) 用添加 50μmol/L 生物素和不添加 50μmol/L 生物素的培养液将表达 CtBP2-BirA* 的细胞和对照细胞培养 24h，以抗 β-肌动蛋白内参抗体作为对照，用抗 HA 抗体检测 CtBP2-BirA* 的表达。(b) 用 HRP- 链霉亲和素鉴定不同条件下的生物素化蛋白质。(c) 用荧光显微镜观察用 50μmol/L 生物素培养 24h 的 CtBP2-BirA* 过表达细胞中的生物素化蛋白质，用 Alexa-Flour 594 标记的链霉亲和素（红色）检测生物素化蛋白质，用 DAPI（蓝色）检测 DNA

注释：涡旋将样品充分混合，在培养过程中每隔 10min 用移液枪上下吸放裂解物。超声处理的目的是分解 DNA 和溶解蛋白质。

⑦ 将细胞裂解液的上清液轻轻转移到 2mL 管，用预冷的 50mmol/L Tris·Cl，pH7.4 稀释至 2.5 倍。随后，将裂解液等分为每管 1.5mL。

⑧ 链霉亲和素磁珠需要在 1∶1 的裂解缓冲液和 50mmol/L Tris·Cl，pH7.4 中达到平衡。使用磁力架收集磁珠，平衡后去除缓冲液。

⑨ 将步骤⑦的上清液转移到步骤⑧的管中，将样品和磁珠轻轻混合，然后将混合物在旋转器上 4℃培养过夜。

⑩ 将管放置在磁力架上 3min，直到管一侧的磁珠堆积，用移液枪移走上清液，避免碰到管壁上的磁珠。

⑪ 用洗涤缓冲液 1 至 3 依次洗涤磁珠一次，用洗涤缓冲液 4 洗涤两次。

⑫ 用 200μL 50mmol/L Tris·Cl，pH7.4 重悬磁珠。

⑬ 留样 10% 用于 SDS-PAGE，其余 90% 样品用 200μL 50mmol/L 碳酸氢铵洗涤两次。用 50mmol/L 碳酸氢铵将样品体积调至 50μL 用于 LC- 质谱或 −80℃保存。

注释：用 LC- 质谱鉴定蛋白质可由专家或商业服务提供商进行，此处省略细节。

10.4 总结

已经成功地应用 BioID 鉴定了几种核转录因子的相互作用蛋白质。值得注意的是 BioID 极其灵敏而产生不可忽略的背景。因此，对于每个实验，强烈建议进行多次实验重复，LC- 质谱分析也应包括空载体对照。根据经验，只有在整个实验重复过程中被重复鉴定而在阴性对照组中没有的蛋白质才是潜在的候选者，因为它们在 LC- 质谱分析中的得分是最高的。

还注意到 BioID 复合体分离后免疫印迹足够灵敏可验证疑似的 PPI。因此，BioID 除了可以作为鉴定新 PPI 的探索性工具之外，还可以作为验证 PPI 的可靠工具。

致谢

这项工作得到了中国澳门特别行政区科学技术发展基金（FDCT）（FDCT025/2014/A1）、澳门大学多年研究资助（MYRG2018-0015-FHS）和中国国家自然科学基金（NSFC 81772980）对 LD 的支持。这项工作也得到了澳门大学对 LW（MYRG2016-0025-FHS）的支持。

参考文献

1. Nooren IM, Thornton JM (2003) Diversity of protein-protein interactions. EMBO J 22 (14):3486-3492
2. Ngounou Wetie AG, Sokolowska I, Woods AG, Roy U, Loo JA, Darie CC (2013) Investigation of stable and transient protein-protein interactions: past, present, and future. Proteomics 13(3-4):538-557. https://doi.org/10.1002/pmic.201200328
3. Vermeulen M, Hubner NC, Mann M (2008) High confidence determination of specific protein-protein interactions using quantitative mass spectrometry. Curr Opin Biotechnol 19 (4):331-337. https://doi.org/10.1016/j.copbio.2008.06.001
4. Stynen B, Tournu H, Tavernier J, Van Dijck P (2012) Diversity in genetic in vivo methods for protein-protein interaction studies: from the yeast two-hybrid system to the mammalian split-luciferase system. Microbiol Mol Biol Rev 76(2):331-382. https://doi.org/10.1128/MMBR.05021-11
5. Kenworthy AK (2001) Imaging proteinprotein interactions using fluorescence resonance energy transfer microscopy. Methods 24(3):289-296. https://doi.org/10.1006/meth.2001.1189
6. Sjohamn J, Bath P, Neutze R, Hedfalk K (2016) Applying bimolecular fluorescence complementation to screen and purify aquaporin protein:protein complexes. Protein Sci 25(12):2196-2208. https://doi.org/10.1002/pro.3046
7. Li XW, Funk PE, Rees JS, Farndale RW, Xue P, Lilley KS et al (2014) New insights into the DT40 B cell receptor cluster using a proteomic proximity labeling assay. J Biol Chem 289 (6):14434-14447. https://doi.org/10.1074/jbc.M113.529578
8. Miyagawa-Yamaguchi A, Kotani N, Honke K (2014) Expressed glycosylphosphatidylinositolanchored horseradish peroxidase identifies co-clustering molecules in individual lipid raft domains. PLoS One 9(3):e93054. https://doi.org/10.1371/journal.pone.0093054.g001
9. Rhee HW, Zou P, Udeshi ND, Martell JD, Mootha VK, Carr SA et al (2013) Proteomic mapping of mitochondria in living cells via spatially restricted enzymatic tagging. Science 339:1328-1331
10. Li P, Li J, Wang L, Di LJ (2017) Proximity labeling of interacting proteins: application of BioID as a discovery tool. Proteomics 17(20). https://doi.org/10.1002/pmic.201700002
11. Parrott MB, Barry MA (2000) Metabolic biotinylation of recombinant proteins in mammalian cells and in mice. Mol Ther 1(1):96-104. https://doi.org/10.1006/mthe.1999.0011
12. Parrott MB, Barry MA (2001) Metabolic biotinylation of secreted and cell surface proteins from mammalian cells. Biochem Biophys Res Commun 281(4):993-1000. https://doi.org/10.1006/bbrc.2001.4437
13. Chapman-Smith A, Morris TW, Wallace JC, Cronan JE (1999) Molecular recognition in a post-translational modification of exceptional specificity. J Biol Chem 274(3):1449-1457

14. Prakash O, Eisenberg MA (1979) Biotinyl 5′-adenylate corepressor role in the regulation of the biotin genes of Escherichia coli K-12. Proc Natl Acad Sci U S A 76:5592-5595
15. Roux KJ, Kim DI, Raida M, Burke B (2012) A promiscuous biotin ligase fusion protein identifies proximal and interacting proteins in mammalian cells. J Cell Biol 196(6):801-810. https://doi.org/10.1083/jcb.201112098
16. Kuroishi T, Rios-Avila L, Pestinger V, Wijeratne SS, Zempleni J (2011) Biotinylation is a natural, albeit rare, modification of human histones. Mol Genet Metab 104(4):537-545. https://doi. org/10.1016/j.ymgme.2011.08.030
17. Xie W, Chojnowski A, Boudier T, Lim JS, Ahmed S, Ser Z et al (2016) A-type lamins form distinct filamentous networks with differential nuclear pore complex associations. Curr Biol 26(19):2651-2658. https://doi. org/10.1016/j.cub.2016.07.049
18. Firat-Karalar EN, Stearns T (2015) Probing mammalian centrosome structure using BioID proximity-dependent biotinylation. Methods Cell Biol 129:153-170. https://doi. org/10.1016/bs.mcb.2015.03.016
19. Van Itallie CM, Aponte A, Tietgens AJ, Gucek M, Fredriksson K, Anderson JM (2013) The N and C termini of ZO-1 are surrounded by distinct proteins and functional protein networks. J Biol Chem 288 (19):13775-13788. https://doi.org/10.1074/jbc.M113.466193
20. Couzens AL, Knight JD, Kean MJ, Teo G (2013) Protein interaction network of the mammalian Hippo pathway reveals mechanisms of kinase-phosphatase interactions. Sci Signal 6:rs15
21. Nourani E, Khunjush F, Durmus S (2015) Computational approaches for prediction of pathogen-host protein-protein interactions. Front Microbiol 6:94. https://doi.org/10.3389/fmicb.2015.00094
22. Le Sage V, Cinti A, Valiente-Echeverria F, Mouland AJ (2015) Proteomic analysis of HIV-1 Gag interacting partners using proximity-dependent biotinylation. Virol J 12:138. https://doi.org/10.1186/s12985-015-0365-6
23. Holthusen K, Talaty P, Everly DN Jr (2015) Regulation of latent membrane protein 1 signaling through interaction with cytoskeletal proteins. J Virol 89(14):7277-7290. https://doi.org/10.1128/JVI.00321-15
24. Gupta GD, Coyaud É, Gonc¸alves J, Mojarad BA, Liu Y, Wu Q et al (2016) A dynamic protein interaction landscape of the human centrosome-cilium interface. Cell 163 (6):1484-1499. https://doi.org/10.1016/j.cell.2015.10.065

第11章

蛇毒蛋白质组学在体内抗蛇毒血清评估中的功能应用

Choo Hock Tan, Kae Yi Tan

摘要 反相高效液相色谱法是蛇毒蛋白质组学中常用的分析方法。色谱组分通常含有较纯的毒素，可通过测定毒素的半数致死量（LD_{50}）对其毒性强度进行功能性评估。此外，可以针对这些毒液组分进行专门评估以了解抗蛇毒血清进行蛇毒中毒治疗的有效性。然而，不同实验室的毒性评估和抗蛇毒血清评估的方法各不相同，因此有必要使步骤和参数标准化，特别是与抗蛇毒血清中和效果有关的步骤和参数。本章概述了可以应用于蛇毒蛋白质组功能研究的重要体内技术和数据分析。

关键词 免疫中和，毒素特异性中和，半数致死量（LD_{50}），半数有效量（ED_{50}），效价（P）

11.1 引言

蛇毒的复杂性可以通过各种蛋白质组学技术（例如分析蛋白质组学，第5章）得到很好的分析[1]。现在毒液中蛋白质的鉴定与定量估计相对来说更容易实现也更省时[2, 3]。在分析毒液蛋白质组学中，高分辨率反相高效液相色谱法将毒液分离成可进行质谱分析的纯/部分纯的组分[4, 5]。此外，HPLC分离可以用自底向上的方法对毒液成分进行功能评估，可以确定各毒液组分的毒性和抗蛇毒血清中和性[4, 6]。毒液蛋白质组功能相关性的研究通常需要实验动物模型来阐明蛇毒中毒的体内病理生理学，这对于抗蛇毒血清中和毒液毒性效果的可靠临床前评估至关重要[7]。

为了解释蛇毒影响全身的毒性，毒液组分通常通过静脉注射的方式给予，以确保毒液成分进入和分布到动物体全身。体内模型的使用受到青睐是因为它涉及蛇毒可以在其中起作用的整个生物系统。利用体内模型也可以密切监测中毒后的临床综合征的演变，例如由毒液引起的神经肌肉麻痹的发展[8]。通过动物模型可以确定不同毒液组分的致死效果。通过将这些数据与毒液蛋白质组相关联，有可能确定毒液中诱导致死性的主要毒素。值得注意的是，致死性参数在抗蛇毒血清研究中至关重要，因为抗蛇毒血清的中和能力被世界卫生组织（WHO）视为抗蛇毒血清评估的金标准[9, 10]。因此，功能性毒液蛋白质组学可以提供关于抗蛇毒血清中和毒液及其主要毒素的强弱的有价值的信息[11,12]。然而，不同实验室对抗蛇毒血清疗效参数的测定往往不同，对不同研究的数据解释（以及比较）一直具有挑战性。本章阐述了研究毒液和毒素成分致死性可采用的共同步骤，并推荐了衡量抗蛇毒血清的疗效或效价所必需的参数标准化。

11.2 材料

11.2.1 蛇毒 / 毒素组分

冻干蛇毒或其毒素组分（从第 5 章蛋白质分析方法中获得），−20℃保存直到使用。

11.2.2 抗蛇毒血清

冻干抗蛇毒血清：根据制造商的说明复溶冻干抗蛇毒血清。等分并于 −20℃保存直到使用。

液态抗蛇毒血清：对液态抗蛇毒血清进行相应稀释进行中和研究。2 ～ 8℃保存直到使用。

11.2.3 化学药品和溶液

抗蛇毒血清复溶缓冲液：生理盐水。

蛋白质浓度测定：双辛酸（bicinchoninic acid，BCA）法 /Lowry 法。

11.3 方法

11.3.1 毒液 / 毒素组分的致死性测定

① 将 ICR 小鼠分为 4 组（每组 *n*=5，体重 20 ～ 25g）。每一组小鼠接受不同浓度的毒液或毒素组分（按“剂量”处理，见下文）。使用至少四种剂量的毒液或单一毒素组分估计半数致死量（见注释①）。

② 样品制备：用 BCA 法或 Lowry 法测定毒液 / 毒素组分的蛋白质浓度。用生理盐水将毒液 / 毒素部分稀释为系列浓度。将每只小鼠注射量定为 100μL。

③ 用啮齿动物固定器固定小鼠，通过尾静脉将适当稀释的毒液 / 毒素组分静脉注射到小鼠体内（见注释②）。

④ 让小鼠自由摄食饮水，监测并记录各组小鼠 48h 的存活率（见注释③）。

⑤ 使用 Probit 分析准确算出毒液 / 毒素组分的半数致死量（median lethal dose，LD_{50}）（见注释④）。

图 11-1 显示毒液 / 毒素组分半数致死量测定示意图。

11.3.2 毒液 / 毒素组分的致死性中和

① 将 ICR 小鼠分为 4 组（每组 *n*=5，体重 20 ～ 25g）。每一组小鼠都接受了经不同剂量的抗蛇毒血清预孵育的毒液或毒素组分。使用至少四种抗蛇毒血清剂量中和每一种毒液或单一毒素组分来估计抗蛇毒血清的效果和效价（见注释⑤）。

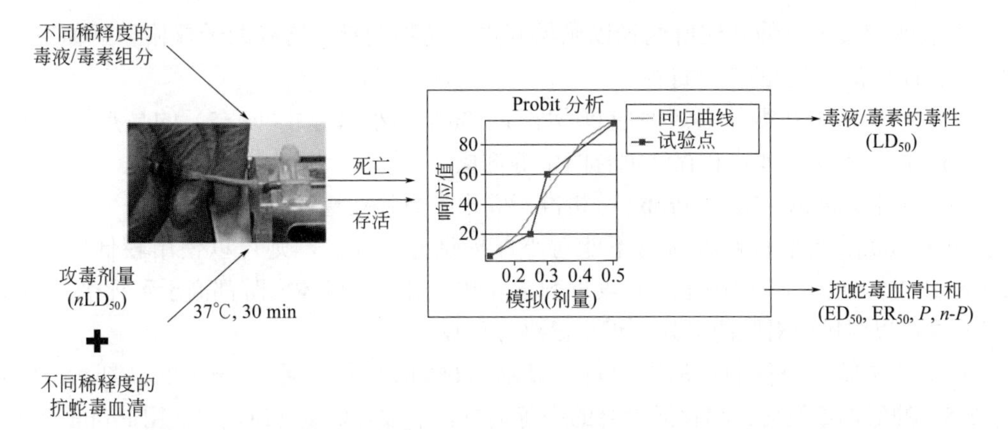

图 11-1　毒液或毒素组分半数致死量测定（按红色箭头流向）和抗蛇毒血清中和效果和效价测定（按绿色箭头流向）示意图（见彩图）。根据整个实验记录的存活率用 Probit 分析确定结果。通过控制滴定将试验样品（毒液 / 毒素组分和抗蛇毒血清混合物）静脉注射到小鼠体内确保进入全身

② 抗蛇毒血清蛋白质浓度：用 BCA 法或 Lowry 法测定抗蛇毒血清蛋白质浓度。

③ 抗蛇毒血清孵育：制备攻毒剂量的毒液 / 毒素组分（$5\times LD_{50}$）生理盐水溶液 50μL。将这一攻毒剂量与不同稀释度抗蛇毒血清生理盐水溶液混合使每次注射的总体积为 250μL。将蛇毒 / 毒素组分 - 抗蛇毒血清混合物 37℃孵育 30min。

④ 用啮齿动物固定器固定小鼠，通过尾静脉将 250μL 预孵育混合物静脉注射到小鼠体内。

⑤ 让小鼠自由摄食饮水。监测并记录小鼠 48h 存活率。

⑥ 通过以下参数准确算出抗蛇毒血清的中和效果和效价：

a. 半数有效量，ED_{50}：50% 小鼠存活时复溶 / 液态抗蛇毒血清的体积（μL）（见注释⑥）。

b. 半数有效比，ER_{50}：50% 小鼠存活时毒液 / 毒素量（mg）与抗蛇毒血清体积（mL）之比。

c. 效价，P：1mL 抗蛇毒血清完全中和的毒液 / 毒素量（mg）（见注释⑦）。

d. 标准效价，$n\text{-}P$：1g 抗蛇毒血清蛋白质完全中和的毒液 / 毒素的量（mg）（见注释⑧）。

图 11-1 显示了抗蛇毒血清中毒液 / 毒素组分的测定示意图。

⑦ 采用下列公式计算毒液 / 毒素组分的攻毒剂量和抗蛇毒血清的各种中和参数：

$$\text{攻毒剂量}(\mu g)=n\times LD_{50}(\mu g/g)\times \text{小鼠体重}(g)$$

［如 11.3.2，步骤③所示］

半数有效比，ER_{50}（标准单位为 mg/mL）=［$n\times LD_{50}$（μg/g）× 小鼠体重（g）］/ED_{50}（μL）

［如 11.3.2，步骤⑥ b 所示］

效价，P（标准单位为 mg/mL）=［$(n-1)\times LD_{50}$（μg/g）× 小鼠体重（g）］/ED50（μL）

［如 11.3.2，步骤⑥ c 所示］

标准效价，$n\text{-}P$（标准单位为 mg/g）=［效价，P（mg/mL）/ 抗蛇毒血清蛋白浓度（mg/mL）］×1000

［如 11.3.2，步骤⑥ d 所示］

11.4　注释

① 半数致死量（LD_{50}）测定的初始剂量可根据近缘物种的毒液或毒素的报告值进行估算。

② 毒液或毒素通过静脉注射途径以确保其进入动物全身。这有助于评估和解释完全为动物所利用的毒液 / 毒素的全身毒性。

③ 从致死性试验获得的存活率应包含显示 100% 的小鼠死亡（n=5）的高剂量，100% 存活（n=5）的低剂量及死亡和存活混合的中等剂量。

④ 通过应用 Finney 方法的 Probit 分析准确算出半数致死量（LD_{50}）。

⑤ 如果 200μL 复溶抗蛇毒血清不能对小鼠提供充分保护，则可以使用较低的攻毒剂量（2.5× 或 1.5×LD_{50}）。应确定所有攻毒剂量静脉注射到小鼠体内时都高于致死剂量 100%（LD_{100}）。这可以对用作对照的另外一组小鼠进行估算。

⑥ 从中和试验中获得的存活率应包含显示 100% 的小鼠存活（n=5）的高剂量，100% 死亡（n=5）的低剂量及死亡和存活混合的中等剂量。半数有效量（ED_{50}）使用 Probit 分析准确算出。

⑦ 中和效价（P）是抗蛇毒血清中和能力的指标，理论上与攻毒剂量无关。这是因为它用如 11.3.2 部分步骤⑦公式所示从总攻毒剂量中减去 1×LD_{50}（n−1）的方式考虑了可以完全中和毒液 / 毒素的致死效应的抗蛇毒血清剂量。

⑧ 标准效价（n−P）考虑了抗蛇毒血清蛋白质含量可能因不同产品而异。通过将不同抗蛇毒血清的 P 值按其各自的蛋白质含量标准化，n−P 值可用于比较不同抗毒血清产品的中和效果。

参考文献

1. Calvete JJ (2013) Snake venomics: from the inventory of toxins to biology. Toxicon 75 (Suppl C):44-62 https://doi.org/10.1016/j.toxicon.2013.03.020
2. Tan KY, Tan CH, Fung SY, Tan NH (2015) Venomics, lethality and neutralization of *Naja kaouthia* (monocled cobra) venoms from three different geographical regions of Southeast Asia. J Proteome 120:105-125. https://doi.org/10.1016/j.jprot.2015.02.012
3. Wong KY, Tan CH, Tan KY, Naeem QH, Tan NH (2018) Elucidating the biogeographical variation of the venom of *Naja naja* (spectacled cobra) from Pakistan through a venomdecomplexing proteomic study. J Proteome 175:156-173. ttps://doi.org/10.1016/j.jprot.2017.12.012
4. Tan CH, Tan KY, Lim SE, Tan NH (2015) Venomics of the beaked sea snake, *Hydrophis schistosus*: a minimalist toxin arsenal and its cross-neutralization by heterologous antivenoms. J Proteome 126:121-130. https://doi.org/10.1016/j.jprot.2015.05.035
5. Oh AMF, Tan CH, Ariaranee GC, Quraishi N, Tan NH (2017) Venomics of *Bungarus caeruleus* (Indian krait): comparable venom profiles, variable immunoreactivities among specimens from Sri Lanka, India and Pakistan. J Proteome 164:1-18. https://doi.org/10.1016/j.jprot.2017.04.018
6. Tan CH, Tan KY, Yap MK, Tan NH (2017) Venomics of *Tropidolaemus wagleri*, the sexually dimorphic temple pit viper: unveiling a deeply conserved atypical toxin arsenal. Sci Rep 7:43237. https://doi.org/10.1038/srep43237
7. Tan CH, Wong KY, Tan KY, Tan NH (2017) Venom proteome of the yellow-lipped sea krait, *Laticauda colubrina* from Bali: insights into subvenomic diversity, venom antigenicity and cross-neutralization by antivenom. J Proteome 166:48-58. https://doi.org/10.1016/j.jprot.2017.07.002
8. Tan KY, Tan CH, Sim SM, Fung SY, Tan NH (2016) Geographical venom variations of the Southeast Asian monocled cobra (*Naja kaouthia*): venom-induced neuromuscular depression and antivenom neutralization. Comp Biochem Physiol C Toxicol Pharmacol 185-186:77-86 https://doi.org/10.1016/j.cbpc.2016.03.005

9. World Health Organization (2010) WHO Guidelines for the production control and regulation of snake antivenom immunoglobulins. WHO publication, 1-141
10. Faisal T, Tan KY, Sim SM, Quraishi N, Tan NH, Tan CH (2018) Proteomics, functional characterization and antivenom neutralization of the venom of Pakistani Russell's viper (Daboia russelii) from the wild. J Proteome 183:1-13. https://doi.org/10.1016/j.jprot.2018.05.003
11. Tan KY, Tan CH, Fung SY, Tan NH (2016) Neutralization of the principal toxins from the venoms of Thai *Naja kaouthia* and Malaysian *Hydrophis schistosus*: insights into toxin-specific neutralization by two different antivenoms. Toxins 8(4):86. https://doi.org/10.3390/toxins8040086
12. Wong KY, Tan CH, Tan NH (2016) Venom and purified toxins of the spectacled cobra (*Naja naja*) from Pakistan: insights into toxicity and antivenom neutralization. Am J Trop Med Hyg 94(6):1392-1399. https://doi.org/10.4269/ajtmh.15-0871

第12章

在微生物分泌蛋白组中糖活性酶的蛋白质组检测

Tina R. Tuveng, Vincent G. H. Eijsink, Magnus Ø. Arntzen

摘要　在依靠生物产物增长的微生物分泌蛋白组中含有潜在应用于生物技术的糖活性酶（CAZymes）。通过分析这些分泌蛋白组，可能找到参与降解过程的关键酶，并可能推断生物产物转化的作用方式。其中一些酶可以预测到具有糖降解的功能，而另一些可能没有该功能，但仍表现出与生物产物降解酶相似的表达模式；后者可能构成了参与降解过程潜在的新酶从而为进一步的生化研究提供基础。因此，分泌蛋白组是研究预测的和新的 CAZymes 的重要来源。这里描述一种可以收集与底物结合或不结合的分泌蛋白质的高度富集的蛋白质组分的平板培养技术，能通过不需要细胞裂解的方式最大限度地减少细胞内蛋白质的污染。

关键词　分泌蛋白组学，蛋白质组学，蛋白质分泌，糖活性酶，CAZymes

12.1　引言

纤维素、半纤维素、果胶和几丁质等多糖在自然界中大量产生，但在特定微生物和包括真菌和细菌在内的微生物联合体的协同作用被去除而不会积累。这些微生物利用复杂的酶系降解生物产物，所涉及的酶在生物技术应用中具有潜力，如生物燃料生产[1]。微生物倾向于在细胞外降解多糖，然后将生成的寡糖或单糖运输到细胞内进行进一步的代谢。为此，微生物根据生长底物和所使用的降解策略分泌多种糖活性酶（carbohydrate-active enzymes，CAZymes）[2-5]。因此，微生物的分泌蛋白组是研究 CAZymes 的重要蛋白质亚组分。

应用于分泌蛋白质的蛋白质组学通常被称为分泌蛋白组学或外蛋白质组学，理想情况下应该只涉及生物体分泌的蛋白质。然而，分泌蛋白组研究已经报道了许多看似胞质蛋白（通过预测）[5-7]，这通常归因于细胞裂解。为了避免这些胞质蛋白掩盖真正参与生物产物转化的分泌 CAZymes 的鉴定，在制备分泌蛋白组样品过程中将细胞裂解造成的污染降到最低是有意义和重要的。

最近，开发了一种在固体培养基上培养微生物的平板法，可以选择性地获得真菌[8]和细菌[9]分泌蛋白质的高度富集的蛋白质亚组分。在此，描述这种方法的每一步骤，并为成功鉴定分泌蛋白组中的 CAZymes 提供详细的注释。

12.2　材料

使用超纯水（通过净化去离子水制备，25℃电阻率为 18MΩ・cm）和分析级试剂配制所有溶液。除非另有说明，否则在室温下配制和保存所有试剂。处理废物时需遵守所有废物处理规定。除非另有说明，否则不需要调整缓冲液的 pH。

12.2.1　预测 CAZymes 和分泌蛋白质

① 能上网的计算机。

② FASTA 文件含有感兴趣生物体编码的预测蛋白质。在大多数情况下，可以从 UniProt（http://www.UniProt.org/）或 NCBI（https://www.ncbi.nlm.nih.gov/）下载，或者如果是未测序的基因组，则通过基因组测序、组装和将 DNA 序列翻译成蛋白质序列生成感兴趣生物体编码蛋白质的 FASTA 文件。

12.2.2　带滤膜的培养平板

① M9 基本培养基琼脂糖平板。

a. 含 5×M9 盐的原液（500mL）：称取 17.04g Na_2HPO_4，7.5g KH_2PO_4，1.25g NaCl 和 2.5g NH_4Cl 溶于约 400mL 超纯水并加超纯水至总体积为 500mL。121℃ 高压灭菌 20min。

b. 1mol/L $MgSO_4$ 原液（25mL）：称取 3.009g $MgSO_4$ 溶于约 20mL 的超纯水并加超纯水至总体积 25mL。121℃高压灭菌 20min。

c. 0.1mol/L $CaCl_2$ 原液（25mL）：称取 0.227g $CaCl_2$ 溶于约 20mL 的超纯水并加超纯水至总体积 25mL。121℃高压灭菌 20min。

d. 感兴趣的碳源：不溶性碳源，如微晶纤维素、几丁质或滤纸，可以是粉末、薄片或类似物，可“原样”使用或研磨至可处理的粒径后使用，不溶性碳源将用后面的方法灭菌，见 12.3.3.1；可溶性碳源，如羧甲基纤维素或葡萄糖，应准备适当浓度的无菌原液，例如 0.2g/mL。100mL 0.2g/mL 葡萄糖原液的配制为将 20g 葡萄糖溶于约 80mL 无菌超纯水并加无菌超纯水至总体积 100mL，将溶液通过无菌的 0.22μm 滤膜进行最终灭菌。

e. 琼脂糖（见注释①）。

② 无菌级 QM-A 石英滤膜，圆形，直径 47mm（GE 医疗生命科学部）。

③ 直径 80mm 的玻璃培养皿。

④ 能够为感兴趣生物体提供适合稳定温度的加热 / 冷却柜 。

12.2.3　蛋白质提取、样品制备和分析

① 可达到 100℃的水浴。

② 50mL 聚丙烯管 MS- 友好型（例如美国新罕布什尔州 Fisher Scientific 的 Falcon）。

③ 400mmol/L 二硫苏糖醇（DTT）（1mL）原液：称取 0.062g DTT 溶于 1mL 超纯水。等分为 20μL，−20℃保存。使用前解冻，不宜反复冻融。

④ 100mmol/L NH_4HCO_3（100mL）原液：称取 0.791g NH_4HCO_3 溶于约 80mL 超纯水并加入超纯水至总体积 100mL。

⑤ 根据制造商的建议将胰蛋白酶溶解在 50mmol/L 醋酸中至浓度为 500ng/μL（见注释②），等分为 5μL，−70℃保存。使用前解冻。

⑥ 一次性注射器，2mL。

⑦ epT.I.P.S. 优质移液枪枪头（Eppendorf）或类似产品。

⑧ 2mL LoBind 低蛋白吸附管（Eppendorf）或类似产品。

⑨ 10%（体积分数）三氟乙酸（TFA）LC-MS 级原液：在通风橱中，向 9mL 超纯水中加 1mL 100%TFA，−20℃保存。

⑩ C_{18} ZipTip 移液枪枪头（Merk，Millipore）。

⑪ 纳升 HPLC-MS/MS 系统。

12.2.4 数据集成和热图生成

① 带电子表格应用软件（例如 Microsoft 公司的 Excel）的计算机。

② Perseus 的安装。Perseus 是一个用于分析（蛋白质）组学数据的免费软件包，可以从 http://www.coxdocs.org/doku.php?id¼perseus:start 下载。本章所用的版本是 1.6.0.7。

12.3 方法

12.3.1 预测糖活性酶

CAZy 数据库（http://www.CAZy.org）是一个专门显示和分析 CAZymes 基因组、结构和生化信息的数据库[10]。CAZy 含有超过 300 个家族的催化和辅助模块，分为糖苷水解酶类（GHs）、糖基转移酶类（GTs）、多糖裂解酶类（PLs）、糖酯酶类（CEs）、辅助模块酶类（AAs）和糖结合模块（CBMs）。CAZy 使用基于与至少一个生化特征创建成员具有显著氨基酸序列相似性的分类来鉴定进化相关蛋白质家族[11]。虽然 CAZy 网页不能对给定的蛋白质序列查询进行自动注释，但它含有一些测序基因组的 CAZy 注释（糖活性酶组，http://www.cazy.org/Genomes. html）。如果在 CAZy 数据库中没有找到正在研究生物体的糖活性酶组，那么还存在自动 CAZyme 注释的替代方法，包括 dbCAN[12] 和 CAT[13]。重要的是，dbCAN 应用软件已经用隐马尔可夫模型（Hidden Markov Model，HMM）生成了代表每个 CAZy 家族中存在的识别标志域，并通过这些模块实现自动注释。

12.3.1.1 预测

使用 dbCAN Web 服务器 CAZymes。

① 通过 http://csbl.bmb.uga.edu/dbCAN/anno tate.php 访问 dbCAN。

② 在提交表单中输入 / 粘贴一个或多个蛋白质序列，或者选择一个蛋白质 FASTA 文件（见 12.2.1，步骤②）上传多个蛋白质序列。

③ 如果加载了许多序列，留下电子邮件地址，任务完成后结果将通过电子邮件发送。

④ 单击提交，经过一段计算时间后，结果将以表和结构域架构的图示显示（图 12-1）。注意，一个蛋白质序列可能找到几个 CAZy 模块，导致表中每个蛋白质有多行。

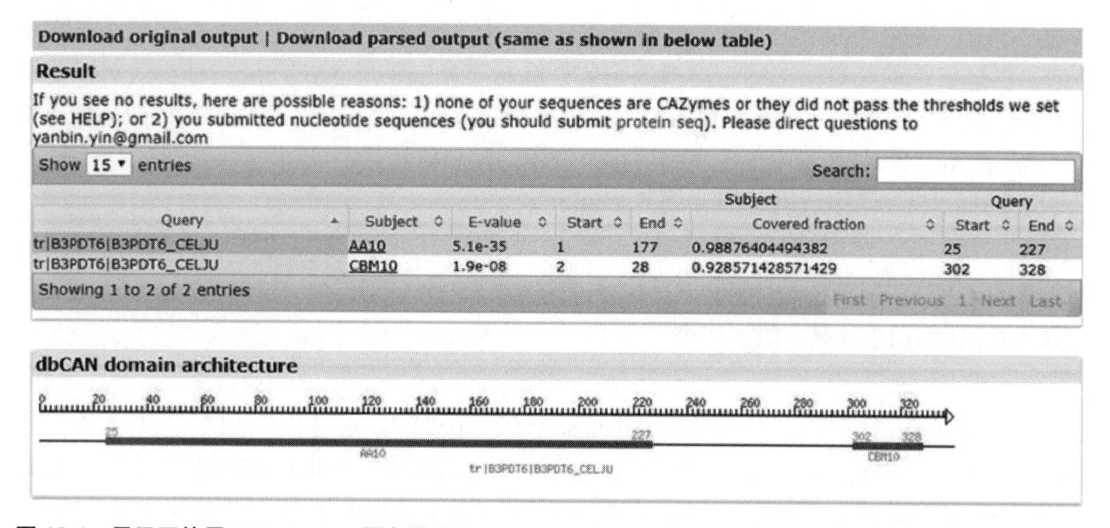

图 12-1　显示了使用 dbCAN Web 服务器进行 CAZyme 预测的示例。以日本纤维弧菌（*Cellvibrio japonicus*）Ueda107 的几丁质结合蛋白质（UniProt: B3PDT6）的 FASTA 格式序列输入。表显示了 HMM 对蛋白质序列的不同部分的匹配，图显示了蛋白质的结构域架构

⑤ 单击“下载解析输出”下载包含结果的制表符分隔文件。这可用于与电子表格应用程序中的蛋白质组表达值整合，参见 12.3.4 部分。

12.3.2　蛋白质分泌的预测

已经开发了几种算法用于对不同的 N 端信号肽及其同源蛋白质的亚细胞定位进行生物信息学预测。自 20 世纪 80 年代以来，这些预测工具从基于权重矩阵和特定氨基酸基序的信号肽预测发展到更复杂的机器学习方法[14]对包括所谓的无先导片段蛋白质，即没有典型信号肽的分泌蛋白质的预测。今天，经常使用几个预测服务器的组合获得最可靠的合理预测。重要的是要记住经生物信息学预测蛋白质的亚细胞定位是重要的，信号肽的存在不一定是分泌的保证。有大量可用的预测服务器[16-18]，其中一些适用于所有类型的生物，而另一些则更“专门”用于一些生物例如细菌。在任何情况下，SignalP 服务器（http://www.cbs.dtu.dk/services/SignalP/[19]）为预测信号肽提供了一个很好的起点，本章将对此进行详细讲解（12.3.2.1 部分）。然后，根据生物体的类型，可以使用另外的预测工具补充分析以获得尽可能好的完整的预测。

预测分析的先决条件是以 FASTA 文件形式提供已测序的基因组（见 12.2.1 部分，步骤②）。使用 FASTA 文件对以下分泌蛋白质进行预测。建议在电子表格中组织所有预测（分泌物和 CAZy）（见 12.3.4 部分和表 12-1），其中不同预测算法之间的一致性也可以评定。

12.3.2.1　使用 SignalP 逐步预测分泌蛋白质

① 通过 http://www.cbs.dtu.dk/services/SignalP/ 访问 SignalP。

② 在提交表单中输入 / 粘贴一个或多个蛋白质序列，或者选择一个用于上传多个蛋白质序列的蛋白质 FASTA 文件。见注释③。

③ 选择生物类群：真核生物、革兰氏阴性细菌或革兰氏阳性细菌。

④ 可以在四种输出格式中进行选择，其中“Standard”最适用于单个 / 少量蛋白质序列。该选项提供有突出显示预测裂解位点的 N 端蛋白质序列的图示以及有助于解释的几个得分。D 分数（辨别分数）是用来区分信号肽和非信号肽的分数，如果预测到信号肽，则伴有

“YES”。输出格式“Short”适用于多蛋白质序列，如 FASTA 文件。这一选项为每个蛋白质序列提供包括不同分数的单行，当预测到信号肽时会显示字母“Y”。后一种格式对于复制到电子表格应用程序和随后与蛋白质组丰度值整合很有用，见 12.3.4 部分。另外两种输出格式“Long”和“All”增加了关于序列中每个位置的附加信息。

⑤ 选择“Short”输出格式并单击“Submit”。

⑥ 经过一段计算时间后，结果将以表的形式呈现，可以选择和复制到电子表格应用程序中以便与蛋白质组学信息整合，见 12.3.4 部分。

12.3.2.2 在细菌中预测：附加考虑

（1）脂蛋白预测

LipoP web 服务器（http://www.cbs.dtu.dk/services/LipoP/[20]）区分经典信号肽［存在信号肽酶Ⅰ（SpⅠ）裂解位点］、脂蛋白信号肽［存在信号肽酶Ⅱ（SpⅡ）裂解位点］、跨膜螺旋（transmembrane helices，TMH）和胞质蛋白（CYT）。因此，LipoP 比 SignalP 提供更多的信息，SignalP 只预测 SpⅠ裂解位点的存在，没有进一步的区分。LipoP 是用革兰氏阴性菌训练的，但是对革兰氏阳性菌序列也显示出良好的性能[20, 21]。值得注意的是，已经存在革兰氏阳性细菌脂蛋白专用预测工具，如 PRED-LIPO（http://www.compgen.org/tools/PRED-LIPO[22]）。

（2）双精氨酸信号肽的预测

细胞质中完全折叠的蛋白质可能通过双精氨酸转位（twin-arginine translocation，TAT）途径发生转位。与正常信号肽相比，参与这一分泌途径的信号肽更长、疏水性更弱，并且在 N 端区域包含独特的两个连续的精氨酸区。有几个服务器可用于预测，例如 PRED-TAT（http://www.compgen.org/tools/PRED-TAT）[23] 和 TatP（http://www.cbs.dtu.dk/services/TatP/）[24]。

（3）TMH 的预测

大部分蛋白质含有跨膜螺旋，了解 TMH 的存在和定位对于蛋白质的结构和功能注释很重要。一般来说，含有 TMH 的蛋白质不会出现在真正的分泌蛋白组中，除非它们是微生物产生的囊泡的一部分。尽管如此，LipoP 偶尔报告含有 TMH 预测的蛋白质，甚至在根据本章所述方法制备的分泌蛋白组中也是如此，这些蛋白质可能与信号肽混淆，特别是当 TMH 接近 N 端并且仅预测一个 TMH 时。这些 TMH 预测可以使用 TMHMM 服务器进一步验证，TMHMM 服务器是一个非常准确的 TMH 预测器（http://www.cbs.dtu.dk/services/TMHMM/）[25]。

12.3.2.3 在真菌中预测：比细菌中预测增加的考虑因素

为了获得真菌分泌蛋白质的可靠预测，可以用其他能够分析真核蛋白质的预测服务器补充 SignalP 预测。两个备选服务器包括预测 TMH 和信号肽的 Phobius（http://phobius.sbc.su.se/）[26] 和使用信号基序及序列衍生特征（如氨基酸含量）组合预测分泌蛋白质的 WoLF PSORT（https://wolfpsort.hgc.jp/）[27]。对于一种被认为是分泌的蛋白质，最好是三个预测服务器中的两个预测一致，例如在文献 [8] 中所应用的。

12.3.2.4 非经典分泌蛋白质

尽管大多数分泌蛋白质都有信号肽引导它们进入分泌途径，但是有限数量的蛋白质没有这种信号肽（也称为无先导片段蛋白质）被分泌出来[15, 28]。例如，黏质沙雷氏菌（*Serratia marcescens*）编码的两种几丁质酶缺乏经典的信号肽，而已知它们是通过一个尚不清楚的过程分泌的[29]。据说这种蛋白质可能会发生所谓的非经典分泌。SecretomeP（http://www.cbs.dtu.dk/services/SecretomeP/）是一个通过利用已知分泌蛋白质中发现的包括各种翻译后修饰和定位预测等多种序列衍生特征预测哺乳动物细胞或细菌中的非经典分泌蛋白质的服务器[30, 31]。由其他预测服务器预测为胞质蛋白的蛋白质可以作为使用 SecretomeP 进行进一步分析的候选蛋白质。

12.3.3　分泌蛋白组富集培养平板

除非另有说明，所有步骤在室温下进行。

12.3.3.1　带膜平板的浇注（在无菌罩内进行）

① 下面使用的质量和体积能够配制 250mL M9 琼脂糖培养基，可以倒大约 15 个平板。

② a. 使用不溶性碳源：使最终平板中碳源浓度达到 0.01g/mL（见注释④），称取 2.5g 不溶性碳源与 2.5g 琼脂糖在 199.5mL 超纯水中混合。包括用于后续搅匀的磁铁（见步骤⑨和注释⑤）。

b. 使用可溶性碳源：称取 2.5g 琼脂糖与 187mL 超纯水混合。在步骤⑦中，将可溶性碳源加入到培养基中。

③ 121℃高压灭菌 20min，冷却至约 70℃。

④ 加入 250μL 0.1mol/L $CaCl_2$（达到 0.1mmol/L 的最终浓度）。

⑤ 加入 250μL 1 mol/L $MgSO_4$（达到 1mmol/L 的最终浓度）。

⑥ 加入 50mL 5×M9 盐（达到 1× 的最终浓度）。

⑦ 如果使用可溶性碳源：使最终平板中碳源浓度达到 0.01g/mL（见注释④），加入 12.5mL 无菌碳源原液（已知原液的浓度为 0.2g/mL，见 12.2.2）。

⑧ 轻轻混合均匀。

⑨ 在 80mm 玻璃培养皿中倒入 8mL M9 基本琼脂糖培养基（见注释⑤），凝固 5～10min。在等待琼脂糖凝固的同时，把装有熔化琼脂糖的瓶子放在 60℃保存。

⑩ 轻轻地将无菌 QM-A 石英滤膜放在培养皿的中间，并在滤膜上再倒 8mL（见注释⑤）M9 基本琼脂糖培养基。凝固 5 ～ 10min。

⑪ 将平板 4℃保存直到使用。在使用前一定要让平板平衡到适宜的温度。

12.3.3.2　接种和生长

（1）细菌接种

① 在所需培养基中培养液体预培养物。

② 测量预培养物的 OD_{600}，并涂布适当数量的细胞（例如，100μL $OD_{600}\approx 0.5$ 培养物）（见注释⑥）。

③ 在所需温度下培养适当时间（见注释⑦）。

（2）真菌接种

① 用移液枪枪头从含有感兴趣碳源的 M9 琼脂糖平板上生长的真菌取出直径约为 7mm 的菌块（图 12-2，步骤 1A）。

② 将菌块转移到一个有嵌入膜的新平板上。将菌块放在膜的中心（图 12-2 步骤 1 B）。

③ 在所需温度下培养适当时间（见注释⑦和图 12-2 步骤 2）。

12.3.3.3　蛋白质提取和样品制备

与所有的蛋白质组学操作一样，操作时保持干净，避免手指、头发和类似物质的污染是很重要的。

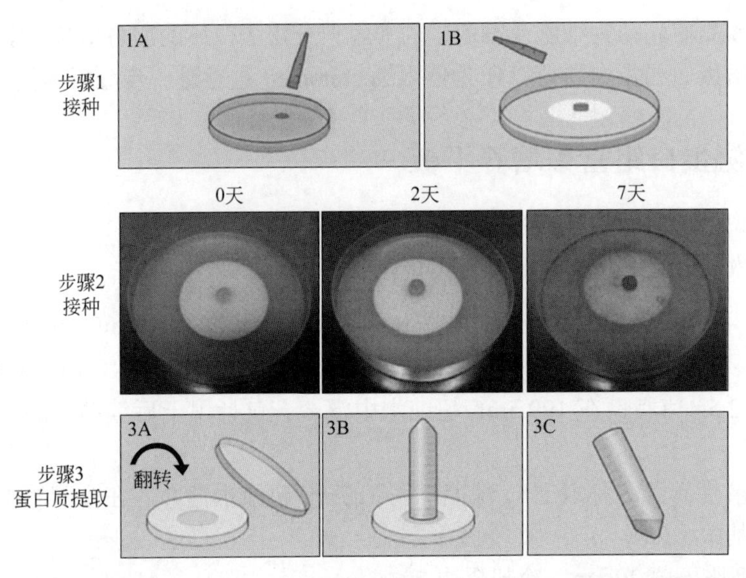

图 12-2 在含膜平板上微生物的生长及分泌蛋白组取样。步骤 1：使用无菌移液枪枪头的背面取出在正常平板上生长的含真菌琼脂块（1A），将其转移到含有相同碳源的含膜平板上并放在平板的中央即在膜的上方（1B）。对于细菌，用细胞悬液代替琼脂块。步骤 2：将平板培养至所需的时间。这些照片显示了真菌红褐肉座菌（*Hypocrea jecorina*）的生长。步骤 3：培养后，将琼脂从培养皿中翻转出来，使培养皿底部和嵌入琼脂的膜（3A）之间的无细胞琼脂暴露。使用无菌 Falcon 管（如果需要较少的样品可以用无菌移液枪枪头背面）冲压出含有已通过滤膜的分泌蛋白质的圆盘状琼脂（3B ～ 3C）。经 Elsevier 许可，本图从文献 [8] 复制

① 称一个空的 50mL Falcon 管记下质量。

② 将圆盘状琼脂翻转出来，用 50mL Falcon 管直接冲压出滤膜下面的琼脂（图 12-2，步骤 3）。将琼脂块移到 Falcon 管，再次称重，然后通过减去步骤 1 中空 Falcon 管的质量计算样品净重。

③ 每克样品加 10μL 400mmol/L 的 DTT 原液使最终浓度达到 4mmol/L DTT（假设 1g 样品≈ 1mL 样品）。

④ 加热样品直到琼脂熔化（即将试管放入 80 ～ 100℃水浴中）并涡旋，然后将样品煮沸 30min。在此步骤中，与固体培养基结合的蛋白质可能被释放。

⑤ 将样品冷却至室温（琼脂重新凝固）。

⑥ 使用 2mL 一次性注射器（不带针头），取出活塞，将固体样品从顶部转移到注射器中。插入活塞并通过按压将琼脂压碎穿过注射器，回到 Falcon 管。

⑦ 每克样品加入 1mL 100mmol/L NH_4HCO_3 原液，使最终浓度达到 50mmol/L NH_4HCO_3。轻微涡旋混合。

⑧ 加 2μg 胰蛋白酶（例如，4μL 500ng/μL 溶液），37℃孵育过夜。

⑨ 冻融样品（−20℃），将 Falcon 管短暂离心（4500×*g*，1min）；收集所有液体。

⑩ 将液体部分转移至 2mL Eppendorf LoBind 管（见注释⑧）。

⑪ 以 16000×*g* 离心 10min。

⑫ 将上清液转移到新的 2mL Eppendorf LoBind 管。必要时重复离心（不应转移琼脂块）。

⑬ 使用高速真空离心机将样品体积减少至 10 ～ 15μL，加入 TFA 至最终浓度 0.1%（体积分数）（见注释⑨）。

⑭ 按照供应商的建议将样品通过 ZipTip 微量色谱柱使样品浓缩并去除缓冲液（见注释⑩）。

⑮ 使用高速真空离心机干燥样品，然后溶解于 10μL 适合随后上样质谱仪的溶液中（例如 0.1%TFA 超纯水溶液）。

⑯ 使用纳升 HPLC-MS/MS 系统分析样品 [8, 9]。

12.3.4 定量蛋白质组学数据和功能注释集成

定量蛋白质组学已成为微生物研究不可缺少的分析工具。定量数据可以通过包括传统的凝胶法，或用代谢或化学标记的现代质谱定量技术，或使用无标记方法在内的大量分析技术获得。详细描述这些方法及其优缺点超出了本章的范围，当前方法的最新综述可以在文献 [32] 中找到。不管使用何种定量技术，最实用的做法是将数据以表格形式排列，每行代表一种蛋白质（或蛋白质组），不同条件下的定量数据放在不同的列。此外，功能预测和分泌预测也应放在不同的列。这可以在电子表格应用程序中实现，见表 12-1。对于蛋白质组学数据的最终发表，最好将数据保存到可通过 http://www.proteomexchange.org/ 访问的 ProteomeXchange Consortium。这样确保了数据的透明性，并使数据在未来可以重用。

12.3.4.1 使用 Perseus 创建热图

Perseus 是一个用于分析定量（蛋白质）组学数据的免费软件包，可以与许多不同的定量技术一起使用 [33]，见注释 ⑪。

① 在 Perseus 中，点击 Generic matrix upload，左上角有一个绿色的小箭头。

② 选择含有定量蛋白质组学数据和预测功能数据的表格文件，类似于表 12-1。Perseus 支持制表符或逗号分隔的文本文件。

③ 含有定量值的列应选择为“Main”列。

④ 选择 dbCAN 和分泌预测作为“Categorical”列。

⑤ 选择登录号和蛋白质名称作为“Text”列。单击 OK。

⑥ 单击 Annotation of rows，然后选择 Categorical annotation。给生物学重复相同的名称，并保留默认设置。单击确定。

⑦ 如果定量值 =0，表示未检测到可定量的蛋白质，单击 Quality 并选择 Convert to NaN。对于“Invalid values”应该是选择 Less or equal。“Threshold”应设置为 0。单击 OK。

⑧ 单击 Visualization、Histogram 和 OK 查看所有样品的直方图。这些图形应该看起来像均匀分布在强度范围（x 轴）内的钟形分布，但不一定所有样品都是正态分布。如果这不是你所观察到的，定量数据可能需要进行对数转换。单击 Basic、Transform 和 OK，然后重做直方图以重新评估。

⑨ 假设有三个生物学重复：单击 Filter rows，选择 Filter rows based on valid values。“Minivalids”应该是 Number 并设置为 2。“Mode”应是 In at least one group。其他选项保持默认。见注释 ⑫。单击 OK。

⑩ 生成的矩阵现在可用于进一步分析数据，例如计算分泌蛋白质的比例（见 12.3.4.2 部分）。Perseus 提供了各种各样的统计和可视化工具（见注释 ⑪）；详细描述这些选项的细节超出了本章的范围。

⑪ 若要过滤数据使其只含有 CAZymes，单击“Filter rows”，然后 Filter rows based on categorical column。选择 dbCAN column，并将“Values”中的所有项添加到右侧的容器框中。更改“Mode”

表 12-1　如何在电子表格应用程序中系统安排定量蛋白质组学数据的示例

							α-几丁质			β-几丁质			葡萄糖		
Accn.	蛋白质名称	SignalP	LipoP	SecretomeP	分泌的？	dbCAN	R1	R2	R3	R1	R2	R3	R1	R2	R3
B3PDT6	几丁质结合蛋白推定的，cbp33/10B	Y	SpI	0.90	Y	AA10 CBM10	32.9	32.8	33.3	33.7	33.2	33.6	28.2	27.5	28.3
P14768	内-1,4-*β*-木聚糖酶 A	Y	SpI	0.96	Y	CBM2 CBM10 GH10	26.8	26.8	27.5	33.4	32.6	34.0	25.8	ND	25.5
B3PDV8	普鲁兰酶，推定的 pul13B	Y	SpII	0.94	Y	CBM48 GH13	29.4	30.3	31.5	29.6	29.3	28.7	25.3	26.0	25.7
B3PK74	*α*-葡萄糖苷酶，推定的，adg97B	Y	SpI	0.58	Y	GH97	25.6	24.0	24.5	23.9	23.9	24.0	ND	ND	ND
B3PBG2	菌毛蛋白	N	TMH	0.93	N		31.0	30.5	30.9	30.2	30.2	30.7	30.6	30.4	30.8
B3PF53	推定的脂蛋白	N	SpII	0.90	Y		28.6	26.7	27.3	28.3	28.6	27.9	26.2	ND	25.8
B3PI93	SrpA-相关蛋白	N	CYT	0.18	N		30.6	30.8	31.2	27.8	27.4	28.8	ND	ND	24.0

注：这些数据描述了在含 α- 几丁质或 β- 几丁质或葡萄糖培养基上生长的日本纤维弧菌（*Cellvibrio japonicus*）Ueda107 分泌蛋白组中检测到的选定的蛋白质。定量值是 MaxQuant[37] 软件的 log_2 转换的 LFQ 值。完整的蛋白质组 FASTA 文件用于使用不同的预测服务器预测分泌蛋白质（见 12.3.2 部分）和预测 CAZymes（见 12.3.1 部分）。表中显示了不同底物上表达水平不同的四种 CAZymes 和三种非 CAZymes 的比较结果；数据改编自文献 [9]。写着“分泌的？”的列是基于三个预测服务器 SignalP、LipoP 和 SecretomeP 的使用，当至少有两个算法预测到分泌时用 Y 标记。ND 为未检测到，R1 ～ R3 为 1 ～ 3 个生物学重复。

以保持行匹配。然后将生成一个只有 CAZymes 可见的新矩阵，见注释 ⑬。单击 OK。

⑫ 单击 Clustering/PCA 并选择 Hierarchical clustering。默认聚类参数通常已经足够了，但在某些情况下，取消选择 Columns tree 并使用标记为 Use for clustering 框手动选择列顺序更为实际。

⑬ 单击 OK 时，热图将作为名为 Clustering 的新选项卡生成。其中可以调整热图的颜色比例、文本标题的大小以及树状图的大小和厚度。

⑭ 要在热图中显示类别列，单击标记为 Configure row names 的按钮，然后选择所需的类别作为 Row color bar（在热图旁边创建颜色条），和 / 或 Addtl. row names（将类别值作为文本添加）。

⑮ 可以通过单击树状图中的节点手动界定簇，也可以通过单击标记为界定行簇的按钮自动界定簇，然后输入所需簇的数量，或者根据距离阈值选择聚类。

⑯ 保存 Perseus 文件，以便后续使用。

⑰ 可以通过单击 PDF 按钮并选择 PDF 作为文件类型导出热图，见注释 ⑭。图 12-3 是用 Perseus 绘制的准备发表的热图示例。

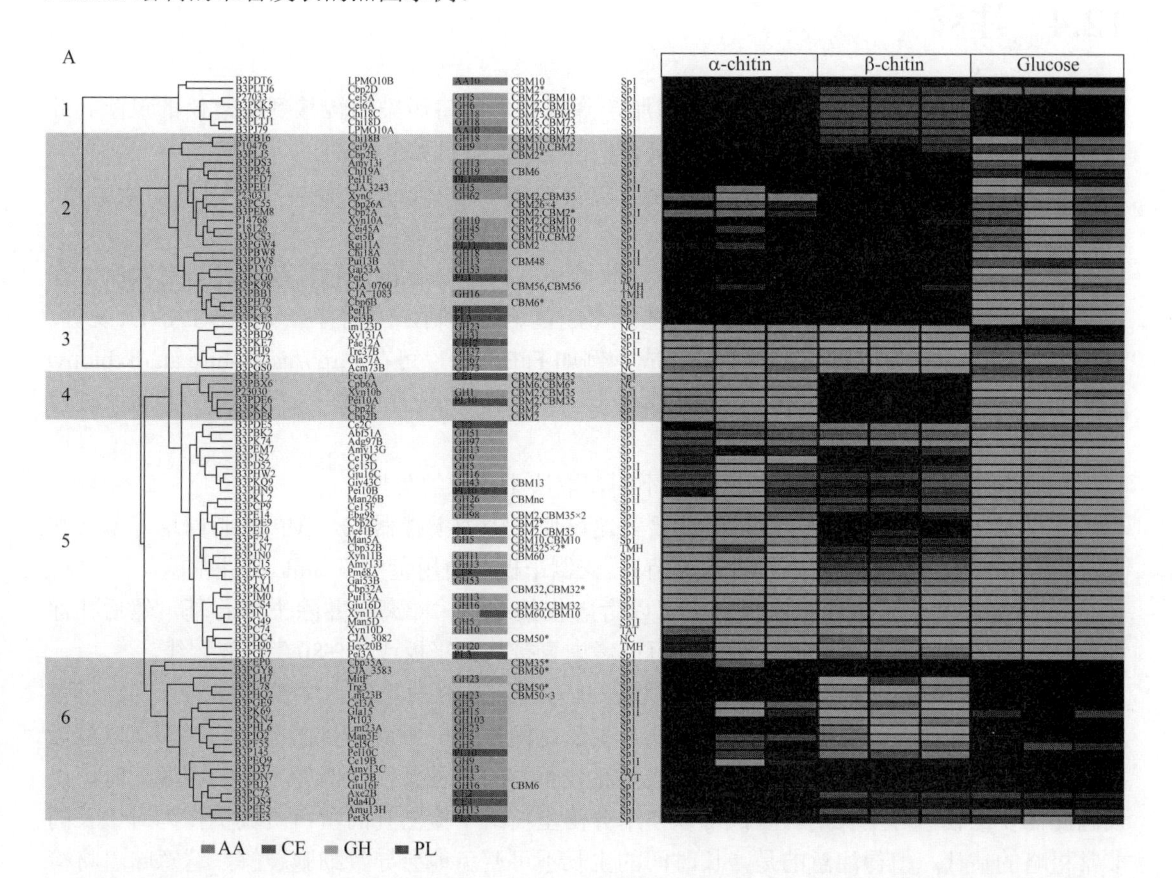

图 12-3　定量蛋白质组学数据的热图示例（见彩图），其中每种蛋白质（行）都有 CAZyme 注释（见 12.3.1）和预测的细胞定位（得自 LipoP，见 12.3.2）。该图是完整数据集的过滤子集，只显示有 CAZy 注释的蛋白质。CAZy 注释如图颜色所示：GH 糖苷水解酶、CE 糖酯酶、PL 多糖裂解酶、AA 辅助模块酶、CBM 糖结合模块。根据相似的表达模式，通过 Perseus 生成的热图被进一步手工分为六个簇。热图中的颜色表示蛋白质丰度，从高（红色，MaxQuant LFQ 5×10^{10}）到低（绿色，MaxQuant LFQ 7×10^{6}）。表 12-1 显示了用于生成此图的数据示例。经 John Wiley & Sons 许可，本图从文献 [9] 复制

12.3.4.2　样品中分泌蛋白组富集的判定

① 根据表 12-2 计算完整蛋白质组中预测分泌蛋白质的比例（见注释 ⑮）。

表 12-2　分泌蛋白组富集计算表

	蛋白质计数	预测分泌	未预测分泌	分泌比例/%
在实验分泌蛋白组中	351	267	84	76
在完整蛋白质组中	3711	1076	2635	29

注：将实验分泌蛋白组的分泌比例与完整蛋白质组的分泌比例进行比较。本例中使用的数据适用于在 α- 几丁质上生长的日本纤维弧菌（*Cellvibrio japonicus*）Ueda107。生长 144h 后收集分泌蛋白组。数据改编自文献 [9]。

② 使用与完整蛋白质组相同的标准计算分泌蛋白组样品中预测分泌蛋白质的比例。将这个比例与计算的完整蛋白质组比例进行比较，可以很好地指示分泌蛋白组样品中分泌蛋白质的富集程度（见注释 ⑯）。

12.4　注释

① 琼脂糖的纯度高，用它来代替琼脂，降低了后面将污染物转移到质谱仪的风险。此外，与琼脂相比，琼脂糖与蛋白质和 DNA 等生物分子的相互作用较少。

② 胰蛋白酶必须是高质量的，适合蛋白质测序，如 Promega 公司（美国威斯康星州）的测序级改良胰蛋白酶。

③ 有些预测服务器对每次提交的序列数量和每种蛋白质条目的氨基酸数量有限制。在完整蛋白质组的情况下，FASTA 文件可能经常超过这些限制，因此有必要拆分 FASTA 文件。这很容易通过文本编辑器或在线工具完成，例如 FaBox[34]，可在 http://users-birc.au.dk/biopv/php/FaBox/ 找到（单击“FASTA 数据集拆分器 / 分开器”，选择你的 FASTA 文件和每个文件中所需的序列数量）。

④ 不同微生物的理想碳源浓度可能不同，取决于碳源的类型。

⑤ 在倒出 8mL 之前混合均匀很重要。建议使用磁力搅拌器混合 M9 琼脂糖培养基（在对琼脂和碳源进行灭菌时对磁铁进行灭菌）。在倒平板之前用量筒量 8mL 培养基。

⑥ 将细菌液体预培养物涂板时，可以考虑收集细胞，即离心并除去培养基，然后在涂板前用适当的培养基重悬细胞。或者，可以考虑直接从新平板或从 −80℃原液划线。

⑦ 强烈建议进行预实验以确定微生物在具有所需碳源的平板上生长期间的行为。过多的生长是不可取的，而且因为在平板上测量生长是困难的，所以需要在不同的时间点取样以找到进行分泌蛋白组分析的最佳条件。当要比较不同的生长条件（例如不同的碳源）时，以及因此需要比较“等生长期”时，可以使用分泌蛋白组中检测到的蛋白质数量作为对生长的非常粗略的估计。值得注意的是，长时间的生长不可避免地会导致细胞裂解，这意味着将检测到人为导致的大量蛋白质，而预测分泌的蛋白质比例会减少。根据经验，花时间寻找最佳的培养时间是很重要的；最佳是指获得大量的蛋白质和少量的胞质蛋白污染。

⑧ 当将样品从 Falcon 管转移到 LoBind Eppendorf 管时，可以切下移液枪头尖端以获得更大的枪头开口。一些琼脂块可能被转移，因此下一步需要离心。

⑨ 如果样品在高速真空离心过程中意外完全干燥，在 ZipTip 微量色谱柱色谱程序之前，

将样品溶解于 10 ～ 15μL 0.1%TFA。

⑩ 如果样品较多，可以在所需的 HPLC 小瓶中直接洗脱与 ZipTip 微量色谱柱结合的肽（假设高速真空离心机能够处理这些管）。这将减少所用 LoBind Eppendorf 管的数量，也能减少样品损失。

⑪ 在本章中，只解释了如何生成定量数据的热图表示（见 12.3.4.1 部分），但建议读者探究该软件的其他功能，如可以进行数据分析的数据转换、统计试验、绘制剖面图和火山图。教程、用户实例等可在 http://www.coxdocs.org/doku.php?id¼perseus:start 找到。

⑫ 这一过滤步骤去除仅在三分之一的生物学重复中被鉴定的蛋白质。建议在分析中设定一个阈值，即一种蛋白质应至少在一组（例如一种碳源），至少在三分之二的生物学重复中被鉴定。

⑬ 这种过滤将去除所有没有预测 CAZyme 注释的蛋白质，因此也将去除尚未被鉴定的（新的）CAZymes，即参与生物产物转化的潜在新酶。潜在新 CAZymes 或其他可能参与生物产物转化的酶可能是与已知 CAZymes 显示相似表达模式的丰富的蛋白质。

⑭ Perseus 的所有绘图都可以作为 PDF 文件导出，但通常情况下，这些图在发表前需要进一步改进。PDF 文件可以导入到矢量图软件，例如 Inkscape（https://Inkscape.or g/en/）或 Adobe Illustrator（http://www.adobe.com/products/illustrator.html）以生成适合发表的图。

⑮ 计算分泌蛋白质的比例时，包括用 SpI 和 Tat 信号肽预测的蛋白质，以及由 SecretomeP 预测的非经典分泌蛋白质。必须谨慎使用 Lipoproteins（SpⅡ），因为许多膜锚定蛋白面向周质而不是细胞外环境。

⑯ 在应用平板法收集分泌蛋白质的大多数情况下，获得了明显富含分泌蛋白质的蛋白质组分（文献 [8, 9] 和未发表结果）。然而，对于在几丁质上生长的黏质沙雷氏菌，观察到胞质蛋白的比例比预期的要大[35]。这可能可以用这种细菌使用的非经典分泌系统来解释，因为实验数据表明细胞裂解不是一个大问题（见文献 [35] 中的讨论）。一些细菌通过排出含酶囊泡的方式将 CAZymes 转移到外部环境中，这可能导致较差的富集统计，尽管分泌蛋白组数据是正确的和相关的[36]。这就强调了该方法的成功可能因微生物的不同而不同，也强调了对所研究微生物的知识的增加能够更好地评估结果。

参考文献

1. Himmel ME, Xu Q, Luo Y, Ding S-Y, Lamed R, Bayer EA (2010) Microbial enzyme systems for biomass conversion: emerging paradigms. Biofuels 1(2):323-341. https://doi.org/10.4155/bfs.09.25

2. Payne CM, Knott BC, Mayes HB, Hansson H, Himmel ME, Sandgren M, Sta˚hlberg J, Beckham GT (2015) Fungal cellulases. Chem Rev 115(3):1308-1448. https://doi.org/10.1021/cr500351c

3. Benz JP, Chau BH, Zheng D, Bauer S, Glass NL, Somerville CR (2014) A comparative systems analysis of polysaccharide-elicited responses in *Neurospora crassa* reveals carbon source-specific cellular adaptations. Mol Microbiol 91(2):275-299. https://doi.org/10.1111/mmi.12459

4. Suzuki K, Suzuki M, Taiyoji M, Nikaidou N, Watanabe T (1998) Chitin binding protein (CBP21) in the culture supernatant of *Serratia marcescens* 2170. Biosci Biotechnol Biochem 62(1):128-135. https://doi.org/10.1271/bbb.62.128

5. Takasuka TE, Book AJ, Lewin GR, Currie CR, Fox BG (2013) Aerobic deconstruction of cellulosic biomass by an insect-associated *Streptomyces*. Sci Rep 3:1030. https://doi.org/10.1038/srep01030

6. Siljamäki P, Varmanen P, Kankainen M, Sukura A, Savijoki K, Nyman TA (2014) Comparative exoprotein profiling of different *Staphylococcus epidermidis* strains reveals potential link between nonclassical protein

export and virulence. J Proteome Res 13(7):3249-3261. https://doi.org/10.1021/pr500075j

7. Adav SS, Cheow ESH, Ravindran A, Dutta B, Sze SK (2012) Label free quantitative proteomic analysis of secretome by *Thermobifida fusca* on different lignocellulosic biomass. J Proteome 75(12):3694-3706. https://doi.org/10.1016/j.jprot.2012.04.031
8. Bengtsson O, Arntzen MØ, Mathiesen G, Skaugen M, Eijsink VGH (2016) A novel proteomics sample preparation method for secre- tome analysis of *Hypocrea jecorina* growing on insoluble substrates. J Proteome 131:104-112. https://doi.org/10.1016/j. jprot.2015.10.017
9. Tuveng TR, Arntzen MØ, Bengtsson O, Gardner JG, Vaaje-Kolstad G, Eijsink VGH (2016) Proteomic investigation of the secretome of *Cellvibrio japonicus* during growth on chitin. Proteomics 16(13):1904-1914. https://doi. org/10.1002/pmic.201500419
10. Lombard V, Golaconda Ramulu H, Drula E, Coutinho PM, Henrissat B (2014) The carbohydrate-active enzymes database (CAZy) in 2013. Nucleic Acids Res 42(D1): D490-D495. https://doi.org/10.1093/nar/ gkt1178
11. Cantarel BL, Coutinho PM, Rancurel C, Bernard T, Lombard V, Henrissat B (2009) The Carbohydrate-Active EnZymes database (CAZy): an expert resource for Glycogenomics. Nucleic Acids Res 37(Database): D233-D238. https://doi.org/10.1093/nar/ gkn663
12. Yin Y, Mao X, Yang J, Chen X, Mao F, Xu Y (2012) dbCAN: a web resource for automated carbohydrate-active enzyme annotation. Nucleic Acids Res 40(Web Server issue): W445-W451. https://doi.org/10.1093/ nar/gks479
13. Park BH, Karpinets TV, Syed MH, Leuze MR, Uberbacher EC (2010) CAZymes Analysis Toolkit (CAT): web service for searching and analyzing carbohydrate-active enzymes in a newly sequenced organism using CAZy database. Glycobiology 20(12):1574-1584. https://doi.org/10.1093/glycob/cwq106
14. Caccia D, Dugo M, Callari M, Bongarzone I (2013) Bioinformatics tools for secretome analysis. Biochim Biophys Acta Proteins Proteom 1834(11):2442-2453. https://doi.org/10.1016/j.bbapap.2013.01.039
15. Desvaux M, Hebraud M, Talon R, Henderson IR (2009) Secretion and subcellular localizations of bacterial proteins: a semantic awareness issue. Trends Microbiol 17(4):139-145. https://doi.org/10.1016/j.tim.2009.01.004
16. Nielsen H (2017) Predicting secretory proteins with SignalP. In: Kihara D (ed) Protein function prediction: methods and protocols. Springer, New York, pp 59-73. https://doi. org/10.1007/978-1-4939-7015-5_6
17. Nielsen H (2017) Protein sorting prediction. In: Journet L, Cascales E (eds) Bacterial protein secretion systems: methods and protocols. Springer, New York, pp 23-57. https://doi.org/10.1007/978-1-4939-7033-9_2
18. Nielsen H (2016) Predicting subcellular localization of proteins by Bioinformatic algorithms. In: Bagnoli F, Rappuoli R (eds) Protein and sugar export and assembly in gram-positive bacteria. Springer International Publishing, Cham, pp 129-158. https://doi.org/10.1007/82_2015_5006
19. Petersen TN, Brunak S, Heijne G, Nielsen H (2011) SignalP 4.0: discriminating signal peptides from transmembrane regions. Nat Methods 8:785. https://doi.org/10.1038/nmeth.1701
20. Juncker AS, Willenbrock H, Von Heijne G, Brunak S, Nielsen H, Krogh A (2003) Prediction of lipoprotein signal peptides in Gramnegative bacteria. Protein Sci 12 (8):1652-1662. https://doi.org/10.1110/ ps.0303703
21. Rahman O, Cummings SP, Harrington DJ, Sutcliffe IC (2008) Methods for the bioinformatic identification of bacterial lipoproteins encoded in the genomes of Gram-positive bacteria. World J Microbiol Biotechnol 24 (11):2377. https://doi.org/10.1007/ s11274-008-9795-2
22. Bagos PG, Tsirigos KD, Liakopoulos TD, Hamodrakas SJ (2008) Prediction of lipoprotein signal peptides in Gram-positive bacteria with a Hidden Markov Model. J Proteome Res 7(12):5082-5093. https://doi.org/10.1021/pr800162c
23. Bagos PG, Nikolaou EP, Liakopoulos TD, Tsirigos KD (2010) Combined prediction of Tat and Sec signal peptides with hidden Markov models. Bioinformatics 26 (22):2811-2817. https://doi.org/10.1093/bioinformatics/btq530

24. Bendtsen J, Nielsen H, Widdick D, Palmer T, Brunak S (2005) Prediction of twin-arginine signal peptides. BMC Bioinformatics 6:167. https://doi.org/10.1186/1471-2105-6-167
25. Krogh A, Larsson B, von Heijne G, Sonnhammer E (2001) Predicting transmembrane protein topology with a hidden Markov model: application to complete genomes. J Mol Biol 305:567-580. https://doi.org/10.1006/jmbi.2000.4315
26. Käll L, Krogh A, Sonnhammer EL (2007) Advantages of combined transmembrane topology and signal peptide prediction—the Phobius web server. Nucleic Acids Res 35 (Suppl 2):W429-W432. https://doi.org/10.1093/nar/gkm256
27. Horton P, Park K-J, Obayashi T, Fujita N, Harada H, Adams-Collier C, Nakai K (2007) WoLF PSORT: protein localization predictor. Nucleic Acids Res 35(suppl_2):W585-W587. https://doi.org/10.1093/nar/gkm259
28. Costa TR, Felisberto-Rodrigues C, Meir A, Prevost MS, Redzej A, Trokter M, Waksman G (2015) Secretion systems in Gram-negative bacteria: structural and mechanistic insights. Nat Rev Microbiol 13(6):343-359. https:// doi.org/10.1038/nrmicro3456
29. Hamilton JJ, Marlow VL, Owen RA, Costa Mde A, Guo M, Buchanan G, Chandra G, Trost M, Coulthurst SJ, Palmer T, Stanley-Wall NR, Sargent F (2014) A holin and an endopeptidase are essential for chitinolytic protein secretion in *Serratia marcescens*. J Cell Biol 207(5):615-626. https://doi.org/10.1083/jcb.201404127
30. Bendtsen J, Kiemer L, Fausboll A, Brunak S (2005) Non-classical protein secretion in bacteria. BMC Microbiol 5(1):58. https://doi. org/10.1186/1471-2180-5-58
31. Bendtsen J, Jensen L, Blom N, von Heijne G, Brunak S (2004) Feature based prediction of non-classical protein secretion. Protein Eng Des Sel 17:349-356. https://doi.org/10.1093/protein/gzh037
32. Otto A, Becher D, Schmidt F (2014) Quantitative proteomics in the field of microbiology. Proteomics 14(4-5):547-565. https://doi. org/10.1002/pmic.201300403
33. Tyanova S, Temu T, Sinitcyn P, Carlson A, Hein MY, Geiger T, Mann M, Cox J (2016) The Perseus computational platform for comprehensive analysis of (prote)omics data. Nat Methods 13(9):731-740. https://doi.org/10.1038/nmeth.3901
34. Villesen P (2007) FaBox: an online toolbox for fasta sequences. Mol Ecol Resour 7 (6):965-968. https://doi.org/10.1111/j.1471-8286.2007.01821.x
35. Tuveng TR, Hagen LH, Mekasha S, Frank J, Arntzen MØ, Vaaje-Kolstad G, Eijsink VGH (2017) Genomic, proteomic and biochemical analysis of the chitinolytic machinery of *Serratia marcescens* BJL200. Biochim Biophys Acta Proteins Proteom 1865(4):414-421. https:// doi.org/10.1016/j.bbapap.2017.01.007
36. Arntzen MO, Varnai A, Mackie RI, Eijsink VGH, Pope PB (2017) Outer membrane vesicles from *Fibrobacter succinogenes* S85 contain an array of carbohydrate-active enzymes with versatile polysaccharide-degrading capacity. Environ Microbiol 19(7):2701-2714. https://doi.org/10.1111/1462-2920.13770
37. Cox J, Mann M (2008) MaxQuant enables high peptide identification rates, individualized p.p.b.-range mass accuracies and proteomewide protein quantification. Nat Biotechnol 26(12):1367-1372. https://doi.org/10.1038/nbt.1511

第13章

质谱在功能蛋白质组学中的应用

J. Robert O'Neill

摘要 尽管全基因组和转录组测序的能力不断增加，但许多生物学表型的根本机制尚不清楚。直接测量蛋白质表达的变化是一个有吸引力的选择，并且有可能揭示新的过程。质谱已成为蛋白质组学的标准方法，可对生物样品中的数千种蛋白质进行可靠的鉴定和定量。本章综述了基于质谱的蛋白质组学方法及其应用。

关键词 质谱，蛋白质组学，定量，无标记，选择反应监测，MALDI

13.1 蛋白质组测量的挑战

大约二十年前对一个生物体、组织或细胞的全部蛋白质含量的研究首次被称为蛋白质组学[1]。事实上质谱已经成为蛋白质组学的标准方法，可对复杂混合物中的蛋白质进行可靠的鉴定[2]。

虽然测量整个真核生物蛋白质组的目标已经实现[3]，在20世纪初人类全部基因组已经公布，但人类蛋白质组还没有全部被描述[4]。人类蛋白质组计划已经向这一目标逐步迈进[5, 6]，然而截至2017年8月，最全面的人类蛋白质数据库neXtProt发布的数据显示，组成人类蛋白质组的预测的20199种蛋白质中有3031种（15%）没有提供直接的实验证据[7]。造成这种差异的原因有几个。

聚合酶链反应（PCR）通过模板核苷酸序列复制使其数量增加许多数量级并且错误率极低[8]。互补碱基配对还可以快速破译密码核苷酸序列[9]。这些方法与短序列的计算组装技术的进步相结合，使核苷酸测序能够在大规模并行配置中进行，在几个小时内对整个基因组进行测序[10]。

相比之下，蛋白质序列的从头鉴定存在更大的内在挑战。目前还没有一种方法可以扩增蛋白质或肽序列，因此蛋白质组学方法总是受到输入质量的限制。同样氨基酸也不显示出互补，鉴定依赖于质量测量或传统上的色谱或电泳[11]。蛋白质组也明显大于基因组，因为基因选择性剪接和选择性转录起始位点的不同，这些有助于转录组和最终的蛋白质组多样性[12]。

另一个挑战是在蛋白质序列的每一个位置可互换使用的氨基酸多达21种，它可以提供生成肽的更大的组合可能性。这种复杂性通过翻译后修饰（PTM）包括加入生物化学基团，如磷酸基（磷酸化）、糖基（糖基化）以及至少25个其他独特的基团或修饰进一步增加[11]。

最后一个复杂难题是蛋白质组的动态特性。生物体的基因组序列在该生物体的所有细胞中是恒定的，并且面对 DNA 提取方法时相对稳定，人们甚至可以从古代标本中获得 DNA 序列[13]。相比之下，同一个体的不同细胞的蛋白质组有所不同[14]，并且高度依赖于随着亚细胞定位的不同而不同的单一蛋白质翻译后的状态[15]。缺氧引起的 PTM 状态的快速改变和细胞内 pH 变化的影响以及一些磷酸化在组织活检后 60min 内丢失也使提取蛋白质组进行定量分析变得困难[16]。许多这些挑战已经随着技术的进步得到解决，其中最重要的是高扫描速度、高精度质谱的使用[17]。

13.2　蛋白质组学中使用的质谱仪

质谱仪的基本组成部分包括离子检测器与测量从电离源产生的进入气相的离子的数量和质荷比（*m/z*）的质量分析器。然而，仪器类型很多，每种类型都有自己的优缺点[18-22]。尽管如此，所有质谱仪都结合了高灵敏度和高质量准确度，最终实现了对整个蛋白质组的测量。

电喷雾电离（ESI）源将分析物从液相直接电离（通常是从色谱柱中洗脱的极性挥发性溶剂）为气相离子[23]。这些电离源最常用来分析包括细胞裂解物在内的复杂混合物。其他选择包括使用激光直接电离固态基质分析物为气相离子的基质辅助激光解吸电离（MALDI）源[24]。这些电离源可产生离子的数量有限，而且以前只用于相对同质的分析物。

13.3　用MS鉴定蛋白质——自底向上的方法

从复杂混合物中从头鉴定蛋白质可以通过几种方法实现。最常见的方法称为“鸟枪”或“自底向上”蛋白质组学依赖于蛋白质混合物的蛋白质水解产生的肽的鉴定。然后，通过查询蛋白质序列数据库中已鉴定的肽序列推断原始混合物中蛋白质的存在。与特定蛋白质特有的肽序列相匹配证明蛋白质在原始混合物中存在[2]。工作流程示例概览如图 13-1 所示。

鸟枪法蛋白质组学依赖于串联质谱（MS/MS），其中在第一级质谱（MS1）中，肽被电离产生前体离子，根据它们的质荷比（*m/z*）进行解析和分离。然后前体离子碎裂，通常是通过碰撞离子解离，碎片离子在第二级质谱（MS2）中被分离和解析[25]。同一肽产生多种碎片，有了高质量谱图和足够的碎片离子，通过测量的质量差异分离的离散离子峰可以辨别出肽中每种氨基酸不同所产生的种类。由于氨基酸都有一个固定的确定的质量，测量的差异可以用来鉴定氨基酸[26]。因此，肽的序列可以直接测定，定义为从头肽测序[27]。在实践中，直接对复杂肽混合物中的所有肽进行测序几乎不可能，这种“劳动密集型”方法只适用于因基因组序列信息有限蛋白质数据库也可能有限或缺乏的样品。

更常见的是，通过数据库检索生成肽谱匹配。目前已经描述了几种算法，但它们一般遵循相同的原则；所测量的前体离子质量用于过滤通过计算一系列潜在可鉴定蛋白质的分解产生的肽数据库。所有具有匹配前体离子质量的候选肽都会产生理论碎片离子质量差异[28]。将其与已确定的碎片离子谱图比较，并使用针对数据库检索方法评分算法进行候选肽排序[29]。

这些方法无需事先进行质谱分析就可以鉴定肽。使用严格的鉴定阈值和对数百万已发表的实验衍生肽谱的评估生成的生物特异性谱库现已可用[30, 31]。另一种或者说是互补的方法是

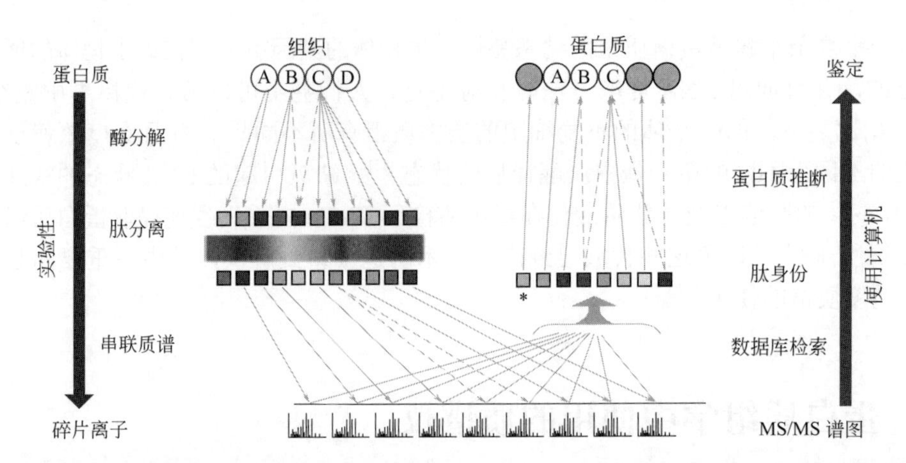

图 13-1　鸟枪法蛋白质组学鉴定蛋白质概览（见彩图）。一种复杂的蛋白质混合物，在本例中是含有蛋白质 A ～ D 的组织样品，被蛋白酶分解产生肽。每一种肽都用一个彩色方框表示。为了降低混合物的复杂性，通过一个共同的性质如等电点将肽分离。肽组分经过串联质谱产生碎片离子谱图。使用蛋白质数据库、肽（前体）离子质量和数据库检索工具进行肽谱匹配（IDs）[91]。并非所有的碎片离子谱图都能产生肽匹配，有些肽匹配的可信度较低（例如浅绿色肽*）。使用进一步的统计工具 [28]，通过独特的肽匹配进行蛋白质鉴定从而确认原始混合物中某种蛋白质的存在。每个鸟枪实验只能从复杂混合物如组织裂解液中鉴定蛋白质组的一个子集，因此在本例中蛋白质“D”没有被鉴定出来

结合其他质谱特征如相对离子强度从这些谱库中查询已鉴定的谱图。据报道，与标准的数据库检索策略相比，这种方法提高了鉴定肽的数量 [32, 33]。

鉴定出的肽序列用于使用原始数据库检索方法鉴定蛋白质。常用的软件包包含用多种统计方法来处理蛋白质推断问题，例如重复的肽测序事件、多种蛋白质之间共用的肽以及估计错误发现率 [28]。

13.3.1　分离

质谱的一个重要限制是可分析离子的生产量。虽然这种情况随着现代仪器的使用有所改善，但是可同时研究的分析物数量往往仍然是限制因素。组织裂解物含有高度多样的蛋白质混合物。蛋白质水解进一步加剧了这种多样性，给肽谱匹配带来了巨大挑战。为了降低这种复杂性，通常对样品进行分离。方法包括强阳离子交换 [34]、亚细胞分离 [35]、等电聚焦电泳 [36]、高 pH（碱性）反相 [37] 和其他色谱方法 [38]。通过将具有缩减数目独特肽的组分导入质谱仪中，可以在 MS1 阶段产生同质的 *m*/*z* 组分，在 MS2 阶段可以精确测序 [39, 40]。

13.4　数据依赖和非依赖的鸟枪法蛋白质组学

如前所述，鸟枪蛋白质组学方法的一个关键特征是用于 MS2 阶段碎片化的前体离子的选择。这通常是在前体离子强度的基础上进行的，称为数据依赖的方法 [41]。这种方法有必须检测到前体离子才能进行肽测序的局限性，并且对种类丰富的前体蛋白质有内在的侧重。另一种策略是不管是否检测到前体离子，仪器系统地将在确定的 *m*/*z* 范围窗口内的所有前体离子进行碎片化 [21, 42]。在该方法的一种尝试中，用于肽谱匹配的前体离子质量被指定为

MS1 *m/z* 窗口的中心。应用这种方法时，在没有前体离子的情况下，可在 10% 的实例中检测出产生高可信度的肽谱匹配的碎片离子 [42, 43]，该方法通过鉴定低丰度肽可以提高检测的动态范围。缺点是在所有 *m/z* 窗口中获取谱图所需的数据获取时间长，尽管更快的仪器和优化的色谱已经减少了数据获取时间 [44]。

13.5 用MS鉴定蛋白质——自顶向下方法

最近一项令人兴奋的开发是通过质谱鉴定完整蛋白质的能力，所谓的“自顶向下”方法 [45]。概念验证研究已经证明利用培养的哺乳动物细胞和广泛的液相正交分离能够鉴定数千种不同蛋白质亚型（蛋白质型态）[46-48]。这种方法的优点是直接鉴定蛋白质，而不是用鸟枪法从肽鉴定中推断。这就有可能描述由单个基因产生的全部蛋白质型态和鉴定蛋白质加工、选择性剪接或翻译后修饰的动态变化，这通常无法从肽水平数据中获得。尽管目前还不能进行蛋白质组规模分析，但随着自动化分离、仪器和数据分析方法的进一步开发，这在未来可能变得可行 [49]。然而，大多数生物蛋白质组学实验的目的是测量细胞状态的动态变化，除了蛋白质鉴定外还需要定量。使用无假设自顶向下方法进行这项实验的方法尚处于早期开发阶段，并且仍然缺乏鸟枪法的可靠性 [50]。

13.6 选择反应监测

质谱法提供了一种可以使用所描述的“自底向上”或“自顶向下”方法在生物样品中无假设地发现表达蛋白质的理想方法。高质量详尽谱库的开发和可用的合成肽数量使得覆盖全部人类蛋白质组和几种模式生物蛋白质组的可靠的质谱“试验方法”得以开发 [30, 51, 52]。这些数据库可用于假设驱动的量化样品间的蛋白质表达研究。这种方法最常见的应用是选择反应监测（selective reaction monitoring，SRM）。

在这种方法中，选择了一种通过质谱可辨别的选定蛋白质特有的肽（蛋白型肽）[53]。该肽的质谱特征被用于使用确定的质量窗口分离前体离子。这显著降低了用于后续碎片化和肽鉴定离子混合物的复杂性。这也大大缩短了分析时间，以便可以分析更多的样品。

通过复用这一策略（多反应监测，multiple reaction monitoring，MRM）可以同时检测数十种蛋白质。通过加入确定浓度的同位素标记合成蛋白型肽，可以高度准确地测定感兴趣的肽及推断蛋白质的绝对浓度。MRM 方法的高通量意味着它们可以用于生物标志物开发研究的验证阶段，即从在少量样品的蛋白质组实验中发现的候选生物标志物在数百个样品中进一步进行评估时应用这个方法 [54]。

仪器扫描速度的提高和选择反应监测数据分析方法的应用已被进一步用于混合蛋白质组学方法。这项技术被称为所有理论碎片质谱的顺序窗口获取（sequential window acquisition of all theoretical fragment-ion spectra）或“SWATH MS”[21]，其具有很高的技术重复性和定量准确性 [19, 55, 56]。该方法使用数据非依赖的鸟枪蛋白质组学方法获取数据，并使用 SRM 方法对候选的肽进行鉴定。这项技术的支持者声称创建了生物样品蛋白质状态的“数字”表示，并且可以在随后提出假设时进行回顾性评估，而不需要进一步的质谱分析。虽然蛋白质组的全部覆盖作为一个概念是很吸引人的，但是使用现有仪器仍不能常规地达到这个目的，而且鉴定蛋白质修饰如磷酸化生物学上的显著变化仍需要仔细的实验控制和与修饰特定的样品制备方法。

13.7 定量蛋白质组学

越来越多的大规模蛋白质组学研究的一个突出的共同发现是很少有蛋白质表现出组织特异性表达[57, 58]。因此，在几乎所有的情况下，不同的表型是通过蛋白质表达水平、亚细胞定位或翻译后修饰的变化而不是蛋白质表达的存在或缺失表现出来的。如果实验的目的是了解影响观察表型的机制，那么定量蛋白质表达是至关重要的。

13.7.1 基于凝胶的定量蛋白质组学方法

典型的蛋白质组学实验设计是比较两种或两种以上条件下的生物样品，并试图鉴定差异表达的蛋白质。以往，2D 凝胶电泳用于根据蛋白质质量和等电点从每种条件下分离细胞裂解物[59]。然后凝胶可以用银染或其他类似的方法染色，差异表达的蛋白质可以通过不同强度的斑点鉴定[60]。该方法的一种变体是用不同的荧光团标记每个样品中的所有蛋白质并将所有样品放在同一凝胶上电泳从而使凝胶间的差异最小化[61]。通过定量各荧光团在斑点上的相对发光，可以确定相对表达量。

在这两个例子中，含有未鉴定蛋白质的差异表达斑点被切下，使用蛋白水解酶分解成肽，然后使用类似于鸟枪蛋白质组学的策略对肽进行质谱分析以鉴定肽和随后的蛋白质。该方法的优点是将蛋白质鉴定限定于少量差异表达的蛋白质，并为质谱分析提供相对同质的样品。遗憾的是，尽管在斑点检测和定量的自动化方面有了进步，但这些方法只是半定量的和劳动密集型的，数据质量高度依赖于使用者，每个实验只能鉴定几十种蛋白质。

13.7.2 定量鸟枪蛋白质组学

样品处理和仪器技术的进步使得定量鸟枪蛋白质组学方法得以发展。这些依赖于在液相色谱（LC）和 MS/MS 之前样品的裂解、分解和通常的分离。标记阶段可以并入 MS/MS 之前的样品制备阶段，或者肽可以使用无标记策略直接定量[62]。

13.7.3 定量鸟枪蛋白质组学研究使用的标记技术

13.7.3.1 稳定同位素标记氨基酸培养技术（SILAC）

化学标记可以在蛋白质或肽水平上进行。使用稳定的碳、氢和氮同位素可以对亮氨酸、赖氨酸和精氨酸等氨基酸进行差异标记，这些氨基酸在生物化学上仍保持相同，然而通过它们的质量差异可以分辨为离散的谱峰。这种方法称为稳定同位素标记氨基酸培养技术（stable isotope labeling of amino acids in culture，SILAC），可以通过使用仅含有“重”氨基酸的培养基对培养中的哺乳动物细胞蛋白质进行同位素标记[63]。典型的实验包括一个经过处理的“重”标记细胞系和一个未标记的对照“轻”标记细胞系。细胞裂解液以 1∶1 的比例混合，然后进行标准的 LC-MS/MS 工作流程。用常规的方法鉴定肽，在 MS1 级通过重肽和轻肽离子强度之比确定细胞系条件之间的相对表达。这种方法已被证明在蛋白质组中是可重复的，变异系数约为 30%[62]。通过使用重赖氨酸和重精氨酸组合，可以同时比较三种条件。

SILAC 方法的一个缺点是需要培养细胞完全摄取标记，这限制了此技术只能在多次传代中表达稳定的选定表型的细胞上的应用。传统 SILAC 方法中对预先标记的要求也排除了对人体组织样品的研究，尽管完全同位素标记的生物体可能在疾病模型中有应用 [64-66]。

13.7.3.2　超级 SILAC

SILAC 方法的一种变体，称为超级 SILAC，已被用于定量人类癌症样品的蛋白质组 [67]。在此过程中，使用 SILAC 方法对来源于感兴趣的癌组织和大致覆盖选定组织表达谱的混合细胞系进行重同位素标记。使用标准程序在分解、分离和 LC-MS/MS 之前，将这些蛋白质质量确定的细胞系的混合裂解液以 1∶1 的比例加标到每个组织裂解液中，然后和标准的 SILAC 实验一样进行肽的鉴定和定量。计算每个组织样品中重肽和轻肽的表达比例。恒定的 SILAC 加标质量提供了实验之间的标准化方法，而且通过计算比例也可以计算组织类型之间的相对表达 [68]。优点是加标标准可以在多个平台上的多个实验中使用，而且仍然使实验之间能够标准化，一旦加标标准生成，就没有多余的标记步骤或试剂成本。缺点是 SILAC 的准确性在比例 <2 时最高，因此需要与组织表达谱相对接近的匹配 [62]。SILAC 培养基还不能用于许多原代细胞，因此，使用这种技术可能难以分析具有很少可用细胞系的原发人体组织或癌。同样，组织样品中特有的蛋白质也不会被定量。

13.7.3.3　同位素亲和标签（ICAT）

在这种方法（同位素亲和标签，isotope-coded affinity tags，ICAT）中，还原蛋白质的半胱氨酸残基用由巯基反应基团、氘化连接子和生物素亲和标签组成的复合标签进行标记 [69]。连接子的“轻”和“重”同位素可以对离散样品中的蛋白质进行差异标记。将标记后的样品合并一起分解，含半胱氨酸的肽被亲和素亲和色谱富集。肽可以被进一步分离或直接用于 LC-MS/MS。在 MS1 分析期间氘化连接子的不同同位素提供离散的质量峰可以进行差异表达分析。

遗憾的是这个方法只能研究含有半胱氨酸的蛋白质，这限制了全蛋白质组的研究工作，而较大的亲和基团生物素的使用为 MS/MS 谱图引入了比较大的背景噪声 [70]。此外，氘化标记更疏水，因此在反相 LC 中会有不同的洗脱，使 MS 分析复杂化 [71]。然而，这项技术仍然有一定的作用，因为亲和富集步骤使低丰度蛋白质得以研究，而其他方法不容易获得。

13.7.3.4　^{18}O 标记

这种策略的一个优点是它可以应用于几乎任何样品。在一种早于 SILAC 方法的方法中，用于比较的样品或是“重”样品在含有 ^{18}O 的水中蛋白质酶解或是样品在标准“轻”水中酶解 [72]。在大多数情况下胰蛋白酶，切割肽键，重同位素被结合，所以所有的胰蛋白酶肽将被标记。随后的数据分析与 SILAC 方法相同。这种方法的缺点是 $H_2^{18}O$ 的费用较高。

13.7.3.5　二甲基同位素标记

另一种方法是使用甲醛的标准同位素和氘同位素标记肽的氨基末端或赖氨酸残基的氨基 [73]。同位素随后通过其质量差异得以分辨，从而可以从 MS1 扫描进行肽水平定量。SILAC、^{18}O 和二甲基标记的另一个常见限制是每次质谱分析最多可比较三个样品。

13.7.3.6 同位素标记肽

同位素标记肽提供了更大的多标复用能力，有 4-plex 或 8-plex（相对和绝对定量同位素标签，isobaric tag for relative and absolute quantification，iTRAQ）[74] 或 6-plex、10-plex 或 11-plex（串联质谱标签，tandem mass tags，TMT）商业用试剂盒 [75]。这些试剂盒都依赖于相同的基本原理。

每个标签包括一个胺反应酯、一个平衡羰基连接子和一个报告离子（图 13-2）。胰蛋白酶肽通过 N 末端或赖氨酸残基与标签形成酰胺键。每个不同样品使用带有不同报告基团的标签，所有样品在分离和 LC-MS/MS 之前进行混合。每个标签具有相同的总质量和色谱特性，因此在 MS1 扫描期间每个样品的 LC 保留时间和质荷比（*m*/*z*）分离不会受到差异影响 [74]。

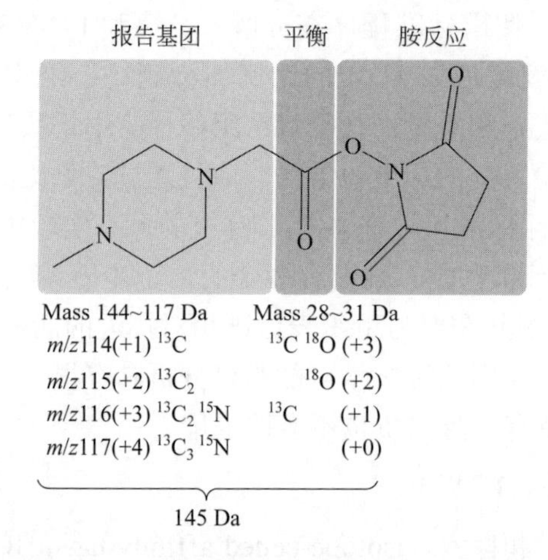

图 13-2 4-plex iTRAQ 标记肽示意图。一个明确分子质量在 114 ～ 117Da 之间的报告基团连接到平衡连接子上。报告基团和连接子结合在一起的固定分子质量为 145Da，然后它们连接到结合肽氨基末端和赖氨酸残基的胺反应基团上。在 MS2 碎片离子生成过程中，标记在平衡连接子处断裂，使报告离子能够检测。图改编自参考文献 [74]

然后采集前体离子进行 MS/MS 分析，报告离子与平衡羰基连接子的解离使电离标记肽碎片化。用通常的方法检测肽片段生成质谱。报告离子峰也在预定的 *m*/*z* 处被检测到。在 4-plex iTRAQ 实验中，报告离子峰在 *m*/*z*114.1、115.1、116.1 和 117.1 处被检测到 [74]。对于 6-plex TMT 实验，报告离子峰在 *m*/*z*126.1 ～ 131.1 之间被检测到 [75]。

假设每个样品都是全部标记肽，那么每个样品的肽越丰富就会累积越多的标记。当将每个样品等量混合并一起进行 LC-MS/MS 时，那些有更高原始选定肽浓度的样品将在 MS/MS 扫描中产生更高的报告离子峰强度。通过比较相对报告离子强度，可以确定原始样品中的相对肽和蛋白质的丰度 [76]。

同位素标记的多标复用能力直接被随后的每个样品的稀释所抵消成为鉴定低丰度肽的一个挑战 [44]。样品还需要分别进行裂解和分解，这有可能引入误差。相反，在 SILAC 实验中，细胞群可以在裂解之前混合。然而，同位素标记提供的定量准确性和动态范围非常好，在直接比较中超过了 SILAC [62]。

13.7.4 无标记鸟枪蛋白质组学

蛋白质组学工作流程中的所有样品操作步骤都会由于蛋白质损失而数据降低 [77]，并且

是额外的变化来源 [78]。消除加入标记的样品处理步骤进行定量显然是一种优势，也是开发无标记定量方法的基本原理的基础。

有助于蛋白质鉴定的与每种肽匹配的谱图总数，称为谱图计数，已被报道与绝对蛋白质丰度相关 [79]。人们提出了各种方法来改进谱图计数，例如蛋白质长度的标准化 [80]，或包括肽计数和碎片 - 离子强度的组合评分 [81]。对于复杂的蛋白质混合物，谱图计数仍然受实验批次间显著变化性的影响，并且高度依赖于 LC 条件和前体离子选择。因此谱图计数的定量重复性不如同位素标记法 [82]。

另一种方法是通过捕获前体离子强度作为时间函数来生成离子色谱图。离子色谱曲线下的面积与肽浓度成线性关系 [83]。在 LC-MS/MS 不同批次实验中应用这种方法进行差异分析存在挑战，因为存在背景噪声、共洗脱肽导致信号重叠、保留时间和总蛋白质上样量等因素技术上的差异，必须确认和定量相同的肽离子 [84]。

两种无标记方法同时存在的优点和缺点是要求每次 LC-MS/MS 分析一个样品。这防止了样品稀释，提供了最大潜在覆盖率，并防止了多标复用方法可能无法鉴定失调的低丰度蛋白质。然而，通过比较不同 LC-MS/MS 批次实验的条件，LC 性能的内在变化和鸟枪蛋白质组学鉴定蛋白质的随机特性都导致了数据的异质性。在这些问题得到解决之前，标记策略仍将被广泛采用。

13.8 MALDI成像MS（MALDI-IMS）

用于下游质谱分析的裂解组织活检的一个主要缺点是与蛋白质表达相关的微观空间信息丢失。细胞的局部微环境背景是决定行为的关键，癌症组织就是一个公认的例子 [85]。了解在特定细胞生境内发生的蛋白质表达的变化可能会揭示完整组织活检分析中并不明显的新的见解 [86]。

为了保持这种异质性，基质辅助激光解吸离子化（MALDI）技术已经适合于能够从组织切片直接电离和质谱分析 [87]。通过共同记录谱图和组织学图像蛋白质表达可以在其生物学和细胞背景下解释。这种成像质谱（MALDI-IMS）方法的显著优点被所有 MALDI 方法常见的一些局限性所抵消 [88]。

MALDI-IMS 产生的质谱特征（*m/z*）可用于区分样品但不提供蛋白质特性。尽管蛋白质组的覆盖率尚未达到与组织裂解物的 LC-MS/MS 分析同等水平，但与下游串联质谱的混合方法可以直接鉴定低质量蛋白质 [89]。另一个重要的限制是电离源的分辨率。目前技术的最小可分辨区域能够达到 10μm，但大多数分析实际上限制在 100μm 的区域 [90]。这使得颗粒细胞表达图谱得以生成，但是鉴定亚细胞表达谱（例如肿瘤 - 基质连接）的目标仍然难以实现。

13.9 结论

生物表型受蛋白质相互作用的控制，在许多情况下 RNA 与蛋白质表达的相关性是有限的。因此，对生物学家来说蛋白质表达的大规模的直接测量是有吸引力的前景。质谱技术提供了采用无假设方法从生物样品中鉴定表达蛋白质的可能性。技术的进步使得全蛋白质组测量的目标在一些模型系统中得以实现。

使用生化标记策略提供高度准确的蛋白质定量和无标记技术监测蛋白质丰度的动态变化已经变得切实可行。SRM 方法的发展使可靠的鉴定和定量能够在不同的条件下进行。MALDI-IMS 可以保持生物组织中蛋白质表达的空间多样性，而且可以直接从组织切片中获取对癌症等疾病过程的新见解。通过应用这些蛋白质组学技术，科学家可以阐明基本问题并开始了解生物学过程和疾病病理生理学。

参考文献

1. Wasinger VC, Cordwell SJ, Cerpa-Poljak A, Yan JX, Gooley AA, Wilkins MR, Duncan MW, Harris R, Williams KL, HumpherySmith I (1995) Progress with gene-product mapping of the Mollicutes: mycoplasma genitalium. Electrophoresis 16(7):1090-1094
2. Aebersold R, Mann M (2003) Mass spectrometry-based proteomics. Nature 422 (6928):198-207. https://doi.org/10.1038/ nature01511
3. de Godoy LM, Olsen JV, Cox J, Nielsen ML, Hubner NC, Fröhlich F, Walther TC, Mann M (2008) Comprehensive mass-spectrometrybased proteome quantification of haploid versus diploid yeast. Nature 455 (7217):1251-1254. https://doi.org/10.1038/nature07341
4. Consortium IHGS (2004) Finishing the euchromatic sequence of the human genome. Nature 431(7011):931-945. https://doi.org/10.1038/nature03001
5. Legrain P, Aebersold R, Archakov A, Bairoch A, Bala K, Beretta L, Bergeron J, Borchers CH, Corthals GL, Costello CE, Deutsch EW, Domon B, Hancock W, He F, Hochstrasser D, Marko-Varga G, Salekdeh GH, Sechi S, Snyder M, Srivastava S, Uhlén M, Wu CH, Yamamoto T, Paik YK, Omenn GS (2011) The human proteome project: current state and future direction. Mol Cell Proteomics 10(7):M111.009993. https://doi. org/10.1074/mcp.M111.009993
6. Omenn GS, Lane L, Lundberg EK, Overall CM, Deutsch EW (2017) Progress on the HUPO Draft Human Proteome: 2017 Metrics of the Human Proteome Project. J Proteome Res 16:4281. https://doi.org/10.1021/acs.jproteome.7b00375
7. Gaudet P, Michel PA, Zahn-Zabal M, Britan A, Cusin I, Domagalski M, Duek PD, Gateau A, Gleizes A, Hinard V, Rech de Laval V, Lin J, Nikitin F, Schaeffer M, Teixeira D, Lane L, Bairoch A (2017) The neXtProt knowledgebase on human proteins: 2017 update. Nucleic Acids Res 45(D1):D177-D182. https://doi. org/10.1093/nar/gkw1062
8. Saiki RK, Gelfand DH, Stoffel S, Scharf SJ, Higuchi R, Horn GT, Mullis KB, Erlich HA (1988) Primer-directed enzymatic amplification of DNA with a thermostable DNA polymerase. Science 239(4839):487-491
9. Liu L, Li Y, Li S, Hu N, He Y, Pong R, Lin D, Lu L, Law M (2012) Comparison of nextgeneration sequencing systems. J Biomed Biotechnol 2012:251364. https://doi.org/10.1155/2012/251364
10. Pareek CS, Smoczynski R, Tretyn A (2011) Sequencing technologies and genome sequencing. J Appl Genet 52(4):413-435. https://doi.org/10.1007/s13353-011-0057- x
11. Niall HD (1973) Automated Edman degradation: the protein sequenator. Methods Enzymol 27:942-1010
12. Sperling J, Azubel M, Sperling R (2008) Structure and function of the Pre-mRNA splicing machine. Structure 16(11):1605-1615. https://doi.org/10.1016/j.str.2008.08.011
13. Ermini L, Olivieri C, Rizzi E, Corti G, Bonnal R, Soares P, Luciani S, Marota I, De Bellis G, Richards MB, Rollo F (2008) Complete mitochondrial genome sequence of the Tyrolean iceman. Curr Biol 18 (21):1687-1693. https://doi.org/10.1016/j. cub.2008.09.028
14. Elguoshy A, Hirao Y, Xu B, Saito S, Quadery AF, Yamamoto K, Mitsui T, Yamamoto T, JProS CXPTo (2017) Identification and validation of human missing proteins and peptides in public proteome databases: data mining strategy. J Proteome Res 16:4403. https://doi. org/10.1021/acs.jproteome.7b00423

15. Thul PJ, Åkesson L, Wiking M, Mahdessian D, Geladaki A, Ait Blal H, Alm T, Asplund A, Björk L, Breckels LM, Bäckström A, Danielsson F, Fagerberg L, Fall J, Gatto L, Gnann C, Hober S, Hjelmare M, Johansson F, Lee S, Lindskog C, Mulder J, Mulvey CM, Nilsson P, Oksvold P, Rockberg J, Schutten R, Schwenk JM, Sivertsson Å, Sjöstedt E, Skogs M, Stadler C, Sullivan DP, Tegel H, Winsnes C, Zhang C, Zwahlen M, Mardinoglu A, Pontén F, von Feilitzen K, Lilley KS, Uhlén M, Lundberg E (2017) A subcellular map of the human proteome. Science 356(6340):eaal3321. https://doi.org/10.1126/science.aal3321
16. Espina V, Edmiston KH, Heiby M, Pierobon M, Sciro M, Merritt B, Banks S, Deng J, VanMeter AJ, Geho DH, Pastore L, Sennesh J, Petricoin EF, Liotta LA (2008) A portrait of tissue phosphoprotein stability in the clinical tissue procurement process. Mol Cell Proteomics 7(10):1998-2018. https://doi.org/10.1074/mcp.M700596-MCP200
17. Aebersold R, Mann M (2016) Massspectrometric exploration of proteome structure and function. Nature 537 (7620):347-355. https://doi.org/10.1038/ nature19949
18. Hu Q, Noll RJ, Li H, Makarov A, Hardman M, Graham Cooks R (2005) The Orbitrap: a new mass spectrometer. J Mass Spectrom 40 (4):430-443. https://doi.org/10.1002/jms.856
19. Collins BC, Hunter CL, Liu Y, Schilling B, Rosenberger G, Bader SL, Chan DW, Gibson BW, Gingras AC, Held JM, Hirayama-Kurog-M, Hou G, Krisp C, Larsen B, Lin L, Liu S, Molloy MP, Moritz RL, Ohtsuki S, Schlapbach R, Selevsek N, Thomas SN, Tzeng SC, Zhang H, Aebersold R (2017) Multilaboratory assessment of reproducibility, qualitative and quantitative performance of SWATH-mass spectrometry. Nat Commun 8 (1):291. https://doi.org/10.1038/s41467-017-00249-5
20. Michalski A, Damoc E, Lange O, Denisov E, Nolting D, Müller M, Viner R, Schwartz J, Remes P, Belford M, Dunyach JJ, Cox J, Horning S, Mann M, Makarov A (2012) Ultra high resolution linear ion trap Orbitrap mass spectrometer (Orbitrap Elite) facilitates top down LC MS/MS and versatile peptide fragmentation modes. Mol Cell Proteomics 11(3):O111.013698. https://doi.org/10.1074/mcp.O111.013698
21. Gillet LC, Navarro P, Tate S, Röst H, Selevsek N, Reiter L, Bonner R, Aebersold R (2012) Targeted data extraction of the MS/MS spectra generated by dataindependent acquisition: a new concept for consistent and accurate proteome analysis. Mol Cell Proteomics 11(6):O111.016717. https://doi.org/10.1074/mcp.O111.016717
22. Souza GH, Guest PC, Martins-de-Souza D (2017) LC-MS(E), multiplex MS/MS, ion mobility, and label-free quantitation in clinical proteomics. Methods Mol Biol 1546:57-73. https://doi.org/10.1007/978-1-4939-6730-8_4
23. Hardman M, Makarov AA (2003) Interfacing the orbitrap mass analyzer to an electrospray ion source. Anal Chem 75(7):1699-1705
24. Krutchinsky AN, Kalkum M, Chait BT (2001) Automatic identification of proteins with a MALDI-quadrupole ion trap mass spectrometer. Anal Chem 73(21):5066-5077
25. Johnson RS, Martin SA, Biemann K, Stults JT, Watson JT (1987) Novel fragmentation process of peptides by collision-induced decomposition in a tandem mass spectrometer: differentiation of leucine and isoleucine. Anal Chem 59(21):2621-2625
26. Hughes C, Ma B, Lajoie GA (2010) De novo sequencing methods in proteomics. Methods Mol Biol 604:105-121. https://doi.org/10.1007/978-1-60761-444-9_8
27. Johnson RS, Taylor JA (2002) Searching sequence databases via de novo peptide sequencing by tandem mass spectrometry. Mol Biotechnol 22(3):301-315. https://doi. org/10.1385/MB:22:3:301
28. Nesvizhskii AI, Vitek O, Aebersold R (2007) Analysis and validation of proteomic data generated by tandem mass spectrometry. Nat Methods 4(10):787-797. https://doi.org/10.1038/nmeth1088
29. Sadygov RG, Cociorva D, Yates JR (2004) Large-scale database searching using tandem mass spectra: looking up the answer in the back of the book. Nat Methods 1 (3):195-202. https://doi.org/10.1038/ nmeth725
30. Kusebauch U, Campbell DS, Deutsch EW, Chu CS, Spicer DA, Brusniak MY, Slagel J, Sun Z, Stevens J, Grimes B, Shteynberg D, Hoopmann MR, Blattmann P, Ratushny AV, Rinner O, Picotti P, Carapito C, Huang

CY, Kapousouz M, Lam H, Tran T, Demir E, Aitchison JD, Sander C, Hood L, Aebersold R, Moritz RL (2016) Human SRMAtlas: a resource of targeted assays to quantify the complete human proteome. Cell 166(3):766-778. https://doi.org/10.1016/j.cell.2016.06.041

31. Picotti P, Clément-Ziza M, Lam H, Campbell DS, Schmidt A, Deutsch EW, Röst H, Sun Z, Rinner O, Reiter L, Shen Q, Michaelson JJ, Frei A, Alberti S, Kusebauch U, Wollscheid B, Moritz RL, Beyer A, Aebersold R (2013) A complete mass-spectrometric map of the yeast proteome applied to quantitative trait analysis. Nature 494(7436):266-270. https://doi.org/10.1038/nature11835
32. Dasari S, Chambers MC, Martinez MA, Carpenter KL, Ham AJ, Vega-Montoto LJ, Tabb DL (2012) Pepitome: evaluating improved spectral library search for identification complementarity and quality assessment. J Proteome Res 11(3):1686-1695. https://doi.org/10.1021/pr200874e
33. Lam H (2011) Building and searching tandem mass spectral libraries for peptide identification. Mol Cell Proteomics 10(12): R111.008565. https://doi.org/10.1074/ mcp.R111.008565
34. Jmeian Y, El Rassi Z (2009) Liquid-phasebased separation systems for depletion, prefractionation and enrichment of proteins in biological fluids for in-depth proteomics analysis. Electrophoresis 30(1):249-261. https://doi.org/10.1002/elps.200800639
35. Boisvert FM, Lam YW, Lamont D, Lamond AI (2010) A quantitative proteomics analysis of subcellular proteome localization and changes induced by DNA damage. Mol Cell Proteomics 9(3):457-470. https://doi.org/10.1074/mcp.M900429-MCP200
36. Chenau J, Michelland S, Sidibe J, Seve M (2008) Peptides OFFGEL electrophoresis: a suitable pre-analytical step for complex eukaryotic samples fractionation compatible with quantitative iTRAQ labeling. Proteome Sci 6:9. https://doi.org/10.1186/1477-5956-6-9
37. Batth TS, Olsen JV (2016) Offline high pH reversed-phase peptide fractionation for deep phosphoproteome coverage. Methods Mol Biol 1355:179-192. https://doi.org/10.1007/978-1-4939-3049-4_12
38. Boersema PJ, Mohammed S, Heck AJ (2008) Hydrophilic interaction liquid chromatography (HILIC) in proteomics. Anal Bioanal Chem 391(1):151-159. https://doi.org/10.1007/s00216-008-1865-7
39. Bantscheff M, Boesche M, Eberhard D, Matthieson T, Sweetman G, Kuster B (2008) Robust and sensitive iTRAQ quantification on an LTQ Orbitrap mass spectrometer. Mol Cell Proteomics 7(9):1702-1713. https://doi.org/10.1074/mcp.M800029-MCP200
40. Garbis SD, Roumeliotis TI, Tyritzis SI, Zorpas KM, Pavlakis K, Constantinides CA (2011) A novel multidimensional protein identification technology approach combining protein size exclusion prefractionation, peptide zwitterionion hydrophilic interaction chromatography, and nano-ultraperformance RP chromatography/nESI-MS2 for the in-depth analysis of the serum proteome and phosphoproteome: application to clinical sera derived from humans with benign prostate hyperplasia. Anal Chem 83(3):708-718. https://doi.org/10.1021/ac102075d
41. Michalski A, Cox J, Mann M (2011) More than 100,000 detectable peptide species elute in single shotgun proteomics runs but the majority is inaccessible to data-dependent LC-MS/MS. J Proteome Res 10(4):1785-1793. https://doi. org/10.1021/pr101060v
42. Panchaud A, Scherl A, Shaffer S, Haller P, Kulasekara H, Miller SI, Goodlett DR (2009) Precursor acquisition independent from ion count: how to dive deeper into the proteomics ocean. Anal Chem 81:6481-6488
43. Scherl A, Shaffer SA, Taylor GK, Kulasekara HD, Miller SI, Goodlett DR (2008) Genome-specific gas-phase fractionation strategy for improved shotgun proteomic profiling of proteotypic peptides. Anal Chem 80 (4):1182-1191. https://doi.org/10.1021/ ac701680f
44. Panchaud A, Jung S, Shaffer SA, Aitchison JD, Goodlett DR (2011) Faster, quantitative, and accurate precursor acquisition independent from ion count. Anal Chem 83 (6):2250-2257. https://doi.org/10.1021/ ac103079q
45. Savaryn JP, Catherman AD, Thomas PM, Abecassis MM, Kelleher NL (2013) The emergence of top-down

proteomics in clinical research. Genome Med 5(6):53. https://doi. org/10.1186/gm457

46. Tran JC, Zamdborg L, Ahlf DR, Lee JE, Catherman AD, Durbin KR, Tipton JD, Vellaichamy A, Kellie JF, Li M, Wu C, Sweet SM, Early BP, Siuti N, LeDuc RD, Compton PD, Thomas PM, Kelleher NL (2011) Mapping intact protein isoforms in discovery mode using top-down proteomics. Nature 480 (7376):254-258. https://doi. org/10.1038/ nature10575
47. Catherman AD, Durbin KR, Ahlf DR, Early BP, Fellers RT, Tran JC, Thomas PM, Kelleher NL (2013) Large-scale top-down proteomics of the human proteome: membrane proteins, mitochondria, and senescence. Mol Cell Proteomics 12(12):3465-3473. https://doi.org/10.1074/mcp.M113.030114
48. Fornelli L, Durbin KR, Fellers RT, Early BP, Greer JB, LeDuc RD, Compton PD, Kelleher NL (2017) Advancing top-down analysis of the human proteome using a Benchtop Quadrupole-Orbitrap mass spectrometer. J Proteome Res 16(2):609-618. https://doi. org/10.1021/acs.jproteome.6b00698
49. Fornelli L, Toby TK, Schachner LF, Doubleday PF, Srzentić K, DeHart CJ, Kelleher NL (2017) Top-down proteomics: where we are, where we are going? J Proteome 175:3. https://doi.org/10.1016/j.jprot.2017.02.002
50. Cai W, Guner H, Gregorich ZR, Chen AJ, Ayaz-Guner S, Peng Y, Valeja SG, Liu X, Ge Y (2016) MASH suite pro: a comprehensive software tool for top-down proteomics. Mol Cell Proteomics 15(2):703-714. https://doi. org/10.1074/mcp.O115.054387
51. Desiere F, Deutsch EW, King NL, Nesvizhskii AI, Mallick P, Eng J, Chen S, Eddes J, Loevenich SN, Aebersold R (2006) The PeptideAtlas project. Nucleic Acids Res 34(Database issue): D655-D658. https://doi.org/10.1093/ nar/ gkj040
52. Zolg DP, Wilhelm M, Schnatbaum K, Zerweck J, Knaute T, Delanghe B, Bailey DJ, Gessulat S, Ehrlich HC, Weininger M, Yu P, Schlegl J, Kramer K, Schmidt T, Kusebauch U, Deutsch EW, Aebersold R, Moritz RL, Wenschuh H, Moehring T, Aiche S, Huhmer A, Reimer U, Kuster B (2017) Build- ing ProteomeTools based on a complete syn- thetic human proteome. Nat Methods 14 (3):259-262. https://doi.org/10.1038/ nmeth.4153
53. Mallick P, Schirle M, Chen SS, Flory MR, Lee H, Martin D, Ranish J, Raught B, Schmitt R, Werner T, Kuster B, Aebersold R (2007) Computational prediction of proteotypic peptides for quantitative proteomics. Nat Biotechnol 25(1):125-131. https://doi.org/10.1038/nbt1275
54. Ebhardt HA, Root A, Sander C, Aebersold R (2015) Applications of targeted proteomics in systems biology and translational medicine. Proteomics 15(18):3193-3208. https://doi. org/10.1002/pmic.201500004
55. Navarro P, Kuharev J, Gillet LC, Bernhardt OM, MacLean B, Röst HL, Tate SA, Tsou CC, Reiter L, Distler U, Rosenberger G, Perez-Riverol Y, Nesvizhskii AI, Aebersold R, Tenzer S (2016) A multicenter study benchmarks software tools for label-free proteome quantification. Nat Biotechnol 34 (11):1130-1136. https://doi.org/10.1038/ nbt.3685
56. Röst HL, Aebersold R, Schubert OT (2017) Automated SWATH data analysis using targeted extraction of ion chromatograms. Methods Mol Biol 1550:289-307. https://doi.org/10.1007/978-1-4939-6747-6_20
57. Geiger T, Velic A, Macek B, Lundberg E, Kampf C, Nagaraj N, Uhlen M, Cox J, Mann M (2013) Initial quantitative proteomic map of 28 mouse tissues using the SILAC mouse. Mol Cell Proteomics 12(6):1709-1722. https:// doi.org/10.1074/mcp.M112.024919
58. Uhlén M, Fagerberg L, Hallström BM, Lindskog C, Oksvold P, Mardinoglu A, Sivertsson Å, Kampf C, Sjöstedt E, Asplund A, Olsson I, Edlund K, Lundberg E, Navani S, Szigyarto CA, Odeberg J, Djureinovic D, Takanen JO, Hober S, Alm T, Edqvist PH, Berling H, Tegel H, Mulder J, Rockberg J, Nilsson P, Schwenk JM, Hamsten M, von Feilitzen K, Forsberg M, Persson L, Johansson F, Zwahlen M, von Heijne G, Nielsen J, Pontén F (2015) Proteomics. Tissue-based map of the human proteome. Science 347(6220):1260419. https://doi.org/10.1126/ science.1260419
59. Görg A, Weiss W, Dunn MJ (2004) Current two-dimensional electrophoresis technology for proteomics. Proteomics 4 (12):3665-3685. https://doi.org/10.1002/ pmic.200401031

60. Granier F, de Vienne D (1986) Silver staining of proteins: standardized procedure for two-dimensional gels bound to polyester sheets. Anal Biochem 155(1):45-50
61. Dowsey AW, Dunn MJ, Yang GZ (2003) The role of bioinformatics in two-dimensional gel electrophoresis. Proteomics 3(8):1567-1596. https://doi.org/10.1002/pmic.200300459
62. Altelaar AF, Frese CK, Preisinger C, Hennrich ML, Schram AW, Timmers HT, Heck AJ, Mohammed S (2013) Benchmarking stable isotope labeling based quantitative proteomics. J Proteome 88:14-26. https://doi.org/10.1016/j.jprot.2012.10.009
63. Ong SE, Blagoev B, Kratchmarova I, Kristensen DB, Steen H, Pandey A, Mann M (2002) Stable isotope labeling by amino acids in cell culture, SILAC, as a simple and accurate approach to expression proteomics. Mol Cell Proteomics 1(5):376-386
64. Krüger M, Moser M, Ussar S, Thievessen I, Luber CA, Forner F, Schmidt S, Zanivan S, Fässler R, Mann M (2008) SILAC mouse for quantitative proteomics uncovers kindlin-3 as an essential factor for red blood cell function. Cell 134(2):353-364. https://doi.org/10.1016/j.cell.2008.05.033
65. Sury MD, Chen JX, Selbach M (2010) The SILAC fly allows for accurate protein quantification in vivo. Mol Cell Proteomics 9 (10):2173-2183. https://doi.org/10.1074/ mcp.M110.000323
66. Larance M, Bailly AP, Pourkarimi E, Hay RT, Buchanan G, Coulthurst S, Xirodimas DP, Gartner A, Lamond AI (2011) Stable-isotope labeling with amino acids in nematodes. Nat Methods 8(10):849-851. https://doi.org/10.1038/nmeth.1679
67. Geiger T, Cox J, Ostasiewicz P, Wisniewski JR, Mann M (2010) Super-SILAC mix for quantitative proteomics of human tumor tissue. Nat Methods 7(5):383-385. https://doi.org/10.1038/nmeth.1446
68. Geiger T, Wehner A, Schaab C, Cox J, Mann M (2012) Comparative proteomic analysis of eleven common cell lines reveals ubiquitous but varying expression of most proteins. Mol Cell Proteomics 11(3):M111.014050. https://doi.org/10.1074/mcp.M111.014050
69. Gygi SP, Rist B, Gerber SA, Turecek F, Gelb MH, Aebersold R (1999) Quantitative analysis of complex protein mixtures using isotopecoded affinity tags. Nat Biotechnol 17 (10):994-999. https://doi.org/10.1038/13690
70. Zhou H, Ranish JA, Watts JD, Aebersold R (2002) Quantitative proteome analysis by solid-phase isotope tagging and mass spectrometry. Nat Biotechnol 20(5):512-515. https://doi.org/10.1038/nbt0502-512
71. Zhang R, Sioma CS, Wang S, Regnier FE (2001) Fractionation of isotopically labeled peptides in quantitative proteomics. Anal Chem 73(21):5142-5149
72. Antonov VK, Ginodman LM, Rumsh LD, Kapitannikov YV, Barshevskaya TN, Yavashev LP, Gurova AG, Volkova LI (1981) Studies on the mechanisms of action of proteolytic enzymes using heavy oxygen exchange. Eur J Biochem 117(1):195-200
73. Hsu JL, Huang SY, Chow NH, Chen SH (2003) Stable-isotope dimethyl labeling for quantitative proteomics. Anal Chem 75 (24):6843-6852. https://doi.org/10.1021/ ac0348625
74. Ross PL, Huang YN, Marchese JN, Williamson B, Parker K, Hattan S, Khainovski N, Pillai S, Dey S, Daniels S, Purkayastha S, Juhasz P, Martin S, Bartlet-Jones M, He F, Jacobson A, Pappin DJ (2004) Multiplexed protein quantitation in *Saccharomyces cerevisiae* using amine-reactive isobaric tagging reagents. Mol Cell Proteomics 3(12):1154-1169. https://doi.org/10.1074/mcp.M400129-MCP200
75. Thompson A, Schäfer J, Kuhn K, Kienle S, Schwarz J, Schmidt G, Neumann T, Johnstone R, Mohammed AK, Hamon C (2003) Tandem mass tags: a novel quantification strategy for comparative analysis of complex protein mixtures by MS/MS. Anal Chem 75(8):1895-1904
76. Bouchal P, Roumeliotis T, Hrstka R, Nenutil R, Vojtesek B, Garbis SD (2009) Biomarker discovery in low-grade breast cancer using isobaric stable isotope tags and two-dimensional liquid chromatographytandem mass spectrometry (iTRAQ-2DLC- MS/MS) based quantitative proteomic analysis. J Proteome Res 8(1):362-373. https://doi. org/10.1021/pr800622b

77. Luk VN, Wheeler AR (2009) A digital microfluidic approach to proteomic sample processing. Anal Chem 81(11):4524-4530. https://doi.org/10.1021/ac900522a
78. Rai AJ, Gelfand CA, Haywood BC, Warunek DJ, Yi J, Schuchard MD, Mehigh RJ, Cockrill SL, Scott GB, Tammen H, Schulz-Knappe P, Speicher DW, Vitzthum F, Haab BB, Siest G, Chan DW (2005) HUPO Plasma Proteome Project specimen collection and handling: towards the standardization of parameters for plasma proteome samples. Proteomics 5 (13):3262-3277. https://doi.org/10.1002/ pmic.200401245
79. Lundgren DH, Hwang SI, Wu L, Han DK (2010) Role of spectral counting in quantitative proteomics. Expert Rev Proteomics 7 (1):39-53. https://doi.org/10.1586/epr.09.69
80. Carvalho PC, Hewel J, Barbosa VC, Yates JR (2008) Identifying differences in protein expression levels by spectral counting and feature selection. Genet Mol Res 7(2):342-356
81. Griffin NM, Yu J, Long F, Oh P, Shore S, Li Y, Koziol JA, Schnitzer JE (2010) Label-free, normalized quantification of complex mass spectrometry data for proteomic analysis. Nat Biotechnol 28(1):83-89. https://doi.org/10.1038/nbt.1592
82. Li Z, Adams RM, Chourey K, Hurst GB, Hettich RL, Pan C (2012) Systematic comparison of label-free, metabolic labeling, and isobaric chemical labeling for quantitative proteomics on LTQ Orbitrap Velos. J Proteome Res 11 (3):1582-1590. https://doi.org/10.1021/ pr200748h
83. Chelius D, Bondarenko PV (2002) Quantitative profiling of proteins in complex mixtures using liquid chromatography and mass spectrometry. J Proteome Res 1(4):317-323
84. Listgarten J, Emili A (2005) Statistical and computational methods for comparative proteomic profiling using liquid chromatographytandem mass spectrometry. Mol Cell Proteomics 4(4):419-434. https://doi.org/10.1074/mcp.R500005-MCP200
85. Hanahan D, Weinberg RA (2011) Hallmarks of cancer: the next generation. Cell 144 (5):646-674. https://doi.org/10.1016/j.cell.2011.02.013
86. Gerlinger M, Rowan AJ, Horswell S, Larkin J, Endesfelder D, Gronroos E, Martinez P, Matthews N, Stewart A, Tarpey P, Varela I, Phillimore B, Begum S, McDonald NQ, Butler A, Jones D, Raine K, Latimer C, Santos CR, Nohadani M, Eklund AC, Spencer-Dene B, Clark G, Pickering L, Stamp G, Gore M, Szallasi Z, Downward J, Futreal PA, Swanton C (2012) Intratumor heterogeneity and branched evolution revealed by multiregion sequencing. N Engl J Med 366 (10):883-892. https://doi.org/10.1056/ NEJMoa1113205
87. Caprioli RM, Farmer TB, Gile J (1997) Molecular imaging of biological samples: localization of peptides and proteins using MALDI-TOF MS. Anal Chem 69(23):4751-4760
88. Aichler M, Walch A (2015) MALDI Imaging mass spectrometry: current frontiers and perspectives in pathology research and practice. Lab Investig 95(4):422-431. https://doi. org/10.1038/labinvest.2014.156
89. Minerva L, Clerens S, Baggerman G, Arckens L (2008) Direct profiling and identification of peptide expression differences in the pancreas of control and ob/ob mice by imaging mass spectrometry. Proteomics 8(18):3763-3774. https://doi.org/10.1002/pmic.200800237
90. Balluff B, Schöne C, Höfler H, Walch A (2011) MALDI imaging mass spectrometry for direct tissue analysis: technological advancements and recent applications. Histochem Cell Biol 136 (3):227-244. https://doi.org/10.1007/ s00418-011-0843-x
91. Perkins DN, Pappin DJ, Creasy DM, Cottrell JS (1999) Probabilitybased protein identifica-tion by searching sequence databases using mass spectrometry data. Electrophoresis 20 (18):3551-3567. https://doi.org/10.1002/(SICI)1522-2683(19991201)20:18<3551: AID-ELPS3551>3.0.CO;2-2

第14章

用功能蛋白质组学分析不同信号转导途径之间的关联

Sneha M. Pinto, Yashwanth Subbannayya, T. S. Keshava Prasad

摘要 细胞的生命活动是由它对外界刺激的反应决定的。信号通过多蛋白质复合物网络和蛋白质翻译后修饰（PTM）从细胞内或细胞外环境转导。包括磷酸化、乙酰化、泛素化、类泛素化等大多数PTM调节蛋白质的活性和调节诸如增殖、分化和宿主-病原体相互作用等生物学过程。传统的方法是使用反向遗传学分析和单分子研究鉴定和分析PTM及其调控的酶-底物网络的功能。随着高通量技术的出现，现在可以在一个实验中鉴定和定量数千个PTM位点。这里详述各种PTM富集策略的最新进展，还描述了一种使用串联质量标签标记方法与磷酸化、乙酰化和琥珀酰化蛋白质的基于相应抗体的富集相结合进行蛋白质鉴定和相对定量的方法。

关键词 信号转导途径，质谱，磷酸化，关联，定量

14.1 引言

细胞的生命活动受各种细胞和生理过程的控制。这些过程由或全部起作用或与其他蛋白质协同作用的蛋白质功能单元介导。不同的翻译后修饰（PTM）动态调节蛋白质的功能，因此参与驱动大多数细胞过程。这些包括由下游底物的磷酸化和激活、靶蛋白的泛素化或类泛素化导致其降解、亚细胞转运或转录机制的调节介导的变化。在大多数生物学过程中，信息的传递是由多种类型蛋白质PTM介导的。交叉关联提供决定蛋白质命运的信号，从而控制细胞活动。为了了解细胞机制，有必要鉴定和分析PTM从而了解其在健康和疾病中的作用。

据估计，翻译后修饰有200多种，化学和生物学修饰有300多种[1, 2]。这些PTM是由激酶、磷酸酶、转移酶和连接酶等酶在各种刺激的作用下介导的。传统上，PTM特别是磷酸化已经通过体外激酶试验或定点诱变试验确定。泛素化修饰或乙酰化修饰的位点及其影响已根据针对选定蛋白质的抗体的存在使用免疫印迹进行了研究。近年来，用蛋白质/肽阵列芯片检测翻译后修饰和PTM依赖相互作用的实用程序越来越多[3-5]。然而，这些研究的绝大多数集中在研究各种疾病中蛋白质磷酸化介导的信号转导系统的方法（[6,7]，在文献[8]中进行了综述）。质谱技术的出现不仅使蛋白质能够用高通量方法进行鉴定和定量，而且迅速成为

发现 PTM 的主要方法，从而彻底改变了目前对信号转导途径及其在调节细胞过程中的作用的理解。随着人类蛋白质组的两份草图的公布[9, 10]，PTM 组代表了下一个重大挑战的前沿。在接下来的章节中，将简要描述 PTM 富集策略、质谱方法、数据分析和数据挖掘方法方面的进展。

14.1.1　翻译后修饰的富集策略

PTM 及其调控的酶 - 底物网络的鉴定和分析通常采用反向遗传学或单分子研究方法进行研究。随着高通量技术的出现，现在可以在一个实验中鉴定和定量数千个 PTM 位点。然而，PTM 修饰肽的低化学计量需要使用富集策略使其能够在生物样品中检测出来。为此，在为整体PTM研究进行的富集和分离策略的开发和优化方面取得了重大进展（见文献[11]中综述）。已经开发的特异性富集策略主要是根据利用修饰基团的离子电荷特性或者基于抗体识别的亲和色谱的特性。富集策略可应用于蛋白质水平或肽水平。基于肽的富集策略是目前更为常见和可行的方法。文中对各种富集策略进行了简要的描述。

14.1.1.1　基于抗体的富集方法

使用基于抗体的富集策略与 LC-MS/MS 分析相结合是目前广泛使用的分析感兴趣 PTM 的方法之一。最常见也是最流行的分析 PTM 的方法包括使用特异性富集酪氨酸磷酸化蛋白质抗体[12-14]或丝氨酸 / 苏氨酸磷酸化蛋白质的抗体[15]。Harsha 等对这一主题进行了详细综述[16]。基于抗体的富集策略现在已经扩展到分析和定量包括泛素化、类泛素化、赖氨酸修饰（如乙酰化、琥珀酰化、丙二酰化）等其他 PTM。此外，细胞信号转导技术公司和 PTM 生物实验室还开发了针对甲基化、巴豆酰化的抗体[17]，赖氨酸和精氨酸残基修饰的抗体[18]。除了泛 PTM 特异性抗体外，针对 PTM 基序的抗体也用于鉴定和定量底物[19]。

14.1.1.2　基于金属离子的富集策略

另一种富集 PTM 特别是磷酸化基团的方法是称为固相金属亲和色谱（immobilized metal affinity chromatography，IMAC）和基于二氧化钛（TiO_2）富集的色谱方法[20]。用于 IMAC 的金属离子如 Fe^{3+}、Zr^{4+}、Ga^{3+} 被固定在微珠上并与带负电荷的磷酸化肽共价结合[21-23]。基于 TiO_2 的工作原理也类似，两种方法均与基于色谱的分离技术如强阳离子交换色谱和高 pH 反相色谱结合使用[16, 14, 24]。使用 IMAC 和基于 TiO_2 的顺序富集也被报道主要用于单磷酸化肽的富集[25]。

14.1.1.3　化学蛋白质组学

随着化学生物学的发展，利用化学标记或衍生化技术富集 PTM 已经能够检测和富集包括 N 连接和 O 连接糖基化[26, 27]、乙酰化[28]、棕榈酸酰化[29, 30]和 S- 亚硝基化的几种 PTM。标记方法包括体外和体内标记修饰位点的化学标记以及随后使用生物素等捕获试剂富集。在 N 连接糖肽的富集和分离中，已经采用了硼酸化学、酰肼化学、炔点击化学等方法[31]。Tate 详细描述了化学蛋白质组学研究 PTM 组的进展[32]。

14.1.1.4　PTM 的连续富集

众所周知，蛋白质可以被多种 PTM 同时修饰，这些 PTM 可能构成调控关联活动的基础[33]。因此，在一个实验中同时研究多种 PTM 是理想的。这可以通过进行连续 PTM 富集来实现。连续富集技术已用于探究酿酒酵母（*Saccharomyces cerevisiae*）中富集磷酸化和泛素化以了解关联机制[34]。Mertins 和他的同事还应用了不同翻译后修饰的连续富集（serial enrich-ments of different posttranslational modification，SEPTM），并广泛研究了同一样品中蛋白质表达、磷酸化、乙酰化和泛素化活动的变化[35]。

14.1.2 用质谱分析多种翻译后修饰

近年来，基于质谱的蛋白质组学分析大大增加了对蛋白质 PTM 的发生和动态的理解。PTM 富集后，序列鉴定和可靠的位点定位至关重要。在涉及蛋白质的蛋白酶分解然后富集 PTM 的自底向上的方法中，MS2 碎裂的信息提供用于推断序列和鉴定修饰位点的数据。碎裂方法包括碰撞诱导解离（collision-induced dissociation，CID）和高能碰撞解离（higher energy collisional dissociation，HCD），这两种方法都主要产生 b- 型和 y- 型离子，并普遍用于总体蛋白质分析和稳定 PTM 分析。在 CID 模式下，离子阱中的碎片和数据收集以更快的获取速度发生，从而导致更多的数据点。与之相反，HCD 碎裂模式导致 Orbitrap 质量分析器中 MS2 片段的傅里叶变换检测，获得的数据分辨率较高，尽管扫描速度较低。对于不稳定的 PTM，如乙酰化、糖基化等，电子转移解离（electron transfer dissociation，ETD）可作为数据获取的首选方法[36]。质谱仪的质量准确度可能会影响 PTM 的鉴定和准确定位。当使用离子阱等质量分析仪而不是像 Orbitrap 这样的高分辨率质量分析仪时，质量准确度也会显著影响同量异位 / 难以区分质量 PTM 的区分。因此，选择正确的质谱方法进行数据获取至关重要。为了最大限度地检测 PTM 修饰的肽，还可以使用组合的碎裂方法。

14.1.3 评定蛋白质动态状态的定量蛋白质组学策略

除了在一个实验中检测数千种蛋白质的 PTM 外，基于质谱技术的最新进展也能够对多种生物条件下修饰的相对变化进行定量。目前可用于确定不同生物状态下蛋白质丰度的差异的几种定量蛋白质组学技术包括代谢标记技术（如 SILAC[37]）、化学标记技术（包括 iTRAQ[38]）和串联质谱标签（TMT）[39]。这些方法可以多种复用，并实现了对多种条件下 PTM 的定量。此外，无标记方法如 iBAQ[40]、NSAF[41]、SWATH[42] 和 APEX[43] 的发展也使 PTM 的定量不需要化学或代谢标记。软件算法如 ptmRS[44] 和 A-Score[45] 现在可以对修饰位点进行定位，从而能够定量 PTM 的范围。

14.1.4 基于质谱的 PTM 分析研究

表 14-1 提供了基于质谱的 PTM 分析的部分研究清单。在本章中，简要介绍了磷酸化、琥珀酰化、乙酰化、泛素化、糖基化和棕榈酸酰化的研究。

蛋白质在丝氨酸、苏氨酸和酪氨酸残基上的可逆磷酸化是蛋白质中最常见和最广泛研究的 PTM 之一。其他残基，如组氨酸、天冬酰胺、精氨酸、半胱氨酸和赖氨酸也是可以磷酸化的。然而，由于磷酸化的发生频率较低或在有效富集和鉴定方面存在挑战，人们对磷酸化的程度知之甚少。先前的一项使用基于 Ni-NTA 的富集方法对人类肾癌的研究，在 6415 种蛋白质上鉴定出 44728 个磷酸化位点[46]。另一项研究通过鉴定 2746 种蛋白质上的 7191 个磷酸化位点增加了对 IL-33 信号转导途径的理解[14]。利用金属亲和富集技术研究表明磷酸化活动在原核生物中也广泛存在[24]。

表 14-1　基于质谱的翻译后修饰（PTM）分析研究详情

PTM 类型	富集方法	定量方法	蛋白质和位点的数量	使用的模型	质谱仪类型	参考文献
磷酸化	Ni-NTA		6415 种蛋白质的 44728 个磷酸化位点	人肾癌	LTQ Orbitrap Velos	Peng et al.[46]
	基于 TiO_2 磷酸化肽富集	TMT	来自 257 种蛋白质的 512 个磷酸化位点	结核分枝杆菌（*Mycobacterium tuberculosis*）	Orbitrap Fusion Tribrid	Verma et al.[24]
	基于 TiO_2 磷酸化肽富集	SILAC	2746 种蛋白质的 7191 个磷酸化位点	RAW264.7 细胞	LTQ-Orbitrap Elite	Pinto et al.[14]
琥珀酰化	抗琥珀酰赖氨酸抗体	SILAC	738 种蛋白质的 2004 个赖氨酸琥珀酰化位点	HeLa 细胞	Q-Exactive	Weinert et al.[48]
	抗琥珀酰赖氨酸抗体		来自 642 种蛋白质的 1931 种赖氨酸琥珀酰化肽	副溶血弧菌（*Vibrio parahemolyticus*）	Q Exactive Plus	Pan et al.[77]
	抗琥珀酰赖氨酸抗体	TMT	407 种蛋白质的 815 个琥珀酰化位点	鼠	Q-Exactive	Cheng et al.[78]
乙酰化	抗乙酰赖氨酸抗体	SILAC	782 种蛋白质的 2803 个赖氨酸乙酰化位点	大肠埃希菌（*Escherichia coli*）	LTQ Orbitrap Velos	Colak et al.[79]
	抗乙酰赖氨酸抗体		576 种蛋白质的 1206 个赖氨酸乙酰化位点	人	LTQ-Orbitrap	Sun et al.[80]
	抗乙酰赖氨酸抗体		658 种蛋白质的 1128 个赖氨酸乙酰化位点	结核分枝杆菌（*Mycobacterium tuberculosis*）	Q-Exactive	Xie et al.[81]
泛素化	抗赖氨酸泛素化（Kub）抗体	SILAC	613 种蛋白质的 1067 个泛素化位点	A549 细胞	Q Exactive Plus	Wu et al.[58]
	抗赖氨酸泛素化抗体	TMT	1248 种泛素化肽	小鼠 J1 和 E14 胚胎干细胞	Q Exactive HF	Karg et al.[82]
	抗赖氨酸泛素化抗体	SILAC	2299 个泛素化位点	酿酒酵母（*Saccharomyces cerevisiae*）	Q-Exactive	Iesmantavicius et al.[59]
糖基化	凝集素亲和色谱		372 种蛋白质的 720 个 N- 糖基化位点	人精浆	LTQ Orbitrap Velos	Yang et al.[60]
	基于硼酸的化学富集		332 种蛋白质的 816 个 N- 糖基化位点	酿酒酵母（*Saccharomyces cerevisiae*）	LTQ Orbitrap Elite	Chen et al.[62]
	酰肼化学方法	无标记	317 种蛋白质的 608 个 N- 糖基化位点	人支气管上皮细胞	LTQ-Orbitrap XL	Sudhir et al.[61]
棕榈酸酰化	基于 17- 十八烷酸（17-ODYA）的点击化学	SILAC	338 种蛋白质	BW5147 来源的小鼠 T 细胞杂交瘤细胞	Orbitrap Velos	Martin et al.[65]
	酰基 - 生物素基交换化学	SILAC	280 种蛋白质	原代 $CD4^+$ T 细胞，Jurkat 细胞	Orbitrap Elite	Morrison et al.[29]
	酰基 - 生物素基交换化学		401 种蛋白质	刚地弓形虫（*Toxoplasma gondii*）	线性四极杆离子阱	Caballero et al.[83]

赖氨酸的琥珀酰化几年前被鉴定为一种新的翻译后修饰[47]。琥珀酰化在原核生物和真核生物中广泛发生[48]。琥珀酰化肽的富集通常使用基于抗体的亲和富集进行[49]。然后将这些富集的肽进行强阳离子交换色谱和 LC-MS/MS 分析。

众所周知，乙酰化可以调节不同的细胞过程，在疾病病理生理学中起到多种作用[50]。早期的一项研究使用基于抗体的富集方法调查了 HeLa 细胞和小鼠肝脏线粒体中的乙酰化位点，确定了 388 个位点[51]。使用基于抗体的富集方法发现赖氨酸乙酰化在原核生物如大肠埃希菌（*Escherichia coli*）[52]、酿酒酵母（*Saccharomyces cerevisiae*）[53]和大鼠模型[54]中是保守的。定量蛋白质组学技术如 TMT 标记适用于基于抗体的乙酰赖氨酸肽富集，并已应用于研究微扰下的赖氨酸乙酰化位点[55]。此外，SWATH 等技术正越来越多地用于乙酰化蛋白质的定量[56]。

泛素化 PTM 通过泛素基团共价连接到细胞蛋白质驱动蛋白质的定位、稳定性和活性[57]。蛋白质泛素化通常是使用基于抗体亲和方法富集。基于抗体的泛素化富集方法和质谱确定了 A549 肺癌细胞 613 种蛋白质上 1067 个泛素化位点[58]。用类似的方法在酿酒酵母中确定了 2299 个泛素化位点，其中 581 个位点对雷帕霉素的反应存在差异调节[59]。

糖基化是一种糖基共价连接到蛋白质的 PTM，是最丰富的翻译后修饰之一。使用凝集素亲和色谱[60]或酰肼化学[61]富集蛋白质糖基化活动。使用基于凝集素亲和富集技术对人精浆的研究在 372 种蛋白质上确定了 720 个 N- 糖基化位点。通过基于肼的富集方法在人支气管上皮细胞的 317 种蛋白质上鉴定了 608 个 N- 糖基化位点。先前也描述过使用基于硼酸化学富集的富集方法[62]。利用酵母模型，该方法用于鉴定 332 种蛋白质上的 816 个 N- 糖基化位点。

棕榈酸酰化是除异戊烯化和豆蔻酸酰化之外最常见的脂类修饰机制之一。已知棕榈酸酰化可驱动靶向膜蛋白质和亚细胞蛋白质转运的机制[63]。一些研究已经使用酰基生物素交换化学富集棕榈酸酰化蛋白质。先前的一项研究利用该技术在原代和 Jurkat T 细胞中鉴定了 280 种棕榈酸酰化蛋白质[29]。蛋白质 *S*- 棕榈酸酰化也通过使用基于 17- 十八烷酸（17-ODYA）的点击化学进行富集。17-ODYA 通过代谢进入棕榈酸酰化系统。这可以与代谢标记技术相结合，如 SILAC。棕榈酸酰化修饰的程度可以通过生物素叠氮化物的点击化学连接来评估[64]。使用这种方法，在小鼠 T 细胞杂交瘤细胞中进行了动态蛋白质棕榈酸酰化的全面定量分析[65]。

14.1.5 PTM 分析的数据挖掘方法

PTM 富集技术和质谱技术的进步已经使得对各种 PTM 的研究越来越多。研究人员正在将这些数据归类到科学界可访问的综合公共数据库中。目前有数个 PTM- 特定的数据库可供研究人员进行比较和分析，其中一些数据库见表 14-2。几个数据库目前提供与多种 PTM 相关的信息。包括磷酸化位点数据库 PhosphositePlus（https://www.phosphosite.org）[66]、人类蛋白质参考数据库（human protein reference database，HPRD）（http://hprd.org）[67]、dbPTM（http://dbptm.mbc.nctu.edu.tw/）[68]和 CPLM（compendium of protein lysine modification，蛋白质赖氨酸修饰汇编）（http://cplm.biocuckoo.org/）[69]。然而，有几个数据库专门研究一种类型的 PTM 并专门提供与这些类型相关的信息。PTM- 特定的数据库将促进对修饰肽的多反应监测的特定试验方法的发展和开发。IMAC-MRM（immobilized metal affinity chromatography coupled to multiple reaction monitoring，固相金属亲和色谱与多反应监测联用）等技术创新现在可以测

表 14-2　与翻译后修改有关的数据库

数据库	PRM 类型	链接	参考文献
CPLM（蛋白质赖氨酸修饰汇编）	Nε-赖氨酸乙酰化、泛素化、甲基化、类泛素化、糖化、丁酰化、巴豆酰化、丙二酰化、丙酰化、琥珀酰化、磷酸甘油化、原核生物类泛素蛋白质修饰	http://cplm.biocuckoo.org/	Liu et al.[69]
谷胱甘肽化数据库（dbGSH）	蛋白质谷胱甘肽化	http://csb.cse.yzu.edu.tw/dbGSH/	Chen et al.[84]
翻译后修饰数据库（dbPTM）	20 种类型的 PTM	http://dbptm.mbc.nctu.edu.tw/	Huang et al.[68]
亚硝基化数据库（dbSNO）	蛋白质巯基亚硝基化	http://140.138.144.145/~dbSNO/	Chen et al.[85]
DEPOD	去磷酸化	http://depod.bioss.uni-freiburg.de/	Duan et al.[86]
人类蛋白质参考数据库（HPRD）	27 种类型的 PTM	http://hprd.org/index_html	Prasad et al.[67]
豆蔻酸酰化数据库（MYRbase）	豆蔻酸酰化	http://mendel.imp.ac.at/myristate/myrbase/	Maurer-Stroh et al.[87]
糖基化数据库（O-GlycBase）	*O*- 和 *C*- 糖基化	http://www.cbs.dtu.dk/databases/OGLYCBASE/	Gupta et al.[88]
PHOSIDA	磷酸化、乙酰化和 *N*- 糖基化	http://141.61.102.18/phosida/index.aspx	Gnad et al.[89]
Phospho.ELM	磷酸化	http://phospho.elm.eu.org/	Dinkel et al.[90]
PhosphositePlus	乙酰化、半胱氨酸蛋白酶切割、二甲基化、甲基化、单甲基化、*O-N*-乙酰半乳糖胺、*O-N*-乙酰葡萄糖胺、磷酸化-Ser、磷酸化-Thr、磷酸化-Tyr、琥珀酰化、类泛素化、三甲基化、泛素化	https://www.phosphosite.org/homeAction.action	Hornbeck et al.[66]
PRENbase	法尼酰化，牻牛儿牻牛儿基化	http://mendel.imp.ac.at/PrePS/PRENbase/	Maurer-Stroh et al.[91]
原核生物类泛素蛋白质修饰数据库（PupDB）	原核生物类泛素蛋白质修饰	http://cwtung.kmu.edu.tw/pupdb/	Tung C.W.[92]
亚硝基化数据库（SNObase）	*S*-蛋白质巯基亚硝基化	http://www.nitrosation.org/index.html	Zhang et al.[93]
Succinsite	琥珀酰化	http://systbio.cau.edu.cn/SuccinSite/	Hasan et al.[94]
UbiProt	泛素化	http://ubiprot.org.ru/	Chernorudskiy et al.[95]

量修饰肽水平[70]。鉴于质谱和富集技术越来越容易为研究人员所利用，专用 PTM 数据库的数量预计将显著增加。

几种数据挖掘方法也正在开发以进行质谱仪衍生的 PTM 数据的分析。这些方法已经能够在基础水平上测量 PTM 丰度。蛋白质组学数据集中的一些未解析谱图已经被归因于未知或意料不到的翻译后修饰的存在。高分辨率质谱仪的数据可以使用宽公差检索来查找可能的翻译后修饰。其中一种使用大前体离子公差检索的方法在 HEK293 细胞中确定了几种翻译后修饰，包括磷酸化、N 末端乙酰化、糖基化、单甲基化去甲基化和更罕见的 PTM 形式，包括甘油磷酸乙醇胺（glycerol phosphorylethanolamine，GPE）和谷氨酰化[71]。这种方法可能用于从现有的蛋白质组数据集挖掘 PTM 数据。

14.1.6 生物系统中的 PTM 关联

PTM 分析研究表明，许多蛋白质可以被多种 PTM 修饰，表明 PTM 交叉关联的可能性。文献中有一些调节生物学过程的复杂 PTM 交叉关联活动的例子。涉及 PKCδ、Caspase-3 和 p53 通过多种 PTM 的复杂关联调节多种生物学功能是一个已知的例子[72]。PTM 位点的共发生已被用于测量真核生物的 PTM 共进化[73]。Minguez 和他的同事收集了 8 种真核生物的 13 种 PTM 的数据，并得到了一个功能相关 PTM 的整体网络。

由于大多数类型的 PTM 没有可用的富集方法，复杂的 PTM 关联机制尚未被完全了解。到目前为止，文献报道了 77 种人类蛋白质中约 200 种 PTM 关联对[13]。PTM 亲和富集技术的最新进展使单个样品的几个不同 PTM 的分析成为可能。在一定程度上，PTM 交叉关联活动可以使用连续富集技术进行鉴定[33]。先前对小鼠突触体的研究使用基于质谱的方法确定了 *O*-（连接）-*N*- 乙酰葡糖胺糖基化和磷酸化活动之间的关联[74]。结合高分辨率质谱分析的多种富集技术的连续使用将有助于探索各种 PTM 之间的关联动力学，有助于更好地理解疾病病理生理学的细胞过程和基本机制。

14.1.7 多种 PTM 分析面临的挑战

正如多项研究所证明的那样，研究蛋白质 PTM 是至关重要的，因为它为更好地理解细胞网络和细胞调节机制提供了坚实的基础。然而，当涉及包括亚化学计量表达水平、高动态范围 PTM 的鉴定和分析时还存在一些挑战，因为蛋白质修饰是一个可逆的过程。此外，同一位点多种 PTM 或者不同位点相同修饰的存在都能带来更多的复杂性。最后，在质谱水平上，修饰肽信号被非修饰肽信号抑制会严重阻碍其鉴定。这就需要能够有效鉴定 PTM 蛋白质组的策略。化学法、亲和富集法和色谱法等富集技术的进步以及基于质谱检测技术的改进极大地提高了 PTM 全谱的综合分析。由于 Kim 等详细论述的几个因素，在基于质谱的分析中 PTM 可能会被错误归类[75]。其中一些因素可能归因于同量异位的 PTM 和化学修饰、氨基酸取代、SNPs、共享肽和低质量的 MS/MS 碎裂。大多数这些错误可以通过使用像 Orbitrap 这样的高分辨率分析仪、使用多种蛋白质水解酶和使用定位统计方法的对策来解决。

14.2 材料

14.2.1 蛋白质提取与估算

① SDS- 裂解缓冲液：0.02g/mL SDS，50mmol/L 三乙基碳酸氢铵（TEABC），pH8.0，1mmol/L 氟化钠，1mmol/L 正钒酸钠，2.5mmol/L 焦磷酸钠，1mmol/L β- 甘油磷酸。

② 超声波破碎仪 -Branson Sonifier 250。

③ 台式离心机。

④ Pierce BCA 蛋白质浓度测定试剂盒（赛默飞世尔科技公司，目录号 23225）。

14.2.2 溶液中蛋白质的分解

① 还原剂：100mmol/L 二硫苏糖醇（DTT）溶于 50mmol/L TEABC 缓冲液中。

② 烷基化试剂，200mmol/L 碘乙酰胺（IAA）溶于 50mmol/L TEABC 缓冲液中（见注释①）。

③ 冰冷的丙酮。

④ TEABC（Sigma-Aldrich 公司，目录号 T7408-500ML）。

⑤ 测序级改良胰蛋白酶（Promega 公司，目录号 V5111）。

14.2.3　肽的串联质谱标签（TMT）标记

① TMT 6 plex 或 10 plex 同位素标记试剂套装。

② 无水乙腈。

③ 5% 羟胺（猝灭剂）。

④ 超声波水浴。

⑤ 台式离心机和涡旋混合器。

14.2.4　碱性 pH 反相色谱法（bRPLC）

① TEABC 1.0mol/L，pH 8.4 ～ 8.6。

② 乙腈。

③ Waters XBridge 色谱柱（美国马萨诸塞州米尔福德 Waters 公司；130Å，5μm，250mm×9.4mm，1Å=10^{-10}m）。

④ HPLC 系统。

⑤ 溶剂：溶剂 A，10mmol/L TEABC 缓冲液，pH 9.5；溶剂 B，10mmol/L TEABC 缓冲液，90% 乙腈，pH 9.5。

⑥ 用于组分收集的 96 孔板。

⑦ 带冷阱的 Speedvac 浓缩仪。

14.2.5　磷酸化肽的富集

① Titansphere 填料 10μm 或 5μm, 日本 GL Sciences 公司（P/N 5020-75010）。

② 2,5- 二氢苯甲酸（DHB），（Sigma 公司，目录号 149357-100g）。

③ 氢氧化铵（J.T. Baker，目录号 9721-01）。

④ 三氟乙酸（TFA）（飞世尔科技公司，目录号 A116-50）。

⑤ Empore C_8 固相萃取膜片。

⑥ 溶剂：洗涤液 1，80% 乙腈，3% TFA ；洗涤液 2，80% 乙腈，1% TFA ；洗涤液 3，80% 乙腈，0.1% TFA ; DHB 溶液，5% DHB，即 50mg DHB 溶于 1mL 洗涤液 1 中。

⑦ 氨溶液（4% NH_4OH，pH ～ 10.5，即 40μL NH_4OH 溶于 1mL 40% 乙腈中）。

14.2.6　基于 SepPak 的样品净化

① SepPak C_{18} 柱（马萨诸塞州米尔福德 Waters 公司）。

② 5mL 注射器。

③ 溶剂：100% 乙腈；溶剂 A，0.1% 甲酸；溶剂 B，40% 乙腈，0.1% 甲酸。

14.2.7 乙酰化和琥珀酰化赖氨酸残基的免疫亲和富集

① 抗乙酰赖氨酸基序 [Ac-K] 免疫亲和微珠（Cell Signaling Technology，目录号 13416）或泛抗乙酰赖氨酸抗体琼脂糖结合微珠（PTM Bio PTM-104）。

② 泛抗琥珀酰赖氨酸抗体琼脂糖结合微珠（PTM Bio PTM-402）。

③ 通用 pH 试纸。

④ 凝胶上样枪头。

⑤ 台式离心机。

⑥ 管旋转器。

⑦ 溶剂：免疫亲和纯化缓冲液（1×），50mmol/L MOPS pH 7.2，10mmol/L 磷酸钠，50mmol/L NaCl（pH 7.0 ～ 7.5）（见注释②）；1mol/L Tris 碱 pH 约 10（1.21mg 溶于 1mL 水中）；MilliQ 水；0.15% TFA。

14.2.8 富集肽样品纯化

① Empore C_{18} 固相萃取膜片。

② 200μL 移液枪头。

③ 注射器。

④ 钝头针。

⑤ 台式微量离心机。

⑥ 真空浓缩仪。

⑦ 溶剂：乙腈（LC-MS 级）；0.1% 甲酸；80% 乙腈，0.5% 醋酸；50% 乙腈，0.1% 甲酸。

14.2.9 LC-MS 分析与数据分析

① 高分辨率质谱仪（德国不来梅热电公司的 Orbitrap Fusion Tribrid 质谱仪）。

② 纳升级液相色谱系统，如 Easy-nLC1200 或 Ultimate 3000 Quaternary RSLC（德国不来梅热电公司）。

③ 数据分析软件，如 Proteome Discoverer 软件包、MaxQuant、ProteinPilot。

14.3 方法

使用高分辨率 LC-MS/MS 分析对修饰肽进行鉴定和定量的方法的简要概述如图 14-1 所示。

14.3.1 蛋白质提取与估算

① 在适当的生长培养基中培养细胞。在用生长因子 / 细胞因子刺激或药物处理以研究其效果之前，建议将细胞悬浮在无血清 / 生长因子添加的培养基中。

② 一旦细胞达到所需的黏合度和密度，从培养皿 / 烧瓶中吸取培养基。如果是贴壁细胞，吸取培养基，用冰冷的 1×PBS 洗细胞三次（见注释③）。

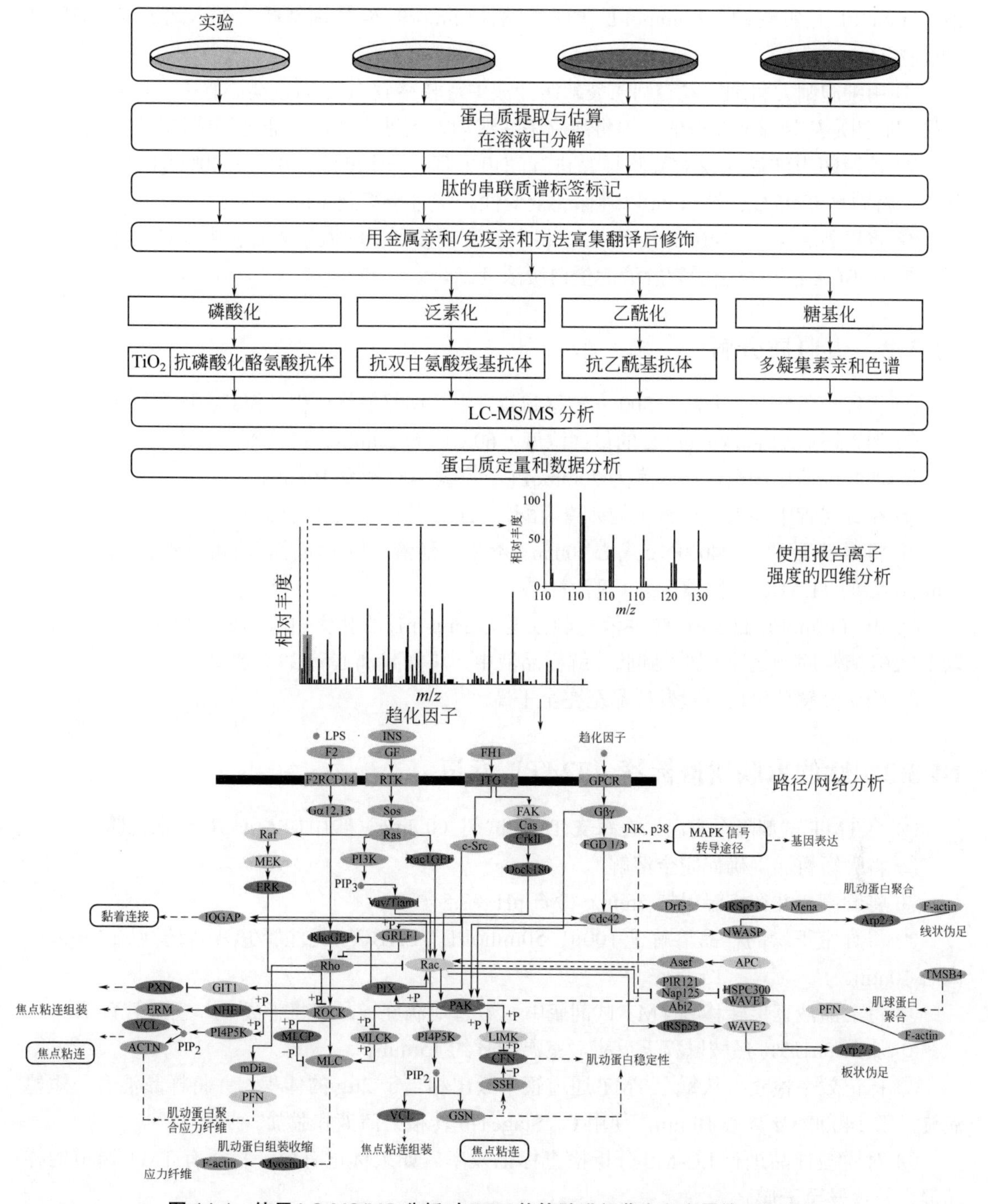

图 14-1　使用 LC-MS/MS 分析对 PTM 修饰肽进行鉴定和定量的工作流程

将细胞在适当的生长培养基中培养，用生长因子 / 细胞因子刺激或用抑制剂处理以研究其作用。每种情况下的蛋白质通过细胞裂解获得，经酶解后用串联质谱标签（TMT）标记。将 TMT 标记的样品合并，用高 pH 反相色谱分离。将分离的样品干燥，并使用金属亲和 / 免疫亲和方法对翻译后修饰进行连续富集。最好首先使用金属亲和色谱方法富集磷酸化残基，因为所使用的溶剂是挥发性的，然后可以对流经液进行免疫亲和纯化。使用高分辨率纳升级 LC-MS/MS 分析富集肽库和总肽库的一部分。数据获取得到的原始数据使用软件包进行处理，以鉴定和定量 PTM 修饰的肽和蛋白质。报告离子用于肽丰度的相对定量

③ 将 0.5 ～ 1mL SDS 裂解缓冲液（2%SDS、50mmol/L TEABC、pH8.0、1mmol/L 氟化钠、1mmol/L 正钒酸钠、2.5mmol/L 焦磷酸钠、1mmol/L β- 甘油磷酸）加入培养皿 / 细胞团（见注释④）。

④ 用细胞刮刀将细胞轻轻刮入裂解缓冲液中，转移到 1mL 微量离心管中，保存在冰上。如果细胞团是从悬浮液获得的，则将裂解缓冲液加入到细胞团，并通过涡旋打乱细胞团。

⑤ 使用超声波破碎仪对裂解样品进行超声处理——振幅为 30% ～ 40% 的 12 个 10s 的脉冲。将裂解液 95℃加热 5min 以确保完全变性。将管冷却到室温。

⑥ 将样品于 4℃、14000×g 离心 。将上清液转移到新的微量离心管中（见注释⑤）。

⑦ 用 BCA 法估算透明裂解液的蛋白质浓度。

14.3.2 蛋白质分解

① 将每种条件下的 600 ～ 800μg 转移到新管中。调整最终体积，使其在所有管中都相等。

② 加入还原剂至 10mmol/L 的最终浓度，60℃孵育 20min。将管冷却到室温。

③ 加入烷基化剂至最终浓度为 20mmol/L，室温黑暗孵育 10min。

④ 在每支管中加入六倍体积的冰冷丙酮，−20℃孵育过夜（见注释⑥）。

⑤ 将样品于 4℃，14000×g 离心 10min。弃去上清液，风干沉淀。将蛋白质沉淀用 200μL 50mmol/L 的 TEABC 缓冲液重悬（见注释⑦）。

⑥ 用 50mmol/L TEABC 缓冲液配制浓度为 1mg/mL 的胰蛋白酶溶液。将胰蛋白酶溶液以 1∶20（酶与底物之比）加入到肽分解样品液中，将微量离心管 37℃孵育过夜（见注释⑧）。

⑦ 确认分解效率后，蒸发样品至完全干燥。

14.3.3 肽的串联质谱标签（TMT）标记

① 将 TMT 试剂降至室温，在每支 TMT 试剂（0.8mg）管中加入 41μL 无水乙腈。

② 将管短暂涡旋确保完全溶解。

③ 将管离心并在室温保持 5min。检查 pH（7.5 ～ 8）。

④ 将真空干燥的样品溶解于 100μL 50mmol/L TEABC（见注释⑨）。将管以 12000×g 离心 10min。

⑤ 将上清液直接转移到 TMT 试剂瓶中。短暂地涡旋样品并将管离心。室温孵育 1h。

⑥ 加入 8μL 5% 羟胺以猝灭反应，室温孵育约 15min。

⑦ 标记效率检查：从每个 TMT 通道管中吸出相当于 2μg 的体积，并将样品混合。短暂涡旋，于 14000×g 离心 10min。使用 C_{18} StageTip 转移上清液和脱盐。

⑧ 对脱盐样品进行 LC-MS 分析检查标记效率。如果标记有效，将所有 TMT 通道的样品混合并蒸发至干燥。

14.3.4 分离

① 用碱性反相色谱分离肽分解样品。用 1mL 溶剂 A（10mmol/L TEABC 缓冲液，pH 9.5）使 TMT 标记的混合肽分解样品复溶。

② 将样品上样 XBridge C_{18} 柱。使用溶剂 A 和 B 的梯度，以 1mL/min 的流速分离肽 120min。

③ 使用经编程以收集组分的组分收集器从梯度开始收集组分到 96 孔板中（见注释⑩）。

④ 在冷冻温度下减少组分的体积。将这些组分按顺序排列得到总共 6 个组分。用配有冷冻蒸汽阱的真空浓缩仪干燥样品。

14.3.5　翻译后修饰的富集

14.3.5.1　使用金属亲和色谱富集磷酸化肽

① 将组分用 5% 的 DHB 溶液复溶，确保肽完全溶解（见注释 ⑪）。

② 对于磷酸化肽的富集，微珠 - 肽之比为 1∶2。称量所需数量的 TiO_2 微珠，将管置于金属浴中 15 ～ 20min 预热 TiO_2 微珠。

③ 将 TiO_2 微珠悬浮在 5%DHB 溶液中，在旋转器上孵育 15min。

④ 按 1∶2（TiO_2∶肽）的比例向每支管中加入微珠，于室温在旋转器上将肽 -DHB-TiO_2 混合物孵育 30min。

⑤ 将管于 1500×*g* 离心 1min。将上清液转移到另一支微量离心管中。

⑥ 用 500μL 洗涤液 1（80%ACN，3%TFA）洗涤肽结合微珠。将管于 1500×*g* 离心 1min。弃去上清液。

⑦ 用 500μL 洗涤液 2（80%ACN，1%TFA）洗涤微珠。将管于 1500×*g* 离心 1min。弃去上清液。

⑧ 准备带 C_8 固相萃取小柱的 StageTips。将 TiO_2 微珠重悬在 200μL 洗涤液 3 中，然后将其全部转移到 C_8 StageTip 中。

⑨ 将 5mL 注射器与 StageTips 连接，并拔出柱塞，缓慢向下推柱塞以去除洗涤液。肽结合的 TiO_2 微珠仍留在枪头。

⑩ 在不同的收集管中，加入 40μL 3%TFA 并将其置于冰上。通过加入 4%NH_4OH 溶液从 TiO_2 微珠上洗脱磷酸化肽。使用前尽快配制好洗脱缓冲液。

⑪ 重复洗脱两次。将混合样品在配有冷阱的真空浓缩仪中干燥。

⑫ 将干燥的肽用 0.1% 甲酸重悬，通过 C_{18} StageTip 使其脱盐。将富集的磷酸化肽在 −80℃保存直到进行 LC-MS/MS 分析。

⑬ 各组分与 TiO_2 微珠孵育后得到的上清液可进一步用于富集其他 PTM。为此，样品必须先脱盐以去除 DHB。

SepPak C_{18} 固相萃取小柱纯化：

肽 SepPak 纯化的所有步骤应在室温下进行。

① 将 5mL 注射器的短端与 Sep-Pak C_{18} 柱连接。取下柱塞，因为注射器的主体用作储存溶剂和样品。

② 用 5mL 100% 乙腈活化柱。连接柱塞并施加轻微压力，使溶剂开始洗脱。取下柱塞让溶剂在重力作用下流动。

③ 用 7mL 溶剂 A（0.1% 甲酸）平衡柱两次。在样品纯化过程中，确保任何时候柱不会变干。

④ 上样上清液 / 肽样品，按照步骤②中所述的步骤操作。重新加入洗脱液。

⑤ 用 12mL 溶剂 A 分两次加入，每次 6mL 洗柱。

⑥ 用 2mL 溶剂 B（40% 乙腈，0.1% 甲酸）洗脱结合肽。

⑦ 用真空浓缩仪将纯化的肽蒸发至干燥，进行下游处理。

14.3.5.2 用免疫亲和微珠富集 PTM 修饰肽

所有涉及使用抗酪氨酸磷酸化、抗赖氨酸乙酰化或抗赖氨酸琥珀酰化抗体富集的步骤应在冰上或在 4℃进行。

① 用 1.4mL 1× 免疫亲和纯化（immunoaffinity purification，IAP）缓冲液溶解冻干肽分解液。对分解液进行超声处理，直到获得透明没有浑浊的溶液。将样品以 3000×*g* 离心 30s。

② 用移液枪吸取少量（1 ～ 2μL）到 pH 试纸上，如果 pH 小于 7.0，则使用 1mol/L Tris 碱调节到所需的 pH 范围（7.0 ～ 7.5）。1mol/L Tris 碱溶液的体积不应超过 30μL。

③ 将样品以 10000×*g* 离心 5min。将上清液转移到一支新管中。

④ 用 1mL 1×PBS 缓冲液洗涤抗体 - 微珠浆。注意不要引入气泡。轻轻地将管颠倒 3 ～ 4 次，以获得均匀悬液（见注释 ⑫）。

⑤ 以 2000×*g* 离心 1min，吸取缓冲液，留下约 50μL 的量，因为全部吸取时有可能会丢失微珠。重复步骤④两次。最后用 1×IAP 缓冲液洗涤微珠。

⑥ 将肽溶液转移到含有抗体微珠的小瓶中。直接用移液枪吸取样品到微珠上。轻轻颠倒管 3 ～ 4 次，以确保混合均匀。注意不要引入任何气泡。

⑦ 将肽 - 抗体微珠在旋转器上于 4℃孵育 2h。

⑧ 以 1500×*g* 离心 1min。将管放在冰上 1 ～ 2min 使微珠完全沉淀下来。仔细地转移上清液到一支新微量离心管，不要碰到微珠（见注释 ⑬）。

⑨ 每次用 1mL 1×IAP 缓冲液加到微珠上洗涤肽 - 抗体微珠，共进行两次。将管颠倒 4 ～ 5 次，轻轻混合，确保没有引入气泡。以 1500×*g* 离心 30s，去除上清液。

⑩ 用 1mL 冰冷的 HPLC 级水洗涤微珠，去除未结合 / 非特异性结合肽。混合均匀形成均匀悬液，以 1500×*g* 离心 1min，去除上清液。重复这些步骤，共洗涤三次。

⑪ 在最后一个洗涤步骤之后，使用凝胶上样枪头仔细地去除全部溶剂。

⑫ 加入 55μL 0.15%TFA 洗脱富集的 PTM 肽。轻敲管底几次以形成均匀的浆液。室温孵育 10min（见注释 ⑭）。

⑬ 以 1500×*g* 离心 30s。将富含基序的肽转移到新的微量离心管中。

⑭ 重复步骤 13 两次，将洗脱液合并。使用凝胶上样枪头回收富集肽而不要碰到微珠。

C_{18} StageTip 纯化：

① 使用 Empore C_{18} 固相萃取膜片制备 C_{18} StageTip。

② 依次用 120μL 80%ACN、0.5% 乙酸溶液、120μL 50%ACN、0.1% 甲酸和 120μL 0.15%TFA 使 C_{18} 固相萃取膜片平衡。

③ 将合并的洗脱液上样到与 2mL 注射器末端连接的平衡的 C_{18} StageTip。将样品洗脱到微量离心管中，然后重新上样洗脱液。

④ 加入 40μL 0.15%TFA 洗涤结合肽，确保没有微珠。

⑤ 用 10μL 50%ACN、0.1% 甲酸洗脱结合肽。重复这个过程三次。合并洗脱液并用真空浓缩仪蒸发至干燥。

⑥ 将富集的修饰肽在 −80℃保存直到进行 LC-MS/MS 分析。

14.3.6 PTM 实验的质谱数据获取

为了分析信号转导途径中蛋白质复合物的动态状态，可使用主要用于鸟枪蛋白质组学分析的高分辨率纳升级 HPLC-MS/MS 仪分析富集的 PTM 修饰肽的 TMT 标记组分（见注释⑮）。每个部分的 PTM 富集样品可用 0.1% 甲酸溶解，并上样到通常 2cm 长和填充有 3μm C_{18} 材料的分析柱上。富集的肽在直径为 75μm 的 15 ～ 50cm C_{18} 分析柱上分离。分离肽的常用流速为 250 ～ 300nL/min，柱温箱温度设置为 40℃。设置通常使用 5% ～ 35% 溶剂 B（80% 乙腈和 0.1% 甲酸）的线性梯度和超过 100min 的时间来分离肽混合物，总运行时间为 120min。在 400 ～ 1600*m/z* 范围内进行全扫描的数据相关获取通常使用 Orbitrap 质量分析仪在正离子模式下 200*m/z* 处和质量分辨率为 120000 进行。一般从前体全扫描中选择最强烈的前体离子使用 TopSpeed 模式进行 MS2 扫描。选择的前体离子采用归一化碰撞能量为 40% ～ 42% 的 HCD 模式进行碎裂。扫描范围通常设置为 100 ～ 1600*m/z*，并以 200*m/z* 处 60000 的质量分辨率检测。有研究报道，对于大多数基于同位素的定量方法，共分离前体种类会导致报告离子强度失真，从而对任何给定样品中其丰度提供不准确的估计。一种方法是缩小前体提取宽度，但这可能会阻碍同位素峰簇的选择。随着可以进行同步前体选择（synchronous precursor selection，SPS）的 Orbitrap Fusion 质谱仪的出现，这个问题在一定程度上得到了解决 [76]。当离子阱（IonTrap）中的 MS2 分析和 Orbitrap 质量分析器中的 MS3 分析同时发生时，三个可用的质量分析器使扫描速率增加。使 SPS 能够包含碰撞能量增加到 55% 和窄质荷比范围的 10 个 MS2 碎片离子，可提供 TMT 报告离子的丰度。SPS 通过提取 MS2 谱图中的多种碎片离子来提高灵敏度和定量准确度。获得的数据可以根据所研究生物的参考数据库进行检索。检索参数应包括正在研究的 PTM 的动态修饰。如果采用定量方法，则应启用具有 TMT/iTRAQ 的适当定量节点。位点定位的统计判定可以使用 ptmRS[44]、A-Score [45] 等算法进行。

14.4　注释

① 使用前配制好 IAA，由于它对光敏感，建议在使用前避光保存。

② 配制 10×IAP 缓冲液原液。该溶液 4℃可保存 2 个月。使用前，用 MilliQ 水稀释所需体积至 1 倍浓度。在 4℃保存 1 个月。

③ 如果是悬浮细胞，确保细胞均匀悬浮，离心沉淀细胞。吸出培养基并在 15mL 冰冷的 1×PBS 缓冲液中重悬细胞沉淀，使之成为均匀悬液。重复离心，吸出全部 PBS。重复这个过程三次。

④ 可以调节裂解缓冲液的体积使最终蛋白质浓度不超过 5mg/mL。对于乙酰化或琥珀酰化的富集，应加入适当的抑制剂，如丁酸钠（终浓度为 5mmol/L）。

⑤ 如果使用微生物或感染因子来研究宿主 - 病原体的相互作用，建议使用 0.22μm 滤膜过滤裂解液以确保没有活的微生物。

⑥ 确保离心管由丙酮兼容材料制成，否则增塑剂可能会渗出并干扰 LC-MS 分析。丙酮沉淀溶液中的蛋白质，根据经验，样品在沉淀前还原和烷基化时蛋白质损失最小。除了有效去除 SDS 外，丙酮还可以去除裂解液中过量加入的 DTT 和 IAA。

⑦ 丙酮沉淀团可能不会完全溶解，建议使用超声波水浴打乱沉淀团和溶解样品。如果沉淀团仍然不溶解，可以再加入 100μL 50mmol/L TEABC 缓冲液。

⑧ 在对样品进行 TMT 标记之前，检查分解效率是很重要的。分解前样品可以在加入冰冷的丙酮前取样，分解后样品可以在与胰蛋白酶（10μg/ 条件）孵育 14 ～ 16h 后取样。

⑨ 使用超声波水浴确保肽分解样品完全溶解。

⑩ 在组分收集之前向 96 孔中加入 50μL 1% 甲酸以中和肽。

⑪ 管可以在设定为 1150r/min 的热混合器中保持 20min，以确保完全溶解。或者，可以将管置于低速涡旋混合器上 20min。

⑫ 用移液枪将所需体积的 IAP 缓冲液直接滴到微珠上，使微珠松动并进入溶液中。必须避免溶剂的强力喷射，因为它会引入气泡。还应注意确保微珠不被搅动，否则会导致微珠破碎，进而导致非特异性结合。

⑬ 在此步骤中获得的上清液可使用其他 PTM 亲和抗体微珠进行富集。例如，使用主要富集丝氨酸、苏氨酸残基磷酸化的 TiO_2 微珠从上清液富集磷酸肽后，可以使用抗磷酸酪氨酸抗体微珠对上清液进行富集。由此获得的上清液可进一步使用抗乙酰赖氨酸或抗琥珀酰赖氨酸抗体进行富集。

⑭ 每 2 ～ 3min 轻轻敲管，确保微珠不沉淀在底部，保持悬浮状态。

⑮ 在进行定量 PTM 组学实验的情况下，最好使用同一样品进行相应的定量蛋白质组学分析实验。这将有助于确定 PTM 丰度的变化不是由蛋白质丰度的变化引起的。

致谢

感谢 Yenepoya 大学提供使用质谱仪器设备。感谢卡纳塔克邦生物技术和信息技术服务（KBITS），以及卡纳塔克邦政府对 Yenepoya 大学系统生物学和分子医学中心的多组学生物技术技能提升计划（BiSEP GO ITD 02 MDA 2017）的支持。SMP 是印度政府科技部（DST）颁发的激励教师奖的获得者。

参考文献

1. UniProt C (2015) UniProt: a hub for protein information. Nucleic Acids Res 43(Database issue):D204-D212. https://doi.org/10.1093/nar/gku989

2. Creasy DM, Cottrell JS (2004) Unimod: protein modifications for mass spectrometry. Proteomics 4(6):1534-1536. https://doi.org/10.1002/pmic.200300744

3. Zhang H, Shi X, Pelech S (2016) Monitoring protein kinase expression and phosphorylation in cell lysates with antibody microarrays. Methods Mol Biol 1360:107-122. https://doi.org/10.1007/978-1-4939-3073-9_9

4. Shi J, Sharif S, Ruijtenbeek R, Pieters RJ (2016) Activity based high-throughput screening for novel O-GlcNAc transferase substrates using a dynamic peptide microarray. PLoS One 11(3):e0151085. https://doi.org/10.1371/journal.pone.0151085

5. Zhu B, Farris TR, Milligan SL, Chen H, Zhu R, Hong A, Zhou X, Gao X, McBride JW (2016) Rapid identification of ubiquitination and SUMOylation target sites by microfluidic peptide array. Biochem Biophys Rep 5:430-438. https://doi.org/10.1016/j. bbrep.2016.02.003

6. Al-Ejeh F, Miranda M, Shi W, Simpson PT, Song S, Vargas AC, Saunus JM, Smart CE, Mariasegaram M, Wiegmans AP, Chenevix-Trench G, Lakhani SR, Khanna KK (2014) Kinome profiling reveals breast cancer heterogeneity and identifies targeted therapeutic opportunities for triple negative breast cancer. Oncotarget 5(10):3145-3158. https://doi. org/10.18632/oncotarget.1865

7. Scholma J, Fuhler GM, Joore J, Hulsman M, Schivo S, List AF, Reinders MJ, Peppelenbosch MP, Post JN (2016) Improved intra-array and interarray normalization of peptide microarray phosphorylation for phosphorylome and

kinome profiling by rational selection of relevant spots. Sci Rep 6:26695. https://doi.org/10.1038/srep26695

8. Baharani A, Trost B, Kusalik A, Napper S (2017) Technological advances for interrogating the human kinome. Biochem Soc Trans 45 (1):65-77. https://doi.org/10.1042/BST20160163
9. Kim MS, Pinto SM, Getnet D, Nirujogi RS, Manda SS, Chaerkady R, Madugundu AK, Kelkar DS, Isserlin R, Jain S, Thomas JK, Muthusamy B, Leal-Rojas P, Kumar P, Sahasrabuddhe NA, Balakrishnan L, Advani J, George B, Renuse S, Selvan LD, Patil AH, Nanjappa V, Radhakrishnan A, Prasad S, Subbannayya T, Raju R, Kumar M, Sreenivasamurthy SK, Marimuthu A, Sathe GJ, Chavan S, Datta KK, Subbannayya Y, Sahu A, Yelamanchi SD, Jayaram S, Rajagopalan P, Sharma J, Murthy KR, Syed N, Goel R, Khan AA, Ahmad S, Dey G, Mudgal K, Chatterjee A, Huang TC, Zhong J, Wu X, Shaw PG, Freed D, Zahari MS, Mukherjee KK, Shankar S, Mahadevan A, Lam H, Mitchell CJ, Shankar SK, Satishchandra P, Schroeder JT, Sirdeshmukh R, Maitra A, Leach SD, Drake CG, Halushka MK, Prasad TS, Hruban RH, Kerr CL, Bader GD, Iacobuzio-Donahue CA, Gowda H, Pandey A (2014) A draft map of the human proteome. Nature 509 (7502):575-581. https://doi.org/10.1038/nature13302
10. Wilhelm M, Schlegl J, Hahne H, Gholami AM, Lieberenz M, Savitski MM, Ziegler E, Butzmann L, Gessulat S, Marx H, Mathieson T, Lemeer S, Schnatbaum K, Reimer U, Wenschuh H, Mollenhauer M, Slotta-Huspenina J, Boese JH, Bantscheff M, Gerstmair A, Faerber F, Kuster B (2014) Massspectrometry-based draft of the human proteome. Nature 509(7502):582-587. https://doi.org/10.1038/nature13319
11. Zhao Y, Jensen ON (2009) Modificationspecific proteomics: strategies for characterization of post-translational modifications using enrichment techniques. Proteomics 9 (20):4632-4641. https://doi.org/10.1002/pmic.200900398
12. Sathe G, Pinto SM, Syed N, Nanjappa V, Solanki HS, Renuse S, Chavan S, Khan AA, Patil AH, Nirujogi RS, Nair B, Mathur PP, Prasad TSK, Gowda H, Chatterjee A (2016) Phosphotyrosine profiling of curcumininduced signaling. Clin Proteomics 13:13. https://doi.org/10.1186/s12014-016-9114-0
13. Yu Y, Gaillard S, Phillip JM, Huang TC, Pinto SM, Tessarollo NG, Zhang Z, Pandey A, Wirtz D, Ayhan A, Davidson B, Wang TL, Shih Ie M (2015) Inhibition of spleen tyrosine kinase potentiates paclitaxel-induced cytotoxicity in ovarian cancer cells by stabilizing microtubules. Cancer Cell 28(1):82-96. https://doi.org/10.1016/j.ccell.2015.05.009
14. Pinto SM, Nirujogi RS, Rojas PL, Patil AH, Manda SS, Subbannayya Y, Roa JC, Chatterjee A, Prasad TS, Pandey A (2015) Quantitative phosphoproteomic analysis of IL-33-mediated signaling. Proteomics 15 (2-3):532-544. https://doi.org/10.1002/pmic.201400303
15. Zahari MS, Wu X, Pinto SM, Nirujogi RS, Kim MS, Fetics B, Philip M, Barnes SR, Godfrey B, Gabrielson E, Nevo E, Pandey A (2015) Phosphoproteomic profiling of tumor tissues identifies HSP27 Ser82 phosphorylation as a robust marker of early ischemia. Sci Rep 5:13660. https://doi.org/10.1038/srep13660
16. Harsha HC, Pinto SM, Pandey A (2013) Proteomic strategies to characterize signaling pathways. Methods Mol Biol 1007:359-377. https://doi.org/10.1007/978-1-62703-392-3_16
17. Bao X, Wang Y, Li X, Li XM, Liu Z, Yang T, Wong CF, Zhang J, Hao Q, Li XD (2014) Identification of 'erasers' for lysine crotonylated histone marks using a chemical proteomics approach. elife 3. https://doi.org/10.7554/eLife.02999
18. Gu H, Ren JM, Jia X, Levy T, Rikova K, Yang V, Lee KA, Stokes MP, Silva JC (2016) Quantitative profiling of post-translational modifications by immunoaffinity enrichment and LC-MS/MS in cancer serum without immunodepletion. Mol Cell Proteomics 15 (2):692-702. https://doi.org/10.1074/mcp. O115.052266
19. Matsuoka S, Ballif BA, Smogorzewska A, McDonald ER 3rd, Hurov KE, Luo J, Bakalarski CE, Zhao Z, Solimini N, Lerenthal Y, Shiloh Y, Gygi SP, Elledge SJ (2007) ATM and ATR substrate analysis reveals extensive protein networks responsive to DNA damage. Science 316(5828):1160-1166. https://doi. org/10.1126/science.1140321
20. Pinkse MW, Uitto PM, Hilhorst MJ, Ooms B, Heck AJ (2004) Selective isolation at the femtomole level of

phosphopeptides from proteolytic digests using 2D-NanoLC-ESI-MS/MS and titanium oxide precolumns. Anal Chem 76(14):3935-3943. https://doi.org/10.1021/ac0498617
21. Li Y, Xu X, Qi D, Deng C, Yang P, Zhang X (2008) Novel Fe3O4@TiO2 core-shell microspheres for selective enrichment of phosphopeptides in phosphoproteome analysis. J Proteome Res 7(6):2526-2538. https://doi.org/10.1021/pr700582z
22. Feng S, Ye M, Zhou H, Jiang X, Jiang X, Zou H, Gong B (2007) Immobilized zirconium ion affinity chromatography for specific enrichment of phosphopeptides in phosphoproteome analysis. Mol Cell Proteomics 6 (9):1656-1665. https://doi.org/10.1074/mcp.T600071-MCP200
23. Thingholm TE, Jensen ON (2009) Enrichment and characterization of phosphopeptides by immobilized metal affinity chromatography (IMAC) and mass spectrometry. Methods Mol Biol 527:47-56, xi. https://doi.org/10.1007/978-1-60327-834-8_4
24. Verma R, Pinto SM, Patil AH, Advani J, Subba P, Kumar M, Sharma J, Dey G, Ravikumar R, Buggi S, Satishchandra P, Sharma K, Suar M, Tripathy SP, Chauhan DS, Gowda H, Pandey A, Gandotra S, Prasad TS (2017) Quantitative proteomic and phosphoproteomic analysis of H37Ra and H37Rv strains of mycobacterium tuberculosis. J Prote- ome Res 16(4):1632-1645. https://doi.org/10.1021/acs.jproteome.6b00983
25. Thingholm TE, Jensen ON, Robinson PJ, Larsen MR (2008) SIMAC (sequential elution from IMAC), a phosphoproteomics strategy for the rapid separation of monophosphorylated from multiply phosphorylated peptides. Mol Cell Proteomics 7(4):661-671. https://doi.org/10.1074/mcp.M700362-MCP200
26. Bertozzi CR, Kiessling LL (2001) Chemical glycobiology. Science 291(5512):2357-2364
27. Vocadlo DJ, Hang HC, Kim EJ, Hanover JA, Bertozzi CR (2003) A chemical approach for identifying O-GlcNAc-modified proteins in cells. Proc Natl Acad Sci U S A 100 (16):9116-9121. https://doi.org/10.1073/pnas.1632821100
28. Lanyon-Hogg T, Faronato M, Serwa RA, Tate EW (2017) Dynamic protein acylation: new substrates, mechanisms, and drug targets. Trends Biochem Sci 42(7):566-581. https://doi.org/10.1016/j.tibs.2017.04.004
29. Morrison E, Kuropka B, Kliche S, Brugger B, Krause E, Freund C (2015) Quantitative analysis of the human T cell palmitome. Sci Rep 5:11598. https://doi.org/10.1038/srep11598
30. Roth AF, Wan J, Bailey AO, Sun B, Kuchar JA, Green WN, Phinney BS, Yates JR 3rd, Davis NG (2006) Global analysis of protein palmitoylation in yeast. Cell 125(5):1003-1013. https://doi.org/10.1016/j.cell.2006.03.042
31. Zhang Y, Zhang C, Jiang H, Yang P, Lu H (2015) Fishing the PTM proteome with chemical approaches using functional solid phases. Chem Soc Rev 44(22):8260-8287. https://doi.org/10.1039/c4cs00529e
32. Tate EW (2008) Recent advances in chemical proteomics: exploring the post-translational proteome. J Chem Biol 1(1-4):17-26. https://doi.org/10.1007/s12154-008-0002-6
33. Webb K, Bennett EJ (2013) Eavesdropping on PTM cross-talk through serial enrichment. Nat Methods 10(7):620-621. https://doi.org/10.1038/nmeth.2526
34. Swaney DL, Beltrao P, Starita L, Guo A, Rush J, Fields S, Krogan NJ, Villen J (2013) Global analysis of phosphorylation and ubiquitylation cross-talk in protein degradation. Nat Methods 10(7):676-682. https://doi.org/10.1038/nmeth.2519
35. Mertins P, Qiao JW, Patel J, Udeshi ND, Clauser KR, Mani DR, Burgess MW, Gillette MA, Jaffe JD, Carr SA (2013) Integrated proteomic analysis of post-translational modifications by serial enrichment. Nat Methods 10 (7):634-637. https://doi.org/10.1038/nmeth.2518
36. Kim MS, Zhong J, Kandasamy K, Delanghe B, Pandey A (2011) Systematic evaluation of alternating CID and ETD fragmentation for phosphorylated peptides. Proteomics 11 (12):2568-2572. https://doi.org/10.1002/pmic.201000547
37. Ong SE, Blagoev B, Kratchmarova I, Kristensen DB, Steen H, Pandey A, Mann M (2002) Stable isotope labeling by amino acids in cell culture, SILAC, as a simple and accurate approach to expression proteomics. Mol Cell Proteomics 1(5):376-386

38. Ross PL, Huang YN, Marchese JN, Williamson B, Parker K, Hattan S, Khainovski N, Pillai S, Dey S, Daniels S, Purkayastha S, Juhasz P, Martin S, Bartlet-Jones M, He F, Jacobson A, Pappin DJ (2004) Multiplexed protein quantitation in Saccharomyces cerevisiae using amine-reactive isobaric tagging reagents. Mol Cell Proteomics 3(12):1154-1169. https://doi.org/10.1074/mcp.M400129-MCP200
39. Thompson A, Schafer J, Kuhn K, Kienle S, Schwarz J, Schmidt G, Neumann T, Johnstone R, Mohammed AK, Hamon C (2003) Tandem mass tags: a novel quantification strategy for comparative analysis of complex protein mixtures by MS/MS. Anal Chem 75(8):1895-1904
40. Schwanhausser B, Busse D, Li N, Dittmar G, Schuchhardt J, Wolf J, Chen W, Selbach M (2011) Global quantification of mammalian gene expression control. Nature 473 (7347):337-342. https://doi.org/10.1038/nature10098
41. Zybailov B, Mosley AL, Sardiu ME, Coleman MK, Florens L, Washburn MP (2006) Statistical analysis of membrane proteome expression changes in *Saccharomyces cerevisiae*. J Proteome Res 5(9):2339-2347. https://doi.org/10.1021/pr060161n
42. Keller A, Bader SL, Kusebauch U, Shteynberg D, Hood L, Moritz RL (2016) Opening a SWATH window on posttranslational modifications: automated pursuit of modified peptides. Mol Cell Proteomics 15 (3):1151-1163. https://doi.org/10.1074/mcp.M115.054478
43. Lu P, Vogel C, Wang R, Yao X, Marcotte EM (2007) Absolute protein expression profiling estimates the relative contributions of transcriptional and translational regulation. Nat Biotechnol 25(1):117-124. https://doi.org/10.1038/nbt1270
44. Taus T, Kocher T, Pichler P, Paschke C, Schmidt A, Henrich C, Mechtler K (2011) Universal and confident phosphorylation site localization using phosphoRS. J Proteome Res 10(12):5354-5362. https://doi.org/10.1021/pr200611n
45. Beausoleil SA, Villen J, Gerber SA, Rush J, Gygi SP (2006) A probability-based approach for high-throughput protein phosphorylation analysis and site localization. Nat Biotechnol 24(10):1285-1292. https://doi.org/10.1038/nbt1240
46. Peng X, Xu F, Liu S, Li S, Huang Q, Chang L, Wang L, Ma X, He F, Xu P (2017) Identification of missing proteins in the phosphoproteome of kidney cancer. J Proteome Res 16 (12):4364-4373. https://doi.org/10.1021/acs.jproteome.7b00332
47. Zhang Z, Tan M, Xie Z, Dai L, Chen Y, Zhao Y (2011) Identification of lysine succinylation as a new post-translational modification. Nat Chem Biol 7(1):58-63. https://doi.org/10.1038/nchembio.495
48. Weinert BT, Scholz C, Wagner SA, Iesmantavicius V, Su D, Daniel JA, Choudhary C (2013) Lysine succinylation is a frequently occurring modification in prokaryotes and eukaryotes and extensively overlaps with acetylation. Cell Rep 4(4):842-851. https://doi. org/10.1016/j.celrep.2013.07.024
49. Xie Z, Dai J, Dai L, Tan M, Cheng Z, Wu Y, Boeke JD, Zhao Y (2012) Lysine succinylation and lysine malonylation in histones. Mol Cell Proteomics 11(5):100-107. https://doi.org/10.1074/mcp.M111.015875
50. Drazic A, Myklebust LM, Ree R, Arnesen T (2016) The world of protein acetylation. Biochim Biophys Acta 1864(10):1372-1401. https://doi.org/10.1016/j.bbapap.2016.06.007
51. Kim SC, Sprung R, Chen Y, Xu Y, Ball H, Pei J, Cheng T, Kho Y, Xiao H, Xiao L, Grishin NV, White M, Yang XJ, Zhao Y (2006) Substrate and functional diversity of lysine acetylation revealed by a proteomics survey. Mol Cell 23 (4):607-618. https://doi.org/10.1016/j. molcel.2006.06.026
52. Zhang J, Sprung R, Pei J, Tan X, Kim S, Zhu H, Liu CF, Grishin NV, Zhao Y (2009) Lysine acetylation is a highly abundant and evolutionarily conserved modification in *Escherichia coli*. Mol Cell Proteomics 8 (2):215-225. https://doi.org/10.1074/mcp. M800187-MCP200
53. Henriksen P, Wagner SA, Weinert BT, Sharma S, Bacinskaja G, Rehman M, Juffer AH, Walther TC, Lisby M, Choudhary C (2012) Proteome-wide analysis of lysine acetylation suggests its broad regulatory scope in

Saccharomyces cerevisiae. Mol Cell Proteomics 11(11):1510-1522. https://doi.org/10.1074/mcp.M112.017251

54. Lundby A, Lage K, Weinert BT, Bekker-Jensen DB, Secher A, Skovgaard T, Kelstrup CD, Dmytriyev A, Choudhary C, Lundby C, Olsen JV (2012) Proteomic analysis of lysine acetylation sites in rat tissues reveals organ specificity and subcellular patterns. Cell Rep 2 (2):419-431. https://doi.org/10.1016/j.cel rep.2012.07.006
55. Xie C, Shen H, Zhang H, Yan J, Liu Y, Yao F, Wang X, Cheng Z, Tang TS, Guo C (2017) Quantitative proteomics analysis reveals alterations of lysine acetylation in mouse testis in response to heat shock and X-ray exposure. Biochim Biophys Acta 1866:464. https://doi. org/10.1016/j.bbapap.2017.11.011
56. Meyer JG, D'Souza AK, Sorensen DJ, Rardin MJ, Wolfe AJ, Gibson BW, Schilling B (2016) Quantification of lysine acetylation and Succinylation stoichiometry in proteins using mass spectrometric data-independent acquisitions (SWATH). J Am Soc Mass Spectrom 27 (11):1758-1771. https://doi.org/10.1007/s13361-016-1476-z
57. Pickart CM, Eddins MJ (2004) Ubiquitin: structures, functions, mechanisms. Biochim Biophys Acta 1695 (1-3): 55-72. https://doi. org/10.1016/j.bbamcr.2004.09.019
58. Wu Q, Cheng Z, Zhu J, Xu W, Peng X, Chen C, Li W, Wang F, Cao L, Yi X, Wu Z, Li J, Fan P (2015) Suberoylanilide hydroxamic acid treatment reveals crosstalks among proteome, ubiquitylome and acetylome in non-small cell lung cancer A549 cell line. Sci Rep 5:9520. https://doi.org/10.1038/srep09520
59. Iesmantavicius V, Weinert BT, Choudhary C (2014) Convergence of ubiquitylation and phosphorylation signaling in rapamycintreated yeast cells. Mol Cell Proteomics 13 (8):1979-1992. https://doi.org/10.1074/mcp.O113.035683
60. Yang X, Liu F, Yan Y, Zhou T, Guo Y, Sun G, Zhou Z, Zhang W, Guo X, Sha J (2015) Proteomic analysis of N-glycosylation of human seminal plasma. Proteomics 15 (7):1255-1258. https://doi.org/10.1002/pmic.201400203
61. Sudhir PR, Chen CH, Pavana Kumari M, Wang MJ, Tsou CC, Sung TY, Chen JY, Chen CH (2012) Label-free quantitative proteomics and N-glycoproteomics analysis of KRAS-activated human bronchial epithelial cells. Mol Cell Proteomics 11(10):901-915. https://doi.org/10.1074/mcp.M112.020875
62. Chen W, Smeekens JM, Wu R (2014) A universal chemical enrichment method for mapping the yeast N-glycoproteome by mass spectrometry (MS). Mol Cell Proteomics 13 (6):1563-1572. https://doi.org/10.1074/mcp.M113.036251
63. Guan X, Fierke CA (2011) Understanding protein palmitoylation: biological significance and enzymology. Sci China Chem 54 (12):1888-1897. https://doi.org/10.1007/s11426-011-4428-2
64. Martin BR (2013) Nonradioactive analysis of dynamic protein palmitoylation. Curr Protoc Protein Sci 73(Unit 14):15. https://doi.org/10.1002/0471140864.ps1415s73
65. Martin BR, Wang C, Adibekian A, Tully SE, Cravatt BF (2011) Global profiling of dynamic protein palmitoylation. Nat Methods 9 (1):84-89. https://doi.org/10.1038/nmeth.1769
66. Hornbeck PV, Zhang B, Murray B, Kornhauser JM, Latham V, Skrzypek E (2015) PhosphoSitePlus, 2014: mutations, PTMs and recalibrations. Nucleic Acids Res 43(Database issue): D512-D520. https://doi.org/10.1093/nar/gku1267
67. Keshava Prasad TS, Goel R, Kandasamy K, Keerthikumar S, Kumar S, Mathivanan S, Telikicherla D, Raju R, Shafreen B, Venugopal A, Balakrishnan L, Marimuthu A, Banerjee S, Somanathan DS, Sebastian A, Rani S, Ray S, Harrys Kishore CJ, Kanth S, Ahmed M, Kashyap MK, Mohmood R, Ramachandra YL, Krishna V, Rahiman BA, Mohan S, Ranganathan P, Ramabadran S, Chaerkady R, Pandey A (2009) Human protein reference database—2009 update. Nucleic Acids Res 37 (Database):D767-D772. https://doi.org/10.1093/nar/gkn892
68. Huang KY, Su MG, Kao HJ, Hsieh YC, Jhong JH, Cheng KH, Huang HD, Lee TY (2016) dbPTM 2016: 10-year anniversary of a resource for post-translational modification of proteins. Nucleic Acids Res 44(D1): D435-D446. https://doi.org/10.1093/nar/gkv1240
69. Liu Z, Wang Y, Gao T, Pan Z, Cheng H, Yang Q, Cheng Z, Guo A, Ren J, Xue Y (2014) CPLM: a database of protein lysine modifications. Nucleic Acids Res 42(Database issue):D531-D536. https://doi.org/10.1093/nar/gkt1093

70. Kennedy JJ, Yan P, Zhao L, Ivey RG, Voytovich UJ, Moore HD, Lin C, Pogosova-Agadjanyan EL, Stirewalt DL, Reding KW, Whiteaker JR, Paulovich AG (2016) Immobilized metal affinity chromatography coupled to multiple reaction monitoring enables reproducible quantification of phospho-signaling. Mol Cell Proteomics 15(2):726-739. https://doi.org/10.1074/mcp.O115.054940
71. Chick JM, Kolippakkam D, Nusinow DP, Zhai B, Rad R, Huttlin EL, Gygi SP (2015) A mass-tolerant database search identifies a large proportion of unassigned spectra in shotgun proteomics as modified peptides. Nat Biotechnol 33(7):743-749. https://doi.org/10.1038/nbt.3267
72. Pan Z, Liu Z, Cheng H, Wang Y, Gao T, Ullah S, Ren J, Xue Y (2014) Systematic analysis of the in situ crosstalk of tyrosine modifications reveals no additional natural selection on multiply modified residues. Sci Rep 4:7331. https://doi.org/10.1038/srep07331
73. Minguez P, Parca L, Diella F, Mende DR, Kumar R, Helmer-Citterich M, Gavin AC, van Noort V, Bork P (2012) Deciphering a global network of functionally associated posttranslational modifications. Mol Syst Biol 8:599. https://doi.org/10.1038/msb.2012.31
74. Trinidad JC, Barkan DT, Gulledge BF, Thalhammer A, Sali A, Schoepfer R, Burlingame AL (2012) Global identification and characterization of both O-GlcNAcylation and phosphorylation at the murine synapse. Mol Cell Proteomics 11(8):215-229. https://doi.org/10.1074/mcp.O112.018366
75. Kim MS, Zhong J, Pandey A (2016) Common errors in mass spectrometry-based analysis of post-translational modifications. Proteomics 16(5):700-714. https://doi.org/10.1002/pmic.201500355
76. Hughes CS, Spicer V, Krokhin OV, Morin GB (2017) Investigating acquisition performance on the Orbitrap fusion when using tandem MS/MS/MS scanning with isobaric tags. J Proteome Res 16(5):1839-1846. https://doi. org/10.1021/acs.jproteome.7b00091
77. Pan J, Chen R, Li C, Li W, Ye Z (2015) Global analysis of protein lysine succinylation profiles and their overlap with lysine acetylation in the marine bacterium vibrio parahemolyticus. J Proteome Res 14(10):4309-4318. https://doi.org/10.1021/acs.jproteome.5b00485
78. Cheng Y, Hou T, Ping J, Chen G, Chen J (2016) Quantitative succinylome analysis in the liver of non-alcoholic fatty liver disease rat model. Proteome Sci 14:3. https://doi.org/10.1186/s12953-016-0092-y
79. Colak G, Xie Z, Zhu AY, Dai L, Lu Z, Zhang Y, Wan X, Chen Y, Cha YH, Lin H, Zhao Y, Tan M (2013) Identification of lysine succinylation substrates and the succinylation regulatory enzyme CobB in *Escherichia coli*. Mol Cell Proteomics 12(12):3509-3520. https://doi. org/10.1074/mcp.M113.031567
80. Sun G, Jiang M, Zhou T, Guo Y, Cui Y, Guo X, Sha J (2014) Insights into the lysine acetylproteome of human sperm. J Proteome 109:199-211. https://doi.org/10.1016/j. jprot.2014.07.002
81. Xie L, Wang X, Zeng J, Zhou M, Duan X, Li Q, Zhang Z, Luo H, Pang L, Li W, Liao G, Yu X, Li Y, Huang H, Xie J (2015) Proteome-wide lysine acetylation profiling of the human pathogen *Mycobacterium tuberculosis*. Int J Biochem Cell Biol 59:193-202. https://doi.org/10.1016/j.biocel.2014.11.010
82. Karg E, Smets M, Ryan J, Forne I, Qin W, Mulholland CB, Kalideris G, Imhof A, Bultmann S, Leonhardt H (2017) Ubiquitome analysis reveals PCNA-associated factor 15 (PAF15) as a specific ubiquitination target of UHRF1 in embryonic stem cells. J Mol Biol 429(24):3814-3824. https://doi.org/10.1016/j.jmb.2017.10.014
83. Caballero MC, Alonso AM, Deng B, Attias M, de Souza W, Corvi MM (2016) Identification of new palmitoylated proteins in toxoplasma gondii. Biochim Biophys Acta 1864 (4):400-408. https://doi.org/10.1016/j. bbapap.2016.01.010
84. Chen YJ, Lu CT, Lee TY, Chen YJ (2014) dbGSH: a database of S-glutathionylation. Bioinformatics 30(16):2386-2388. https://doi.org/10.1093/bioinformatics/btu301
85. Chen YJ, Lu CT, Su MG, Huang KY, Ching WC, Yang HH, Liao YC, Chen YJ, Lee TY (2015) dbSNO 2.0: a resource for exploring structural environment, functional and disease association and regulatory network of protein S-nitrosylation. Nucleic Acids Res 43(Database issue):D503-D511. https://doi.org/10.1093/nar/gku1176

86. Duan G, Li X, Kohn M (2015) The human DEPhOsphorylation database DEPOD: a 2015 update. Nucleic Acids Res 43(Database issue):D531-D535. https://doi.org/10.1093/nar/gku1009
87. Maurer-Stroh S, Gouda M, Novatchkova M, Schleiffer A, Schneider G, Sirota FL, Wildpaner M, Hayashi N, Eisenhaber F (2004) MYRbase: analysis of genome-wide glycine myristoylation enlarges the functional spectrum of eukaryotic myristoylated proteins. Genome Biol 5(3):R21. https://doi.org/10.1186/gb-2004-5-3-r21
88. Gupta R, Birch H, Rapacki K, Brunak S, Hansen JE (1999) O-GLYCBASE version 4.0: a revised database of O-glycosylated proteins. Nucleic Acids Res 27(1):370-372
89. Gnad F, Gunawardena J, Mann M (2011) PHOSIDA 2011: the posttranslational modification database. Nucleic Acids Res 39(Database issue):D253-D260. https://doi.org/10.1093/nar/gkq1159
90. Dinkel H, Chica C, Via A, Gould CM, Jensen LJ, Gibson TJ, Diella F (2011) Phospho.ELM: a database of phosphorylation sites—update 2011. Nucleic Acids Res 39(Database issue): D261-D267. https://doi.org/10.1093/nar/gkq1104
91. Maurer-Stroh S, Koranda M, Benetka W, Schneider G, Sirota FL, Eisenhaber F (2007) Towards complete sets of farnesylated and geranylgeranylated proteins. PLoS Comput Biol 3 (4):e66. https://doi.org/10.1371/journal.pcbi.0030066
92. Tung CW (2012) PupDB: a database of pupylated proteins. BMC Bioinformatics 13:40. https://doi.org/10.1186/1471-2105-13-40
93. Zhang X, Huang B, Zhang L, Zhang Y, Zhao Y, Guo X, Qiao X, Chen C (2012) SNO-base, a database for S-nitrosation modification. Protein Cell 3(12):929-933. https://doi.org/10.1007/s13238-012-2094-6
94. Hasan MM, Yang S, Zhou Y, Mollah MN (2016) SuccinSite: a computational tool for the prediction of protein succinylation sites by exploiting the amino acid patterns and properties. Mol BioSyst 12(3):786-795. https://doi.org/10.1039/c5mb00853k
95. Chernorudskiy AL, Garcia A, Eremin EV, Shorina AS, Kondratieva EV, Gainullin MR (2007) UbiProt: a database of ubiquitylated proteins. BMC Bioinformatics 8:126. https://doi.org/10.1186/1471-2105-8-126

第15章

基于质谱的蛋白质组学鉴定蛋白质的非预期性修饰

Shiva Ahmadi, Dominic Winter

摘要 在大多数基于质谱的蛋白质组学实验中，肽鉴定依赖于将实验数据与数据库中经计算机模拟蛋白质分解产生的肽和碎片离子质量相匹配。这种方法的一个主要缺点是必须为数据库检索明确的修饰，因此在标准设置中无法鉴定非预期性修饰。因此，在许多自底向上的蛋白质组学实验中，即使获得了修饰肽的高质量碎片离子谱图，也无法鉴定出非预期性修饰，因此要鉴定非预期性修饰并不容易。在这个方法中，描述了使用数据库检索算法软件Mascot鉴定肽中的非预期性修饰的分步操作。该工作流程包括非预期性氨基酸的已知修饰的鉴定、数据库中已知的但样品中非预期性的修饰的容错检索以及全部非预期性修饰的质量公差检索的平行检索。此外，建议一种跟进策略，包括从初始数据进行对鉴定修饰的验证，以及使用合成肽进行靶向实验。

关键词 质谱，非预期性修饰，翻译后修饰，自底向上蛋白质组学，数据分析，Mascot，容错检索，质量公差检索

15.1 引言

质谱已成为蛋白质鉴定、定量和分析的最通用和最有效的技术。在大多数研究中，采用所谓的自底向上方法对蛋白质进行酶解，然后使用MALDI-MS或MS/MS以及LC-ESI-MS/MS分析所得的肽[1]。在这种方法中，MS/MS数据最常以数据相关获取（data-dependent acquisition，DDA）模式采集。在DDA中，设置仪器选择最丰富（多电荷）的前体离子进行碎裂[2]。然后，通常通过与数据库经计算机模拟蛋白质分解产生的理论谱图进行匹配来鉴定得到的MS/MS谱图[3]。尽管这种方法得到了广泛的应用，但在标准蛋白质组学实验中仍有大量的（平均75%）谱图没有得到确认[4]。阻碍谱图归类的一个主要因素是肽的非预期性修饰，可能是由于翻译后修饰（PTM[5]）或是在样品制备过程中引入的化学修饰[6]。到目前为止，已知的数百种这样的修饰可以在Unimod这样的特定数据库中找到（www.unimod.org[7]）。非预期性修饰阻碍了对这些肽的直接鉴定，因为它们改变了肽的前体质量，阻止了它们与经计算机模拟分解计算的理论质量相匹配[8]。根据实验确定这些未知的修饰可能是有意义的。

例如，非预期性 PTM 可能导致新的细胞调节机制的发现，这对于所研究的生物学问题可能是非常重要的。另一方面，非预期性化学修饰会影响实验的质量，因此通常是不希望有的。它们的鉴定可以帮助调整样品制备和/或数据库检索的参数，从而增加鉴定的肽数量。此外，一旦确定了修饰，可以根据肽的物理化学性质使用一系列成熟的方法对肽进行分离，从而改进对修饰肽的分析。这些方法包括使用抗体、色谱柱或微珠的亲和捕获[9]以及通过色谱技术的分离[10]。

虽然通过将预期性修饰定义为用于数据库检索的可变修饰，经常很容易鉴定出预期性修饰，但未知修饰的鉴定通常并不容易，需要进一步的数据分析和验证。在本章中，提供了一种由自底向上 LC-ESI-MS/MS 在复杂样品中发现非预期性修饰的策略，提出了制备和分析这样的样品时应考虑的因素，并举例说明使用常用的肽搜索引擎 Mascot 的不同策略可鉴定非预期性修饰（www.matrixscience.com），展示了基于我们小组最近的一项研究的工作流程，该研究针对的是蛋白质组学实验中蛋白质还原和烷基化引起的非特异性修饰[11]。

15.2 材料

15.2.1 细胞培养

细胞培养基：在杜尔贝科改良伊格尔培养基（Dulbecco’s modified Eagle medium，DMEM）中加入 10% FCS、100U/mL 青霉素和 100μg/mL 链霉素。

15.2.2 细胞收获、裂解和胞质组分的制备

① 磷酸盐缓冲液（PBS，1×）。

② 蔗糖缓冲液：250mmol/L 蔗糖，15mmol/L KCl，1.5mmol/L $Mg(CH_3COO)_2$，10mmol/L HEPES，1× 蛋白酶抑制剂 Cocktail（见注释①）。

③ 丙酮。

④ 裂解缓冲液：0.1mol/L Tris-HCl/4% SDS。

⑤ 测定样品蛋白质浓度的试剂盒。

⑥ 杜恩斯匀浆器。

⑦ 细胞刮刀。

⑧ 台式离心机。

⑨ 超离心机。

15.2.3 凝胶内还原、烷基化和分解

① 热混合器。

② 样品上样缓冲液（根据文献 [12] 稍作修改）：0.25mol/L Tris-HCl pH 6.8，0.08g/mL SDS，40%（体积分数）甘油和 0.04mg/mL 溴酚蓝。

③ 还原溶液：20mmol/L 二硫苏糖醇（DTT）、20mmol/L 三 -（2- 氯乙基）- 磷酸酯［tris-(2-chlorethyl)-phosphate，TCEP］或 40mmol/L β- 巯基乙醇（BME）0.1mol/L NH_4HCO_3 溶液。

④ 烷基化溶液：55mmol/L 碘乙酰胺（IAA）、碘乙酸（IAC）、丙烯酰胺（AA）、氯乙酸（CAA）0.1mol/L NH_4HCO_3 溶液。

⑤ 10%SDS-PAGE 凝胶。

⑥ 考马斯亮蓝。

⑦ 凝胶脱色液：30% 乙腈（ACN），70mmol/L NH_4HCO_3。

⑧ 洗涤液：0.1mol/L NH_4HCO_3。

⑨ 胰蛋白酶溶液：0.1μg/μL 测序级胰蛋白酶 0.1mol/L NH_4HCO_3 溶液。

⑩ 肽提取液：a. 0.1% 三氟乙酸（TFA），50%CAN；b. 0.1mol/L NH_4HCO_3；c. 100%ACN。

⑪ 重悬溶液：0.01% 醋酸溶于 3%ACN。

⑫ MS 样品缓冲液：5%ACN，5% 甲酸（FA）。

15.2.4　二甲基标记

① 二甲基化溶液 1：轻标，4%（体积分数）CH_2O；中标，4%（体积分数）CD_2O；重标，4%（体积分数）$^{13}CD_2O$（见注释②，文献 [13]）。

② 二甲基化溶液 2：轻标，0.6mol/L $NaBH_3CN$；中标，0.6mol/L $NaBH_3CN$；重标，0.6mol/L $NaBD_3CN$（见注释②，文献 [13]）。

③ 终止溶液：1%（体积分数）NH_4OH。

④ FA。

15.2.5　LC-MS/MS 测量

① C_{18} 分析柱：用 Sutter Instruments P2000 激光拉制仪自制 ESI 喷针的外径 360μm、内径 100μm 的熔融石英毛细管柱，填料粒径 5μm [Dr. Maisch，Reprosil C-18 AQ]。或者，可以使用与适当的发射器相结合的任何类型的商用纳升级 C_{18} 柱。

② Thermo Scientific EASY nLC 1000 或类似的纳升级高效或超高效液相色谱系统。

③ Thermo Scientific Orbitrap Velos 质谱仪或任何其他高分辨率 / 高准确度质谱仪。

④ 溶剂 A：0.1%FA 水溶液。

⑤ 溶剂 B：0.1%FA ACN 溶液。

15.2.6　软件

① Mascot（www.matrixscience.com）。

② Proteome Discoverer（Thermo Scientific）。

15.3　方法

为了能够鉴定非预期性修饰，有必要用质谱仪对修饰的肽进行碎裂。肽信号通常根据其探测扫描谱图的强度选择在 DDA 模式下进行碎裂。被修饰的肽不太可能是样品中最丰富的肽，因此建议使用中到低复杂性的样品。这样做导致取样过多而不是取样不足，因此更有可能从修饰肽产生碎片离子谱图。当分析SDS凝胶或纯化蛋白质的单一蛋白质条带时，其复杂性通常足够低。然而，如果要在蛋白质组范围内对细胞或组织进行分析，则应将样品在蛋白质或肽水平上分成若干组分。蛋白质分解前通常采用的分离方法包括SDS-PAGE（结合凝胶内分解）[14]，以及大小排阻[15]或离子交换色谱[16]，然后对所得组分进行蛋白质分解。在肽水平上，碱性反相高效液相色谱（RP-HPLC）[17]、强阴离子交换（SAX）[18]、强阳离子交换（SCX）[19]或等电聚焦（IEF）[20]是分离分解肽的可用技术。根据所需的分析深度，可以将蛋白质和肽分离结合起来。此外，亚细胞分离，例如通过差速离心或细胞器富集，是另一种产生复杂性降低的样品的方法[21]。

在本研究中，使用HeLa细胞的胞质组分，根据蛋白质的分子量用SDS-PAGE对其进行分离，并对其中一部分蛋白质（30～50kDa）进行凝胶内分解。此外，对整个样品进行溶液中分解，然后使用SAX停-行萃取（stop and go extraction，STAGE）枪头进行分离[22]。由于两种样品处理的LC-MS/MS测量和数据分析的策略是相似的，在本章中将只对凝胶内分解样品的分析进行描述。关于在溶液中分解的样品的详细细节见文献[11]。

15.3.1 样品制备：HeLa胞质组分的凝胶内分解

如果特定亚细胞组分的选择不受生物学问题的影响，而只是作为蛋白质的来源，那么胞质组分是最容易产生的，因为细胞的其他组分可以通过离心去除。此外，胞质组分具有足够的复杂性以便能够充分覆盖样品中存在的蛋白质，并提供合理数量的蛋白质以便在类似于中等至大规模蛋白质组学研究中观察到复杂性。在计划实验时，应注意样品的差异处理不影响后续步骤，以免产生次级效应。因此，在进行SDS-PAGE之后再进行还原和烷基化，因为蛋白质的差异修饰可能会影响其在凝胶电泳中的运行行为。

① 将细胞培养皿放在冰上，吸取培养基，用10mL冰冷PBS洗涤细胞3次（见注释③）。

② 加入1mL蔗糖缓冲液，用细胞刮刀剥离细胞，将细胞悬液转移到杜恩斯匀浆器中（见注释④）。

③ 使用杜恩斯匀浆器（30冲程）在冰上匀浆细胞，并将悬液转移到2mL的微管中（对于更高的量，可使用15mL或50mL锥形管）。

④ 以1000×g在4℃离心10min使完整的细胞和细胞核沉淀。将上清液转移到一支新2mL微管中。

⑤ 将第一支管中的沉淀用1mL蔗糖缓冲液重悬，重复步骤③和④。

⑥ 将两个匀浆步骤的上清液混合，转移到合适的超离心管中，以100000×g、4℃离心1h，使细胞器和细胞膜沉淀。透明的上清液代表胞质组分。

⑦ 为了使蛋白质沉淀，将上清液（胞质组分）与丙酮（−20℃）以1∶4（体积分数）的比例混合，涡旋30s，−20℃孵育过夜（见注释⑤和⑥）。

⑧ 将样品以20000×g、4℃离心30min，弃去上清液，23℃风干沉淀。

⑨ 将沉淀用裂解缓冲液重悬，于95℃加热5min，以20000×g、室温离心30min，将透明的上清液转移到一支新管中（见注释⑦）。

⑩ 使用蛋白质含量测定试剂盒测定蛋白质浓度。

⑪ 进行SDS-PAGE，将凝胶用考马斯亮蓝染色（数小时至过夜，视样品量而定），用MilliQ水使凝胶脱色。

⑫ 将要分析的区域从凝胶中切下，并将其切成约 $1mm^2$ 的小块。如果要对 PTM 进行总体分析，且没有针对特定蛋白质，则将整个凝胶泳道切成类似形状的小块（由考马斯亮蓝染色条带的数量决定）。如果要分析由化学样品处理而引起的非特异性修饰，则一段凝胶通常就足够了。在示例研究中，选择了介于 30kDa 和 50kDa 之间的区域。

⑬ 将凝胶用 500μL 凝胶脱色液在 25℃、800r/min 的热混合器中脱色 30min，然后弃去液体。重复这一步骤直到凝胶块无色。

⑭ 用 100μL 还原溶液在 56℃以 800r/min 还原二硫键 45min。

⑮ 去除还原剂，然后加入 100μL 烷基化溶液烷基化巯基。室温黑暗孵育 30min。

⑯ 用 500μL 洗涤液以 800r/min 洗涤凝胶块 15min，弃去液体。

⑰ 用 100%ACN 以 800r/min 使凝胶块脱水 15min，弃去液体，用真空离心机将凝胶块干燥。

⑱ 加入 10μL 胰蛋白酶溶液，孵育 15min，然后加入足量的洗涤液覆盖凝胶块。30min 后检查是否所有的凝胶块都被覆盖，如果需要，加入更多的洗涤液。37℃孵育过夜。

⑲ 连续使用 50μL 肽提取溶液 A、B 和 C，在 25℃以 800r/min 各提取肽 15min，将肽提取物混合（见注释⑧）。用真空离心机将样品干燥。

⑳ 用 100μL 重悬溶液使样品复溶，并使用 STAGE 枪头进行脱盐 [22]。

㉑ 使用真空离心机将洗脱液组分干燥，用 20μL MS 样品缓冲液使其复溶。

15.3.2 LC-MS/MS 数据获取

对于非预期性修饰的鉴定，采用高质量准确度的样品测量是有益的，这使后续步骤能够用小质量公差窗口分析数据，从而减少分析时间和假阳性归类的概率。因此，建议使用以高灵敏度和扫描速度提供高分辨率和质量准确度的 Orbitrap 或 QTOF 质谱仪。如果只有离子阱质谱仪可用，则应考虑使用 zoom 或 ultra-zoom 扫描模式（至少用于完整肽离子的探测扫描）和应用较长的 LC 梯度来补偿较低的扫描速度。在实例研究中，使用 LTQ Orbitrap Velos 获得了完整前体离子的扫描，然后用离子阱中碰撞诱导解离（CID）获得碎片离子谱图的测量。选择这个方案，不是通过高能碰撞解离（HCD）碎裂，然后测量 Orbitrap 中的碎片离子，因为根据经验，与本仪器中的 LTQ 相比，HCD 谱图质量准确度的提高无法补偿灵敏度和扫描速度的降低。

① 设置反相色谱（RP）系统的梯度，使样品取样过量。这意味着，相对于必要的样品的复杂性，该质谱仪应该能够获得更多的 MS/MS 谱图从而增加鉴定低丰度修饰肽的机会（见注释⑨）。

② 如果样品太复杂，增加每次探测扫描的 MS/MS 谱图数量可以更有效地鉴定低丰度峰。这将以色谱峰形的恶化为代价。此外，通过进行技术重复和 / 或建立一个排除名单可以提高低丰度肽的鉴定率，而后者并不是很有效。

③ 将毛细管电压设置为可能的最低值以防止大量的源内碎裂，因为这可能导致谱图复杂性的增加。如果喷针允许的话，使用 1.6kV 的正离子模式。

④ 将重复计数设置为 1，动态排除窗口设置为大于平均色谱峰宽度值的基准，以防止高丰度离子的重复碎裂。

⑤ 如果预期会出现某些中性丢失（例如 -98 磷酸化），则在 MSA 扫描设置中确定这些丢失（如果使用 Orbitrap 质谱仪）。

⑥ 如果可用，激活锁定质量选项，以达到最大质量准确度。

⑦ 如果可能，使用小 RP 粒径或避免使用捕集柱，以达到最大的色谱分辨率。这样较窄的峰形导致信号强度增加有助于鉴定低丰度种类。

⑧ 对样品进行纳升（U）HPLC-MS/MS 分析。

15.3.3 数据分析

根据样品材料和对照的可用性，可以采取不同的策略。图 15-1 显示了用于鉴定非预期性修饰的工作流程，包括可能的步骤及其执行顺序。有几种算法可用于进行这类分析：使用 Mascot（www.matrixscience.org）或与 Proteome Discoverer（Thermo Scientific）结合使用，或单独手动提交 mascot 通用文件（mgf）。或者，其他程序，如 MaxQuant、SEQUEST、PEAKS DB、ProteinPilot、pFind、Byonic 或 X!Tandem，可根据其特性使用 [23]。

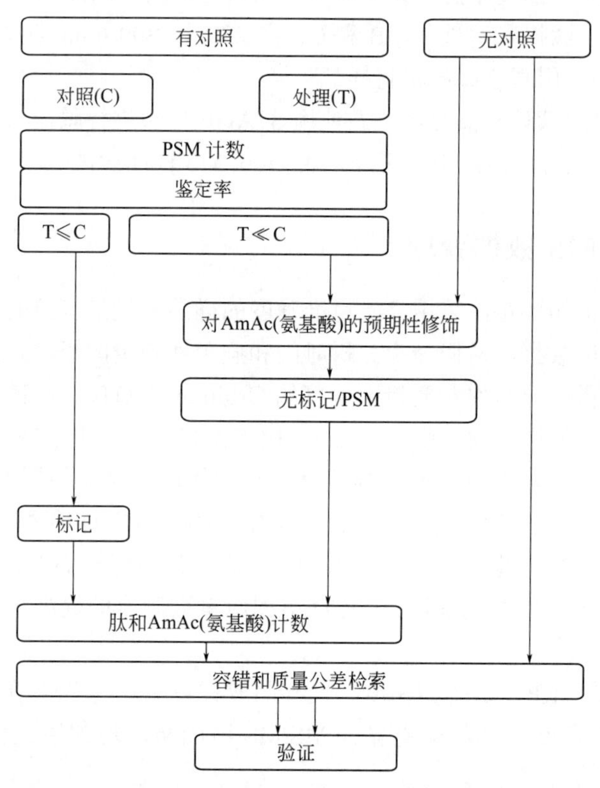

图 15-1 用于非预期性修饰鉴定的数据分析策略。根据对照样品的可用性，可以采取不同的可能路线。最终通过手动检查数据集和合成肽实验验证所鉴定的新修饰。PSM，肽谱匹配；T⩽C，处理样品中的 PSM 数量与对照样品相比略低或相似；T≪C，处理样品中的 PSM 数量显著低于对照样品

15.3.3.1 确定所有氨基酸已知修饰的初始分析

如果是化学处理引起的修饰（在实例中是氨基酸侧链的非特异性烷基化），其组成已知，但被修饰的氨基酸残基未知，则应该首先在所有可能的氨基酸中检索可能的修饰。在一次 Mascot 检索中可以确定的可变修饰的数量限制为 9 种，因此必须进行三次单独的检索。这会导致在单次检索中对未修饰肽 MS/MS 谱图的多余归类。此外，如果碎片离子不能决定将修饰归到一个确切的氨基酸，则在不同的检索中用相同的谱图尝试不同的修饰位置。Proteome

Discoverer 有在一次错误发现率（false discovery rate，FDR）分析中综合通过尝试不同的检索而得到的结果的灵活性。

① 将 Mascot 配置编辑器中修饰的特异性定义扩展到所有可能的氨基酸，并将它们定义为活性氨基酸，以便选择它们进行检索。在研究中，指定了所有氨基酸中的脲甲基（IAA 和 CAA）、羧甲基（IAC）和丙酰胺（AA）修饰。

② 创建一个有三个平行 Mascot 检索的工作流程，其中每个检索包含一个修饰子集。

③ 将结果合并在一个 percolater 处理步骤，以便对合并结果进行 FDR 计算，并删除多余归类的 MS/MS 谱图。

如果 Proteome Discoverer 不可用，可以使用 MS Excel 删除多余归类。由于可变修饰的数量很多，这种检索策略几乎总是能够鉴定出每种氨基酸的修饰。为了估计修饰的可信度，必须对修饰的氨基酸类型进行手动分析。例如，在实例研究中，发现几种氨基酸的侧链极不可能与烷基化试剂发生反应，包括丙氨酸、亮氨酸或缬氨酸［图 15-2（a），（b）］。手动分析表明，所有这几个烷基化氨基酸都是位于肽 N 端，所观察到的大部分烷基化修饰位于 N 端氨基，而不是肽侧链。很明显，只有 7 种氨基酸和肽 N 端被修饰。然后，进行了第二轮检索，这一次只包括能够使我们通过烷基化试剂的单体和二聚体鉴定大量非特异性的远侧烷基化这样的氨基酸［图 15-2（c），（d）］。

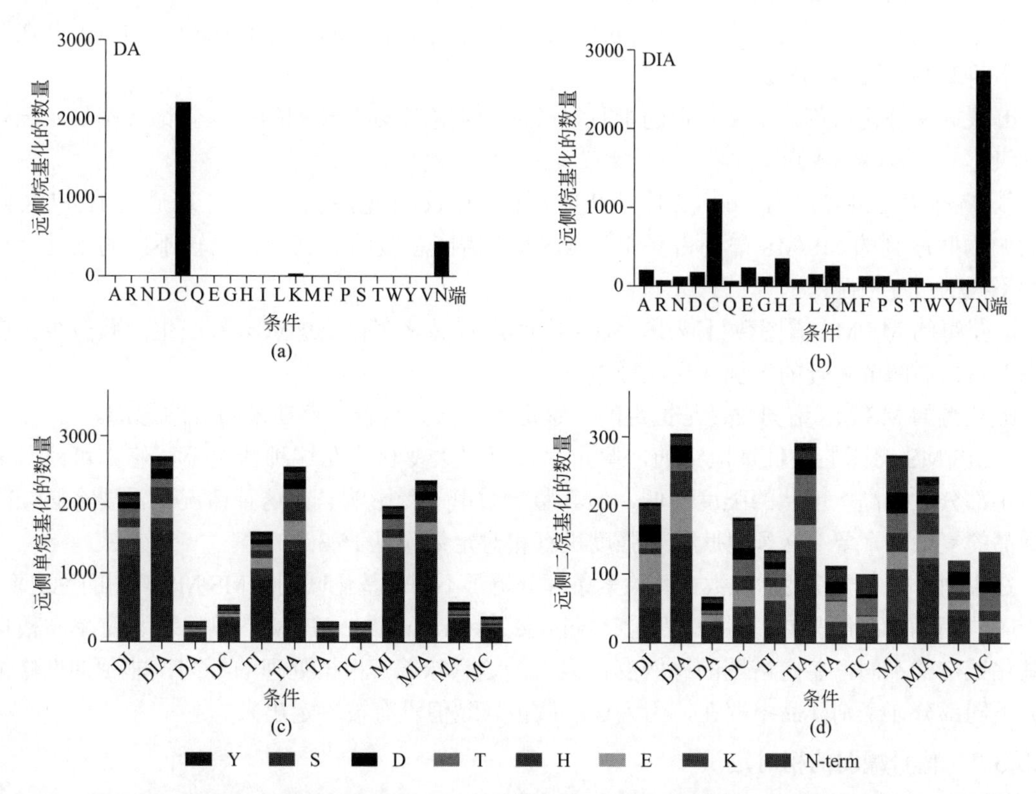

图 15-2 经还原和烷基化步骤修饰的氨基酸。所显示的是 6 次重复的综合结果（见彩图）。（a）和（b）用 DTT 还原和用（a）AA（DA）和（b）IAA（DIA）烷基化的样品中所有可能氨基酸的远侧烷基化研究。手动分析（b）发现 7 个氨基酸和肽端经常发生烷基化。（c）和（d）PSM 注释为在 Y、S、D、T、H、E、K 和肽 N 端远侧（c）单烷基化和（d）二烷基化（来源于文献 [11]）。DI, DTT/IAA；DIA, DTT/IAC；DA, DTT/AA；DC, DTT/CAA；TI, TCEP/IAA；TIA, TCEP/IAC；TA, TCEP/AA；TC, TCEP/CAA；MI, BME/IAA；MIA, BME/IAC；MA, BME/AA；MC, BME/CAA

15.3.3.2 非预期性修饰丰度的估算

如果使用已知修饰的数据库检索没有产生出任何结论性的结果，下一个合理的初始步骤是研究哪些未修饰的肽由于研究处理而从样品中耗尽。因此，如果可能，暴露于生物刺激或化学处理的样品应与未处理的对照样品进行比较（见注释⑩）。这样就可以估计因为缺乏对未修饰肽的鉴定或其信号强度的减弱而引起的修饰的程度。在示例研究中，将用不同烷基化试剂处理的样品和未处理的对照样品进行了比较。每个样品生成两个独立重复，然后每个重复用 LC-MS/MS 测量三次，以排除肽鉴定中因 DDA 相关变化而导致的错误结论。这种高度的冗余使我们能够估算观察到的差异是随机的还是遵循系统模式的。

① 如果需要，将 MS 原始文件转换为适当的格式（见注释 ⑪）。

② 为初始数据库检索确定参数。

a. 前体和碎片离子公差应尽可能窄，这取决于所用质谱仪的性能。对于大多数高分辨率质谱仪，10mg/kg（10ppm）的前体质量公差是合理的（同样适用于我们的数据集）。对于碎片离子，高分辨率 MS/MS 谱图（Orbitrap 和 QTOF 仪器）应选择 50mmU，质谱仪 LTQ 部分获得的低分辨率碎片离子谱图应选择 0.6 ～ 0.8Da（见注释 ⑫）。

b. 选择一个数据库，并根据所使用的生物体确定属类。当检索非预期性修饰时，建议使用规模较小但高置信度数据库，例如 SwissProt（见注释 ⑬）。

c. 定义 FDR 估计方法，通常使用 percolator[24]（包含在 Proteome Discovere 中），并在肽水平上将 FDR 设置为 1%。

d. 根据烷基化试剂，定义各自的半胱氨酸的固定修饰以及预期的可变修饰（例如甲硫氨酸的氧化）（见注释 ⑭）。

③ 将检索结果导出为 *.csv 文件，并导入 MS Excel（见注释 ⑮）。计算通过 1%FDR 阈值的归为肽序列的 MS/MS 谱图占获得的 MS/MS 谱图总数的比例，并比较不同的条件。有三种不同的可能情况：

a. 获得的 MS/MS 谱图数目减少，但鉴定率没有显著变化。这意味着产生的肽较少，应考虑对蛋白质酶解处理的干扰（见注释 ⑯）。

b. 获得的 MS/MS 谱图数目是恒定的，鉴定率降低。这表示存在未归类的修饰。

c. MS/MS 谱图的数目是恒定的，鉴定率没有很大变化。在这种情况下，修饰可能只影响一小部分肽，高丰度肽的强度降低，但其鉴定效率不受影响。在这种情况下，要么必须降低样品的复杂性，要么必须对肽信号强度进行相对定量（见 15.3.3.3）。

在实例研究中，使用标准数据库检索条件分析了不同烷基化试剂的MS/MS谱图的鉴定率。图 15-3 显示了所得到的归类肽谱匹配（peptide spectral match，PSM）和相对鉴定率。根据烷基化试剂的不同，鉴定谱图的比例变化很大。这意味着，根据处理的不同，非预期性修饰肽的不同部分在个别样品中存在，因为这些肽被碎裂但没有被鉴定出来。

15.3.3.3 信号减弱的相对定量

在 PSM 水平上，只有当研究的处理导致肽的强烈减弱时，才能确定修饰的影响。然而，如果它只引起一小部分肽的修饰，则可能很难确定基于 PSM 数的影响；同样，丰度减少的离子通常足以产生允许肽归类的 MS/MS 谱图。在这种情况下，可以使用相对定量来确定变化并估计修饰的程度。虽然最简单的方法是通过计算曲线下面积进行无标记定量，但也有多种基于稳定同位素标记的方法可以进行更准确的定量。它们可分为通过代谢掺入（$^{15}N/^{14}N$ 代

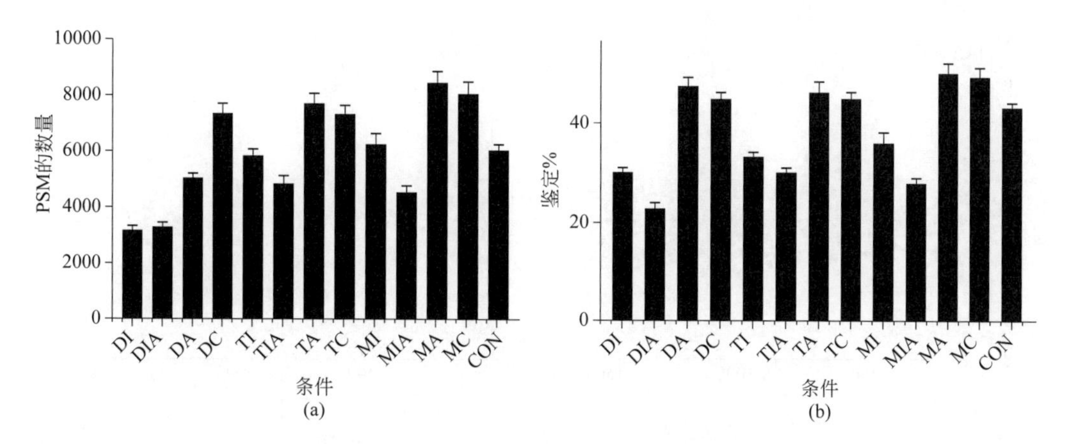

图 15-3　用不同试剂组合还原和烷基化 HeLa 细胞的凝胶内分解胞质组分的 6 个重复的分析结果。（a）肽谱匹配（PSM）的数量；（b）鉴定谱图的比例（来源于文献 [11]）。DI, DTT/IAA；DIA, DTT/IAC；DA, DTT/AA；DC, DTT/CAA；TI, TCEP/IAA；TIA, TCEP/IAC；TA, TCEP/AA；TC, TCEP/CAA；MI, BME/IAA；MIA, BME/IAC；MA, BME/AA；MC, BME/CAA；CON，对照样品

谢标记和 SILAC）、化学衍生化（ICAT、iTRAQ、TMT）或在蛋白质水解过程中（^{18}O 标记）引起稳定同位素标记的方法 [25]。因为标记是通过不同的方法在方案的不同步骤引入的，所以选择的方法取决于实验。在实例研究中，使用二甲基标记，因为它允许在所有条件下使用相同的起始材料，并在还原和烷基化后用不同的试剂标记肽。

① 经样品处理和蛋白质酶解后，将肽脱盐，用真空离心机干燥，然后用 100mmol/L HEPES（pH 5 ～ 8.5）将其以 1μg/μL 重悬（见注释 ⑰）。

② 对于 100μL 样品量，向各自样品中加入 16μL 轻标、中标或重标标记二甲基化溶液 1。

③ 向样品中加入 16μL 轻标、中标或重标标记二甲基化溶液 2，然后在通风橱中室温下以 800r/min 混合孵育 1h。

④ 用 64μL 二甲基终止溶液 /100μL 样品量对标记进行终止。

⑤ 加入 32μL FA 使样品酸化。

⑥ 将不同的标记样品合并，使用 STAGE 枪头对其进行脱盐 [22]，然后进行 MS 分析（见注释 ⑱）。

⑦ 使用 Proteome Discoverer 中的二甲基标记选项相对定量处理原始文件。从结果列表中排除可能含有修饰氨基酸（如本研究中的半胱氨酸）的肽，因为它们由于不同的修饰基团而呈现出不同的质量和色谱保留时间。同时排除其中一个通道中有缺失数据的样品（见注释 ⑲）。

⑧ 研究不同处理和对照样品之间的肽丰度比，以确定丰度显著下降的肽。

为了确定显著性临界值，如果没有足够的重复数据来计算 p 值，通常可以用 $\log_2$- 标尺绘制标准化处理 / 对照比值。这样就可以直观地确定一个合理的临界值，因为大多数肽应属于不受调节一类。在实例研究中，用 IAA 和 AA 烷基化的样品及未处理的对照样品分别用轻标和中标及重标标记，应用了大于 2 倍丰度临界值变化。结果如图 15-4 所示（见注释 ⑳）。在这些数据中，肽的未修饰形式的下调意味着其修饰形式的上调。

15.3.3.4　受影响的氨基酸或功能基团（肽末端或特定侧链）的鉴定

现在可以使用 MS/MS 鉴定率数据（15.3.3.2 部分）或相对肽丰度（15.3.3.3 部分）来确定受影响的氨基酸是否遵循某种模式。为了这个目的，分析了由于处理而缺失或显著下调

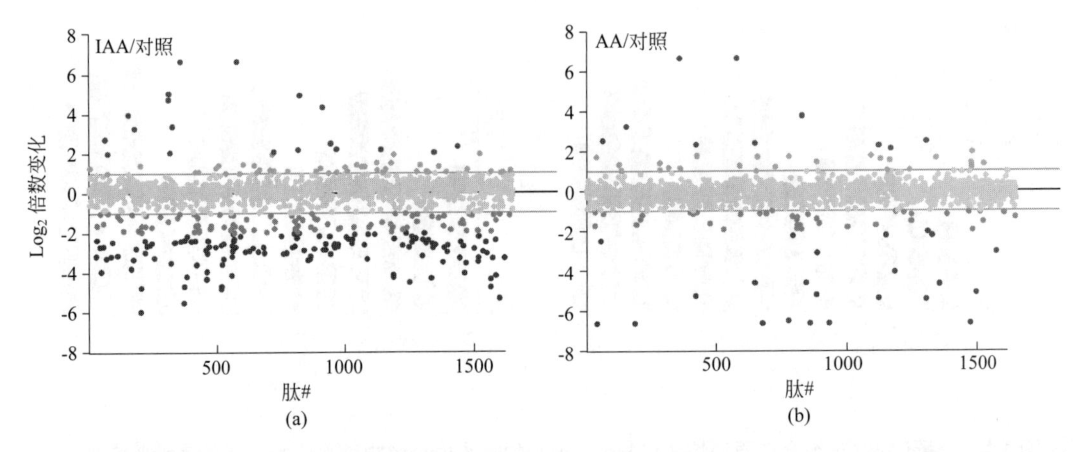

图 15-4 差异烷基化引起的肽丰度变化的定量（见彩图）。所显示的是两个独立实验的平均倍数变化的 $\log_2$ 值。蛋白质在凝胶中还原和烷基化，用胰蛋白酶分解，用二甲基化试剂（IAA，轻；AA，中；对照，重）标记单个肽样品然后混合。负倍数变化在 1 和 2 之间的 PSM 用浅红色表示，大于 2 倍的 PSM 用深红色表示。正倍数变化在 1 和 2 之间的 PSM 用浅绿色表示，大于 2 倍的用深绿色表示绿色表示（来源于文献 [11]）

的所有肽的氨基酸组成。如果未知修饰对肽 / 蛋白质的某个氨基酸或功能基团是特定的，通常情况下是这样，受影响的氨基酸在调节类肽中会偏高出现。这种分析可以很容易地在 MS Excel 中进行：

① 在一个 Excel 列中复制所有受调节类肽的肽序列（不包括任何可变修饰的注释）。

② 在相邻的 20 列中，定义以下函数：=LEN（PS）-LEN［SUBSTITUTE（PS;"AmAc ";""）］。其中 PS 是包含肽序列的方框，AmAc 是感兴趣的氨基酸。

③ 总结每种氨基酸的丰度，并将其标准化为在整个数据集中发现的氨基酸总数。

在实例研究中，对初始数据集和基于二甲基的相对定量数据集进行了这种分析，结果如图 15-5 所示。分析显示，唯一受烷基化过程影响强烈的氨基酸是甲硫氨酸，这使得我们可以缩小对受非预期性修饰影响的氨基酸残基的检索窗口。

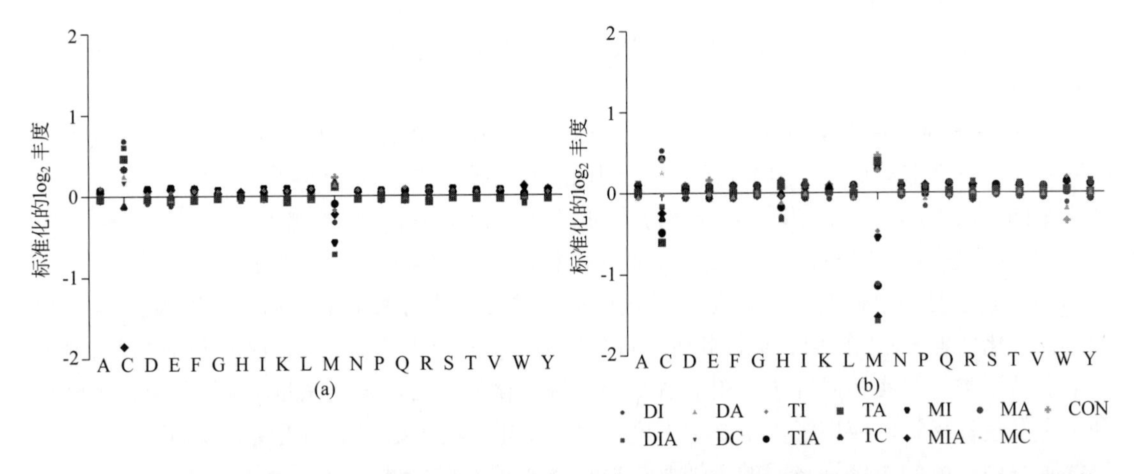

图 15-5 （a）在二甲基化实验中受调节的肽和（b）在整个初始数据集中受调节的 PSM 中的标准化氨基酸丰度（见彩图）。根据相对于相应整个数据集中所有氨基酸的分布调节肽 /PSM 组中显示的指示氨基酸的高于 / 低于平均值来计算丰度。DI, DTT/IAA；DIA, DTT/IAC；DA, DTT/AA；DC, DTT/CAA；TI, TCEP/IAA；TIA, TCEP/IAC；TA, TCEP/AA；TC, TCEP/CAA；MI, BME/IAA；MIA, BME/IAC；MA, BME/AA；MC, BME/CAA；Con：对照样品（来源于文献 [11]）

15.3.3.5　非预期性修饰的数据库检索策略

已开发许多计算策略检索复杂样品的非预期性修饰。在 Mascot 中，有两种方法可用：容错[26]检索和质量公差[7]检索。虽然容错检索已经建立在十多年前，并且可以在 Mascot 检索界面（而不是通过 Proteome Discoverer）选择，但最近引入了质量公差检索。在容错检索中，Mascot 生成一个包含在正常的第一遍检索中已鉴定的蛋白质的简化数据库。然后使用该数据库进行容错检索，依次检索 Unimod 数据库（www.unimod.org）中包含的所有修饰。此外，该算法还考虑了点突变、阅读框的变化和松弛酶的专一性。在质量公差检索中，没有定义可变修饰，因此也可以鉴定 Unimod 中未列出的修饰。相反，如果为前体离子定义了一个大的质量公差窗口（高达 ±250Da），这将导致肽被鉴定为未被修饰，非预期性修饰信号将被这个误差所覆盖。对于两种检索策略，原始文件都必须转换为 Mascot MS/MS 离子检索界面接受的文件格式。通常使用 Mascot 通用格式（*.mgf），并使用 top N 设置为 6/100 Da 的 Proteome Discoverer 为每个条件生成一个合并的 *.mgf 文件。如果 Proteome Discoverer 不可用，还有其他几种算法可用于这一目的（见注释㉑）。

（1）容错检索

容错检索可以在初始检索中选择 MS/MS 离子检索界面中相应的选项或在任何 MS/MS 离子检索的结果中相应的选项进行。第一个选项产生 Mascot 对第一遍检索中鉴定的所有蛋白质进行容错检索。根据经验，只有在样品不太复杂的情况下才建议这样做，否则检索很可能会占用服务器很长时间。然而，在进行这类检索时，应相应地调整服务器超时（默认为一天）以允许检索完成。因此，第二种选择往往更可行。为了能够从结果中选择特定的蛋白质，它们必须以选择汇总格式显示（见注释㉒）。在实例研究中，我们选择了前 20 种蛋白质进行容错检索。

（2）质量公差检索

质量公差检索必须对整个数据集进行。如果 *.mgf 文件占用服务器太多，则可以从较少的 *.raw 文件生成 *.mgf 文件，或者如果 *.raw 文件太大，则可以将它们分成更小的包。这必须根据所用服务器的容量来确定。在质量公差检索（实例研究中为 250Da）中定义的前体质量的宽公差窗口无法在 Mascot MS/MS 离子检索界面中定义，因此，*.mgf 文件必须手动修改。

① 创建 *.mgf 文件，并使用适当的软件（例如写字板或记事本 ++）打开它。

② 修改 *.mgf 文件的标题包含选择的宽质量公差。在实例研究中，将标题改为：肽质量公差，250Da；碎片离子公差，0.8Da；检索类型，SQ；固定修饰，根据烷基化试剂，分别是半胱氨酸残基上的脲甲基、羧甲基或丙酰胺。

③ 使用修改后的 *.mgf 文件进行 Mascot MS/MS 离子检索。*.mgf 文件中的质量公差设置覆盖 MS/MS 离子检索界面中选择的设置，因此可以保留默认设置。

（3）容错和质量公差检索结果的解释

容错检索和质量公差检索都会产生大量的假阳性鉴定，与诱饵数据库检索不兼容。因此，必须高度注意接受哪些肽匹配。在这种情况下，可以选择任意的临界值；根据经验，离子得分为 30 是选择性和灵敏度之间的合理折中。或者，可以在第一遍靶向 / 诱饵数据库检索中确定在肽水平上达到 1%FDR 的临界值。不过，应该注意应用这种方法确定的值肯定会太低。因此，它只能作为一种趋势分析而不是一个严格的临界值使用。

① 导出具有合理离子得分临界值的检索结果。在 MS Excel 或任何其他接受制表符分隔文件的软件中打开结果。

② 容错检索：

a. 计算修饰被注释的频率。一种简单的方法是使用 Excel 中的数据透视表。与对照样品相比，特定的修饰应该更多。

b. 将推测的特定修饰肽与 15.3.3.4 部分中发现的受影响肽 / 氨基酸列表相关联（如果适用）。这可以通过匹配肽序列本身或过滤含有发现的受影响的氨基酸的肽来实现。

③ 质量公差检索：

a. 将肽序列和分子质量误差转移到 Excel 表格中。使用 Excel 的“频率”功能计算属于特定质量范围内的肽数量（5Da 为合理值），计算这些框架内的肽数量。

b. 绘制处理样品和对照样品的结果，并比较质量误差的分布。

c. 如果在处理过的样品中发现设定一定质量误差的框架出现频率过高，则提取该框架中的肽。

d. 将这些肽与 15.3.3.4 部分中获得的数据进行关联。

对于容错检索和质量公差检索，15.3.3.4 部分中发现受影响的氨基酸预计会在已鉴定的修饰肽中出现。如果不是这样，也可以从以前的数据集中提取这些肽的鉴定 / 定量信息，以评定它们是否受到调节。容错检索为观察到的修饰提供了修饰建议，而质量公差检索只给出了一个不提供任何解释的质量值。在这种情况下，如果有可能根据所研究的处理建议可能的修饰将是理想的。如果这不适用，合理的第一步是确定修饰的元素组成。这可以通过所有经相应修饰的肽的质量误差的平均值计算其精确质量来实现。然后可以使用所涉及的原子（通常是 C、H、O、N 和 S）提出可能的求和公式。

在实例研究中，容错检索没有鉴出任何异常修饰。在质量公差检索中，除了用含碘烷基化试剂处理样品的质量误差为 57Da 的肽数量增加之外最初也没有观察到任何差异，这是由于在之前的检索中已经检测到的远侧烷基化［图 15-6（a)］。然后用甲硫氨酸氧化作为可变修饰重复质量公差检索，这使得在用含碘烷基化试剂处理的样品中鉴定出被注释的质量误差为 −64Da 的约 1000 PSM［图 15-6（b)］。有趣的是，几乎所有这些肽都含有甲硫氨酸，而甲硫氨酸是早期鉴定（见 15.3.3.4）的主要受影响的氨基酸。这意味着肽与含碘试剂的烷基化反应导致甲硫氨酸侧链的丢失（64Da 等于氧化甲硫氨酸侧链的分子质量）。

从理论上讲，人们本应在第一次质量公差检索中就已经鉴定出这种修饰，这是在没有任何可变修饰的情况下进行的。手动分析表明情况并非如此，因为包括修饰甲硫氨酸残基在内碎片离子没有被 Mascot 鉴定出来——它们与未修饰碎片在质量上的差异干扰了它们的鉴定。这导致了较低的离子得分，并阻止了相应肽通过我们的接受阈值。因此，进行包括已知修饰在内的几轮质量公差检索可能是有益的。这说明了质量公差检索的一个普遍缺点：观察到的质量误差完全由前体离子质量决定。由于只有未修饰的碎片离子匹配，归类的 b/y- 离子的数量减少，这反过来又降低了肽得分。此外，MS/MS 谱图不提供已鉴定质量误差的任何确认。因此，在 MS/MS 数据获取中，由于错误地确定电荷状态或另一个前体离子的共分离，从质量公差检索获得的结果更容易出现假阳性鉴定。因此，建议只考虑在质量公差检索中发现的数量相当大的修饰，并且考虑得分较低的肽，因为匹配片段离子数量的减少可能是由于修饰而不是谱图质量。

15.3.3.6　已鉴定修饰的手动数据验证

为防止错误的结论已鉴定的修饰必须得到验证。由于缺乏 FDR 分析，这对容错检索和

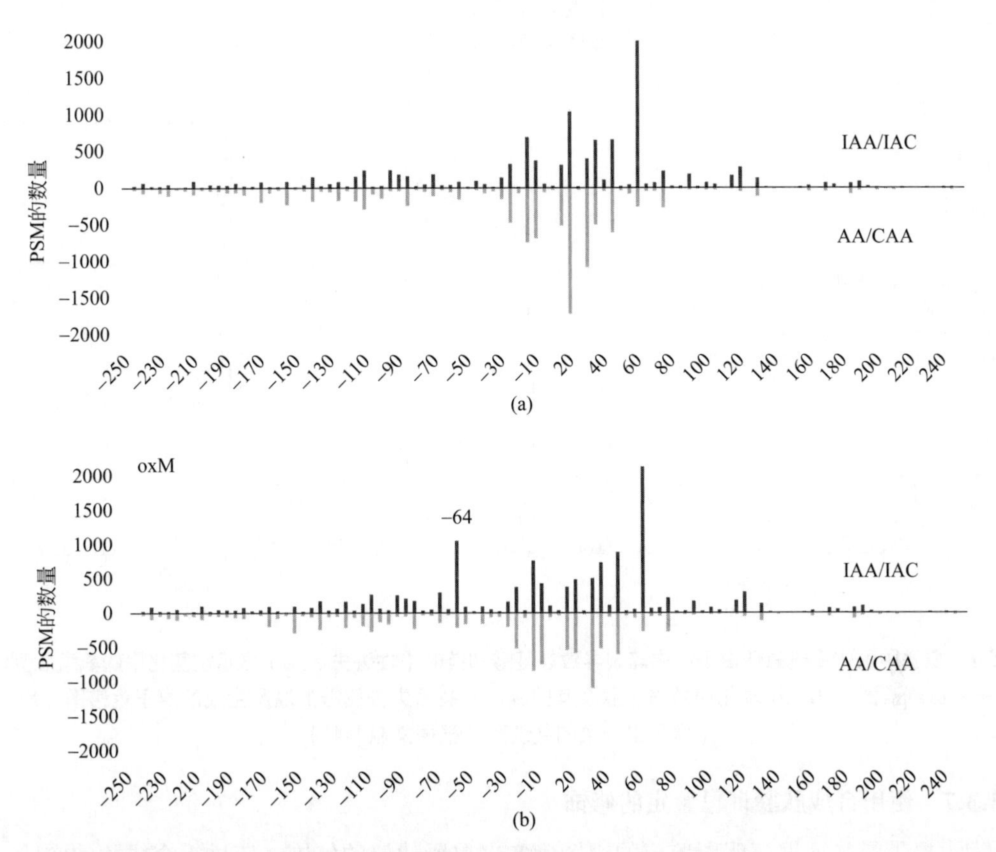

图 15-6 所有还原和烷基化试剂的 2 个独立重复的质量公差法检索的综合结果。所显示的是所有还原试剂与含碘烷基化试剂（IAA/IAC，上图）以及非含碘试剂（AA/CAA，下图）组合的每 5 Da 为一组的肽质量误差的丰度总和。(a) 在没有可变修饰的情况下进行的检索除了已经确定的远侧烷基化（+57Da）之外没有发现处理之间的任何差异；(b) 包括甲硫氨酸氧化（oxM）作为可变修饰的检索得到了质量误差为 −64Da 的 1000PSM 的归类。所有这些 PSM 都含有甲硫氨酸（来源于文献 [11]）

质量公差检索尤其重要。因此，最初的数据库检索应该用新发现的修饰作为相应氨基酸的可变修饰重复进行。修饰可以在 Mascot 配置编辑器中定义。如果修饰的元素组成不能确定，人们可以选择使用与检测到的质量误差相匹配的求和公式，并增大检索公差窗口，以弥补修饰的分子量可能存在的微小差异。对于容错检索，给出了指定为修饰的氨基酸；但对于质量公差检索，由于质量误差仅由前体离子确定，Mascot 不能提供任何建议。如果没有进行氨基酸丰度分析（见 15.3.3.4）或者分析结果不确定，可进行另一组平行检索（见 15.3.3.1），以缩小可能受影响的氨基酸范围。随后，应通过比较 Mascot 计算的碎片离子质量和注释谱图手动评估几个离子得分较高的谱图。另外，可以通过计算理论碎片离子质量进行手动从头测序 [27]。如果归类不确定，可使用对照样品中匹配的未修饰肽碎片的 MS/MS 谱图进行比较——没有鉴定修饰的碎片离子系列应该在两种谱图之间匹配。这就可以确定所建议的修饰是否确实可能在已鉴定的氨基酸上出现。在实例研究中，怀疑甲硫氨酸残基被烷基化导致修饰肽的不稳定侧链和中性损失。在将甲硫氨酸侧链的丢失定义为 Mascot 中的可变修饰后，鉴定出数百种具有这种修饰的肽（数据未显示，更多信息见文献 [11]）。对一些肽的手动分析得到了部分结果，烷基化侧链的中性丢失或者发生在质谱仪的离子源中（图 15-7），或者发生在 MS/MS 碎裂过程中（数据未显示，更多信息见文献 [11]）。

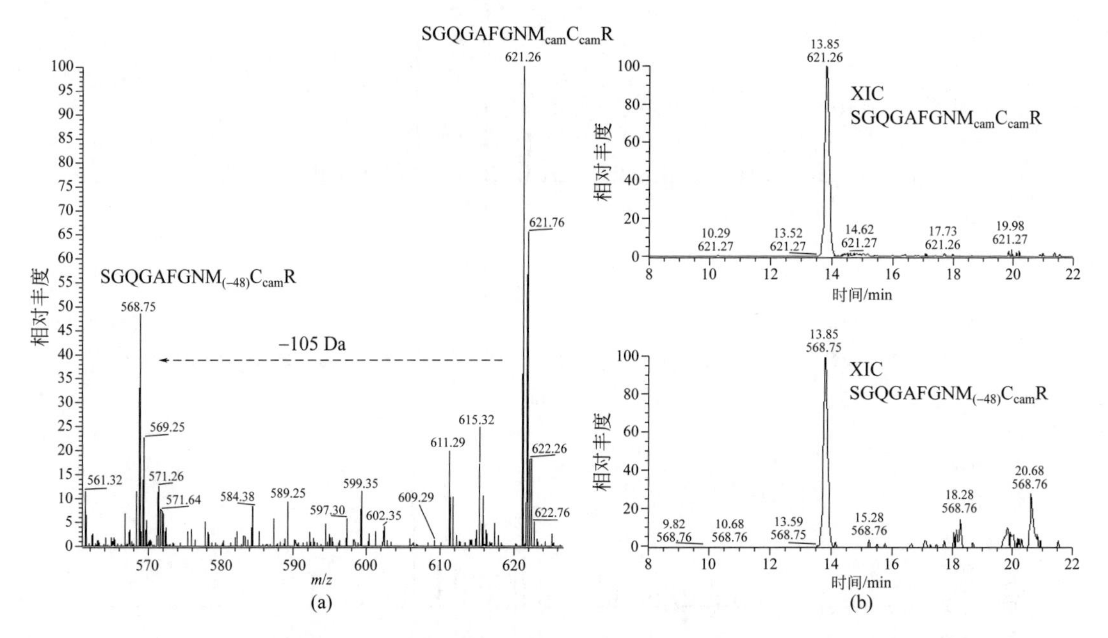

图 15-7　氨基甲酰化甲硫氨酸由于源内碎裂导致氨基酸侧链的中性丢失。(a) 显示烷基化甲硫氨酸肽侧链中性丢失的探测谱图；(b) 烷基化甲硫氨酸肽及其因源内碎裂而失去侧链的肽所生成的离子色谱图（XICs），显示出一致的共洗脱（根据文献 [11]）

15.3.3.7　使用合成肽验证已鉴定的修饰

为了提供最终证据证明所鉴定的谱图确实来自所建议的修饰，应进行合成肽的实验。在使用化学制品的情况下，这个步骤很简单，因为任何含有易受修饰影响的氨基酸的合成肽都可以使用（在实例中研究甲硫氨酸）。如果是生物学修饰，理想情况下应化学合成一种或几种被修饰的肽，并应使用同一台质谱仪进行测量，以生成初始样品可与之进行比较的参考谱图。如果所鉴定的修饰确实正确，则碎片离子谱图有望完美匹配。在实例研究中，使用了一种含有甲硫氨酸的肽，将其与不同的烷基化试剂孵育，并用 MALDI-MS/MS 对样品进行测量（图 15-8）。这清楚地表明，只有含碘的试剂才会引起甲硫氨酸的非特异性烷基化，然后导致其侧链的丢失（见注释 ㉓）。

15.3.4　后续研究

一旦一种新的修饰被明确地鉴定，它应该被记录在像 Unimod 这样的在线数据库中以供科学界使用。如果是生物学修饰，应当制订富集方案，以确定其在生物系统中的修饰程度，最终，需要进行突变实验来证明其生物学意义。对于非预期性的化学修饰，应修改方案以防止这些修饰。根据所鉴定的修饰类型，通常可以辨别出引起这种修饰的试剂。如果不能防止修饰，则可以将其列入可变修饰调整数据库检索策略。这样至少可以鉴定出样品中较高比例的肽。在实例研究中，发现含碘烷基化试剂导致大量的远侧烷基化，显著减少鉴定肽的数量。因此，将方案改变为使用非碘烷基化试剂丙烯酰胺。在 Unimod 数据库中记录了确定的烷基化甲硫氨酸侧链的丢失。

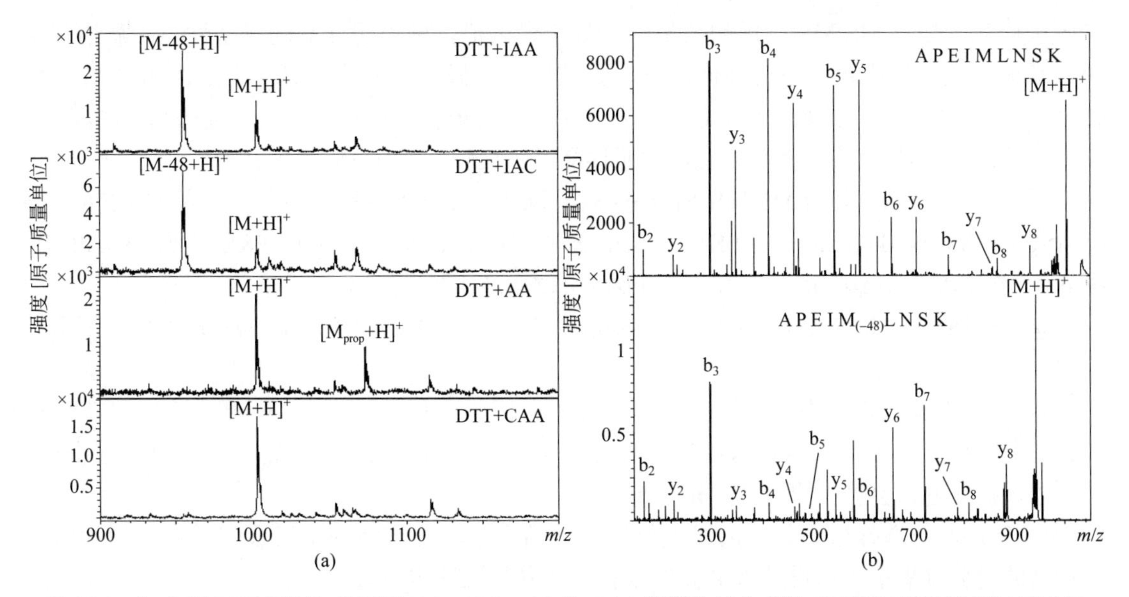

图 15-8 （a）用 DTT 还原和分别用 IAA、IAC、AA 和 CAA 烷基化的合成肽 APEIMLNSK 的 MALDI-MS 谱图，显示了用含碘试剂烷基化的肽中甲硫氨酸侧链（–48Da）的丢失。（b）未修饰肽的 MALDI-MS/MS 谱图（上图）和 M-48Da 处的信号（下图）。碎片离子系列证实 48 Da 的质量差是甲硫氨酸侧链的丢失导致的（来源于文献 [11]）

15.4　注释

① 如果使用蛋白酶抑制剂片剂，可将其溶于水中，生成 100× 原液。原液可在 –20℃下保存数月。在进行实验之前，应将该溶液直接加入到裂解缓冲液中。

② 二甲基标记试剂（均为氰基化合物和甲醛溶液）皮肤接触时有剧毒。因此，处理时要格外小心。

③ 有必要将培养皿放在冰上，使用冰冷的 PBS 抑制任何生物学反应。

④ 为了获得足够纯的胞质组分，细胞必须以温和的方式裂解以保持细胞器完整。这样就可以通过离心去除细胞器，并防止细胞器中蛋白质的过度污染。使用含蔗糖的缓冲液和杜恩斯匀浆器。根据生物样品的类型，可以使用其他温和的裂解方法。

⑤ 蛋白质沉淀是可选步骤。如果裂解缓冲液与蛋白质酶解相溶，则可以省略。

⑥ 如果蛋白质沉淀不是悬浮在 SDS 中，氯仿 - 甲醇沉淀通常会得到更好的结果，因为沉淀的蛋白质更有效地被分解 [28]。

⑦ 当进行凝胶内分解时，沉淀用 SDS 缓冲液复溶。在溶液中直接分解的情况下，可使用其他缓冲液，如 Rapigest[29]。尿素，也常用于溶液中分解，但应避免使用，因为它可能引入非特异性氨基甲酰化 [30]。

⑧ 肽提取液的用量取决于凝胶块的数量。用量应足以覆盖凝胶块。

⑨ 在 top N 实验中，如果大多数探测扫描后接着做最大数量的 MS/MS 扫描，则样品中含有的峰数可能超过了质谱仪所能破碎的峰数。这可以使用像 Raw Meat（Vast Scientific 公司）这样的软件进行研究：大多数肽洗脱的梯度部分应该通过绘制每次探测扫描触发多少 MS/MS

谱图来研究。如果MS/MS扫描的数量一直处于最大值，则说明样品的复杂性对于质谱仪来说太高而导致取样不足。在这种情况下，无法鉴定出低丰度的肽。另一方面，如果MS/MS扫描低于每次探测扫描的最大可容次数，则样品被充分取样，这有利于低丰度修饰肽的鉴定。

⑩ 如果在实验设置中没有考虑与对照样品进行比较，前往15.3.3.5部分。

⑪ 对于Mascot中的MS/MS离子检索，除*.mgf文件外，支持以下格式：Finnigan（*.ASC）、Waters/Micromass（*.PKL）、Sequest（*.DTA）、PerSeptive（*.PKS）、Sciex API III、Bruker（*.XML）、mzData（*.XML）、mzML（*.mzML）。

⑫ 虽然前体质量公差的正确选择是非常重要的，但根据经验，MS/MS离子公差不那么重要。

⑬ 当在大型数据库中检索数据集时，检索时间将会更长，离子得分临界值在1% FDR时会更高。因此，如果只从像人和鼠这样经过充分研究的生物体中鉴定出“正常”蛋白质，较小的数据库通常会产生更好的性能。

⑭ 建议此时选择最小数量的可变修饰。较高数量的修饰因为错误鉴定数量的增加将导致较高的得分临界值。这反过来又会导致较少数量的肽鉴定。

⑮ Proteome Discoverer包括多种允许以不同的方式可视化数据的分析工具。这些工具也可以用于其中的一些分析。

⑯ 如果酶活性降低，建议在蛋白质酶解前进行去除干扰的化学物质的步骤。这可以通过蛋白质沉淀、SDS-PAGE或分子量截留离心过滤来实现。

⑰ 对于肽的重悬，应避免使用含有伯胺的缓冲液，如Tris或碳酸氢铵，因为用于二甲基标记的物质和胺能起化学反应，这样的缓冲液会妨碍肽的有效标记。如果是溶液中分解步骤，胰蛋白酶分解可直接在相容的缓冲液如HEPES中进行和省去脱盐步骤。在二甲基标记之前，可以进行蛋白质含量测定以确保正确的肽量用于标记反应。

⑱ 如果产生蛋白质含量超过15～20μg的样品，则可使用高容量小柱，如Oasis或Sep-Pak固相萃取小柱（均来自Waters公司）。在样品复杂性增加的情况下，可进一步分离样品（例如使用SAX STAGE枪头），并通过单独的STAGE枪头对所得组分进行脱盐。

⑲ Mascot本身不允许根据前体离子强度进行定量，因为用于数据库检索的*.mgf文件中不包含这一信息。因此，必须使用Proteome Discoverer或其他算法（例如Mascot Distiller）进行定量。其他蛋白质鉴定算法也经常包含这样的定量选项。

⑳ 在实例研究中应用的大于两倍变化临界值是蛋白质组学研究中经常使用的值。然而，这是相当主观的。另一种被广泛接受的可能性是根据参考组（对照研究）的95%置信区间计算显著性临界值比。

㉑ 可以使用多种工具创建*.mgf文件，如Trans-Proteomic Pipeline（TPP, 见文献[31]）或Proteowizard MSConvert GUI[32]。

㉒ 对于具有几百到几千种谱图的MS/MS检索，“肽汇总”报告可以在HTML页面上轻松访问。然而，对于大型和复杂的MS/MS检索，简单地打开结果报告是不实际的，因为文件可能会变得太大。有许多方法可以针对这种复杂报告进行选择，以允许打开大规模MS/MS检索生成的“肽汇总”报告。更多信息可以在Mascot帮助页面找到（http://www.matrixscience.com/help/results_help.html）。

㉓ 在本研究中，使用MALDI仪进行合成肽实验因为它使用方便。然而，原则上任何能够进行MS/MS实验的质谱仪都可以使用。

参考文献

1. Aebersold R, Mann M (2016) Massspectrometric exploration of proteome structure and function. Nature 537:347-355. https://doi.org/10.1038/nature19949
2. Kalli A, Smith GT, Sweredoski MJ et al (2013) Evaluation and optimization of mass spectrometric settings during data-dependent acquisition mode: focus on LTQ-orbitrap mass analyzers. J Proteome Res 12:3071-3086. https://doi.org/10.1021/pr3011588
3. Eng JK, McCormack AL, Yates JR (1994) An approach to correlate tandem mass spectral data of peptides with amino acid sequences in a protein database. J Am Soc Mass Spectrom 5:976-989. https://doi.org/10.1016/1044-0305(94)80016-2
4. Griss J, Perez-Riverol Y, Lewis S et al (2016) Recognizing millions of consistently unidentified spectra across hundreds of shotgun proteomics datasets. Nat Methods 13:651-656. https://doi.org/10.1038/nmeth.3902
5. Nielsen ML, Savitski MM, Ra Z (2006) Extent of modifications in human proteome samples and their effect on dynamic range of analysis in shotgun proteomics. Mol Cell Proteomics 5:2384-2391. https://doi.org/10.1074/mcp.M600248-MCP200
6. Nesvizhskii AI, Roos FF, Grossmann J et al (2006) Dynamic spectrum quality assessment and iterative computational analysis of shotgun proteomic data: toward more efficient identification of post-translational modifications, sequence polymorphisms, and novel peptides. Mol Cell Proteomics 5:652-670. https://doi. org/10.1074/mcp.M500319-MCP200
7. Chick JM, Kolippakkam D, Nusinow DP et al (2015) A mass-tolerant database search identifies a large proportion of unassigned spectra in shotgun proteomics as modified peptides. Nat Biotechnol 33:743-749. https://doi.org/10.1038/nbt.3267
8. Tanner S, Shu H, Frank A et al (2005) InsPecT: identification of posttranslationally modified peptides from tandem mass spectra. Anal Chem 77:4626-4639. https://doi.org/10.1021/ac050102d
9. Jensen ON (2004) Modification-specific proteomics: characterization of post-translational modifications by mass spectrometry. Curr Opin Chem Biol 8:33-41. https://doi.org/10.1016/j.cbpa.2003.12.009
10. Zhao Y, Jensen ON (2009) Modificationspecific proteomics: strategies for characterization of post-translational modifications using enrichment techniques. Proteomics 9:4632-4641. https://doi.org/10.1002/pmic.200900398
11. Müller T, Winter D (2017) Systematic evaluation of protein reduction and alkylation reveals massive unspecific side effects by iodinecontaining reagents. Mol Cell Proteomics 16:1173-1187. https://doi.org/10.1074/mcp.M116.064048
12. Laemmli UK (1970) Cleavage of structural proteins during the assembly of the head of bacteriophage T4. Nature 227:680-685. https://doi.org/10.1038/227680a0
13. Boersema PJ, Raijmakers R, Lemeer S et al (2009) Multiplex peptide stable isotope dimethyl labeling for quantitative proteomics. Nat Protoc 4:484-494. https://doi.org/10.1038/nprot.2009.21
14. Shevchenko A, Wilm M, Vorm O et al (1996) Mass spectrometric sequencing of proteins from silver-stained polyacrylamide gels. Anal Chem 68:850-858. https://doi.org/10. 1021/ac950914h
15. Chin Y, Aiken GR, O'Loughlin E (1994) Molecular weight, polydispersity, and spectroscopic properties of aquatic humic substances. Environ Sci 28:1853-1858. https://doi.org/10.1021/es00060a015
16. Williams A, Frasca V (2001) Ion-exchange chromatography. Curr Protoc Protein Sci 15:8.2.1-8.2.30
17. Chen J, Lee CS, Shen Y et al (2002) Integration of capillary isoelectric focusing with capillary reversed-phase liquid chromatography for two-dimensional proteomics separation. Electrophoresis 23:3143-3148. https://doi.org/10.1002/1522-2683(200209)23:18<3143::AID-ELPS3143>3.0.CO;2-7
18. Nühse TS, Stensballe A, Jensen ON et al (2003) Large-scale analysis of in vivo phosphorylated membrane proteins by immobilized metal ion affinity chromatography and mass spectrometry. Mol Cell Proteomics 2:1234-1243. https://doi.org/10.1074/mcp.T300006-MCP200

19. Beausoleil SA, Jedrychowski M, Schwartz D et al (2004) Large-scale characterization of HeLa cell nuclear phosphoproteins. Proc Natl Acad Sci 101:12130-12135. https://doi.org/10.1073/pnas.0404720101
20. Michel PE, Reymond F, Arnaud IL et al (2003) Protein fractionation in a multicompartment device using Off-Gel™ isoelectric focusing. Electrophoresis 24:3-11. https://doi.org/10.1002/elps.200390030
21. Huber LA, Pfaller K, Vietor I (2003) Organelle proteomics: implications for subcellular fractionation in proteomics. Circ Res 92:962-968. https://doi.org/10.1161/01. RES.0000071748.48338.25
22. Rappsilber J, Ishihama Y, MannM(2003) Stop and go extraction tips for matrix-assisted laser desorption/ ionization, nanoelectrospray, and LC/MS sample pretreatment in proteomics. Anal Chem 75:663-670. https://doi.org/10.1021/ac026117i
23. Verheggen K, Raeder H, Berven FS et al (2017) Anatomy and evolution of database search engines-a central component of mass spectrometry based proteomic workflows. Mass Spectrom Rev. https://doi.org/10.1002/mas.21543
24. Brosch M, Yu L, Hubbard T et al (2009) Accurate and sensitive peptide identification with mascot percolator. J Proteome Res 8:3176-3181. https://doi.org/10.1021/pr800982s
25. Bantscheff M, Schirle M, Sweetman G et al (2007) Quantitative mass spectrometry in proteomics: a critical review. Anal Bioanal Chem 389:1017-1031. https://doi.org/10.1007/s00216-007-1486-6
26. Creasy DM, Cottrell JS (2002) Error tolerant searching of uninterpreted tandem mass spectrometry data. Proteomics 2:1426-1434. https://doi.org/10.1002/1615-9861(200210)2:10<1426::AID-PROT1426>3.0.CO;2-5
27. Seidler J, Zinn N, Boehm ME et al (2010) De novo sequencing of peptides by MS/MS. Proteomics 10:634-649. https://doi.org/10.1002/pmic.200900459
28. Winter D, Steen H (2011) Optimization of cell lysis and protein digestion protocols for the analysis of HeLa S3 cells by LC-MS/MS. Proteomics 11:4726-4730. https://doi.org/10.1002/pmic.201100162
29. Yu YQ, Gilar M, Lee PJ et al (2003) Enzymefriendly, mass spectrometry compatible surfactant for in-solution enzymatic digestion of proteins. Anal Chem 75:6023-6028. https://doi.org/10.1021/ac0346196
30. Kollipara L, Zahedi RP (2013) Protein carbamylation: in vivo modification or in vitro artefact? Proteomics 13:941-944. https://doi.org/10.1002/pmic.201200452
31. Deutsch EW, Mendoza L, Shteynberg D et al (2015) Trans-Proteomic Pipeline, a standardized data processing pipeline for large-scale reproducible proteomics informatics. Proteomics Clin Appl 9:745-754. https://doi.org/10.1002/prca.201400164
32. Holman JD, Tabb DL, Mallick P (2014) Employing ProteoWizard to convert raw mass spectrometry data. Curr Protoc Bioinformatics 46:13.24.1-13.24.9. https://doi.org/10. 1002/0471250953.bi1324s46

第16章

用无标记LC-MS/MS方法分析通过激光定位拨离技术分离的郎格罕氏岛的蛋白质组

Lina Zhang, Giacomo Lanzoni, Matteo Battarra, Luca Inverardi, Qibin Zhang

摘要 糖尿病是由胰岛 β 细胞损失（1 型糖尿病，T1D）、胰岛 β 细胞胰岛素释放不足和靶组织胰岛素抵抗（2 型糖尿病，T2D）或胰岛素释放受损（糖尿病的遗传形式，可能还有 T1D 亚型）引起的。胰岛蛋白质组的研究可以阐明糖尿病发病机制的多个方面。酶促分离和培养（EIC）郎格罕氏岛经常被用于研究可能触发糖尿病 β 细胞变化和死亡的生化信号转导途径。然而，由于分离步骤和体外培养的胁迫，它们不能完全反映体内胰岛的天然蛋白质组成和疾病过程。激光定位拨离法使用高能激光源在一个保存良好且接近自然条件的环境中从保存的组织切片中分离出所需的细胞。在这里，描述了使用激光定位拨离（LCM）技术从尸体供体的新鲜冰冻胰腺切片分离郎格罕氏岛的无标记蛋白质组工作流程以获得郎格罕氏岛蛋白质组的准确客观的分析。工作流程包括冰冻组织切片的制备、染色和脱水、LCM 郎格罕氏岛分离、郎格罕氏岛蛋白质分解、无标记液相色谱串联质谱（LC-MS/MS）、数据库检索和统计分析。

关键词 LCM 郎格罕氏岛，无标记蛋白质组学，LC-MS/MS，MaxQuant，Perseus

16.1 引言

糖尿病是由胰岛 β 细胞损失（1 型糖尿病，T1D）、胰岛 β 细胞胰岛素释放不足和靶组织胰岛素抵抗（2 型糖尿病，T2D）或胰岛素释放受损（糖尿病的遗传形式，可能还有 T1D 亚型）引起的。胰岛蛋白质组的研究可以阐明糖尿病发病机制的多个方面。酶促分离和培养（enzymatically isolated and cultured，EIC）郎格罕氏岛 [1-3] 经常被用于研究可能触发 β 细胞变化和死亡的生化信号转导途径。然而，这种体外模型有一些局限性：因为缺乏郎格罕氏岛存在的自然环境以及由于分离和培养引起的细胞生理变化使它们不能完全反映体内发生的情况。酶促分离郎格罕氏岛的步骤引起郎格罕氏岛主要结构的变化和诱导胁迫相关基因的上调 [4]。此外，EIC 郎格罕氏岛通常含有很多污染腺泡细胞和导管细胞 [5]。从一个不同的角度，人胰腺组织可以从尸体中获得，采用冷冻保存以便进一步进行激光定位拨离（laser-capture microdissected，LCM）分离。LCM 使用高能激光源从保存的组织切片中分离出所需的细胞[6]，这一方法可以最大限度地减少对周围组织的污染。LCM 分离还可以从保存良好且接近自然条件的环境中提取样品，以便更好地研究细胞生理学[7]、细胞生物学[8]、细胞转录组[4]和蛋白质组[9]。即使样品数量有限，用客观的方法研究 LCM 郎格罕氏岛的蛋白质组明显特征也可以提供功能失调的郎格罕氏岛蛋白质组成变化的信息，这可能有助于了解糖尿病的发病机制。

在这里，描述了从新鲜冷冻的人胰腺切片中获得的 LCM 郎格罕氏岛的无标记蛋白质组分析的工作流程。这种方法可以准确客观地分析郎格罕氏岛蛋白质组。该策略避免了酶处理细胞分离和体外培养，旨在保持蛋白质组成接近原始组织。这种方法很容易适用于其他组织、器官和物种。工作流程包括冰冻组织切片的制备、对照切片的免疫组化染色、LCM 的染色和脱水、郎格罕氏岛和腺泡组织的 LCM、蛋白质组分析样品的制备、无标记液相色谱串联质谱（LC-MS/MS）数据获取、数据库检索进行蛋白质鉴定、定量和统计分析以确定 LCM 郎格罕氏岛和 LCM 腺泡组织之间差异表达蛋白质。

16.2 材料

常见的溶剂和试剂[乙酸、二硫苏糖醇（DTT）、碘乙酰胺（IAA）、碳酸氢铵（NH_4HCO_3）、盐酸（HCl）、甲酸（FA）、乙腈（CH_3CN）]是从 Sigma-Aldrich 公司（美国密苏里州圣路易斯市）购买的。Tissue-Tek O.C.T. 包埋剂和 100% 乙醇是从 VWR 公司购买的。甲苯胺蓝 O 和抗胰岛素抗体克隆 K36aC10 是从 Sigma-Aldrich 公司购买的。Leica 聚萘二甲酸乙二醇酯（polyethylene naphthalate，PEN）膜载玻片是从 Leica 公司购买的。PBS 是从 Gibco Life Technologies 公司购买的。Kimwipes 和 Drierite 是从 VWR 公司购买的。Peroxo-Block^{TM} 是从 Thermofisher Scientific 公司购买的。Histostain Plus Broadspectrum AEC 试剂盒是从 Invitrogen 公司购买的。Elitemini PAP 笔是从 Diagnostic BioSystems 公司（Pleasanton，CA）购买的。PPS Silent Surfactant 是从 Expedeon 公司（San Diego，CA）购买的。BCA 蛋白质测定试剂盒是从 ThermoFisher Scientific 公司（Rockford，IL）获得的，测序级胰蛋白酶是从 Promega 公司（Madison WI）购买的。使用的所有溶剂均为 HPLC 级。

仪器：冷冻切片机（Leica Cryotome CM3050 S，Leica）、组织学玻片扫描仪（PathScan Enabler IV，带工作站和 PathScan Enabler 软件，Meyer Instruments）、激光拨离系统（Leica Microscope LS LMD，带工作站和 Leica LMD 软件，Leica），液相色谱和质谱分析系统（UltiMate 3000 RSLCnano 系统和 Q Exactive HF 质谱仪加上 EASY-Spray 离子源，ThermoFisher Scientific）。下面列出了每个步骤中使用的试剂和材料的详细信息。

16.2.1 冷冻组织切片

① Tissue-Tek 冷冻模具标准。

② Tissue-Tek O.C.T. 包埋剂。

③ 100% 乙醇。

④ Leica PEN 膜载玻片。

16.2.2 参考切片的免疫组化染色

① Elitemini PAP 笔。
② 10mmol/L 磷酸盐缓冲液（PBS）pH7.4。
③ 抗胰岛素抗体克隆 K36aC10 1∶1000 稀释（见注释①）。
④ 即用型生物素化二抗（来自 Histostain Plus Broadspectrum AEC 试剂盒）。
⑤ 辣根过氧化物酶（HRP）底物 / 显色剂：AEC 完全溶液（AEC Single Solution）。

16.2.3 LCM 染色和脱水

① 100% 乙醇。
② 70% 乙醇：将 70mL 乙醇和 30mL H_2O 混合。
③ 90% 乙醇：将 90mL 乙醇和 10mL H_2O 混合。
④ 用 70% 乙醇配制 0.005g/mL 甲苯胺蓝 O 染色液（见注释②）。
⑤ Drierite 干燥剂。

16.2.4 郎格罕氏岛和腺泡组织的 LCM

50mmol/L NH_4HCO_3，pH 8：向 100mL H_2O 加入 0.40g NH_4HCO_3。

16.2.5 蛋白质分解

① 1%PPS：向含有 1mg PPS 瓶中加入 100μL 50mmol/L NH_4HCO_3（见注释③）。
② 50mmol/L 二硫苏糖醇（DTT）：称 0.77mg DTT 于微量离心管中，加入 100μL DI 水（见注释④）。
③ 50mmol/L 碘乙酰胺（IAA）：称取 0.925mg IAA 于微量离心管中，加入 100μL DI 水（见注释⑤）。
④ 胰蛋白酶原液：用 50mmol/L 醋酸配制 1μg/μL，使用前 −20℃保存。
⑤ 2mol/L HCl：16.52mL 37%HCl，加 H_2O 至 100mL。

16.2.6 LC-MS/MS

缓冲液 A，0.1%FA；缓冲液 B，0.1%FACH_3CN 溶液。

16.3 方法

LCM 郎格罕氏岛蛋白质组分析的主要步骤如图 16-1 所示。

本研究使用了三名捐献者的胰腺组织。从每名捐献者采集三个 LCM 郎格罕氏岛技术重复，从每个重复采集六个相当于人胰岛的郎格罕氏岛。同时，从同一郎格罕氏岛周围采集等量的腺泡组织。每名捐献者采集两个技术重复。用 LCM 腺泡组织证实 LCM 郎格罕氏岛未被污染。

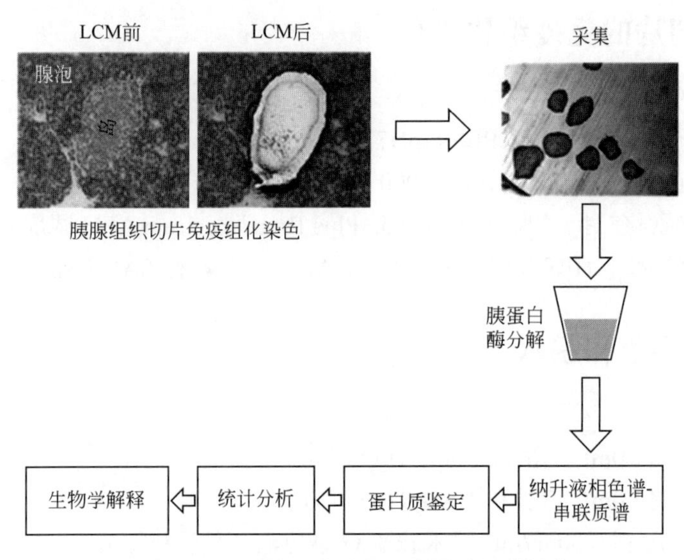

图 16-1　实验工作流程示意图（见彩图）

16.3.1　冰冻组织切片的制备

① 处理胰腺组织操作时要注意：避免挤压或拉伸组织，使用手术刀进行钝切。

② 从器官捐献者尸体胰腺颈部切除胰腺组织块。

③ 采集约 1cm×0.5cm 的组织碎片，将碎片放置在冷冻模具的中心。

④ 将组织用 Tissue-Tek O.C.T. 包埋剂包埋，将托住组织的模具放在干冰上立即在 −80℃冷冻（见注释⑥）。

⑤ 用冷冻切片机将组织块切成 10μm 厚的切片，温度设定为 −20℃（见注释⑦）。

⑥ 将 3 张胰腺切片转移到 10 块 Leica PEN 膜载玻片的每一块上。

⑦ 在普通载玻片上制备额外的对照切片，用于胰岛素免疫组织化学和绘图（见注释⑧）。

16.3.2　参考切片的免疫组织化学染色

① 用 10% 甲醛固定参考切片 15min（见注释⑨）。

② 在 PBS 中洗涤 4 次。

③ 在每张组织切片上留一滴 PBS，并用 PAP 笔在每张切片周围画一个圆圈。

④ 除去 PBS。

⑤ 加入 Peroxo-Block™ 45s。立即洗涤。

⑥ 向每张切片加入 100μL 抗胰岛素抗体克隆 K36aC10 溶液（稀释 1∶300），使组织完全覆盖。

⑦ 在加湿室中室温孵育 60min。

⑧ 用 PBS 冲洗三次，每次 5min。

⑨ 向每张切片加入 100μL 二抗，使组织完全覆盖，孵育 10min。

⑩ 用 PBS 冲洗三次，每次 5min。

⑪ 向每张切片加入足够的酶结合物溶液（从 Histostain Plus Broadspectrum 试剂盒中取

出），使组织完全覆盖，孵育 10min。

⑫ 用 PBS 冲洗三次，每次 2min。

⑬ 加入显色剂 AEC 完全溶液，孵育 5 ～ 10min。

⑭ 用 PathScan Enabler Ⅳ组织学玻片扫描仪扫描对照切片，获得全部切片图，并鉴定染色的含胰岛素郎格罕氏岛。

16.3.3 LCM 染色和脱水

① 用 8 个干净的预装 50mL 70%（1 ～ 5 号罐）、90%（6 号罐）和 100%（7、8 号罐）乙醇的 Coplin 罐进行染色和脱水。

② 染色过程中，1 ～ 5 号罐在冰上保持冰冷，6 号至 8 号罐保持室温以避免脱水后冷凝。

③ 将有组织切片的 PEN 膜载玻片依次在乙醇系列的 1 号到 3 号罐中浸 30s。

④ 在 3 号罐后，将每张载玻片的侧边轻轻地放在吸水纸上吸干溶液，然后水平放置，组织切片朝上面。

⑤ 加入 200μL 甲苯胺蓝 O 染色液对切片进行染色 90s，然后将其沥干并转移到 4 号罐，继续脱水（见注释⑩）。

⑥ 按照数字顺序（4 ～ 8 号罐）将载玻片在每个罐中浸 30s 脱水。

⑦ 用吸水纸将染色和脱水的载玻片溶液吸干，置于层流罩下 4min 使乙醇蒸发。

⑧ 将载玻片放在装有用吸水纸包好的干燥剂 Drierite 的载玻片盒内并用胶带密封（见注释 ⑪）。

16.3.4 郎格罕氏岛和腺泡组织的 LCM（见注释 ⑫）

① Leica 显微镜 LS-LMD 系统的载物台位于透明的空气参数可控的亚克力盒（拨离室）中。

② 拨离前 1h，清洁工作场所，使用 2kg 新鲜干燥剂 Drierite 使拨离室湿度降到最低，能够进行膜拨离。

③ 使用 Leica LMD 软件设置激光器（见表 16-1）以初始化仪器和控制激光器在组织切片上的移动。

表 16-1 Leica LMD 激光定位拨离系统配置

参数	×10倍	×20倍
孔径	10	13
强度	40	35
速度	4	7
补偿值	26	34
Ap Diff	8	8
选项	Med	Med

④ 将带染色组织的 PEN 膜载玻片放置在载物台上，组织面朝下。

⑤ 将空的无菌收集管放在切割区下方（无 RNAse 的 Eppendorf 管，500μL 体积，平盖）。

⑥ 对照切片的扫描用于绘制含胰岛素的郎格罕氏岛图。

⑦ 通过 10 倍明视野和相差观察，甲苯胺蓝染色组织中可见郎格罕氏岛。在明视野中，

郎格罕氏岛细胞呈簇状，细胞质颜色较浅，而周围的腺泡组织由细胞质颜色较深的细胞组成（见图 16-1）。在相差视野中，郎格罕氏岛细胞呈细粒状，20 倍可见郎格罕氏岛边缘（见注释 ⑬）。

⑧ 郎格罕氏岛和胰腺外分泌组织收集在不同的管中。每个拨离的区域都带有注释。

⑨ 拨离组织的体积通过收集的总面积乘以 10μm（切片厚度）计算。

⑩ 将拨离的郎格罕氏岛收集到 500μL 无菌管的盖子中（见注释 ⑭，图 16-1）。

⑪ 将邻近区域的腺泡组织拨离并收集到不同的管中。

⑫ 对外加组织进行拨离，直到每个样品的总体积相当于 $1.06\times10^7\mu m^3$，6 个胰岛当量（见 16.3.5）。

⑬ 拨离时间不应超过 60min（每隔 60min 对外加组织切片进行染色）。

⑭ 小心地从拨离室取出收集管。

⑮ 将拨离组织用 50μL 50mmol/L NH_4HCO_3 重悬。

⑯ 盖好管盖，将重悬组织以 13000r/min 离心 2min（见注释 ⑮）。

⑰ 用干冰冷冻，在 −80℃保持冰冻。

16.3.5 将 LCM 面积转换为体积和 IEQ

分离郎格罕氏岛的总体积可用胰岛当量（islet equivatents，IEQ）的数量表示[10]。一个 IEQ 相当于一个“标准”胰岛的体积，一个直径 d=150μm、体积 $V_{IEQ}=1.77\times10^6\mu m^3$ 的球状物体积。1 IEQ 包含大约 1560 个胰岛细胞[11]。记录激光定位组织的面积，并通过将所收集的总面积乘以组织切片的厚度（10μm）计算体积。每个拨离样品的目标总体积为 $1.06\times10^7\mu m^3$，相当于 6 个 IEQ（$6\times1.77\times10^6\mu m^3$）。在收集过程中的任何时间，可以将激光定位组织的总体积除以 1 IEQ 的标准体积（$V_{IEQ}=1.77\times10^6\mu m^3$），得到相应的激光定位组织的 IEQ 数量。

16.3.6 蛋白质分解

① 加入 6μL 1% pps silent surfactant（PPS）提取和溶解疏水性蛋白质。

② 加入 1.5μL 50mmol/L DTT，95℃孵育 6min。

③ 将样品超声处理 3min。

④ 用 7.5μL 50mmol/L 碘乙酰胺 45℃黑暗烷基化 25min。

⑤ 加入 1μg 胰蛋白酶原液 37℃过夜。

⑥ 加入 12μL 2mol/L HCl 室温水解 PPS 2h。

⑦ 将样品以 16000×g 离心 12min，并将上清液分离进行 LC-MS/MS 分析（见注释 ⑯）。

16.3.7 LC-MS/MS 分析

LC-MS/MS 分析步骤可能因 LC 系统（制造商、色谱柱、溶剂组成、梯度、流速等）和 MS 仪（制造商、电喷雾条件、碎裂、MS 参数、分析仪等）的不同而有所不同。以下是我们实验室的常规做法。

① LC-MS/MS 平台由一个 UltiMate 3000 RSLCnano 系统和一个带 ASY-Spray 离子源的 Q Exactive HF 质谱仪组成（ThermoFisher Scientific 公司）。

② 肽分离在 PepMap C_{18} 分析柱（2μm 径粒，50cm×75μm，ThermoFisher Scientific 公司）上进行。每个样品的进样量为 2.5μL（0.5 μg 肽量上样到柱中）（见注释 ⑰）。

③ 使用由 0.1%FA 水溶液（溶剂 A）和 0.1% FA CH_3CN 溶液（溶剂 B）组成的二元溶剂系统，其流速为 250nL/min（见注释 ⑱）。

④ LC 分离使用以下梯度设置进行：在 4%B 下保持 3min（用于脱盐），在 0.1min 内从 4% 到 8%B，在 90min 内从 8% 到 40%B（有效梯度），在 0.1%min 内从 40% 到 90%B，在 90%B 下保持 10min（用于洗涤柱），在 0.1min 内从 90% 到 4%B，在 4%B 下保持 17min 以重新平衡柱（见注释 ⑲）。

⑤ MS 数据以形态模式获取，全扫描分辨率（*m/z*400 ～ 2000）设置为 120000（*m/z*200 处），最大离子注入时间为 50ms，自动增益控制（automatic gail control，AGC）目标值 $1e^6$。

⑥ MS/MS 数据采用前 15 个数据相关方法获取。使用 1.4*m/z* 的分离窗口分离前体离子供在标准化碰撞能量为 28 时通过高能碰撞解离（higher-energy collisional dissociation，HCD）碎裂。MS/MS 谱的分辨率设置为 60000（*m/z*200），最大离子注入时间为 100ms。MS/MS 扫描的 AGC 目标值是 $1e^5$。

⑦ 将具有单电荷态、七电荷态及更高电荷态的前体离子排除在碎裂之外，动态排除时间设为 20s。

16.3.8 蛋白质鉴定和定量的数据库检索

许多数据库检索软件包可用于此目的。这里演示了 MaxQuant[12]。

① 获得的数据集（.raw 文件）使用 MaxQuant 和内置 Andromeda 搜索引擎通过 UniProt 蛋白质（人类）数据库进行分析（见注释 ⑳）。

② 可变修饰包括蛋白质 N 端乙酰化和甲硫氨酸氧化。

③ 固定修饰含有半胱氨酸脲甲基化。

④ 检索时允许最大未被酶切位点数是 2。

⑤ 选择胰蛋白酶 /P 作为特定的蛋白水解酶（见注释 ㉑）。

⑥ 对于无标记定量，选择“运行间匹配”（见注释 ㉒）。

⑦ 利用诱饵数据库，肽和蛋白质的错误发现率（false discovery rate，FDR）的临界值为 0.01（1%）。

⑧ 定量计算只采用共有 / 独特的肽。

⑨ 其他参数是 MaxQuant 软件中用于处理 orbitrap-type 数据的默认设置。

16.3.9 统计分析

MaxQuant 检索生成的结果 ProteinGroups.txt 直接用 Perseus 软件进行处理 [13]。使用 Perseus 内置的统计分析工具对差异表达蛋白进行鉴定。

① 将定量数据从 ProteinGroups.txt 导入 Perseus。

② 排除可能的污染分子、反向鉴定和仅通过修饰位点鉴定的蛋白质。

③ 过滤掉独特肽小于 1 的蛋白质。

④ 蛋白质强度是经 $\log_2$ 变换的。

⑤ 将标品分为两组：LCM 郎格罕氏岛和 LCM 腺泡组织。

⑥ 过滤掉所有样品中未定量的蛋白质。

⑦ 结合 Benjamini-Hochberg（FDR 临界值为 0.05）校正进行双样本检验鉴定差异表达的蛋白质。

16.3.10　用于数据分析和生物解释的附加资源

① http://string-db.org：已知和预测蛋白质相互作用的数据库。相互作用包括直接（物理）和间接（功能）关联；它们有四个来源：基因组背景、高通量实验、共表达、原有知识。该工具可用于在功能和相互作用网络中插入蛋白质。蛋白质在网络中的参与是通过文献资料建立起来的。

② http://www.proteinatlas.org : 基于抗体的蛋白质组学数据库。这个工具能够分析基因和蛋白质在不同人体组织中的表达。数据库提供了与市售抗体结合特异性相关的数据。

③ http://compartments.jensenlab.org: 亚细胞定位数据库。该数据库整合了来自手动整理的文献、高通量分析、自动文本挖掘和基于序列的预测方法的蛋白质亚细胞定位证据。

16.4　注释

① 抗胰岛素抗体稀释液应现用现配。

② 5mg/mL 甲苯胺蓝 O 染色液 70% 乙醇溶液应现用现配。

③ PPS 溶液应现配。一旦包装在空气中打开，内容物应立即溶解在缓冲液（pH7 ～ 8）中，防止温度升高，并在 12h 内使用。

④ DTT 原液应在使用前现配。

⑤ 将 IAA 溶液黑暗保存。

⑥ 用 100% 乙醇擦拭冷冻切片机的内室和载物台。

⑦ 更换刀片，每份样品切完后用 100% 乙醇擦拭冷冻切片机的内室和载物台以避免污染。

⑧ 切片 −80℃下冷冻保存。

⑨ 根据对照载玻片的胰岛素抗体免疫组织化学染色能够鉴定和绘制有 β 细胞的郎格罕氏岛。

⑩ 冰冻胰腺切片的甲苯胺蓝 O 染色能够很好地区分郎格罕氏岛和腺泡组织：与周围腺泡组织相比，郎格罕氏岛呈浅色；此外，内分泌细胞在相差照明下具有特征性的颗粒状或“凹凸不平”外观。如果拨离室的湿度太高（以粉红色干燥剂指示），组织切片可能在一小时或更短时间内重新水合：这导致了可见的组织降解，并阻碍了进一步的激光定位拨离。

⑪ 通过对照切片的常规免疫组织化学染色绘制含胰岛素郎格罕氏岛图，甲苯胺蓝 O 染色用于指导乙醇脱水切片的激光定位拨离。

⑫ 每一段 LCM 分析时间共持续 60min，以避免组织再水合和降解。

⑬ 激光定位拨离的设置由操作者优化，并根据样品的性质进行调整。

⑭ 收集管应无菌且无 RNase/DNase/ 蛋白酶。

⑮ 在这个阶段对组织进行离心可以避免组织丢失。

⑯ 用于复溶每个组分中肽的溶剂体积的粗略估计可通过上样到分离柱上的肽量和最终

组分的数量来确定。例如，100μg除以24个组分得到4.2μg/组分，制备0.2μg/μL样品需要加入21.0μL溶剂进行复溶。

⑰ 进样量取决于自动进样器的样品环载量、柱容量和MS检测器，因此需要根据实际配置调整进样量。

⑱ 在35℃加热柱时C_{18} 50cm×75μm内径柱的流速为250nL/min，产生的柱压为550～600bar（1bar=10^5Pa）。

⑲ 肽分离所用的梯度可以根据分离性能进行调整。但是，所有的样品必须在相同的条件下运行以限制样品之间的差异。

⑳ 数据库信息需要包括数据库的类型、序列登记号和发布日期。

㉑ 用于检索的酶的选择是根据第15.3.6中选择用于蛋白质分解的酶。

㉒ 应该选择“运行间的匹配”，因为它可以改进检索结果，减少缺失值。

致谢

这项工作得到了美国国家卫生研究院（R01 DK114345）和糖尿病研究所基金的支持。

参考文献

1. Schrimpe-Rutledge AC, Fontès G, Gritsenko MA, Norbeck AD, Anderson DJ, Waters M, Adkins JN, Smith RD, Poitout V, Metz TO (2012) Discovery of novel glucose-regulated proteins in isolated human pancreatic islets using LC-MS/MS-based proteomics. J Proteome Res 11(7):3520-3532
2. Waanders LF, Chwalek K, Monetti M, Kumar C, Lammert E, Mann M (2009) Quantitative proteomic analysis of single pancreatic islets. Proc Natl Acad Sci U S A 106 (45):18902-18907
3. Eizirik DL, Sammeth M, Bouckenooghe T, Bottu G, Sisino G, Igoillo-Esteve M, Ortis F, Santin I, Colli ML, Barthson J, Bouwens L, Hughes L, Gregory L, Lunter G, Marselli L, Marchetti P, McCarthy MI, Cnop M (2012) The human pancreatic islet transcriptome: expression of candidate genes for type 1 diabetes and the impact of pro-inflammatory cytokines. PLoS Genet 8(3):e1002552
4. Marselli L, Thorne J, Ahn YB, Omer A, Sgroi DC, Libermann T, Otu HH, Sharma A, Bonner-Weir S, Weir GC (2008) Gene expression of purified beta-cell tissue obtained from human pancreas with laser capture microdissection. J Clin Endocrinol Metab 93(3):1046-1053
5. Marselli L, Thorne J, Dahiya S, Sgroi DC, Sharma A, Bonner-Weir S, Marchetti P, Weir GC (2010) Gene expression profiles of Betacell enriched tissue obtained by laser capture microdissection from subjects with type 2 diabetes. PLoS One 5(7):e11499
6. Bonner RF, Emmert-Buck M, Cole K, Pohida T, Chuaqui R, Goldstein S, Liotta LA (1997) Laser capture microdissection: molecular analysis of tissue. Science 278(5342):1481, 1483.
7. Sturm D, Marselli L, Ehehalt F, Richter D, Distler M, Kersting S, Grutzmann R, Bokvist K, Froguel P, Liechti R, Jorns A, Meda P, Baretton GB, Saeger HD, Schulte AM, Marchetti P, Solimena M (2013) Improved protocol for laser microdissection of human pancreatic islets from surgical specimens. J Vis Exp 71:50231
8. Marciniak A, Cohrs CM, Tsata V, Chouinard JA, Selck C, Stertmann J, Reichelt S, Rose T, Ehehalt F, Weitz J, Solimena M, Slak Rupnik M, Speier S (2014) Using pancreas tissue slices for in situ studies of islet of Langerhans and acinar cell biology. Nat Protoc 9 (12):2809-2822
9. Nishida Y, Aida K, Kihara M, Kobayashi T (2014) Antibody-validated proteins in inflamed islets of fulminant type 1 diabetes profiled by laser-capture microdissection followed by mass spectrometry. PLoS One 9(10): e107664

10. Ricordi C, Gray DW, Hering BJ, Kaufman DB, Warnock GL, Kneteman NM, Lake SP, London NJ, Socci C, Alejandro R et al (1990) Islet isolation assessment in man and large animals. Acta Diabetol Lat 27(3):185-195
11. Pisania A, Weir GC, O'Neil JJ, Omer A, Tchipashvili V, Lei J, Colton CK, Bonner-Weir S (2010) Quantitative analysis of cell composition and purity of human pancreatic islet preparations. Lab Invest 90 (11):1661-1675
12. Tyanova S, Temu T, Cox J (2016) The Max-Quant computational platform for mass spectrometry-based shotgun proteomics. Nat Protoc 11(12):2301-2319
13. Tyanova S, Temu T, Sinitcyn P, Carlson A, Hein MY, Geiger T, Mann M, Cox J (2016) The Perseus computational platform for comprehensive analysis of (prote)omics data. Nat Methods 13(9):731-740
14. Tusher VG, Tibshirani R, Chu G (2001) Significance analysis of microarrays applied to the ionizing radiation response. Proc Natl Acad Sci U S A 98(9):5116-5121

第 17 章

靶向蛋白质组学

Yun Chen, Liang Liu

摘要 靶向蛋白质组学对检测感兴趣的蛋白质具有高灵敏度、定量准确性和可重复性。在靶向蛋白质组学试验中，通过对靶向蛋白质的分解产生目标肽，并开发了选择反应监测（SRM）试验，使用液相色谱 - 串联质谱（LC-MS/MS）对这些肽进行定量。在本报告中，描述了细胞和组织样品中靶向蛋白质定量分析的详细步骤。

关键词 靶向蛋白质组学，液相色谱 - 串联质谱，蛋白质定量，细胞和组织样品

17.1 引言

随着对多个样品蛋白质定量需求的日益增长，基于液相色谱 - 串联质谱（LC-MS/MS）的靶向蛋白质组学因其灵敏度高、定量准确和可重复性而成为系统生物学、生物医学研究和临床蛋白质组学的强有力工具[1-4]。靶向蛋白质组学被《自然方法》（*Nature Methods*）选为 2009 年和 2010 年的关注方法，也被选为 2012 年的年度方法[5-7]。在靶向分析中，首先使用蛋白水解酶（通常是胰蛋白酶）将靶向蛋白质分解成肽。然后，通常用三重四极杆质谱仪通过选择 / 多反应监测（SRM/MRM）对能够唯一代表靶向蛋白质的目标肽进行选择分析。其中，在第一质量分析器（Q1）中设定感兴趣前体肽的离子质量，而在 Q2 中由碰撞诱导解离生成的肽产物离子在第三质量分析器（Q3）中预设定。前体离子 / 产物离子 *m/z* 对，称为 SRM/MRM 跃迁，用于生成 LC-MS/MS 色谱图。色谱图曲线下的面积提供对每种感兴趣肽和靶向蛋白质的定量测量（图 17-1）。

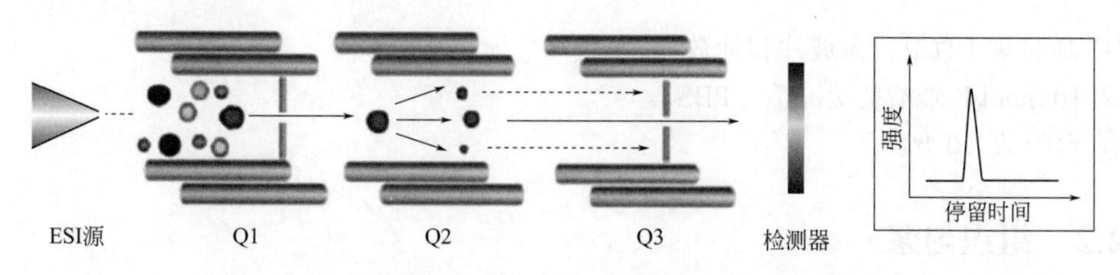

图 17-1 使用三重四极杆质谱仪在 SRM 模式下运行的靶向蛋白质组学方法示意图

到目前为止，靶向蛋白质组学已经在不同的研究领域和应用中越来越广泛地使用。在实验室中，经常应用这种技术进行蛋白质定量，例如在细胞和组织样品中的 P- 糖蛋白（P-gp）[8, 9]、

转铁蛋白（TRF）[10]、转铁蛋白受体（TfR）[11]、叶酸受体（FR）[12]、细胞外调节蛋白激酶（extracellular regulated protein kinase，ERK）[13]、小鼠双微体2（murine double minute 2，MDM2）[14]、热休克蛋白 27（heat shock protein27, HSP27）[15] 等。典型的流程包括①样品预处理和蛋白质提取，②蛋白质分解，③选择靶向蛋白质的合适目标肽，④通过加入重稳定同位素化学合成内标肽，⑤试验开发和验证以及⑥样品分析（图 17-2）。

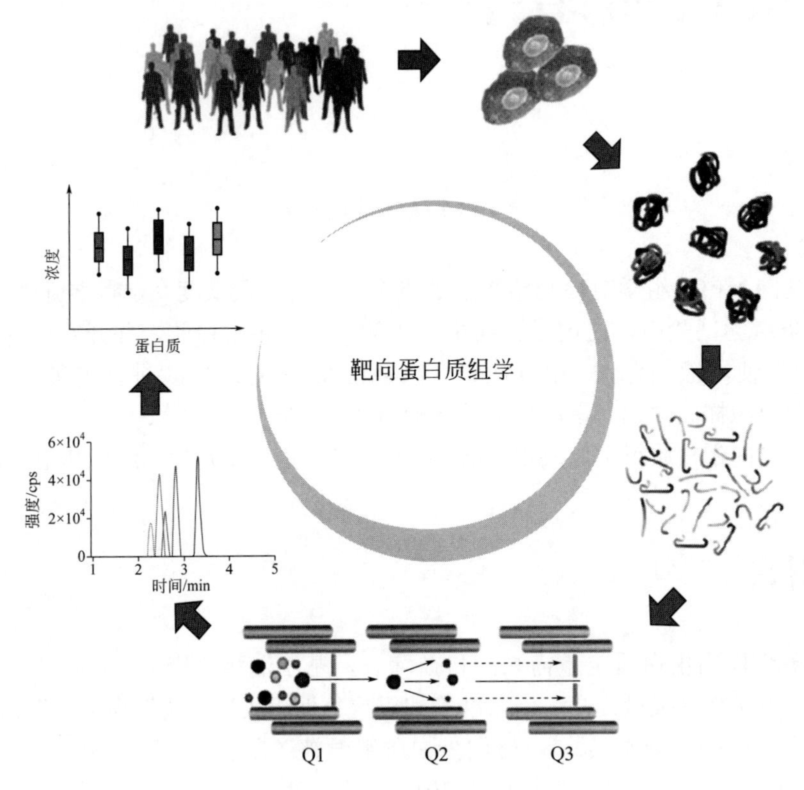

图 17-2　靶向蛋白质组学的典型流程

17.2　材料

17.2.1　细胞活力试验

① 血细胞计数板，盖玻片和计数器。

② 10mmol/L 磷酸盐缓冲液（PBS）。

③ 台盼蓝（0.4%）。

17.2.2　组织匀浆

① 剪刀和匀浆器。

② 匀浆缓冲液：50mmol/L Tris-HCl，pH 7.4，2mmol/L 乙二胺四乙酸（EDTA），1mmol/L DL- 二硫苏糖醇（DTT），150mmol/L NaCl 和 1% 蛋白酶抑制剂（见注释①）。

17.2.3　蛋白质提取缓冲液

① 胞质蛋白。

② RIPA 裂解缓冲液：50mmol/L Tris-HCl，pH 7.4，150mmol/L NaCl，1%Triton X-100，1%脱氧胆酸钠，0.1% 十二烷基硫酸钠（SDS）（见注释②）。

③ 膜蛋白。

④ 提取缓冲液：50mmol/L Tris-HCl，pH 7.4，1mmol/L DTT，2mmol/L EDTA，1% 蛋白酶抑制剂，1% Triton X-114。

⑤ 洗涤缓冲液：50mmol/L Tris-HCl，pH 7.4，1mmol/L DTT，2mmol/L EDTA，0.06% Triton X-114。

17.2.4　胰蛋白酶分解缓冲液

50mmol/L DTT，400mmol/L 碘乙酰胺（IAA）和 50mmol/L 碳酸氢铵（NH_4HCO_3）。

17.2.5　LC-MS/MS 仪

安捷伦 1200 系列 HPLC 系统和 6410 三重四极杆 LC/MS 质谱仪（见注释③）。

17.3　方法

17.3.1　样品制备

17.3.1.1　细胞预处理

① 仔细地从细胞中去除培养基。

② 用冷 PBS 洗涤细胞两次。

③ 用台盼蓝（0.4%）排斥试验测定细胞活力。将细胞悬液、PBS 和台盼蓝按 2∶3∶5 的比例混合，37℃孵育 5min。

④ 用血细胞计数板计数活细胞。

17.3.1.2　组织匀浆

① 将组织样品在室温解冻，并用去离子水彻底冲洗。

② 去除脂肪组织，将剩下的组织切成小块，转移到管中。

③ 称约 50mg 组织，并将其悬浮在组织匀浆缓冲液中（见注释④）。

④ 使用 Bio-Gen PRO200 匀浆器在冰上将组织悬液匀浆。

17.3.2　蛋白质提取

17.3.2.1　胞质蛋白

① 向样品中加入冷 RIPA 缓冲液。将样品放在冰上 45min，每 15min 涡旋一次。

② 将样品以 14000×*g* 离心 15min。

③ 将上清液转移到新管，用 BCA 蛋白质检测试剂盒测定蛋白质浓度。

17.3.2.2 膜蛋白

① 将样品以 10000×*g* 离心 10min，然后将沉淀用 500μL 膜蛋白提取缓冲液重悬。

② 将样品置于冰上孵育 30min，每 10min 涡旋一次，然后 37℃孵育 10min（见注释⑤）。

③ 将混合物以 10000×*g* 离心 3min，以分离洗涤剂相和水相。

④ 向水相和洗涤剂相分别加入 500μL 1% 提取缓冲液和 500μL 洗涤缓冲液。然后重复上述孵育和离心步骤。

⑤ 将洗涤剂相混合，使用冷丙酮（使用前在 −20℃预冻 1h）沉淀蛋白质。

⑥ 让丙酮室温蒸发。

⑦ 用 1% 的 SDS 溶液溶解蛋白质沉淀。

⑧ 用 BCA 蛋白质检测试剂盒测定所得样品的蛋白质浓度。

17.3.3 溶液中胰蛋白酶分解

① 将 100μL 样品与 50μL 50mmol/L NH_4HCO_3 混合。

② 95℃使蛋白质变性 8min（见注释⑥）。

③ 向样品中加入 50μL 50mmol/L DTT，然后 60℃孵育 30min。

④ 加入 30μL 400mmol/L IAA，室温黑暗孵育 30min。

⑤ 加入 50μL 测序级胰蛋白酶溶液（酶：蛋白质 =1：20），37℃孵育 24h。

⑥ 加入 10μL 0.1%TFA（三氟乙酸）使反应停止。

⑦ 将样品在真空离心机中干燥。

⑧ 用含有 0.1%FA（甲酸）的 100μL CAN（乙腈）：水（50：50，体积分数）重悬样品。

17.3.4 脱盐

① 向胰蛋白酶混合物中加入 100μL 内标溶液。

② 事先用 100μL ACN 和 100μL 水预处理微型离心 C_{18} 柱（the Nest Group，Inc.，MA，USA）。

③ 将 50μL 样品加入柱中，以 1000×*g* 离心 1min。

④ 用 50μL 含 0.1%TFA 的 CAN：水（5：95，体积分数）洗涤柱，用含 0.1%FA 的 50μL CAN：水（80：20，体积分数）洗脱。

⑤ 重复上述步骤 3 ～ 4 次，最后将收集物合并。

17.3.5 目标肽的选择

① 建立靶向蛋白质组学试验的最关键步骤是选择蛋白质水解肽：a. 对候选蛋白质是唯一的，b. 可以提供充分的信号响应，c. 是目标蛋白质完全分解产生的，d. 能产生高质量的 SRM[16, 17]（见注释⑦）。

② 选择目标肽的唯一性通常通过 BLAST 检索核对。例如，肽 434STTVQLMQR442、674GSQAQDR680 和 368IIDNKPSIDSYSK380 被发现对 P-gp 是唯一的［登录号 P08183（MDR1 HUMAN），gi: 2506118］[8]。

③ 通常进行基于计算预测或来自公共数据库的谱图证据列出 SRM 跃迁对的 LC-MS/MS 分析，鉴定丰度最大的肽[18]（见注释⑧）。合成参考肽通常用于确认（图 17-3）。

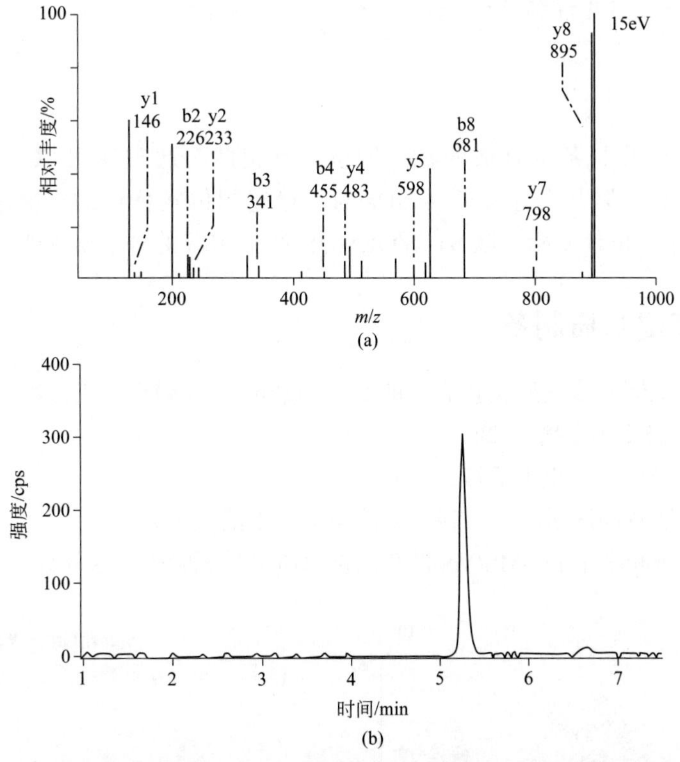

图 17-3　P-gp 目标肽 368IIDNKPSIDSYSK380 的产物离子谱图和 LC-MS/MS 色谱图。序列特异性的 b 离子和 y 离子以及停留时间是该肽的特征（经 Elsevier 许可从参考文献 [9] 中复制）

④ 使用含有相同肽序列（模拟靶向蛋白质的一段）的底物肽估计分解效率。通过比较分解后胰蛋白酶肽和分解过程中的等物质的量合成肽标准品的响应比计算分解效率（图 17-4）[19]。

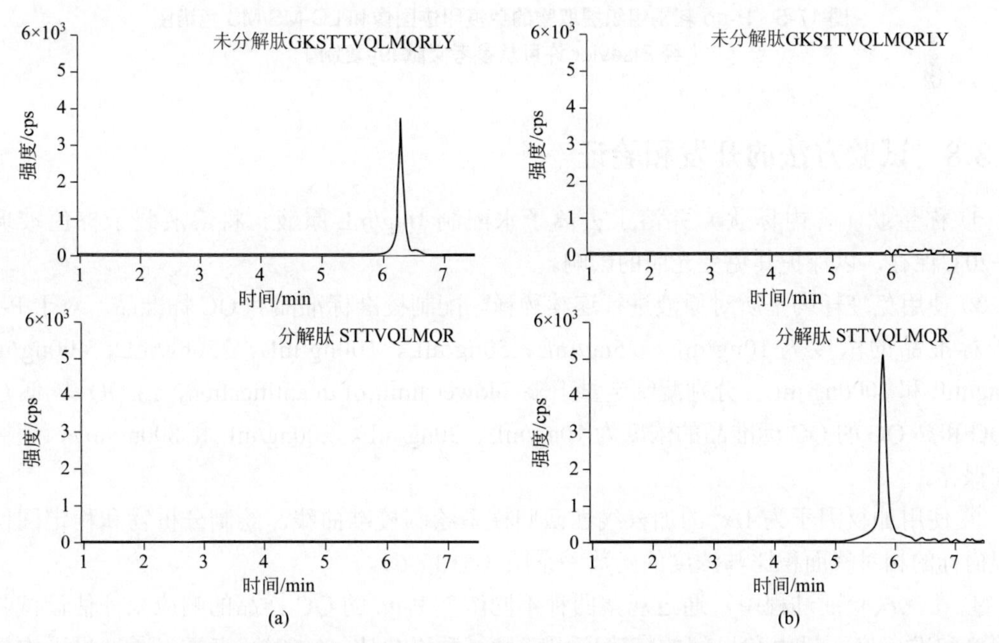

图 17-4　胰蛋白酶分解前（a）和后（b）STTVQLMQ 及其底物肽 GKSTTVQLMQRLY 的 LC-MS/MS 色谱图（经 Elsevier 许可从参考文献 [8] 复制）

⑤ 优化 SRM 跃迁（见注释⑨～⑪）。

17.3.6 内标

根据选择的目标肽制备了合成的稳定同位素标记肽。通常使用 ^{13}C 和 D 稳定同位素标记的氨基酸。例如，附加分子质量为 8Da 的氘稳定同位素标记的缬氨酸结合到肽序列 STTV*QLMQR 的第 4 位使未标记肽 STTVQLMQR 产生 8Da 的分子质量改变[8]。

17.3.7 免疫耗竭基质制备

① 加入预先与抗靶向蛋白质抗体孵育的 BioMagPlus IgG 磁珠（见注释 ⑫）。

② 将混合物于 25℃振荡孵育 2h。

③ 用磁力分离磁珠，收集上清液。

④ 用 1% SDS 溶液冲洗磁珠，并将洗脱液与上述上清液混合。

⑤ 使用免疫印迹和基于 LC-MS/MS 的靶向蛋白质组学试验检验这种合成基质（图 17-5）。

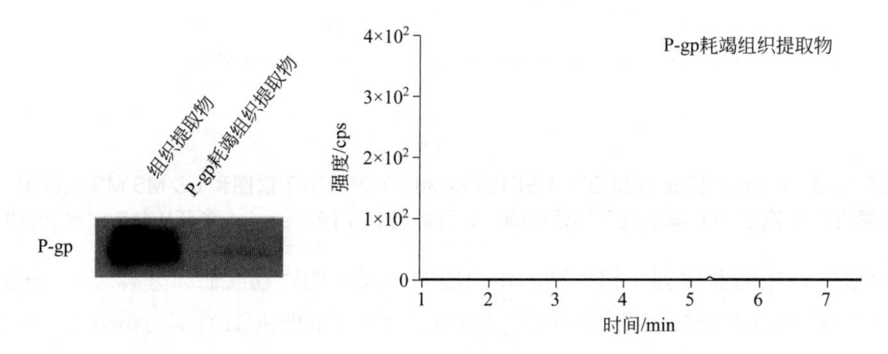

图 17-5 P-gp 耗竭组织提取物的免疫印迹图像和 LC-MS/MS 色谱图
（经 Elsevier 许可从参考文献 [9] 复制）

17.3.8 试验方法的开发和验证

① 称量肽（含内标肽）并溶于去离子水配制 1mg/mL 原液。将溶液装于棕色玻璃管中 −20℃保存，以保护其免受光照的影响。

② 使用免疫耗竭基质对原液进行连续稀释，配制校准标准品和 QC 标准品。对于 P-gp，校准标准品的浓度为 10ng/mL、25ng/mL、50ng/mL、100ng/mL、250ng/mL、400ng/mL、700ng/mL 和 1000ng/mL。分别配制定量下限（lower limit of quantification，LLOQ）、低 QC、中 QC 和高 QC 的 QC 标准品的浓度为 10ng/mL、30ng/mL、200ng/mL 和 800ng/mL，使用前冷冻保存。

③ 使用加权因子为 $1/x^2$ 的加权线性回归模型绘制校准曲线。绘制分析物和稳定同位素标记内标的相对峰面积比与浓度的函数关系图（图 17-6）。

④ 在三次验证过程中，通过观察四种不同浓度 P-gp 的 QC 样品的响应来评估该试验的精确度和准确度。日内和日间的精确度用变异系数百分比（%CV）表示。通过将平均计算浓度与其标称值（% 偏差）进行比较，获得准确度（表 17-1）。

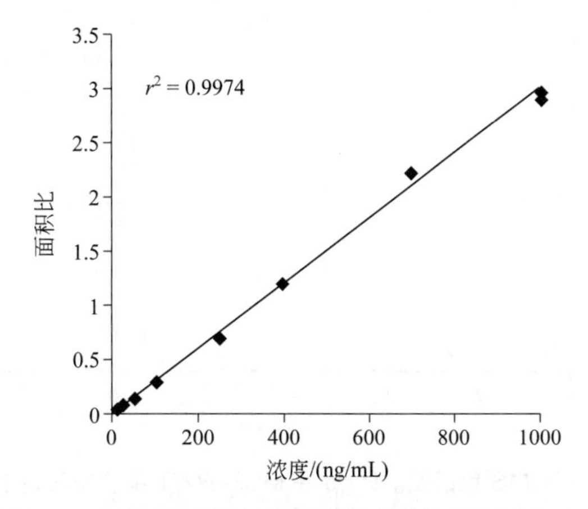

图 17-6　使用 P-gp 耗竭基质的标准品的代表性校准曲线（10 ~ 1000ng/mL）（经 Elsevier 许可从参考文献 [9] 中复制）

表 17-1　使用 P-gp 耗竭基质的 QC 样品的准确度和精确度（经 Elsevier 许可从参考文献 [8] 中复制）

标称浓度	10ng/mL	30ng/mL	200ng/mL	800ng/mL
平均值	9.33	29.0	200	770
% 偏差	−6.6	−3.3	0.0	−3.8
日内精确度（%CV）	4.4	4.6	2.8	2.7
日间精确度（%CV）	9.4	4.1	3.1	1.0
n	18	18	18	18
运行次数	3	3	3	3

17.3.9　样品分析

① 应用基于 LC-MS/MS 的靶向蛋白质组学试验对样品进行分析。

② 使用上面建立的校准曲线（图 17-7 和图 17-8）计算细胞和组织样品中靶向蛋白质的含量（见注释 ⑬）。蛋白质含量也可以通过较快的方式进行监测（图 17-9）。

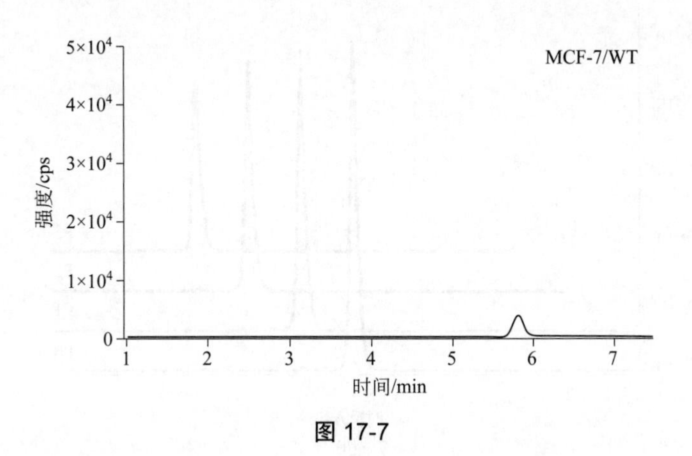

图 17-7

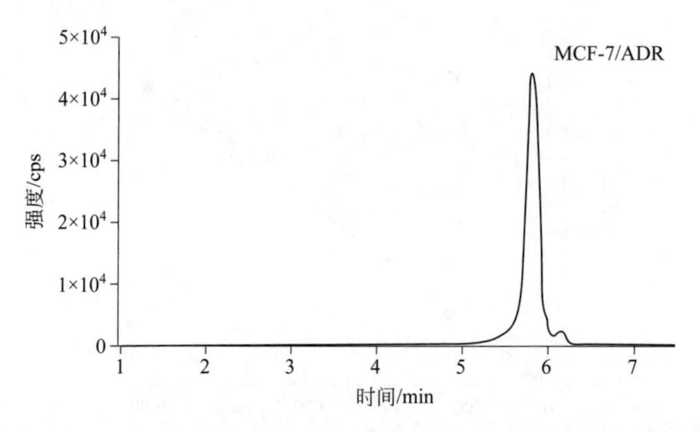

图 17-7　细胞内 P-gp 的 LC-MS/MS 色谱图。P-gp 在 MCF-7/WT 细胞中表达的准确定量为 3.53fg/ 个，在 MCF-7/ADR 细胞中表达的准确定量为 34.5fg/ 个（经 Elsevier 许可从参考文献 [8] 复制）

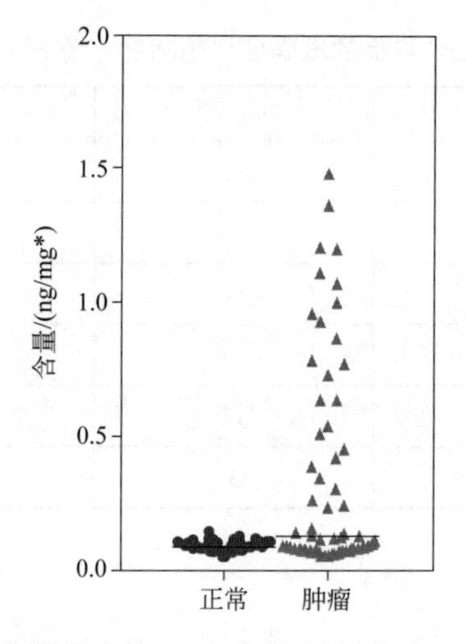

图 17-8　36 对匹配的乳腺组织样品中的 P-gp 含量（经 Elsevier 许可从参考文献 [9] 中复制）

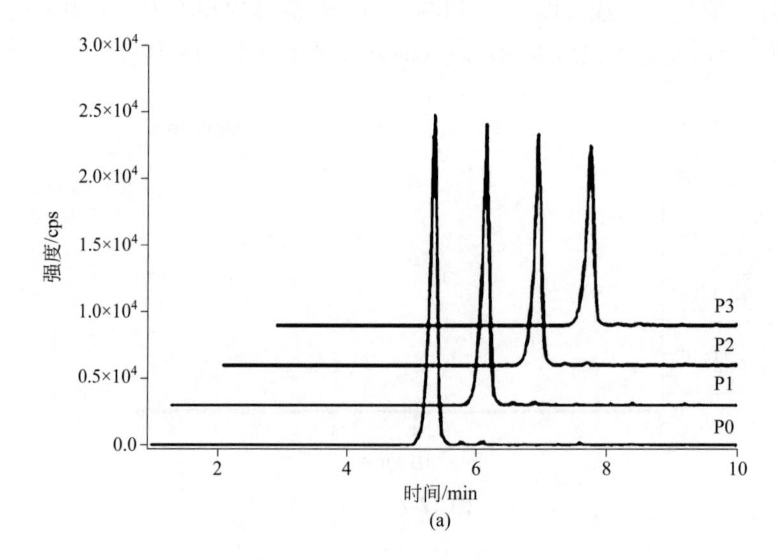

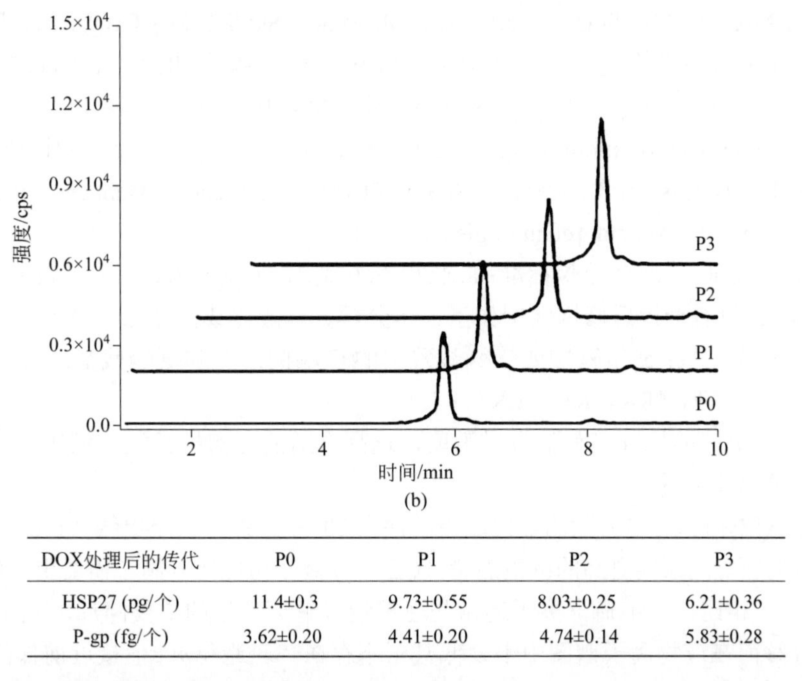

DOX处理后的传代	P0	P1	P2	P3
HSP27 (pg/个)	11.4±0.3	9.73±0.55	8.03±0.25	6.21±0.36
P-gp (fg/个)	3.62±0.20	4.41±0.20	4.74±0.14	5.83±0.28

图 17-9　DOX 处理后新制备的（P0）和传代 1、2、3（P1、P2、P3）MCF-7/WT 细胞中（a）HSP27 和（b）P-gp 的 LC/MS-MS 色谱图。含量列于表中（经 Elsevier 许可从参考文献 [15] 复制）

17.4　注释

① DTT 可能不稳定，不应长时间保存，所以使用前现配 [20]。

② 如有必要，在使用前立即向 RIPA 缓冲液中加入蛋白酶和磷酸酶抑制剂。

③ 需要注意的是，其他仪器平台（如离子阱、Q-TOF）也可以进行类似 SRM 的实验；然而，四极杆质谱仪是定量的首选技术，也是常规研究和临床实验室中最容易使用的仪器 [21]。

④ 组织收集必须得到医学伦理审查的批准。

⑤ 必要时增加孵育时间。

⑥ 目前，许多变性条件可用，例如强酸或强碱（例如乙酸）、高浓度无机盐（例如尿素）、有机溶剂（例如乙醇）或加热 [22]。

⑦ 主要有两种相反的方法，前瞻性和回顾性，或者使用各种算法进行质谱分析数据预测，或者根据使用来自公共数据库或内部实验（例如，在全球性发现实验期间记录的谱图）数据的谱图证据。作为前瞻性的 SRM 设计，可以通过 ESP 预测器、STEPP、PAGE-ESI（peptide sieve）、peptide detectability 等计算工具预测哪些肽和产物离子最适合 SRM 进行蛋白质定量。然而，应该注意的是，蛋白质分解、电离和碎裂的机制还没有得到充分的了解，无法建立准确的模型做出这样的预测。目前的模型只能帮助选择高响应肽，特别是在缺乏实验数据时。回顾性方法使用实验获得的肽谱作为证据，并开发了几种软件工具。公开可用的谱库包括 PRIDE、GPMDB、PeptideAtlas、NIST 和 MacCoss。这些软件工具是多反应监测定量分析的靶向鉴定（targeted identification for quantitative analysis by multiple reaction monitoring,

TIQAM）、MRMer、SRMCollider、MaRiMba、MRMaid、Skyline 和 ATAQS，或者由质谱仪供应商提供的商业软件平台［例如，SRM Workflow 软件（基于 SIEVE）、Pinpoint 和 P3 预测器（Thermo Scientific 公司）、基于 mTRAQ 试剂的 MRMPilot 软件和多反应监测介导的检测和测序（multiple reaction monitoring initiated detection and sequencing，MIDAS）Workflow Designer（Applied Biosystems）、VerifyE 和 TargetLynx™ Application Manager（Waters 公司）、MassHunter Optimizer（Agilent Technologies 公司）］。

⑧ 选择高丰度肽有几个经验标准：a. 长度在 6 到 16 个氨基酸之间；b. 没有甲硫氨酸或半胱氨酸残基；c. 没有翻译后修饰（例如蛋白质分解、磷酸化或糖基化）或单核苷酸多态性；d. 膜蛋白没有跨膜区域；e. 精氨酸或赖氨酸残基的 C 端侧没有脯氨酸残基；f. 没有精氨酸或赖氨酸残基的连续序列（RR、KK、RK、KR）。

⑨ 为了获得更好的峰分离和信号灵敏度，选择合适的色谱柱类型，优化有机溶剂组成、流速和柱温是非常重要的。

⑩ 通常，双电荷和三电荷肽的最佳碰撞条件为 20 ～ 40eV，甚至更低（10eV）。较长的肽和带较少电荷的肽可能需要更高的碰撞能量（CE），y 离子可能比 b 离子需要更高的 CE[19]。

⑪ 与 b 离子相比，单电荷 y 离子通常是碰撞诱导解离产生的主要碎片，b 离子由于其稳定性低、易分解而在产物离子谱图中丰度低甚至不存在。应避免 *m/z* 值接近前体的产物离子，因为这种跃迁通常是噪声 [19]。

⑫ 多个物种的抗体和相应的 IgG 磁珠都可以符合蛋白质耗竭的条件 [23]。

⑬ MRM 跃迁可以用总计以定量肽，也可以使用一个或多个跃迁进行定量，而其他跃迁则用于确认肽的身份 [19]。

参考文献

1. Yocum AK, Chinnaiyan AM (2009) Current affairs in quantitative targeted proteomics: multiple reaction monitoring-mass spectrometry. Brief Funct Genomics Proteomics 8 (2):145-157
2. Pan S, Aebersold R, Chen R, Rush J, Goodlett DR, McIntosh MW, Zhang J, Brentnall TA (2008) Mass spectrometry based targeted protein quantification: methods and applications. J Proteome Res 8(2):787-797
3. Parker CE, Pearson TW, Anderson NL, Borchers CH (2010) Mass-spectrometry-based clinical proteomics—a review and prospective. Analyst 135(8):1830-1838
4. Domon B, Aebersold R (2006) Mass spectrometry and protein analysis. Science 312 (5771):212-217
5. Marx V (2013) Targeted proteomics. Nat Methods 10(1):19-22
6. Doerr A (2010) Targeted proteomics. Nat Methods 7(1):34-34
7. Doerr A (2013) Mass spectrometry-based targeted proteomics. Nat Methods 10(1):23-23
8. Yang T, Xu F, Xu J, Fang D, Yu Y, Chen Y (2013) Comparison of liquid chromatography-tandem mass spectrometry-based targeted proteomics and conventional analytical methods for the determination of P-glycoprotein in human breast cancer cells. J Chromatogr B 936:18-24
9. Yang T, Chen F, Xu F, Wang F, Xu Q, Chen Y (2014) A liquid chromatography-tandem mass spectrometry-based targeted proteomics assay for monitoring P-glycoprotein levels in human breast tissue. Clin Chim Acta 436:283-289
10. Yu Y, Xu J, Liu Y, Chen Y (2012) Quantification of human serum transferrin using liquid chromatography-tandem mass spectrometry based targeted proteomics. J Chromatogr B 902:10-15
11. Yang T, Xu F, Zhao Y, Wang S, Yang M, Chen Y (2014) A liquid chromatography-tandem mass spectrometry-based targeted proteomics approach for the assessment of transferrin receptor levels in breast cancer. Proteom Clin Appl 8(9-10):773-782

12. Yang T, Xu F, Fang D, Chen Y (2015) Targeted proteomics enables simultaneous quantification of folate receptor isoforms and potential isoform-based diagnosis in breast cancer. Sci Rep 5:16733
13. Yang T, Xu F, Sheng Y, Zhang W, Chen Y (2016) A targeted proteomics approach to the quantitative analysis of ERK/Bcl-2-mediated anti-apoptosis and multi-drug resistance in breast cancer. Anal Bioanal Chem 408 (26):7491-7503
14. Zhang W, Zhong T, Chen Y (2017) LC-MS/ MS-based targeted proteomics quantitatively detects the interaction between p53 and MDM2 in breast cancer. J Proteome 152:172-180
15. Xu F, Yang T, Fang D, Xu Q, Chen Y (2014) An investigation of heat shock protein 27 and P-glycoprotein mediated multi-drug resistance in breast cancer using liquid chromatography tandem mass spectrometry-based targeted proteomics. J Proteome 108:188-197
16. Anderson L, Hunter CL (2006) Quantitative mass spectrometric multiple reaction monitoring assays for major plasma proteins. Mol Cell Proteomics 5(4):573-588
17. Prakash A, Tomazela DM, Frewen B, MacLean B, Merrihew G, Peterman S, MacCoss MJ (2009) Expediting the development of targeted SRM assays: using data from shotgun proteomics to automate method development. J Proteome Res 8 (6):2733-2739
18. Picotti P, Aebersold R (2012) Selected reaction monitoring-based proteomics: workflows, potential, pitfalls and future directions. Nat Methods 9(6):555-566
19. Gianazza E, Tremoli E, Banfi C (2014) The selected reaction monitoring/multiple reaction monitoring-based mass spectrometry approach for the accurate quantitation of proteins: clinical applications in the cardiovascular diseases. Expert Rev Proteomics 11(6):771-788
20. Schmidt C, Urlaub H (2012) Absolute quantification of proteins using standard peptides and multiple reaction monitoring. Methods Mol Biol 893:249-265
21. Dillen L, Cools W, Vereyken L, Lorreyne W, Huybrechts T, de Vries R, Ghobarah H, Cuyckens F (2012) Comparison of triple quadrupole and high-resolution TOF-MS for quantification of peptides. Bioanalysis 4(5):565-579
22. Mosby I (2006) Mosby's medical dictionary. Mosby
23. Zolotarjova N, Martosella J, Nicol G, Bailey J, Boyes BE, Barrett WC (2005) Differences among techniques for high-abundant protein depletion. Proteomics 5(13):3304-3313

第18章

用液相色谱结合高分辨率质谱进行金黄色葡萄球菌抗生素敏感性的代谢组学研究

Sandrine Aros-Calt, Florence A. Castelli, Patricia Lamourette, Gaspard Gervasi, Christophe Junot, Bruno H. Muller, François Fenaille

摘要 金黄色葡萄球菌是一种容易产生耐药性的主要人类病原体。例如，耐甲氧西林金黄色葡萄球菌是医院和社区获得性细菌感染的主要原因。在本章中，首先提供获得客观的和可重复的金黄色葡萄球菌代谢谱的详细步骤，然后使用亲水相互作用液相色谱和五氟苯基丙基柱结合高分辨率质谱非靶向分析得到细胞内代谢组。这些分析结合内部谱图数据库进行以高可信度鉴定尽可能多的有意义的金黄色葡萄球菌代谢物。在这些条件下，可以常规监测超过200种注释的金黄色葡萄球菌代谢物，还说明了该步骤如何用于研究耐甲氧西林和敏感菌株之间的代谢差异。

关键词 金黄色葡萄球菌，耐甲氧西林，代谢组学，液相色谱，高分辨率质谱

18.1 引言

金黄色葡萄球菌（*Staphylococcus aureus*）是一种众所周知的机会性病原体，可引起多种疾病和综合征，包括菌血症、肺炎、蜂窝织炎、骨髓炎以及影响皮肤和软组织的感染[1]。此外，金黄色葡萄球菌以其能获得对各种抗生素的耐药性而闻名。在耐药金黄色葡萄球菌中，耐甲氧西林金黄色葡萄球菌（methicillin-resistant *S. aureus*，MRSA）是威胁级别最严重的已出现多重耐药性的病原体之一[2]，对万古霉素的耐药性不断增加[3]。MRSA涉及全球大多数金黄色葡萄球菌菌血症病例，并且通常与临床结果差（约30%的死亡率）相关[4, 5]。尽管在欧洲MRSA菌株的威胁级别随着时间的推移有所下降，但一些欧洲国家仍报告25%或更多的侵袭性金黄色葡萄球菌分离菌株为MRSA[5]。抗生素耐药性获得的部分原因是治疗感染药物的滥用和不当使用。不幸的是，最初的抗生素耐药性往往在抗生素使用后不久出现，再加上制药公司不愿开发新的抗生素，这就导致了严重的健康问题[6]。因此，人们做出了大量努

力以更好地了解抗生素耐药机制，从而有可能找到新的治疗方法 [7-10]。

在这一目标下，代谢组学可以极大地帮助更深入地挖掘 MRSA 菌株耐药性背后的致病性和生化机制。事实上，代谢组学提供了最直接的细胞表型评估，非常适合于定量和动态监测细菌响应特定环境条件的代谢变化。最近发表的关于 MRSA 菌株研究的论文明确支持这一说法 [11-15]。Liebeke 等在金黄色葡萄球菌代谢组学方面的开创性工作，证明了利用液相色谱 - 质谱联用仪（LC-MS）同时分析约 80 种金黄色葡萄球菌代谢物的可能性。据他们报道，金黄色葡萄球菌重要的碳代谢，特别是包括核苷酸、单磷酸和双磷酸糖以及辅因子等能量转移分子，可以用来监测丝氨酸 / 苏氨酸激酶和磷酸酶基因缺失引起的代谢紊乱 [11]。

Keaton 等研究了用亚抑制浓度的 β- 内酰胺类抗生素处理 MRSA 菌株时代谢途径的变化。他们使用 LC-MS 和气相色谱 - 质谱联用仪（GC-MS）相结合的技术突出显示在研究条件下三羧酸（TCA）循环中间产物的显著增加，这倾向于证明 MRSA 菌株的能量生产被重新使用以供应细胞壁的合成 / 代谢，从而有助于它们在 β- 内酰胺抗生素的存在下存活 [16]。在最近的一项研究中，Dorries 等通过利用 LC-MS、GC-MS 和 NMR（核磁共振）技术研究金黄色葡萄球菌全面的细胞内外代谢谱，研究了五种不同细胞靶点的抗生素对其代谢的影响 [13]。他们的分析平台主要包括初级代谢，使他们能够着重研究各种生物合成途径中代谢物的积累和消耗，例如重要的碳和氨基酸代谢，肽聚糖、嘌呤和嘧啶合成 [13]。另外，Ammons 等通过对 40 种细胞内代谢物（主要是氨基酸和 TCA 循环中间产物）的定量监测，成功地实现了一种基于 NMR 区分 MRSA 和 MSSA（甲氧西林敏感金黄色葡萄球菌）菌株的策略 [12]。

尽管这些研究成功地将 MRSA 与 MSSA 菌株区分开来，或对金黄色葡萄球菌抗生素耐药性有了深入了解，但大多数研究只包括了有限数量的代谢物或描述的仅是根据代谢组学标准倡议标准进行初步鉴定的代谢物 [17]。实际上，被视为正式鉴定的代谢物至少需要有两个正交的物理化学参数与在相同实验条件下分析的真实标准物相匹配（例如，停留时间和质谱，或准确的质量和串联质谱）。在缺乏相应的可靠的化学标准品的情况下，感兴趣的代谢物只能被视为初步的鉴定，例如根据其准确测量的质量和可用的 MS/MS 谱图的解释 [17]。对金黄色葡萄球菌的代谢组进行精确分类仍需付出相当大的努力，根据基因组规模模型推断，预测它是一种代谢产物为 500 ～ 1400 种的非常复杂的微生物 [18]。根据已发表的最详尽的研究报道，已明确鉴定的金黄色葡萄球菌代谢物有 100 ～ 150 种，这表明要获得一个充分确定的和全部的代谢物库还需要很多年的时间。

获得客观和最全面的金黄色葡萄球菌细胞内代谢物谱的先决条件是适当的样品制备和有效的检测方法以满足代谢组自然化学多样性的需要。在这种背景下，设计并仔细优化了具体可靠的样品制备步骤以获得不同实验条件下金黄色葡萄球菌细菌代谢的可靠影像。还报道了两种互补液相色谱 - 高分辨率质谱（LC-HRMS）平台的开发以最高的置信水平鉴定尽可能多的金黄色葡萄球菌代谢物（图 18-1）[14]。代谢物鉴定流程遵循了代谢组学标准倡议报告的标准 [17]，并成功鉴定出 210 种金黄色葡萄球菌代谢物，有多达 173 种被正式鉴定。因此，证明了所实施的步骤能够重复检测 MRSA 和 MSSA 菌株代谢谱的差异 [14]。

在本章中，描述了金黄色葡萄球菌细胞内代谢物的提取、制备和分析方法的每一步骤，以便读者能够重复此实验。

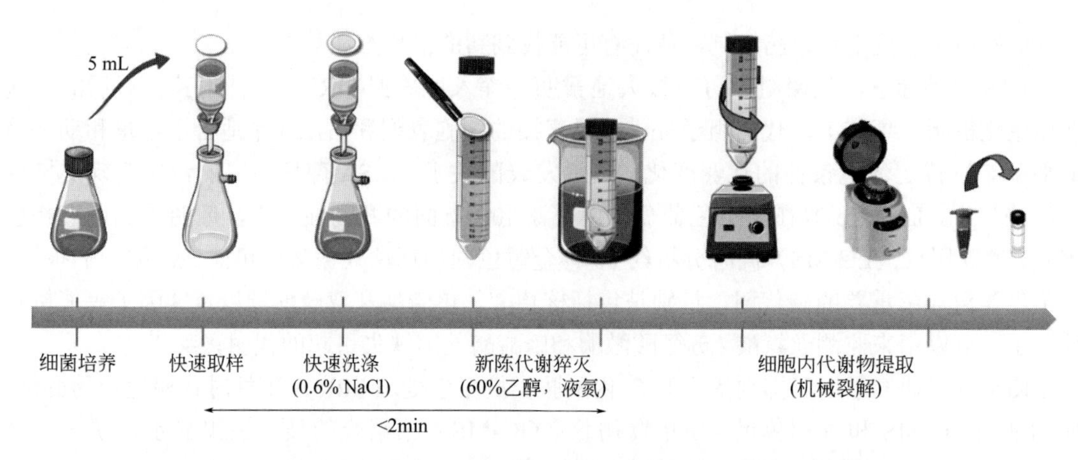

图 18-1　通过 LC-HRMS 进行金黄色葡萄球菌代谢组分析的实验流程

18.2　材料

18.2.1　细菌菌株

从 bioMérieux 微生物菌种保藏中心获得耐甲氧西林和敏感金黄色葡萄球菌菌株。采用多重 PCR 方法检测所研究菌株 *mecA*/*mecC* 基因的存在，使用苯唑西林 Etest® 纸条（bioMérieux，Marcy l'Etoile，France）测定最低抑菌浓度（MIC）。

18.2.2　细菌培养

① 来自 Becton Dickinson 的 Mueller Hinton Ⅱ肉汤（MHⅡ，阳离子调节）（产品参考号 212322，美国新泽西州 Franklin Lakes）。将 22g MHⅡ培养基溶于 1L 超纯水中，120℃高压灭菌 20min，4℃保存直到使用。

② 含有 5% 羊血的哥伦比亚（COS）琼脂平板（bioMerieux）。

③ 头孢西丁（Sigma-Aldrich 公司，法国 Saint Quentin Fallavier）。

④ 培养皿（Sigma-Aldrich 公司）。

⑤ Erlenmeyer 折流式细胞培养瓶（Sigma-Aldrich 公司）。

⑥ 无菌接种环和针（VWR 公司，法国 Fontenay-sous-Bois）。

⑦ 血清移液枪（5mL，Sigma-Aldrich 公司）。

⑧ Minitron Ⅱ型摇床（Infors HT 公司，瑞士 Bottmingen-Basel）。

⑨ Eppendorf Biophotometer（Eppendorf 公司，法国 Montesson）或同等的分光光度计。

18.2.3　代谢物提取

18.2.3.1　细菌收集和新陈代谢猝灭

① 聚醚砜（PES）无菌滤膜（直径 47mm，孔径 0.45 μm，美国纽约州 PALL 公司）。

② 过滤系统（Millipore，德国 Darmstadt）、夹具（Dutscher，法国 Brumath）和真空泵

（KNF，法国 Village Neuf）。

③ 洗涤缓冲液：0.6% NaCl。将 3g NaCl 溶解在 500mL 去离子水中，0.22μm 过滤所得溶液，4℃保存直到使用。

④ 冷冻 60% 乙醇（Sigma-Aldrich 公司）去离子水溶液，−20℃保存。

⑤ 液氮。

18.2.3.2　细胞内代谢物的提取

① 组织匀浆器 Precellys 24（Bertin Technologies 公司，法国 Montigny-le-Bretonneux）。

② 0.1mm 玻璃珠和玻璃管（Bertin Technologies 公司）。

③ Turbovap 蒸发器（Caliper Life Science Inc., 法国 Roissy）。

18.2.4　细胞内代谢物的 LC-MS 分析

18.2.4.1　色谱柱

① Sequant ZIC-pHILIC 柱，2.1mm×150mm，5μm，HPLC PEEK（Merck 公司，德国 Darmstadt）。

② Discovery HSF5 五氟苯基丙基（pentafluorophenylpropyl，PFPP）柱，2.1mm×150mm，5μm（Sigma-Aldrich 公司）。

18.2.4.2　流动相

① 流动相 A（ZIC-pHILIC）：10mmol/L 碳酸铵，pH10.5。

将 960mg 碳酸铵（产品参考号 68392，Sigma-Aldrich 公司）溶于 1L 超纯水。用 28% 的 NH_4OH 溶液调 pH 为 10.5。

② 流动相 B（ZIC-pHILIC）：纯乙腈（ACN）。

③ 流动相 A（PFPP）：0.1% 甲酸水溶液。

④ 流动相 B（PFPP）：0.1% 甲酸 CAN 溶液。

18.2.4.3　LC-MS（/MS）系统

① LC-MS 实验通过使用与配备电喷雾（ESI）源的 Exactive Orbitrap 质谱仪（Thermo Fisher Scientific 公司）相连的 Ultimate 3000 色谱系统（Thermo Fisher Scientific 公司，法国 Courtaboeuf）进行。

② LC-MS/MS 实验通过使用与配备电喷雾源的 Q-Orbitrap 质谱仪（Q-Exactive Plus，Thermo Fisher Scientific 公司）相连的 Ultimate 3000 色谱系统实现。

③ 使用制造商预设定的方法和制造商提供的推荐校准混合物，每周在两种不同的 ESI 校准液中对质谱仪进行外部校准。在这种常规条件下，正负电离模式的绝对质量准确度平均低于 3mg/kg（3ppm）。

18.2.4.4　内标（IS）

用纯水配制内标溶液（表 18-1）。

表 18-1　用于 LC-MS 分析的内标一览表

化合物名称	原液浓度 /（mg/mL）	20× 标准混合物中的化合物浓度 /（μg/mL）
$^{13}C_1$- 丙氨酸	4	200

续表

化合物名称	原液浓度/（mg/mL）	20×标准混合物中的化合物浓度/（μg/mL）
乙基丙二酸	4	30
$^{15}N_1$-天冬氨酸	4	200
$^{13}C_1$-葡萄糖	4	200
氨苄青霉素	2	50
强的松	2	10
双氢链霉素	4	200
罗红霉素	2	200
$^{15}N_5$-AMP	1	100
$^{15}N_5$-ADP	1	50
$^{15}N_5$-ATP	1	50

注：除 ^{15}N- 标记的 AMP 和 ATP（Euriso Top 公司，法国 Saint Aubin）外，所有化合物均来自 Sigma Aldrich 公司。

18.3 方法

18.3.1 细菌预培养和培养

① 将液体和固体培养基 37℃预热几个小时以排除任何细菌污染。

② 首先从 COS 平板上的 37℃过夜培养物中分离出金黄色葡萄球菌菌株。

③ 细菌预培养在好氧条件下进行，将少量菌落接种在 125mL 三角瓶盛有 12.5mL 预热 MHⅡ培养基中（总体积的 10%，以确保充分充气）。将所得到的培养基在 37℃剧烈振荡（200r/min）培养 12 ～ 18h。

④ 取一份培养物试样用新鲜 MHⅡ培养基（2L 三角瓶中）稀释到 600nm（OD_{600}）的 OD 值约 0.1。细菌在 37℃剧烈振荡（200r/min）条件下生长。对于所有研究的菌株，指数期早期相当于 OD_{600} 为 1，相当于 5×10^8CFU/mL（见注释①和注释②）。

18.3.2 细菌取样和新陈代谢猝灭

① 准备过滤装置，运行真空泵，通过 5mL MHⅡ培养基调节滤膜。

② 从主培养肉汤取 5mL 试样（指示 OD_{600}）加入过滤系统以快速从培养基中分离细菌。

③ 用 5mL 0.6% NaCl 洗涤保留在滤膜上的细菌以去除培养基（见注释③）。

④ 然后将滤膜迅速转移到含有 5mL 冰冷 60% 乙醇的 50mL Falcon 管中（见注释④）。随后将管快速浸入液氮中，以在机械法破碎细胞之前猝灭细菌的新陈代谢（见注释⑤）。在这一步，样品可以在 −80℃保存几个月。

18.3.3 机械法破碎细胞和代谢物提取

① 猝灭后，向滤膜上含有细菌的管中加入提取溶液，涡旋 10 次（4℃，10s）以洗下滤膜上的细胞。

② 将 1mL 细菌悬浮液转移到 Precellys 管中，其余 4mL 仍在 −80℃保存。

③ 细菌裂解是在 Precellys 24 组织匀浆器中以 3800r/min 在约 4℃进行 30s 的 3 个循环来完成的。

④ 在 4℃以 10000×g 离心 5min 以去除玻璃珠和细胞碎片。

⑤ 吸取 400μL 上清液并转移到 1.5mL Eppendorf 管中。

⑥ 在氮气流下蒸发。

⑦ 也可从每个样品吸取 200μL，并将其混合以获得质控（QC）样品。然后，可在氮气流下蒸发所得混合物的 400μL 等分试样。

⑧ 在 −80℃保存 QC 样品，直到进行 LC-MS 分析。

18.3.4　细胞内代谢物的 LC-MS 分析

下文将不提供完整的 LC-MS 运行实验步骤。只列出方法的主要亮点，包括将与 Orbitrap 仪链接的两个互补的 ZIC-pHILIC 和 PFPP 柱以获得金黄色葡萄球菌代谢组的最佳覆盖范围。更多步骤细节，读者可以参考 Boudah 等和 Aros-Calt 等所描述的 [4, 19]。原则上，代谢组学实验室中使用的大多数常规方法，即使使用另一种高分辨率质谱仪（例如 Q-TOF），也有望在有限或不改进的情况下用于金黄色葡萄球菌代谢物分析。

18.3.4.1　使用 ZIC-pHILIC 柱进行 LC-MS 分析

① 用 pH 10.5 的 10mmol/L 碳酸铵将 20× 内标混合物稀释 8 倍（表 18-1）。

② 估算每个干燥样品管中 CFU 的数量，并调整重悬液体积以获得每 10μL 1.25×10^7CFU 的浓度。下文提供的是最终体积为 80μL 的步骤。

③ 将干燥的细菌提取物和 QC 样品溶于 32μL 稀释的内标混合液中（步骤①），充分混合后，将所得混合物置于超声波浴中孵育 5min。

④ 以 10000×g 在 4℃离心 5min。

⑤ 将所得到的上清液转移到进样瓶中，加入 48μL 乙腈。

⑥ 向 LC-MS 系统中进样 10μL。

⑦ 使用表 18-2 中报告的梯度，以 200μL/min 的流速从柱（保持在 15℃）中洗脱代谢物。

表 18-2　使用 ZIC-pHILIC 柱进行代谢物 LC-MS 分析的梯度条件

时间 /min	流动相B（ACN）/%
0	80
2	80
12	40
12.01	0
17	0
17.01	80
42	80

⑧ Exactive Orbitrap 质谱仪在 200m/z（半峰宽）处分辨率为 50000 的负离子模式下运行，使用以下源参数：毛细管电压，−3kV；毛细管温度，280℃；鞘气压力，60 个任意单位；辅助气体压力，10 个任意单位。使用设定为 100ms 的进样时间和 3×10^6 的 AGC 目标值从 m/z75 ～ 1000 进行检测。

18.3.4.2 使用 PFPP 柱进行 LC-MS 分析

① 用 0.1% 甲酸水溶液将 20× 内标混合物稀释 20 倍（表 18-1）。

② 估算每个干燥样品管中 CFU 的数量，并调整重悬液体积以获得每 10μL 1.25×10^7CFU 的浓度。下文提供的是最终体积为 80μL 的步骤。

③ 将干燥的细菌提取物和 QC 样品溶于 80μL 稀释的内标混合液中（步骤①），充分混合后，将所得混合物置于超声波浴中孵育 5min。

④ 以 10000×g 在 4℃离心 5min。

⑤ 将所得到的上清液转移到进样瓶中。

⑥ 向 LC-MS 系统中进样 10μL。

⑦ 使用表 18-3 中报告的梯度，以 250μL/min 的流速从柱（保持在 30℃）中洗脱代谢物。

表 18-3 使用 PFPP 柱进行代谢物 LC-MS 分析的梯度条件

时间 /min	流动相B（含 0.1% 甲酸的 CAN 溶液）/%
0	5
2	5
20	100
24	100
24.01	5
30	5

⑧ 除了源电压设置为 5kV 外，Exactive Orbitrap 质谱仪使用上述参数在正离子模式下运行。

18.3.5 LC-MS 数据分析

18.3.5.1 腺苷酸能荷（adenylate energy charge, AEC）的测定

① AMP、ADP 和 ATP 使用 ^{15}N 同位素稀释法定量，其程序与 Martano 等描述的程序类似[20]。在所设的条件下，内源性核苷酸的质量准确度优于 3mg/kg（ppm），并且与 ^{15}N 标记核苷酸的完全共洗脱确保了化合物的鉴定和准确的定量（见注释⑥）。

② 按下列公式用物质的量浓度计算 AEC（见注释⑦）。

$$AEC=\frac{[ATP]+0.5\times[ADP]}{[ATP]+[ADP]+[AMP]}$$

18.3.5.2 精心设计的样品数据集和 QC 样品的可靠非靶向代谢组学

获得可靠的代谢分析数据是一项复杂的任务，应特别注意实验设计以避免任何仪器或分析偏差。精心设计的、稳定的和可重复的代谢组学工作流程通常包括柱调节、样品随机化和 QC 样品的使用。QC 样品由每个待研究样品等体积（10 ～ 100μL）混合获得的混合样品制成，因此构成具有代表性的大体积对照样品，以便任何代谢物的信号变化都能在 QC 样品中反映[21]。QC 样品被证明对校正 MS 响应、质量测量准确度以及分析运行或批次间色谱停留时间的漂移非常有用[22, 23]。QC 样品的另一个特别相关的特征是通过稀释 QC 样品来评估相应的 MS 响应线性。在这些条件下，呈现线性趋势的代谢物可以被认为是与分析相关的。图 18-2 描述了用于基于 LC-HRMS 的代谢组学的典型样品运行顺序。

18.3.5.3　数据处理

数据处理和统计分析可以使用 Workflow4Metabolumics（W4M）计算代谢组学平台自动和重复地在线进行[24, 25]。W4M 创建在 Galaxy 环境上，提供允许分析员设置和运行复杂工作流程的直观和强大的功能（图 18-3）。可以考虑四个主要的处理步骤。

进样顺序	样品
1	空白
2	空白
3	QC
4	QC
5	QC
6	QC
7	QC
8	空白
9	8倍稀释质控
10	4倍稀释质控
11	2倍稀释质控
12	QC
13	空白
14	QC
15	样品1
16	样品2
17	样品3
…	…
24	样品10
25	空白
26	QC
27	样品11
…	…
36	样品20
37	空白
38	QC
…	…

图 18-2　LC-HRMS 的典型样品运行顺序。如果需要，可以额外添加批次间质控

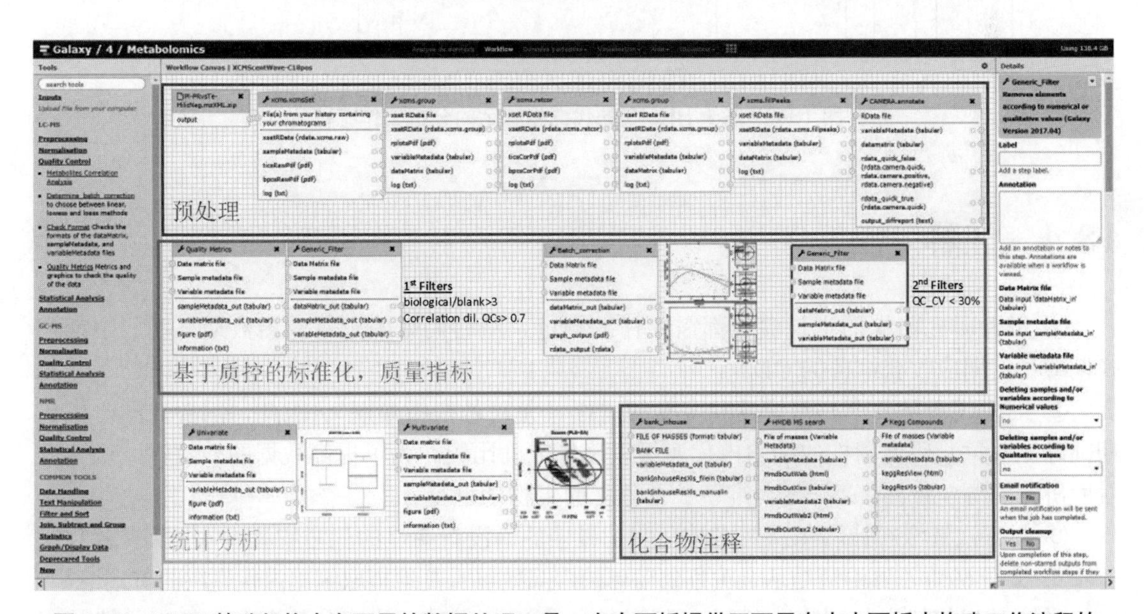

图 18-3　W4M 基础架构中有可用的数据处理工具。左右面板提供了可用在中央面板中构建工作流程的工具和参数

① 预处理：使用 XCMS 软件进行自动峰值检测、调整和提取。

② 根据 QC 样品归一化：信号变化的校正，分析相关代谢物的选择。

③ 统计分析（单变量和多变量统计工具）。其他统计软件，如 SIMCA-P（Umetrics, 瑞典 Umea）可用于进行多变量数据分析，如主成分分析（PCA）和偏最小二乘判别分析（PLS-DA），或 Prism（GraphPad，美国 La Jolla）用于进行单变量数据分析（如 t 检验）。

④ 通常使用内部数据库（包括约 1000 种代谢物）[14, 19, 26] 或公开可用的数据库，如 KEGG[27]、HMDB[28] 或 METLIN[29] 考虑到 ±10mg/kg（10ppm）的质量公差进行化合物注释。

⑤ 代谢产物注释的确认和其他统计相关的未知代谢物的鉴定是通过 MS/MS 实验完成的。将得到的 MS/MS 谱图与内部数据库或公共数据库如 METLIN 中的 MS/MS 谱图进行比较。图 18-4 总结了正式代谢物鉴定的工作流程（见注释⑧和注释⑨）。

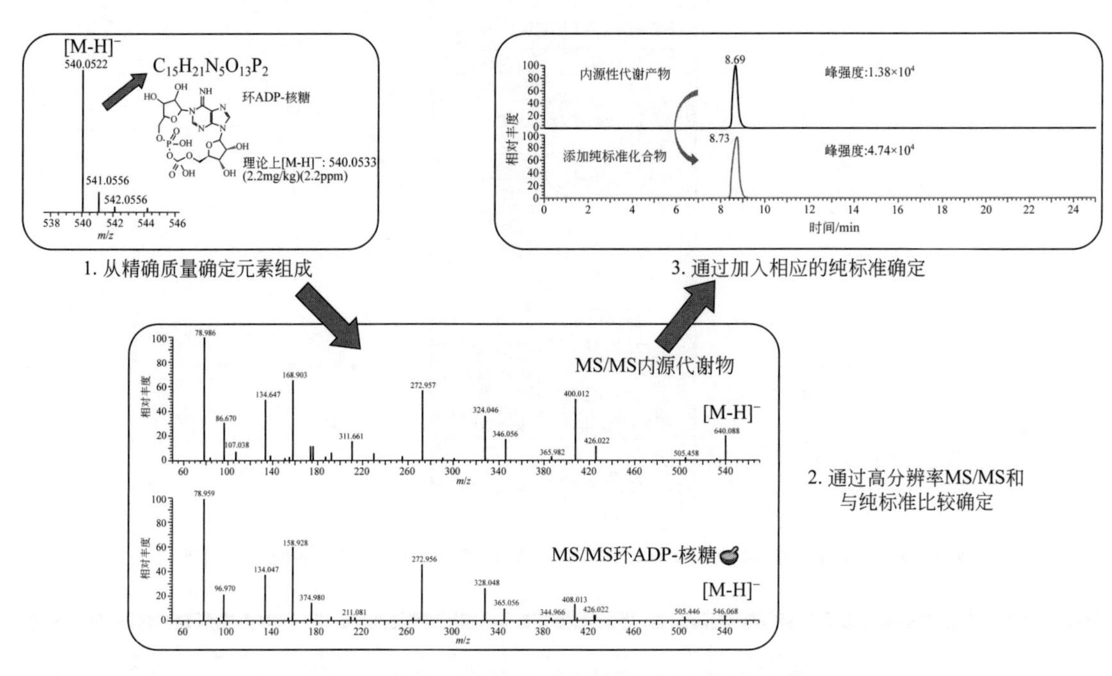

图 18-4　基于 HRMS 的代谢物鉴定的分析工作流程

18.4　注释

① 每种研究菌株的生长曲线都需要仔细测定。用它们来确定对应指数期早期、中期和晚期或稳定期应收获细菌的 OD_{600}。

② 细菌代谢是一个非常快速和多变的过程（尤其是在指数期）。因此，需要在同一生长期准确提取每一研究菌株的细胞内代谢组以确保准确比较。为了提高数据的一致性，还建议对所研究的每一条件 / 菌株至少准备 3 个独立的生物学重复。

③ 与三次洗涤相比，单次洗涤被证明是最佳的，没有明显的代谢物漏出 / 细胞裂解 [14]。

④ 虽然 60% 乙醇溶液是从金黄色葡萄球菌中高效可重复地提取细胞内代谢物的首选溶剂，但如果针对某些特定代谢物，乙腈 / 甲醇 / 水（40∶40∶20，体积分数）混合物也可能是一种可行的选择 [14]。

⑤ 过滤步骤必须尽可能快，不影响代谢组质量[14, 30]。

⑥ 通过在细菌提取物中加入 ^{15}N- 标记的核苷酸，估算 AMP、ADP 和 ATP 的检测限（LODs）分别为 55nmol/L、45nmol/L 和 230nmol/L。

⑦ 指数生长的细菌细胞 AEC 应该稳定在 0.8 以上，而受到胁迫的细胞 AEC 值会较低[31]。使用优化的快速过滤步骤，可以常规重复地获得 AEC 为 0.76±0.02。这个数值比理论上预期的 0.8 稍低，看起来似乎不够。然而，测得的 AEC 值的高重复性表明，这些值可能与取样过程中对细胞的错误处理无关，而是与这些细胞在生长条件下的特定生理特性有关。一些作者已经报道了 AEC 值会受到维持细胞代谢能力的生长期和培养基本身等参数的显著负面影响（降到约 0.1）[32, 33]。因此，AEC 值可能不能作为代谢完整性的严格指标，而只能作为在特定生长条件下观察到的特定生理特性的指标。

⑧ 在最佳条件下，根据代谢组学标准倡议标准[17]，能够对金黄色葡萄球菌中多达 210 种代谢物进行分析，其中 173 种和 9 种分别被鉴定和推定注释，而剩下的 28 种仅分析出其准确的质量[14]。

⑨ 作为一个代表性的例子，图 18-5 代表了指数期中期收获的 MRSA 和 MSSA 菌株的 ZIC-pHILIC/MS 指纹特征的 PLS-DA 得分图。在预培养和培养步骤中用头孢西丁（*β*-内酰胺）最低抑菌浓度（MIC×1）处理每个细菌菌株。通过结合从 PLS-DA 模型获得的多变量投影重要性（VIP）和单变量 *p* 值（非参数 Mann-Whitney 统计检验）来选择鉴别代谢物。当 VIP>1.5，p 值 <0.05 时，代谢物被认为是可区分的。在这些条件下，多达 26 种代谢物可以区分 MSSA 和 MRSA 菌株。因此，一些核苷酸、氨基酸或属于 Krebs 循环糖酵解的代谢物的细胞内含量也发生了改变。其他代谢物如参与细胞壁生物合成的 *N*- 乙酰 - 胞壁酸 -6- 磷酸、UDP-N-MurNAc-Ala-Glu-Lys-Ala-Ala、*N*- 乙酰葡糖胺 / 半乳糖胺和甘油 -3- 磷酸也被区分开来。这些数据倾向于为在没有暴露于任何抗生素情况下观察到的结果提供更多的证据[14]。

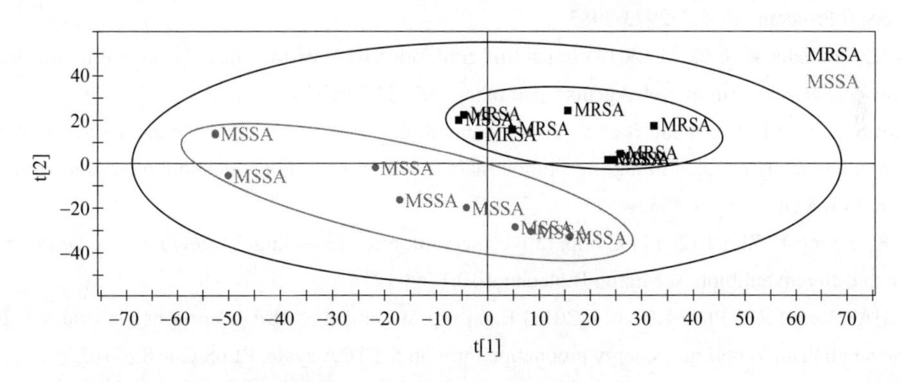

图 18-5　在指数期中期收获然后暴露于头孢西丁的 MRSA 和 MSSA 的 ZIC-pHILIC/MS 指纹特征的 PLS-DA 得分图。PLS-DA 模型通过置换检验验证（100 次）

致谢

这项工作得到了 bioMérieux S.A. 和国家研究与技术协会（ANRT）的支持。S.A.-C. 是 CIFRE 奖学金的获得者（奖学金编号 2011/1474）。这项工作还得到了原子能和辅助能源替代委员会和 MetaboHUB 基础设施基金的支持（项目号 ANR-11-INBS-0010）。

参考文献

1. Lowy FD (1998) *Staphylococcus aureus* infections. N Engl J Med 339:520-532
2. Chambers HF, Deleo FR (2009) Waves of resistance: *Staphylococcus aureus* in the antibiotic era. Nat Rev Microbiol 7:629-641
3. Gardete S, Tomasz A (2014) Mechanisms of vancomycin resistance in *Staphylococcus aureus*. J Clin Invest 124:2836-2840
4. Chastre J, Blasi F, Masterton RG et al (2014) European perspective and update on the management of nosocomial pneumonia due to methicillin-resistant *Staphylococcus aureus* after more than 10 years of experience with linezolid. Clin Microbiol Infect Off Publ Eur Soc Clin Microbiol Infect Dis 20(Suppl 4):19-36
5. Hassoun A, Linden PK, Friedman B (2017) Incidence, prevalence, and management of MRSA bacteremia across patient populationsa review of recent developments in MRSA management and treatment. Crit Care Lond Engl 21:211
6. Boucher HW, Corey GR (2008) Epidemiology of methicillin-resistant *Staphylococcus aureus*. Clin Infect Dis Off Publ Infect Dis Soc Am 46(Suppl 5):S344-S349
7. Sommer MOA, Dantas G (2011) Antibiotics and the resistant microbiome. Curr Opin Microbiol 14:556-563
8. Munck C, Gumpert HK, Wallin AIN et al (2014) Prediction of resistance development against drug combinations by collateral responses to component drugs. Sci Transl Med 6:262ra156
9. Belenky P, Ye JD, Porter CBM et al (2015) Bactericidal antibiotics induce toxic metabolic perturbations that lead to cellular damage. Cell Rep 13:968-980
10. Ling LL, Schneider T, Peoples AJ et al (2015) A new antibiotic kills pathogens without detectable resistance. Nature 517:455-459
11. Liebeke M, Meyer H, Donat S et al (2010) A metabolomic view of *Staphylococcus aureus* and its ser/thr kinase and phosphatase deletion mutants: involvement in cell wall biosynthesis. Chem Biol 17:820-830
12. Ammons MCB, Tripet BP, Carlson RP et al (2014) Quantitative NMR metabolite profiling of methicillin-resistant and methicillinsusceptible *Staphylococcus aureus* discriminates between biofilm and planktonic phenotypes. J Proteome Res 13:2973-2985
13. Dörries K, Schlueter R, Lalk M (2014) Impact of antibiotics with various target sites on the metabolome of *Staphylococcus aureus*. Antimicrob Agents Chemother 58:7151-7163
14. Aros-Calt S, Muller BH, Boudah S et al (2015) Annotation of the *Staphylococcus aureus* Metabolome using liquid chromatography coupled to high-resolution mass spectrometry and application to the study of methicillin resistance. J Proteome Res 14:4863-4875
15. Schelli K, Zhong F, Zhu J (2017) Comparative metabolomics revealing *Staphylococcus aureus* metabolic response to different antibiotics. Microb Biotechnol 10:1764-1774
16. Keaton MA, Rosato RR, Plata KB et al (2013) Exposure of clinical MRSA heterogeneous strains to β-lactams redirects metabolism to optimize energy production through the TCA cycle. PLoS One 8:e71025
17. Sumner LW, Amberg A, Barrett D et al (2007) Proposed minimum reporting standards for chemical analysis chemical analysis working group (CAWG) metabolomics standards initiative (MSI). Metabolomics 3:211-221
18. Liebeke M, Lalk M (2014) *Staphylococcus aureus* metabolic response to changing environmental conditions—a metabolomics perspective. Int J Med Microbiol 304:222-229
19. Boudah S, Olivier M-F, Aros-Calt S et al (2014) Annotation of the human serum metabolome by coupling three liquid chromatography methods to high-resolution mass spectrometry. J Chromatogr B Analyt Technol Biomed Life Sci 966:34-47
20. Martano G, Delmotte N, Kiefer P et al (2015) Fast sampling method for mammalian cell metabolic analyses using liquid chromatographymass spectrometry. Nat Protoc 10:1-11
21. Naz S, Vallejo M, Garc´ıa A et al (2014) Method validation strategies involved in non-targeted metabolomics. J

Chromatogr A 1353:99-105

22. Dunn WB, Broadhurst D, Begley P et al (2011) Procedures for large-scale metabolic profiling of serum and plasma using gas chromatography and liquid chromatography coupled to mass spectrometry. Nat Protoc 6:1060-1083
23. Dunn WB, Wilson ID, Nicholls AW et al (2012) The importance of experimental design and QC samples in large-scale and MS-driven untargeted metabolomic studies of humans. Bioanalysis 4:2249-2264
24. Giacomoni F, Le Corguillé G, Monsoor M et al (2015) Workflow4Metabolomics: a collaborative research infrastructure for computational metabolomics. Bioinformatics 31:1493-1495
25. Guitton Y, Tremblay-Franco M, Le Corguillé G et al (2017) Create, run, share, publish, and reference your LC-MS, FIA-MS, GC-MS, and NMR data analysis workflows with the Workflow4Metabolomics 3.0 Galaxy online infrastructure for metabolomics. Int J Biochem Cell Biol 93:89-101
26. Roux A, Xu Y, Heilier J-F et al (2012) Annotation of the human adult urinary metabolome and metabolite identification using ultra high performance liquid chromatography coupled to a linear quadrupole ion trap-Orbitrap mass spectrometer. Anal Chem 84:6429-6437
27. Kanehisa M, Goto S (2000) KEGG: Kyoto encyclopedia of genes and genomes. Nucleic Acids Res 28:27-30
28. Wishart DS, Tzur D, Knox C et al (2007) HMDB: the human Metabolome database. Nucleic Acids Res 35:D521-D526
29. Smith CA, O'Maille G, Want EJ et al (2005) METLIN: a metabolite mass spectral database. Ther Drug Monit 27:747-751
30. Meyer H, Liebeke M, Lalk M (2010) A protocol for the investigation of the intracellular *Staphylococcus aureus* metabolome. Anal Biochem 401:250-259
31. Chapman AG, Fall L, DE A (1971) Adenylate energy charge in *Escherichia coli* during growth and starvation. J Bacteriol 108:1072-1086
32. van der Werf MJ, Overkamp KM, Muilwijk B et al (2008) Comprehensive analysis of the metabolome of *Pseudomonas putida* S12 grown on different carbon sources. Mol Bio-Syst 4:315-327
33. Stuani L, Lechaplais C, Salminen AV et al (2014) Novel metabolic features in *Acinetobacter baylyi* ADP1 revealed by a multiomics approach. Metabolomics 10:1223-1238

第19章

在线胰蛋白酶分解耦合LC-MS/MS分析定量蛋白质的具体步骤

Christopher A. Toth, Zsuzsanna Kuklenyik, John R. Barr

摘要 蛋白质酶解结合液相色谱和串联质谱联用（LC-MS/MS）检测能够对复杂生物基质中蛋白质进行多元定量。然而，蛋白质酶解产生蛋白型靶肽的重复性是测定准确的主要限制因素。使用固定化胰蛋白酶在线分解通过准确控制分解条件和时间解决了这个问题。因为在线分解通常时间很短，测量偏差的主要来源肽降解的可能性显著降低。在线蛋白质水解需要最少的样品制备，并且很容易与LC-MS/MS系统耦合，进一步降低了方法的变化性。在此描述一种使用柱上分解对人血清中的几种载脂蛋白进行多元定量的优化方法。重点介绍这种方法提高测定准确度和精确度的关键特征。这些特征包括使用定值血清作为校准品和稳定同位素标记（SIL）肽类似物作为内标。还对色谱柱切换阀设计、仪器维护、串联质谱数据获取和数据处理的实用方面进行了评述。

关键词 在线酶解，固定化酶反应器，IMER，载脂蛋白，定量，IDMS，IMER-LC-MS/MS

19.1 引言

质谱（MS）方法已成为复杂生物基质中蛋白质选择性定量测量的有效手段[1]。用于定量多达30～50种蛋白质的靶向多元化试验包括蛋白质酶解，通常使用胰蛋白酶，并通过液相色谱和串联质谱联用（LC-MS/MS）检测分析所得的独特肽。使用稳定同位素标记（stable isotope-labeled，SIL）肽或蛋白质类似物作为内标通过抵消（标准化）基质效应进一步提高了精确度。这种方法通常被称为同位素稀释MS（isotope dilution MS，IDMS）。IDMS方法是基于在酶解前后测量的MS/MS响应比和分析物物质的量比之间存在比例关系的假设。此外，这种关系需要在校准品和未知样品中都成立而且不需考虑异质蛋白质型态[2]。

通常在溶液中对一批样品进行蛋白质酶解，离线进行IDMS分析。典型的批量酶解步骤包括变性、还原和烷基化、酶解和某种形式的样品纯化，即固相提取。批量酶解的一个主要挑战是选择多种蛋白质的最佳酶解条件，每种蛋白质在体内的浓度范围可能很大。较长的酶解时间和较高的温度通常会导致靶向肽更完全的蛋白酶切割。然而，在实际操作中，孵育时间≥3h且温度>37℃会导致一些不理想情况，特别是切割产物及其SIL类似物的聚集、吸附和化学降解。溶液内酶解过程中的肽衰变是校准偏差和方法变化性的主要来源[3]。

一种新兴的溶液内酶解的替代方法是在线或在柱上酶解[4]，其中胰蛋白酶共价结合到 LC 柱中填料的多孔颗粒上。这种固定化酶反应器（immobilized enzyme reactor，IMER）可直接连接到 LC-MS/MS 系统。当蛋白质通过含酶的固定相时，连续推流 IMER 在柱上酶解蛋白质。在这个技术中样品在酶解前直接与 SIL 内标进行混合然后进行分析。

理论上，从 IMER 出口收集到的肽切割产物的回收率是由流速、温度、空隙体积、进样体积和进样样品中蛋白质的浓度决定的[5]。如果除蛋白质浓度外，所有条件均保持恒定且在最佳范围内，则所测得的［肽切割产物峰面积］/［SIL 肽峰面积］比与进样样品中的［原蛋白质］/［SIL 肽］物质的量比呈线性关系。在 SIL 肽物质的量不变的情况下，峰面积比与进样样品中原蛋白质浓度也呈线性相关。

IMER-LC-MS/MS 正在成为一种促进蛋白质的精确相对定量的有价值的方法。在线酶解的主要优点是由于 IMER 内的高酶蛋白质比加速了靶向肽的切割，这样可以缩短反应时间（2 ～ 8min），从而减少蛋白质、肽切割产物和 SIL 肽的化学降解机会，提高重复性。固定化大大降低了胰蛋白酶的自溶和变性倾向，能够在大于 37℃时酶解（进一步提高切割率）和重复使用 IMER 连续酶解大量样品。此外，需要最少样品的制备，使之适合于简单的稀释和上样方法。样品纯化也可以在线进行，从 IMER 中洗脱的靶向肽被捕集在短的反相 LC 柱上进行脱盐和洗涤，然后进行 LC-MS/MS 分析。所有阀门切换间隔、试剂加入、酶解时间和流速都以精确和自动的方式进行控制。总的来说，相对于离线分批酶解，IMER 酶解更简单，重复性更好，在人工和试剂成本方面更经济。

在线 IMER 酶解的主要局限性是在许多情况下不能实现完全的蛋白质水解。因此，为了获得定量准确性，需要使用基质和浓度范围有代表性的蛋白质校准品。此外，如果靶蛋白质在血清中的浓度 >100nmol/L，则 IMER-LC-MS/MS 技术通常效果最好[5]。

虽然使用在线胰蛋白酶分解和 LC-MS/MS 定性分析蛋白质在文献中得到了较好的证明，但它在定量蛋白质分析中的应用很少被详述[6, 7]。在这一章中，以血清中的一组载脂蛋白为例说明在线胰蛋白酶分解用于多组分蛋白质定量的实际操作。

19.2　材料

19.2.1　试剂和消耗品

① LC-MS 级乙腈和 2- 丙醇。

② 超纯去离子水。

③ 稀释缓冲液：10mmol/L $NaHCO_3$，150mmol/L NaCl，pH 7.4（见注释①）。

④ 洗涤剂溶液：4.5mg/mL Zwittergent 3-12 的样品缓冲液（见注释②）。

⑤ 0.5mL 96 孔圆底微孔板（安捷伦）。

⑥ Slit Seal 96 孔微孔板盖（BioChromato 公司）。

⑦ 1.5mL 标准聚丙烯自动进样瓶和瓶盖（Thermo Fisher 公司）。

⑧ 感兴趣的蛋白型肽的 SIL（^{13}C，^{15}N）类似物（见注释③）。

19.2.2 HPLC 柱

① IMER：胰蛋白酶柱，33mm×2.1mm 的内径（Perfinity Biosciences 公司）（见注释④）。

② 捕集 / 脱盐柱：Halo® ES-C_{18} 肽，4.6mm×5mm 的内径，2.7μm 的粒径（见注释⑤）。

③ 分析柱：Halo®C_{18} 核壳型，2.1mm×100mm，2.7μm 颗粒大小或类似物。

19.2.3 HPLC 溶剂

① 酶解缓冲液（四元泵）。

a. 酶解缓冲液：0.05mol/L Tris-HCl，0.002mol/L $CaCl_2$，pH 8.4 的去离子水溶液。

b. 洗涤缓冲液：0.05mol/L Tris-HCl，0.002mol/L $CaCl_2$，25% 2- 丙醇，pH 8.4 的去离子水溶液。

② 梯度洗脱液（二元泵）。

a. 洗脱液 A：0.1% 甲酸水溶液。

b. 洗脱液 B：0.1% 甲酸乙腈溶液。

19.2.4 LC-MS/MS 仪

① 岛津 20/30 系列 HPLC 系统（Perfinity Biosciences 公司）（见注释⑥）。

② 质谱仪：QTrap® 6500+（SCIEX）或任何合适的三重四极杆质谱仪。

③ 电离源：电喷雾电离。

④ LC 控制软件：Labsolutions（岛津）。

⑤ MS 控制软件：Analyst（SCIEX）。

19.2.5 数据处理软件

① Skyline（MacCoss Lab）（见注释⑦）。

② MultiQuant（SCIEX）（见注释⑧）。

19.2.6 人血清

个体捐献者的冷冻人血清是从标本存放库（Bioreclamation IVT，纽约州 Westbury）购买的。

19.3 方法

19.3.1 SIL 肽原液的配制

① 将 2 ～ 5mg 冻干粉溶于 100mL 5% 乙腈 /0.1% 甲酸水溶液中（见注释⑨）。

② 将每种肽分为 200 ～ 500μL 的小份，并在 −80℃保存（见注释⑩）。

19.3.2 SIL 肽混合物实验溶液的配制

① 在试验台上解冻每种 SIL 原液的一小份，涡旋混合并减慢。

② 取一支 15mL Falcon™ 锥形离心管，加入每种 SIL 肽原液 20 ～ 450μL（见注释 ⑪ 和注释 ㉒）。

③ 加入 100μL 0.1% Zwittergent 3-12/0.1% 甲酸水溶液，盖上盖子并涡旋混合（见注释 ⑫）。

④ 加入 0.1% 甲酸水溶液使体积达到 10mL。

⑤ 将 SIL 肽混合物实验溶液在 4℃保存最多 4 周（见注释 ⑬）。

⑥ 分析前吸取 1.5mL 试样至标准聚丙烯自动进样瓶中，并放入自动进样室的试剂盘中。

19.3.3　校准用混合液的配制和保存

① 将来自个体捐献者的冷冻血清在冰上解冻。

② 将每一捐献者血清等体积合并（见注释 ⑭）。

③ 使用 Nalgene™ Rapid-Flow™ 滤膜（0.45μm 孔径）或等效滤膜对混合液进行真空过滤。

④ 在磁力搅拌板上的冰浴中以 250r/min 连续搅拌混合液，同时使用多次释放移液枪分别释出 100μL、50μL、20μL、10μL 和 5μL 等分试样分别放入 2mL 保存小瓶。

⑤ 使用分析天平以质量核准每份试样的体积并记录。

⑥ 将等分试样在 −80℃保存直到使用。

⑦ 关于使用标准加入法对校准用混合液赋值见注释 ⑮。

19.3.4　标准系列的配制

① 从冰箱中取出一组保存的校准品混合等分试样（100μL、50μL、20μL、10μL 和 5μL），并在冰上解冻。

② 根据适当稀释度使用稀释缓冲液（19.2.1 ③部分）调至相应的体积（见注释 ⑯）。

③ 轻轻地将每支管颠倒 10 次，使其混合并旋转减慢。

④ 立即使用或在 4°C 保存不超过 4 天（见注释 ⑰）。

19.3.5　IMER-LC-MS/MS 分析样品制备

① 用移液枪吸取 10μL 血清样品到微型离心管中。

② 加入 990μL 样品稀释液（19.2.1 ③部分）。

③ 颠倒 10 次混合并短暂旋转下沉液体。

④ 将 100μL 稀释样品转移到标准聚丙烯自动进样瓶或微孔板中。

⑤ 加入 50μL 4.5mg/mL Zwittergent 3-12 溶液（19.2.1 ④部分）以达到 1.5mg/mL 的最终浓度。

⑥ 在振荡器上以 500r/min 振荡 5min。

⑦ 在进行 IMER-LC-MS/MS 分析之前，将微孔板保存在 4℃或将自动进样瓶立即放入冰冷的自动进样室。

19.3.6　IMER-LC-MS/MS 操作

① 将柱室的温度设置为 50℃，将自动进样室的温度设置为 4℃。

② 通过 Labsolutions 软件为自动进样器设定程序，从含有 SIL 肽混合物实验溶液的试剂瓶中吸入 5μL，然后吸入 50μL 样品（见注释 ⑱）。

③ 使用 20μL/min 的流速酶解样品 7min（见注释 ⑲）。

④ 肽分离：二元梯度流速应设置为 0.5mL/min。起始成分应设置为≤ 2% 溶剂 B。低初始有机成分可提高聚焦效果，并可快速增加以实现快速高效的肽分离。梯度洗脱的开始必须与捕集柱切换阀同步。为了提高样品处理量，可以将柱切换系统的管道改造为双操作模式，即同时进行连续样品的酶解 / 捕集和梯度洗脱（见注释 ⑳ 和注释 ㉑）。

⑤ 质谱仪的最佳操作：带加热的电喷雾喷针的 6500+QTRAP®（Sciex，美国加利福尼亚州 Foster）的正离子模式需要设置以下参数：离子喷雾电压 5500V，离子源加热器温度 450℃，雾化气 50psi，气帘气 35psi（1psi=6894.757Pa）。原产的和同位素标记的内标肽色谱图通过单位质量分辨率的多反应监测（MRM）在预定的 60s 获取窗口和目标扫描时间为 0.65s 获得（见注释 ㉒）。

⑥ 为了获得最高的准确度和精确度，每个未知样品应分析三个重复样，校准品应分析两个重复样。在上样最高校准品后，建议上样两个空白重复样以避免胰蛋白酶柱的残留（见注释 ㉓）。

19.3.7 数据处理

① 将原始质谱数据导入到 MultiQuant（SCIEX）中以计算［蛋白质裂解肽峰面积］/［SIL 肽峰面积］比。

② 检查自动峰积分。

③ 在报告浓度之前，根据 SIL 峰强度的可接受范围、产物离子比和技术重复之间的误差审查数据。

19.4 注释

① 含磷酸盐的缓冲液不应用于稀释样品，因为它与流经线路内的酶解缓冲液中 $CaCl_2$ 迅速形成不溶性沉淀。

② 发现加入接近临界胶束浓度的温和的洗涤剂对提高方法灵敏度至关重要。如图 19-1 所示，以牛血清白蛋白为例，加入洗涤剂使肽峰面积显著增加（在某些情况下增加了 20 倍）。

③ 关于标记合成肽的选择、制备和保存的建议已经在之前进行了详细描述 [8]。此外，载脂蛋白定量特异性的靶肽列表和相应的 SIL 肽在先前的文献中进行了描述 [7]。

④ Perfinity Biosciences 公司提供的胰蛋白酶柱可以可靠地用于 2000 次稀释人血清的上样，并可在 50°C 柱室中保存 60 天且效率无明显损失。酶解效率的降低小于 30% 可以通过每批校准用混合液的测量进行校正。

⑤ 4.6mm 内径捕集柱的使用寿命是 2.1mm 内径捕集柱的两倍。每根 4.6mm 内径的捕集柱在色谱伪影出现和必要的更换之前可以可靠地进行 200 次 1∶100 稀释的人血清的上样。

⑥ 全集成酶解和 LC 平台（Perfinity Biosciences/Shimadzu Scientific Instruments）由一个自动进样器（带预处理选项的 SIL-20 ACHT）、柱温箱（CT0-20AC）、一个有使酶解缓冲液和洗涤缓冲液之间交替的溶剂选择阀的低压（≤ 3000 psi）四元泵（LC-20AD）、两个高压 HPLC 泵（LC-20ADXR）和控制模块（CBM-20A）组成。该系统必须在“XL 模式”下运行，以便用 SIL-20 ACHT 自动进样器对所需的预处理操作进行编程。LC 和 MS 系统由独立的计

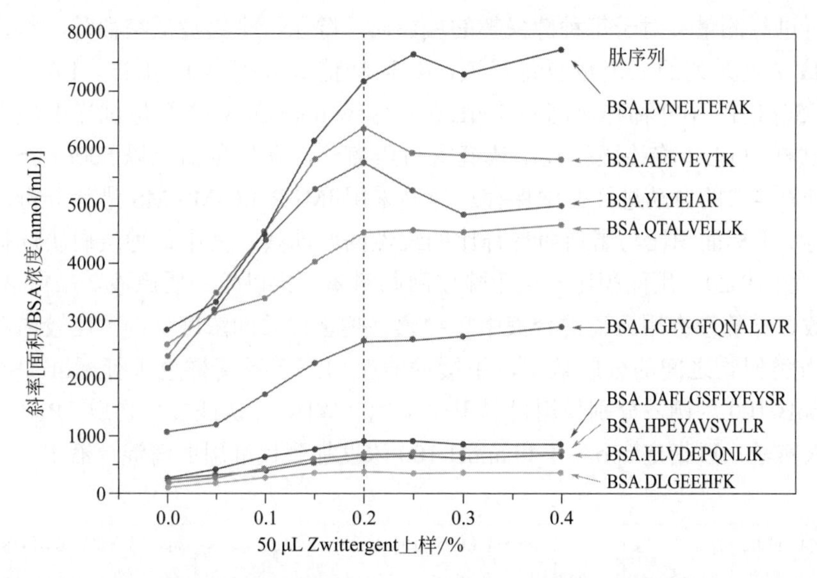

图 19-1　用牛血清白蛋白为模型蛋白证明了 Zwittergent 3-12 浓度对酶解效果的影响。随着样品孔中最终洗涤剂浓度的增加，所有胰蛋白酶肽的肽峰面积 / 蛋白质浓度均增加。这种效果在超出 Zwittergent 3-12 的临界胶束浓度（CMC，4mmol/L，1.5mg/mL）时趋于平缓

算机控制并通过 LC 控制模块和 MS 仪之间的触发器连接线实现同步。

⑦ 使用 Skyline 软件生成包括去簇电压和碰撞能量的预定 MRM 获取方法，并且没有进一步优化。

⑧ 使用 Multiquant 软件进行 MS/MS 峰积分和浓度测量准确度和精确度的评价。

⑨ 肽原液应相对浓缩（0.5 ～ 2nmol/μL）以便通过氨基酸分析准确测定其纯度，降低保存期间肽在容器壁上的显著性吸附。一些疏水肽可能需要 5% ～ 30% 的乙腈和 0.1% ～ 1% 的甲酸才能完全溶解 [8]。

⑩ 长期保存（−20℃至 −80℃下大于 1 年），建议采用精确等分体积的冻干试样 [8]。计算原蛋白质浓度时不考虑 SIL 肽的浓度。然而，最初和定期的氨基酸分析是确定 SIL 肽纯度和保存稳定性的好方法。

⑪ 一般情况下，SIL 肽的浓度应优化使 SIL 峰面积与 1∶100 稀释样品的酶解和校准用混合液中原肽峰面积中值相匹配。

⑫ 加入 0.01mg/mL Zwittergent 3-12 可降低保存期间肽在容器壁上的吸附。

⑬ 因为计算蛋白质浓度时不包括 SIL 肽的绝对浓度，所以在 4℃保存 30 天期间混合物实验溶液中 SIL 肽的少量降解并不影响试验性能。对于较长时间的保存（大于 4 周），应将 SIL 肽混合物实验溶液等分并冷冻保存（−80 ～ −20℃）直到使用。尽可能避免多次冻 / 融循环。

⑭ 对校准用混合液的配制提出了建议 [9]。

⑮ 用标准加入法测定校准用混合液中几种载脂蛋白的绝对浓度。从 Academy Biomedical、Novoprotein Scientific 和 Sigma Aldrich 公司购买的市售纯化蛋白质。最好是冻干粉，纯度范围 95% ～ 98%。蛋白质原液用碳酸氢钠缓冲液（10mmol/L $NaHCO_3$，150mmol/L NaCl，pH 7.4）配制，其浓度约为 600nmol/L apoA-Ⅱ、55nmol/L apoA-Ⅳ、150nmol/L apoC-Ⅰ、80nmol/L apoC-Ⅱ、450nmol/L apoC-Ⅲ和 90nmol/L apoE3。选择浓度约为 1∶100 稀释基质中预期浓度的 2 ～ 5 倍。单种蛋白质原液的浓度由 Midwest Bio-Tech 公司（Fishers，IN，USA）

用氨基酸分析进行测量。对于每种感兴趣的蛋白质，除了一个缓冲液空白外，将定值的蛋白质原液稀释成 7 点系列的三个重复稀释液，其稀释倍数分别是 1、1.25、1.67、2.5、5、10 和 20 倍。向 50μL 1∶100 稀释血清和 50μL 0.45%Zwittergent 3-12 等份试样中加入每一稀释倍数的等份试样 50μL。将该微孔板用狭缝密封盖盖住，在振荡器上以 500r/min 混合 5min，然后在分析前在 4℃的自动进样器中保存。样品采用 IMER-LC-MS/MS 进行分析。计算每种肽转换的轻标 / 重标面积比与蛋白质稀释比的线性回归曲线，其中每种蛋白质选择一种肽转换进行定量（图 19-2）。用面积比 y 截距除以回归斜率，乘以蛋白质原液（来自 AAA）的浓度和稀释倍数，计算校准用血清混合液中每种感兴趣蛋白质的浓度。为了比较内源性蛋白质及其加标重组类似物之间的分解效率，用缓冲液空白三个重复样也进行标准加入实验。以 apoA-Ⅰ和 apoB-100 为例，分别使用世界卫生组织（WHO）认证参考物质 SP1-01 和 SP3-08 进行标准加入实验，以指定 apoA-Ⅰ和 apoB-100 浓度加到校准用血清混合液中。

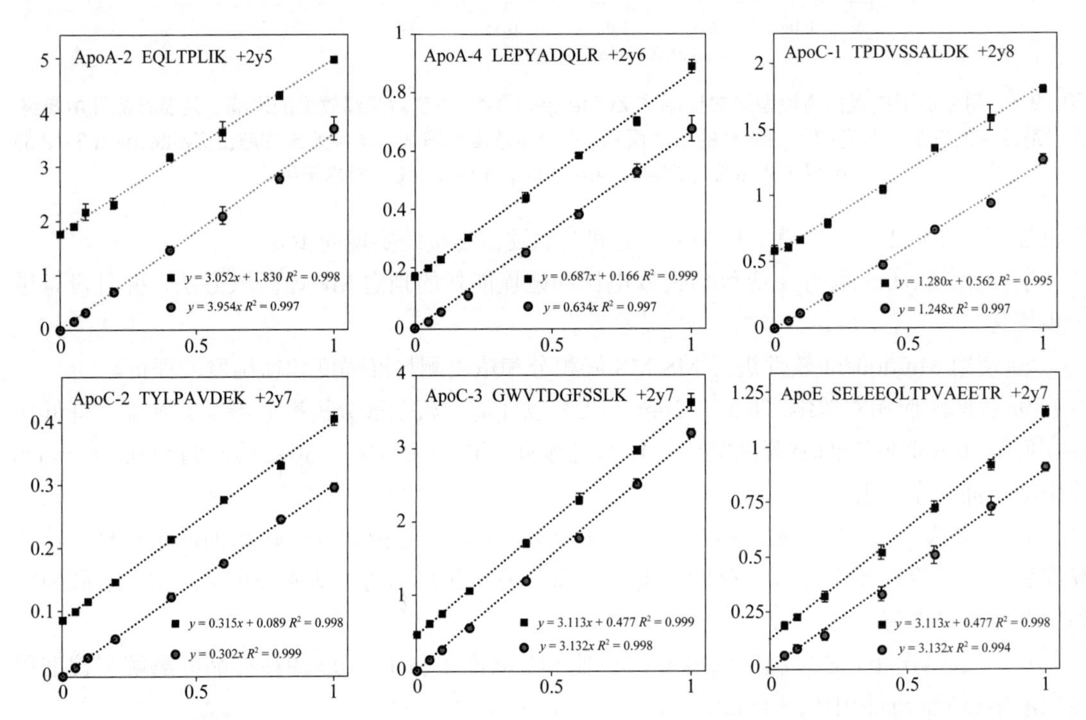

图 19-2 将纯化重组蛋白质标准加入到加标基质（正方形）和溶剂空白（圆形）的面积比（*Y* 轴）与浓度比（*X* 轴）用于进行斜率比较。误差线表示标准差（*N*=3）。可比较的斜率表明，加标重组蛋白质在稀释基质中与内源性蛋白质的酶解方式类似，这是该方法的一个关键假设

⑯ 见图 19-3。

⑰ 当稀释校准用混合液配制标准系列时，这些物质在 4℃下只能稳定 4 天。标准系列的频繁重新配制是方法变化性的主要来源之一。将经质量核准的体积范围内的校准用混合液保存，并且仅在解冻后稀释可提供更好的校准重复性。

⑱ 对于内标的加入，应设定进样顺序程序为将 SIL 肽混合物实验溶液和蛋白质样品依次进入样品环，然后通过 20μL/min 酶解缓冲液流将两者同步转移到 IMER 中。SIL 肽和肽切割产物一起保留在捕集柱上，并通过分析柱洗脱到 LC-MS 界面。作者更喜欢这种方法，而不是将 SIL 肽混合物实验溶液直接加入到样品中，因为一些 SIL 肽在稀释的内源性基质中显

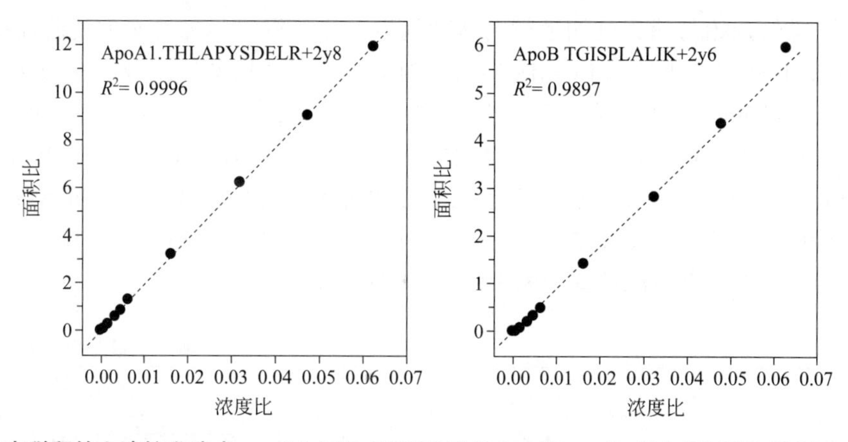

图 19-3　在稀释的血清校准液中 apoA1: THLAPYSDELR 2y8 和 apoB-100: TGISPLALIK 2y6 两种选定肽转换的线性动态范围的证明。9 点校准曲线分别表示 ULOQ 和 LLOQ 的 1：15 倍和 1：1500 倍稀释

示出降解的迹象。然而，处于控制架内的浓缩混合物中的 SIL 肽在 4℃下可以保持数周稳定。此外，内标的自动加入提高了方法精确度，减少了样品制备时间和移液步骤。Labsolutions 预处理程序如表 19-1 所示。

表 19-1　Labsolutions 预处理程序

指令号	输入值	指令号	输入值	指令号	输入值
1	a1=1001	6	rinse 200,50	11	rinse 200,50
2	vial a1	7	vial sn	12	inj.p
3	n.strk ns	8	n.strk ns	13	s.inj
4	aspir 5,5	9	aspir iv,ss	14	结束指令
5	air.a 1,5	10	air.a 1,5		

⑲ 将组合样品和 SIL 肽混合物实验溶液共同进样由 20μL/min 流速的酶解缓冲液［19.2.3 中 2（a)］通过 IMER 完成，持续 7min（图 19-4)。离开 IMER 后，活性蛋白的切割产物、SIL 肽和剩余的基质组分保留在捕集 / 脱盐柱上，而盐和极性基质组分则被转化为废物。从 7 ～ 7.5min，流速增加到 0.5mL/min 使剩余的切割产物从 IMER 排出沿流向线路进入捕集柱中。在 7.5min 时，将围绕捕集柱的环路空转（含有切割产物和 SIL 肽），同时用洗涤缓冲液［19.2.3 中 2（b)］以 2mL/min 的速度洗涤 IMER 2min，然后用酶解缓冲液重新平衡 2min。

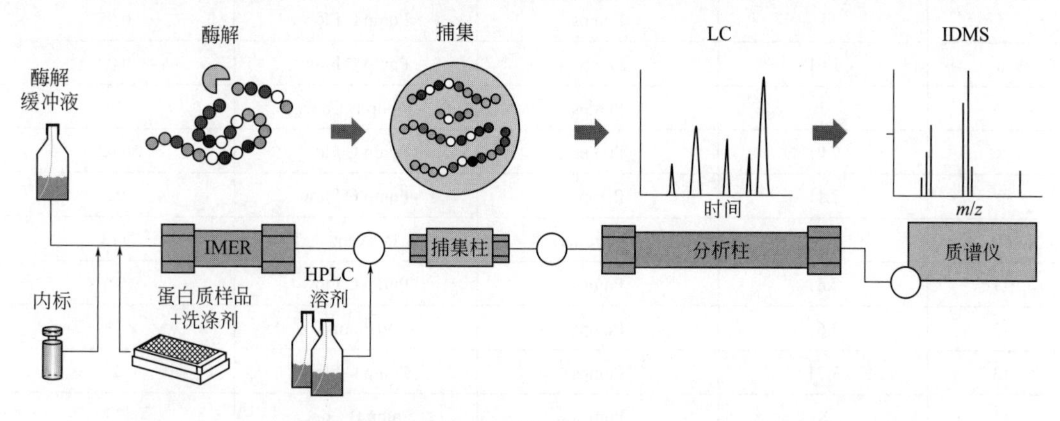

图 19-4　显示样品的流向和阀门位置的 IMER-LC-MS/MS 系统的简化示意图

⑳ 梯度洗脱的开始与捕集柱切换阀的转动同步，这使得二元梯度泵的洗脱流携带捕集的切割产物和 SIL 肽到分析柱和 LC-MS 界面。为了启动肽从捕集柱到分析柱的转移，溶剂 B 在进样启动后 0.25min 内上升到 8%。然后，溶剂 B 在 0.25 ~ 7min 期间增加 8% ~ 16%，7 ~ 8min 增加 16% ~ 25%，8 ~ 9min 增加 25% ~ 95%，9 ~ 10.5min 保持在 95%，然后在 10.5 ~ 11.5min 重新平衡到初始条件。对于比本方法所述的更强的极性肽，初始条件可能需要在较低的初始溶剂B含量下更长的上样时间，以避免显著的峰展宽和/或不一致的保留时间。LC 参数示例和相应的溶剂组成曲线如图 19-5 和表 19-2 所示。

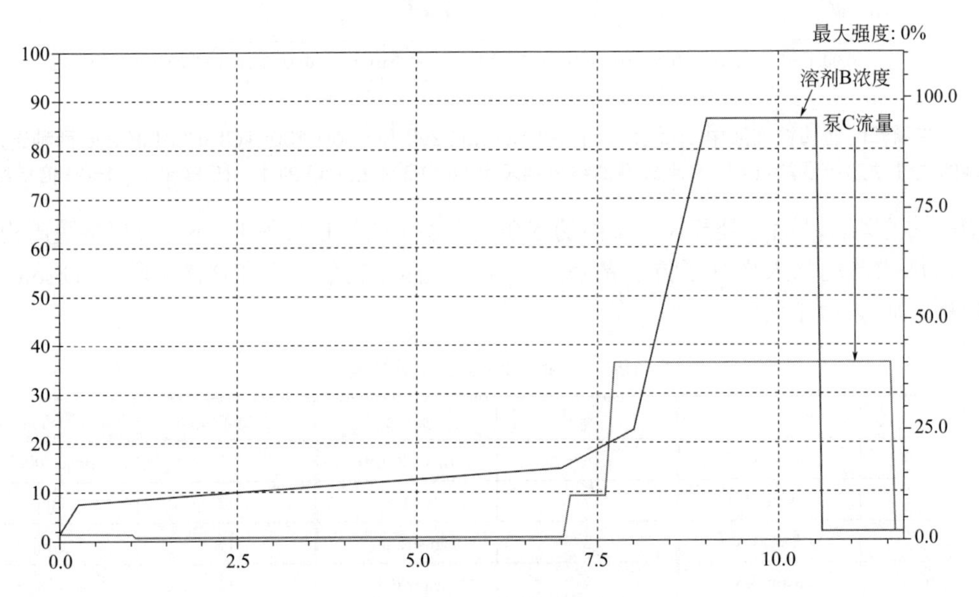

图 19-5 LC 溶剂组成曲线

表 19-2 LC 仪器参数

指令号	时间/min	硬件设备	参数	输入值
1	0.01	Controller	Event	13
2	0.01	Pumps	Pump C Flow	0.05
3	0.01	Controller	Start	
4	0.25	Pumps	Pump B Conc.	8
5	1	Pumps	Pump C Flow	0.05
6	1.01	Pumps	Pump C Flow	0.02
7	7	Pumps	Pump B Conc.	16
8	7.01	Pumps	Pump C Flow	0.02
9	7.11	Pumps	Pump C Flow	0.5
10	7.61	Controller	Event	123
11	7.61	Pumps	Pump C Flow	0.5
12	7.61	Pumps	SV(Pump C)	D
13	7.71	Pumps	Pump C Flow	2
14	8	Pumps	Pump B Conc.	25

续表

指令号	时间/min	硬件设备	参数	输入值
15	9.01	Pumps	Pump B Conc.	95
16	9.61	Pumps	SV(Pump C)	B
17	10.51	Pumps	Pump B Conc.	95
18	10.61	Pumps	Pump B Conc.	2
19	11.55	Pumps	Pump C Flow	2
20	11.61	Pumps	Pump C Flow	0.1
21	11.7	Controller	Stop	

㉑ 图 19-6（a）和图 19-6（b）中所示的改良阀门设计允许同时酶解和进行 LC 分离。这是通过使用一个 10 端口切换阀和两个相同的捕集柱完成的。当切割产物和 SIL 肽收集在一个柱上时，来自前一种样品的切割产物和 SIL 肽洗脱到分析柱和 LC-MS 界面。这种交替设置有效地减少了 LC 梯度的总分析时长。此外，在脱盐和洗脱过程中，阀门的设计可使捕集柱上的流向反转，使分析物重新聚集在分析柱上，减少了峰展宽。

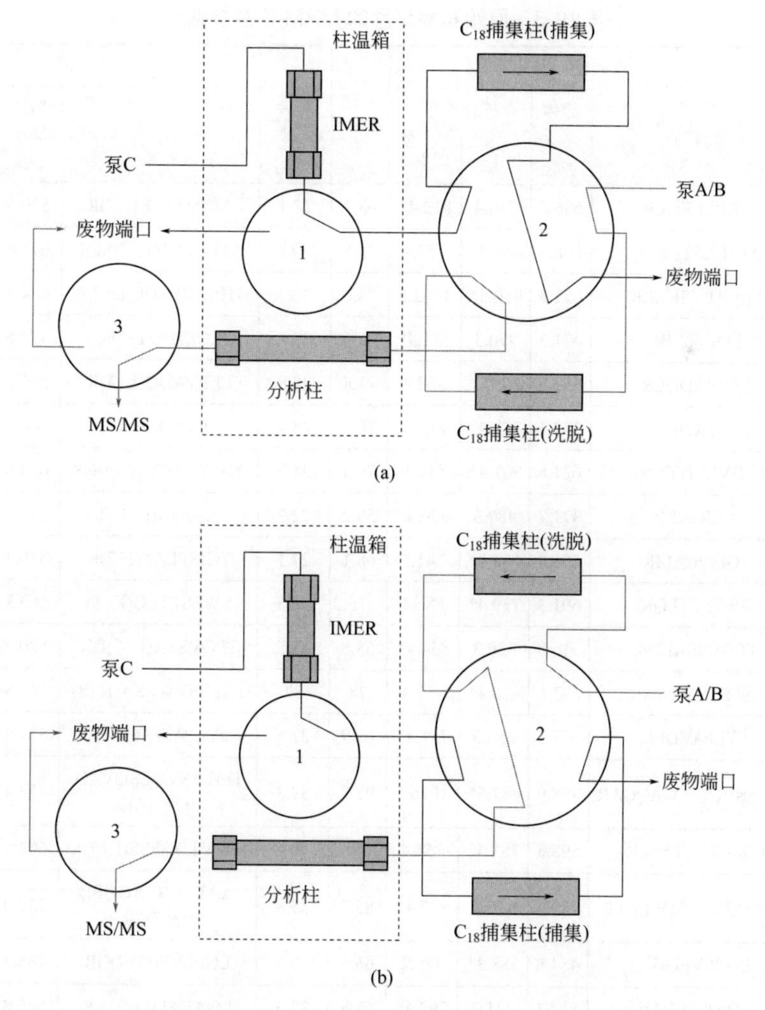

图 19-6 双捕集阀设计以及 LC 方法 A 和 B 对应的阀门位置

㉒ 见图 19-7 和表 19-3。

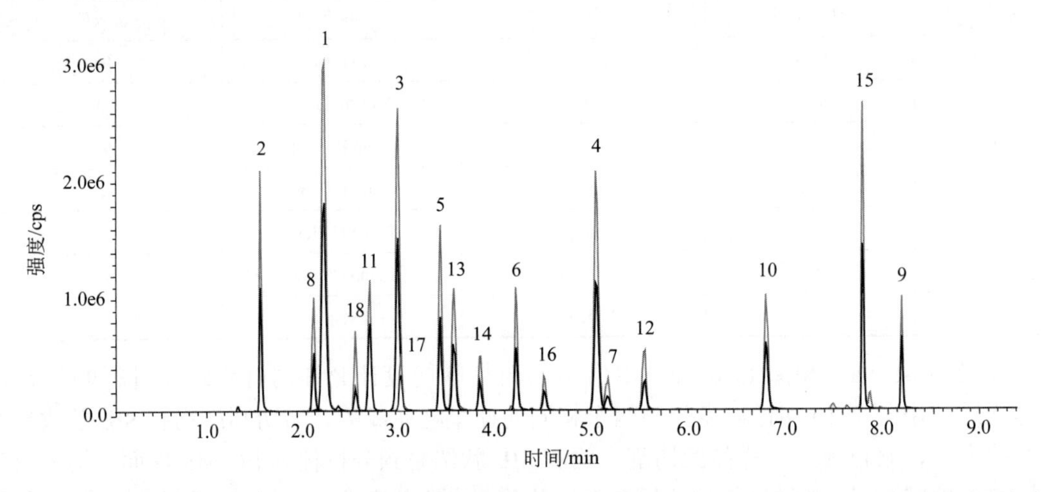

图 19-7　代表性色谱图：50μL 1：100 稀释血清校准液（灰色）和 5μL SIL 肽混合物实验溶液（黑色）上样系统。对应的峰值 IDs 列于表 19-3

表 19-3　原始和标记肽的 MRM 仪器参数

归类	蛋白质	原始的				去簇电压	碰撞电压	标记			
		肽序列	前体离子 *m/z*	碎片离子 1	碎片离子 2			肽序列	前体离子 *m/z*	碎片离子 1	碎片离子 2
1	apoA-Ⅰ	AKPALEDLR	506.8	716.4	813.4*	68.1	27.1	AKPALED(L+7)R	510.3	723.4	820.5
2		ATEHLSTLSEK	608.3	664.4*	777.4	75.5	30.8	ATEHLST(L+7)SEK	611.8	671.4	784.5
3		THLAPYSDELR	651.3	950.5*	1063.5	78.6	32.3	THLAPYSDE(L+7)R	654.8	957.5	1070.6
4	apoA-Ⅱ	EQLTPLIK	471.3	470.3	571.4*	65.5	25.8	EQLTPL(I+7)K	474.8	477.4	578.4
5	apoA-Ⅳ	LEPYADQLR	552.8	765.4*	862.4	71.4	28.8	LEPYADQ(L+7)R	556.3	772.4	869.5
6		LTPYADEFK	542.3	772.4*	869.4	70.6	28.4	LTPYADEF(K+8)	546.3	780.4	877.4
7	apoB	ATGVLYDYVNK	621.8	801.4*	914.5	76.4	31.2	ATGVLYDY(V+6)NK	624.8	807.4	920.5
8		AAIQALR	371.7	487.3	600.4*	58.2	22.2	AAIQA(L+7)R	375.2	494.3	607.4
9		TGISPLALIK	506.8	654.5*	741.5	68.1	27.1	TGISPLAL(I+7)K	510.3	661.5	748.5
10	apoC-Ⅰ	EWFSETFQK	601.3	739.4*	886.4	75	30.5	EWFSETFQ(K+8)	605.3	747.4	894.4
11		TPDVSSALDK	516.8	620.3	834.4*	68.8	27.5	TPDVSSA(L+7)DK	520.3	627.3	841.4
12	apoC-Ⅱ	ESLSSYWESAK	643.8	870.4*	957.4	78	32	ESLSSYWESA(K+8)	647.8	878.4	965.4
13		TYLPAVDEK	518.3	658.3	771.4*	68.9	27.5	TYLPA(V+6)DEK	521.3	664.4	777.4
14	apoC-Ⅲ	DALSSVQESQVAQQAR	858.9	887.5*	1016.5	93.7	39.8	DALSSVQESQVAQ(Q+7)AR	862.4	894.5	1023.5
15		GWVTDGFSSLK	598.8	753.4*	854.4	74.8	30.4	GWVTDGFSS(L+7)K	602.3	760.4	861.4
16	apoE	AATVGSLAGQPLQER	749.4	770.4	827.4*	85.7	35.8	AATVGSLAGQPL(Q+7)ER	752.9	834.4	905.5
17		LGPLVEQGR	484.8	588.3*	489.2	66.5	26.3	LGPLVE(Q+7)GR	488.3	496.3	595.3
18		LQAEAFQAR	517.3	721.4	792.4*	68.8	27.5	LQAEAF(Q+7)AR	520.8	728.4	799.4

㉓ 两种肽在一个空白洗脱间隔后的滞留贡献分别为 0.2% 和 1.3%，两个空白洗脱间隔后的滞留贡献后分别为 0.05% 和 1.0%（图 19-8）。

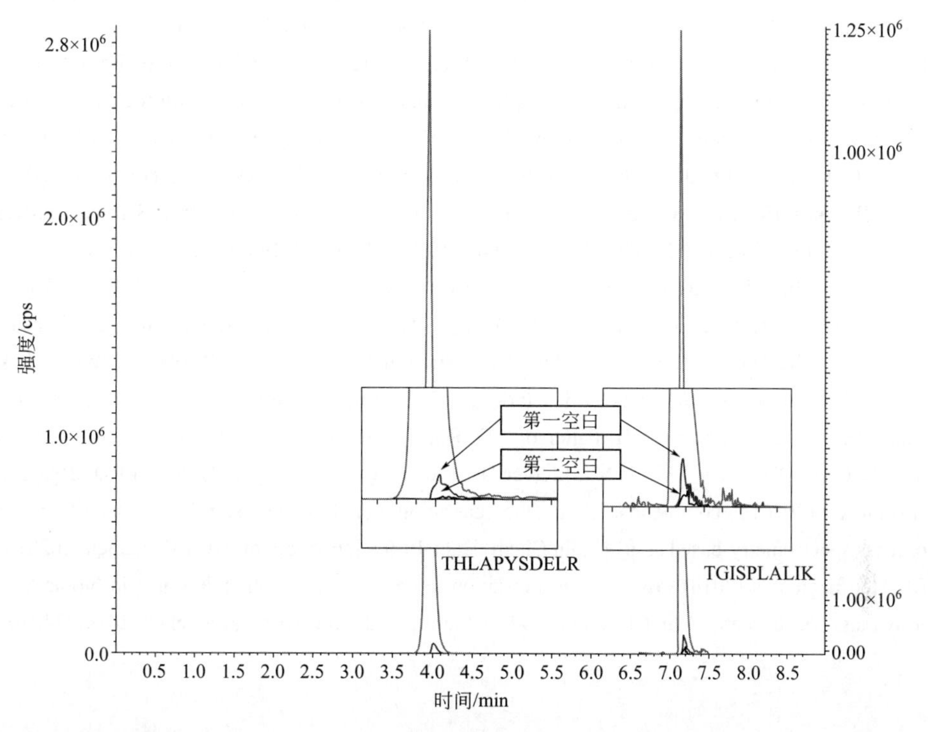

图 19-8　高浓度样品（柱上 50μL 1：15 稀释人血清）在一次和两次空白进样（50μL 酶解缓冲液）后的结果显示出滞留样品对下一个样品的贡献示例。对比原蛋白质浓度绘制了两种肽转换的强度图，THLAPYSDELR（apoA-Ⅰ；左轴）和 TGISPLALIK（apoB；右轴）

免责声明

本文中提及的任何特定商业产品、步骤、服务、制造商或公司不代表美国政府或疾病预防控制中心的认可或建议。本报告中的发现和结论是作者的观点，并不代表美国疾病预防控制中心的观点。

参考文献

1. Picotti P, Aebersold R (2012) Selected reaction monitoring-based proteomics: workflows, potential, pitfalls and future directions. Nat Methods 9(6):555-566. https://doi.org/10.1038/nmeth.2015
2. Shuford CM, Walters JJ, Holland PM, Sreenivasan U, Askari N, Ray K, Grant RP (2017) Absolute protein quantification by mass spectrometry: not as simple as advertised. Anal Chem 89(14):7406-7415. https://doi.org/10.1021/acs.analchem.7b00858
3. Shuford CM, Sederoff RR, Chiang VL, Muddiman DC (2012) Peptide production and decay rates affect the quantitative accuracy of protein cleavage isotope dilution mass spectrometry (PC-IDMS). Mol Cell Proteomics 11(9):814-823. https://doi.org/10.1074/mcp.0112.017145
4. Regnier FE, Kim JH (2014) Accelerating trypsin digestion: the immobilized enzyme reactor. Bioanalysis

6(19):2685-2698. https://doi.org/10.4155/bio.14.216

5. Kuklenyik Z, Jones JI, Toth CA, Gardner MS, Pirkle JL, Barr JR (2017) Optimization of the linear quantification range of an online trypsin digestion coupled liquid chromatography-tandem mass spectrometry (LC-MS/MS) platform. Instrum Sci Technol 46:1-13. https://doi.org/10.1080/10739149.2017.1311912
6. Bonichon M, Combès A, Desoubries C, Bossée A, Pichon V (2016) Development of immobilized-pepsin microreactors coupled to nano liquid chromatography and tandem mass spectrometry for the quantitative analysis of human butyrylcholinesterase. J Chromatogr A 1461:84-91. https://doi.org/10.1016/j.chroma.2016.07.058
7. Toth CA, Kuklenyik Z, Jones JI, Parks BA, Gardner MS, Schieltz DM, Rees JC, Andrews ML, McWilliams LG, Pirkle JL, Barr JR (2017) On-column trypsin digestion coupled with LC-MS/MS for quantification of apolipoproteins. J Proteome 150:258-267. https://doi.org/10.1016/j.jprot.2016.09.011
8. Hoofnagle AN, Whiteaker JR, Carr SA, Kuhn E, Liu T, Massoni SA, Thomas SN, Reid Townsend R, Zimmerman LJ, Boja E, Chen J, Crimmins DL, Davies SR, Gao Y, Hiltke TR, Ketchum KA, Kinsinger CR, Mesri M, Meyer MR, Qian WJ, Schoenherr RM, Scott MG, Shi T, Whiteley GR, Wrobel JA, Wu C, Ackermann BL, Aebersold R, Barnidge DR, Bunk DM, Clarke N, Fishman JB, Grant RP, Kusebauch U, Kushnir MM, Lowenthal MS, Moritz RL, Neubert H, Patterson SD, Rockwood AL, Rogers J, Singh RJ, Van Eyk JE, Wong SH, Zhang S, Chan DW, Chen X, Ellis MJ, Liebler DC, Rodland KD, Rodriguez H, Smith RD, Zhang Z, Zhang H, Paulovich AG (2016) Recommendations for the generation, quantification, storage, and handling of peptides used for mass spectrometry-based assays. Clin Chem 62(1):48-69. https://doi.org/10.1373/clinchem.2015.250563
9. Grant RP, Hoofnagle AN (2014) From lost in translation to paradise found: enabling protein biomarker method transfer by mass spectrometry. Clin Chem 60(7):941-944. https://doi.org/10.1373/clinchem.2014.224840

第 20 章

蛋白酶：功能蛋白质组学的关键支点

Ingrid M. Verhamme, Sarah E. Leonard, Ray C. Perkins

摘要 蛋白酶驱动着所有蛋白质的生命周期，确保新生成的、待完备的蛋白质的运输和激活成为它们的功能具备形式，同时再循环失活或不再需要的蛋白质。蛋白酶远不只是蛋白质分解的工具，而是在基础生理学和系统生物学的多层次调控中起着重要的作用。蛋白酶与疾病密切相关，蛋白质水解活性的调节是多个药物成功治疗的理论靶点。本章“蛋白酶：功能蛋白质组学中的关键支点”剖析了蛋白质水解在广泛的生理过程和疾病中的关键作用。详细介绍了蛋白质水解相关活性对药物和生物标志物开发的现有和潜在影响。总共阐述了包括 23 种不同亚类的四大类蛋白酶的决定性作用。在这个构架中，列出了 15 组特定主题的表格数据包括蛋白酶、蛋白酶抑制剂、底物及其作用的鉴定。上述数据来源于 300 多篇参考文献中的研究。数据集的交叉比较表明，蛋白酶及其抑制剂 / 激活剂和底物与一系列生理过程和包括慢性和致病性的疾病相关联。本章通过描述凝血酶（原）和纤维蛋白（原）与止血、先天免疫、心血管和代谢性疾病、癌症、神经退行性疾病和细菌自卫的戏剧化关联这一点作为结语。

关键词 蛋白酶，肽酶，蛋白质水解作用，蛋白酶抑制剂，蛋白酶激活剂，分解，止血，补体系统，免疫调节，信号转导，细胞迁移，细胞增殖，程序性细胞死亡，蛋白质分泌，DNA 复制，DNA 修复，DNA 加工，核内蛋白质水解，跨膜蛋白质水解，膜内蛋白质水解，胞质蛋白质水解，表观遗传学，炎症，心血管疾病，代谢性疾病，脑卒中，癌症，神经退行性疾病，自身免疫性疾病，感染性生物，药物靶点，药物开发，生物标志物开发，精准医学

20.1 引言

20.1.1 蛋白酶：远不只是蛋白质分解

一种或多种蛋白质水解事件启动了许多蛋白质的性质，而蛋白质水解事件终止了所有蛋白质相对较短的生命周期。大约有三分之一经过翻译的蛋白质包括参与如下功能的肽：影响蛋白质寿命的肽（起始甲硫氨酸），控制它们的运输的肽（信号肽），引导它们到达适当的细胞器（转运肽）并产生其活性形式的肽（前肽）。这些过程仅仅是那些开始蛋白质活动生命的蛋白质水解事件。在短至 11 min 或长达 4 个月的不同蛋白质的生命周期中，另外的蛋白

质水解事件会重新塑造独特的蛋白质——一个例子是被大量研究的A4人类淀粉样前体跨膜蛋白的13种蛋白质水解产物包括一个病理相关的β淀粉样肽家族。所有的蛋白质在完成了它们的既定任务之后都再次成为蛋白酶的底物，在蛋白质分解过程中产生的氨基酸作为正在进行的新蛋白质表达的原材料被再利用。鉴于这些变化和连续的过程，蛋白质水解活动实际上重塑了蛋白质组。当然，这一简短的论述只是冰山一角。蛋白质水解酶及其激活剂和抑制剂在几乎所有的生物学过程中都是必不可少的。本章阐述了其中的许多过程，特别是与疾病和新疗法的开发有关的过程。确实，蛋白酶定义了功能性蛋白质组——一次一种蛋白质（图20-1）。

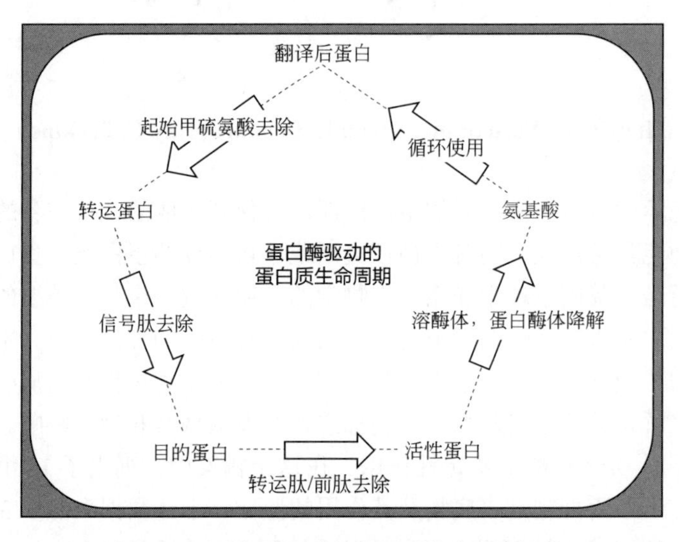

图20-1 蛋白酶驱动的蛋白质生命周期阶段

在19世纪30年代，欧洲国家和美国的平行研究表明，食物中蛋白质的分解，除了胃液盐酸外，还需要胃黏膜中的一种化合物[1]。胃蛋白酶的发现引发了消化不良常用治疗制剂的研制，并加强了胃蛋白酶的纯化工作。然而，纯胃蛋白酶的结晶需要近一个世纪的时间。Northrop、Kunitz和Herriott发表了最早的经典消化蛋白酶，如胃蛋白酶、糜蛋白酶、胰蛋白酶、胰羧肽酶及其酶原的纯化合物的理化特性[2]。自从发现胃蛋白酶以来，蛋白质酶领域已经取得了长足的进展。从那时起，蛋白质纯化、测序、结构功能分析、X射线晶体学和合成底物开发方法的快速发展加快了对无数哺乳动物、植物、真菌和细菌蛋白质水解酶的鉴定[3]，鉴定序列的数量正呈指数增长。截至2017年9月，MEROPS蛋白质水解酶数据库（https://www.ebi.ac.uk/merops/）列出了超过一百万种序列[4]。

人体内所有蛋白酶的集合，即蛋白酶降解组，目前由588种蛋白酶组成，分为五类：天冬氨酸蛋白酶、半胱氨酸蛋白酶、金属蛋白酶、丝氨酸蛋白酶和苏氨酸蛋白酶[5]。它们占人类基因组的2%以上，数据库由López-Otín实验室维护（http://degradome.uniovi.es）[6]。自从认识到蛋白酶系统是无数生物学机制的重要调节者，而不仅仅是非特异性蛋白质分解机制的一部分以来，蛋白酶系统已经得到了相当多的认可。凝血、纤溶、补体激活、肽类激素加工、蛋白质分泌和降解、DNA复制和修复、细胞信号转导和增殖以及程序性细胞死亡只是这些生理蛋白酶靶向特定底物过程的一小部分。肽酶领域正在迅速发展，大量的文献已经致力于对其最近发现和以前已知的成员进行分类和记录[7]。在这里，重点论述疾病和蛋白质水解之间密切联系的新方面，以及基于作用机制的药物靶向的潜力。

20.1.2　生理和调节作用

生理蛋白酶活性受到严格控制以避免无选择的和不必要的蛋白质降解[8]。蛋白酶可以作为无活性的酶原存在，需要蛋白质水解激活步骤，然后进行构象重排以形成活性部位（止血蛋白酶酶原）；与阻断活性部位的抑制性前肽或 N 末端结构域复合（基质金属蛋白酶或 MMP）；或处于低反应状态，需要变构激活（因子Ⅶ和组织因子）、蛋白质水解（单链 tPA）或双 / 多聚（caspase-8 和 caspase-9，蛋白酶体蛋白酶）。活性蛋白酶可以受 pH 控制，例如溶酶体组织蛋白酶和胃蛋白酶。许多蛋白酶受转录调控，只在特定细胞和组织中表达，有时会受到时间上的限制，而基础职能蛋白酶则是组成性表达。生理上的诱因如炎症可能会暂时上调酶原的表达，就像组织蛋白酶和 MMP 的酶原一样。

由于许多蛋白酶与其他蛋白质相关，并在效应物、配体和受体网络中起作用，研究它们的生物学功能变得越来越复杂。在体外阐明蛋白酶的结构和动力学特性是确定其底物和抑制剂专一性所必需的，但其在体内的催化效率往往受到复杂的大分子相互作用的巨大影响。蛋白酶活性可能受到生理反馈机制、基因组水平上的调节和分子环境中胁迫因素的影响而上调或下调。根据分子环境和结合伙伴的不同，蛋白酶可以催化产生相反生理过程的反应。对止血最重要的蛋白酶凝血酶就是一个很好的例子。未复合凝血酶是促凝剂，将纤维蛋白原切割成纤维蛋白形成血块。然而，当与凝血酶调节蛋白结合时，凝血酶激活抗凝蛋白 C。一旦外源性途径被激活，内在凝血途径中接触激活系统的蛋白酶有助于维持凝血，但它们也激活纤溶途径中的纤溶酶原。

蛋白酶网络由蛋白质或多肽性质的内在抑制剂调节。丝氨酸蛋白酶主要在凝血、纤溶和补体系统中起重要作用，也在分解、晚期凋亡、发育、受精和膜相关信号转导中发挥作用。它们通常被不可逆共价复合物类型的 serpins（丝氨酸蛋白酶抑制剂）抑制，或被 Kunitz、Kazal 或 elafin 型多肽抑制剂抑制，serpins 具有保守的典型骨架构象的蛋白酶结合环，与蛋白酶活性位点互补。抑制性 serpins 属于一种特殊的蛋白质超家族，具有包括一个亚稳态反应中心环（reactive center loop，RCL）的典型折叠用于结合它们的靶蛋白酶，和由 3 个 β- 折叠和 8 个或更多个 α- 螺旋组成的核心[9]。当 RCL 割开时，蛋白酶保持连接状态，由此产生的酰基酶进行显著的构象重排，在此过程中，割开的 RCL 作为附加链插入 β- 折叠 A 中，连接的蛋白酶转移到 serpins 的远端。活性位点的变形阻止了水解的完成，最终产物是稳定的共价复合物。Kunitz、Kazal 和 elafin 类抑制剂的作用机制不同，它们以类似底物的方式与蛋白酶紧密结合，然后缓慢和可逆地切割反应键[10]。割开的抑制剂可能会继续保持与蛋白酶的结合，但通常会损失几个数量级的抑制效力。

对已知蛋白酶切割的分析表明，体内蛋白质组的调节是通过相互连接的蛋白酶 - 抑制剂网络进行的[11]，蛋白质蛋白酶抑制剂本身就是蛋白酶底物。许多抑制剂靶向相关蛋白酶类而不是单一的酶，一种蛋白酶抑制剂的失活可能是一个影响整个蛋白酶子网络的开 / 关转换键。蛋白质水解的多种调控机制已经被证实，例如 PEST（脯氨酸、谷氨酸、丝氨酸、苏氨酸）序列的存在靶向细胞内蛋白质的快速降解；KFERQ 基序（赖氨酸、苯丙氨酸、谷氨酸、精氨酸、谷氨酰胺）引导胞质蛋白到核内体或溶酶体进行降解；以及 RxxLxxIxN 破坏框基序标记以供泛素 - 蛋白酶体系统降解的蛋白质[12]。尽管蛋白酶 / 底物 / 抑制剂的相互作用增加了许多层次的复杂性，但它也为设计新的治疗方法提供了更多的机会。

20.1.3 蛋白酶与疾病

蛋白酶的功能通常取决于催化结构域以及特定的非酶结构域和模块的协同作用，这些结构域和模块或与蛋白质结合，或作为与催化结构域相关的独立实体。阴离子结合位点、kringle 和 apple 结构域、表皮生长因子（EGF）和纤维连接蛋白结构域、血小板反应蛋白重复序列和跨膜结构域具有多种功能，如定位，识别底物、抑制剂和效应物，以及与各种配体、辅因子和其他蛋白质的相互作用。这些结构域中有许多是进化保守的，以单元（如 EGF 结构域）或重复单元（kringle 和 apple 结构域、血小板反应蛋白结构域）的形式存在于各种蛋白酶中。不足为奇的是，催化结构域或任何调节域的缺陷都可能导致蛋白酶的生理功能失调。内源性蛋白酶失调是许多病理的标志，如炎症、癌症、止血和自身免疫性疾病以及神经退行性疾病[13, 14]。关于这些病理学中异常蛋白酶活性的最新发现如下所述。

López-Otín 降解组数据库目前列出了 124 种由蛋白酶突变引起的遗传性疾病，还有许多其他病理与蛋白酶活性的翻译后和表观遗传变化有关。尽管最近在炎症相关蛋白酶的研究方面取得了很大进展，但许多过程仍然不清楚蛋白酶活性的上调是其原因或结果。然而，对于蛋白酶作为许多疾病状态下有吸引力的药物靶点的重要性已经达成充分的共识。效应物配体和底物可以提供另外的靶点。蛋白酶的上调或下调可作为一种诊断手段，而蛋白质水解产生的信号肽可提供先前被低估了其重要性的各种疾病状态下的生物标志物库。

20.2 生理过程的调节

20.2.1 止血

如果你只熟悉人体内一种蛋白质水解调节的过程，那很可能是止血。在有关欧洲皇室的纪录片和每晚的药物广告中醒目出现的是血凝块的形成和降解已经得到了深入的研究。这是一个用来说明蛋白质水解复杂性的模型系统：多种相互协同和相互对立作用的途径，数十个“演员”，每一步都受到广泛的调节，甚至个别“演员”在不同的条件下进行相反的作用。每一步都是功能失调和干预的机会，两者都影响全身细胞过程并受其影响（表 20-1）。

在初期止血过程中，血管损伤暴露出高凝血酶原的内皮下层，血小板聚集到损伤部位，在那里它们被激活并形成血小板栓塞。在 50 多年前提出的“二期止血”级联凝血模型中，血管损伤触发凝血因子活性的逐步放大。这样最终形成凝血酶，即最主要的凝血蛋白酶，将纤维蛋白原切割为纤维蛋白[15]。在外源性途径中，血浆因子Ⅶa 与损伤过程中暴露的组织因子形成高活性复合物，因子Ⅹ和凝血酶原的顺序激活导致血凝块形成。内源性或接触激活途径由激肽释放酶原、因子Ⅻ和Ⅸ组成。因子Ⅻ和Ⅺ的逐步激活产生维持因子Ⅹa 形成的因子Ⅸa。除了因子ⅩⅢa，一种交联纤维蛋白的转氨酶，所有的止血酶都是丝氨酸蛋白酶。内源性丝氨酸蛋白酶抑制剂（抗凝血酶、肝素辅因子Ⅱ）和 Kunitz 抑制剂 TFPI 提供调节控制。磷脂表面和非酶促辅因子Ⅷ和Ⅴ分别是激活因子Ⅹ和凝血酶原所必需的。这种“瀑布”机制并不能解释为什么因子Ⅻ缺乏的患者没有出血倾向，随后发现了凝血酶激活因子Ⅺ维持止血的新的“止血网”机制[16, 17]。尽管接触激活蛋白酶在正常止血中并不重要，但动物研究表明，它们是病理性血管内凝血酶形成的重要因素[18]，可能是治疗抑制剂的合适靶点。

表 20-1　止血凝块形成：与止血特定凝块形成相关的蛋白酶、蛋白酶抑制剂和辅因子的活性以及 Uniprot ID 号（适用时）

蛋白酶/抑制剂	Uniprot ID	作用
凝血酶（凝血酶原）	P00734	转化纤维蛋白原为纤维蛋白
		激活因子Ⅴ、Ⅶ、Ⅷ、Ⅺ、ⅩⅢ
		与凝血酶调节蛋白形成复合物
		凝血酶/凝血酶调节蛋白激活蛋白质C
血浆因子Ⅶa（凝血因子）	P08709	与组织因子形成复合物
		Ⅶa/TF转化/激活Ⅹ为Ⅹa
		Ⅶa/TF转化/激活Ⅸ为Ⅸa
组织因子	P13726	扩增凝血蛋白酶级联信号
		与磷脂形成复合物
		与循环因子Ⅶ或Ⅶa形成复合物
		Ⅶa/TF转化/激活Ⅹ为Ⅹa
		Ⅶa/TF转化/激活Ⅸ为Ⅸa
凝血因子Ⅹ	P00742	转化/激活凝血酶原为凝血酶
		与磷脂和钙形成复合物
		激活因子Ⅶ形成因子Ⅶa
前激肽释放酶（血浆激肽释放酶）	P03952	Ⅻ因子的反向激活
凝血因子Ⅻ	P00748	前激肽释放酶的反向激活
凝血因子Ⅸ	P00740	转化/激活因子Ⅹ
		激活因子Ⅶ形成因子Ⅶa
		激活因子Ⅹ形成因子Ⅹa
抗凝血酶（抗凝血酶-Ⅲ）	P01008	抑制凝血酶以及因子Ⅸa、Ⅹa和Ⅺa
		肝素增强活性
肝素辅因子Ⅱ	P05546	抑制凝血酶以及因子Ⅸa、Ⅹa和Ⅺa
		抑制糜蛋白酶
TFPI（tissue factor pathway inhibitor，组织因子途径抑制剂）	P10646	抑制因子Ⅹ（Ⅹa）
		TFPI + Ⅹa抑制Ⅶa/组织因子

当血凝块发挥作用后，内皮细胞会释放 tPA，在纤维蛋白表面将纤溶酶原转化为纤溶酶。tPA 和纤溶酶原都通过其 kringle 结构（凝血因子特有的结合域）与纤维蛋白结合，从而显著提高纤溶酶的形成速率。纤溶酶降解纤维蛋白，暴露另外的羧基端赖氨酸与 tPA、纤溶酶原和纤溶酶上的 kringle 相互作用，最终导致纤维蛋白降解加速。在调节过程中，羧肽酶 U，也被称为凝血酶激活的纤溶抑制剂（thrombin-activatable fibrinolysis inhibitor，TAFI），去除羧基端赖氨酸残基并稳定纤维蛋白凝血酶。在没有凝血酶调节蛋白的情况下，TAFI 被证明是一种很差的凝血酶底物，其发现、纯化和理化分析的漫长过程的令人瞩目的历史再次证明了理解生化过程的分子基础的重要性[19]。分别靶向 tPA 和纤溶酶的 serpins 纤溶酶原激活剂抑制剂 -1（PAI-1）和 α2- 纤溶酶抑制剂（α2-AP）提供纤维蛋白降解的额外调节。与纤维蛋白结合的纤溶酶被保护免受 α2-AP 的影响，而 TAFI 通过消除纤维蛋白上的纤溶酶结合赖氨酸残基来降低这种保护作用（表 20-2）。

表 20-2　止血凝块降解：与特定止血凝块降解相关的蛋白酶、蛋白酶抑制剂和辅因子的活性以及 Uniprot ID 号（适用时）

蛋白酶/抑制剂	Uniprot ID	作用
tPA（组织型纤溶酶原激活因子）	P00750	在纤维蛋白表面将纤溶酶原转化为纤溶酶
		取代纤维蛋白中的纤溶酶，促进被 α2- 抗纤溶酶抑制
纤溶酶（纤溶酶原）	P00747	溶解血凝块中的纤维蛋白
羧肽酶 U（羧肽酶 B2，凝血酶激活的纤溶抑制剂）	Q96IY4	从纤维蛋白去除 C 末端赖氨酸残基
		下调纤溶
		切割补体蛋白 C3a 和 C5a
		被凝血酶 / 凝血酶调节蛋白复合物激活
纤溶酶原激活抑制剂 1	P05121	组织纤溶酶原激活因子、尿激酶、蛋白质 C 和间质蛋白酶 -3/TMPRSS7 的结合点
α2- 纤溶酶抑制剂	P08697	抑制纤溶酶和胰蛋白酶
		使间质蛋白酶 -3/TMPRSS7 和糜蛋白酶失活
蛋白质 C（维生素 K 依赖的蛋白质 C）	P04070	在钙离子和磷脂存在时使因子Ⅴa 和Ⅷa 失活
		被凝血酶 / 凝血调节蛋白复合物激活

血小板既能促进又能抵抗纤溶。激活的血小板通过 GPⅡb/Ⅲa（整合素 αⅡbβ3）复合物将纤溶酶原及其生理激活剂 tPA 和尿激酶限定在局部。血小板反应蛋白从血小板颗粒中释放并暴露在血小板表面，也与纤溶酶原结合并增强其激活。因此，激活的血小板为促进纤溶提供了另一种表面。作为调节机制的一部分，血小板分泌两种抗纤溶 serpins，PAI-1 和 α2-AP，因此富含血小板的血栓能够抵抗纤溶。

凝血酶既可以作为促凝剂又可以作为抗凝酶，被称为双面蛋白酶 [20]。α- 凝血酶与许多效应物结合的晶体结构有助于鉴定其表面的更多识别位点。通过结合这些离散的功能表面区域，凝血酶以选择性和特异性的方式与各种底物和配体相互作用。Na^+ 的结合使凝血酶形成一种迅速切割促凝底物的“快速”构象。在无 Na^+ 状态下，与凝血酶调节蛋白结合的凝血酶优先启动蛋白 C 抗凝途径，其中因子Ⅴ和Ⅷ被蛋白质水解失活 [21, 22]。

20.2.2　补体系统和免疫调节

血浆补体系统通过调理和清除病原体、细胞碎片和发生病变的宿主细胞来调节先天免疫防御 [23-25]。补体系统的激活通过三条途径发生：在经典途径中，识别蛋白质 C1q 与抗原 - 抗体复合物结合，C1 复合物被激活，一系列丝氨酸蛋白酶激活反应导致形成 C3 然后最终形成 C5 转化酶；在凝集素途径中，甘露糖结合凝集素与病原体表面的甘露糖结合作为 C3/C5 转化酶形成的触发因子；在另一个途径中，C3 的持续低水平激活和与病原体结合导致 C3/ C5 转化酶的产生。C3 转化酶将 C3 切割为过敏毒素 C3a 和调理素 C3b，C3b 吸着在病原体表面促进巨噬细胞靶向。C5 转化酶产生促炎症过敏毒素 C5a 和 C5b，通过 C5b-C9 组装形成膜攻击复合物（membrane attack complex，MAC）。这种复合物在细胞膜上形成孔杀死病原体或靶细胞。过敏毒素 C3a 和 C5a 促进免疫细胞的趋化作用。参与这些复杂过程的相关补体丝氨酸蛋白酶包括 C1r、C1s、MASP 1-3（甘露聚糖结合凝集素丝氨酸蛋白酶 1-3）[26]、C2 和因子 B、D、I 等，它们都有限定的特异性。血浆 serpin、C1- 抑制剂共价灭活 C1r、C1s、MASP 1 和

MASP 2。C2 和因子 B 活性受补体激活（或 RCA）蛋白质的调节控制，而对于因子 I 和 D，没有已知的内源性抑制剂。补体缺陷导致感染易感性增加，免疫复合物和凋亡细胞的清除障碍从而导致系统性红斑狼疮（SLE）的发生。然而，补体的过度激活也与自身免疫性疾病，如 SLE、类风湿关节炎和某些癌症有关。单克隆抗体 Eculizumab 抑制 C5，最近被批准用于治疗阵发性睡眠性血红蛋白尿和非典型溶血性尿毒症综合征的补体过度激活。最终，可能证明它对 SLE 的治疗也是有用的[27]（表 20-3）。

表 20-3　补体系统和免疫调节：与补体系统和免疫调节相关的蛋白酶、蛋白酶抑制剂和辅因子的活性以及 Uniprot ID 号（适用时）

蛋白酶/抑制剂	Uniprot ID	作用
C1R（补体 C1r 亚组分，经典）	P00736	切割/激活 C1s
C1S（补体 C1s 亚组分，经典）	P09871	切割/激活 C2 和 C4
C2a（补体 C2，C1s 切割产物）	P06681	与 C4b 结合形成 C3 转化酶（经典，凝集素）
因子 D（补体因子 D、Bb 片段）	P00746	切割/激活补体因子 B
因子 B（补体因子 B、Bb 片段）	P00751	切割产物 Bb 与 C3b 结合形成 C3 转化酶（替代）
C3- 转化酶（经典，凝集素：C4b2C2a）		将 C3 切割为过敏性毒素 C3a 和调理素 C3b
C3- 转化酶（替代：C3bBb）		将 C3 切割为过敏性毒素 C3a 和调理素 C3b
C3- 转化酶（含水的：C3:H_2O）		将 C3 切割为过敏性毒素 C3a 和调理素 C3b
C5- 转化酶（经典：细胞膜，C4b2b3b）		将 C5 切割为过敏性毒素 C5a 和 MAC 组分 C5b
C5- 转化酶（替代：细胞膜，C3bBbC3b）		将 C5 切割为过敏性毒素 C5a 和 MAC 组分 C5b
C5- 转化酶（经典：体液，C4b2boxy3b）		将 C5 切割为过敏性毒素 C5a 和 MAC 组分 C5b
MASP 1（甘露聚糖结合凝集素丝氨酸蛋白酶 1）	P48740	激活 MASP2 或 C2 或 C3
MASP 2（甘露聚糖结合凝集素丝氨酸蛋白酶 2）	O00187	切割/激活 C2 和 C4
MASP 3（甘露聚糖结合凝集素丝氨酸蛋白酶 3）	P48740①	切割/激活补体前因子 D①，替代剪接产物
C1- 抑制剂（血浆蛋白酶 C1 抑制剂）①	P05155	与 C1r、C1s、MASP 1、MASP 2、胰凝乳蛋白酶、激肽释放酶、fXIa、FXIIa 形成复合物进而使之失活
因子 I（补体因子 I）	P05156	切割/激活 C3b、iC3b 和 C4b

① 补体激活、血液凝固、纤溶和激肽的产生。

人细胞毒性 T 淋巴细胞和自然杀伤细胞分泌五种颗粒酶（A、B、H、K、M）和多种丝氨酸蛋白酶，这有助于对病毒感染细胞和肿瘤细胞的清除。只有颗粒酶 B 和 M 有已知的细胞内抑制剂，分别是 serpinB9（PI-9）和 serpinB4（SCCA2）[28]。PI-9 表达增加可能是肺癌细胞用于保护其免受颗粒酶 B 介导的细胞毒性的免疫逃避机制[29]。

免疫调节与肠道中的蛋白质水解过程密切相关。在肠道的免疫疾病中，细胞因子上调蛋白酶活性，导致炎症和加剧免疫反应[30]。在炎症性肠病中，MMP、中性粒细胞弹性蛋白酶和组织蛋白酶通常在肠上皮和基底膜中过表达。肠道微生物群落的性质对维持免疫稳态同样重要，共生菌和致病菌产生多种蛋白酶，不同程度地影响肠黏膜的完整性。

在肝脏中产生的 serpin α1- 抗胰蛋白酶（现更名为 α1- 蛋白酶抑制剂或 α1-PI），可保护肺部免受炎症性中性粒细胞弹性蛋白酶的损伤，它也是一种急性期蛋白质，可减少促炎症细胞因子的产生，抑制凋亡，阻止白细胞脱颗粒和迁移，调节局部和全身炎症反应[31]。在单核细胞中，α1- 抗胰蛋白酶增加细胞内 cAMP，调节 CD14 表达，抑制 NF-κB 核转位。这些功能可能与抗胰蛋白酶的抑制活性、蛋白质 - 蛋白质的相互作用或两者都有关。抗胰蛋白酶在自身免疫和移植模型中的临床前应用表明，抗胰蛋白酶能够预防或逆转自身免疫性疾病和移植排斥。

20.2.3 蛋白质水解加工

溶酶体和泛素 - 蛋白酶体是维持蛋白质库平衡的两个主要的细胞内蛋白质水解系统。最初认为这些系统的功能是仅限于降解的，但它们已经显示出分解代谢之外的调节功能，并且它们的分子缺陷与各种疾病状态有关。溶酶体除了有在酸性环境中活跃的脂肪酶、核酸酶、糖苷酶、磷脂酶、磷酸酶和硫酸酯酶外，还含有组织蛋白酶 B、D 和 L[32]。溶酶体在营养缺乏时调节自噬，参与组织蛋白酶依赖性细胞的发育和分化，诱导细胞死亡和凋亡细胞的降解。癌细胞溶酶体比正常细胞具有更高的膜渗透性（“渗漏”）和更多的组织蛋白酶表达，这一特性可能被用于癌症治疗。像四氢大麻酚和氯喹这样的药物可能破坏溶酶体并引发癌细胞的杀伤（表 20-4）。

表 20-4　蛋白质水解加工：与蛋白质水解加工相关的蛋白酶、蛋白酶抑制剂和辅因子的活性以及 Uniprot ID 号（适用时）

蛋白酶/抑制剂	Uniprot ID	作用
组织蛋白酶 B	P07858	细胞内降解和蛋白质周转
		组织蛋白酶 D、基质金属蛋白酶和尿激酶的上调
		与肿瘤转移和免疫抵抗有关
组织蛋白酶 D	P07339	细胞内降解和蛋白质周转
		被巨噬细胞用来降解细菌蛋白质
		ADAM30 的活化，与阿尔茨海默病进程有关
		与乳腺癌转移有关
组织蛋白酶 L1	P07711	细胞内降解和蛋白质周转
		降解胶原蛋白和弹性蛋白
		降解 α1- 蛋白酶抑制剂
去泛素化酶		从蛋白质和其他分子中切割泛素
		约 102 种半胱氨酸蛋白酶和金属蛋白酶组
免疫蛋白酶体		将蛋白质降解为主要组织相容性复合体（MHC）的肽配体
		具有 β1i、β2i 和 β5i 亚基的蛋白酶体
胸腺蛋白酶体		将蛋白质降解为 MHC 1 的肽配体，对 $CD8^+$ T 细胞有选择性
		胸腺皮质特有的
胰蛋白酶 -1	P07477	小肠内食物蛋白质的降解
胰蛋白酶 -2	P07478	小肠内食物蛋白质的降解
中间组织胰蛋白酶	P35030	抗胰蛋白酶抑制剂的降解
胰凝乳蛋白酶原 B1	P17538	小肠内食物蛋白质的降解
胰凝乳蛋白酶原 B2	Q6GPI1	小肠内食物蛋白质的降解
丝氨酸蛋白酶抑制剂 Kazal1 型（SPINK1）	P00995	胰腺中的胰蛋白酶抑制剂可以防止自我激活的胰蛋白酶
		抑制精子中钙的结合和 NO 产生

泛素蛋白酶体是主要位于细胞质中的一种细胞内高分子量蛋白酶复合物，可选择性降解赖氨酸残基处标记有泛素的蛋白质[33]。它的“中心孔”包含几个向内的蛋白酶活性位点，具有 caspase、胰蛋白酶和糜蛋白酶样特异性。这种多蛋白结构的入口被一种或两种构象性地调节蛋白质底物进入孔的通道的降解激活剂复合物所覆盖。虽然最初认为蛋白酶体的生理功能仅限于细胞内的蛋白质分解代谢，但已经发现其新的功能与调节细胞周期进程、基因表达和对细胞胁迫的响应有关[34]。蛋白质泛素化是可逆的，目前已经鉴定出 100 多个潜在的调节去泛素化酶（deubiquitinase，DUB）基因，主要是半胱氨酸和金属蛋白酶（MMP）。DUB 通过降解泛素诱导信号可以逆转蛋白质的代谢方向。免疫蛋白酶体含有使糜蛋白酶和胰蛋白酶样活性升高、caspase 样活性降低的特定亚基，参与细胞毒性 T 淋巴细胞肽表位的产生。在胸腺蛋白酶体中，糜蛋白酶活性减弱，但 caspase（含半胱氨酸的天冬氨酸蛋白水解酶）和胰蛋白酶样活性保持不变。其肽产物为具有中等亲和力的 MHC Ⅰ类配体，支持 $CD8^{+}$T 细胞的阳性选择[35]。在病毒和癌细胞蛋白质分解过程中产生的外源肽与细胞表面的 MHC Ⅰ类分子结合，这些细胞被细胞毒性 T 细胞作为潜在的危险识别并消灭。蛋白酶体降解错误折叠的蛋白质，蛋白酶体缺陷可能导致神经退行性疾病，如帕金森病、亨廷顿病、阿尔茨海默病和 ALS（肌萎缩性脊髓侧索硬化症）。蛋白酶体活性下降也是细胞衰老的标志。

胃肠道含有最高浓度的内源性和外源性蛋白酶。肠黏膜不断暴露于肠腔细菌、基底膜免疫和间充质细胞，以及上皮细胞刷状缘膜的低水平的蛋白酶活性中。蛋白酶的活性受到严格控制，因为黏膜屏障很薄，易受蛋白质水解的影响。肠上皮处于消化、吸收和分泌功能的中心，并向黏膜免疫、血管和神经系统发出信号。调节这些功能的内源性生长因子、细胞因子和细胞外基质（ECM）蛋白质是蛋白酶分解的底物[36]。自第一篇结晶学研究发表以来，蛋白质的分解加工的生化研究已经超过 80 年，胰蛋白酶、糜蛋白酶和弹性蛋白酶及其抑制剂的功能已为人们所熟知。胰蛋白酶原在小肠被膜结合的肠激酶激活为胰蛋白酶。胰蛋白酶激活糜蛋白酶原、羧肽酶原、弹性蛋白酶原和脂肪酶原。肠上皮细胞的更新速度很快，需要在正常生理条件下严格控制肠道蛋白酶的活性。20 世纪 70 年代末发现的胰腺 PRSS3/ 中间组织胰蛋白酶是一种非典型的胰蛋白酶，其进化突变使蛋白酶抵抗被生理性 Kazal 抑制剂、胰腺分泌性胰蛋白酶抑制剂（SPINK1）抑制，并赋予其特定的胰蛋白酶分解抑制剂降解特性[37]。胰腺炎时胰蛋白酶在胰腺中被激活，引起组织破坏和炎症。在某些癌症中，中间组织胰蛋白酶表达上调，SPINK1 缺乏与遗传性胰腺炎有关。

20.2.4 组织重塑、信号转导、细胞迁移和增殖

锌蛋白酶在这些生物学过程中起重要作用。根据其催化位点的结构和结构域的结构可以将它们再细分[38]。人 ADAM 家族（去整合素和金属蛋白酶）目前包括 13 种具有蛋白质水解活性的跨膜和分泌蛋白成员。ADAM 在很大程度上具有组织特异性，在受精、增殖、迁移和细胞黏附中起作用。跨膜 ADAM 起脱落酶的作用，即通过细胞膜上的蛋白质水解切割引起相邻跨膜蛋白质的细胞外脱落的蛋白酶。这种激活蛋白质的例子有 TNF-α 和受体酪氨酸激酶的 ErbB 家族，和 EGF 受体配体如 TGF-α、肝素结合 EGF 样生长因子、乙胞素、表皮素和双调蛋白。ADAM 介导的脱落通常伴随着裂开或调节膜内蛋白质水解，其中这些跨膜蛋白质的细胞内部分被天冬氨酰蛋白酶、S2P- 金属蛋白酶和菱形丝氨酸蛋白酶剪切掉。释放的胞内结构域向细胞核发送信号以调节基因表达。淀粉样前体蛋白（APP）的加工和 Notch

信号转导是典型的裂开例子。已知的19种人ADAM-TS蛋白酶除了血小板反应蛋白重复的存在而不是跨膜结构域外与ADAM有相似的结构，这使得它们成为细胞外蛋白酶。它们加工前胶原和血管性血友病因子，切割ECM聚集蛋白聚糖、多功能蛋白聚糖、短蛋白聚糖和神经蛋白聚糖。基质金属蛋白酶（MMP）通常有三个共同的结构域：使蛋白酶保持无活性状态的N末端前肽、含有Zn^{2+}的催化结构域和用于蛋白质相互作用的C末端血红素结合蛋白样β-螺旋桨结构域。MMP不仅在基质重塑和组织维持中起重要作用，而且是信号转导途径的调节者[39]（表20-5）。

表20-5　组织重塑、信号转导、细胞迁移和增殖：与组织重塑、信号转导、细胞迁移和增殖相关的蛋白酶、蛋白酶抑制剂和辅因子的活性以及Uniprot ID号（适用时）

蛋白酶/抑制剂	Uniprot ID	作用
A ADAM家族（去整合素和金属蛋白酶）		在受精、增殖、迁移和细胞黏附中起作用
		充当脱落酶的，并不是所有的都是蛋白酶
ADAM-TS（和含血小板反应素基序的去整合素金属蛋白酶）		加工前胶原和血管性血友病因子，并切割细胞外基质聚集蛋白聚糖、多功能蛋白聚糖、短小蛋白聚糖和神经蛋白聚糖
MMP（基质金属蛋白酶）		除了MMP-12、MMP-20和MMP-28都与肿瘤转移有关
TIMP（金属蛋白酶组织抑制剂）		MMP的内源抑制剂
MMP-1	P03956	切割Ⅰ、Ⅱ、Ⅲ、Ⅶ和Ⅹ型胶原
		介导HIV病毒Tat蛋白的神经毒性
MMP-8	P22894	降解Ⅰ、Ⅱ和Ⅲ型纤维胶原
MMP-13	P45452	切割Ⅰ、Ⅱ、Ⅲ、Ⅳ、XⅣ和Ⅹ型胶原
		降解纤维胶原、纤连蛋白、肌腱蛋白C和聚集蛋白聚糖
MMP-2	P08253	降解包括Ⅰ和Ⅳ型胶原在内的细胞外基质蛋白
MMP-9	P14780	切割Ⅳ和Ⅴ型胶原和纤连蛋白
		与恶性胶质瘤新血管形成有关
MMP-3	P08254	降解纤连蛋白，层粘连蛋白，Ⅰ、Ⅲ、Ⅳ和Ⅴ型明胶，Ⅲ、Ⅳ、Ⅹ和Ⅸ型胶原和软骨蛋白聚糖
		激活MMP-1、MMP-7和MMP-9
MMP-10	P09238	降解纤连蛋白，Ⅰ、Ⅲ、Ⅳ和Ⅴ型明胶以及Ⅲ、Ⅳ和Ⅴ型胶原
		激活胶原酶原
MMP-11	P24347	切割α1-蛋白酶抑制剂，在细胞内被弗林蛋白酶激活
MMP-7	P09237	降解酪蛋白，Ⅰ、Ⅱ、Ⅳ和Ⅴ型明胶和纤连蛋白
		激活胶原酶原
		激活MMP-2和MMP-9
MMP-12	P39900	切割弹性蛋白，与动脉瘤形成有关
MMP-20	O60882	降解成釉原蛋白、聚集蛋白聚糖和软骨寡聚基质蛋白（cartilage oligomeric matrix protein，COMP）
MMP-26	Q9NRE1	降解Ⅳ型胶原、纤连蛋白、纤维蛋白原、β-酪蛋白、Ⅰ型明胶和α1-蛋白酶抑制剂
		激活明胶酶原B
MMP-28	Q9H239	降解酪蛋白

最初认为 MMP 以一种非专一的方式降解 ECM 蛋白，后来证明它们在生长因子和细胞因子等蛋白质的脱落、激活和抑制方面具有特定的生理作用。MMP 使用一个包含三个锌结合组氨酸和一个在催化过程中作为一般碱 / 酸对的谷氨酸的 HExxHxxGxxH 基序切割底物。到目前为止，已知的人 MMP 有 23 种，根据其底物特异性分为 4 类：胶原酶（MMP-1、MMP-8 和 MMP-13）、明胶酶（MMP-2 和 MMP-9）、基质降解酶（MMP-3、MMP-10 和 MMP-11）和包含基质溶解素（MMP-7）、金属弹性蛋白酶（MMP-12）、釉质溶解素（MMP-20）、基质溶解素 -2（MMP-26）和表溶素（MMP-28）的一类。MMP 酶原通过蛋白质水解去除 N 末端用与催化锌离子结合的半胱氨酸开关来保持酶原无活性的前结构域而激活。MMP 参与多种涉及组织重塑过程，如胚胎植入、伤口愈合、细胞增殖、骨化和血管重塑，所有 54 种人趋化因子的信号转导，以及先天免疫防御 [39]。MMP 活性受内源性、紧密结合的金属蛋白酶组织抑制剂（TIMP）调节。在癌症、心脏重塑和动脉瘤形成、伤口愈合受损、神经退行性疾病以及老化皮肤和角膜受紫外线照射后观察到 MMP 表达和活性异常 [40]。内源性（TIMP）家族由 4 种靶向 MMP、ADAM 和 ADAM-TS 的蛋白酶活性的蛋白质组成。在不同于蛋白酶抑制的生物学过程中，它们还影响细胞生长和分化、细胞迁移、抗血管生成、抵抗和促进凋亡以及突触可塑性 [41]。

蛋白酶信号转导是一个相对较新的概念，与其他类型如受体或激酶信号转导相比，蛋白酶信号转导过程是不可逆的 [8]。蛋白酶信号转导的主要直接结果是靶蛋白的激活或失活、隐藏位点的暴露、跨膜蛋白的脱落以及受体激动剂 / 拮抗剂的相互转化。这些过程可能启动下游信号转导，导致各种各样的生理或病理响应。蛋白酶 - 底物的空间同位、由蛋白酶活性位点与反应过渡状态的互补性决定底物特异性、直接与底物结合袋远端的相互作用以及与远离活性位点的蛋白酶外位点的相互作用促进生理底物的选择。

蛋白酶激活受体（PAR）是蛋白酶信号转导的典型例子。这四个 G 蛋白偶联受体被细胞外蛋白酶通过 N 末端外结构域的切割和一个栓系肽配体的暴露不可逆转地激活。跨膜信号转导是由这一栓系肽与受体主体的结合而启动的 [42]。PAR1、PAR3、PAR4 由凝血酶激活，在组织损伤、止血、炎症过程中发生信号转导。信号转导是由蛋白酶切过的受体的快速内化来调节的。血小板上的 PAR1 和 PAR4 切割引起血小板激活。凝血酶对 PAR1 有较高的亲和力，PAR1 拮抗剂沃拉帕沙于 2014 年被批准为抗血小板药物。然而，这个药物的主要出血副作用促使了 PAR4 拮抗剂的研发，目前正在进行临床试验。PAR4 信号转导促进血管疾病和心肌梗死后重塑，这些拮抗剂有望成为更安全的抗血栓和抗炎疗法的候选药物 [43]。内皮细胞上的 PAR1 在内皮蛋白 C 受体存在时被激活的蛋白 C（APC）有效地切割。这触发了单核细胞趋化蛋白 -1 的表达，在脓毒症期间起保护作用。PAR2 被胰蛋白酶、类胰蛋白酶、凝血因子Ⅶa 和Ⅹa 及间质蛋白酶激活。PAR2 信号转导被认为调节上皮的生长和功能。凝血酶介导的 PAR 激活与血管平滑肌细胞迁移和增殖有关，是支架置入术后再狭窄的诱因 [44]，也与肿瘤转移有关，其中发现同时需要 PAR 和纤维蛋白原 [45]。长期以来人们认为血栓形成和癌症是相互关联的病理状态，在这种情况下，活性凝血酶的紧密结合竞争性抑制剂阿加曲班正在被重新检验为临床有用的抗增殖和抗转移药物 [46]。

20.2.5　程序性细胞死亡

显而易见，细胞凋亡的过程必须是高度调控的，并且一旦启动就必须是一个有组织的效率模式。它由级联的caspases控制，这些caspases虽然有时有其他功能，但却能彻底分解细胞内部结构使其可以被免疫细胞吞噬而不将胞质成分释放到细胞外空间。

caspase是参与细胞死亡、细胞重塑、干细胞命运决定、精子发生和红细胞分化的半胱氨酸天冬氨酸蛋白酶。它们关于细胞凋亡有关的底物组是明确定义的，这些底物组的协同切割触发了细胞凋亡。关于细胞凋亡，它们的功能分为两类：启动酶（caspase 2、caspase 8、caspase 9和caspase 10）或执行酶（caspase 3、caspase 6和caspase 7）。caspase 1、caspase 4、caspase 5和caspase 12L被认为是炎症性的[47]。启动caspase的激活可以通过线粒体释放细胞色素c到细胞质的内在诱导，也可以通过配体与死亡受体结合的外在诱导。当细胞色素c释放后，它与衔接蛋白APAF-1结合，诱导其形成凋亡小体寡聚体，然后与caspase 9酶原的caspase激活和招募结构域（caspase activation and recruitment，CARD）结合，诱导caspase酶原的寡聚化。这会诱导caspase 9的自蛋白质水解来激活它[48, 49]。这一过程可以被缺乏催化结构域的caspase 9的β转录变体所抑制[50, 51]。然后，caspase 9通过在L-G-H-D-（切割）-X序列上切割caspase 3酶原和caspase7酶原从而激活它们[52, 53]。caspase 9可被磷酸化下调，也可被细胞凋亡抑制蛋白（inhibitor of apoptosis proteins，IAP）家族的蛋白质抑制[54]。已知激活的caspase 3可以抑制IAP的功能[55]，确保级联反应一旦启动就会迅速进行，并激活caspase 6、caspase7和caspase9，进一步加速这一过程。外源性激活是通过死亡因子（如FasL）与死亡受体（如FasR）结合而启动的。受体细胞质死亡结构域（death domain，DD）的构象变化引起招募caspases 8酶原结合到其死亡效应结构域（death effector domain，DED，证明即使在细胞水平上绞刑架上的幽默也是不可抗拒的）的结合衔接蛋白FADD的变化，从而激活caspase 8[56]。caspase 8激活caspase 3、caspase 4、caspase 6、caspase 7、caspase 9和caspase 10。然后caspase 10激活caspase 3、caspase 4、caspase 6、caspase 7、caspase 8和caspase 9。caspase 6具有一定的蛋白质自身水解和自我激活的能力[57]，已知它以亨廷顿蛋白和APP为靶点，说明它与神经退行性疾病相关联[58]。在细胞凋亡中，它通过切割白细胞介素-10和白细胞介素-1受体相关激酶3（interleukin-10 and interleukin-1 receptor-associated kinase-3，IRAK3）来解除免疫系统的抑制[59]。执行caspase作为一个组负责600多种其他蛋白质的切割[60]。caspase 3也可被颗粒酶B激活，使T淋巴细胞和自然杀伤细胞启动靶细胞的凋亡。最近全球范围蛋白质组学研究表明，非凋亡事件的底物范围可能更广[61]。“正向”方法包括触发内源性caspase来鉴定完整细胞中的天然底物，而在“反向”方法中，外源性caspase被加入到细胞裂解液中，对分离的切割产物进行分解并用串联质谱鉴定。正向法可以鉴定完整细胞中的底物，而不是由哪个caspase进行切割。在反向方法中，测试特定的caspase切割底物的能力，但在细胞器破坏的细胞裂解液中，内源性蛋白酶也可能参与底物切割，需要严格控制。此外，由于分析前去除不溶性物质，细胞器膜中的蛋白质分解信息可能漏掉。现有方法的联合已经产生了数百种caspase潜在的天然底物，而测量底物切割的速率和程度可以区分功能性靶点和非专一性靶点[62]。目前已经鉴定出8种人内源性细胞凋亡抑制蛋白（IAP），其抑制活性被线粒体蛋白Smac/DIABLO中和。为此提出了开发Smac/DIABLO样拟肽类作为一种潜在的治疗癌症方法。由于caspase在炎症中的作用，caspase抑制剂对治疗脓毒症也可能是有益的[63]。除caspase外，其他蛋白酶也与细胞凋亡有关，如钙激活蛋白酶、组织蛋白酶、颗粒酶和蛋白酶体。它们由各自的内源性抑制剂调节：钙蛋白酶抑制蛋白、胱抑素、serpin PI-9和各种大分子蛋白质（表20-6）。

表 20-6 程序性细胞死亡：与程序性细胞死亡相关的蛋白酶、蛋白酶抑制剂和辅因子的活性以及 Uniprot ID 号（适用时）

蛋白酶/抑制剂	Uniprot ID	作用
caspase-2	P42575	功能不确定，与启动 caspase 序列同源
caspase-8	Q14790	激活 caspase 3、caspase 4、caspase 6、caspase 7、caspase 9 和 caspase 10
		被死亡受体通过 FADD 激活
凋亡蛋白酶激活因子 1（APAF-1）	O14727	形成凋亡复合体
		被细胞色素 c 和 ATP 结合激活
caspase 9	P55211	激活 caspase 3
		被凋亡复合体激活
		切割聚（ADP- 核糖）聚合酶［poly(ADP-ribose) polymerase，PARP］
		与 Abelson 小鼠白血病病毒癌基因同源基因 1（ABL1）激活有关
caspase 10	Q92851	激活 caspase 3、caspase 4、caspase 6、caspase 7、caspase 8 和 caspase 9
		被 caspase 8 激活
caspase 3	P42574	激活 caspase 6、caspase 7 和 caspase 9
		被 caspase 8 和 caspase 9 激活
		切割聚（ADP- 核糖）聚合酶（PARP）
		切割并激活甾醇调节元件结合蛋白（sterol regulatory element-binding proteins，SREBP）
		与亨廷顿病有关
caspase 6	P55212	削弱抑制免疫系统，切割白细胞介素 -10 和白细胞介素 -1 受体相关激酶 3
		切割聚（ADP- 核糖）聚合酶（PARP）和核纤层蛋白
		与亨廷顿病和阿尔茨海默病有关
caspase 7	P55210	细胞凋亡过程中细胞蛋白质的降解
		切割聚（ADP- 核糖）聚合酶（PARP）
		切割并激活甾醇调节元件结合蛋白（SREBP）
凋亡小体		APAF-1 的七聚复合物，激活 caspase 9
FasL	P48023	肿瘤坏死因子配体，激活死亡受体启动细胞凋亡
FasR	P25445	死亡受体，肿瘤坏死因子受体，激活 caspase 8

20.2.6 蛋白质分泌

目前许多心血管生物标志物都是分泌蛋白质，由其蛋白质前体在内质网（ER）切割而产生。成熟蛋白质释放后，信号肽通过信号肽酶（一种膜内天冬氨酸蛋白酶）从内质网中水解分离出来。长期以来认为信号肽总是被泛素蛋白酶体相关因子循环使用或降解的观点近年来受到了挑战，有一些信号肽在内质网切割后仍然保持完整[64]。这些信号肽具有自身的生物学功能，在免疫调节、转运和其他过程中起作用。在 1 型糖尿病中，前胰岛素原信号肽片段呈现在胰岛 β 细胞表面作为抗原标记细胞以便被细胞毒性 T 细胞破坏。开发控制 β 细胞破坏的药物可能是一种新的治疗策略。类似地，前降钙素原信号肽片段，在几种肺癌和甲状腺髓样癌中含量很高，是杀伤性 T 细胞的表位。这方面的知识可能有助于这些癌症治疗方法的开发。血浆中A型、B型和C型钠尿肽N末端加合信号肽片段含量快速升高是ST-段抬高型心肌梗死的特点。N末端加合物的性质可能在试验设计和疾病评估中有用，而这些信号肽片段的快速生物标志物试验的开发可能最终有利于临床决策（表20-7）。

表20-7　蛋白质分泌：与蛋白质分泌相关的蛋白酶、蛋白酶抑制剂和辅因子的活性以及Uniprot ID号（适用时）

蛋白酶/抑制剂	Uniprot ID	作用
信号肽酶		从分泌前蛋白质中去除氨基末端信号序列
		天冬氨酸蛋白酶组
胰岛素	P01308	增加细胞对单糖、氨基酸和脂肪酸的渗透性
		加速肝内糖酵解、磷酸戊糖循环和糖原合成
降钙素	P01258	促进钙和磷酸盐迅速进入骨骼
心房钠尿肽（ANP）	P01160	肽类激素
		调节尿钠、利尿和血管扩张
		促进妊娠期滋养细胞侵袭和子宫螺旋动脉重塑
		结合并刺激NPR1受体的cGMP产生
		结合清除受体NPR3
脑钠尿肽（BNP）	P16860	肽类激素
		调节钠尿、利尿、血管舒张和肾素以及醛甾酮分泌的抑制
		结合并刺激NPR1受体的cGMP产生
		结合清除受体NPR3
钠尿肽前体C（NPPC）	P23582	肽类激素
		软骨生长板软骨细胞增殖和分化的调节
		结合并刺激NPR2受体的cGMP产生

20.2.7　DNA的复制、修复和加工

DNA损伤阻碍复制，并可能导致链断裂、基因组不稳定、衰老和癌症[65]。DNA拓扑异构酶1交联（DNA-topoisomerase1 crosslinks，DPC）是捕获原本暂态共价的DNA-蛋白质中间体的巨大的损伤，抑制聚合酶和解旋酶的移动，导致复制叉停止。在酵母模型中，蛋白酶Wss1被鉴定为DPC修复的效应物。BLAST检索揭示了一个DPC蛋白酶的保守家族，Spartan是这个家族的成员[66]。Spartan最近被鉴定为一种DNA复制耦合的金属蛋白酶，用于DPC修复和基因组稳定性的恢复[67, 68]。Spartan的突变与早衰和早发肝细胞癌有关，这表明Spartan是一种肿瘤抑制因子，DPC修复是一种保护性抗肿瘤机制。双链DNA断裂是由DNA损伤应答修复的，其途径受到泛素化和去泛素化事件的严格控制。后者是由去泛素化酶（DUB）催化的，可以对损伤应答产生有利或不利的影响。蛋白酶体去泛素化酶POH1促进双链DNA断裂修复[69]。各种不同的DUB还与基因表达的转录和表观遗传控制、DNA损伤修复途径和细胞周期检查点控制有关，通常在肿瘤细胞中被解除控制[70]。这些DUB可能是治疗性抑制的潜在靶点，它们是目前小分子筛选的对象。DNA加工也受到蛋白酶的间接控制。DNA片段化和染色质凝集是细胞凋亡的最终过程。催化这些反应的DNase CAD通常

受到其配体 ICAD 的严格控制，ICAD 与 CAD 结合时起伴侣和抑制剂的作用。这可以防止非凋亡细胞中 CAD 的自发激活。在凋亡执行阶段，caspase 3 对 ICAD 的切割释放出有活性的 CAD，进入细胞核碎裂 DNA 并催化染色质凝聚 [71]。人 Lon 蛋白酶与线粒体单链 DNA 序列结合，具有形成 G- 四链体的倾向 [72]。人 Lon 蛋白酶的确切作用尚不清楚，但有研究表明与 DNA 结合的 Lon 可能调节参与线粒体 DNA 和 RNA 代谢的蛋白质。

20.2.8　核内、胞质、跨膜和膜内蛋白质水解

除了参与 DNA 加工的 Spartan 和蛋白酶体外，其他蛋白酶也有核内功能。白细胞介素 1β- 转化酶（interleukin-1β-converting enzyme，ICE）又称 caspase 1，在炎症免疫反应中起作用。其前体 caspase 1 酶原的 N 末端前结构域具有核定位信号。肿瘤坏死因子诱导 caspase 1 酶原从细胞质转移到细胞核，在那里通过蛋白质水解去除完整的前结构域而被激活 [73]。细胞转染研究表明，单独的前结构域就能触发细胞凋亡，这表明前结构域和有活性 caspase 1 在细胞核中起不同的作用。caspase 3 也影响凋亡细胞的细胞核变化。它的无活性前体通过启动 caspase 对死亡信号响应在细胞质中被切割，也被细胞质中的 MMP-2 和 MMP-9 切割。有活性的 caspase 3 通过活性转运系统二聚并转运到细胞核。Caspase 7 仅在细胞质中发现，表明 caspase 3 转位是特异性的，而不是核质屏障破坏后单纯扩散的结果 [74]。MMP 作为组织重塑蛋白酶的细胞外特性已有详细记载，但对其细胞内功能知之甚少。在核内空间中检测到多种 MMP，它们大多与病理过程相关 [75, 76]。缺血性脑卒中的氧 - 葡萄糖剥夺可诱导神经元内固有的 caspase 非依赖性凋亡途径，其特征是靶向细胞核 DNA 修复蛋白质的核内 MMP-2 和 MMP-9 活性升高。同样，受胁迫的心肌细胞核内的 MMP-2 也能诱导细胞凋亡。骨关节炎和某些癌细胞的核内 MMP-3 上调结缔组织生长因子，它是细胞迁移、增殖和病理性纤维化的调节因子。在病毒感染过程中，巨噬细胞分泌的 MMP-12 转运到感染细胞的细胞核，并增强一种促进抗病毒干扰素（IFN-α）分泌的蛋白质 IκBα 的转录。细胞外 MMP-12 降解过量分泌的 IFN-α，从而限制其全身毒性。越来越清楚的是，同一种蛋白酶可能行使明显不同的功能，取决于其微环境、底物和效应物。最终在分子水平上理解这些不同的相互作用机制是疗法成功设计的关键（表 20-8）。

促血管生成是通过单链尿激酶型纤溶酶原激活剂（single chain urokinase-type plasminogen activator，scuPA）与其内皮细胞表面受体的结合以及随后蛋白酶向细胞核的转运来调节的 [77]。scuPA 通过干扰抑制 *vegfr1* 和 *vegfr2* 基因启动子活性的富含脯氨酸的同源结构域蛋白解除对 VEGF 受体 1（VEGFR1）和 2（VEGFR2）基因的转录的抑制。VEGF 生长因子是黄斑变性病理性血管生成控制的已知靶点，scuPA 介导途径的发现可能为治疗干预提供更多途径。

跨膜蛋白酶可通过 C 端结构域（Ⅰ型）、具有细胞质延伸的 N 端结构域（Ⅱ型）或糖基磷脂酰肌醇（glycosylphosphatidylinositol，GPI）锚定到细胞膜上 [78]。它们的催化结构域是细胞外的。锌依赖性蛋白酶有 MMP-14、MMP-15、MMP-16、MMP-24、ADAM-10、ADAM-17、膜结合分泌型虾红素金属蛋白酶 α 和 β（Ⅰ型）、MMP-23（Ⅱ型）和 MMP-17 以及 MMP-25（GPI）。Ⅰ型锌蛋白酶在蛋白质水解去除其 N 端前肽时起脱落酶的作用。大多数跨膜丝氨酸蛋白酶被分类为Ⅱ型亚家族：丝氨酸跨膜蛋白酶 /TMPRSS（跨膜蛋白酶 / 丝氨酸）、间质蛋白酶、corin 和 HAT/DESC（human airway trypsin-like protease/differentially expressed in squamous cell carcinoma，人气道胰蛋白酶样蛋白酶 / 在鳞状细胞癌中差异表达）。心肌细胞

表 20-8 核内、跨膜、膜内和胞质蛋白质水解：与核内、跨膜、膜内和胞质蛋白质水解相关的蛋白酶、蛋白酶抑制剂和辅因子的活性以及 Uniprot ID 号（适用时）

蛋白酶/抑制剂	Uniprot ID	作用
间质蛋白酶（致瘤性蛋白 14 的抑制剂）	Q9Y5Y6	降解细胞外基质，胰蛋白酶样活性
		促进上皮分化也可能促进其生长
		与转移有关
间质蛋白酶 2	Q8IU80	切割Ⅰ型胶原、纤连蛋白和纤维蛋白原
		参与肝脏基质重塑过程
		调节与铁吸收和调节激素铁调素 /HAMP 的表达
前列腺蛋白	Q16651	通过激活 γ 亚单位（SCNN1G）的切割刺激上皮钠通道（ENaC）活性
		也存在于精液中
肝细胞生长因子（hepatocyte growth factor，HGF）激活物抑制剂 2 型（SPINT2）	O43291	抑制 HGF，一般可能抑制丝氨酸蛋白酶
		与肝癌的抑制有关
肝细胞生长因子激活物抑制剂 1 型（SPINT1）	O43278	抑制 HGF 和间质蛋白酶

中的 corin 激活心房钠尿素因子（atrial natriuretic factor，ANF），这是一种通过促进钠尿、利尿和血管舒张来调节血压和心脏功能的心脏激素。类胰蛋白酶 γ1 是唯一已知的Ⅰ型丝氨酸蛋白酶，而前列腺素和睾丸素是 GPI 锚定的。前列腺素在上皮钠通道调节中起作用，睾丸素调节生殖细胞成熟。所有这些蛋白酶都参与生理发育，也参与炎症和癌症的病理过程。它们激活肽激素、生长和分化因子、受体、酶、黏附分子和病毒衣壳蛋白。间质蛋白酶 1 和 2 以及前列腺素在人上皮细胞中表达，并被其同族的 Kunitz 型抑制剂、膜锚定肝细胞生长因子激活物抑制剂（HAI）1 和 2 抑制 [79]。在特发性肺纤维化中，间质蛋白酶过表达通过 PAR-2 引起信号转导，促进成纤维细胞激活、增殖和迁移 [80]。间质蛋白酶蛋白质水解激活肝细胞生长因子（HGF）与其受体酪氨酸激酶 c-Met 结合。这激活了器官发育中的关键信号转导途径。异常的 c-Met 信号转导与肺癌、乳腺癌、卵巢癌、肾癌、结肠癌、甲状腺癌、肝癌和胃癌的细胞增殖、迁移和侵袭以及恶化有关。在损伤和感染后的上皮防御和修复方面，间质蛋白酶与止血系统也存在一些关联。损伤血管内皮的膜锚定组织因子（TF）暴露于因子Ⅶ a 触发外源性凝血途径和Ⅹa 因子的形成。TF:FⅦa 复合物和因子Ⅹa 激活上皮间质蛋白酶酶原为切割 PAR2 受体的间质蛋白酶。这促使上皮屏障功能增强 [81]。

膜内蛋白酶（IMP）是最近发现的一类酶，嵌入在脂质双层膜中，其催化位点由不同跨膜螺旋中的氨基酸残基形成 [82]。四个 IMP 家族是金属蛋白酶、丝氨酸蛋白酶、天冬氨酸蛋白酶和谷氨酸蛋白酶，它们存在于高尔基体、核内体、溶酶体、质膜、内质网和线粒体内膜中。IMP 对底物的切割具有相当高的专一性，因为在约 2500 种已鉴定的单次跨膜蛋白中只有有限的几种被鉴定为 IMP 底物。IMP 的功能多种多样，从转录因子信号转导、线粒体重塑和蛋白质成熟到免疫调节，以及病原体中的群体感应和寄生物 - 宿主相互作用。许多 IMP 缺陷与发病机制有关。

位点 2 蛋白酶（S2P）是金属蛋白酶 IMP 组的唯一成员，它的基因突变导致毛囊性鱼鳞病和成骨不全症。HIV 抑制剂奈非那韦在去势抵抗性前列腺癌细胞系中抑制 S2P，然而由于奈非那韦的其他靶点众多以及对 PC-3 癌细胞的作用不明显，该药物专用于治疗前列腺癌的特异性可能不够。目前已知有 5 种人菱形丝氨酸 IMP，但菱形 1 和菱形 3 的功能和底物尚未确定。表皮生长因子和凝血酶调节蛋白是菱形 2 底物，蛋白酶被认为控制细胞迁移和增殖 [83]。低表达影响伤口愈合，过表达可能与肿瘤转移有关。菱形 4 上调与结直肠癌较差的治疗效果有关，但对这一过程的分子机制尚无明确共识。菱形 4 在 APP 胞外结构域对其进行切割，减少 Aβ38、Aβ40 和 Aβ42 肽的形成。这一途径可能是阿尔茨海默病中通过 γ- 分泌酶对 APP 进行病理加工的另一个途径。线粒体菱形蛋白酶 PARL 在帕金森病中的作用是有争议的：一些研究认为 PARL 具有引起有缺陷线粒体通过自噬清除的保护功能，而另一些研究则认为 PARL 的敲除是这一过程的原因。低水平的 PARL 活性与 2 型糖尿病之间的潜在联系首次在饮食诱发糖尿病的肥胖沙鼠中发现。正常的 PARL 水平和胰岛素敏感性在沙鼠进行运动疗法后得到恢复。同样，在 2 型糖尿病患者中，骨骼肌中的 PARL mRNA 和线粒体 DNA 减少。PARL 最近被鉴定为前凋亡蛋白酶，因为它切割线粒体 Smac/DIABLO[84]。经过加工的蛋白质被释放到细胞质中并与一个凋亡抑制剂结合，从而触发 caspase 级联反应。天冬氨酸 IMP 中研究最多的是 γ- 分泌酶复合物，以早老素为膜内催化亚基。早老素和 APP 突变与家族性阿尔茨海默病（AD）有关，γ- 分泌酶被认为是抗 AD 的药物靶点。然而，严重的副作用限制了 γ- 分泌酶抑制剂的使用。由 γ- 分泌酶加工的 Notch 释放胞内 Notch 结构域以调节核内基因表达。这个途径的改变与几种类型的癌症有关 [85]，γ- 分泌酶抑制剂作为潜在的抗癌药物目前正在进行临床试验。这些蛋白酶的多功能性说明了在开发不加选择地靶向蛋白酶活性的药物而未考虑特定分子机制和蛋白酶微环境时需要注意的问题。

20.3　蛋白酶和疾病

20.3.1　表观遗传学和疾病

许多遗传性疾病与 DNA 改变直接相关，然而表观遗传过程在疾病状态下同样重要，它们是正常生理发育的必要因素。环境因素、饮食、衰老和癌症等疾病可能引起传递到子细胞的基因表达的正或负变化：DNA（羟基）甲基化、共价组蛋白修饰和染色质重塑、染色质 - 组蛋白核小体沿 DNA 序列排列，新基因产物的基因激活转录因子活性以及非编码 microRNA 对 mRNA 的下调。传染性海绵状脑病中朊病毒结构的形成也被认为是一种表观遗传现象。

蛋白酶在基因表达改变的表观遗传机制中起调节作用。各种非特异性和 N- 尾特异性组蛋白蛋白酶被认为有助于受精、组蛋白周转、基因去抑制、精子发生过程中的组蛋白去除和 N- 尾甲基化的逆转 [86]。在 N- 尾剪掉的组蛋白 H3 中，用于乙酰化的赖氨酸被去除，这可能导致转录无活性的染色质。这个过程可能是与年龄相关的基因表达下降的部分原因。组织蛋白酶 L 易受 stefin B 的抑制，在小鼠干细胞分化过程中被鉴定为组蛋白 H3 切割蛋白酶，但人类胚胎干细胞中相应的 H3 切割蛋白酶对特定组织蛋白酶 L 抑制剂耐受，蛋白酶身份有待鉴定 [87]。

20.3.2　炎症作为疾病的主要症状

最近，Deraison 等对蛋白酶在炎症中的活性进行了全面的综述 [88]。宿主的炎症反应伴随着中性粒细胞、巨噬细胞和肥大细胞释放蛋白酶。这些蛋白酶形成细菌感染的第一道防线，但如果不加以控制也会破坏宿主组织。六种亚型的人中性粒细胞弹性蛋白酶以及相关的组织蛋白酶 G 和蛋白酶 3 是定位于中性粒细胞胞外诱捕网（neutrophile extracellular traps，NET）的丝氨酸蛋白酶，具有抵抗细菌入侵的防御机制。它们切割Ⅳ型胶原和弹性蛋白，分泌过多可能导致特发性肺纤维化、类风湿性关节炎和成人呼吸窘迫综合征。α1- 蛋白酶抑制剂（α1-PI）和白细胞弹性蛋白酶抑制剂是其主要的内源性不可逆丝氨酸蛋白酶抑制剂。过去 α1-PI 被鉴定为胰蛋白酶抑制剂，后来发现对弹性蛋白酶灭活更为特异。吸烟引起的氧化灭活或突变导致的 α1-PI 错误折叠引起肺气肿和囊性纤维化，可以用 α1-PI 强化疗法进行治疗[89]，因为 α1-PI 缺乏症的基因治疗仍处于临床Ⅱ期。从不吸烟的 α1-PI 缺乏症患者中也观察到肺癌风险的增加[90]。蛋白酶 -3 通过切割在中性粒细胞中的 cathelidin 产生抗菌肽，但它在抗中性粒细胞细胞质抗体（anti-neutrophil cytoplasmic antibody，ANCA）相关血管炎（一种预后不良的严重的多系统自身免疫性疾病）中也占优势[91]（表 20-9）。

表 20-9 炎症作为疾病的主要症状：和炎症特别是与疾病症状相关的蛋白酶、蛋白酶抑制剂和辅因子的活性以及 Uniprot ID 号（适用时）

蛋白酶/抑制剂	Uniprot ID	作用
中性粒细胞弹性蛋白酶	P08246	广泛的底物特异性，糜蛋白酶家族
		炎症反应引发细菌和宿主组织的破坏
		抑制 C5a 依赖的中性粒细胞酶释放和趋化
		细胞外基质中Ⅳ型胶原和弹性蛋白的蛋白质水解
		降解病原菌外膜蛋白和毒力因子
组织蛋白酶 G	P08311	降解摄入的宿主病原体
		分解炎症部位的 ECM 成分
		切割补体成分 C3
		被 Rv3364c（结核分枝杆菌蛋白）抑制
		间接抑制巨噬细胞凋亡
		将血管紧张素Ⅰ转化为血管紧张素Ⅱ
蛋白酶 -3（成髓细胞蛋白酶）	P24158	降解弹性蛋白、纤连蛋白和胶原蛋白（体外）
		抗中性粒细胞细胞质抗体（anti-neutrophile cytoplasmic antibodies，ANCA）的靶抗原
α1- 蛋白酶抑制剂（α1-PI, α1- 抗胰蛋白酶）	P01009	抑制弹性蛋白酶、纤溶酶和凝血酶
		不可逆地抑制胰蛋白酶、糜蛋白酶和纤溶酶原激活剂
		可能的非蛋白酶抑制剂活性
		抵抗炎症和促进炎症
		抗细胞凋亡
白细胞弹性蛋白酶抑制剂	P30740	抑制中性粒细胞弹性蛋白酶、组织蛋白酶 G、蛋白酶 -3、糜酶、糜蛋白酶和激肽释放酶 -3
		颗粒酶 H 的有效细胞内抑制剂
类胰蛋白酶		肥大细胞中存在的主要中性蛋白酶
		抗内源性蛋白酶抑制剂

续表

蛋白酶 / 抑制剂	Uniprot ID	作用
类胰蛋白酶		仅作为肝素稳定的四聚体有活性
		六种亚型：类胰蛋白酶 α/β-1（Q15661）
		类胰蛋白酶 β-2（P20231），类胰蛋白酶 δ（Q9BZJ3）
		类胰蛋白酶 γ（Q9NRR2），脑特定性丝氨酸蛋白酶 4（Q9GZN4）
糜蛋白酶（CMA1）	P23946	肥大细胞分泌的主要蛋白酶
		释放可促进炎症反应
		将血管紧张素Ⅰ转化为血管紧张素Ⅱ
颗粒酶 B（GZMB）	P10144	细胞毒性 T- 淋巴细胞和自然杀伤细胞特有的
		激活 caspase 3、caspase 7、caspase 9 和 caspase 10
		切割 / 激活 BH3 相互作用域死亡激动剂（BID）
		切割 / 激活 caspase 激活的 DNase 抑制剂（inhibitor of caspase-activated DNase，ICAD）
		产生细胞毒性水平的线粒体活性氧种类
羧肽酶 A3（CPA3）	P15088	切割 C 末端芳香族或脂肪族残基
		肥大细胞特有的
		在脓毒症和过敏反应中上调
		与自身免疫性疾病有关
α1- 抗糜蛋白酶（SERPINA3）	P01011	抑制中性粒细胞组织蛋白酶 G 和肥大细胞糜蛋白酶
组织蛋白酶 L1	P07711	细胞内降解和蛋白质周转
		降解胶原蛋白和弹性蛋白
		降解 α1- 蛋白酶抑制剂
组织蛋白酶 B	P07858	细胞内降解和蛋白质周转
		组织蛋白酶 D、基质金属蛋白酶和尿激酶的上调
		与转移和免疫抵抗有关
组织蛋白酶 D	P07339	细胞内降解和蛋白质周转
		被巨噬细胞用来降解细菌蛋白质
		激活 ADAM30，与阿尔茨海默病恶化有关
		与乳腺癌的转移有关
胰蛋白酶 -3（PRSS3）（中间组织胰蛋白酶原）	P35030	降解胰蛋白酶抑制剂
丝氨酸蛋白酶抑制剂 Kazal 1 型（SPINK1）	P00995	胰蛋白酶抑制剂，专门抑制胰腺中的自激活胰蛋白酶
		抑制精子中钙的结合和一氧化氮（NO）产生
caspase 3	P42574	激活 caspases 6、caspases 7 和 caspases 9
		被 caspases 8 和 caspases 9 激活
		切割聚（ADP- 核糖）聚合酶（PARP）
		切割并激活甾醇调节元件结合蛋白（SREBP）
		与亨廷顿病有关

肥大细胞释放的类胰蛋白酶（6 种亚型）、糜蛋白酶、颗粒酶 B 和羧肽酶 A 降解 ECM 成分。类胰蛋白酶与其内源性抑制剂之间的不平衡是类风湿关节炎的特征 [92]。体内模型中实验性的类胰蛋白酶抑制缓解了一些症状，但不是所有症状，表明有必要采用多药联用方法治疗。细胞表面蛋白聚糖结合的糜蛋白酶受到 α1-PI 和 α1- 抗糜蛋白酶的内源性灭活以及 α2- 巨球蛋白的抑制性封闭的部分保护。动脉粥样硬化斑块的肥大细胞浸润通过在糜蛋白酶依赖的过程中引起平滑肌细胞（SMC）凋亡而加重局部炎症状态：糜蛋白酶切割纤维连接蛋白暴露前凋亡蛋白表位，使 p-FAK 依赖的细胞存活信号转导级联中断，导致 SMC 死亡 [93]。肥大细胞类胰蛋白酶和糜蛋白酶活性还与动脉粥样硬化、腹主动脉瘤（abdominal aortic aneurysm，AAA）形成和代谢性疾病的其他几种病理过程有关，如下所述 [94]。

巨噬细胞释放 MMP、半胱氨酸蛋白酶（caspase 和组织蛋白酶 L）和组织蛋白酶 D（一种也存在于溶酶体中的天冬氨酸蛋白酶）。它们的蛋白质水解能力是巨噬细胞在与血管炎（一种快速发展的病变）和动脉粥样硬化（一种数十年发展起来的疾病）发展相关的血管壁局部促炎症过程中利用的多种机制的一部分 [95]。

组织蛋白酶 B 是一种溶酶体半胱氨酸蛋白酶，优先激活胰腺腺泡细胞中的中间组织胰蛋白酶原。由于组织蛋白酶 B 过表达而增加的中间组织胰蛋白酶（胰蛋白酶 -3）活性降低了保护性 SPINK1 浓度，通过激活 caspase 3 启动细胞凋亡 [96]。这两个过程都导致了人胰腺炎的发展。结晶研究发现二脒那嗪类似物是中间组织胰蛋白酶的小分子抑制剂，这些结构可能构成开发选择性、紧密结合药物的基础 [97]。在肠易激综合征（IBS）中，肠上皮细胞过量产生中间组织胰蛋白酶，增加肠上皮的通透性，通过蛋白酶激活的受体 2 依赖机制向人肠黏膜下神经元发出信号并引起内脏的超敏反应 [98]。中间组织胰蛋白酶可能是 IBS 的一个合适的生物标志物以及新型特异性药物的靶标。

炎症和补体激活是相互关联的，在退行性疾病、癌症、移植排斥和暴露于长期的外界刺激的炎症环境的特点是补体的过度激活或控制不足 [99]。补体的生理反应包括正常细胞的自我识别，疾病细胞、凋亡细胞碎片和免疫复合物的免疫识别和清除，病原体的清除和危险信号转导，以及对移植器官和生物材料的耐受性。过度的补体激活会触发危险信号转导中的炎症反应，并攻击“自身”细胞，导致自身免疫疾病、病原体感染和组织 / 生物材料排斥。蛋白酶和补体系统的其他成分可能是新型消炎药干预的有吸引力的候选者，然而这个网络的复杂性和广泛的相互关联对开发无脱靶副作用的特异性抑制剂提出了重大挑战。

20.3.3 心血管疾病、代谢性疾病和脑卒中

由于心血管疾病和代谢性疾病的相互联系，人们创造了一个新的术语“心血管代谢疾病”，最近的研究强调了 MMP、钙激活蛋白酶、组织蛋白酶和 caspase 在疾病发展中的关键作用 [100]。生理止血是级联丝氨酸蛋白酶原激活、正负反馈机制、蛋白酶抑制和血栓溶解之间的微妙平衡。许多凝血和出血性疾病是基因缺陷影响蛋白酶酶原或活性蛋白酶的底物、辅因子和抑制剂的表达或功能的结果。在外源性途径中，缺乏因子Ⅶ、Ⅸ（血友病 B）和Ⅹ可引起出血。凝血酶原基因 3′ 非翻译区域的 G20210A 突变使前体 mRNA 稳定，导致凝血酶原浓度升高和静脉血栓形成。高达 8% 的高加索人种是这种突变的杂合子。在接触激活途径中，缺乏因子Ⅺ可引起轻中度出血，而缺乏因子Ⅻ和激肽释放酶原通常无症状。这与最近发现的通过外源性途径产生的凝血酶在缺乏因子Ⅻ的情况下作为因子Ⅺ激活剂的作用一致 [16]。病

原体感染也可引发高凝状态，如凝固酶阳性金黄色葡萄球菌（*Staphylococcus aureus*）感染。葡萄球菌凝固酶不是一种蛋白酶，而是通过构象变化激活宿主凝血酶原，导致纤维蛋白 / 细菌性赘生物的沉积，可栓塞肺、脑和身体其他部位 [101]（表 20-10）。

表 20-10　心血管和代谢性疾病与脑卒中：与心血管疾病、代谢性疾病和脑卒中相关的蛋白酶、蛋白酶抑制剂和辅助因子的活性以及 Uniprot ID 号（适用时）

蛋白酶 / 抑制剂	Uniprot ID	作用
因子Ⅶ（F7）	P08709	组织因子复合物
		Ⅶ a/TF 将Ⅹ转化 / 激活为Ⅹa
		Ⅶ a/TF 将Ⅸ转化 / 激活为Ⅸ a
因子Ⅸ（或 Christmas 因子）（F9）	P00740	转化 / 激活因子Ⅹ
		激活因子Ⅶ形成因子Ⅶ a
		激活因子Ⅹ形成因子Ⅹa
因子Ⅹ（Stuart-Prower 因子）（F10）	P00742	将凝血酶原转化 / 激活为凝血酶
		与磷脂和钙形成复合物
		激活因子Ⅶ形成因子Ⅶ a
凝血酶（凝血酶原）	P00734	将纤维蛋白原转化为纤维蛋白
		激活因子Ⅴ、Ⅶ、Ⅷ、Ⅺ、XⅢ
		与凝血酶调节蛋白形成复合物
		凝血酶 / 凝血酶调节蛋白激活蛋白 C
因子Ⅺ（血浆凝血活酶前体）	P03951	激活因子Ⅸ
		被蛋白 Z 依赖的蛋白酶抑制剂（Z-dependent protease inhibitor，ZPI）抑制
凝血因子Ⅻ（Hageman 因子）	P00748	前激肽释放酶的反向激活
前激肽释放酶（血浆激肽释放酶）	P03952	因子Ⅻ的反向激活
C1- 抑制剂（血浆蛋白酶 C1 抑制剂）①	P05155	与 C1r、C1s、MASP 1、MASP 2、胰凝乳蛋白酶、激肽释放酶、fⅪ a、FⅫ a 形成复合物进而使它们失活
蛋白质 C（维生素 K 依赖的蛋白 C）	P04070	钙离子和磷脂存在时使因子Ⅴa 和Ⅷ a 失活
		被凝血酶 / 凝血酶调节蛋白复合物激活
因子Ⅴ	P12259	Ⅹa 因子需要的辅因子
		被凝血酶激活
		被蛋白质 C 降解
因子Ⅷ（FⅦ）	P00451	Ⅹa 因子需要的辅因子
		缺乏会导致血友病 A
		高浓度与深静脉血栓形成和肺栓塞有关
抗凝血酶（抗凝血酶Ⅲ）	P01008	抑制凝血酶和因子Ⅸ a、Ⅹa 和Ⅺ a
		活性被肝素增强
肝素辅因子Ⅱ	P05546	抑制凝血酶和因子Ⅸ a、Ⅹa 和Ⅺ a
		抑制糜蛋白酶

续表

蛋白酶/抑制剂	Uniprot ID	作用
α2- 纤溶酶抑制剂	P08697	抑制纤溶酶和胰蛋白酶
		使间质蛋白酶 -3/TMPRSS7 和糜蛋白酶失活
纤溶酶	P00747	溶解血凝块的纤维蛋白
tPA（组织纤溶酶原激活因子）	P00750	在纤维蛋白表面将纤溶酶原转化为纤溶酶
		取代纤维蛋白中的纤溶酶，促进 α2- 纤溶酶抑制剂的抑制作用
肥大细胞糜酶	P23946	肥大细胞分泌的主要蛋白酶
		释放可能促进炎症反应
		将血管紧张素Ⅰ转化为血管紧张素Ⅱ
类胰蛋白酶 {6 亚型，见表 20-9 }		存在于肥大细胞中的主要中性蛋白酶
		抗内源性蛋白酶抑制剂
		仅作为肝素稳定的四聚体有活性
		六种亚型：类胰蛋白酶 α/β-1（Q15661）
		类胰蛋白酶 β-2（P20231），类胰蛋白酶 δ（Q9BZJ3）
		类胰蛋白酶 γ（Q9NRR2），脑特异性丝氨酸蛋白酶 4（Q9GZN4）
MMP-9 酶原（MMP-9）	P14780	切割Ⅳ和Ⅴ型胶原蛋白和纤连蛋白
		与恶性胶质瘤的新血管形成有关
MMP-1 酶原（MMP-1）	P03956	切割Ⅰ、Ⅱ、Ⅲ、Ⅶ和Ⅹ型胶原蛋白
		介导 HIV 病毒 Tat 蛋白的神经毒性
MMP-2 酶原（MMP-2）	P08253	降解细胞外基质蛋白，包括Ⅰ型和Ⅳ型胶原
MMP-3 酶原（MMP-3）	P08254	降解纤连蛋白、层粘连蛋白，Ⅰ型、Ⅲ型、Ⅳ型和Ⅴ型明胶，Ⅲ、Ⅳ、Ⅹ和Ⅸ型胶原蛋白以及软骨蛋白聚糖
		激活 MMP-1、MMP-7 和 MMP-9
蛋白酶 3（PRTN3）	P24158	降解弹性蛋白、纤连蛋白和胶原蛋白（体外）
		抗中性粒细胞细胞质抗体（ANCA）的靶抗原
激肽释放酶 13	Q9UKR3	将激肽原切割为促炎症缓激肽
组织蛋白酶 A	P10619	保护 *β*- 半乳糖苷酶和神经氨酸酶
组织蛋白酶 C（cathepsin C，CTSC）	P53634	激活弹性蛋白酶、组织蛋白酶 G、颗粒酶 A 和 B、神经氨酸酶、因子 XⅢ、糜蛋白酶和类胰蛋白酶
组织蛋白酶 D	P07339	细胞内降解和蛋白质周转
		被巨噬细胞用来降解细菌蛋白质
		激活 ADAM30，与阿尔茨海默病进程有关
		与乳腺癌转移有关
组织蛋白酶 L1	P07711	细胞内降解和蛋白质周转
		降解胶原蛋白和弹性蛋白
		降解 α1- 蛋白酶抑制剂
组织蛋白酶 X/Z/P	Q9UBR2	溶酶体蛋白酶，切割 C 末端残基
钙蛋白酶 -10	Q9HC96	参与细胞骨架重塑和信号转导底物的有限蛋白质水解

续表

蛋白酶/抑制剂	Uniprot ID	作用
组织蛋白酶 K	P43235	切割弹性蛋白、胶原蛋白和明胶
		参与骨的消解以进行重塑
		与肺气肿有关
		被炎症细胞因子激活
		被组织蛋白酶 S 降解
caspase 3（CASP3）	P42574	激活 caspase 6、caspase7 和 caspase 9
		被 caspase 8 和 caspase 9 激活
		切割聚（ADP- 核糖）聚合酶（PARP）
		切割和激活甾醇调节元件结合蛋白（SREBPs）
		与亨廷顿病有关
caspase 6	P55212	削弱抑制免疫系统，切割白细胞介素 -10 和白细胞介素 -1 受体相关激酶 3
		切割聚（ADP- 核糖）聚合酶（PARP）和核纤层蛋白
		与亨廷顿病和阿尔茨海默病有关
caspase 8	Q14790	激活 caspase 3、caspase 4、caspase 6、caspase 7、caspase 9 和 caspase 10
		被死亡受体通过 FADD 激活
因子Ⅶ激活蛋白酶（factor Ⅶ activating protease，FSAP）	Q14520	激活因子Ⅶ和尿激酶原
		可能作为肿瘤抑制因子
金属蛋白酶 -1 组织抑制剂（tissue inhibitor of metalloproteinase-1, TIMP-1）	P01033	不可逆抑制 MMP-1、MMP-2、MMP-3、MMP-7、MMP-8、MMP-9、MMP-10、MMP-11、MMP-12、MMP-13 和 MMP-16
		通过 CD63 和 ITGB1 激活整合素信号转导

① 补体激活，凝血，纤溶和激肽的产生。

接触途径的蛋白酶在炎症和免疫过程以及维持止血中起作用 [102]。激肽释放酶将高分子量激肽原分解为促炎症反应缓激肽。这种九肽是一种血管扩张剂，通过与缓激肽受体结合增加血管通透性并增加炎症性疼痛。类风湿性关节炎和 IBS 患者的缓激肽浓度升高。C1 抑制剂（serpin）是因子Ⅻa 和激肽释放酶的主要生理抑制剂。过于活跃的接触途径可能是 C1 抑制剂减少或功能失调的结果，或是因子Ⅻ突变导致更活跃的 fⅫa 形式。病理表现为遗传性血管性水肿，有时会出现危及生命的上呼吸道或肠黏膜肿胀。β- 淀粉样蛋白异常激活因子Ⅻ可引发阿尔茨海默病患者的炎症 [103]。这些研究结果表明，药物靶向接触途径和其中蛋白酶的调节可能对多种疾病的治疗有益。

抗凝蛋白 C 缺乏症中，因子Ⅴ和Ⅷ的蛋白质水解失活不足削弱了这种负反馈调节，引起易栓症。蛋白 S 是这一反应中必需的辅因子，即使在功能蛋白 C 的正常浓度下，它的缺乏也会导致易栓症 [104]。在激活蛋白 C 的一个切割位点发生 Arg506Gln 因子 VLeiden 突变的患者，由于蛋白质水解因子 V 切割能力减少，发生静脉血栓栓塞的风险更高 [105]。40%～50% 的遗传性易栓症是由因子 V Leiden 突变引起的，4%～10% 的高加索人是杂合子。杂合性已被认为是潜在的保护性的，进化上保守地防止婴儿出生时失血过多，并可防止心脏手术后出血 [106]。

静脉血栓形成也可能源于抗凝血酶的功能或表达缺陷，内源性的serpin不可逆地使凝血酶失活，以及肝素显著的加速抗凝血反应中因子Xa、Ⅸa和Xia的作用。抗凝血酶突变数据库目前列出了127种不同的突变[107]，主要的功能障碍是由于反应位点、肝素结合位点以及对serpin折叠和稳定共价复合物形成很重要的serpin-蛋白酶接触区域的错义突变。肝素辅因子Ⅱ（HCⅡ）是一种同样有效但高度特异的凝血酶抑制剂，在细胞表面硫酸皮肤素和硫酸乙酰肝素，以及不影响抗凝血酶-凝血酶相互作用的小过硫酸化分子存在时起作用[108-111]。HCⅡ缺乏与动脉血栓形成、动脉粥样硬化发展和支架内再狭窄相关[44, 112]。由于60%的HCⅡ是血管外的，它可能控制凝血酶的信号转导特性，而其他血管外丝氨酸蛋白酶可能是尚未确定的HCⅡ靶点。已知几种serpin相关的出血性疾病：α1-PI Pittsburgh在其反应位点有一个Met358Arg突变，其特异性从弹性蛋白酶转移到凝血酶，从而影响正常的凝血；先天性α2-纤溶酶抑制剂缺乏症导致止血栓被过多的纤溶酶过早溶解。通过使α1-PI Pittsburgh的反应位点两侧残基突变为赖氨酸对抗凝剂激活的蛋白C的选择性抑制已被证明在血友病B小鼠模型中成功地使出血正常化，并且α1-PI Pittsburgh有望成为一种新的血友病药物[113]。

由不受控制的纤溶酶原激活引起的纤溶亢进表现为类似血友病的过度出血。对于先天性α2-AP或PAI-1缺乏症患者，获得性纤溶亢进可能发生在肝病、外伤或外科手术中。用氨甲环酸、ε-氨基己酸或其他赖氨酸类似物治疗通过占据纤溶酶原上的赖氨酸结合位点，抑制纤维蛋白凝块表面tPA对纤溶酶原激活。这从纤维蛋白表面取代纤溶酶原，抑制纤溶酶的形成。氨甲环酸可能通过抑制补体、单核细胞和中性粒细胞的纤溶酶依赖性激活而起到抗炎作用。赖氨酸类似物还通过细菌非酶辅因子链激酶（SK）阻断构象纤溶酶原激活，这种纤溶酶原激活药物在美国已被tPA取代，但仍在欧洲和许多非西方国家使用。SK有一个与纤溶酶（原）kringles结合的C末端赖氨酸残基，从而增加纤溶酶（原）复合物与SK的亲和力和纤溶酶原激活的速率[114-116]。

许多心血管和代谢性疾病在整个疾病的发展过程中都有炎症成分，组织损伤时循环止血蛋白酶的血管外浸润加重了炎症。白细胞产生的细胞蛋白酶在炎症中也起重要作用。巨噬细胞在动脉粥样硬化血管壁转化为富含胆固醇和脂质泡沫细胞。单核细胞、中性粒细胞、淋巴细胞，特别是肥大细胞在动脉内膜泡沫细胞形成中起作用[94]。肥大细胞糜蛋白酶将血管细胞中的血管紧张素Ⅰ转化为强效的促炎症血管紧张素Ⅱ，上调与动脉粥样硬化病变形成相关的氧化还原敏感细胞因子、趋化因子和生长因子的表达[117]。血管紧张素Ⅱ升高引起动脉高血压，并与血管增生、主动脉瓣疾病、心肌梗死、心力衰竭和AAA有关。血管紧张素Ⅱ引起的高血压小鼠产生动脉血管炎症，依赖于凝血酶触发因子Ⅺ通过其受体糖蛋白Ⅰba与血小板结合的激活[118]。动脉高血压无法控制的患者也表现出因子Ⅺ依赖的血小板局部凝血酶生成增强，可作为高血压的炎症标志物。阻断因子Ⅺa活性与肾素-血管紧张素系统的抑制相结合有望治疗高血压和相关血管炎症。动物模型和人体的肾素-血管紧张素系统的抑制也会减少斑块的形成，可能为动脉粥样硬化的治疗和预防提供一条途径。

糜蛋白酶和类胰蛋白酶降解ApoE和HDL3，从而减少胆固醇从泡沫细胞流出，影响胆固醇逆向转运。糜蛋白酶诱导SMC凋亡，抑制SMC生长和胶原合成，降解内皮素-1，导致血管舒张功能障碍。糜蛋白酶激活MMP-9酶原，而类胰蛋白酶激活MMP-1、MMP-2和MMP-3酶原，这些激活的MMP都参与动脉粥样硬化和AAA的发展。MMP升高引起的ECM降解促进趋化因子和血管生成因子触发的白细胞和内皮细胞迁移，伴随着动脉粥样硬化病变新血管形成和生长，最终促进斑块破裂[119]。糜蛋白酶激活的TGF-β1扰乱内皮功能，也促使内膜增厚。在急性心肌梗死（MI）或不稳定型心绞痛患者中检测到血浆糜蛋白酶和类胰蛋白酶浓度升高，但在稳定型心绞痛患者中检测不到，表明两种酶与斑块不稳定性相关。肥大细胞炎症细胞因子 IL-6、TNF-α 和 IFN-γ 诱导平滑肌细胞和内皮细胞糜蛋白酶和类胰蛋白酶的表达，其血浆浓度与 AAA 扩张速率直接相关。基质 MMP 浓度升高与 AAA 的发展有关，高血浆 MMP-1 和 MMP-9 浓度是动脉瘤破裂后预后不良的标志[120]。抗血管生成药物在患有动脉粥样硬化的癌症患者的临床试验中显示出不良反应，靶向蛋白酶的药物可能是帮助对抗动脉粥样硬化的替代药物。动脉粥样硬化中发生 caspase 介导的细胞凋亡，已报道了 caspase 的有益和有害作用。在一项群体研究中，测量了 4284 名受试者的凋亡标志物，在平均 19 年的随访中，381 名患者出现了不良心血管事件。入组时高的 caspase 8 与其发病率密切相关[121]。巨噬细胞凋亡在动脉粥样硬化中可能具有促动脉粥样硬化和抗动脉粥样硬化的作用，需要更多的研究来阐明这些复杂的机制。

血浆糜蛋白酶在 2 型糖尿病和糖尿病前期升高，目前临床试验正在评估糜蛋白酶和类胰蛋白酶作为小分子抑制剂的药物靶点。糜蛋白酶产生的血管紧张素Ⅱ促使糖尿病患者胰岛结构异常和心血管事件的高风险。与对照组相比，糖尿病肾病患者的尿细胞外囊泡含有较高浓度的 MMP-9、蛋白酶 -3、激肽释放酶 13 以及组织蛋白酶 A、C、D、L 和 X/Z/P[122]，这些蛋白酶来源于中性粒细胞和单核细胞，被招募到肾小球内皮细胞。这些特征对 1 型和 2 型糖尿病肾脏损害的评估可能具有预后和诊断价值。蛋白酶 -3 切割胰岛素样生长因子 1，促进肾小球炎症。这些综合研究结果说明内皮功能障碍和炎症可能是糖尿病肾病的预兆。

钙激活蛋白酶 -10 与 2 型糖尿病之间存在着密切的联系，阻断钙激活蛋白酶激活可防止糖尿病相关的心脏损伤。肥大细胞和巨噬细胞产生组织蛋白酶，其中组织蛋白酶 L 和组织蛋白酶 K 与肥胖有关。在肥胖小鼠模型中，给予 L- 和 K- 选择性小分子抑制剂的野生型以及 L 和 K 基因敲除小鼠明显比对照小鼠瘦，并改善了葡萄糖敏感性[94]。组织蛋白酶 K 是肥胖的标志，最近的研究发现组织蛋白酶 S 和 D 与人类肥胖有关。母体糖尿病可引起胚胎神经管缺陷，其特征是 caspase 3、caspase 6 和 caspase 8 浓度升高。机制涉及启动 caspase 8 对效应 caspase 3 和 caspase 6 的蛋白质水解激活[123]。caspase 3 也是 1 型糖尿病患者产生胰岛素的胰腺 β 细胞凋亡的主要效应酶[124]。

在缺血性脑卒中中，大脑内形成的血栓或身体其他部位形成的栓塞可能引起动脉阻塞。出血性脑卒中是血管破裂的结果，较少发生，但往往更严重。在服用抗凝药或纤溶药的患者中，缺血性脑卒中可能会产生出血成分，称为出血性转化。因子Ⅶ激活蛋白酶（FSAP）是一种激活尿激酶原（pro-uPA）的血浆丝氨酸蛋白酶而不是因子Ⅶ。FSAP-Marburg Ⅰ 多态性（1704G>A）降低 FSAP 活性，增加脑卒中风险和死亡率，但似乎可降低动脉粥样硬化患者发生颈动脉再狭窄的风险[125]。缺血性脑卒中引起 MMP-2 和 MMP-9 的活性不受控制，与血脑屏障的破坏和水肿的发生有关，MMP-9 在出血性转化中也升高[126]。内源性金属蛋白酶组织抑制剂 -1（TIMP-1）的表达与 MMP-9 的升高共同作为对组织损伤的保护性反应。中性粒细胞而不是原位的脑细胞是脑卒中后 MMP-9 酶原的主要来源，在脱颗粒时酶原在细胞外空间被蛋白质水解激活。MMP-2 和 TIMP 在中枢神经系统组织中普遍表达[127]。这些研究结果表明把重点放在内皮细胞、周细胞、星形胶质细胞和浸润性白细胞而不是神经元在鉴定新的治疗靶点方面可能会更成功。了解 MMP-9 和中性粒细胞之间的关系可能有助于阐明血脑屏障破坏的机制从而获得更成功的治疗方法。

20.3.4 癌症

体细胞突变是大多数癌症的致病因素，这一长期存在的概念最近受到了挑战[128, 129]。引发细胞微环境发生癌症的特点是在正常细胞转化为癌细胞之前的一系列事件，而体细胞突变实际上是许多癌症发生过程的后期事件，已经确定慢性炎症和纤维化是其中的两个事件。最近认为止血蛋白酶是加重癌症炎症过程的原因之一。组织损伤时内皮屏障的破坏激活止血酶原。这些蛋白酶不仅增加血管外凝血和纤溶，还通过细胞表面 PAR 受体的激活、与 uPAR 和 LRP-1 结合以及 MMP 的激活触发信号转导[130]。炎症也会触发能诱导 MMP-2 和 MMP-9 表达的 TGF-β 的释放。反过来，MMP-2、MMP-9 和 MMP-14 蛋白质水解激活 ECM 中休眠的 TGF-β。跨膜 MMP-14 和 ADAM 家族的几个成员分布在迁移细胞的伪足。MMP 参与细胞外基质重塑促进肿瘤侵袭，而且在癌症相关信号转导中也起重要作用。尽管许多 MMP 被认为是促肿瘤发生的，但有些可能会对癌症的进程产生负影响，这取决于细胞的微环境[131]。MMP 和 ADAM 抑制剂 Marimastat 由于缺乏特异性，没有显示出广泛的抗癌治疗潜力，但它抑制了 ADAM-17 在肾细胞癌中的高表达[132]。这种抑制下调 Notch 途径介导的细胞增殖和侵袭比 γ- 分泌酶抑制更有效。因此，Marimastat 可能对肾癌有治疗潜力。TIMP 在癌症中表达存在差异：TIMP1 的高表达与纤维化过程和预后不良相关，而 TIMP3 沉默表明疾病已到晚期[133]。TIMP 在其他疾病如心血管疾病和脓毒症中起重要作用，最近 AGES-Reykjavik 研究表明通过 TIMP1 浓度测量的纤维化可以预测全因死亡率[134]（表 20-11）。

表 20-11 癌症：与癌症相关的蛋白酶、蛋白酶抑制剂和辅因子的活性以及 Uniprot ID 号（适用时）

蛋白酶/抑制剂	Uniprot ID	作用
MMP-2	P08253	降解 ECM 蛋白，包括Ⅰ型和Ⅳ型胶原
MMP-9	P14780	切割Ⅳ型、Ⅴ型胶原和纤连蛋白
		与恶性胶质瘤的新血管形成有关
MMP-14	P50281	降解细胞外基质蛋白
		激活明胶酶原 A 和 MMP-5
		通过 ADGRB1 的切割抑制血管生成
ADAM-17（ADAM 金属肽酶结构域 17）	P78536	激活肿瘤坏死因子 α
		激活 Notch 途径
		脱落酶，激活多种生长因子
		与肿瘤放疗抗性有关
金属蛋白酶 -1 组织抑制剂	P01033	不可逆地抑制 MMP-1、MMP-2、MMP-3、MMP-7、MMP-8、MMP-9、MMP-10、MMP-11、MMP-12、MMP-13 和 MMP-16
		通过 CD63 和 ITGB1 激活整合素信号转导
TIMP-3（金属蛋白酶抑制剂 3）	P35625	不可逆地抑制 MMP-1、MMP-2、MMP-3、MMP-7、MMP-9、MMP-13、MMP-14 和 MMP-15
凝血酶（凝血酶原）	P00734	将纤维蛋白原转化为纤维蛋白
		激活因子Ⅴ、Ⅶ、Ⅷ、Ⅺ、ⅩⅢ
		凝血酶调节蛋白复合物
		凝血酶 / 凝血酶调节蛋白激活蛋白 C

续表

蛋白酶 / 抑制剂	Uniprot ID	作用
PAR-1［蛋白酶激活受体 1 或凝血因子 II（凝血酶）受体］	P25116	刺激磷酸肌醇水解
		被凝血酶激活
		可能在血管发育中起作用
SUMO（Sentrin 特定性蛋白酶 7）	Q9BQF6	去除 SUMO（small ubiquitin-like modifier protein，小泛素样修饰蛋白）2 和 3
丝氨酸蛋白酶 HTRA1	Q92743	降解细胞外基质
		降解胰岛素样生长因子受体和微管样蛋白
组织蛋白酶 L1	P07711	细胞内降解和蛋白质周转
		降解胶原蛋白和弹性蛋白
		降解 α1- 蛋白酶抑制剂
组织蛋白酶 B	P07858	细胞内降解和蛋白质周转
		组织蛋白酶 D、基质金属蛋白酶和尿激酶的上调
		与肿瘤转移和免疫抵抗有关
组织蛋白酶 D	P07339	细胞内降解和蛋白质周转
		被巨噬细胞用来降解细菌蛋白质
		激活 ADAM30，与阿尔茨海默病进程有关
		与乳腺癌的转移有关
中间组织胰蛋白酶（胰蛋白酶 -3）	P35030	天然胰蛋白酶抑制剂的降解
间质蛋白酶（致瘤性蛋白 14 的抑制剂）	Q9Y5Y6	降解细胞外基质，胰蛋白酶样活性
		促进上皮分化和可能的生长
		与转移有关
HAI-1［肝细胞生长因子激活物抑制剂 1（SPINT1）］	O43278	抑制 HGF 和间质蛋白酶
HAI-2［肝细胞生长因子激活物抑制剂 2（SPINT2）］	O43291	抑制 HGF，一般可能抑制丝氨酸蛋白酶
		与抑制肝癌有关
蛋白酶体		巨型蛋白酶复合物群，堆叠的环状结构
		降解用多种泛素标记的蛋白质
		在蛋白质周转、细胞凋亡和适应性免疫反应中起关键作用
激肽释放酶 -3（hK3）	P07288	液化精液，降解宫颈黏液
		浓度升高与前列腺癌有关
激肽释放酶 -5（hK5）	Q9Y337	降解上皮 ECM 蛋白，导致细胞脱落
牙龈蛋白酶（RgpA，RgpB 和 Kgp）		
rgpA（牙龈蛋白酶 R1）< 人 >	P28784	细菌巯基蛋白酶
		降解宿主组织蛋白和细胞因子
SPINK6（丝氨酸蛋白酶抑制剂 Kazal 6 型）	Q6UWN8	抑制 KLK4、KLK5、KLK6、KLK7、KLK12、KLK13 和 KLK14

表观遗传过程越来越被认为是癌症发生的基本过程。在肿瘤发生、发展和转移的上皮间充质转化（epithelial-mesenchymal transition，EMT）过程中，DNA 甲基化和组蛋白修饰等表观遗传机制调节 EMT 相关基因[135]。上皮细胞转化为迁移的成纤维细胞和间充质细胞是转移的标志，各种蛋白酶活动与这一过程有关。在人胃癌细胞中，凝血酶催化的 PAR-1 激活被认为触发 EMT[136]，在乳腺癌中，SUMO 特异性蛋白酶 7 长变体的诱导促进有利于细胞增殖和 EMT 的基因表达[137]。哺乳动物细胞内高温需求 A（high-temperature requirement A，HtrA）丝氨酸蛋白酶含有糜蛋白酶样结构域，在蛋白质质量控制中起作用。*HTRA1* 基因在癌细胞中的表观遗传沉默可能是由于启动子的组蛋白去乙酰化酶靶向，或是由于甲基 -CpG- 结合域蛋白 2（MBD2）的结合对甲基化启动子的转录抑制[138]。蛋白酶激活的 PAR 和 Nf-κB 信号转导使肿瘤抑制因子 microRNAs 沉默，以及 DNA 甲基化使 caspase 8 表达沉默，只是其中一部分与某些癌症发展相关的其他表观遗传机制[139, 131]。

分泌溶酶体半胱氨酸组织蛋白酶表达的改变与多种癌症有关，一些研究表明过表达或基因敲除与恶性肿瘤的发展相关，这取决于组织蛋白酶的类型，以及癌症的性质和定位。肿瘤组织组织蛋白酶 B 和 L 在卵巢癌中过表达，但在良性肿瘤和对照组织中没有检测到，恶性肿瘤患者的血浆组织蛋白酶 L 升高。这些蛋白酶可能是有用的生物标志物[140]。天冬氨酸蛋白酶组织蛋白酶 D 前体的原型和突变型在转移性乳腺癌中起重要作用。这种肿瘤标志物在浸润性导管癌、淋巴结转移和激素受体阴性癌症中的浓度高于小叶癌和淋巴结阳性癌[141]。

大约 90% 的癌症起源于上皮细胞。上皮细胞表达中间组织胰蛋白酶和间质蛋白酶，在上皮癌中观察到这些蛋白酶的上调。中间组织胰蛋白酶活性增加是乳腺癌、前列腺癌、胰腺癌和许多其他癌症预后不良的指标[142]。中间组织胰蛋白酶的不同寻常之处在于它不受 Kunitz 和 Kazal 样胰蛋白酶抑制剂的抑制，而是将这些蛋白质识别为底物。它对 Arg/Lys-Ser/Met 键显示专一性，靶向凝血酶底物如 PAR1、PAR3 和 PAR4 受体，并且不被 α1- 抗胰蛋白酶（Met-Ser 反应键）所抑制，而是被 α1- 抗胰蛋白酶 Pittsburgh（Arg-Ser）抑制。通过设计人淀粉样前体蛋白 Kunitz 蛋白酶抑制剂结构域（APPI）的三重突变体 M17G/I18F/F34V 构建了一种抑制常数（K_i）为 89 pM 的选择性的紧密结合抑制剂，在基于细胞的中间组织胰蛋白酶依赖性前列腺癌细胞侵袭性模型中起作用[143]。APPI M17G/I18F/F34V/ 中间组织胰蛋白酶复合物的晶体结构显示出独特的活性位点特征，这可能是驱动转移的关键，因为观察到其他胰蛋白酶不参与侵袭性前列腺癌表型。这一结构信息可能有助于开发与中间组织胰蛋白酶活性位点药物互补的肽抑制剂。间质蛋白酶是具有Ⅱ型 N 末端跨膜结构域的丝氨酸蛋白酶中最著名的成员，其内源性抑制剂是 Kunitz 型肝细胞生长因子激活物抑制剂 1 型和 2 型（HAI-1 和 HAI-2）。在正常组织中，间质蛋白酶蛋白质水解活性受到过量的 HAI-1 和 HAI-2 的严格调控，而在癌症组织中，这种平衡严重地倾向于过量的间质蛋白酶。在鳞状细胞癌小鼠模型中表皮间质蛋白酶的转基因表达导致肿瘤的形成，而 HAI-1 或 HAI-1 共表达可抑制肿瘤的形成[144]，这强有力地表明间质蛋白酶蛋白质水解活性是恶性肿瘤的重要触发因素。在高度恶性炎症性乳腺癌（inflammatory breast cancer，IBC）中，间质蛋白酶蛋白质水解激活肝细胞生长因子前体（pro-HGF）。HGF 与受体酪氨酸激酶 c-Met 结合，激活引起细胞增殖、迁移、形态发生和侵袭的信号转导途径[145]。间质蛋白酶和 c-Met 在 IBC 细胞中都是膜结合的，并且在 IBC 患者的癌细胞中上调。通过 RNAi 沉默或合成间质蛋白酶抑制剂的治疗可使 IBC 细胞的增殖和侵袭停止，说明它们在 IBC 治疗中的潜在价值。

在某些血癌中出现蛋白酶体活性过高的现象。p53 等前凋亡因子的降解影响癌细胞的程序性死亡，蛋白酶体抑制被认为是一种潜在的癌症治疗方法。蛋白酶体抑制剂硼替佐米、卡非佐米和伊沙佐米被 FDA 批准用于多发性骨髓瘤的治疗，目前正在进行血癌、肺癌和乳腺癌的临床试验。这些有效的 26S 蛋白酶体的 β5 肽酶活性的抑制剂只对 β1 和 β2 肽酶有适度的活性，这似乎限制了它们对多发性骨髓瘤的作用 [146]。β5 肽酶抑制剂在实体瘤的治疗中尚未取得成功，在最近的研究中，三阴乳腺癌细胞系经 *CRISPR* 基因编辑使 β2 失活后仅对硼替佐米或卡非佐米产生反应 [147]。双 β2/β5 抑制剂的开发虽然在概念上很吸引人，但可能是非常困难的任务，而用 β5 和已知的 β2 抑制剂的综合疗法是一种更现实的方法。

平衡的补体相关炎症在强化免疫治疗方面有优势，而不平衡可能导致肿瘤细胞的增殖、迁移、侵袭和转移 [148]。遗传和表观遗传学的改变将肿瘤细胞标记为异物，先天免疫细胞通过抗肿瘤单克隆抗体（mAb）和补体细胞毒性的协同作用来帮助清除吞并的肿瘤细胞。FDA 批准的 Rituximab 和嵌合抗 CD20 单抗 ofatumumab 被开发用于治疗 B 细胞淋巴瘤和慢性淋巴细胞白血病。它们对肿瘤抗原的靶向引起补体依赖性吞噬作用。C1q 与 mAb 的 Fc 段的结合形成具有蛋白质水解活性的 C1 复合物，启动级联反应。其他肿瘤特异性 mAb 识别 CD38 和 CD52 为 B 细胞或 T 细胞来源的肿瘤上高表达的表位，它们在诱导补体依赖的细胞毒性的能力方面得到了充分的研究。然而，一些实体瘤通过过表达或捕获表面蛋白质下调补体细胞毒性和调理作用，从而限制了治疗抗体的疗效。

补体激活、慢性炎症和癌症之间的关联越来越明显 [149]。补体因子及其活性切割产物本身有助于有丝分裂信号转导级联和生长因子产生（C3a、C5a 和 MAC）、血管生成（C3、C3a、C5a、MAC）、防止抗生长信号和凋亡（C3a、C4、C5a、MAC），通过 ECM 的细胞侵袭和迁移（C1q、C1s、B 因子、C3、C3a、C3d、C5、C5a、C9），增殖（C3、C3a、C4、C5a、MAC）和抗肿瘤免疫抑制（C5a）。从这些观察结果可以清楚地看出，在“适当的”的情况下，补体本身可以促进癌症。MAC 的生理作用是破坏细胞膜并引起细胞裂解，但亚阈值 MAC 活性不会杀死细胞，而是激活细胞周期并触发增殖。因此，抑制补体可能成为一种新的抗癌方法。

结直肠癌、乳腺癌、胰腺癌、肺癌、前列腺癌、食管癌、淋巴瘤和白血病中补体过度激活表明可以使用 C3 激活片段作为诊断或预后的生物标志物。然而，血浆中富含 C3，质谱定量可能并不简单。卵巢癌肿瘤内 C3 的表达与疾病的预后有关，在癌症患者的前列腺液中发现 C3 片段。前列腺特异性抗原（PSA）可切割 C3 和 C5，并可通过补体蛋白的水解作用促肿瘤发生。

人组织激肽释放酶（human tissue kallikreins，hK）是一类分泌型丝氨酸蛋白酶，在许多内分泌癌中都有差异表达。*KLK3*、*KLK8*、*KLK10*、*KLK13* 和 *KLK14* 基因被认为编码肿瘤抑制蛋白，说明了最近公认的蛋白酶上调并不总是反映肿瘤进程的观点 [131]。考虑到这一点，当开发蛋白酶抑制剂作为潜在的抗癌药物时，确定靶向蛋白酶的特异性是至关重要的。hK3 或 PSA 是前列腺癌筛查、诊断和监测的最著名的生物标志物。PSA 在良性前列腺增生中也升高，它与 serpin α1- 抗糜蛋白酶复合物形成的程度可区分这两种疾病。前列腺癌患者的组织和血浆中这种复合物浓度高于非癌症患者，游离 PSA 活性水平达到 25% 或以上通常是良性增生的良好指标 [150]。许多其他激肽释放酶也可能是合适的癌症生物标志物。hK5 蛋白质水解激活 PAR-2，导致口腔鳞状细胞癌的 Nf- κ B 激活和肿瘤抑制 microRNAs 下调 [139]。血浆激肽释放酶能够激活补体系统，将炎症反应与许多癌症相关过程联系起来 [151]。

癌症和止血之间也存在很强的相关性，癌症患者总是表现出高凝状态，从而导致发病和死亡[152]。这种高凝状态归因于肿瘤细胞通过产生促凝因子和炎症细胞因子，与单核细胞、血小板、中性粒细胞和血管细胞相互作用，以及触发急性期反应物和坏死激活凝血的能力。已证实使用肝素、维生素 K 拮抗剂或直接口服抗凝剂的各种抗凝疗法对癌症患者的治疗有益[153]。

20.3.5 神经退行性疾病

阿尔茨海默病（AD）患者占痴呆病例的 70%，他们的脑组织中含有由毒性 Aβ 肽组成的淀粉样斑块和由 tau 蛋白组成的神经原纤维缠结。Tau 定位于神经元轴突，促进微管蛋白聚合和稳定微管。淀粉样 β A4 前体蛋白（amyloid β A4 precursor protein，APP）是一种高度保守的突触整合膜蛋白，被认为在中枢神经系统中调节突触形成、神经可塑性和稳态的维持。APP 的正常蛋白质水解加工是通过 α- 分泌酶切割释放细胞外 APPsα，然后通过膜内 γ- 分泌酶切割，释放细胞外 p3 片段和细胞内 AICD 片段[154]。在 AD 中 APP 的加工是不同的：β- 分泌酶和 γ- 分泌酶的顺序切割释放细胞外 APPsβ、$Aβ_{1-40}$ 和 $Aβ_{1-42}$ 肽段以及细胞内 AICD。不同种类的蛋白质降解产生其他几种胞外种类，从 37 到 49 个氨基酸残基不等。$Aβ_{1-40}$ 和 $Aβ_{1-42}$ 被认为具有神经毒性，在大脑中形成斑块。APPsβ 片段寡聚并介导死亡受体信号转导。脑脊液中的 $Aβ_{1-42}$ 片段通常作为生物标志物，并与总磷酸化和高磷酸化 tau 蛋白的测量相结合。这种联合试验可以在早期诊断 AD，并提供病情恶化的风险评估[155]。具有环化末端谷氨酸残基的 N- 截短的 Aβ 肽在淀粉样蛋白沉积中是重要组成，是特别有用的附加生物标志物。然而，血浆 Aβ 片段浓度与 AD、痴呆和认知能力下降的不同阶段之间没有明确的相关性，部分原因可能是当前分析方法的灵敏度有限[156]。由于观察到的 AD 痴呆和淀粉样沉积之间的差异，一些研究小组认为可溶性寡聚 Aβ 肽可能毒性更大，或者 tau 神经纤维缠结可能是致病种类[157]（表 20-12）。

APP 也在血小板中产生，在血小板激活时被血小板 α- 分泌酶切割在循环中释放可溶性 APPsα[158]。通过对血小板裂解物进行免疫印迹可以检测到 130 kDa（完整的）和 106 ～ 110 kDa（切割的）的 APP 亚型。AD 和轻度认知功能障碍（mild cognitive impairment，MCI）的患者比健康对照组具有更低的完整的 APP 与切割的 APP 的比例。这一比例的下降与认知能力的下降相关联，可能预示着从 MCI 转化为 AD。大脑中的金属蛋白酶 ADAM10 通过另一种非淀粉源途径加工 APP[159]，血小板具有与神经元相同的加工 APP 的蛋白质水解机制。AD 患者淀粉源途径的增加表现为血小板 α- 分泌酶和 ADAM10 活性降低，而血小板 β- 分泌酶活性增加。这些观察结果表明血小板生物标志物鉴定 AD 可能是可行的，并提出了血小板产生的 Aβ 肽是否能进入大脑并导致神经元缺损的问题。最近一项出色的体内研究确实表明，来自于转基因的小鼠与健康野生型小鼠长时间杂交所产生的 Aβ 肽可以在健康小鼠的大脑中积累[160]。这一研究结果清楚地证明了 AD 患者血小板改变和神经元蛋白酶表达之间的生物学关联。

目前临床试验的重点是开发 β- 分泌酶和 γ- 分泌酶抑制剂以及靶向 Aβ 肽的抗体以肽去除作为减少斑块形成的一种手段。迄今为止除了针对聚合的和可溶的 Aβ 肽的单克隆抗体 Aducanumab 的临床试验外，其它结果令人失望[161]。相比之下，靶向可溶性单体 Aβ 的单克隆抗体 Solanezumab 在连续三次试验中失败，最近一次试验于 2018 年 1 月停止[162]。对

表 20-12　神经退行性疾病：与神经退行性疾病相关的蛋白酶、蛋白酶抑制剂、关键疾病相关蛋白酶靶点和辅因子的活性以及 Uniprot ID 号（适用时）

蛋白酶 / 抑制剂	Uniprot ID	作用
淀粉样 βA4 前体蛋白（APP）	P05067	参与神经元生长、黏附和运动的细胞表面受体
		在神经元修复中上调
		蛋白质水解产生 37 ～ 49 个氨基酸残基的 β 淀粉样肽（Aβ），Aβ 40 和 Aβ 42 与阿尔茨海默病有关
α- 分泌酶		切割淀粉样前体蛋白（amyloid precursor protein，APP）的 ADAM 家族脱落酶组
γ- 分泌酶		包括 APP 在内的切割单次跨膜蛋白
		早老素 -1（presenilin-1，PSEN1）（P49768）、呆蛋白（Q92542）、前咽缺陷蛋白 1（APH-1）（Q5TB21）和早老素增强子 -2（presenilin enhancer，PNE-2）（Q9NZ42）的跨膜复合物
β- 分泌酶 1（BACE1）	P56817	跨膜天冬氨酸蛋白酶对髓鞘形成的重要作用
		切割 APP 形成 Aβ 40 和 Aβ 42
		几种 BACE1 抑制剂目前正在用于阿尔茨海默病的治疗进行试验
ADAM10	O14672	血小板中主要的 α- 分泌酶
MMP-9	P14780	切割Ⅳ、Ⅴ型胶原和纤连蛋白
		与恶性胶质瘤新血管形成有关
TIMP（金属蛋白酶组织抑制剂）		内源性 MMP 抑制剂
caspase 6	P55212	削弱抑制免疫系统，切割白细胞介素 -10 和白细胞介素 -1 受体相关激酶 3
		切割聚（ADP 核糖）聚合酶（PARP）和核纤层蛋白
		与亨廷顿病和阿尔茨海默病有关
钙激活蛋白酶（家族）		钙依赖性非溶酶体半胱氨酸蛋白酶家族
		阿尔茨海默病患者的细胞骨架退化和钙稳态改变与过渡活动有关
钙蛋白酶抑制剂	P20810	内源性钙激活蛋白酶抑制剂
m-AAA（mitochondrial AAA proteases，线粒体 AAA 蛋白酶）		ATP 依赖的线粒体蛋白酶组
HtrA2（高温需要）	O43464	线粒体丝氨酸蛋白酶，通过结合 IAPs（inhibitors of apoptosis proteins，细胞凋亡抑制蛋白）引发细胞死亡
		与帕金森病有关
早老素相关菱形蛋白（PARL）	Q9H300	抗凋亡，激活阻止细胞色素 c 释放到胞液中的视神经萎缩蛋白 1（optic atrophy 1，OPA1）
		突变可能与帕金森病有关但存在争议
SUMO- 特异性蛋白酶 2（SENP2）	Q9HC62	将 SUMO1、SUMO2 和 SUMO3 加工成成熟蛋白质
		将 SUMO1、SUMO2 和 SUMO3 从靶蛋白质中解偶联

β- 分泌酶的小分子抑制剂也进行了试验：2017 年 2 月阴性结果使 Verubecestat Epoch 试验停止，但研究化合物 JNJ-54861911 的两个试验将持续到 2023 年。2010 年 γ- 分泌酶抑制剂 Semagacestat 的Ⅲ期失败是由于阻断 Notch 信号转导的副作用，在临床试验的设计和药物剂量的潜在优化方面仍存在一些问题 [163]。虽然杂合子敲除引起小鼠的 γ- 分泌酶的活性缓慢部分降低，但不会引起疾病表型，人类可能可以耐受，但试验设计选择了大脑中完全抑制 γ- 分泌酶的短期高峰期与正常活动周期交替出现。这证明对 Notch 信号转导的次昼夜波动造成严重破坏，完全敲除 γ- 分泌酶小鼠的严重 Notch 表型证实了这一点。该药物的血浆浓度比细胞培养中 γ- 分泌酶抑制剂的 IC_{50} 高出了约 360 倍，间歇高剂量给药对皮肤、胃肠系统和体重减轻的副作用也可能是导致认知试验成绩不佳的原因。明白了这些曲折过程，开发 γ- 分泌酶抑制剂作为治疗认知能力下降的药物仍有等待尝试的选择。

其他蛋白酶也与神经退行性疾病有关。几种 MMP 在体外切割 APP，这就提出了它们在体内是否也切割 APP 以及 AD 中循环 MMP 和其抑制剂是否存在关联的问题。在死后 AD 脑组织中发现 MMP-9 和组织抑制剂（TIMP）的表达升高 [164]。在 AD 患者血浆中发现 MMP-9 浓度显著升高，但 MMP-2 或 TIMP 浓度没有升高，表明 MMP-9 可能与 AD 有关。在亨廷顿病和 AD 患者的非凋亡脑组织中发现 caspase 6，表明除了其细胞凋亡执行者作用以外的功能 [58]。Caspase 6 在两种疾病中都与轴索退变和神经元损失有关，它切割 tau、调节皮质神经元转录的 CREB 结合蛋白（CBP）和 NF-κB，因此选择性 caspase 6 抑制剂可能具有治疗的潜力。CREB 是突触可塑性不可缺少的，其激活受损可导致 AD 的发生 [165]。CREB 是中性的胞质半胱氨酸蛋白酶钙激活蛋白酶的底物，抑制该蛋白酶可恢复家族性 AD 小鼠模型的突触可塑性。钙激活蛋白酶也切割 tau 蛋白，上调或降低内源性钙激活蛋白酶抑制剂的降解一直是 AD 的治疗目标。线粒体蛋白酶缺陷可引起神经元细胞死亡和轴索功能障碍 [166]，已确认人蛋白酶 m-AAA、丝氨酸蛋白酶 HTRA2（高温需求）和菱形蛋白酶 PARL 与神经退行性过程有关。两种人 m-AAA 同工酶通过防止错误折叠多肽的积累，调节线粒体蛋白质合成、运输和基础功能的蛋白质水解控制以防止神经元中 Ca^{2+} 过量，从而不同程度地参与神经发育和防止神经退行性疾病 [167]。m-AAA 突变引起遗传性痉挛性截瘫和脊髓小脑共济失调。HTRA2 和 PARL 增加神经元对凋亡细胞死亡的易感性。HTRA2 参与 caspase 依赖性细胞凋亡和帕金森病 [168]，但 PARL 的作用仍存在争议。小泛素相关修饰物（small ubiquitin-related modifier，SUMO）对蛋白质的翻译后修饰可被 SUMO 特异性蛋白酶 2（SENP2）逆转，并在神经退行性疾病患者中观察到 SUMO 结合蛋白的积累。敲除小鼠模型证实，这种线粒体蛋白酶的破坏会导致神经元细胞死亡 [169]。最后，神经退行性疾病与补体活性失调之间的关联已经牢固确立。急性脑损伤引发补体激活失控，炎症性过敏毒素和吞噬细胞充斥损伤部位，血脑屏障（BBB）损伤 [170]。然而，正常的补体功能在脑发育（网络形成）以及成年期脑稳态和修复中起作用。因此，补体调节的治疗方法将取决于其激活的急性、亚急性和慢性性质，并选择性地靶向补体成分。

20.3.6 自身免疫性疾病

促炎症细胞因子和趋化因子的上调和激活、内源性蛋白酶活性失控、炎症和针对“自身”抗原的抗体 /T 淋巴细胞是自身免疫性疾病的特征 [171]。趋化因子招募白细胞通过 MMP-9 释放产生具有免疫显性表位肽。这些表位递呈给自身反应性 T 淋巴细胞并刺激 B 细胞产生自身抗体。基于细胞因子、趋化因子和蛋白酶作用的“残余表位产生自身免疫”（Remant Epitopes Generate Autoimmunity，REGA）模型已在多发性硬化症、类风湿性关节炎和糖尿病中得到验证。根据这个模型，疾病治疗的潜在策略可能包括使用抗炎症细胞因子、抑制促炎症和蛋白酶诱导的细胞因子和趋化因子。类风湿关节炎中胶原和自身免疫性胰腺炎中胰岛素的 MMP-9 切割可以产生残余表位。炎症小体是参与 caspase 1 酶原激活的大分子复合体。caspase 1 蛋白质水解激活促炎症细胞因子 IL-1β、IL-18 和 IL33 的前体，并与各种自身免疫性疾病有关。自身免疫性疾病中 IL-1β 的阻断可以使用 IL-1 受体拮抗剂、中和单克隆抗体和注射用 IL-1β 抑制剂依那西普来完成[172]。2003 年用于治疗类风湿性关节炎的口服 caspase 1 抑制剂 Pralnacasan 的临床试验在动物实验中观察到肝毒性后被叫停（表 20-13）。

表 20-13　自身免疫性疾病：与自身免疫性疾病相关的蛋白酶、蛋白酶抑制剂和辅因子的活性以及 Uniprot ID 号（适用时）

蛋白酶/抑制剂	Uniprot ID	作用
MMP-9	P14780	切割Ⅳ型、Ⅴ型胶原和纤连蛋白
		与恶性胶质瘤的新生血管形成有关
caspase 1（白细胞介素 -1 转化酶）CASP1	P29466	激活白细胞介素 1β 和白细胞介素 18，引发炎症
		激活消皮素 D，启动裂解细胞死亡
		由 NOD 样受体或 AIM-1 样受体启动的通过并入炎症小体复合物激活
		被只含有 CARD 结构域的蛋白家族（CARD only proteins，COPs）抑制，COPs 阻止炎症小体的形成
Sppl 2A (signal peptide peptidase-like 2A，信号肽肽酶样 2A)	Q8TCT8	切割Ⅱ型膜信号肽，如肿瘤坏死因子 α(TNF)、Fas 抗原配体（FASLG）和白细胞分化抗原 74（cluser of differentiation 74，CD74）
		通过 CD74 的激活启动与自身免疫性疾病有关的先天免疫应答
组织蛋白酶 S	P25774	将蛋白质切割为肽，在巨噬细胞、B 淋巴细胞、小胶质细胞和树突细胞中作为抗原呈现
ADAMTS13（一种具有血小板反应蛋白 1 型基序的去整合素和金属蛋白酶，成员 13）	Q76LX8	降解血管性血友病因子，对凝块形成产生不利影响

B 细胞通过自身抗体分泌、自身抗原呈递和炎症细胞因子分泌而引起自身免疫性疾病。利妥昔单抗抗体治疗靶向 B 细胞表面的 CD20，引发细胞死亡，用于 B 细胞耗竭治疗类风湿性关节炎、特发性血小板减少性紫癜、寻常型天疱疮和重症肌无力。最近发现膜内信号肽肽酶样蛋白酶 SPPL2A 通过切割 CD74 促进 B 细胞分化，表明 SPPL2A 可能是治疗自身免疫性疾病的合适抑制靶点[82]。主要组织相容性复合体（major histocompatibility complex，MHC）Ⅱ类介导的 T 和 B 淋巴细胞启动发生在系统性红斑狼疮（SLE）和狼疮性肾炎中。半胱氨酸蛋白酶组织蛋白酶 S 在 MHC-Ⅱ与抗原呈递细胞中的抗原肽结合过程中降解 CD74，抑制组织蛋白酶 S 可能对 SLE 有治疗作用[173]。在某些情况下，蛋白酶活性缺失与自身免疫性疾病有关。血栓性血小板减少性紫癜（thrombotic thrombocytopenic purpura，TTP）患者血浆中含有异常大型的血管性血友病因子多聚体。大多数 TTP 病例是由自身抗体介导的 ADAMTS13 抑制或加速清除引起的[174]。在无亲缘关系的 TTP 患者中发现了高度相似的抗 ADAMTS13 自身抗体，表明这种自身免疫反应是由抗原驱动的。

20.3.7　感染性生物的蛋白酶、抑制剂和辅因子

感染性生物利用自己的蛋白酶库繁殖和致病，例如HIV蛋白酶[175]、克氏锥虫（*Trypanosoma cruzi*）半胱氨酸蛋白酶[176]、牙龈卟啉单胞菌（*Porphyromonas gingivalis*）牙龈蛋白酶[177]和炭疽杆菌（*Bacillus anthracis*）致死因子[178]。几种细菌、病毒、原生动物和真菌蛋白酶通过激活内源性凝血途径触发炎症[102]，或通过非典型的直接激活凝血酶原起促凝作用[179]。目前正在筛选病原体中大量蛋白酶体的小分子抑制剂，以获得潜在的治疗效果和对宿主细胞器的最小毒性[180]。细菌感染与血栓风险增加相关，但这种相关性并不仅限于致病菌。由无致病力细菌枯草芽孢杆菌（*Bacillus subtilis*）产生的枯草杆菌蛋白酶可以将凝血酶原切割为一种活性凝血酶样物质，后者将纤维蛋白原转化为纤维蛋白[181]。肠易激综合征中肠道微生物群落的失调是典型的，研究者认为共生肠道细菌产生的过量蛋白酶可以促进细菌对肠上皮细胞的黏附和侵袭，激活蛋白酶激活受体（protease-activated receptors，PARs），破坏肠屏障，促进细菌与免疫细胞的相互作用，导致炎症[182]（表 20-14）。

病原体可能使用除直接蛋白质水解活性以外的机制来增强其毒力或促进传播和繁殖。链球菌和葡萄球菌的辅因子链激酶（SK）和葡萄球菌凝固酶（SC）本身不是酶，通过将它们的 N 末端插入酶原激活袋，分别以非蛋白质水解的方式结合和激活宿主纤溶酶原和凝血酶原。这触发了形成酶原活性位点的构象变化[101, 183]。辅因子与酶原以及活性蛋白酶形成的复合物非常紧密，并且在使纤溶酶和凝血酶失活的内源性 serpin 从而增加细菌毒力方面反映出来。凝血酶原 • SC 和凝血酶 • SC 复合物切割宿主纤维蛋白原形成纤维蛋白屏障，保护病原体免受宿主免疫系统的攻击。当游离宿主纤溶酶原被纤溶酶原 • SK 复合物激活为纤溶酶时[183]，形成更紧密结合的纤溶酶 • SK 复合物，并降解宿主 ECM，促进病原体的入侵和传播。许多链球菌菌株也通过将宿主纤溶酶原和纤溶酶招募到细菌细胞壁 M 蛋白质增加其侵袭力[184]。血管性血友病因子结合蛋白质（von willebrand factor-binding protein，VWbp）是金黄色葡萄球菌分泌的另一种构象凝血酶原激活剂，基于 SC 结构属于葡萄球菌和链球菌同源物酶原激活剂和黏附蛋白质（zymogen activator and adhesion protein，ZAAP）家族[185]。葡萄球菌激酶（SAK）与 SK 没有序列相似性，但具有相似的结构域折叠。它不是从构象上激活纤溶酶原，而是形成可以将纤溶酶原作为底物切割的紧密的纤溶酶 • SAK 复合物[186]。无乳链球菌（*Streptococcus agalactiae*）分泌的 skizzle（SkzL）蛋白质与 SK 和 SAK 具有中等的序列一致性[187]。SkzL 结合宿主纤溶酶原，通过纤溶酶原激活剂 uPA 和单链 tPA 增强其活化，并通过这些纤溶酶原激活剂促进血浆凝块溶解。无乳链球菌的致病机制可能包括 SkzL 通过纤溶增强促进细菌传播。这些都是病原体通过操纵宿主凝血和纤溶系统而产生毒力的主要例子[188]。

人宿主蛋白酶 ADAM-TS7、羧肽酶 E、二肽基肽酶 3、巨噬细胞刺激 1 蛋白酶和神经胰蛋白酶是甲型流感病毒复制所必需的，在病毒复制过程中受调节基因表达的 8 种宿主 miRNAs 的控制[189]。这些宿主基因和 microRNA 可能提供新的治疗靶点。泛素特异性蛋白酶 14（ubiquitin-specific protease 14，USP14）是一种去泛素化酶，通过将朊病毒蛋白质从蛋白酶体中解救出来防止其降解，可能是朊病毒疾病治疗方法开发的合适靶点[190]。

最近在社区动脉粥样硬化风险（Atherosclerosis Risk in Communities，ARIC）研究的随访中发现，牙龈卟啉单胞菌普遍存在于牙周炎中，牙周炎是口腔和胃肠道肿瘤的危险因素，也是肺癌的危险因素[191]。牙龈卟啉单胞菌蛋白酶是与这种慢性炎症相关的半胱氨酸蛋白酶，它们是唯一能降解皮肤和口腔上皮中多种人激肽释放酶的 Kazal 型抑制剂 SPINK6 的细菌蛋白酶。这种蛋白质水解控制的丧失被认为与牙周病和肿瘤发生相关联[177]。

表 20-14　感染性生物体中的蛋白酶、抑制剂和辅因子：与感染性生物体有关的蛋白酶、蛋白酶抑制剂和辅因子的活性以及 Uniprot ID 号（适用时）

蛋白酶/抑制剂	Uniprot ID	作用
HIV 蛋白酶（HIv-1）	P04585	将病毒多聚蛋白切割为单体蛋白质也包括对自身的切割 病毒复制的关键，重要的药物靶点
克氏锥虫（*Trypanosoma cruzi*）半胱氨酸蛋白酶	P25779	克氏锥虫表达的半胱氨酸蛋白酶，对寄生原生动物的生命周期至关重要
牙龈卟啉单胞菌（*Porphyromonas gingivalis*）蛋白酶	P28784	细菌巯基蛋白酶 降解宿主组织蛋白质和细胞因子
炭疽杆菌（*Bacillus anthracis*）致死因子		降解丝裂原激活的蛋白激酶的炭疽蛋白，破坏丝裂原激活蛋白激酶（mitogen-activated protein kinases，MAPK）的功能
枯草杆菌素		已知能激活凝血酶的非特异性细菌蛋白酶
葡萄球菌凝固酶（1 和 2）	P07767 & P17855	通过结合激活凝血酶原但是它不是蛋白酶
链激酶（SK）		激活纤溶酶
血管性血友病因子结合蛋白	A0A1D4Z3F9	葡萄球菌蛋白促进凝块形成
葡萄球菌激酶（SAK）	P68802	葡萄球菌蛋白，纤溶酶 SAK 复合物激活纤溶酶原
skizzle（SkzL）	Q8DZH4	链球菌蛋白，通过 uPA 和 sc-tPA 增强纤溶酶原激活
ADAMTS7	Q9UKP4	降解软骨寡聚基质蛋白（cartilage oligomeric matrix protein，COMP） 与癌症、关节炎和冠状动脉疾病有关 甲型流感病毒复制所必需的
羧肽酶 E	P16870	切割赖氨酸残基的 C 末端精氨酸 加工大多数神经肽和肽激素 甲型流感病毒复制所必需的
二肽基肽酶 3	Q9NY33	降解血管紧张素、亮氨酸脑啡肽和甲硫氨酸脑啡肽 与卵巢癌有关 甲型流感病毒复制所必需的
巨噬细胞刺激蛋白酶 1（巨噬细胞刺激蛋白）	P26927	未知，与肝细胞生长因子序列同源性 甲型流感病毒复制所必需的
神经胰蛋白酶	PRSS12	切割蛋白聚糖 多结构域丝氨酸蛋白酶在神经系统中的表达 甲型流感病毒复制所必需的
泛素化特异性蛋白酶 14	P54578	蛋白酶体相关去泛素化酶，防止泛素分解 防止朊病毒蛋白质降解

20.4　作为药物靶点的蛋白质水解相关过程

20.4.1　内源性蛋白质水解酶活性过表达或削弱

截至 2010 年，估计所有正在开发药物的 5% ～ 10% 是靶向蛋白酶的 [192]，其中许多是设计用来阻断蛋白酶活性位点的小分子。过去和现在商业上成功的蛋白酶抑制剂包括血压调节剂（如卡托普利和阿利克仑），它们通过与蛋白酶活性位点竞争性结合分别抑制金属蛋白酶血管紧张素转化酶（angiotensin-converting enzyme，ACE）和天冬氨酸蛋白酶肾素，二肽基肽酶 -4 抑制剂（如西他列汀）对抗 2 型糖尿病，苏氨酸蛋白酶抑制剂硼替佐米作为一种针对蛋白酶体的抗癌药物，直接口服抗凝剂（direct oral anticoagulants，DOAC）、凝血酶和因子 Xa 抑制剂（阿加曲班、达比加群、阿哌沙班、利伐沙班、依多沙班）与蛋白酶活性位点紧密可逆结合，基于紧密结合水蛭素的凝血酶抑制剂（来匹卢定、德西鲁定、比伐卢定）用于肝素敏感性患者。

一些内源性蛋白酶、辅因子和抑制剂缺乏可以通过补充疗法来治疗。血友病 A 缺乏因子Ⅷ，而因子Ⅷ是因子Ⅸa 激活因子Ⅹ的必需的辅因子；血友病 B 患者缺乏功能因子Ⅸ。这两种缺乏都阻止了负责大部分活性因子Ⅹa 生成的内源性 Xase 复合物的形成，最终导致凝块形成障碍。用血浆来源或重组 fⅧ和因子Ⅸ进行静脉补充需要经常注射，不过正在开发半衰期更长的制剂。基于用腺联病毒（adeno-associated viral，AAV）载体体内基因转移到肝脏的血友病 B 的基因治疗已经进行了 16 年的临床试验，目前只取得了部分成功，这是细胞免疫反应副作用造成的[193]。然而，截至 2017 年 12 月，两个研究小组的结果是有希望的：单次静脉注射编码因子Ⅷ的 AAV5 载体 52 周后，在治疗严重血友病 A 的临床试验中未观察到细胞免疫反应副作用、肝毒性或抑制性抗体[194]；在一项小规模血友病 B 患者研究中，单次注射含高功能因子 *IX Padua* 基因的 AAV 载体后，肝脏出现功能因子Ⅸ的高水平表达[195]。因子Ⅺ缺乏症（曾称血友病 C）是一种罕见的出血性疾病，常见于阿什肯纳兹犹太人，不会引起关节出血。氨甲环酸用于控制外伤性出血事件和牙科手术，而新鲜冷冻血浆或重组因子Ⅺ可用于外科手术。

在脓毒症中，宿主对病原体侵袭的全身反应触发炎症和凝血途径的激活以及纤溶的抑制。在这方面，给予重组人活化蛋白 C（活化型替加色罗 α, drotrecogin alpha activated，DAA）作为抗凝剂被认为是一种有效的方法，并于 2001 年成为第一种批准用于治疗严重脓毒症的生物制剂[196]。虽然第一次试验表明死亡率降低，但后来的试验未能证实这些研究结果，因此 DAA 于 2011 年退市。观察性试验一直显示出益处，而随机试验则没有。在这些试验中可重复性获得困难可归因于多种原因：急性疾病患者亚群的差异，可能是有意识或潜意识选择患者的结果，第一次试验中途修正，改变纳入 / 排除标准，安慰剂的类型和药物配方，这些因素的结合有利于 DAA 的使用并导致提前终止实验，其他因素包括适当性抗生素给药和液体复苏的差异。靶向严重脓毒症的新药开发无疑将受益于靶向以特定生物标志物为特征的病理生理学途径，而不是按临床表型分组的异质患者人群，而 DAA 可能对明确的靶点人群有益。

丝氨酸蛋白酶抑制剂 serpins 功能障碍或表达不佳可引起多种严重疾病。静脉注射血浆来源的 α1-PI 可减轻由于功能 α1-PI 缺乏和抑制剂聚合物的积累所致的慢性阻塞性肺病、肺气肿、囊性纤维化、肝病和脂膜炎。实验方法包括血浆或重组抑制剂的雾化制剂，直接送到肺部有望避免困扰静脉制剂的半衰期短问题。然而，目前尚无临床试验报告。静脉注射重组 α1-PI 制剂处于实验阶段，与聚乙二醇共价结合可以延缓快速肾清除[89]。已知 α1-PI 抑制除弹性蛋白酶和胰蛋白酶以外的蛋白酶，即蛋白酶 -3、激肽释放酶 7、激肽释放酶 14、间质蛋白酶、caspase 3 和金属肽酶 ADAM17[197]。这为在疾病状态下调节这些蛋白酶的活性开辟了新的途径。重组人抗凝血酶（Atryn）是从转基因山羊奶中纯化的，用于防止遗传性抗凝血酶缺乏症患者的围手术期和围产期凝血并发症。它不适用于这些患者的血栓栓塞并发症的治疗。其糖基化谱与血浆来源的抗凝血酶不同，结果导致肝素亲和力增加。该改变确保有效抑制凝血酶和因子Ⅹa 的升高。

C1 抑制剂是一种以补体系统 C1 酯酶为靶点的 serpin，也是激肽释放酶以及凝血接触激活途径的Ⅻa 和Ⅺa 因子的生理抑制剂。遗传性和获得性 C1 抑制剂缺乏都会导致危及生命的血管水肿 [198]。遗传性等位异基因的缺失导致转录、翻译或分泌的缺失，或突变的功能障碍的抑制剂的表达。获得性缺乏症是淋巴组织增生性疾病中自身抗体形成或加速消耗抑制剂而引起的抑制剂耗竭的结果。激肽释放酶活性升高导致高分子量激肽原失控地切割和血管水肿的介质缓激肽的释放。用血浆 C1 抑制剂浓缩物、重组抑制剂和激肽释放酶抑制剂艾卡拉肽治疗血管水肿的急性发作。预防性使用抗纤溶药 ε- 氨基己酸和氨甲环酸治疗可调节自身免疫性血管水肿中持续激活的纤溶系统。抑肽酶或牛胰胰蛋白酶抑制剂是一种 Kunitz 型激肽释放酶和纤溶酶抑制剂。它曾用于治疗喉头水肿，直到 2007 年暂时退出市场，因为有报道称心脏手术期间用此药预防出血增加了死亡风险。由于抑肽酶来源于牛肺组织，对过敏反应和牛海绵状脑病（疯牛病）的担忧促使其在意大利停止使用。2012 年，欧洲药品管理局提议解除这一禁令，抑肽酶目前还在北欧国家销售。

补体系统的蛋白酶已越来越多地被认为是减轻炎症性疾病的潜在有吸引力的干扰点。补体疗法的最新进展集中在起始途径的蛋白酶，有靶向 C1r/s 的 C1 抑制剂和甘露聚糖结合凝集素丝氨酸蛋白酶（mannan-binding lectin serine protease，MASP）（例如 Cinryze、Berinert、Cetor、Ruconest），以及靶向 C1q、C1s、C2、MASP-2 和 MASP -3 的抗体（ANX-005、TNT009、OMS721、CLG561、NM9401）[199]。

20.4.2 蛋白酶抑制剂作为药物：一些说明

许多这些疗法的不良特性或副作用说明了持续基于机制的药物设计的必要性。2014 年肾素抑制剂阿利吉仑因对糖尿病和肾功能障碍患者有严重的副作用而被列入应避免使用的药物名单 [200]。水蛭素衍生物是治疗肝素过敏或血小板减少患者的有吸引力的替代品，但是它们的半衰期很短。水蛭素通过肾脏被清除，肾功能障碍患者需要调整剂量。一些小分子药物的生物利用度和溶解度有限，其有效性可能因靶蛋白酶的耐药突变而降低。快速起效的 DOAC 至少与华法林一样有效，降低了颅内出血的风险，并且是用于房颤的脑卒中预防、髋关节或膝关节置换手术中的血栓预防，以及静脉血栓栓塞疾病的治疗和二级预防的处方药 [201]。与维生素 K 拮抗剂不同，不需要常规的凝血监测。一个主要的缺点是在外伤性出血的情况下缺乏直接因子Ⅹa 抑制剂的解药。已提出活化凝血酶原复合物浓缩物和重组激活因子Ⅶa 的逆转 DOAC 作用，并且 FDA 于 2015 年 10 月批准单克隆抗体 idarucizumab 为达比加群的特异性解药；2018 年 5 月批准因子Ⅹa 诱导分子 andexanet alfa 对抗阿哌沙班和利伐沙班的抗凝活性。

MMP 依赖的 ECM 蛋白质降解与肿瘤血管生成和转移有关，而 MMP 抑制剂被认为是有希望的抗癌药物。MMP 中的锌离子是第一个靶点，但基于锌靶向弹头（例如巴马司他）的小分子拟肽抑制剂具有有限的专一性，无法区分参与 Notch-、Wnt- 和 NFκB- 信号转导途径的不同 MMP 类别，并且存在不少脱靶副作用 [202, 203]。一类新的阻断疏水性 S1′ 特异性口袋、非活性位点和其他 MMP 结构域的小分子为几种 MMP 提供了合理的特异性抑制剂，但其作为第二代药物的疗效尚未得到证实。由于脱靶毒性或无疗效，50 名受试者均未完成 MMP 抑制剂的临床试验。最近的一项研究报道了一种小分子、高选择性的杂环化学抑制剂有效地变构阻止小鼠神经炎症模型中 MMP-9 酶原的激活 [204]。这种口服化合物不会阻止结构相关的 MMP-2 酶原的激活，也不会抑制 MMP-1、MMP-2、MMP-3、MMP-9 或 MMP-14 的催化活性。尽管这些研究结果对未来的药物开发是鼓舞人心的，但这种化合物的疗效需要在其他与癌症、纤维化和神经退行性疾病相关的模型中进行试验。

在某些癌症中不加选择地靶向过表达的 MMP 并不总能产生预期的结果 [205, 206]。胰腺导管腺癌（pancreatic ductal adenocarcinoma，PDAC）细胞过表达 MMP-9 被认为在侵袭和转移中起作用。然而，在 PDAC 小鼠模型中 MMP-9 的全身敲除导致白细胞介素 -6（IL-6）表达增加，并通过 IL-6 受体信号转导诱导 PDAC 细胞侵袭性生长和 STAT3 激活。正如在各种小鼠乳腺癌模型中所看到的那样，模型体系、动物遗传背景等实验条件都可能影响 MMP 活性的效果，导致促肿瘤、抑瘤或无效。鉴于许多有争议的实验结果，影响全身的 MMP 抑制剂应谨慎使用，而从临床研究中获得的特定的 MMP 与疾病特征关联的信息对确定合适的 MMP 作为治疗靶点至关重要。金属蛋白酶 ADAM10 与多种疾病状态有关 [159]。在大脑中，它通过非淀粉样物质生成途径切割 APP，形成神经保护性可溶性胞外结构域，并减少毒性 Aβ 片段。它也可以减缓慢性肝炎症纤维化进程。然而，它作为细胞朊病毒蛋白质的分泌酶，可能促进传播，并且在与亨廷顿病相关的突触功能障碍中活性增加。相应的，ADAM10 抑制对这些疾病分别将会是有疗效的或有害的。ADAM10 在各种癌症、动脉粥样硬化和各种自身免疫性疾病中表达上调，表明了抑制的潜在益处。ADAM10 广泛的底物特异性及其与 ADAM17 的相似性，它的全身存在以及在各种疾病中的不同效果，给靶向 ADAM10 上调或抑制带来了重大挑战。理想情况下，需要药物以组织和底物特异的方式调节 ADAM10 的活性。着重研究 ADAM10 与特异底物或调控伙伴蛋白质的相互作用可能会提供一些有用的信息。

开发 γ- 分泌酶抑制剂治疗阿尔茨海默病的努力没有成功，主要是因为 γ- 分泌酶对 APP 的加工机制尚未完全了解。其早老素结构域的突变最初被解释为增强 γ- 分泌酶活性，然而 γ- 分泌酶抑制剂司马西特在 2010 年停止的Ⅲ期临床试验中显示家族性阿尔茨海默病患者病情恶化。除了设计和剂量的问题外，最近的一项体内研究也部分解释了这一结果，该研究表明，早老素 -1 突变使 γ- 分泌酶失去活性而不是增强活性，削弱海马记忆和突触功能，并导致神经退行性疾病 [207]。γ- 分泌酶抑制剂由于对 Notch 信号转导途径的抑制，在许多癌症中上调，从此被重新用作潜在的癌症治疗药物。然而，一组已知抑制剂显示了广泛的切割各种其他 γ- 分泌酶底物的活性，并且脱靶干扰可能引起严重的副作用，从而限制了这些抑制剂的长期临床应用 [208]。

破骨细胞表达半胱氨酸蛋白酶组织蛋白酶 K，降解骨中的Ⅰ型胶原。组织蛋白酶 K 的选择性抑制增加骨量，提高骨强度，减少骨吸收，促进骨形成 [209]。小分子抑制剂 relacatib、balicatib 和 odanacatib 最初作为治疗绝经后骨质疏松症的潜在药物进行了临床试验，odanacatib 最终通过了Ⅱ期和Ⅲ期试验。Ⅲ期试验在肯定疗效和安全的报道后提前停止，但更彻底地分析发现心房颤动和脑卒中的风险增加 [210]。经过 12 年多的研究，odanacatib 研发于 2016 年停止。

在缺血性脑卒中的治疗中，用一种活性蛋白酶而不是抑制剂作为治疗药物。组织型纤溶酶原激活因子（tPA）于 1996 年被批准用于缺血性脑卒中的凝块溶解，但其使用仅限于脑卒中后的前 3h，并且存在确定的出血风险。一项研究将血脑屏障通透性的增加归因于 tPA 催化的血小板源生长因子 -CC 的激活，Mac-1 整合素和 LRP1 在该反应中起辅因子作用[211]。另一项研究表明，MMP-9 活性的增加是出血风险增加的潜在原因[212]，而另一项报道指出 tPA 引起的出血与高血糖有关[213]。

这些仅仅是蛋白酶相关药物开发中令人失望的结果，显著脱靶干扰和其他副作用的几个例子。一个反复出现的主题是对蛋白质组网络中潜在的生化机制以及蛋白酶和抑制剂活性的相互关联性的认识不足。随着国家生物技术信息中心、RCSB 蛋白质数据库、UniProt 和 MEROPS 等大型在线平台和数据库的日益普及，发现这种互联的挑战性将越来越小。

20.4.3　靶向外源蛋白质水解活性

随着耐抗生素感染的增加，靶向病原细菌蛋白酶和蛋白酶相关过程可能为药物开发提供新的途径。作为毒力因子的蛋白酶和蛋白酶辅因子显然是首选靶点。在开发抑制 A 群链球菌 SK 表达的小分子化合物方面已经取得了进展[214]。此外，蛋白质水解酶复合体 Lon、ClpXP、HtrA、蛋白酶体和信号肽酶是破坏细菌生存和致病性必要机制的良好候选者[178]。酪蛋白水解蛋白酶（ClpP）是一类保守的通过 Hsp100 ATP 酶结合而被构象激活的多聚体复合物。这种结合使蛋白酶的催化三联体排列在一起，ATP 提供的能量用于打开蛋白质底物，进入孔隙并随后以能量依赖的方式降解。已经提出了几种 ClpP 解除调控机制：（a）苯酯和 *β*- 内酯等抑制剂可直接与催化残基相互作用并阻止蛋白质降解；（b）酰基缩酚酸肽（ADEP）和大环肽对 ATP 酶结合的阻断以及对 ClpP 和 Hsp100 ATP 酶活性的解偶联可能导致 ClpP 的持续激活和弱专一性的蛋白质降解。然而，由于稳定性、可溶性、吸收和半衰期的限制，这些化合物中的大部分并非 100% 有效。小分子抑制剂的特异性有限，可能无法区分细菌蛋白酶复合物及其人类同源物。最近开发的 ADEP 衍生物对耐甲氧西林、耐万古霉素和耐青霉素病原体具有活性，在联合治疗中效果良好。天然寡肽化合物 cyclomarin A、ecumicin 和 lassomycin 靶向结核分枝杆菌（*Mycobacterium tuberculosis*），但不会杀死人体微生物群落中的共生成员。炭疽杆菌致死因子的小分子抑制剂和艰难梭菌（*Clostridium difficile*）毒素的半胱氨酸蛋白酶结构域也有令人鼓舞的体外和体内研究结果。对细菌存活所需的蛋白酶的特异性干扰为开发一种不易引发耐药性的新疗法提供了有吸引力的可能性。

寄生虫的半胱氨酸蛋白酶可能是治疗恰加斯病、非洲昏睡病和利什曼病有吸引力的靶点。通过修饰与催化半胱氨酸形成共价键的亲电弹头基团，在设计更有效的半胱氨酸蛋白酶的肽抑制剂方面取得了最新进展[215]。经典的腈基弹头代谢稳定，极性和小型，但证明不如肟基和醛基弹头有效。P_1 和 P_3 残基的取代改变了抑制效力并提供了一种调节特异性的方法。理想情况下，一种成功的药物通过在活性位点附近形成特异性的非共价相互作用来特异性识别寄主半胱氨酸蛋白酶、钙激活蛋白酶和组织蛋白酶上的寄生蛋白酶，但获得这种水平的选择性是具有挑战性的。共价结合通常是不可逆的，蛋白质降解后与肽片段永久结合的一个缺点是这些片段的免疫原性。

目前已有 10 种 FDA 批准的 HIV 蛋白酶抑制剂获得批准，9 种可用，其结构被认为是模拟底物过渡态[216]。HIV 蛋白酶抑制剂对调节脂肪生成基因表达的转录因子 SREBP-1 成熟所需的蛋白酶表现出脱靶干扰，从而导致脂肪营养不良综合征，阻断葡萄糖转运体 -4 导致胰岛素抵抗，蛋白酶体的抑制导致代谢并发症，增加 ER 胁迫和自噬，以及 caspase 依赖性细胞凋亡，这一发现引发了人们对 HIV 蛋白酶抑制剂作为潜在抗癌药物的兴趣。对目前蛋白酶抑制剂药物有耐药性的 HIV-1 毒株的出现促使人们设计出具有广谱抗这些变异株活性的新型化合物[217, 218]。具有取代吡咯烷、哌啶和噻唑烷作为 P2-P3 配体与 S2-S3 特异性位点结合的非肽类小分子，以及柔性的大环 P1′-P2′ 链结合物是很好的候选化合物，其抑制常数（K_i）和 IC_{50} 值在纳摩尔范围内。大环骨架中杂原子的结合产生了具有皮摩尔 K_i 和纳摩尔 IC_{50} 抗病毒活性的抑制剂。对蛋白酶与抑制剂复合物的生物学评价、构效关系和 X 射线研究验证了设计方法，说明了基于结构的分子设计的优势。使用基于酮酰胺肽的 NS3/4A 丝氨酸蛋白酶抑制剂（波西普韦和特拉普韦）治疗基因型 1 型丙型肝炎（HCV）[219]。2017 年 8 月艾伯维公司推出了靶向 NS3/4A 丝氨酸蛋白酶活性和 NS5A 复制复合物的格列卡普韦 / 哌仑他韦的联合药物艾诺全，适用于所有基因型丙型肝炎的治疗。然而，在完成丙型肝炎直接作用抗病毒药物治疗而未接受乙型肝炎抗病毒治疗的丙型肝炎 / 乙型肝炎（HBV）合并感染的患者中可能出现并发症。已报道暴发性肝炎、肝功能衰竭、肝炎发作、HBV 再激活和死亡。

20.5 蛋白质水解相关药物与诊断开发的前景

20.5.1 活性位点靶向，非活性位点和效应物结合位点

活性位点靶向是许多已建立的控制蛋白酶活性药物开发方法的主要组成部分。然而，仅限于干扰一个大类蛋白酶的保守催化机制的小分子抑制剂可能因为其广谱活性具有极大的局限性，从而导致脱靶蛋白酶抑制。临床试验中许多小分子和锌靶向 MMP 抑制剂的失败说明了这一点。早期的不可逆抑制剂使用带亲电烷基化剂如重氮酮或卤代酮弹头的亲核蛋白酶活性位点靶向，然而，已证明特定蛋白酶结合必须将一个相当大的肽结合到弹头上是不切实际的，因为需要大量肽弹头库来确定有效的抑制剂。2 型糖尿病的二肽基肽酶 4（dipeptidyl peptidase 4，DPP4）的抑制剂西他列汀的研制经历了几次连续的挫折终于取得了成功[220]。由于与 DPP8 和 DPP9 的脱靶反应，DPP-4 抑制剂苏 - 和别 - 异亮氨酰噻唑烷最初表现出较大的动物毒性。已证明与异亮氨酰噻唑烷有关的 α- 氨基化合物是非选择性的，但构效关联性筛选鉴定出一个高选择和快速代谢的 β- 氨基酸哌嗪系列。双环衍生化得到具有合适的临床前药代动力学特性的三唑哌嗪化合物。优化后发现了高选择性西他列汀。

基于底物与活性位点相互作用的抑制剂设计中的缺陷可以通过抗 HIV 蛋白酶过渡态类似物的开发来说明。酶的过渡态只有飞秒到皮秒，非常短暂的时间，但是过渡态类似物的结合将其转化为稳定的热力学状态。动力学同位素效应和计算化学确定哪些化学步骤参与过渡态结合。通常，这些类似物能比底物结合紧密数百万倍，使其在药物开发中成为有吸引力的化合物[221]。HIV-1 蛋白酶 - 底物复合物在反应过程中有三种含半键的过渡态，以及两种含平衡键的中间产物。高能中间产物与蛋白酶紧密结合，就像模拟这些中间产物的抑制剂一样。十种 FDA 批准的竞争性 HIV-1 蛋白酶抑制剂，以沙奎那韦作为第一和原型药物，最初认为它们是过渡态类似物，因为它们有一个模拟过渡态几何结构的 sp^3 中心，但后来发现它们实际上是中间产物模拟物。HIV 蛋白酶的 Ile84Val 和 Leu90Met 突变以及其他几种突变是对这些抑制剂出现耐药性的警示[222]，促使研究人员对蛋白酶的过渡态进行更深入的研究。原始态和耐蛋白酶抑制剂的 HIV-1 蛋白酶过渡态的晶体结构表明，它们在化学和结构上是相同的，

这意味着耐药性是由真正过渡态之外的变化引起的[223]。模拟真正过渡态的特定化学特征可能解决这个耐药性问题。

蛋白酶的活性位点形成一个容纳与可切 P_1-$P_{1'}$ 键相邻的几个底物残基的凹槽。底物与结合位点的蛋白酶残基 S_4-S_3-S_2-S_1-$S_{1'}$-$S_{2'}$-$S_{3'}$-$S_{4'}$ 互补，引起有利的结合相互作用。S_1 或特异性口袋的结构通常决定底物切割的性质，例如，糜蛋白酶样蛋白酶的疏水性和芳香性 P_1 底物残基，胰蛋白酶样蛋白酶的碱性 P_1 残基，弹性蛋白酶样蛋白酶的小脂肪族 P_1 残基，以及天冬氨酸蛋白酶的疏水键。半胱氨酸蛋白酶偏爱 P_2 位置的大体积非极性残基。MMP 底物特异性更多地依靠 $S_{1'}$ 口袋选择性地容纳紧靠着可裂键的底物残基[224]。MMP-1 和 MMP-7 有小的 $S_{1'}$ 口袋偏爱小的疏水残基，而 MMP-2、MMP-3、MMP-8、MMP-9 和 MMP-13 有大的口袋结合多种氨基酸。另外的别构位点，非活性位点和效应物结合位点的相互作用有望对靶蛋白酶的专一性选择做出重要贡献。具有不同催化特性和生物靶点的整个蛋白酶家族的特异性位点的结构保守可能会给设计特定药物带来问题，通过靶向酶原激活过程而不是活性蛋白酶可能是一种有希望的替代方法[204]。一种通过与酶原切割位点附近的口袋结合别构抑制 MMP-9 激活的高选择性的化合物可能是第一种可行的候选药物。

蛋白酶亚位点倾向性的鉴定可以通过位置扫描来确定最佳匹配。跨越活性位点裂口的肽携带一个荧光团和一个内部猝灭基团，通过猝灭基团的蛋白质水解去除后的荧光产量来确定肽库的优先切割[192]。高通量筛选（HTS）和基于片段的筛选不需要事先了解底物特异性，并可能产生快速的结果，但需要通过功能活性进行适当的筛选以消除非选择性反应。使用核磁共振、质谱或差示扫描荧光法进行基于片段的筛选确定可优化为更有效抑制剂的中到弱结合物。快速发展的高通量 X 射线结晶和结构测定以及具有最成功结晶条件的 TRAP 筛的使用，促进了 X 射线晶体学结构信息与计算机模拟药物设计耦合应用[225]。基于异常散射定位溴的溴化片段库的高通量晶体学筛选成功地确定了 HIV 蛋白酶的靶点，并在表面暴露的活性位点富含甘氨酸的 β- 发夹瓣区和非活性位点区发现了新的结合位点[226]。

凝血酶抑制剂水蛭素是一种由欧洲医蛭（*Hirudo medicinalis*）等药用水蛭的唾液腺产生的多肽，可以说明蛋白酶抑制作用中非活性位点相互作用的重要性。嗜血动物需要天然抗凝剂防止血液凝固。水蛭素 - 凝血酶复合物的晶体结构显示出一个与活性位点接触的球状 N 端结构域，以及一个环绕凝血酶非活性位点 Ⅰ［与凝血酶底物纤维蛋白原结合的阴离子结合位点（ABE Ⅰ)］的 17- 残基延伸的 C 端链[227]。因此水蛭素有时被称为二价直接凝血酶抑制剂[228]。这种双重相互作用产生了紧密结合，而作为一种缓慢紧密结合抑制剂的分类表明抑制剂解离的速率非常慢。市场上有几种重组水蛭素，它们的半衰期很短，但对于肝素诱导的血小板减少症患者可能比肝素更适合作为抗凝剂。凝血酶非活性位点在其被 serpin 抗凝血酶和肝素辅因子Ⅱ（HCⅡ）的不可逆失活中也起重要作用。凝血酶 ABE Ⅰ结合纤维蛋白原，非活性位点Ⅱ（anion-binding exosite Ⅱ，ABE Ⅱ）结合肝素。由于肝素可加速内源性 serpin 对凝血酶的不可逆失活，有时被称为间接抗凝剂。长肝素模板通过 ABE Ⅱ结合凝血酶和通过抗凝血酶或 HCⅡ的肝素结合位点结合抗凝血酶或 HCⅡ。这种结合引起凝血酶失活率的急剧增加。HCⅡ通过其 N 末端与凝血酶 ABE Ⅰ结合提供一种额外的相互作用。抗 caspase 7 的片段筛选确定了两种具有药物开发潜力的小分子非竞争性抑制剂[229]。X 射线晶体学显示在 caspase 二聚体界面上发生了变构结合，离活性位点的距离超过 17Å。这一最新发现表明变构控制是药物开发的另一种方法。

溶酶体半胱氨酸组织蛋白酶是正常脂类代谢、维持胆固醇稳态、维持线粒体正常功能和凋亡细胞清除所必需的[230]。脂质代谢紊乱、血管炎症、动脉重塑、新生血管形成、自噬和坏死都是动脉粥样硬化的特征，这些过程与半胱氨酸组织蛋白酶活性上调有关。因为动脉粥样硬化患者的血管病变可能在疾病发展到晚期之前没有症状，所以检测这些失调途径的生物标志物将是有用的。巨噬细胞中半胱氨酸组织蛋白酶的检测可以区分切除的颈动脉斑块中稳定和不稳定病变，这些斑块微环境的信息可以用于分子影像技术的研发。利用这种非侵入性技术，可以检测到携带荧光团、报告基团或造影剂的特定蛋白酶底物和抑制剂的局部切割或共价维持。基于底物的探针在切割时改变其光谱学特性，而商用的自猝灭聚赖氨酸组织蛋白酶探针 Prosense 在检测血管炎症、巨噬细胞浓度和组织蛋白酶活性的临床前心血管成像研究中已显示出有效性。新开发的、脂化组织蛋白酶底物由于其改进的自动引导特性而显示出良好的前景。半胱氨酸组织蛋白酶活性的基于猝灭活性探针（quenched activity-based probes，qABPs）有连接到近红外荧光团 Cy5 标记的酰氧基甲基酮类似物上的猝灭基团 QSY21。细胞渗透探针共价修饰靶组织蛋白酶，导致猝灭基团的丢失，形成荧光标记的靶蛋白酶[231]。这种探针具有低的非特异性荧光背景，已成功应用于检测肿瘤细胞和动脉粥样硬化临床前模型中的半胱氨酸组织蛋白酶活性。透光率衰减是一个主要问题，需要进一步开发用于 PET-CT 应用的多模式的 ABPs[232]。这种影像学方法已经成功应用于患者的特发性肺纤维化的定位，并可能适用于检测易破裂的动脉粥样硬化病变。

20.5.2 间接的、基于机制的靶向

在许多免疫疾病中，细胞因子和趋化因子被不受控制的蛋白酶作用激活，这些蛋白质及其受体本身可能是潜在的治疗靶点。细胞因子风暴通常是健康免疫系统对抗新的高致病性入侵者发生的反应，被认为是流感大流行中许多人死亡的原因。流感病毒感染性需要宿主胰蛋白酶样蛋白酶切割流感病毒血凝素，IL-1β 被确定为上调宿主胰蛋白酶表达和触发更多 IL-1β 形成的主要细胞因子[233]。抗 IL-1β 抗体成功地抑制了小鼠模型中促炎症细胞因子和胰蛋白酶的上调，已提出抗 IL-1β 及其受体的抗体作为潜在治疗药物。补体网络中非蛋白酶成分的药物靶向涉及激活和放大途径，包括靶向 C3 和 C3b 的肽（AMY-101、APL-1 和 APL-2）、蛋白酶（CB2782）和蛋白质抑制剂（AMY-201、Mirocept）；以及终末途径的抑制剂，包括抗体（eculizumab）、蜱虫唾液蛋白质（Coversin）和核酸寡聚体（Zimura）与 C5 结合并阻止 C5 转化酶活性[199]。在补体激活的终末途径中产生的补体成分 C5a 是一种趋化因子，吸引白细胞到炎症部位。阵发性睡眠性血红蛋白尿症和非典型溶血尿毒综合征患者表现出不受控制的补体激活，重组蜱虫蛋白质阻止 C5a 的释放和 MAC C5b-9 的形成。非洲钝缘蜱（*Ornithodoros moubata*）唾液蛋白质的天然功能是抑制蜱虫进食时的宿主免疫反应。该治疗蛋白质对抗 eculizumab 的 C5 多态性患者也有效。

蛋白酶激活受体长期以来一直被认为是潜在的药物靶点，PAR-1 和 PAR-4 拮抗剂的治疗应用在前面论述过。在临床前模型中，PAR-2 拮抗剂抑制肿瘤生长和肿瘤新血管的形成，以及类风湿关节炎和急性炎症模型中的炎症，这可能表明炎症和癌症之间的潜在关系[234, 235]。开发合适的 PAR 拮抗剂的方法包括修饰的肽模拟物，例如结合但不激活受体的反式肉桂酰 -YPGKF-NH_2，低分子量杂环结构，例如 1- 苄基 -3-（乙氧基羰基苯基）- 吲唑，将肽锚定在细胞膜上的 N 末端棕榈酸酯修饰的寡肽（pedpucins），以及特异性功能阻断单克隆抗体[236]。这些大部分正在努力进行中，主要集中在 PAR-4 拮抗剂作为新的抗血小板药物。

20.5.3　用“不能成药”的靶点开发新药——一个熟悉的主题，带有一些新奇的靶向

当蛋白酶与同一家族中的其他蛋白酶具有相似的催化机制和底物特异性，但功能完全不同时，设计对单一蛋白酶有特异性的底物、抑制剂和基于活性的探针是一个重大挑战[237]。迄今为止，优化与蛋白酶特异性位点互补的主要方法包括用香豆素衍生物报告基团的定位扫描合成组合文库（positional scanning synthetic combinatorial libraries，PS-SCL）[238]、噬菌体展示、可以更全面扫描活性位点的使用非天然氨基酸的混合组合底物库（hybrid combinatorial substrate libraries，HyCoSuL）、反选择底物库（counter selection substrate libraries，CoSeSuL）、内猝灭荧光底物或荧光共振能量转移库（IQF 或 FRET）、蛋白质组学和外肽酶指纹。用甲硫氨酸砜和 2- 氨基 -6- 苄氧基己酸分别对 P_3 和 P_4 位点进行了 HyCoSuL 筛选，首次可以区分中性粒细胞弹性蛋白酶和蛋白酶 -3，并对中性粒细胞陷阱中的中性粒细胞弹性蛋白酶活性进行了追踪[239]。然而 PS-SCL、HyCoSuL 和 CoSeSuL 只能够确定主要活性位点口袋中的蛋白酶偏好，IQF 可用于优化与主要和非主要位点口袋的互补性。噬菌体展示的优点是能够产生大量而多样的底物，多达 10^{10} 种肽，并在每个周期后富集特异性，这是化学合成所无法做到的。这种方法的无标记特性需要单独的动力学分析和活性分子的报告基团标记。采用液相色谱 - 串联质谱测序的多重底物谱分析法证明成功地辨别出人中性粒细胞胞外陷阱中一个大而多样的十四肽组的中性丝氨酸蛋白酶活性，并使用前体离子丰度的无标记定量法成功地对颗粒酶 B 底物效率进行排序[240]。上述技术还能够区分颗粒酶、激肽释放酶、caspase、金属蛋白酶、外肽酶、去泛素化和去类泛素化蛋白酶家族的不同成员。结合酵母内质网（ER）滞留和下一代测序（combining yeast endoplasmic reticulum sequestration with next-generation sequencing，YESS-NGS）技术，目前正在开发一种分析蛋白酶特异性的新方法[241]。靶向内质网的底物库在其通过分泌途径运输时暴露于内质网蛋白酶，并且切割 / 未切割的底物定位于细胞表面。用荧光团结合抗体标记细胞的 FACS（流式细胞荧光分选技术）分析专门检测底物的切割。对分泌途径中蛋白质水解加工的特性分析可能有助于检测不同疾病状态下分泌蛋白组的变化。

最近，靶向的“难跟踪的”蛋白质降解方法使用异双功能化学方法同时结合细胞内的蛋白质，标记它们由细胞自身的泛素 - 蛋白酶体系统降解。小分子候选药物使泛素连接酶结合域与蛋白质结合域相连接，其目的是消除与疾病有关的或有缺陷的细胞内蛋白质。这种方法目前由 Kymera 开发。该方法的一个变体是通过亲和力定向蛋白质导弹（affinity-directed protein missile，AdPROM）系统[242]对内源性蛋白质进行靶向蛋白质水解，该系统含有冯•希佩尔 - 林道（von Hippel-Lindau，VHL）蛋白质，枯灵素 2（Cullin2，CUL2）E3 连接酶复合物的底物受体，与选择性地结合和招募内源性靶蛋白到 CUL2-E3 连接酶复合物的多肽结合物结合以进行泛素化和蛋白酶降解。在可行性模型中，合成的抗体类似物和骆驼源的 VHH 纳米抗体用于靶向酪氨酸磷酸酶 SHP2 和炎症小体蛋白 ASC 进行降解。这种方法在某些方面优于不可逆的且不一定总是可行的 CRISPR/cas9 介导的基因敲除，也优于需要长时间治疗且可能是不完全的 RNA 干扰。两种方法都可能有脱靶效果。纳米医学的一个可能的突破是构建一个“DNA 保险库”，一种可以锁定单个酶分子的 DNA 折纸纳米装置，并且可以通过 DNA 锁打开和关闭来调节对底物的接近[243]。在一个原理验证模型中，糜蛋白酶共价锚定在一个敞开的 DNA 保险库上，关闭后加入 FITC- 酪蛋白底物以及打开钥匙或控制钥匙。酶活

性主要在含有打开钥匙的反应中检测到，可以将这项技术改进为编程天然酶作为诊断应用的信号放大器和治疗应用的给药赋形剂。

20.5.4 疾病的蛋白酶和抑制剂生物标志物的开发

传统的鸟枪蛋白质组学方法用于生物标志物的开发缺乏灵敏性和选择性，因为它们主要着眼于正常和疾病状态之间的定量而不是定性差异。这些方法也不适合检测疾病相关的翻译后修饰。新的基于质谱的蛋白质组学技术有可能鉴定新产生的具有疾病相关蛋白质水解特征的N末端和C末端。TAILS和C-TAILS技术通过基于聚合物去除胰蛋白酶分解产生的内肽富集蛋白质N末端肽和C末端肽，并将检测限提高几个数量级[154]。阿尔茨海默病中APP蛋白、关节炎中趋化因子CCL7和HIV相关痴呆中趋化因子SDF1的差异加工是新末端形成的主要例子。N末端肽和C末端肽的去除可以激活或灭活趋化因子，将其转化为受体拮抗剂或改变其受体特异性。因此，单纯定量趋化因子表达不足以确定病理性炎症反应的程度，而定量新末端形成则可以确定。阿尔茨海默病患者中的一部分Aβ肽是N端截短的环化的末端谷氨酸残基翻译后修饰［$A\beta_{3\ (Pe)}$］，这一种类可能是阿尔茨海默病早期检测的一种有希望的生物标志物。TopFIND公共数据库的检索[244]显示，许多FDA批准的标志物蛋白质具有多种不同的N末端和C末端，可能会影响其生物学活性和当前试验中的“可见性”。内源性和外源性抑制剂以及生物样品中不同浓度的辅因子和竞争性蛋白酶可能混淆特定疾病相关的蛋白酶测定。靶向MS和新末端定向抗体检测的结合可能极大地促进可靠生物标志物的开发。

基于磁珠的蛋白质组富集和基于2D电泳的蛋白质洗脱板（PEP）相结合等新的功能蛋白质组学技术也证明对生理和病理样品功能蛋白酶活性的快速、方便地分析非常有用[245]。这种多功能读板技术使用具有不同灵敏度的特定蛋白酶底物可进行蛋白质丰度测量信息之外的蛋白酶图的功能分析。

在功能蛋白质组学的框架下从事生物标志物的开发在本书的其他地方进行了论述（“为什么要发展功能蛋白质组学”和“检测SERPIN蛋白酶抑制剂功能亚组的方法”）。这里通过蛋白质水解活性的镜头来回顾这些部分的一些观察结果。过去，推动药物和/或诊断开发的生物标志物由一个单一的实体组成，无论是代谢物、废物或蛋白质。这种模式在很大程度上反映了当时技术的局限性，而不是生物学功能的首选指标。此外，在美国食品和药物管理局批准的大约2000种体外蛋白质试验中，只有7种试验参考了蛋白酶活性（其中一些对于给定的试验来说是多余的）。这种明显的缺乏重点也指出了蛋白质水解试验步骤的局限性，尤其是在体液等介质中。最后，从本章所提供的信息中可以明显看出，单一蛋白酶的活性是不可靠的生理活性指标，必须寻找更可靠的检测指标。

对于任何功能明确的生物学过程，例如细胞凋亡或病原体反应，多种蛋白质水解事件以（相对）线性顺序或（平行）级联发生。因此，任何被提出的治疗方法，不管在单一实体水平上的选择性如何，都能导致多种结果。而且，任何诊断都必须反映这种多实体过程。单一的蛋白质水解事件或单一的中间产物或最终产物决定这个过程的可能性微乎其微。未来生物标志物的开发必须着眼于生物网络，而不是单一的实体，这一逻辑似乎是不可避免的。

一个示例：一种正在开发的癌症诊断技术[246]，“间质体液活检”说明基于网络（或模式[247]）的LC/MS数据分析，连接了极大地依赖蛋白质水解活性（凝血、补体和炎症）的多个网络或途径。这类生物标志物开发的发现和开发过程在本书的其他地方进行了论述

（"为什么要发展功能蛋白质组学"）。临床诊断的应用依赖于"检测 SERPIN 蛋白酶抑制剂功能亚组的方法"中所述的试验"亚蛋白质组"的选择。值得注意的是"间质体液活检"不仅可以明显地辨别出癌症患者的血清，它所描述的数据类型也帮助进一步了解癌症生物学。此外，所鉴定的亚蛋白质组也成为筛选新疗法的相关试验平台。

未来支持治疗和诊断应用同时告知生物学和疾病机理的基于网络的生物标志物的集成开发，检测复杂介质中蛋白酶活性本身可能需要开发新的方法。

20.5.5　两种蛋白质的总结

本章以文本和表格形式介绍了蛋白酶的多样性和与蛋白酶相关的活性，也许最引人注目的总体观察是在单种蛋白酶水平上生理过程和疾病状态之间的重叠程度。这在蛋白酶、抑制剂和活性的表格总结中最容易看到。概括分析表明，所有列出的蛋白酶中有一半在多种生理过程中起作用和 / 或与多种疾病状态相关。在多过程活性中主要是组织蛋白酶，其次是 caspase 和 MMP。本章最后探讨了蛋白酶凝血酶和蛋白质水解产物纤维蛋白（基因表达产物、凝血酶原和纤维蛋白原）两种相关蛋白质与生理过程和疾病状态的多重关联。

教科书引用凝血酶切割纤维蛋白原形成纤维蛋白作为对损伤的反应形成血凝块的核心案例。这种常见的反应肯定是有益的。然而，凝血酶和纤维蛋白的其他作用和关联具有更深的或意想不到的性质（图 20-2）。除了参与血凝块形成外，凝血酶还触发溶解血凝块的蛋白酶[20]。因此凝血酶（和凝血酶原）与血栓形成和血凝块溶解都相关。纤维蛋白（原）浓度升高可追踪心血管疾病的严重程度[248]，糖尿病患者的纤维蛋白浓度升高[249]。在癌症中，凝血酶激活了关键途径，在肿瘤中发现纤维蛋白。凝血酶通常被认为是一种神经毒素[250]，与阿尔茨海默病和周围神经病都有关联。纤维蛋白存在于 AD 斑块中，并可能被 β 淀粉样蛋白诱导形成寡聚体[251]。纤维蛋白原被细菌利用，通过非酶途径形成纤维蛋白屏障以逃避细胞防御[101, 185]。最后，凝血酶切割补体 C3[252]，从而启动先天免疫系统而不受任何与感染相关的触发因素的影响。后一个事件可以部分解释凝血酶的明显破坏性触发炎症和免疫反应的能力。如本章引言中所述，蛋白质水解事件控制着所有蛋白质的生命周期。

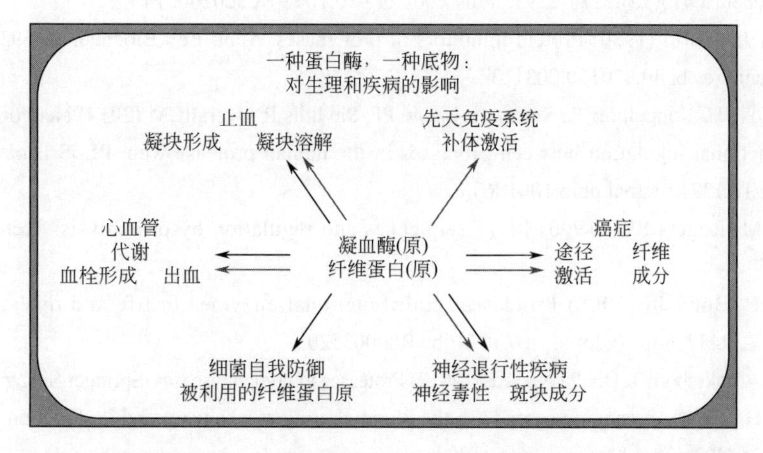

图 20-2　凝血酶（原）- 纤维蛋白（原）相互作用的多种生理和病理作用

这一章的内容清楚地告诉我们，蛋白质水解是有机体的核心功能，确实可以重塑有机体。蛋白质水解活性对多种生理过程至关重要，而特定蛋白酶是多种生理过程的核心。因此，疾病也与蛋白质水解密切相关并不奇怪。事实上，即使在精确到一种蛋白酶时，活性也并不总是对有机体有利。正如上面一段所证明的那样，所谓的蛋白质水解的副作用可能证明是非常有害的。特别令人感兴趣的是蛋白质水解活性与慢性病之间的关联。

在功能蛋白质组学的框架下，无论是重塑单独的蛋白质还是确定有机体状态的尺度，蛋白质水解事件都是基础性的。

致谢

I. M.V. 得到了 NIH/NHLBI 基金 R01 HL071544 和 R01 HL130018 的支持。

参考文献

1. Fruton JS (2002) A history of pepsin and related enzymes. Q Rev Biol 77(2):127-147
2. Northrop JH, Kunitz M, Herriott RM(1938) Crystalline enzymes. Columbia Univ. Press, New York
3. Neurath H (1999) Proteolytic enzymes, past and future. Proc Natl Acad Sci U S A 96(20):10962-10963
4. Rawlings ND, Barrett AJ, Finn R (2016) Twenty years of the MEROPS database of proteolytic enzymes, their substrates and inhibitors. Nucleic Acids Res 44(D1): D343-D350. https://doi.org/10.1093/ nar/gkv1118
5. Kappelhoff R, Puente XS, Wilson CH, Seth A, Lopez-Otin C, Overall CM (2017) Overview of transcriptomic analysis of all human proteases, non-proteolytic homologs and inhibitors: organ, tissue and ovarian cancer cell line expression profiling of the human protease degradome by the CLIP-CHIP DNA microarray. Biochim Biophys Acta 1864(11 Pt B):2210-2219. https://doi.org/10.1016/j. bbamcr.2017.08.004
6. Perez-Silva JG, Espanol Y, Velasco G, Quesada V (2016) The Degradome database: expanding roles of mammalian proteases in life and disease. Nucleic Acids Res 44(D1): D351-D355. https://doi.org/10.1093/ nar/gkv1201
7. Rawlings ND, Salvesen G (2013) Handbook of proteolytic enzymes, 3rd edn. Elsevier/AP, Amsterdam
8. Turk B, Turk D, Turk V (2012) Protease signalling: the cutting edge. EMBO J 31 (7):1630-1643. https://doi.org/10.1038/emboj.2012.42
9. Gettins PG, Olson ST (2016) Inhibitory serpins. New insights into their folding, polymerization, regulation and clearance. Biochem J 473(15):2273-2293. https://doi. org/10.1042/BCJ20160014
10. Laskowski M Jr, Kato I (1980) Protein inhibitors of proteinases. Annu Rev Biochem 49:593-626. https://doi.org/10.1146/ annurev.bi.49.070180.003113
11. Fortelny N, Cox JH, Kappelhoff R, Starr AE, Lange PF, Pavlidis P, OverallCM (2014) Network analyses reveal pervasive functional regulation between proteases in the human protease web. PLoS Biol 12(5):e1001869. https://doi.org/10.1371/journal.pbio.1001869
12. Rechsteiner M, Rogers SW (1996) PEST sequences and regulation by proteolysis. Trends Biochem Sci 21(7):267-271
13. Lopez-Otin C, Bond JS (2008) Proteases: multifunctional enzymes in life and disease. J Biol Chem 283(45):30433-30437. https:// doi.org/10.1074/jbc.R800035200
14. Chakraborti S, Chakraborti T, Dhalla NS (eds) (2017) Proteases in human diseases. Springer Singapore, New York
15. Macfarlane RG (1964) An enzyme cascade in the blood clotting mechanism, and its function as a biochemical amplifier. Nature 202:498-499
16. Gailani D, Broze GJ Jr (1993) Factor XI activation by thrombin and factor XIa. Semin Thromb Hemost 19(4):396-404. https:// doi.org/10.1055/s-2007-993291
17. Gailani D, Renne T (2007) Intrinsic pathway of coagulation and arterial thrombosis. Arterioscler Thromb Vasc

Biol 27(12):2507-2513. https://doi.org/10.1161/ATVBAHA.107.155952
18. Gailani D, Renne T (2007) The intrinsic pathway of coagulation: a target for treating thromboembolic disease? J Thromb Haemost 5(6):1106-1112. https://doi.org/10.1111/j.1538-7836.2007.02446.x
19. Nesheim M, Bajzar L (2005) The discovery of TAFI. J Thromb Haemost 3(10):2139-2146. https://doi.org/10.1111/j.1538-7836. 2005.01280.x
20. Bode W (2006) The structure of thrombin: a janus-headed proteinase. Semin Thromb Hemost 32(Suppl 1):16-31. https://doi. org/10.1055/s-2006-939551
21. Huntington JA (2008) How Na+ activates thrombin—a review of the functional and structural data. Biol Chem 389 (8):1025-1035. https://doi.org/10.1515/ BC.2008.113
22. Di Cera E (2007) Thrombin as procoagulant and anticoagulant. J Thromb Haemost 5 (Suppl 1):196-202. https://doi.org/10.1111/j.1538-7836.2007.02485.x
23. Trouw LA, Pickering MC, Blom AM (2017) The complement system as a potential therapeutic target in rheumatic disease. Nat Rev Rheumatol 13(9):538-547. https://doi. org/10.1038/nrrheum.2017.125
24. Sim RB, Laich A (2000) Serine proteases of the complement system. Biochem Soc Trans 28(5):545-550
25. Cooper NR, Muller-Eberhard HJ (1970) The reaction mechanism of human C5 in immune hemolysis. J Exp Med 132(4):775-793
26. Dobo J, Szakacs D, Oroszlan G, Kortvely E, Kiss B, Boros E, Szasz R, Zavodszky P, Gal P, Pal G (2016) MASP-3 is the exclusive pro-factor D activator in resting blood: the lectin and the alternative complement pathways are fundamentally linked. Sci Rep-UK6. https://doi.org/10.1038/srep31877
27. Sciascia S, Radin M, Yazdany J, Tektonidou M, Cecchi I, Roccatello D, Dall'EraM(2017) Expanding the therapeutic options for renal involvement in lupus: eculizumab, available evidence. Rheumatol Int 37(8):1249-1255. https://doi.org/10.1007/ s00296-017-3686-5
28. de Koning PJ, Kummer JA, de Poot SA, Quadir R, Broekhuizen R, McGettrick AF, Higgins WJ, Devreese B, Worrall DM, Bovenschen N (2011) Intracellular serine protease inhibitor SERPINB4 inhibits granzyme M-induced cell death. PLoS One 6(8): e22645. https://doi.org/10.1371/journal. pone.0022645
29. Soriano C, Mukaro V, Hodge G, Ahern J, Holmes M, Jersmann H, Moffat D, Meredith D, Jurisevic C, Reynolds PN, Hodge S (2012) Increased proteinase inhibitor-9 (PI-9) and reduced granzyme B in lung cancer: mechanism for immune evasion? Lung Cancer 77(1):38-45. https://doi. org/10.1016/j.lungcan.2012.01.017
30. Biancheri P, Di Sabatino A, Corazza GR, MacDonald TT (2013) Proteases and the gut barrier. Cell Tissue Res 351(2):269-280. https://doi.org/10.1007/s00441-012-1390-z
31. Ehlers MR (2014) Immune-modulating effects of alpha-1 antitrypsin. Biol Chem 395(10):1187-1193. https://doi.org/10.1515/ hsz-2014-0161
32. Boya P (2012) Lysosomal function and dysfunction: mechanism and disease. Antioxid Redox Signal 17(5):766-774. https://doi. org/10.1089/ars.2011.4405
33. Schmidt M, Finley D (2014) Regulation of proteasome activity in health and disease. Biochim Biophys Acta 1843(1):13-25. https:// doi.org/10.1016/j.bbamcr.2013.08.012
34. Goldberg AL (2005) Nobel committee tags ubiquitin for distinction. Neuron 45(3):339-344. https://doi.org/10.1016/j. neuron.2005.01.019
35. Tanaka K (2009) The proteasome: overview of structure and functions. Proc Jpn Acad Ser B Phys Biol Sci 85(1):12-36
36. Antalis TM, Shea-Donohue T, Vogel SN, Sears C, Fasano A (2007) Mechanisms of disease: protease functions in intestinal mucosal pathobiology. Nat Clin Pract Gastroenterol Hepatol 4(7):393-402. https://doi.org/10.1038/ncpgasthep0846
37. Alloy AP, Kayode O, Wang RY, Hockla A, Soares AS, Radisky ES (2015) Mesotrypsin has evolved four unique residues to cleave trypsin inhibitors as substrates. J Biol Chem290(35):21523-21535. https://doi.org/10.1074/

jbc.M115.662429

38. Giebeler N, Zigrino P (2016) A disintegrin and metalloprotease (ADAM): historical overview of their functions. Toxins (Basel) 8(4):122. https://doi.org/10.3390/ toxins8040122
39. Rodriguez D, Morrison CJ, Overall CM (2010) Matrix metalloproteinases: what do they not do? New substrates and biological roles identified by murine models and proteomics. Biochim Biophys Acta 1803(1):39-54. https://doi.org/10.1016/j.bbamcr.2009.09.015
40. Freitas-Rodriguez S, Folgueras AR, Lopez- Otin C (2017) The role of matrix metalloproteinases in aging: Tissue remodeling and beyond. Biochim Biophys Acta 1864(11 Pt A):2015-2025. https://doi.org/10.1016/j.bbamcr.2017.05.007
41. Brew K, Nagase H (2010) The tissue inhibitors of metalloproteinases (TIMPs): an ancient family with structural and functional diversity. Biochim Biophys Acta 1803(1):55-71. https://doi.org/10.1016/j. bbamcr.2010.01.003
42. Coughlin SR (2005) Protease-activated receptors in hemostasis, thrombosis and vascular biology. J Thromb Haemost 3(8):1800-1814. https://doi.org/10.1111/j.1538-7836.2005.01377.x
43. Fender AC, Rauch BH, Geisler T, Schror K (2017) Protease-activated receptor par-4: an inducible switch between thrombosis and vascular inflammation? Thromb Haemost 117(11):2013-2025. https://doi.org/10.1160/TH17-03-0219
44. Takamori N, Azuma H, Kato M, Hashizume S, Aihara K, Akaike M, Tamura K, Matsumoto T (2004) High plasma heparin cofactor II activity is associated with reduced incidence of in-stent restenosis after percutaneous coronary intervention. Circulation 109(4):481-486. https://doi.org/10.1161/01.CIR.0000109695.39671.37
45. Nierodzik ML, Karpatkin S (2006) Thrombin induces tumor growth, metastasis, and angiogenesis: Evidence for a thrombin-regulated dormant tumor phenotype. Cancer Cell 10(5):355-362. https://doi.org/10.1016/j.ccr.2006.10.002
46. Asanuma K, Wakabayashi H, Okamoto T, Asanuma Y, Akita N, Yoshikawa T, Hayashi T, Matsumine A, Uchida A, Sudo A (2013) The thrombin inhibitor, argatroban, inhibits breast cancer metastasis to bone. Breast Cancer 20(3):241-246. https://doi. org/10.1007/s12282-012-0334-5
47. McIlwain DR, Berger T, Mak TW (2013) Caspase functions in cell death and disease. Cold Spring Harb Perspect Biol 5(4): a008656. https://doi.org/10.1101/ cshperspect.a008656
48. Li P, Nijhawan D, Budihardjo I, Srinivasula SM, Ahmad M, Alnemri ES, Wang X (1997) Cytochrome c and dATP-dependent formation of Apaf-1/caspase-9 complex initiates an apoptotic protease cascade. Cell 91(4):479-489
49. Zhivotovsky B, Samali A, Gahm A, Orrenius S (1999) Caspases: their intracellular localization and translocation during apoptosis. Cell Death Differ 6(7):644-651. https://doi.org/10.1038/sj.cdd.4400536
50. Li P, Zhou L, Zhao T, Liu X, Zhang P, Liu Y, Zheng X, Li Q (2017) Caspase-9: structure, mechanisms and clinical application. Oncotarget 8(14):23996-24008. https://doi.org/10.18632/oncotarget.15098
51. Vu NT, ParkMA, Shultz JC, Goehe RW, Hoeferlin LA, Shultz MD, Smith SA, Lynch KW, Chalfant CE (2013) hnRNP U enhances caspase-9 splicing and is modulated by AKT-dependent phosphorylation of hnRNP L. J Biol Chem 288(12):8575-8584. https:// doi.org/10.1074/jbc.M112.443333
52. Kuida K (2000) Caspase-9. Int J Biochem Cell Biol 32(2):121-124
53. Blasche S, Mortl M, Steuber H, Siszler G, Nisa S, Schwarz F, Lavrik I, Gronewold TM, Maskos K, Donnenberg MS, Ullmann D, Uetz P, Kogl M (2013) The E. coli effector protein NleF is a caspase inhibitor. PLoS One 8(3):e58937. https://doi.org/10.1371/jour nal.pone.0058937
54. Li P, Nijhawan D, Wang X (2004) Mitochondrial activation of apoptosis. Cell 116 (2 Suppl):S57-59, 52 p following S59
55. Denault JB, Eckelman BP, Shin H, Pop C, Salvesen GS (2007) Caspase 3 attenuates XIAP (X-linked inhibitor of apoptosis protein)-mediated inhibition of caspase 9. Biochem J 405(1):11-19. https://doi. org/10.1042/BJ20070288

56. Creagh EM(2014) Caspase crosstalk: integration of apoptotic and innate immune signalling pathways. Trends Immunol 35 (12):631-640. https://doi.org/10.1016/j. it.2014.10.004
57. Wang XJ, Cao Q, Liu X, Wang KT, Mi W, Zhang Y, Li LF, LeBlanc AC, Su XD (2010) Crystal structures of human caspase 6 reveal a new mechanism for intramolecular cleavage self-activation. EMBO Rep 11(11):841-847. https://doi.org/10.1038/embor.2010.141
58. Graham RK, Ehrnhoefer DE, Hayden MR (2011) Caspase-6 and neurodegeneration. Trends Neurosci 34(12):646-656. https:// doi.org/10.1016/j.tins.2011.09.001
59. Bartel A, Gohler A, Hopf V, Breitbach K (2017) Caspase-6 mediates resistance against Burkholderia pseudomallei infection and influences the expression of detrimental cytokines. PLoS One 12(7):e0180203. https:// doi.org/10.1371/journal.pone.0180203
60. Sollberger G, Strittmatter GE, Garstkiewicz M, Sand J, Beer HD (2014) Caspase-1: the inflammasome and beyond. Innate Immun 20(2):115-125. https://doi. org/10.1177/1753425913484374
61. Duclos C, Lavoie C, Denault JB (2017) Caspases rule the intracellular trafficking cartel. FEBS J 284(10):1394-1420. https://doi. org/10.1111/febs.14071
62. Julien O, Wells JA (2017) Caspases and their substrates. Cell Death Differ 24 (8):1380-1389. https://doi.org/10.1038/ cdd.2017.44
63. Aziz M, Jacob A, Wang P (2014) Revisiting caspases in sepsis. Cell Death Dis 5:e1526. https://doi.org/10.1038/cddis.2014.488
64. Pemberton CJ (2014) Signal peptides: new markers in cardiovascular disease? Biomark Med 8(8):1013-1019. https://doi.org/10.2217/bmm.14.64
65. Morocz M, Zsigmond E, Toth R, Enyedi MZ, Pinter L, Haracska L (2017) DNA-dependent protease activity of human Spartan facilitates replication of DNA-protein crosslink-containing DNA. Nucleic Acids Res 45 (6):3172-3188. https://doi.org/10.1093/ nar/gkw1315
66. Stingele J, Habermann B, Jentsch S (2015) DNA-protein crosslink repair: proteases as DNA repair enzymes. Trends Biochem Sci 40(2):67-71. https://doi.org/10.1016/j. tibs.2014.10.012
67. Vaz B, Popovic M, Newman JA, Fielden J, Aitkenhead H, Halder S, Singh AN, Vendrell I, Fischer R, Torrecilla I, Drobnitzky N, Freire R, Amor DJ, Lockhart PJ, Kessler BM, McKenna GW, Gileadi O, Ramadan K (2016) Metalloprotease SPRTN/DVC1 orchestrates replicationcoupled DNA-protein crosslink repair. Mol Cell 64(4):704-719. https://doi.org/10.1016/j.molcel.2016.09.032
68. Maskey RS, Flatten KS, Sieben CJ, Peterson KL, Baker DJ, Nam HJ, Kim MS, Smyrk TC, Kojima Y, Machida Y, Santiago A, van Deursen JM, Kaufmann SH, Machida YJ (2017) Spartan deficiency causes accumulation of Topoisomerase 1 cleavage complexes and tumorigenesis. Nucleic Acids Res 45(8):4564-4576. https://doi.org/10.1093/ nar/gkx107
69. Butler LR, Densham RM, Jia J, Garvin AJ, Stone HR, Shah V, Weekes D, Festy F, Beesley J, Morris JR (2012) The proteasomal de-ubiquitinating enzyme POH1 promotes the double-strand DNA break response. EMBO J 31(19):3918-3934. https://doi. org/10.1038/emboj.2012.232
70. Pinto-Fernandez A, Kessler BM (2016) DUBbing cancer: deubiquitylating enzymes involved in epigenetics, DNA damage and the cell cycle as therapeutic targets. Front Genet 7:133. https://doi.org/10.3389/fgene.2016.00133
71. Enari M, Sakahira H, Yokoyama H, Okawa K, Iwamatsu A, Nagata S (1998) A caspaseactivated DNase that degrades DNA during apoptosis, and its inhibitor ICAD. Nature 391(6662):43-50
72. Venkatesh S, Lee J, Singh K, Lee I, Suzuki CK (2012) Multitasking in the mitochondrion by the ATP-dependent Lon protease. Biochim Biophys Acta 1823(1):56-66. https://doi. org/10.1016/j.bbamcr.2011.11.003
73. Mao PL, Jiang Y, Wee BY, Porter AG (1998) Activation of caspase-1 in the nucleus requires nuclear translocation of pro-caspase-1 mediated by its prodomain. J Biol Chem 273(37):23621-23624

74. Kamada S, Kikkawa U, Tsujimoto Y, Hunter T (2005) Nuclear translocation of caspase-3 is dependent on its proteolytic activation and recognition of a substrate-like protein(s). J Biol Chem 280(2):857-860. https://doi.org/10.1074/jbc.C400538200
75. Hill JW, Poddar R, Thompson JF, Rosenberg GA, Yang Y (2012) Intranuclear matrix metalloproteinases promote DNA damage and apoptosis induced by oxygen-glucose deprivation in neurons. Neuroscience 220:277-290. https://doi.org/10.1016/j.neuroscience. 2012.06.019
76. Eguchi T, Calderwood SK, Takigawa M, Kubota S, Kozaki KI (2017) Intracellular MMP3 promotes HSP gene expression in collaboration with chromobox proteins. J Cell Biochem 118(1):43-51. https://doi.org/10.1002/jcb.25607
77. Stepanova V, Jayaraman PS, Zaitsev SV, Lebedeva T, Bdeir K, Kershaw R, Holman KR, Parfyonova YV, Semina EV, Beloglazova IB, Tkachuk VA, Cines DB (2016) Urokinase-type plasminogen activator (uPA) promotes angiogenesis by attenuating proline-rich homeodomain protein (PRH) transcription factor activity and de-repressing vascular endothelial growth factor (VEGF) receptor expression. J Biol Chem 291(29):15029-15045. https://doi.org/10.1074/jbc.M115.678490
78. Antalis TM, Bugge TH, Wu Q (2011) Membrane-anchored serine proteases in health and disease. Prog Mol Biol Transl Sci 99:1-50. https://doi.org/10.1016/B978-0-12-385504-6.00001-4
79. Friis S, Sales KU, Schafer JM, Vogel LK, Kataoka H, Bugge TH (2014) The protease inhibitor HAI-2, but not HAI-1, regulates matriptase activation and shedding through prostasin. J Biol Chem 289(32):22319-22332. https://doi.org/10.1074/jbc.M114.574400
80. Bardou O, Menou A, Francois C, Duitman JW, von der Thusen JH, Borie R, Sales KU, Mutze K, Castier Y, Sage E, Liu L, Bugge TH, Fairlie DP, Konigshoff M, Crestani B, Borensztajn KS (2016) Membrane-anchored serine protease matriptase is a trigger of pulmonary fibrogenesis. Am J Respir Crit Care Med 193(8):847-860. https://doi. org/10.1164/rccm.201502-0299OC
81. Le Gall SM, Szabo R, Lee M, Kirchhofer D, Craik CS, Bugge TH, Camerer E (2016) Matriptase activation connects tissue factor- dependent coagulation initiation to epithelial proteolysis and signaling. Blood 127(25):3260-3269. https://doi.org/10.1182/ blood-2015-11-683110
82. Verhelst SHL (2017) Intramembrane proteases as drug targets. FEBS J 284(10):1489-1502. https://doi.org/10.1111/ febs.13979
83. Dusterhoft S, Kunzel U, Freeman M (2017) Rhomboid proteases in human disease: Mechanisms and future prospects. Biochim Biophys Acta 1864(11 Pt B):2200-2209. https://doi.org/10.1016/j.bbamcr.2017.04.016
84. Saita S, Nolte H, Fiedler KU, Kashkar H, Venne AS, Zahedi RP, Kruger M, Langer T (2017) PARL mediates Smac proteolytic maturation in mitochondria to promote apoptosis. Nat Cell Biol 19(4):318-328. https:// doi.org/10.1038/ncb3488
85. Ranganathan P, Weaver KL, Capobianco AJ (2011) Notch signalling in solid tumours: a little bit of everything but not all the time. Nat Rev Cancer 11(5):338-351. https://doi. org/10.1038/nrc3035
86. Chauhan S, Mandal P, Tomar RS (2016) Biochemical analysis reveals the multifactorial mechanism of histone H3 clipping by chicken liver histone H3 protease. Biochemistry 55(38):5464-5482. https://doi.org/10.1021/ acs.biochem.6b00625
87. Vossaert L, Meert P, Scheerlinck E, Glibert P, Van Roy N, Heindryckx B, De Sutter P, Dhaenens M, Deforce D (2014) Identification of histone H3 clipping activity in human embryonic stem cells. Stem Cell Res 13(1):123-134. https://doi.org/10.1016/j. scr.2014.05.002
88. Deraison C, Bonnart C, Vergnolle N (2018) Proteases. In: Cavaillon J-M, Singer M (eds) Inflammation: from molecular and cellular mechanisms to the clinic. Wiley-VCH, Weinheim, Germany, pp 727-766
89. Chotirmall SH, Al-Alawi M, McEnery T, McElvaney NG (2015) Alpha-1 proteinase inhibitors for the treatment of alpha-1 antitrypsin deficiency: safety, tolerability, and patient outcomes. Ther Clin Risk Manag 11:143-151.

https://doi.org/10.2147/ TCRM.S51474

90. Torres-Duran M, Ruano-Ravina A, Parente- Lamelas I, Abal-Arca J, Leiro-Fernandez V, Montero-Martinez C, Pena C, Castro- Anon O, Golpe-Gomez A, Gonzalez-Barcala FJ, Martinez C, Guzman-Taveras R, Provencio M, Mejuto-Marti MJ, Fernandez- Villar A, Barros-Dios JM (2015) Alpha-1 antitrypsin deficiency and lung cancer risk: a case-control study in never-smokers. J Thorac Oncol 10(9):1279-1284. https://doi.org/10.1097/JTO.0000000000000609
91. Soderberg D, Segelmark M (2016) Neutrophil extracellular traps in ANCA-associated vasculitis. Front Immunol 7:256. https:// doi.org/10.3389/fimmu.2016.00256
92. Denadai-Souza A, Ribeiro CM, Rolland C, Thouard A, Deraison C, Scavone C, Gonzalez-Dunia D, Vergnolle N, Avellar MCW (2017) Effect of tryptase inhibition on joint inflammation: a pharmacological and lentivirus-mediated gene transfer study. Arthritis Res Ther 19. https://doi.org/10.1186/s13075-017-1326-9
93. Leskinen MJ, Lindstedt KA, Wang Y, Kovanen PT (2003) Mast cell chymase induces smooth muscle cell apoptosis by a mechanism involving fibronectin degradation and disruption of focal adhesions. Arterioscler Thromb Vasc Biol 23(2):238-243
94. He A, Shi GP (2013) Mast cell chymase and tryptase as targets for cardiovascular and metabolic diseases. Curr Pharm Des 19(6):1114-1125
95. Shirai T, Hilhorst M, Harrison DG, Goronzy JJ, Weyand CM (2015) Macrophages in vascular inflammation—from atherosclerosis to vasculitis. Autoimmunity 48(3):139-151. https://doi.org/10.3109/08916934.2015.1027815
96. Sendler M, Maertin S, John D, Persike M, Weiss FU, Kruger B, Wartmann T, Wagh P, Halangk W, Schaschke N, Mayerle J, Lerch MM(2016) Cathepsin B activity initiates apoptosis via digestive protease activation in pancreatic acinar cells and experimental pancreatitis. J Biol Chem 291(28):14717-14731. https://doi.org/10.1074/jbc.M116.718999
97. Kayode O, Huang Z, Soares AS, Caulfield TR, Dong Z, Bode AM, Radisky ES (2017) Small molecule inhibitors of mesotrypsin from a structure-based docking screen. PLoS One 12(5):e0176694. https://doi.org/10.1371/journal.pone.0176694
98. Rolland-Fourcade C, Denadai-Souza A, Cirillo C, Lopez C, Jaramillo JO, Desormeaux C, Cenac N, Motta JP, Larauche M, Tache Y, Berghe PV, Neunlist M, Coron E, Kirzin S, Portier G, Bonnet D, Alric L, Vanner S, Deraison C, Vergnolle N (2017) Epithelial expression and function of trypsin-3 in irritable bowel syndrome. Gut 66(10):1767-1778. https:// doi.org/10.1136/gutjnl-2016-312094
99. Ricklin D, Lambris JD (2013) Complement in immune and inflammatory disorders: pathophysiological mechanisms. J Immunol 190(8):3831-3838. https://doi.org/10.4049/jimmunol.1203487
100. Hua Y, Nair S (2015) Proteases in cardiometabolic diseases: pathophysiology, molecular mechanisms and clinical applications. Biochim Biophys Acta 1852(2):195-208. https://doi.org/10.1016/j.bbadis.2014.04.032
101. Friedrich R, Panizzi P, Fuentes-Prior P, Richter K, Verhamme I, Anderson PJ, Kawabata S, Huber R, Bode W, Bock PE (2003) Staphylocoagulase is a prototype for the mechanism of cofactor-induced zymogen activation. Nature 425(6957):535-539. https://doi.org/10.1038/nature01962
102. Weidmann H, Heikaus L, Long AT, Naudin C, Schluter H, Renne T (2017) The plasma contact system, a protease cascade at the nexus of inflammation, coagulation and immunity. Biochim Biophys Acta 1864(11 Pt B):2118-2127. https://doi.org/10.1016/j. bbamcr.2017.07.009
103. Zamolodchikov D, Renne T, Strickland S (2016) The Alzheimer's disease peptide beta-amyloid promotes thrombin generation through activation of coagulation factor XII. J Thromb Haemost 14(5):995-1007. https://doi.org/10.1111/jth.13209
104. Esmon CT, Vigano-D'Angelo S, D'Angelo A, Comp PC (1987) Anticoagulation proteins C and S. Adv Exp Med Biol 214:47-54

105. Bertina RM, Koeleman BP, Koster T, Rosendaal FR, Dirven RJ, de Ronde H, van der Velden PA, Reitsma PH (1994) Mutation in blood coagulation factor V associated with resistance to activated protein C. Nature 369 (6475):64-67. https://doi.org/10.1038/369064a0
106. Kujovich JL (1993) Factor V Leiden thrombophilia. In: Adam MP, Ardinger HH, Pagon RA et al (eds) GeneReviews(R). University of Washington, Seattle, WA
107. Lane D Antithrombin mutation database
108. Verhamme IM, Olson ST, Tollefsen DM, Bock PE (2002) Binding of exosite ligands to human thrombin. Re-evaluation of allosteric linkage between thrombin exosites I and II. J Biol Chem 277(9):6788-6798. https:// doi.org/10.1074/jbc.M110257200
109. Sarilla S, Habib SY, Kravtsov DV, Matafonov A, Gailani D, Verhamme IM (2010) Sucrose octasulfate selectively accelerates thrombin inactivation by heparin cofactor II. J Biol Chem 285(11):8278-8289. https:// doi.org/10.1074/jbc.M109.005967
110. Raghuraman A, Mosier PD, Desai UR (2010) Understanding dermatan sulfate-heparin cofactor II interaction through virtual library screening. ACS Med Chem Lett 1(6):281-285. https://doi.org/10.1021/ ml100048y
111. Tollefsen DM, Maimone MM, McGuire EA, Peacock ME (1989) Heparin cofactor II activation by dermatan sulfate. Ann N Y Acad Sci 556:116-122
112. Aihara K, Azuma H, Takamori N, Kanagawa Y, Akaike M, Fujimura M, Yoshida T, Hashizume S, Kato M, Yamaguchi H, Kato S, Ikeda Y, Arase T, Kondo A, Matsumoto T (2004) Heparin cofactor II is a novel protective factor against carotid atherosclerosis in elderly individuals. Circulation 109(22):2761-2765. https:// doi.org/10.1161/01.CIR.0000129968.46095.F3
113. Polderdijk SG, Adams TE, Ivanciu L, Camire RM, Baglin TP, Huntington JA (2017) Design and characterization of an APC-specific serpin for the treatment of hemophilia. Blood 129(1):105-113. https://doi. org/10.1182/blood-2016-05-718635
114. Panizzi P, Boxrud PD, Verhamme IM, Bock PE (2006) Binding of the COOH-terminal lysine residue of streptokinase to plasmin (ogen) kringles enhances formation of the streptokinase.plasmin(ogen) catalytic complexes. J Biol Chem 281(37):26774-26778. https://doi.org/10.1074/jbc.C600171200
115. Verhamme IM, Bock PE (2008) Rapidreaction kinetic characterization of the pathway of streptokinase-plasmin catalytic complex formation. J Biol Chem 283(38):26137-26147. https://doi.org/10.1074/jbc.M804038200
116. Verhamme IM, Bock PE (2014) Rapid binding of plasminogen to streptokinase in a catalytic complex reveals a three-step mechanism. J Biol Chem 289(40):28006-28018. https:// doi.org/10.1074/jbc.M114.589077
117. Weiss D, Sorescu D, Taylor WR (2001) Angiotensin II and atherosclerosis. Am J Cardiol 87(8A):25C-32C
118. Kossmann S, Lagrange J, Jackel S, Jurk K, Ehlken M, Schonfelder T, Weihert Y, Knorr M, Brandt M, Xia N, Li H, Daiber A, Oelze M, Reinhardt C, Lackner K, Gruber A, Monia B, Karbach SH, Walter U, Ruggeri ZM, Renne T, Ruf W, Munzel T, Wenzel P (2017) Platelet-localized FXI promotes a vascular coagulation-inflammatory circuit in arterial hypertension. Sci Transl Med 9(375). https://doi.org/10.1126/ scitranslmed.aah4923
119. Camare C, Pucelle M, Negre-Salvayre A, Salvayre R (2017) Angiogenesis in the atherosclerotic plaque. Redox Biol 12:18-34. https://doi.org/10.1016/j.redox.2017.01.007
120. Wilson WRW, Anderton M, Choke EC, Dawson J, Loftus IM, Thompson MM (2008) Elevated plasma MMP1 and MMP9 are associated with abdominal aortic aneurysm rupture. Eur J Vasc Endovasc 35(5):580-584. https://doi.org/10.1016/j. ejvs.2007.12.004
121. Xue L, Borne Y, Mattisson IY, Wigren M, Melander O, Ohro-Melander M, Bengtsson E, Fredrikson GN, Nilsson J, Engstrom G (2017) FADD, caspase-3, and caspase-8 and incidence of coronary events. Arterioscler Thromb Vasc Biol 37(5):983-989. https://doi.org/10.1161/ ATVBAHA.117.308995
122. Musante L, Tataruch D, Gu D, Liu X, Forsblom C, Groop PH, Holthofer H (2015) Proteases and protease inhibitors of urinary extracellular vesicles in diabetic nephropathy. J Diabetes Res 2015:289734. https://doi.

org/10.1155/2015/289734

123. Zhao Z, Yang P, Eckert RL, Reece EA (2009) Caspase-8: a key role in the pathogenesis of diabetic embryopathy. Birth Defects Res B Dev Reprod Toxicol 86(1):72-77. https:// doi.org/10.1002/bdrb.20185
124. Augstein P, Bahr J, Wachlin G, Heinke P, Berg S, Salzsieder E, Harrison LC (2004) Cytokines activate caspase-3 in insulinoma cells of diabetes-prone NOD mice directly and via upregulation of Fas. J Autoimmun 23(4):301-309. https://doi.org/10.1016/j. jaut.2004.09.006
125. Trompet S, Pons D, Kanse SM, de Craen AJ, Ikram MA, Verschuren JJ, Zwinderman AH, Doevendans PA, Tio RA, de Winter RJ, Slagboom PE, Westendorp RG, Jukema JW (2011) Factor VII activating protease polymorphism (G534E) is associated with increased risk for stroke and mortality. Stroke Res Treat 2011:424759. https://doi.org/10.4061/2011/424759
126. Turner RJ, Sharp FR (2016) Implications of MMP9 for blood brain barrier disruption and hemorrhagic transformation following ischemic stroke. Front Cell Neurosci 10:56. https://doi.org/10.3389/fncel.2016.00056
127. Crocker SJ, Pagenstecher A, Campbell IL (2004) The TIMPs tango with MMPs and more in the central nervous system. J Neurosci Res 75(1):1-11. https://doi.org/10.1002/jnr.10836
128. Brucher BL, Jamall IS (2016) Somatic mutation theory—why it's wrong for most cancers. Cell Physiol Biochem 38(5):1663-1680. https://doi.org/10.1159/000443106
129. Brucher BL, Jamall IS (2014) Epistemology of the origin of cancer: a new paradigm. BMC Cancer 14:331. https://doi.org/10.1186/1471-2407-14-331
130. Schuliga M (2015) The inflammatory actions of coagulant and fibrinolytic proteases in disease. Mediators Inflamm 2015:437695. https://doi.org/10.1155/2015/437695
131. Fan J, Ning B, Lyon CJ, Hu TY (2017) Circulating peptidome and tumor-resident proteolysis. Enzyme 42:1-25. https://doi.org/10.1016/bs.enz.2017.08.001
132. Guo Z, Jin X, Jia H (2013) Inhibition of ADAM-17 more effectively down-regulates the Notch pathway than that of gammasecretase in renal carcinoma. J Exp Clin Cancer Res 32:26. https://doi.org/10.1186/1756-9966-32-26
133. Jackson HW, Defamie V, Waterhouse P, Khokha R (2017) TIMPs: versatile extracellular regulators in cancer. Nat Rev Cancer 17(1):38-53. https://doi.org/10.1038/nrc.2016.115
134. LaRocca G, Aspelund T, Greve AM, Eiriksdottir G, Acharya T, Thorgeirsson G, Harris TB, Launer LJ, Gudnason V, Arai AE(2017) Fibrosis as measured by the biomarker, tissue inhibitor metalloproteinase-1, predicts mortality in Age Gene Environment Susceptibility-Reykjavik (AGES-Reykjavik) Study. Eur Heart J 38(46):3423-3430. https://doi.org/10.1093/eurheartj/ehx510
135. Lee JY, Kong G (2016) Roles and epigenetic regulation of epithelial-mesenchymal transition and its transcription factors in cancer initiation and progression. Cell Mol Life Sci 73(24):4643-4660. https://doi.org/10.1007/s00018-016-2313-z
136. Otsuki T, Fujimoto D, Hirono Y, Goi T, Yamaguchi A (2014) Thrombin conducts epithelialmesenchymal transition via proteaseactivated receptor1 in human gastric cancer. Int J Oncol 45(6):2287-2294. https://doi.org/10.3892/ijo.2014.2651
137. Bawa-Khalfe T, Lu LS, Zuo Y, Huang C, Dere R, Lin FM, Yeh ET (2012) Differential expression of SUMO-specific protease 7 variants regulates epithelial-mesenchymal transition. Proc Natl Acad Sci U S A 109 (43):17466-17471. https://doi.org/10.1073/pnas.1209378109
138. Schmidt N, Irle I, Ripkens K, Lux V, Nelles J, Johannes C, Parry L, Greenow K, Amir S, Campioni M, Baldi A, Oka C, Kawaichi M, Clarke AR, Ehrmann M (2016) Epigenetic silencing of serine protease HTRA1 drives polyploidy. BMC Cancer 16:399. https:// doi.org/10.1186/s12885-016-2425-8
139. Johnson JJ, Miller DL, Jiang R, Liu Y, Shi Z, Tarwater L, Williams R, Balsara R, Sauter ER, Stack MS (2016) Protease-activated receptor-2 (PAR-2)-mediated Nf-kappaB activation suppresses inflammation-associated tumor suppressor MicroRNAs in oral squamous cell carcinoma. J Biol Chem 291(13):6936-6945. https://doi.

org/10.1074/ jbc.M115.692640
140. Zhang W, Wang S, Wang Q, Yang Z, Pan Z, Li L (2014) Overexpression of cysteine cathepsin L is a marker of invasion and metastasis in ovarian cancer. Oncol Rep 31(3):1334-1342. https://doi.org/10.3892/ or.2014.2967
141. Dian D, Heublein S, Wiest I, Barthell L, Friese K, Jeschke U (2014) Significance of the tumor protease cathepsin D for the biology of breast cancer. Histol Histopathol 29(4):433-438. https://doi.org/10.14670/ HH-29.10.433
142. Cohen I, Kayode O, Hockla A, Sankaran B, Radisky DC, Radisky ES, Papo N (2016) Combinatorial protein engineering of proteolytically resistant mesotrypsin inhibitors as candidates for cancer therapy. Biochem J 473(10):1329-1341. https://doi.org/10.1042/BJ20151410
143. Salameh MA, Radisky ES (2013) Biochemical and structural insights into mesotrypsin: an unusual human trypsin. Int J Biochem Mol Biol 4(3):129-139
144. Tanabe LM, List K (2017) The role of type II transmembrane serine protease-mediated signaling in cancer. FEBS J 284 (10):1421-1436. https://doi.org/10.1111/ febs.13971
145. Zoratti GL, Tanabe LM, Hyland TE, Duhaime MJ, Colombo E, Leduc R, Marsault E, Johnson MD, Lin CY, Boerner J, Lang JE, List K (2016) Matriptase regulates c-Met mediated proliferation and invasion in inflammatory breast cancer. Oncotarget 7(36):58162-58173. https://doi.org/10.18632/oncotarget.11262
146. Rolfe M (2017) The holy grail: solid tumor efficacy by proteasome inhibition. Cell Chem Biol 24(2):125-126. https://doi.org/10.1016/j.chembiol.2017.01.007
147. Weyburne ES, Wilkins OM, Sha Z, Williams DA, Pletnev AA, de Bruin G, Overkleeft HS, Goldberg AL, Cole MD, Kisselev AF (2017) Inhibition of the proteasome beta2 site sensitizes triple-negative breast cancer cells to beta5 inhibitors and suppresses Nrf1 activation. Cell Chem Biol 24(2):218-230. https://doi.org/10.1016/ j.chembiol.2016.12.016
148. Reis ES, Mastellos DC, Ricklin D, Mantovani A, Lambris JD (2018) Complement in cancer: untangling an intricate relationship. Nat Rev Immunol 18(1):5-18. https://doi.org/10.1038/nri.2017.97
149. Rutkowski MJ, Sughrue ME, Kane AJ, Mills SA, Parsa AT (2010) Cancer and the complement cascade. Mol Cancer Res 8(11):1453-1465. https://doi.org/10.1158/1541-7786.MCR-10-0225
150. Zhu L, Jaamaa S, Af Hallstrom TM, Laiho M, Sankila A, Nordling S, Stenman UH, Koistinen H (2013) PSA forms complexes with alpha1-antichymotrypsin in prostate. Prostate 73(2):219-226. https://doi.org/10.1002/ pros.22560
151. DiScipio RG (1982) The activation of the alternative pathway C3 convertase by human plasma kallikrein. Immunology 45(3):587-595
152. Caine GJ, Stonelake PS, Lip GY, Kehoe ST (2002) The hypercoagulable state of malignancy: pathogenesis and current debate. Neoplasia 4(6):465-473. https://doi.org/10.1038/sj.neo.7900263
153. Amiral J, Seghatchian J (2017) Monitoring of anticoagulant therapy in cancer patients with thrombosis and the usefulness of blood activation markers. Transfus Apher Sci 56(3):279-286. https://doi.org/10.1016/j. transci.2017.05.010
154. Huesgen PF, Lange PF, Overall CM (2014) Ensembles of protein termini and specific proteolytic signatures as candidate biomarkers of disease. Proteomics Clin Appl 8(5-6):338-350. https://doi.org/10.1002/ prca.201300104
155. Kang JH, Korecka M, Toledo JB, Trojanowski JQ, Shaw LM (2013) Clinical utility and analytical challenges in measurement of cerebrospinal fluid amyloid-beta(1-42) and tau proteins as Alzheimer disease biomarkers. Clin Chem 59(6):903-916. https://doi.org/10.1373/clinchem.2013.202937
156. Janelidze S, Stomrud E, Palmqvist S, Zetterberg H, van Westen D, Jeromin A, Song L, Hanlon D, Tan Hehir CA, Baker D, Blennow K, Hansson O (2016) Plasma betaamyloid in Alzheimer's disease and vascular disease. Sci Rep 6:26801. https://doi.org/10.1038/srep26801

157. Roher AE, Kokjohn TA, Clarke SG, Sierks MR, Maarouf CL, Serrano GE, Sabbagh MS, Beach TG (2017) APP/Abeta structural diversity and Alzheimer's disease pathogenesis. Neurochem Int 110:1-13. https://doi.org/10.1016/j.neuint.2017.08.007
158. Evin G, Li QX (2012) Platelets and Alzheimer's disease: potential of APP as a biomarker. World J Psychiatry 2(6):102-113. https://doi.org/10.5498/wjp.v2.i6.102
159. Wetzel S, Seipold L, Saftig P (2017) The metalloproteinase ADAM10: A useful therapeutic target? Biochim Biophys Acta 1864(11 Pt B):2071-2081. https://doi.org/10.1016/j.bbamcr.2017.06.005
160. Bu XL, Xiang Y, Jin WS, Wang J, Shen LL, Huang ZL, Zhang K, Liu YH, Zeng F, Liu JH, Sun HL, Zhuang ZQ, Chen SH, Yao XQ, Giunta B, Shan YC, Tan J, Chen XW, Dong ZF, Zhou HD, Zhou XF, Song W, Wang YJ(2017) Blood-derived amyloid-beta protein induces Alzheimer's disease pathologies. Mol Psychiatry. https://doi.org/10.1038/mp.2017.204
161. Budd Haeberlein S, O'Gorman J, Chiao P, Bussiere T, von Rosenstiel P, Tian Y, Zhu Y, von Hehn C, Gheuens S, Skordos L, Chen T, Sandrock A (2017) Clinical development of aducanumab, an anti-abeta human monoclonal antibody being investigated for the treatment of early Alzheimer's disease. J Prev Alzheimers Dis 4(4):255-263. https://doi. org/10.14283/jpad.2017.39
162. Honig LS, Vellas B, Woodward M, Boada M, Bullock R, Borrie M, Hager K, Andreasen N, Scarpini E, Liu-Seifert H, Case M, Dean RA, Hake A, Sundell K, Poole Hoffmann V, Carlson C, Khanna R, Mintun M, DeMattos R, Selzler KJ, Siemers E (2018) Trial of solanezumab for mild dementia due to Alzheimer's disease. N Engl J Med 378(4):321-330. https://doi.org/10.1056/ NEJMoa1705971
163. De Strooper B (2014) Lessons from a failed gamma-secretase Alzheimer trial. Cell 159(4):721-726. https://doi.org/10.1016/j. cell.2014.10.016
164. Lorenzl S, Albers DS, Relkin N, Ngyuen T, Hilgenberg SL, Chirichigno J, Cudkowicz ME, Beal MF (2003) Increased plasma levels of matrix metalloproteinase-9 in patients with Alzheimer's disease. Neurochem Int 43(3):191-196
165. Siklos M, BenAissa M, Thatcher GR (2015) Cysteine proteases as therapeutic targets: does selectivity matter? A systematic review of calpain and cathepsin inhibitors. Acta Pharm Sin B 5(6):506-519. https://doi.org/10.1016/ j.apsb.2015.08.001
166. Martinelli P, Rugarli EI (2010) Emerging roles of mitochondrial proteases in neurodegeneration. Biochim Biophys Acta 1797(1):1-10. https://doi.org/10.1016/j. bbabio.2009.07.013
167. Konig T, Troder SE, Bakka K, Korwitz A, Richter-Dennerlein R, Lampe PA, Patron M, Muhlmeister M, Guerrero-Castillo S, Brandt U, Decker T, Lauria I, Paggio A, Rizzuto R, Rugarli EI, De Stefani D, Langer T (2016) The m-AAA protease associated with neurodegeneration limits MCU activity in mitochondria. Mol Cell 64(1):148-162. https://doi.org/10.1016/j.molcel.2016.08.020
168. Strauss KM, Martins LM, Plun-Favreau H, Marx FP, Kautzmann S, Berg D, Gasser T, Wszolek Z, Muller T, Bornemann A, Wolburg H, Downward J, Riess O, Schulz JB, Kruger R (2005) Loss of function mutations in the gene encoding Omi/HtrA2 in Parkinson's disease. Hum Mol Genet 14(15):2099-2111. https://doi.org/10.1093/ hmg/ddi215
169. Fu J, Yu HM, Chiu SY, Mirando AJ, Maruyama EO, Cheng JG, Hsu W (2014) Disruption of SUMO-specific protease 2 induces mitochondria mediated neurodegeneration. PLoS Genet 10(10):e1004579. https://doi.org/10.1371/journal.pgen.1004579
170. Orsini F, De Blasio D, Zangari R, Zanier ER, De Simoni MG (2014) Versatility of the complement system in neuroinflammation, neurodegeneration and brain homeostasis. Front Cell Neurosci 8:380. https://doi.org/10.3389/fncel.2014.00380
171. Descamps FJ, Van den Steen PE, Nelissen I, Van Damme J, Opdenakker G (2003) Remnant epitopes generate autoimmunity: from rheumatoid arthritis and multiple sclerosis to diabetes. Adv Exp Med Biol 535:69-77

172. Dinarello CA, Simon A, van der Meer JW (2012) Treating inflammation by blocking interleukin-1 in a broad spectrum of diseases. Nat Rev Drug Discov 11(8):633-652. https://doi.org/10.1038/nrd3800
173. Rupanagudi KV, Kulkarni OP, Lichtnekert J, Darisipudi MN, Mulay SR, Schott B, Gruner S, Haap W, Hartmann G, Anders HJ (2015) Cathepsin S inhibition suppresses systemic lupus erythematosus and lupus nephritis because cathepsin S is essential for MHC class II-mediated CD4 T cell and B cell priming. Ann Rheum Dis 74(2):452-463. https://doi.org/10.1136/annrheumdis-2013-203717
174. Schaller M, Vogel M, Kentouche K, Lammle B, Kremer Hovinga JA (2014) The splenic autoimmune response to ADAMTS13 in thrombotic thrombocytopenic purpura contains recurrent antigen-binding CDR3 motifs. Blood 124(23):3469-3479. https:// doi.org/10.1182/blood-2014-04-561142
175. Sadiq SK, Noe F, De Fabritiis G (2012) Kinetic characterization of the critical step in HIV-1 protease maturation. Proc Natl Acad Sci U S A 109(50):20449-20454. https:// doi.org/10.1073/pnas.1210983109
176. Duschak VG, Couto AS (2009) Cruzipain, the major cysteine protease of Trypanosoma cruzi: a sulfated glycoprotein antigen as relevant candidate for vaccine development and drug target. A review. Curr Med Chem 16(24):3174-3202
177. Plaza K, Kalinska M, Bochenska O, Meyer- Hoffert U, Wu Z, Fischer J, Falkowski K, Sasiadek L, Bielecka E, Potempa B, Kozik A, Potempa J, Kantyka T (2016) Gingipains of porphyromonas gingivalis affect the stability and function of serine protease inhibitor of kazal-type 6 (SPINK6), a tissue inhibitor of human kallikreins. J Biol Chem 291(36):18753-18764. https://doi.org/10.1074/jbc.M116.722942
178. Culp E, Wright GD (2017) Bacterial proteases, untapped antimicrobial drug targets. J Antibiot (Tokyo) 70(4):366-377. https:// doi.org/10.1038/ja.2016.138
179. Chang AK, Kim HY, Park JE, Acharya P, Park IS, Yoon SM, You HJ, Hahm KS, Park JK, Lee JS (2005) Vibrio vulnificus secretes a broad-specificity metalloprotease capable of interfering with blood homeostasis through prothrombin activation and fibrinolysis. J Bacteriol 187(20):6909-6916. https://doi. org/10.1128/ JB.187.20.6909-6916.2005
180. Bibo-Verdugo B, Jiang Z, Caffrey CR, O'Donoghue AJ (2017) Targeting proteasomes in infectious organisms to combat disease. FEBS J 284(10):1503-1517. https:// doi.org/10.1111/febs.14029
181. Pontarollo G, Acquasaliente L, Peterle D, Frasson R, Artusi I, De Filippis V (2017) Non-canonical proteolytic activation of human prothrombin by subtilisin from Bacillus subtilis may shift the procoagulantanticoagulant equilibrium toward thrombosis. J Biol Chem 292(37):15161-15179. https://doi.org/10.1074/jbc.M117.795245
182. Carroll IM, Maharshak N (2013) Enteric bacterial proteases in inflammatory bowel disease- pathophysiology and clinical implications. World J Gastroenterol 19(43):7531-7543. https://doi.org/10.3748/ wjg.v19.i43.7531
183. Boxrud PD, Verhamme IM, Bock PE (2004) Resolution of conformational activation in the kinetic mechanism of plasminogen activation by streptokinase. J Biol Chem 279(35):36633-36641. https://doi.org/10.1074/jbc. M405264200
184. Chandrahas V, Glinton K, Liang Z, Donahue DL, Ploplis VA, Castellino FJ (2015) Direct host plasminogen binding to bacterial surface M-protein in pattern D strains of streptococcus pyogenes is required for activation by its natural coinherited SK2b protein. J Biol Chem 290(30):18833-18842. https://doi. org/10.1074/jbc. M115.655365
185. Panizzi P, Friedrich R, Fuentes-Prior P, BodeW, Bock PE (2004) The staphylocoagulase family of zymogen activator and adhesion proteins. Cell Mol Life Sci 61(22):2793-2798. https://doi.org/10.1007/s00018-004-4285-7
186. Parry MA, Zhang XC, Bode I (2000) Molecular mechanisms of plasminogen activation: bacterial cofactors provide clues. Trends Biochem Sci 25(2):53-59
187. Wiles KG, Panizzi P, Kroh HK, Bock PE (2010) Skizzle is a novel plasminogen- and plasmin-binding protein from Streptococcus agalactiae that targets proteins of human fibrinolysis to promote plasmin generation. J Biol Chem 285(27):21153-21164. https://doi. org/10.1074/jbc.M110.107730

188. Verhamme IM, Panizzi PR, Bock PE (2015) Pathogen activators of plasminogen. J Thromb Haemost 13(Suppl 1): S106-S114. https://doi.org/10.1111/jth.12939
189. Meliopoulos VA, Andersen LE, Brooks P, Yan X, Bakre A, Coleman JK, Tompkins SM, Tripp RA (2012) MicroRNA regulation of human protease genes essential for influenza virus replication. PLoS One 7(5):e37169. https://doi.org/10.1371/journal.pone.0037169
190. Homma T, Ishibashi D, Nakagaki T, Fuse T, Mori T, Satoh K, Atarashi R, Nishida N (2015) Ubiquitin-specific protease 14 modulates degradation of cellular prion protein. Sci Rep 5:11028. https://doi.org/10.1038/srep11028
191. Michaud DS, Lu J, Peacock-Villada AY, Barber JR, Joshu CE, Prizment AE, Beck JD, Offenbacher S, Platz EA (2018) Periodontal disease assessed using clinical dental measurements and cancer risk in the ARIC study. J Natl Cancer Inst. https://doi.org/10.1093/jnci/djx278
192. Drag M, Salvesen GS (2010) Emerging principles in protease-based drug discovery. Nat Rev Drug Discov 9(9):690-701. https://doi. org/10.1038/nrd3053
193. Herzog RW (2015) Hemophilia gene therapy: caught between a cure and an immune response. Mol Ther 23(9):1411-1412. https://doi.org/10.1038/mt.2015.135
194. Rangarajan S, Walsh L, Lester W, Perry D, Madan B, Laffan M, Yu H, Vettermann C, Pierce GF, Wong WY, Pasi KJ (2017) AAV5- factor VIII gene transfer in severe hemophilia A. N Engl J Med. https://doi.org/10.1056/NEJMoa1708483
195. George LA, Sullivan SK, Giermasz A, Rasko JEJ, Samelson-Jones BJ, Ducore J, Cuker A, Sullivan LM, Majumdar S, Teitel J, McGuinn CE, Ragni MV, Luk AY, Hui D, Wright JF, Chen Y, Liu Y, Wachtel K, Winters A, Tiefenbacher S, Arruda VR, van der Loo JCM, Zelenaia O, Takefman D, Carr ME, Couto LB, Anguela XM, High KA (2017) Hemophilia B gene therapy with a highspecific- activity factor IX variant. N Engl J Med 377(23):2215-2227. https://doi.org/10.1056/NEJMoa1708538
196. Lai PS, Thompson BT (2013) Why activated protein C was not successful in severe sepsis and septic shock: are we still tilting at windmills? Curr Infect Dis Rep 15(5):407-412. https://doi.org/10.1007/s11908-013-0358-9
197. Janciauskiene SM, Bals R, Koczulla R, Vogelmeier C, Kohnlein T, Welte T (2011) The discovery of alpha1-antitrypsin and its role in health and disease. Respir Med 105(8):1129-1139. https://doi.org/10.1016/j.rmed.2011.02.002
198. Carugati A, Pappalardo E, Zingale LC, Cicardi M (2001) C1-inhibitor deficiency and angioedema. Mol Immunol 38(2-3):161-173
199. Ricklin D, Lambris JD (2016) New milestones ahead in complement-targeted therapy. Semin Immunol 28(3):208-222. https://doi.org/10.1016/j.smim.2016.06.001
200. Towards better patient care: drugs to avoid in 2014 (2014). Prescrire Int 23(150):161-165
201. Adcock DM, Gosselin R (2015) Direct Oral Anticoagulants (DOACs) in the Laboratory: 2015 Review. Thromb Res 136(1):7-12. https://doi.org/10.1016/j.thromres.2015.05.001
202. Tallant C, Marrero A, Gomis-Ruth FX (2010) Matrix metalloproteinases: fold and function of their catalytic domains. Biochim Biophys Acta 1803(1):20-28. https://doi.org/10.1016/j.bbamcr.2009.04.003
203. Gomis-Ruth FX (2017) Third time lucky? Getting a grip on matrix metalloproteinases. J Biol Chem 292(43):17975-17976. https:// doi.org/10.1074/jbc.H117.806075
204. Scannevin RH, Alexander R, Haarlander TM, Burke SL, Singer M, Huo C, Zhang YM, Maguire D, Spurlino J, Deckman I, Carroll KI, Lewandowski F, Devine E, Dzordzorme K, Tounge B, Milligan C, Bayoumy S, Williams R, Schalk-Hihi C, Leonard K, Jackson P, Todd M, Kuo LC, Rhodes KJ (2017) Discovery of a highly selective chemical inhibitor of matrix metalloproteinase-9 (MMP-9) that allosterically inhibits zymogen activation. J Biol Chem 292(43):17963-17974. https://doi. org/10.1074/jbc.M117.806075
205. Grunwald B, Vandooren J, Gerg M, Ahomaa K, Hunger A, Berchtold S, Akbareian S, Schaten S, Knolle P,

Edwards DR, Opdenakker G, Kruger A (2016) Systemic ablation of MMP-9 triggers invasive growth and metastasis of pancreatic cancer via deregulation of IL6 expression in the bone marrow. Mol Cancer Res 14(11):1147-1158. https://doi.org/10.1158/1541-7786.MCR-16-0180

206. Radisky ES, Raeeszadeh-Sarmazdeh M, Radisky DC (2017) Therapeutic potential of matrix metalloproteinase inhibition in breast cancer. J Cell Biochem 118(11):3531-3548. https://doi.org/10.1002/jcb.26185

207. Xia D, Watanabe H, Wu B, Lee SH, Li Y, Tsvetkov E, Bolshakov VY, Shen J, Kelleher RJ 3rd (2015) Presenilin-1 knockin mice reveal loss-of-function mechanism for familial Alzheimer's disease. Neuron 85(5):967-981. https://doi.org/10.1016/j.neuron.2015.02.010

208. Ran Y, Hossain F, Pannuti A, Lessard CB, Ladd GZ, Jung JI, Minter LM, Osborne BA, Miele L, Golde TE (2017) gamma-Secretase inhibitors in cancer clinical trials are pharmacologically and functionally distinct. EMBO Mol Med 9(7):950-966. https://doi.org/10.15252/emmm.201607265

209. Duong le T, Leung AT, Langdahl B (2016) Cathepsin K inhibition: a new mechanism for the treatment of osteoporosis. Calcif Tissue Int 98(4):381-397. https://doi.org/10.1007/s00223-015-0051-0

210. Drake MT, Clarke BL, Oursler MJ, Khosla S (2017) Cathepsin K inhibitors for osteoporosis: biology, potential clinical utility, and lessons learned. Endocr Rev 38(4):325-350. https://doi.org/10.1210/er.2015-1114

211. Su EJ, Cao C, Fredriksson L, Nilsson I, Stefanitsch C, Stevenson TK, Zhao J, Ragsdale M, Sun YY, Yepes M, Kuan CY, Eriksson U, Strickland DK, Lawrence DA, Zhang L (2017) Microglial-mediated PDGF-CC activation increases cerebrovascular permeability during ischemic stroke. Acta Neuropathol 134(4):585-604. https://doi. org/10.1007/s00401-017-1749-z

212. Lakhan SE, Kirchgessner A, Tepper D, Leonard A (2013) Matrix metalloproteinases and blood-brain barrier disruption in acute ischemic stroke. Front Neurol 4:32. https://doi. org/10.3389/fneur.2013.00032

213. Hafez S, Coucha M, Bruno A, Fagan SC, Ergul A (2014) Hyperglycemia, acute ischemic stroke, and thrombolytic therapy. Transl Stroke Res 5(4):442-453. https://doi.org/10.1007/s12975-014-0336-z

214. Sun H, Xu Y, Sitkiewicz I, Ma Y, Wang X, Yestrepsky BD, Huang Y, Lapadatescu MC, Larsen MJ, Larsen SD, Musser JM, Ginsburg D (2012) Inhibitor of streptokinase gene expression improves survival after group A streptococcus infection in mice. Proc Natl Acad Sci U S A 109(9):3469-3474. https:// doi.org/10.1073/pnas.1201031109

215. Silva DG, Ribeiro JFR, De Vita D, Cianni L, Franco CH, Freitas-Junior LH, Moraes CB, Rocha JR, Burtoloso ACB, Kenny PW, Leitao A, Montanari CA (2017) A comparative study of warheads for design of cysteine protease inhibitors. Bioorg Med Chem Lett 27(22):5031-5035. https://doi.org/10.1016/j.bmcl.2017.10.002

216. Lv Z, Chu Y, Wang Y (2015) HIV protease inhibitors: a review of molecular selectivity and toxicity. HIV AIDS (Auckl) 7:95-104. https://doi.org/10.2147/HIV.S79956

217. Ghosh AK, Brindisi M, Nyalapatla PR, Takayama J, Ella-Menye JR, Yashchuk S, Agniswamy J, Wang YF, Aoki M, Amano M, Weber IT, Mitsuya H (2017) Design of novel HIV-1 protease inhibitors incorporating isophthalamide-derived P2-P3 ligands: Synthesis, biological evaluation and X-ray structural studies of inhibitor-HIV-1 protease complex. Bioorg Med Chem 25 (19):5114-5127. https://doi.org/10.1016/j.bmc.2017.04.005

218. Ghosh AK, Sean Fyvie W, Brindisi M, Steffey M, Agniswamy J, Wang YF, Aoki M, Amano M, Weber IT, Mitsuya H (2017) Design, synthesis, X-ray studies, and biological evaluation of novel macrocyclic HIV-1 protease inhibitors involving the P10-P20 ligands. Bioorg Med Chem Lett 27 (21):4925-4931. https://doi.org/10.1016/ j.bmcl.2017.09.003

219. McCauley JA, Rudd MT (2016) Hepatitis C virus NS3/4a protease inhibitors. Curr Opin Pharmacol 30:84-92. https://doi.org/10.1016/j.coph.2016.07.015

220. Thornberry NA, Weber AE (2007) Discovery of JANUVIA (Sitagliptin), a selective dipeptidyl peptidase IV inhibitor for the treatment of type 2 diabetes. Curr Top Med Chem 7(6):557-568

221. Schramm VL (2013) Transition States, analogues, and drug development. ACS Chem Biol 8(1):71-81. https://doi.org/10.1021/ cb300631k
222. Mitsuya H, Maeda K, Das D, Ghosh AK (2008) Development of protease inhibitors and the fight with drug-resistant HIV-1 variants. Adv Pharmacol 56:169-197. https:// doi.org/10.1016/S1054-3589(07)56006-0
223. Kipp DR, Hirschi JS, Wakata A, Goldstein H, Schramm VL (2012) Transition states of native and drug-resistant HIV-1 protease are the same. Proc Natl Acad Sci U S A 109 (17):6543-6548. https://doi.org/10.1073/pnas.1202808109
224. Overall CM (2002) Molecular determinants of metalloproteinase substrate specificity: matrix metalloproteinase substrate binding domains, modules, and exosites. Mol Biotechnol 22(1):51-86. https://doi.org/10.1385/MB:22:1:051
225. Skarina T, Xu X, Evdokimova E, Savchenko A (2014) High-throughput crystallization screening. Methods Mol Biol 1140:159-168. https://doi.org/10.1007/978-1-4939-0354-2_12
226. Tiefenbrunn T, Forli S, Happer M, Gonzalez A, Tsai Y, Soltis M, Elder JH, Olson AJ, Stout CD (2014) Crystallographic fragment-based drug discovery: use of a brominated fragment library targeting HIV protease. Chem Biol Drug Des 83(2):141-148. https://doi.org/10.1111/cbdd.12227
227. Rydel TJ, Tulinsky A, Bode W, Huber R (1991) Refined structure of the hirudinthrombin complex. J Mol Biol 221(2):583-601
228. Warkentin TE (2004) Bivalent direct thrombin inhibitors: hirudin and bivalirudin. Best Pract Res Clin Haematol 17(1):105-125. https://doi.org/10.1016/j.beha.2004.02.002
229. Vance NR, Gakhar L, Spies MA (2017) Allosteric tuning of caspase-7: a fragment-based drug discovery approach. Angew Chem Int Ed Engl 56(46):14443-14447. https://doi. org/10.1002/anie.201706959
230. Weiss-Sadan T, Gotsman I, Blum G (2017) Cysteine proteases in atherosclerosis. FEBS J 284(10):1455-1472. https://doi.org/10.1111/febs.14043
231. Lee S, Xie J, Chen X (2010) Activatable molecular probes for cancer imaging. Curr Top Med Chem 10(11):1135-1144
232. Ren G, Blum G, Verdoes M, Liu H, Syed S, Edgington LE, Gheysens O, Miao Z, Jiang H, Gambhir SS, Bogyo M, Cheng Z (2011) Non-invasive imaging of cysteine cathepsin activity in solid tumors using a 64Cu-labeled activity-based probe. PLoS One 6(11): e28029. https://doi.org/10.1371/journal. pone.0028029
233. Indalao IL, Sawabuchi T, Takahashi E, Kido H (2017) IL-1beta is a key cytokine that induces trypsin upregulation in the influenza virus-cytokine-trypsin cycle. Arch Virol 162(1):201-211. https://doi.org/10.1007/s00705-016-3093-3
234. Kelso EB, Lockhart JC, Hembrough T, Dunning L, Plevin R, Hollenberg MD, Sommerhoff CP, McLean JS, Ferrell WR (2006) Therapeutic promise of proteinase-activated receptor-2 antagonism in joint inflammation. J Pharmacol Exp Ther 316(3):1017-1024. https://doi.org/10.1124/jpet.105.093807
235. Vergnolle N (2009) Protease-activated receptors as drug targets in inflammation and pain. Pharmacol Ther 123(3):292-309. https:// doi.org/10.1016/j.pharmthera.2009.05.004
236. French SL, Hamilton JR (2016) Proteaseactivated receptor 4: from structure to function and back again. Br J Pharmacol 173(20):2952-2965. https://doi.org/10.1111/ bph.13455
237. Kasperkiewicz P, Poreba M, Groborz K, Drag M (2017) Emerging challenges in the design of selective substrates, inhibitors and activitybased probes for indistinguishable proteases. FEBS J 284(10):1518-1539. https://doi. org/10.1111/febs.14001
238. Harris JL, Backes BJ, Leonetti F, Mahrus S, Ellman JA, Craik CS (2000) Rapid and general profiling of protease specificity by using combinatorial fluorogenic substrate libraries. Proc Natl Acad Sci U S A 97(14):7754-7759. https://doi.org/10.1073/pnas.140132697
239. Kasperkiewicz P, Poreba M, Snipas SJ, Parker H, Winterbourn CC, Salvesen GS, Drag M (2014) Design of

ultrasensitive probes for human neutrophil elastase through hybrid combinatorial substrate library profiling. Proc Natl Acad Sci U S A 111(7):2518-2523. https://doi.org/10.1073/ pnas.1318548111

240. O'Donoghue AJ, Eroy-Reveles AA, Knudsen GM, Ingram J, Zhou M, Statnekov JB, Greninger AL, Hostetter DR, Qu G, Maltby DA, Anderson MO, Derisi JL, McKerrow JH, Burlingame AL, Craik CS (2012) Global identification of peptidase specificity by multiplex substrate profiling. Nat Methods 9(11):1095-1100. https://doi.org/10.1038/ nmeth.2182
241. Li Q, Yi L, Hoi KH, Marek P, Georgiou G, Iverson BL (2017) Profiling protease specificity: combining yeast ER sequestration screening(YESS) with next generation sequencing. ACS Chem Biol 12(2):510-518. https://doi. org/10.1021/acschembio.6b00547
242. Fulcher LJ, Hutchinson LD, Macartney TJ, Turnbull C, Sapkota GP (2017) Targeting endogenous proteins for degradation through the affinity-directed protein missile system. Open Biol 7(5). https://doi.org/10.1098/ rsob.170066
243. Grossi G, Dalgaard Ebbesen Jepsen M, Kjems J, Andersen ES (2017) Control of enzyme reactions by a reconfigurable DNA nanovault. Nat Commun 8(1):992. https:// doi.org/10.1038/s41467-017-01072-8
244. Lange PF, Huesgen PF, Overall CM (2012) TopFIND 2.0—linking protein termini with proteolytic processing and modifications altering protein function. Nucleic Acids Res40(Database issue):D351-D361. https:// doi. org/10.1093/nar/gkr1025
245. Wang X, Davies M, Roy S, Kuruc M (2015) Bead based proteome enrichment enhances features of the protein elution plate (PEP) for functional proteomic profiling. Proteomes 3(4):454-466. https://doi.org/10.3390/ proteomes3040454
246. Zheng H, Roy S, Soherwardy A, Rahman S, Kuruc M (2017) Stroma liquid biopsy—proteomic profiles for cancer biomarkers. Poster reprint first presented at NJ Cancer Retreat, May 25, 2017 New Brunswick, NJ, USA
247. Rifai N, Gillette MA, Carr SA (2006) Protein biomarker discovery and validation: the long and uncertain path to clinical utility. Nat Biotechnol24(8):971-983. https://doi.org/10.1038/nbt1235
248. Koenig W (2003) Fibrin(ogen) in cardiovascular disease: an update. Thromb Haemost 89 (4):601-609
249. Dunn EJ, Ariens RA, Grant PJ (2005) The influence of type 2 diabetes on fibrin structure and function. Diabetologia 48 (6):1198-1206. https://doi.org/10.1007/ s00125-005-1742-2
250. Grammas P, Martinez JM (2014) Targeting thrombin: an inflammatory neurotoxin in Alzheimer's disease. J Alzheimers Dis 42 (Suppl 4):S537-S544. https://doi.org/10.3233/JAD-141557
251. Ahn HJ, Zamolodchikov D, Cortes-Canteli- M, Norris EH, Glickman JF, Strickland S (2010) Alzheimer's disease peptide betaamyloid interacts with fibrinogen and induces its oligomerization. Proc Natl Acad Sci U S A 107(50):21812-21817. https://doi.org/10.1073/pnas.1010373107
252. Amara U, Rittirsch D, Flierl M, Bruckner U, Klos A, Gebhard F, Lambris JD, Huber-Lang M (2008) Interaction between the coagulation and complement system. Adv Exp Med Biol 632:71-79

第21章

组合肽配体库在食物过敏组学中的应用

Youcef Shahali, Hélène Sénéchal, Pascal Poncet

摘要 基于蛋白质组学方法的最新进展开发了更有效的蛋白质提取和浓缩程序，以去除起始材料中存在的非蛋白质干扰化合物和增加低丰度蛋白质的浓度。最近组合肽配体库（CPLL）应用于植物和动物源性组织捕获低丰度和极低丰度的过敏原。通过一种基于CPLL的方法检测和鉴定了一些以前检测不到或研究不全面的IgE结合蛋白质。本章详细描述了一种基于CPLL改进的蛋白质提取和富集方法能够对柏树花粉中几种“隐藏过敏原”进行免疫化学分析。

关键词 肽配体库，低丰度过敏原，花粉过敏原，质谱，蛋白质组学

21.1 引言

在过去的十年里，随着蛋白质组学方法的发展，对过敏原的研究（定义为过敏组学、过敏基因组学或IgE免疫蛋白质组学）的相关性和精确性得到了提高，新的技术可以在各种生物样品中发现微量过敏原和较低浓度的过敏蛋白质[1-4]。据估计，使用标准分析方法可检测到不超过30%的表达蛋白质[1]。因此，对复杂生物样品蛋白质组组成的全面了解是破译人们接触并对其过敏的过敏蛋白质的首要挑战。尽管大多数已知的过敏原都有一个正常浓度，并且无需使用富集方法即可鉴定，但是，过敏原提取物中高丰度蛋白质的存在常常会妨碍对导致过敏原致敏的整个过敏原库的正确检测[2, 3]。这一点尤其重要，因为低丰度和极低丰度的过敏原尽管浓度很低但也能产生强烈的免疫原性反应[3-7]。

为过敏原提取物中低丰度的过敏原的确定创造条件，基于微珠的组合肽配体库（combinatorial hexapeptide ligand library，CPLL）已成功应用于过敏组学研究[3-11]。这种方法的优点是可以很好地与大量的分析技术匹配，包括所有类型的凝胶电泳和MALDI和SELDI或LC-MSMS等基于质谱的鉴定[12]。结合到载体微珠的肽库由于它们氨基酸组合的差异使其具有不同的理化性质从而为广泛的蛋白质提供了非共价结合位点。每个特定组合都限于给定量的微珠体积，与高丰度蛋白质有亲和力的六肽迅速饱和，而低丰度蛋白质则被定量捕获和浓缩（见图

21-1）。因此，该方法避免了传统蛋白质纯化的损耗或色谱分离方法的缺点，即在分析之前，相关蛋白质用传统纯化方法可以以不受控的方式被去除或被稀释和变性。因此，CPLL 是获得低丰度 IgE 结合蛋白质的有效手段和检测食品中微量过敏原的选择方法。在过去的几年里，肽库帮助发现了各种提取物中的新过敏原。使用 CPLL 研究的第一种过敏原是牛奶乳清[5]。在这项开拓性研究中，许多新的 IgE 结合蛋白质经 CPLL 处理后被证实，尤其是一种多态免疫球蛋白[5]。同样的方法被同一作者成功地应用于探索其他引起过敏的物质的过敏原组成，如乳胶[6]和玉米[7]，从而鉴定出新的 IgE 结合蛋白质。其他作者采用 CPLL 技术分别检测了烘焙曲奇以及葡萄酒中微量的花生[8]和酪蛋白[9]。在过敏原组学研究中使用 CPLL 还检测到侵袭性曲霉病患者血液中的真菌过敏原[10]和鸡蛋中新的候选过敏原[11]。

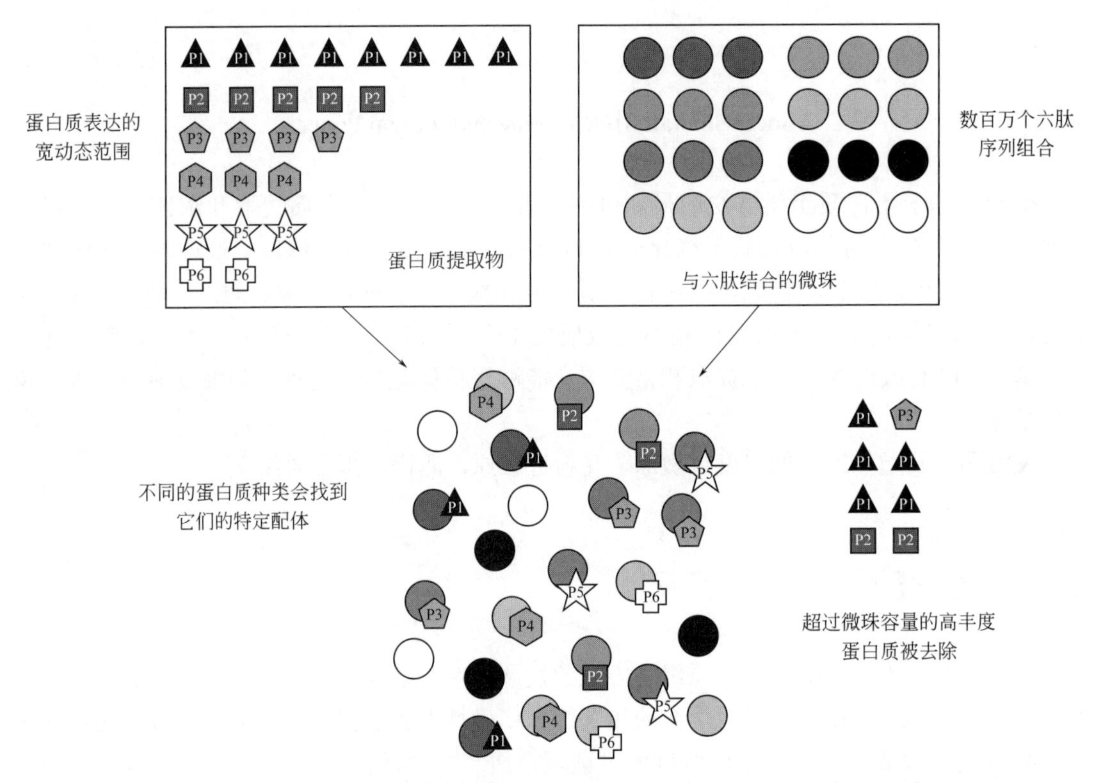

图 21-1　使用 ProteoMiner 微珠富集低丰度蛋白质种类的示意图。在单一分析中使用大量的六肽配体独立地结合特定的蛋白质直到它们达到其最大容量。与高丰度蛋白质（如 P1 和 P2）具有亲和力的六肽迅速饱和，而低丰度蛋白质（如 P5 和 P6）则被定量捕获和浓缩。超过微珠容量的高丰度蛋白质被去除

我们团队已经使用 CPLL 技术对柏树花粉（cypress pollen，CP）过敏原成分进行了深入的研究[3]。CP 提取物的蛋白质含量相对较低以及其基质含有大量的糖和色素等干扰化合物的固有特性，因此 CP 蛋白质组分析是困难的[13, 14]。在三种不同的 pH 下通过 CPLL 进行蛋白质富集（见图 21-2）以捕获最多数量的蛋白质[15]。使用 CPLL 对样品进行处理使鉴定蛋白质的数量（见图 21-3）和新候选过敏原的鉴定（见图 21-4）显著增加。这项研究表明，过敏患者对这种花粉的个体反应不一定针对主要的已知蛋白质。这里详细描述了本研究中使用的基于 CPLL 的样品制备步骤。

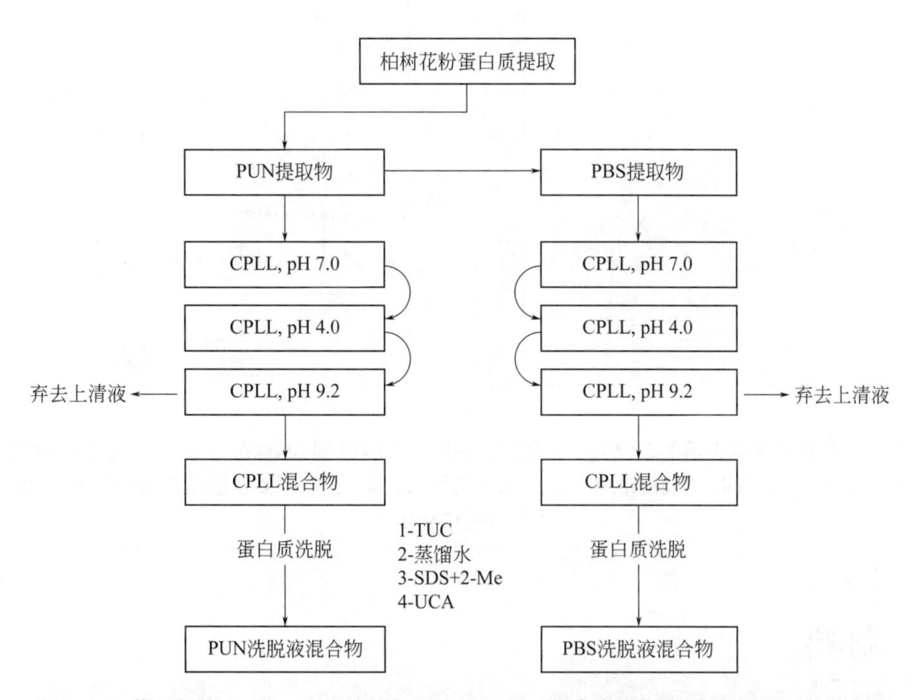

图 21-2　花粉提取、CPLL 处理和从 ProteoMiner 微珠洗脱蛋白质的实验程序示意图（改编自 Shahali 等，2012[3]）。pH 影响 CPLL 对蛋白质的捕获，因此在三种不同的 pH 下进行 CPLL 对蛋白质的富集。为了确保蛋白质从微珠中完全脱离，依次进行了四个洗脱步骤

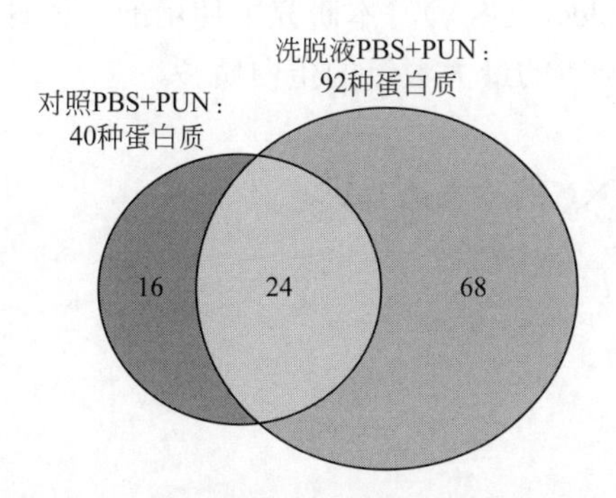

图 21-3　用 LC-MS/MS 分析检测到的总蛋白质的重叠文氏图（见彩图）。采用对照、未处理的 PUN 和 PBS 提取物（蓝色圆圈）和肽配体库（来自 PUN 和 PBS）的混合洗脱液（黄色圆圈）进行 LC-MS 分析。绿色代表这两种提取物中共有的蛋白质（改编自 Shahali 等，2012[3]）

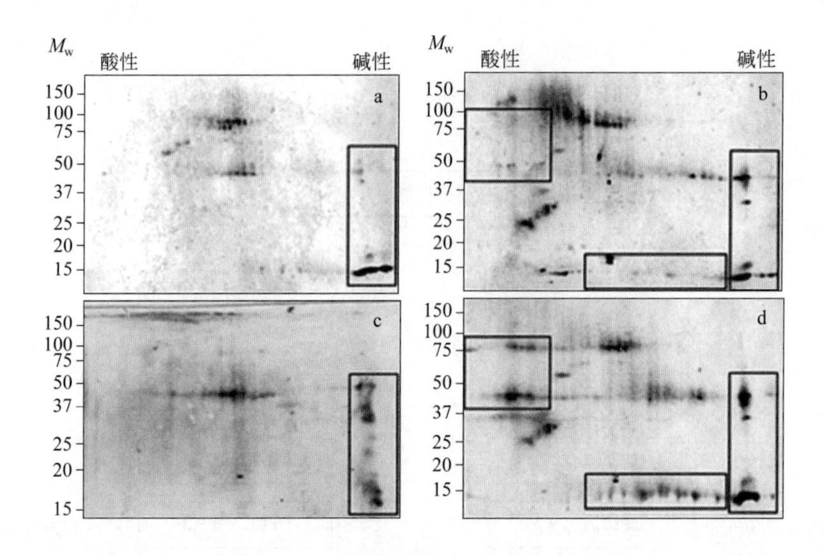

图 21-4　柏树花粉过敏患者血清的二维 IgE 免疫印迹检测（改编自 Shahali 等，2012）[3]。PBS 对照提取物，a；PBS 洗脱液，c；PUN 对照提取物，b；PUN 洗脱液，d。在 CPLL 洗脱液中发现了新的 IgE 结合（在方框中标出）

21.2　材料

21.2.1　设备

① 组合肽微珠库通常以含有防止潜在细菌污染的保护剂的水溶液提供。这种材料也可以制成微珠干粉。在这两种情况下，CPLL 珠都需要在使用前进行调节。用于不同起始蛋白质量的六肽结合微珠的预填充自旋柱以及用于定制应用的散装微珠的商业商标为 ProteoMiner^{TM}（Bio-Rad Laboratories，Hercules，USA）。本研究中使用散装微珠以捕获三种不同的 pH 条件下 CP 蛋白质从而富集如前所述的最大数量的蛋白质 [4]。

② 涡旋混匀器。

③ 离心力至少为 10000×*g* 的冷冻离心机。

④ 一套微量移液枪。

⑤ 超声处理装置。

⑥ 管旋转器。

⑦ 磁力搅拌器。

21.2.2　花粉蛋白质提取

① 地中海柏木（*Cupressus sempervirens*）花粉由 Allergon AB 公司（瑞典 Ängelholm）提供。

② 组成 PUN 缓冲液的化学物质：含有 3mol/L 尿素和 0.2%NP-40（Nonidet^{TM} 40）的 10mol/L 磷酸盐缓冲液，pH 7.06。来自 Sigma-Aldrich 公司（美国密苏里州圣路易斯市）。

③ 磷酸盐缓冲液（PBS）的化学组成：150mmol/L NaCl、7.8mmol/L Na_2HPO_4 和 0.51mmol/L KH_2PO_4，pH 7.4。均来自 Sigma-Aldrich 公司。

④ 乙二胺四乙酸（EDTA）和苯基甲烷磺酰氟（PMSF）作为抗蛋白酶鸡尾酒组成均由 Sigma-Aldrich 公司提供。

21.2.3　六肽配体库样品制备

① 蛋白质沉淀用硫酸铵，由 Sigma-Aldrich 公司提供。

② 散装 ProteoMiner™ 微珠，来自 Bio-Rad Laboratories。

③ 用于样品洗脱的硫脲、尿素、3-[3- 胆酰胺丙基二甲基氨基]-1- 丙磺酸盐（CHAPS）、乙酸、2- 巯基乙醇（2-Me）、氨和十二烷基硫酸钠（SDS）均来自 Sigma-Aldrich 公司（见注释①）。

④ 洗脱液 1：2mol/L 硫脲、7mol/L 尿素和 2%CHAPS 蒸馏水溶液（TUC）。

⑤ 洗脱液 2：蒸馏水。

⑥ 洗脱液 3：6%SDS、2% 2-Me 蒸馏水溶液（SDS+2-Me）。

⑦ 洗脱液 4：8mol/L 尿素，2%CHAPS 和 5% 醋酸 pH 3.3（UCA）。

⑧ 采用 Bio-Rad 公司快速启动 Bradford 蛋白质定量法测定蛋白质浓度。

21.3　方法

21.3.1　花粉蛋白质提取

① 将 5g 花粉用 PUN 缓冲液稀释 10 倍（总计 50g）（见注释②）。

② 振荡装有花粉悬浮液的管 2 ～ 3min 使花粉粒湿润。

③ 将悬浮液于 4℃超声处理 20s。

④ 将管放在旋转器上，室温轻轻摇动悬浮液过夜。

⑤ 将悬浮液以 10000×g 于 4℃离心 15 min。

⑥ 用移液枪将上清液移到一新管中，标记 PUN 提取物和日期。

⑦ 在剩余的花粉沉淀上加入 1mL PUN 缓冲液。

⑧ 匀浆并将悬浮液以 10000×g 于 4℃离心 15min。

⑨ 将上清液与第⑥步中获得的 PUN 提取物混合。PUN 提取物的总体积为 100mL。

⑩ 向每一花粉沉淀中加入 30mL pH7.5 的 PBS。

⑪ 将管放在旋转器上，室温摇动悬浮液过夜。

⑫ 以 10000×g 于 4℃离心 15min 收集上清液。

⑬ 将所有 PBS 提取物混合。产生的总体积为 125mL。

21.3.2　CPLL 分析前干扰物质的去除

① 向 PUN 和 PBS 提取物中加入硫酸铵（边加边搅拌）以达到 90% 的饱和度，或分别为 66g（100mL）和 82.5g（125mL）。

② 将这两种混合物于 4℃轻轻搅拌过夜。

③ 将两种混合物以 18000×g 于 4℃离心 30min。

④ 弃去上清液。
⑤ 将 PUN 提取物沉淀用 10mL PUN 缓冲液溶解。
⑥ 将 PBS 提取物沉淀用 9mL PBS 溶解。
⑦ 加入 EDTA 和 PMSF，浓度均不超过 1mmol/L。
⑧ 将 PUN 溶液对 3mol/L 尿素透析（截留分子质量 3500Da）过夜。
⑨ 将 PBS 溶液对 PBS（1L）于 4℃透析过夜（见注释③）。
⑩ 透析后，再次加入与透析前相同浓度的蛋白酶抑制剂（PMSF 和 EDTA）。
⑪ 对回收的 PUN 和 PBS 提取物进行 Bradford 蛋白质定量，在使用前将其保持在 −20℃。

21.3.3　用 CPLL 处理样品

① 用 200μL PUN 溶液洗涤三次 100μL 的 ProteoMiner 微珠（见注释④）。
② 将悬浮液以 1000×*g* 室温离心 30 ～ 60s 去除 PUN 洗涤液。
③ 去除多余的洗涤液后，向微珠中加入 30mL PUN 蛋白质提取物（见注释⑤）。
④ 检查 pH 为 7.0，室温搅拌 2h 使混合物摇匀。
⑤ 以 1000×*g* 于 15℃离心 30 ～ 60s 分离微珠。
⑥ 将上清液转移到一新管中，贴上标签于 4℃保存直到用于后续不同 pH 处理（见注释⑥）。
⑦ 用蒸馏水洗涤微珠，然后以 1000×*g* 离心 30 ～ 60s 分离。
⑧ 弃去多余的水并将微珠沉淀于 4℃保存，以备进一步使用（见注释⑦）。
⑨ 将第 6 步收集的上清液与第二个 100μL 预洗 ProteoMiner 微珠样品混合。
⑩ 逐滴加入 1mol/L 醋酸将悬浮液的 pH 调至 4.0。
⑪ 室温搅拌 2h 使混合物摇匀。
⑫ 以 1000×*g* 于 15℃离心 30 ～ 60s 分离微珠。
⑬ 将上清液转移到一新管中，贴上标签于 4℃保存直到用于后续不同 pH 处理。
⑭ 用蒸馏水洗涤珠，然后以 1000×*g* 于 15℃离心 30 ～ 60s 分离微珠沉淀。
⑮ 弃去多余的水并将微珠沉淀于 4℃保存以备进一步使用。
⑯ 将第 ⑬ 步收集的上清液与第三个 100μL 预洗 ProteoMiner 微珠样品混合。
⑰ 逐滴加入 4mol/L 氨水将悬浮液的 pH 调至 9.25。
⑱ 于室温轻轻摇动所得悬浮液 2h。
⑲ 以 1000×*g* 离心 30 ～ 60s 分离微珠，弃去上清液。
⑳ 用蒸馏水洗涤微珠一次，然后以 1000×*g* 于 15℃离心 30 ～ 60s 分离微珠沉淀。
㉑ 弃去多余的水并将微珠沉淀于 4℃保存以备进一步使用。

21.3.4　从 CPLL 微珠上洗脱蛋白质

① 将三份各 100μL 的微珠混合在一起（收集自 CPLL 处理步骤⑧、⑮ 和 ㉑）。
② 用 600μL 蒸馏水快速洗涤微珠一次，弃去上清液。
③ 向 300μL 微珠沉淀中加入 500μL TUC 洗脱液。
④ 室温下轻轻摇动混合物 2h。
⑤ 将混合物以 1000×*g* 离心 30 ～ 60s，收集包含解吸蛋白质的上清液（洗脱液 a）。
⑥ 用 300μL 蒸馏水洗涤微珠沉淀一次，离心收集上清液（洗脱液 b）。

⑦ 加入由 6%SDS 和 2%2- 巯基乙醇（SDS+2-Me）组成的溶液 500μL，将所得微珠沉淀进行第三次洗脱。

⑧ 室温下轻轻摇动混合物 2h。

⑨ 将混合物以 1000×*g* 离心 30 ～ 60s，收集上清液（洗脱液 c）。

⑩ 为了确保从微珠上完全剥离蛋白质，通过向微珠沉淀中加入 UCA 溶液进行第四步洗脱。

⑪ 室温下轻轻摇动混合物 2h。

⑫ 将混合物以 1000×*g* 离心 30 ～ 60s，收集上清液（洗脱液 d）。

⑬ 将四种洗脱液混合在一起（PUN 洗脱液）。

⑭ 调 pH 至 7.0，将 PUN 洗脱液对 3mol/L 尿素透析（截留分子质量 3500 Da）过夜（见注释⑧）。

⑮ 使用 Bradford-Lowery 标准分光光度法进行蛋白质定量，然后将洗脱液 −20℃保存以进行进一步的蛋白质组学分析（见注释⑨）。

21.4　注释

① 在进行所有实验时建议使用新配制的缓冲液。

② 柏树花粉由于其独特的结构特征和理化成分，是分析蛋白质含量和过敏原最困难的花粉之一。在 pH 7.5 的水介质中[15]，外壁在富含多糖的内壁膨胀的影响下几分钟内破裂，然后在含水的条件下提取很少的蛋白质。干磨法是提取柏树花粉蛋白质的一种很好的方法，可以产生更小的片段用于实验和免疫反应性的超微结构分析。通过使用 Minilys 匀浆器和 Bertin Instruments 公司（法国 Montigny-le-Bretonneux）的 03961-1-003（1.4mm 陶瓷微珠）Precellys 试剂盒得到了较好的结果[15]。

③ 在这一步中，PBS 提取物的离子强度可通过对含有较低浓度氯化钠的溶液透析而降低，例如 50mmol/L 代替 150mmol/L。这种条件提高了微珠吸附蛋白质的能力，尤其建议当蛋白质浓度很低时使用。

④ 微珠应使用与特定蛋白质提取相同的溶液洗涤。涡旋作用后，将悬浮液离心以除去多余的上清液和微珠保护剂。重复洗涤程序三次以确保所有不需要的保护剂都被去除。对于微珠干粉，建议将 100mg 干微珠悬浮在 2mL 甲醇中摇动 30min，然后加入 2mL pH7.5 的磷酸盐缓冲液。在室温下复水过夜，然后用与上述用于蛋白质提取的相同缓冲液对复水的微珠进行全面洗涤。

⑤ 处理过的提取物的最佳蛋白质浓度应在 1 ～ 10mg/mL 之间。用 100μL 六肽处理时蛋白质总量应大于 50mg。

⑥ pH 在很大程度上影响 CPLL 对蛋白质的捕获，因此有可能在不同 pH 下从生物样品中捕获蛋白质以提高 CPLL 富集的效率[16]。这种方法特别推荐用于蛋白质含量低的生物样品。

⑦ 蛋白质被 CPLL 吸附后，微珠可以在 4℃保存几天，然后进行解吸和蛋白质洗脱。在这种情况下，洗脱之前应在与进行蛋白质捕获的相同温度下对微珠进行平衡。

⑧ 同时用 200μL PBS 溶液洗涤 100μL ProteoMiner 微珠。PBS 提取物（12mL）采用与上述 PUN 提取物相同的步骤进行处理。在这里，将四种洗脱液（a、b、c 和 d）也混合在一起（PBS 洗脱液），中和，脱盐，经 Bradford 法测定蛋白质浓度后冻干并保存在 −20℃。

⑨ 对于2-DE分离，所需体积的未处理样品和所有洗脱液的混合物溶解于2-DE样品缓冲液［TUC，40mmol/L三（羟甲基）氨基甲烷醋酸盐］，最终浓度为2mg/mL。

致谢

我们非常感谢与CPLL技术的先驱开发人员Egisto Boschetti博士和Pier Giorgio Righetti博士的合作，这是本步骤及其适应过敏组学研究的基础。

参考文献

1. Boschetti E, Righetti PG (2013) Low-abundance proteome discovery: state of the art and protocols. Newnes
2. Shahali Y, Sutra JP, Peltre G, Charpin D, Sénéchal H, Poncet P (2010) IgE reactivity to common cypress (*C. sempervirens*) pollen extracts: evidence for novel allergens. World Allergy Organ J 3:229-234
3. Shahali Y, Sutra JP, Fasoli E, D'Amato A, Righetti PG, Futamura N et al (2012) Allergomic study of cypress pollen via combinatorial peptide ligand libraries. J Proteome 21:101-110
4. Righetti PG, Fasoli E, D'Amato A, Boschetti E (2014) The "dark side" of food stuff proteomics: the CPLL-marshals investigate. Foods 3:217-237
5. D'Amato A, Bachi A, Fasoli E, Boschetti E, Peltre G, Sénéchal H et al (2009) In-depth exploration of cow's whey proteome via combinatorial peptide ligand libraries. J Proteome Res 8:3925-3936
6. D'Amato A, Bachi A, Fasoli E, Boschetti E, Peltre G, Sénéchal H et al (2010) In-depth exploration of *Hevea brasiliensis* latex proteome and "hidden allergens" via combinatorial peptide ligand libraries. J Proteome 73:1368-1380
7. Fasoli E, Pastorello EA, Farioli L, Scibilia J, Aldini G, Carini M et al (2009) Searching for allergens in maize kernels via proteomic tools. J Proteome 72:501-510
8. Pedreschi R, Nørgaard J, Maquet A (2012) Current challenges in detecting food allergens by shotgun and targeted proteomic approaches: a case study on traces of peanut allergens in baked cookies. Nutrients 4:132-150
9. D'Amato A, Kravchuk AV, Bachi A, Righetti PG (2010) Noah's nectar: the proteome content of a glass of red wine. J Proteome 73:2370-2377
10. Fekkar A, Pionneau C, Brossas JY, Marinach-Patrice C, Snounou G, Brock M, Mazier D (2012) DIGE enables the detection of a putative serum biomarker of fungal origin in a mouse model of invasive aspergillosis. J Proteome 75:2536-2549
11. Martos G, López-Fandiño R, Molina E (2013) Immunoreactivity of hen egg allergens: influence on in vitro gastrointestinal digestion of the presence of other egg white proteins and of egg yolk. Food Chem 136:775-781
12. Hartwig S, Lehr S (2012) Combination of highly efficient hexapeptide ligand librarybased sample preparation with 2D DIGE for the analysis of the hidden human serum/plasma proteome. Methods Mol Biol 854:169-180
13. Shahali Y, Nicaise P, Brazdova A, Charpin D, Scala E, Mari A et al (2014) Complementarity between microarray and immunoblot for the comparative evaluation of IgE repertoire of French and Italian cypress pollen allergic patients. Folia Biologica (Prague) 60:192
14. Danti R, Della Rocca G, Calamassi R, Mori B, Mariotti Lippi M (2011) Insights into a hydration regulating system in Cupressus pollen grains. Ann Bot 108:299-306
15. Shahali Y (2011) Etude analytique de l'allergie au pollen de cyprès: aspects moléculaires et particulaires, Thesis Université Paris VI, Pierre et Marie Curie, Paris, France, p 220
16. Fasoli E, Farinazzo A, Sun CJ, Kravchuk AV, Guerrier L, Fortis F et al (2010) Interaction among proteins and peptide libraries in proteome analysis: pH involvement for a larger capture of species. J Proteome 73:733-742

第22章

谷蛋白的高效提取和分解

Haili Li, Keren Byrne, Crispin A. Howitt, Michelle L. Colgrave

摘要 乳糜泻（CD）是一种由摄入小麦（醇溶蛋白和麦谷蛋白）、大麦（大麦醇溶蛋白）和黑麦（黑麦醇溶蛋白）中的谷类谷蛋白引起的T细胞介导的自身免疫疾病。CD的唯一治疗方法是终身无谷蛋白饮食，因此原材料和加工食品中谷蛋白的测量对保护CD或谷蛋白不耐症患者至关重要。最常用的方法是酶联免疫吸附试验（ELISA），但最近已使用质谱法，其中提取的谷蛋白被分解成肽，然后直接检测。为了达到准确定量谷蛋白的目的，必须从原料或食品基质中高效提取谷蛋白，然后进行分解，通过液相色谱质谱联用仪（LC-MS）监测得到的肽。本章描述了一种快速、简单和重复性好的谷蛋白提取和分解方法。

关键词 面粉，谷蛋白，分解，胰蛋白酶，糜蛋白酶，质谱法

22.1 引言

乳糜泻（coeliac disease，CD）是一种由摄入谷类谷蛋白引起的发生在遗传易感人群中的小肠疾病。唯一的治疗方法是严格坚持终生无谷蛋白饮食[1, 2]。谷蛋白是在小麦、黑麦、大麦中发现的CD诱发因子一类蛋白质的总称，CD是一种全球患病率约为1%的自身免疫性疾病[3-5]。建立准确的谷蛋白测量方法对CD或非乳糜泻谷蛋白敏感（non-coeliac gluten sensitivity，NCGS）患者的健康至关重要[6]。酶联免疫吸附试验（ELISA）是目前公认的检测食品中谷蛋白的方法[7]。ELISA的一个缺点是它们不能充分定量已经被高度水解的谷蛋白[8]。已经开发出许多针对谷蛋白的许多检测方法，其中质谱法（MS）由于其特异性、灵敏度、多重分析和鉴定水解谷蛋白的能力在谷蛋白测量中显示出巨大的希望[2, 9-13]。自底向上蛋白质组学在谷蛋白分析中的成功应用关键取决于谷物或深加工食品中谷蛋白水解的效率和重复性。

本章描述了一种快速、简单和重复性好的提取和分解谷蛋白的方法。使用该方法，可以对原料和加工食品进行分析，从而能够使用液相色谱-串联质谱联用法（LC-MS/MS）进行检测和相对定量。已发现这种方法适用于迄今为止所测试的所有食品基质。

22.2 材料

使用MilliQ水（通过净化去离子水25℃达到18MΩ • cm的电阻而制备）和分析级试剂

配制所有溶液。在室温下配制和保存所有试剂（除非另有说明）。处理废物时遵守所有废物处理规定，并在使用前检查试剂的材料安全数据表（material safety data sheets，MSDS）。所有试剂现配现用。异丙醇（IPA）为 HPLC 级。所有其他试剂均为可用的最高商业等级（见注释①）。以下所述体积适用于 10 个样品每个样品有 4 个重复的分析。

22.2.1 化学药品

① 提取缓冲液：55% IPA/2% 二硫苏糖醇（DTT）（见注释②）。每个样品（重复）配制 200μL。将 5.5mL IPA 与 4.5mL 水和 200mg DTT 混合，配制 10mL 55%IPA/2%DTT。

② 尿素（UA）缓冲液：8mol/L 尿素 0.1mol/L Tris-HCl 溶液（见注释③）。每 1 个样品（重复）配制 1mL。称取 24g 尿素并溶解于 45mL 水中，配制 50mL UA 缓冲液。向该溶液中加入 5mL 1mol/L Tris-HCl，pH8.5（见注释④）。

③ 碘乙酰胺（IAM）溶液：0.05mol/L IAM UA 溶液（见注释⑤）。每 1 个样品（重复）配制 0.1mL。称取 46.2mg IAM 溶解于 UA 缓冲液中制备 5mL。

④ 碳酸氢铵：50mmol/L NH_4HCO_3 水溶液 pH8.0（见注释⑥）。每 1 个样品（重复）配制 0.5mL。

⑤ 胰蛋白酶：0.25mg/mL 50mmol/L NH_4HCO_3 和 1mmol/L $CaCl_2$ 溶液（见注释⑦）。每个样品（重复）配制 0.2mL。

⑥ 糜蛋白酶：0.25mg/mL 50mmol/L NH_4HCO_3 和 1mmol/L $CaCl_2$ 溶液（见注释⑧）。每个样品（重复）配制 0.2mL。

22.2.2 设备

① 10kDa MWCO 超滤管（如 Millipore 公司，目录号 UFC5010BK）。

② 台式离心机（如 Eppendorf 公司，型号 5415R），温度 25℃。

③ 带 eppendorf 管架的湿室。

④ 热混合器设置为 50℃。

22.2.3 高效液相色谱（HPLC）缓冲液成分

① HPLC 缓冲液 A：0.1% 甲酸，99.9% 水。上下颠倒混合（见注释⑨）。

② HPLC 缓冲液 B：0.1% 甲酸，90% 乙腈，9.9% 水。上下颠倒混合。

22.3 方法

22.3.1 谷蛋白提取

① 称取 20mg 的面粉（或研磨过的食品）放入 1.5mL eppendorf 管。

② 加入 200μL 55%IPA/2%DTT，涡旋至面粉与溶液完全混合（见注释⑩）。

③ 将管置于室温超声浴 5min。

④ 将管放入 50℃的干式加热器中 30min（见注释 ⑪）。

⑤ 将悬浮液以 20800×*g* 离心 10min。

⑥ 将含有谷蛋白的上清液转移到一新管中。

22.3.2　蛋白质分解

① 将 100μL 谷蛋白提取物转移至 10kDa MWCO 超滤管中，加入 100μL UA 缓冲液，以 20800×*g* 离心 15 min。

② 向超滤管中加入 200μL UA 缓冲液，洗涤蛋白质。以 20800×*g* 离心 15min。

③ 加入 100μL IAM 溶液，室温黑暗孵育 20min（见注释⑤和 ⑫）。

④ 将超滤管以 20800×*g* 离心 15 min。

⑤ 向超滤管中加入 200μL UA，以 20800×*g* 离心 15 min 去除多余的 IAM。弃去收集管的流过液。

⑥ 通过向超滤管中加入 200μL 50mmol/L NH_4HCO_3 更换缓冲液（见注释 ⑬），以 20800×*g* 离心 15 min。重复。

⑦ 将超滤管转移到新的收集管。通过加入 200μL 0.25 mg/mL 胰蛋白酶或糜蛋白酶（50mmol/L NH_4HCO_3 和 1mmol/L $CaCl_2$ 溶液）分解蛋白质，以低速（400r/min）短暂混合。将装置在 37℃湿室中孵育过夜（约 18h）。

⑧ 将超滤管以 20800×*g* 离心 15min 收集分解后的肽。通过加入 200μL 50mmol/L NH_4HCO_3 洗涤过滤管，将过滤管以 20800×*g* 离心 15min。

⑨ 将滤液在真空离心机中冷冻干燥，−20℃保存直到分析。

22.3.3　分解效率评估

① 分析前立即用 100μL 1% 甲酸溶解样品。

② 肽组分（5.0μL）可在反相高效液相色谱（RP-HPLC）系统上进行色谱分离。在本例中，描述岛津 Nexera UHPLC 系统的使用。HPLC 洗脱液可直接与质谱仪联用。在本例中，描述 QTRAP 6500 MS/MS（SCIEX 公司，美国加利福尼亚州红杉市）的使用。

③ 肽在 Phenomenex Kinetex C18（1.7μm，100Å，150mm×2.1mm）柱上以 400μL/min 的流速分离。线性梯度采用 5% ～ 45% 溶剂 B 10min，然后 45% ～ 80%B 1min，80%B 保持 1min，返回 5%B 0.1min 和重新平衡 3min。

④ 相对定量是使用事先设定的每次多反应监测（multiple reaction monitoring，MRM）跃迁使用 40s 检测窗口和 0.3s 的循环时间（见注释 ⑭）的 MRM 扫描实验实现的（表 22-1）。离子喷雾电压设置为 5500V，幕帘气设置为 35psi（1psi=6894.757Pa），离子源气 1 和 2（GS1 和 GS2）设置为 40psi 和 50psi，加热界面设置为 500℃（见注释 ⑮）。根据前体离子的大小和电荷使用制造商的起伏的碰撞能量（collision energy，CE）获得最佳肽碎片的质谱（见注释 ⑯）。

⑤ 使用 MultiQuant v3.0（SCIEX）进行峰积分（见注释 ⑰），其中所有三次跃迁都需要在相同保留时间（RT，min）下进行共洗脱，检测用信噪比（S/N）>3，定量用 S/N>5 和强度 >1000 计数 / 秒（cps）。图 22-1 显示了检测大麦（A）、小麦（B）和黑麦（C）中肽的 LC-MS 色谱图示例。

表 22-1 用于评估分解效率的谷蛋白肽标记，将给定肽的所有跃迁相加得到峰面积

序号	肽序列	Uniprot 登录号	保留时间/min	带电荷的前体离子 m/z(z)	产物是带碎片离子的质量和电荷的归类 m/z（碎片，z）	碰撞能量/V
G1	ELQESSLEAC（cam）R	大麦：I6TRS8 小麦：P10387 黑麦：Q94IL1	3.15	661.296（2+）	735.325（y6, 1+） 822.357（y7, 1+） 951.400（y7, 1+）	33.1
G2	AQQLAAQLPAMC（cam）R	大麦：I6TRS8 小麦：P08489 黑麦：D3XQB7	4.90	729.361（2+）	747.343（y6, 1+） 946.439（y8, 1+） 1017.476（y9, 1+）	36.5
G2*	AQQLAAQLPAM（ox）C（cam）R	大麦：I6TRS8 小麦：P08489 黑麦：D3XQB7	4.00	737.361（2+）	763.343（y6, 1+） 962.439（y8, 1+） 1033.476（y9, 1+）	36.9

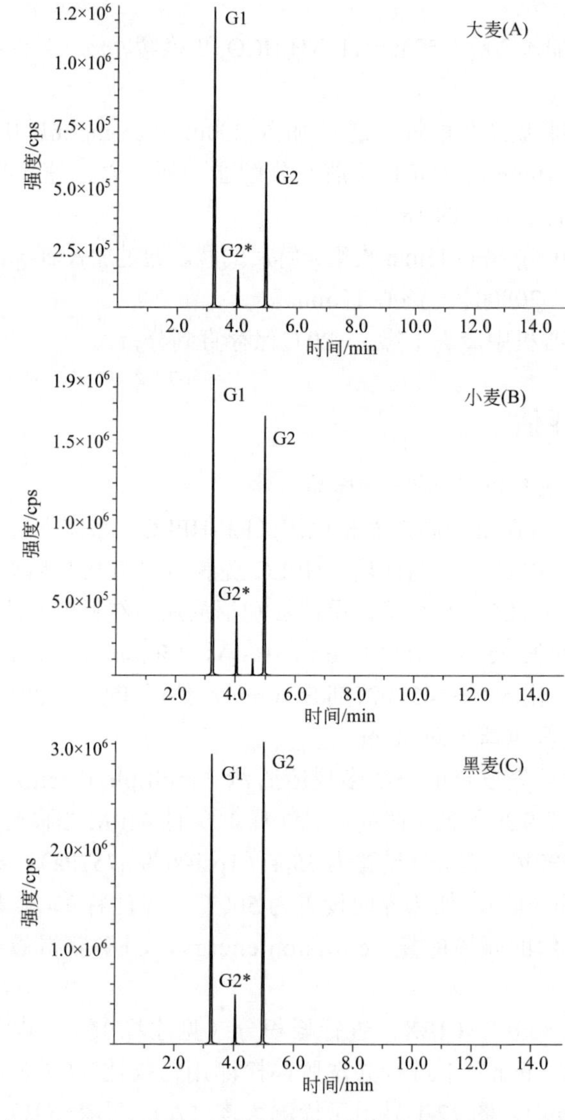

图 22-1 常见来源于大麦（A）、小麦（B）和黑麦（C）的谷蛋白肽的 LC-MRM-MS 分析。这些肽是 ELQESSLEACR（G1）、AQQLAAQLPAMCR（G2）及其氧化形式 AQQLAAQLPAM（ox）CR（G2*）

⑥ 对监测的三次 MRM 跃迁的峰面积进行求和，并通过检查平均值、标准差（SD）和变异系数（CV）来评估四个重复的数据，其中 CV 应小于 10%。

22.4　注释

① 异丙醇（IPA）是高度易燃的（远离明火），可经吸入、摄入或与皮肤接触而中毒。摄入 DTT 和 NH_4HCO_3 对身体有害，不要吸入它们的挥发物。所使用的所有化学药品应在通风良好的地方使用，并使用个人防护装备，避免接触。

② 始终现配提取缓冲液。

③ 尿素是一种强效的破坏蛋白质中非共价键的蛋白质变性剂。尿素用来增加蛋白质的溶解度。尿素是一种吸湿性材料（吸水），因此，建议少量购买和保存以避免配制溶液的浓度出现较大差异。

④ 可配制 1mol/L Tris-HCl 原液保存一个月。称 78.8g Tris-HCl 溶于 450mL 水配制。用 HCl 将溶液的 pH 调至 8.5，然后补足最终体积为 500mL。

⑤ IAM 对光敏感，应在使用前现配，并用箔纸包好保存直到使用。

⑥ 可配制 NH_4HCO_3 保存一个月。称 1.98g 溶于 450mL 水配制。使用 HCl 将溶液的 pH 调至 8.0，然后补足最终体积为 500mL。胰蛋白酶和糜蛋白酶在 pH 范围 7 ～ 9 内活性最大。

⑦ 蛋白质分解用胰蛋白酶的推荐范围为 1∶100 至 1∶20，孵育温度为 30 ～ 37℃。由于谷蛋白难分解，蛋白质与酶的比例为 20∶1。

⑧ 糜蛋白酶被 Ca^{2+} 激活和稳定。蛋白质分解用糜蛋白酶的推荐范围为 1∶200 至 1∶20，孵育温度为 30 ～ 37℃。由于谷蛋白难分解，蛋白质与酶的比例为 20∶1。

⑨ 甲酸是一种强酸，具有腐蚀性，吸入、摄入或接触可引起烧伤。使用时配备适当的个人防护装备并在通风橱中使用。如果要使用的 HPLC 未配备脱气模块，则应对其缓冲液进行脱气。这可以通过在超声浴中对溶液进行超声处理 10min 来实现。

⑩ 混合步骤对谷蛋白提取至关重要。重要的是在加入溶剂后立即涡旋混合样品以湿润面粉并避免面粉结块。

⑪ 提取步骤还可以还原半胱氨酸之间的二硫键（分子内和分子间的连接）。最好使用热混合器低速（例如 400r/min）进行提取。

⑫ 加入 IAM 可使半胱氨酸不可逆地烷基化防止再氧化。

⑬ 冲洗掉多余的试剂很重要。IAM 可以修饰其他位点，例如酪氨酸。尿素浓度超过 2mol/L 时会干扰蛋白质的分解。

⑭ MRM 方法由代表肽（也称为 Q1 离子）的前体离子 *m*/*z* 值和代表肽碎片离子（也称为 Q3 离子）的产物离子 *m*/*z* 值组成。两级的质量选择使 MRM 方法具有更大的特异性。

⑮ 使用的源条件（气和电压设置）取决于仪器、流速和使用的溶剂。这里提供的参数可作为实验起点但应使用标准品进行优化以达到最佳灵敏度。

⑯ 各电荷态的 CE 随 *m*/*z* 的增加呈线性增加。双电荷离子比三电荷离子需要更高的 CE。

⑰ 有许多软件包可以进行峰积分。MultiQuant^{TM} 是 SCIEX 的授权产品，但也有免费的软件包，如 Skylinehttps://skyline.ms。

致谢

这项工作得到了中国河南省外国专家局“2016年国际高层次人才培养”奖学金（YUWAIZHUAN [2016] 8号）对HL（HaiLiLi）的资助。

参考文献

1. Guandalini S, Assiri A (2014) Celiac disease: a review. JAMA Pediatr 168(3):272-278
2. Colgrave ML, Byrne K, Blundell M et al (2016) Comparing multiple reaction monitoring and sequential window acquisition of all theoretical mass spectra for the relative quantification of barley gluten in selectively bred barley lines. Anal Chem 88(18):9127-9135
3. Stamnaes J, Sollid LM (2015) Celiac disease: autoimmunity in response to food antigen. Semin Immunol 27(5):343-352
4. Fasano A, Berti I, Gerarduzzi T et al (2003) Prevalence of celiac disease in at-risk and notat-risk groups in the United States: a large multicenter study. Arch Intern Med 163(3):286-292
5. Lionetti E, Gatti S, Pulvirenti A et al (2015) Celiac disease from a global perspective. Best Pract Res Clin Gastroenterol 29(3):365-379
6. Catassi C, Bai JC, Bonaz B et al (2013) Non-celiac gluten sensitivity: the new frontier of gluten related disorders. Nutrients 5 (10):3839-3853
7. Koerner TB, Abbott M, Godefroy SB et al (2013) Validation procedures for quantitative gluten ELISA methods: AOAC allergen community guidance and best practices. J AOAC Int 96(5):1033-1040
8. Thompson T, Mendez E (2008) Commercial assays to assess gluten content of gluten-free foods: why they are not created equal. J Am Diet Assoc 108(10):1682-1687
9. Colgrave ML, Byrne K, Blundell M et al (2016) Identification of barley-specific peptide markers that persist in processed foods and are capable of detecting barley contamination by LC-MS/MS. J Proteome 147:169-176
10. Colgrave ML, Goswami H, Byrne K et al (2015) Proteomic profiling of 16 cereal grains and the application of targeted proteomics to detect wheat contamination. J Proteome Res 14(6):2659-2668
11. Fiedler KL, McGrath SC, Callahan JH et al (2014) Characterization of grain-specific peptide markers for the detection of gluten by mass spectrometry. J Agric Food Chem 62(25):5835-5844
12. Gomaa A, Boye J (2015) Simultaneous detection of multi-allergens in an incurred food matrix using ELISA, multiplex flow cytometry and liquid chromatography mass spectrometry (LC-MS). Food Chem 175:585-592
13. Sealey-Voyksner JA, Khosla C, Voyksner RD et al (2010) Novel aspects of quantitation of immunogenic wheat gluten peptides by liquid chromatography-mass spectrometry/mass spectrometry. J Chromatogr A 1217(25):4167-4183

第23章

基于磁珠的免疫分析血浆中肿瘤标志物的糖基化谱

Hongye Wang, Zheng Cao, Hu Duan, Xiaobo Yu

摘要 糖基化作为最重要的翻译后修饰之一，在蛋白质折叠、转运、细胞分化和免疫识别等方面起重要作用。糖基化的改变与癌症发生发展过程中及之后的病理过程密切相关，因此在癌症检测中具有重要价值。在这一章中，描述了一种以CA125为模型的基于磁珠免疫分析血浆肿瘤标志物的糖基化谱的步骤，包括磁珠偶联、偶联控制、糖基化检测以及乳腺癌患者的血浆筛查。该步骤可用于分析不同人癌症的临床血浆或血清样品中蛋白质标志物的糖基化。

关键词 翻译后修饰，糖基化，肿瘤标志物，血浆，凝集素，基于磁珠的免疫分析

23.1 引言

作为世界上一个重大的公共卫生问题，癌症一直是中国人死亡的主要原因[1]。早期发现可能是治疗和控制这种疾病的最佳方法[2-4]。然而，大多数癌症生物标志物的灵敏性和特异性仍然有限，迫切需要找到新的能够提高癌症检测的生物标志物[5, 6]。糖基化是蛋白质最重要的翻译后修饰之一，在蛋白质折叠、转运、细胞分化以及免疫识别等方面起重要作用[7]。糖基化的改变与癌症发生发展过程中及之后的病理过程密切相关。已发现许多肿瘤蛋白标志物含有糖基化表达改变，如CA19-9、CA15-3和AFP-L3[8, 9]。因此，能检测和定量肿瘤标志物糖基化的方法对提高癌症诊断和预后具有重要价值[6, 10, 11]。

凝集素优先结合到特定的末端单糖或多糖结构，已广泛用作捕获和检测糖基化蛋白的亲和试剂[12]。Chen等开发了一种能够分别使用蛋白质检测抗体和凝集素在抗体芯片上高通量检测蛋白质表达和糖基化的多重试验方法。结果表明，MUC1（mucin 1，黏蛋白1）和CEA（carcinoembryonic antigen，癌胚抗原）蛋白糖基化的改变与胰腺癌的发生有关[13]。采用类似的策略，Li等将抗体与磁珠结合，分别用生物素化抗体和凝集素检测血清TIMP-1（tissue inhibitor of metallopeptidase 1，金属肽酶组织抑制剂1）和DPP-4（membrane metallo-endopeptidase and dipeptidyl peptidase-Ⅳ，膜金属内肽酶和二肽基肽酶Ⅳ）的表达和糖基化。该系统为糖蛋白作为癌症生物标志物的验证提供了一个有用的工具[14]。

研究重点是肿瘤标志物的糖基化在提高癌症检测、预后和治疗中的作用[6, 15]。在这里描述一种以 CA125 为模型基于磁珠免疫分析血浆肿瘤标志物糖基化谱的步骤，包括磁珠偶联、偶联控制、糖基化检测以及乳腺癌患者的血浆筛查（图 23-1）。本章所描述的这种检测方法可用于分析不同人癌症的临床血浆或血清样品中蛋白质标志物的糖基化。

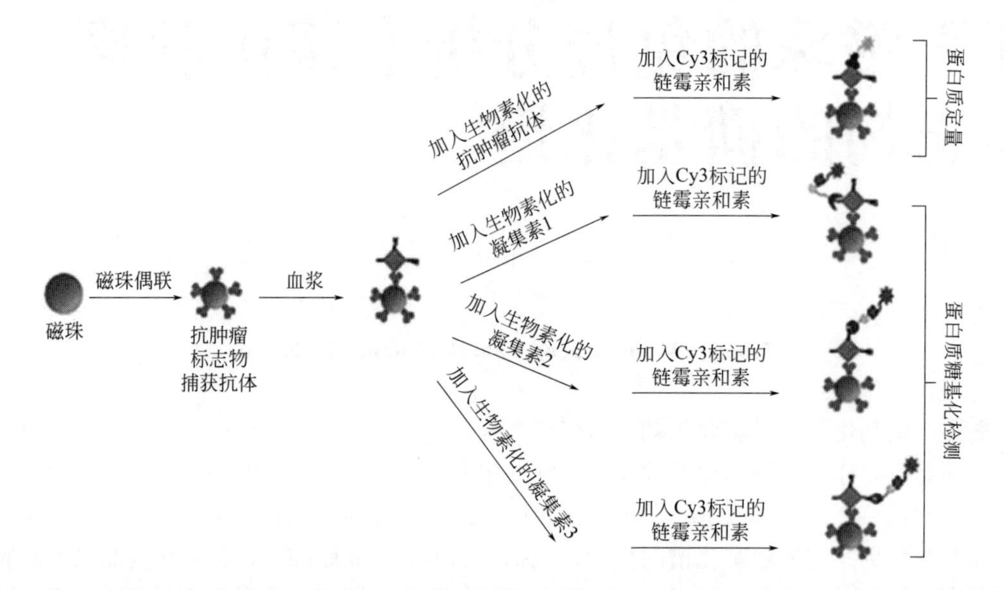

图 23-1 基于磁珠的免疫分析血浆肿瘤标志物糖基化谱的示意图。抗肿瘤标志物抗体通过 EDC/NHS 化学偶联到羧基修饰的磁珠上，然后与癌症患者的血浆或血清一起孵育。捕获到磁珠上的肿瘤蛋白可分别通过生物素化的抗蛋白抗体进行蛋白质定量检测或生物素化的凝集素进行糖基化谱的检测。最后用 Luminex 仪器或流式细胞仪检测与 Cy3 标记的链霉亲和素孵育后的荧光信号

23.2 材料

23.2.1 试剂

① 磁珠：Luminex MegPlex 磁珠（美国得克萨斯州奥斯汀市 Luminex 公司）。

② 活化缓冲液：0.1mol/L NaH_2PO_4（美国密苏里州圣路易斯市 Sigma-Aldrich 公司），pH 6.2。

③ EDC 溶液：50mg/mL EDC（1- 乙基 -3-[3- 二甲基氨基丙基] 碳二亚胺盐酸盐，美国伊利诺伊州 Thermo Fisher Scientific 公司）。

④ Sulfo-NHS 溶液：50mg/mL Sulfo-NHS（美国伊利诺伊州 Thermo Fisher Scientific 公司）。

⑤ 偶联缓冲液：50mmol/L MES，pH5.0（美国密苏里州圣路易斯市 Sigma-Aldrich 公司）。

⑥ 分析 / 洗涤缓冲液：0.05%（体积分数）吐温 20 0.01mol/L PBS 溶液。

⑦ 封闭缓冲液：PBS-TBN，1%BSA 洗涤缓冲液。

⑧ 凝集素：生物素化橙黄网孢盘菌凝集素（*Aleuria aurantia* lectin，AAL）、生物素化菜豆红细胞凝集素（*Phaseolus vulgaris* erythroagglutinin，PHA-E）、生物素化长柔毛野豌豆凝集素（*Vicia villosa* lectin，VVL，VVA）（美国加利福尼亚州伯林格姆 Vector Laboratories 公司）。

⑨ Cy3 链霉亲和素（美国宾夕法尼亚州西格罗夫 Jackson ImmunoResearch 公司）。

⑩ 重组人 CA125/MUC16 蛋白（美国明尼苏达州明尼阿波利斯 R&D systems 公司）。

⑪ 抗 CA125/MUC16 单克隆抗体（美国马萨诸塞州剑桥 Abcam 公司）。

⑫ 山羊抗鼠 IgG-Alexa555（美国伊利诺伊州 Thermo Fisher Scientific 公司）。

23.3　方法

23.3.1　磁珠偶联

① 将储存的磁珠涡旋 30s 进行重悬，然后超声波处理 20s（见注释①）。

② 取 100μL 1.25×10^7 磁珠放于微量离心管中，将管放入磁分离器中保持 1min（见注释②）。

③ 去除上清液，将磁珠用 100μL dH_2O 涡旋 30s 重悬。

④ 在磁分离器中保持 1min，去除上清液，不要弄乱磁珠。

⑤ 将磁珠用 80μL 活化缓冲液涡旋 30s 重悬。

⑥ 用 dH_2O 配制 50mg/mL Sulfo-NHS 和 EDC。

⑦ 向磁珠中加入 10μL 50mg/mL Sulfo-NHS，涡旋轻轻混合。

⑧ 向磁珠中加入 10μL 50mg/mL EDC，涡旋轻轻混合。

⑨ 室温轻轻混合孵育 20min。

⑩ 将管放入磁分离器中保持 1min，去除上清液。

⑪ 用 250μL 偶联缓冲液洗涤磁珠两次。

⑫ 用 100μL 洗涤缓冲液重悬磁珠，加入 5μg 抗 CA125 抗体。室温轻轻混合孵育 2h（见注释③）。

⑬ 用 500μL 封闭缓冲液洗涤偶联磁珠，室温孵育 30min。

⑭ 用 500μL 洗涤缓冲液洗涤封闭的磁珠，用 1000μL 洗涤缓冲液重悬磁珠。

⑮ 使用 BD-FACSVerse 计算磁珠的数量（见注释④）。

23.3.2　抗 CA125 抗体偶联磁珠的质量控制

① 用分析缓冲液将鼠抗 CA125 抗体偶联磁珠稀释至 50 个 /μL 的最终浓度，并将 50μL 加入 96 孔板（用 PBS-TBN 缓冲液预封闭），做两个重复。

② 将 96 孔板（用 PBS-TBN 缓冲液预封闭）中的磁珠与 0.125μg/mL、0.25μg/mL、0.5μg/mL、1μg/mL、2μg/mL、4μg/mL 结合羊抗鼠 IgG 的 Alexa555 一起室温孵育 30min，用分析缓冲液作为空白对照（见注释⑤）。

③ 将 96 孔板放在磁分离器上保持 3min，去除上清液。

④ 用 150μL 洗涤缓冲液洗涤磁珠两次，再用 100μL 洗涤缓冲液重悬磁珠。

⑤ 将制备好的磁珠采用 Luminex200 仪器进行荧光测量。偶联控制的代表性结果如图 23-2 所示。

23.3.3　血浆 CA125 表达的夹心免疫分析检测

① 用分析缓冲液将偶联磁珠稀释至 50 个 /μL 的最终浓度，并将 50μL 加入 96 孔板（用

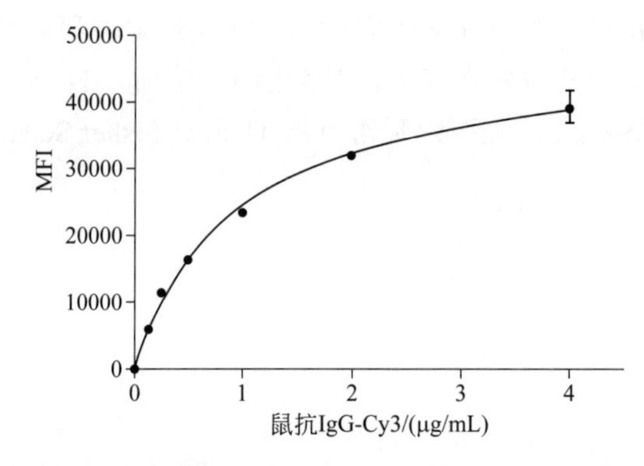

图 23-2 抗体偶联磁珠的质量控制。MFI 是 100 颗计数磁珠的荧光强度中值

PBS-TBN 缓冲液预封闭），做两个重复。

② 将两个重复的 96 孔板（用 PBS-TBN 缓冲液预封闭）中的磁珠与基质中的一系列浓度的 CA125 蛋白一起室温孵育 2h。

③ 将 96 孔板放在磁分离器上保持 3min，去除上清液。

④ 用 150μL 洗涤缓冲液洗涤磁珠三次。

⑤ 加入 100μL CA125 检测抗体（4μg/mL），室温孵育 1h。

⑥ 用 150μL 洗涤缓冲液洗涤磁珠三次。

⑦ 加入 100μL Alexa555 标记的羊抗鼠 IgG（4μg/mL），室温孵育 1h。

⑧ 用 150μL 洗涤缓冲液洗涤磁珠两次，再用 100μL 洗涤缓冲液重悬磁珠。

⑨ 将制备好磁珠采用 Luminex200 仪器进行荧光测量。不同浓度 CA125 的夹心免疫分析检测结果如图 23-3 所示。

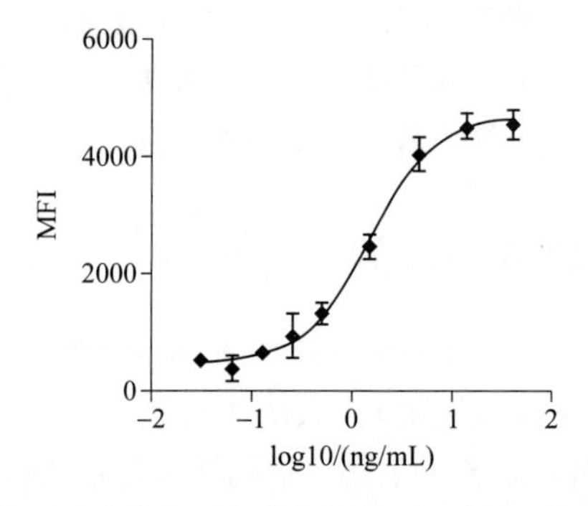

图 23-3 用基于磁珠的夹心免疫分析检测 CA125 的剂量 - 响应曲线。MFI 是 100 颗计数磁珠的荧光强度中值

23.3.4 乳腺癌患者血浆 CA125 的糖基化谱

① 血浆样品在 4℃解冻，以 14000×*g* 离心 10min（见注释⑥）。

② 用分析缓冲液将偶联磁珠稀释至 50 个 /μL 的最终浓度，并将 50μL 加入 96 孔板（用 PBS-TBN 缓冲液预封闭），做两个重复。

③ 加入 50μL 血浆样品，用 Eppendorf MixMate 混匀仪以 390×*g* 混合。室温孵育 2h。

④ 用 150μL 洗涤缓冲液洗涤磁珠三次。

⑤ 加入 100μL 生物素化的凝集素（2μg/mL），室温孵育 1h。

⑥ 用 150μL 洗涤缓冲液洗涤磁珠三次。

⑦ 每孔加入 100μL Cy3- 链霉亲和素（4μg/mL），在 Eppendorf MixMate 混匀仪上以 390×*g* 室温孵育 1h。

⑧ 用 150μL 洗涤缓冲液洗涤磁珠两次，再用 150μL 洗涤缓冲液重悬磁珠。

⑨ 将制备好的磁珠采用 Luminex200 仪器进行荧光测量（见注释⑦）。血浆筛查的代表性结果如图 23-4 所示，其中可以观察到 AAL、PHA-E 和 VVA 凝集素对 CA125 糖基化的差异谱。

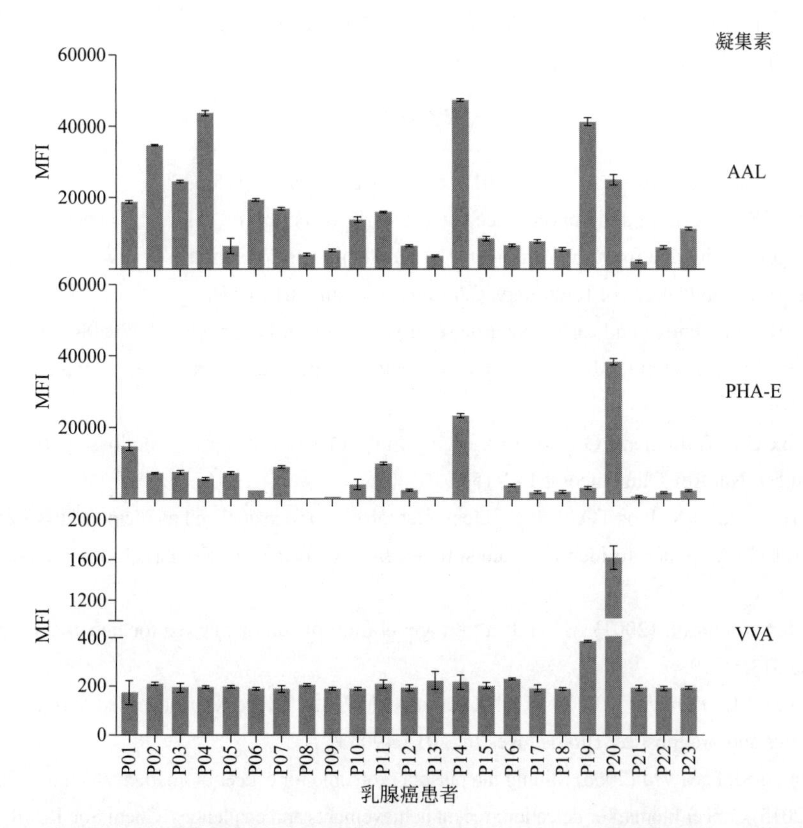

图 23-4　使用生物素化的凝集素检测乳腺癌患者血浆中 CA125 的糖基化谱。所有血浆样品均在经北京蛋白质组研究中心伦理审查委员会（IRB）批准的书面知情同意下采集

23.4　注释

① 这一步骤对于防止磁珠聚集至关重要。

② 尽量减少暴露时间，因为长时间暴露在光下可能会导致荧光猝灭。孵育期间，96 孔板应覆盖铝箔。

③ 不要使用含有 Tris 或其他胺基缓冲液的溶液，否则会降低偶联效率。

④ 偶联磁珠数目也可用细胞计数器或血细胞计数器进行计数。

⑤ 孵育时，应把 96 孔板放在振荡器上，以减少磁珠的沉淀和聚集。

⑥ 强烈建议将血浆或血清样品在4℃解冻，然后以14000×g离心10min以去除样品中的沉淀。

⑦ 本方法适用于肿瘤蛋白标志物上不同糖基化的检测。这种颜色编码的磁珠使研究人员能够在一个实验中筛查多达100个参数。

致谢

本课题由中国国家自然科学基金（81673040）、蛋白质组学国家重点实验室（SKLP-O201504和SKLP-K201505）对X.Y.进行资助。

参考文献

1. Chen Wet al (2016) Cancer statistics in China, 2015. CA Cancer J Clin 66:115-132
2. Levin B et al (2008) Screening and surveillance for the early detection of colorectal cancer and adenomatous polyps, 2008: a joint guideline from the American Cancer Society, the US multi-society task force on colorectal cancer, and the American College of Radiology. CA Cancer J Clin 58:130-160
3. Cuzick J et al (2014) Prevention and early detection of prostate cancer. Lancet Oncol 15:e484-e492
4. Wang D, Yang L, Zhang P, et al (2017) AAgAtlas 1.0: a human autoantigen database. Nucleic acids research 45 (D1): D769-D776
5. Hanash SM, Baik CS, Kallioniemi O (2011) Emerging molecular biomarkers—bloodbased strategies to detect and monitor cancer. Nat Rev Clin Oncol 8:142-150
6. Yu X, Schneiderhan-Marra N, Joos TO (2010) Protein microarrays for personalized medicine. Clin Chem 56:376-387
7. Wang JR et al (2017) A method to identify trace sulfated IgG N-glycans as biomarkers for rheumatoid arthritis. Nat Commun 8:631
8. Li D, Mallory T, Satomura S (2001) AFP-L3: a new generation of tumor marker for hepatocellular carcinoma. Clin Chim Acta 313:15-19
9. Kirwan A, Utratna M, O'Dwyer ME, Joshi L, Kilcoyne M (2015) Glycosylation-based serum biomarkers for cancer diagnostics and prognostics. Biomed Res Int 2015:490531
10. Hanash SM, Pitteri SJ, Faca VM (2008) Mining the plasma proteome for cancer biomarkers. Nature 452:571-579
11. Wu L, Qu X (2015) Cancer biomarker detection: recent achievements and challenges. Chem Soc Rev 44:2963-2997
12. Syed P et al (2016) Role of lectin microarrays in cancer diagnosis. Proteomics 16:1257-1265
13. Chen S et al (2007) Multiplexed analysis of glycan variation on native proteins captured by antibody microarrays. Nat Methods 4:437-444
14. Li D, Chiu H, Chen J, Zhang H, Chan DW (2013) Integrated analyses of proteins and their glycans in a magnetic bead-based multiplex assay format. Clin Chem 59:315-324
15. Yu X, Petritis B, Duan H, Xu D, LaBaer J (2018) Advances in cell-free protein array methods. Expert Rev Proteomics 15:1-11

第24章

无脊椎动物糖蛋白的蛋白质特异性分析

Alba Hykollari, Daniel Malzl, Iain B. H. Wilson, Katharina Paschinger

摘要 *N*- 聚糖❶是连接在天冬酰胺残基酰胺侧链上的蛋白质的翻译后修饰，在同一糖基化位点可能存在不同的结构，因此可能存在异质性。与哺乳动物系统相比，无脊椎动物的 *N*- 糖基化分析是一个挑战，因为在不同物种之间存在不熟悉的表位以及高度的结构和异构体变化。本章提出了一种分析特定糖蛋白上的 *N*- 聚糖的简单分析方法，该方法包括胰蛋白酶肽质谱和“离线”反相高效液相色谱基质辅助激光解吸 / 电离飞行时间质谱（RP-HPLC MALDI-TOF MS/MS）的结合，并辅以印迹法识别特定的表位。附加的 *N*- 聚糖富集和标记步骤可以促进单一结构的分析，甚至可以提供从特定蛋白质分离 *N*- 聚糖的异构体。

关键词 糖基化，糖蛋白组学，质谱，“离线”MALDI-TOF MS

24.1 引言

在翻译后修饰中，各种形式的糖基化分析是一个巨大的挑战。最常见的是，聚糖通过 *N*- 或 *O*- 连接到蛋白质的氨基或羟基侧链，尽管 *C*- 和 *S*- 连接也是已知的 [1]。*N*- 聚糖可能是研究最多的糖化形式，在细菌、古菌和几乎所有的真核生物中都有发现；在后一种情况下，天冬酰胺残基被一种寡糖通过一个核心 *N*- 乙酰氨基葡萄糖残基修饰 [2]。当然，哺乳动物中的 *N*- 聚糖已经得到了很好的研究，而对于无脊椎动物来说，*N*- 聚糖的结构及其功能仍然是个未知数。与它们简单的体型或大小不同，最近关于 *N*- 糖基化的研究已经证明无脊椎动物合成复杂的 *N*- 聚糖，其复杂程度与脊椎动物相当 [3-6]。

由于无脊椎动物 *N*- 聚糖核心和触角端修饰种类繁多，其分析具有挑战性且更耗时，因为大多数可用的生物信息学工具都基于哺乳动物的结构，因此在考虑无脊椎动物糖肽和 *N*- 聚糖数据时效用有限。另一方面，无脊椎动物糖蛋白具有生物医学相关性，因为它们具有免疫原性（例如，在蛇毒中）、免疫调节活性和作为疫苗靶点的相关性（例如，寄生虫糖蛋白）或

❶ 关于蜂王浆 *N*- 聚糖的完整数据在发表的论文中表述：Hykollari 等，2018，蜂王浆糖蛋白中阴离子和两性离子 *N*- 聚糖的异构体分离与识别。

者使用无脊椎动物细胞系（例如，基于杆状病毒系统）生产重组生物药物[7-9]。因此，有必要在糖组和糖蛋白水平上充分确定无脊椎动物*N*-聚糖结构。显然，仅仅基于*m/z*的聚糖注释是不够的，而且常常会引起误解。因此，正交证明是必要的，包括使用特定的检测试剂、MS/MS碎片化、化学试剂或外切糖苷酶处理或参考同一生物体的全面深入的糖组学分析[10, 11]。

N-聚糖的分析通常需要从纯化的单一蛋白质或少量的生物材料进行。在这里，描述了蛋白质特定的*N*-聚糖的纯化、富集和分析程序，成功地用于无脊椎动物糖蛋白的分析中。首先用免疫印迹筛选该蛋白质的*N*-聚糖表位，通过特异性抗体、凝集素和正五聚蛋白的亲和力可以对连接在蛋白质上的寡糖（例如，核心岩藻糖、末端半乳糖等）的修饰给出初步解读。蛋白质的胰蛋白酶分解和随后的肽质谱指纹图谱有助于在理论上鉴定蛋白质，并为进一步分析提供（糖）肽。肽：*N*-糖苷酶可用于在质谱分析之前从肽切割*N*-聚糖；如果数量允许，它们可以用荧光标记并进行HPLC和MS/MS分析。因此，可以超越典型的糖蛋白组学程序，以便更明确地确定特定糖蛋白上的*N*-聚糖结构。

24.2 材料

24.2.1 设备

① 探头超声波破碎仪，如Branson sonifier 250。

② 带杵的瓷研钵，紧配玻璃匀浆器（Wheaton公司，根据需要定制）。

③ 真空离心机（如Speedvac、Thermo公司）。

④ 微型离心机（如Heraeus、Thermo公司）。

⑤ 冻干机（Labconco公司）。

⑥ mini Protean® Tetra电泳槽和Power Pac电源（Bio Rad公司）。

⑦ Trans blot SD半干电泳转印槽（Bio-Rad公司）。

⑧ 直径1cm、长度50cm的玻璃柱（Bio-Rad公司）。

⑨ 多功能微孔板读取器（如Infinite M200，Tecan公司）；黑色96孔微孔板，例如Microfluoru™1或LumiNunc（Thermo公司）。

⑩ 带荧光检测器的HPLC仪（例如，shimadzu Nexera），反相色谱柱，例如，Ascentis® Express RP-Amide（150mm×46mm，2.7μm，Supelco公司）。

⑪ 基质辅助激光解吸电离/串联飞行时间质谱（matrix-assisted laser-desorption ionization tandem time of flight mass spectrometry，MALDI-TOF-TOF-MS），Autoflex Speed或UltrafleXtreme MALDI-TOF-TOF；适当的MALDI抛光或磨光钢靶板（Bruker Daltonics公司，美国马萨诸塞州比尔里卡市）。从岛津或Applied Biosystems公司可获得商业替代品。

24.2.2 试剂、缓冲液和色谱柱（见注释①和注释②）

24.2.2.1 生物材料的破碎和SDS-PAGE样品制备

含有200mg十二烷基硫酸钠（sodium dodecyl sulfate，SDS）、154mg DTT（二硫苏糖醇）、5mL浓缩胶缓冲液、3.6mL 87%甘油（用水补至10mL，然后加入少量溴酚蓝晶体）的2×十二

烷基硫酸钠 - 聚丙烯酰胺凝胶电泳（SDS-PAGE）还原样品缓冲液。

24.2.2.2　SDS-PAGE 和免疫印迹

① 12%SDS-PAGE 凝胶（使用 Bio-Rad 公司的 40% 丙烯酰胺原液，用 0.5mol/L Tris-HCl pH 6.8 的浓缩胶缓冲液或 1.5mol/L Tris-HCl pH 8.8 的分离胶缓冲液稀释）。

② SDS-PAGE 电泳缓冲液（25mmol/L Tris，192mmol/L 甘氨酸，0.1% SDS；来自 VWR 公司或 Roth 公司的成分）。

③ 免疫印迹转印缓冲液（25mmol/L Tris，192mmol/L 甘氨酸，10% 甲醇；来自 VWR 公司或 Roth 公司）。

④ SDS-PAGE 蛋白质分子量标准（如 Thermo PageRuler™）。

⑤ 硝酸纤维素膜（来自 Pall Life Science 的 BioTrace™ NT）。

⑥ 超厚转印滤纸（Bio-Rad 公司）。

⑦ 5mg/mL 丽春红（Ponceau S）（Sigma 公司）1%（体积分数）醋酸溶液。

⑧ 洗膜缓冲液：含 0.05% 吐温（Sigma 公司）的 Tris 缓冲液（TBS，即 0.1mol/L Tris-HCl，pH7.4，0.1mol/L NaCl；通常配制成 10 倍浓缩原液）。

⑨ 膜封闭和抗体 / 凝集素稀释缓冲液：含 0.05% 吐温和 0.5% BSA 的 Tris 缓冲液（Roth 公司）。

⑩ 一抗、二抗、凝集素和正五聚蛋白（Sigma 公司或 Vector Laboratories 公司）（见表 24-1）。

⑪ SigmaFAST BCIP/NBT 或 SigmaFAST 3,3′- 二氨基联苯胺四盐酸盐片剂（Sigma 公司），分别溶于 10mL 和 5mL 水中。

表 24-1　用于 *N*- 聚糖表位筛选的所选抗体、凝集素和正五聚蛋白清单（注释④）

一抗	稀释	表位[13, 14]	供应商
兔抗辣根过氧化物酶（horseradish peroxidase，HRP），10mg/mL	1∶10000	Core α1,3-Fuc/core β1,2-Xyl	Sigma 公司
抗 PC（TEPC-15 鼠 IgA），10mg/mL	1∶200	PC-Hex（NAc）	Sigma 公司
二抗			
碱性磷酸酶标记山羊抗兔 IgG	1∶2000		Vector Labs 公司
碱性磷酸酶标记山羊抗鼠 IgA	1∶10000		Sigma 公司
正五聚蛋白			
人血浆 C 反应蛋白（CRP）（加入 $CaCl_2$ 2.5mmol/L）	1∶200	PC-Hex（NAc）	MP Biochemicals 公司
人血清淀粉样蛋白 P 成分（SAP）	1∶200	PE-Hex（NAc）	Sigma 公司
正五聚蛋白识别			
兔抗人 C 反应蛋白	1∶1000		Dako 公司
兔抗淀粉样蛋白 P 人血清成分 IgG（抗 SAP）	1∶1000		Calbiochem 公司
凝集素			
生物素化橙黄网孢盘菌（*Aleuria aurantia*）凝集素	1∶1000	Core α1,6-Fuc/Le^x	Vector Labs 公司
生物素化小麦胚芽凝集素	1∶1000	β1,4HexNAc/α2,3Sia	Vector Labs 公司
生物素化花生凝集素	1∶1000	Gal β1,3GalNAc	Vector Labs 公司
凝集素识别			
碱性磷酸酶标记山羊抗生物素抗体	1∶10000		Sigma 公司

24.2.2.3 胰蛋白酶肽图谱

① 胶体考马斯亮蓝染色液：0.2mg/mL 考马斯亮蓝 G-250（Bio-Rad 公司），5% 硫酸铝 -（14-18）- 水合物［例如，$Al_2(SO_4)_3 \cdot 16H_2O$（Roth 公司）］，乙醇 96%（VWR 公司），磷酸 85%（Roth 公司）。称取 100g 硫酸铝，溶于 1500mL 水中，加入 200mL 乙醇混合均匀，加入 0.4g 考马斯亮蓝 G-250 充分混合至少 30min，慢慢加入 47mL 磷酸混合均匀，用水补至 2000mL（见注释③）。

② 乙腈 LC-MS 级（VWR 公司）、碳酸氢铵（Roth 公司）、水 HPLC 超梯度级（VWR 公司）、碘乙酰胺（Sigma 公司）、二硫苏糖醇（Roth 公司）、三氟乙酸（Fluka 公司）。

③ 测序级修饰胰蛋白酶溶解于 50mmol/L 醋酸（Promega 公司）至 0.1mg/mL，通常在 Arg 和 Lys 残基后切割。

24.2.2.4 *N*- 聚糖的释放和分析

① 肽：*N*- 糖苷酶 F（PNGase F，来自脑膜败血黄杆菌（*Flavobacterium meningosepticum*）的重组物；Sigma 公司）。

② 肽：*N*- 糖苷酶 A（从杏仁粉中纯化天然的，PNGase A），来自 Sigma 公司，或 Endo H 处理水稻并在毕赤酵母中表达的重组蛋白，PNGase Ar 来自 NEB 公司）。

③ 对于 PNGase F：100mmol/L McIlvaine 磷酸盐 / 柠檬酸盐缓冲液（pH 7.5）或 50mmol/L 碳酸氢铵（pH 8，碳酸铵和碳酸氢铵的混合物）。

④ 对于 PNGase A：20mmol/L 醋酸铵（pH 5）。

⑤ 1 ～ 3mL 固相萃取柱和筛板（Supelco 公司）。

⑥ 乙腈、异丙醇、乙酸、水（HPLC 超梯度级）。

⑦ Dowex AG® 50W-X8 200 ～ 400 目 H^+ 型（Bio-Rad 公司，生物技术级；用 0.1mol/L NaOH、水、0.1mol/L HCl、水、1mol/L 醋酸铵和水连续洗涤）并在使用前用 2% 乙酸预平衡；C_{18} 材料（Lichroprep，Merck 公司）；无孔石墨化碳材料（nonporous graphitized carbon，NPGC；例如，Supelco ENVICarb™）。

⑧ MALDI 基质：α- 氰基肉桂酸（ACH，Sigma 公司；10mg/mL 0.1% 三氟乙酸 /50% 乙腈溶液）或 6- 氮杂 - 硫代胸腺嘧啶（ATT，Sigma 公司；3mg/mL ATT 溶于 50% 乙醇中）。

⑨ 聚糖标记：2- 氨基吡啶（PA，>99% 纯度，Sigma 公司），氰基硼氢化钠（95% 纯度，Sigma 公司），盐酸（37%HCl，Roth 公司）。

⑩ 凝胶过滤：葡聚糖凝胶 G-15 和 G-25 粗（GE 医疗）。

24.2.2.5 蛋白质组和 *N*- 聚糖数据分析

（1）数据库检索程序

① Matrix Science web server（www.matrixscience.com/cgi）。

② ProteinProspector（prospector.ucsf.edu/prospector/cgi-bin）。

（2）肽 / 蛋白质实用程序

理论肽质量计算器（www.expasy.org）。

（3）*N*- 聚糖分析

① Glycoworkbench（www.glycoworkbench.org）。

② FlexAnalysis Bruker software。

24.3　方法（见图24-1和图24-2中的流程图和示例数据）

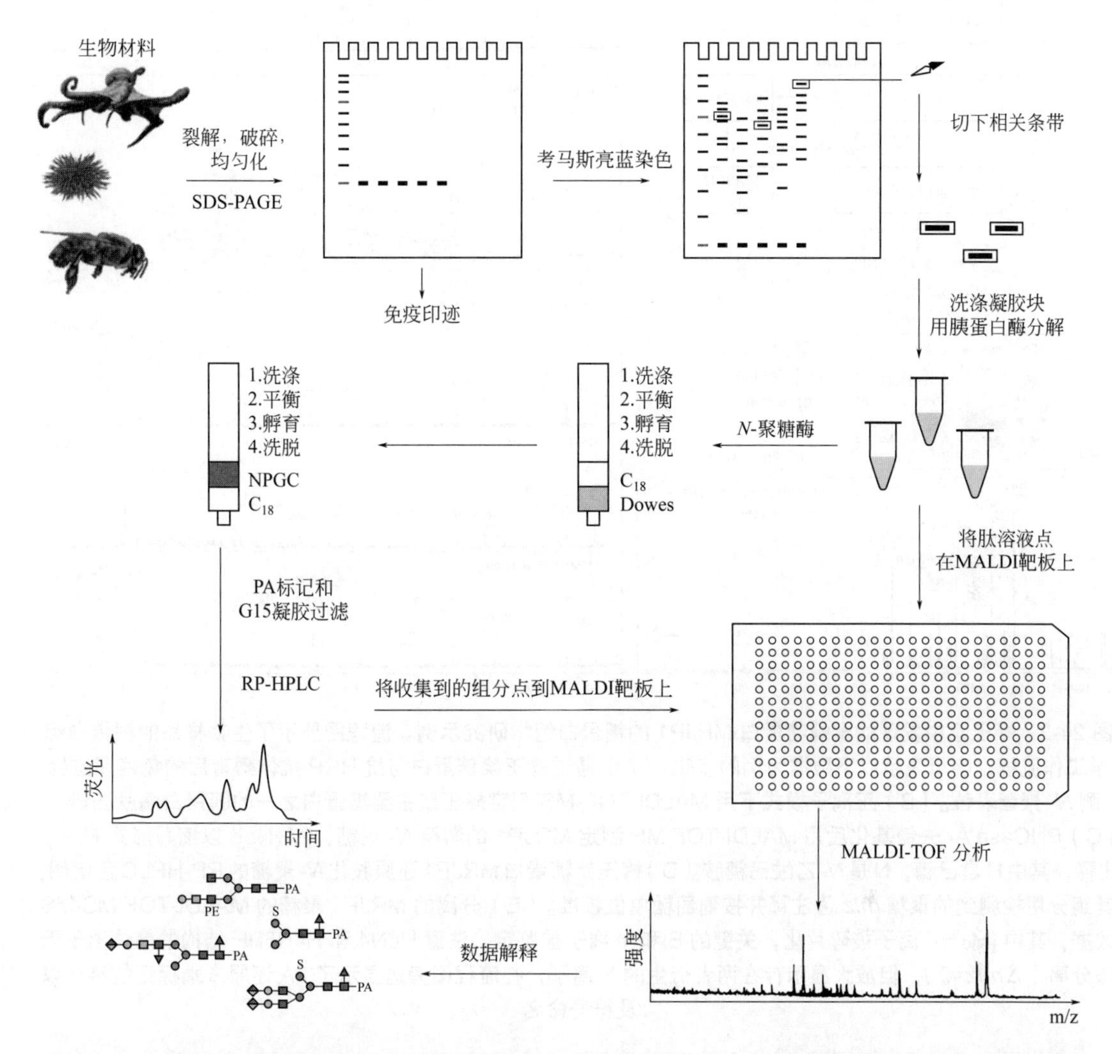

图 24-1　一种可能的聚糖和糖蛋白组学工作流程。从生物材料开始，蛋白质可以通过 SDS-PAGE 分离，然后进行免疫印迹或肽图指纹图谱。肽和糖肽直接用质谱分析；聚糖由 *N*- 聚糖酶如 PNGase Ar 释放，再经过两轮固相提取纯化后进行质谱和 / 或 HPLC 分析。聚糖（以蜂王浆为例）根据其符号命名法来描述，其中圆形、正方形、三角形和菱形分别代表己糖（这里是 Man 或 Gal）、*N*- 乙酰己糖胺（GalNAc 或 GlcNAc）、脱氧己糖（Fuc）和己糖醛酸（GlcA）；S 代表硫酸盐；PE 代表磷酸乙醇胺

24.3.1　样品制备和糖表位识别

24.3.1.1　糖蛋白分析用样品制备（见注释①和注释②）

所选择的（糖）蛋白质的纯化过程取决于生物材料，可以是整个生物体、细胞、组织、囊液、半纯化蛋白质或培养基或缓冲液中的分泌（糖）蛋白质。

① 将生物材料在沸水中加热 10min 灭活。冷却样品（细胞、蠕虫、蜂王浆等）后，使用超声波破碎仪或研钵和杵或紧配的玻璃匀浆器使材料均匀；对于组织或真菌菌丝体，在热

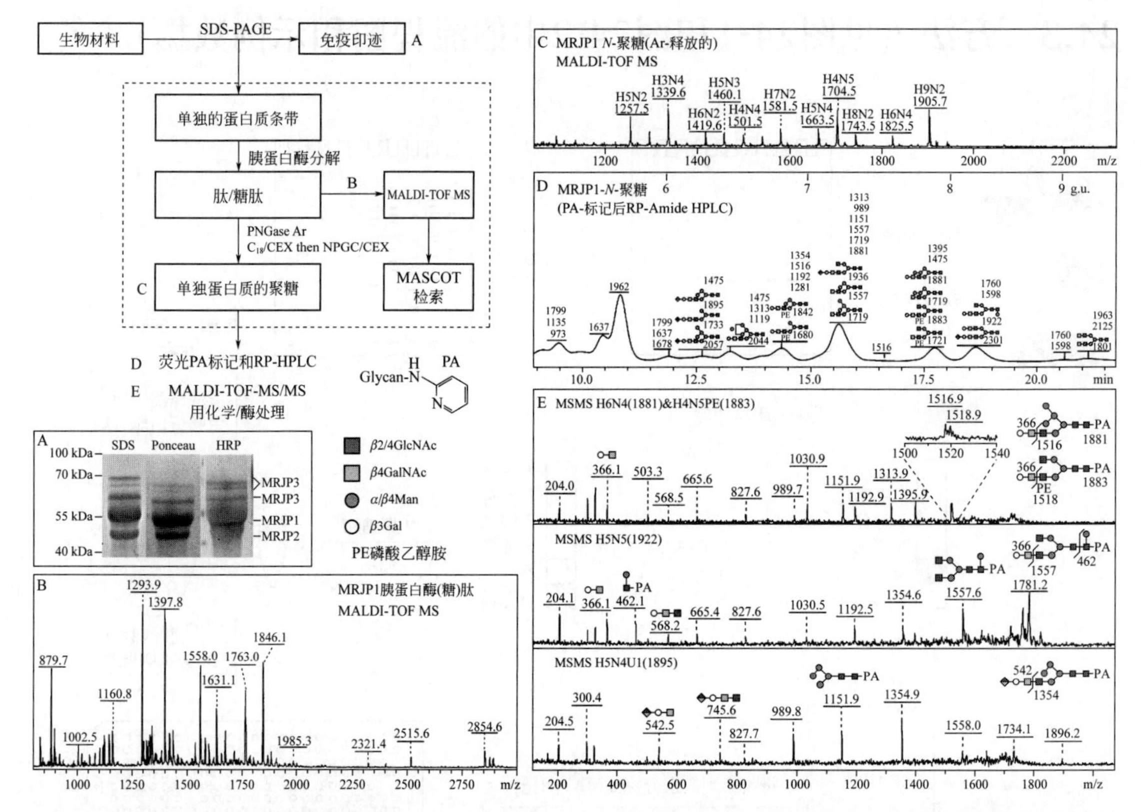

图 24-2　蜂王浆中发现的蜜蜂糖蛋白 MRJP1 的糖蛋白组学研究示例。流程图显示了生物样品的糖蛋白组学工作流程；字母表示以下数据为例的步骤。（A）通过蜂王浆糖蛋白与抗 HRP 抗体孵育后的免疫印迹检测 *N*- 聚糖表位。（B）正离子模式下用 MALDI-TOF-MS 测定蜂王浆主要糖蛋白之一的胰蛋白酶肽图谱。（C）PNGase Ar 去糖基化后用 MALDI-TOF MS 测定 MRJP1 的游离 *N*- 聚糖，$[M+Na]^+$ 以缩写形式 HxNy 注释，其中 H 是己糖，N 是 *N*- 乙酰己糖胺。（D）蜂王浆糖蛋白 MRJP1 还原胺化 *N*- 聚糖的 RP-HPLC 色谱图，其组分用检测到的聚糖 *m/z* 值注释并按葡萄糖单位校准。（E）分离的 MRJP1 聚糖的 MALDI-TOF MS/MS 数据，其中 $[M+H]^+$ 离子被碎片化，关键的 B 和 Y 离子被鉴定。注意 H6N4 和 H4N5PE 结构的前体离子无法分离（$\Delta m/z$=2），但放大显示存在两者衍生的 Y 离子；在流程图旁边显示了 PA 还原末端标记的结构以及符号命名

灭活后冻干，在液氮中研磨成细粉。大量的蛋白质液体样品用附加的沉淀步骤（如甲醇）进行浓缩。或者，在均匀化后，使用亲和色谱（如果有的话）的附加富集步骤，例如琼脂糖固定化单克隆抗体纯化糖蛋白亚组[12]。

② 在 SDS-PAGE 之前，用超过 5 倍体积的甲醇沉淀一份样品，在 −80℃孵育 1h，于 4℃以 21000×*g* 离心 10min。将蛋白质沉淀 65℃干燥几分钟以蒸发多余的甲醇，然后将沉淀用 20μL SDS-PAGE 样品缓冲液重新溶解。另外，将混合物 95℃热处理 10min，冷却后，再次于室温以 21000×*g* 离心 5min。

24.3.1.2　SDS-PAGE 和免疫印迹

对于 *N*- 聚糖表位的初步筛选，用大约 2μg 蛋白质在还原条件下进行 SDS-PAGE，然后将蛋白质转印到硝酸纤维素膜（免疫印迹）。

① 将膜用丽春红染色液孵育 1min 检查成功转印的质量。用水脱色后（蛋白质条带染红），将膜用含 0.05% 吐温和 0.5% BSA 的 Tris 缓冲液室温平稳摇动封闭 1h。

② 使用含 0.05% 吐温的 Tris 缓冲液（洗膜缓冲液）洗膜三次。

③ 用生物素化凝集素、正五聚蛋白或一抗在封闭 / 稀释缓冲液中孵育 60min（见表 24-1 和注释④）。

④ 按上述方法再次洗膜三次，并与相关过氧化物酶或碱性磷酸酶标记的二抗在封闭 / 稀释缓冲液中孵育 60min。

⑤ 按上述步骤再次洗膜三次。

⑥ 分别用 SigmaFAST 3,3′- 二氨基联苯胺四盐酸盐或 SigmaFAST BCIP/NBT（先在水中溶解片剂）过氧化物酶或磷酸酶标记物进行免疫印迹显影。也可采用化学发光或其他检测方法。

24.3.2　胰蛋白酶肽图谱（见注释⑤）

① 对于用基质辅助激光解吸 / 电离飞行时间质谱（matrix-assisted laser-desorption/ionization time-of-flight mass spectrometry，MALDI-TOF MS）进行蛋白质的肽质量指纹图谱鉴定，使用 10 μg 蛋白质进行 SDS-PAGE，用考马斯亮蓝染色。

② 凝胶用水脱色后，用干净的手术刀在玻璃板上将蛋白质条带切成小块。

③ 凝胶先用 50% 的乙腈水溶液漂洗 / 脱色两次，然后依次用 1∶1 的 0.1mol/L 碳酸氢铵 / 乙腈和 100% 乙腈漂洗 / 脱色一次，再在 Speedvac 中干燥。

④ 此外，用 10mmol/L DTT 56℃还原凝胶块 1h，用碘乙酰胺（55mmol/L，0.1mol/L 碳酸氢铵溶液）黑暗室温烷基化 45min。将凝胶块进行第二轮连续洗涤（两次 50% 乙腈、1∶1 0.1mol/L 碳酸氢铵 / 乙腈和 100% 乙腈），然后在 Speedvac 中干燥。

⑤ 对于蛋白质酶解，用 0.1mol/L 碳酸氢铵 / 胰蛋白酶（100 ng/μL）的 1∶2 混合物覆盖凝胶块 37℃孵育过夜。

⑥ 用比例为 660∶330∶1（体积比）的乙腈 / 水 / 三氟乙酸室温提取肽三次。用真空离心机将浓缩糖肽干燥，用 5μL 水将其重新溶解，然后在靶板上点样进行 MALDI-TOF MS 分析。

⑦ 在使用基质 ACH 或 ATT 之前点样 0.5μL 肽。肽通常在正离子模式下测量，MS 和 MSMS 分别总计为 2000 次和 4000 次。使用制造商的软件处理质谱；对于 Bruker Flexanalysis 软件，包括带有相应信噪比阈值的 SNAP 算法。

24.3.3　（糖）肽分析（见注释⑥）

① 使用从胰蛋白酶分解和 MALDI-TOF MS 结果获得的肽质量通过如 MASCOT 程序（Matrix Science web server）或 MS-Fit（ProteinProspector server）预测 / 鉴定相应的蛋白质。使用在线可用的序列数据库之一，如 Swissprot 或 Uniprot。同时，理论肽质量列表可以通过在线软件生成（例如，MS-digest at prospector.ucsf.edu 或 web.expasy.org/peptide-mass）。

② 在进行 MALDI-TOF MS/MS 时，用单一质量的序列验证所选的“肽匹配数”。为了获得最佳序列覆盖率，允许 0.5Da 的质量公差和一个漏掉的切割位点，并考虑所有固定修饰（例如，烷基化，Cys 残基的脲甲基化）和用于质谱指纹分析的潜在已知污染物（例如，人角蛋白）。结果中包括蛋白质登录号、成功归属肽的数量和序列覆盖率比例、软件版本、数据库条目数量和软件检索所选物种的数量。糖基化肽除非经过 PNGase 分解，否则不会被鉴定，其中 Asn 残基将转化为 Asp（$\Delta m/z$=+1Da）；可能需要对照或在 ^{18}O-H_2O 中进行分解以评

估非 PNGase 介导的脱氨作用。

24.3.4 *N*- 聚糖释放和分析

24.3.4.1 从完整糖蛋白释放 *N*- 聚糖（见注释⑦）

① 肽：*N*- 糖苷酶 F（PNGase F）能从未分解的蛋白质释放 *N*- 聚糖。首先将约 8μg 蛋白质在 10μL 0.5% SDS 水溶液中 95℃变性 5min。另外，来源于水稻的重组 PNGase Ar 可能部分有效，也释放任何核心 *α*1,3- 岩藻糖基化结构，这种结构通常在无脊椎动物和植物中出现。

② 冷却后，向样品中加入 3μL pH 7.5 的 100mmol/L McIlvaine 磷酸盐 / 柠檬酸盐缓冲液和 2μL PNGase F，37℃孵育 2 天。

③ 将约 2μg 糖基化或脱糖基化蛋白质与 2×SDS-PAGE 缓冲液混合，在热变性和短时间离心步骤后，将两个样品应用于 SDS-PAGE 和免疫印迹以估计脱糖基化和 *N*- 聚糖表位去除的程度。

24.3.4.2 从糖肽释放 *N*- 聚糖（见注释⑦、注释⑧和注释⑨）

① 蛋白质鉴定后，对糖肽进行热处理使蛋白酶失活，用 PNGase F 或 PNGase Ar 孵育 90% 的样品（见注释⑦）。

② PNGase Ar 活性的最佳条件（每个反应使用约 5U）为 pH 5 的 20mmol/L 醋酸铵缓冲液，37℃孵育 2 天。

③ 使用填充 Lichroprep C_{18}/Dowex AG 50 和无孔石墨化碳 /Lichroprep C_{18} 的两个不同的柱纯化释放的 *N*- 聚糖（见注释⑧）。首先用 2% 乙酸和 60% 异丙醇洗涤 Lichroprep C_{18}/Dowex AG 50 柱，然后用 2% 乙酸平衡。使用 10% 乙酸酸化后的糖肽样品，立即收集流过和洗涤组分（三个柱体积的 2% 乙酸）中未结合的释放的 *N*- 聚糖。

④ 将 Lichroprep/Dowex 柱的流过液 / 洗涤液直接应用于无孔石墨化碳 /Lichroprep C_{18} 柱（先用 100% 乙腈然后用水预洗涤和预平衡）。加样后，用水洗涤柱，用含 0.1% 三氟乙酸的 40% 乙腈洗脱 *N*- 聚糖。由于三氟乙酸的存在，该样品含有中性和阴离子 *N*- 聚糖的混合物。

⑤ 将纯化后的 *N*- 聚糖冻干过夜，溶于水后，点一份试样用 ATT 进行 MALDI-TOF MS/MS 分析；关于质谱的获取和解释，请参考注释⑥和注释⑨。与肽相比，检测聚糖需要更高的激光功率和检测器增益设置。为了进行更详细的分析，使用 2- 氨基吡啶通过还原胺化对 *N*- 聚糖进行标记，并按下文所述对其进行 HPLC 和 MALDI-TOF MS 分析。

⑥ 荧光标记方法如下：将 100mg 2- 氨基吡啶溶于 76μL 浓 HCl 和 152μL 水中；将 80μL 该溶液加入干燥的聚糖样品中，再在沸水中孵育 15min。然后用 9μL 上述 2- 氨基吡啶溶液和 13μL 水的混合物将 4.4mg 氰基硼氢化钠配成溶液；向样品中加入 4μL 氰基硼氢化钠 - 氨基吡啶溶液，并在 90℃继续孵育过夜。

⑦ 第二天立即用凝胶过滤法去除多余的标记试剂。将样品用 1.5mL 0.5% 乙酸（即不超过凝胶过滤柱体积的 5%）稀释，加到用 0.5% 乙酸平衡的 30mL Sephadex G-15 柱（1cm×40cm）中，收集 1.5mL 组分。将各组分等份（80μL）转移到 96 F 黑板中，在微孔板读取器（激发 / 发射：320nm/400nm）中检测荧光。在过量标记试剂和冻干之前将荧光聚糖洗脱液混合。

⑧ 用 20μL 水洗瓶四次溶解干燥样品，然后转移至微量离心管中；根据需要再次冻干，

并通过 MALDI-TOF MS 分析一份试样。

⑨ 将大部分样品上样到用 100mmol/L 醋酸铵（pH 4，缓冲液 A）预平衡的 Ascentis® Express RP-Amid 柱上；用 30%（体积分数）MeOH（缓冲液 B）的线性梯度在 35min 内从 0%B 到 35%B 以 0.8mL/min 的速度洗脱（B 的比例越高，压力越大）。通过使用 320nm/400nm 的激发 / 发射波长的荧光检测聚糖，用荧光标记的寡聚葡萄糖标准品（部分葡聚糖水解物）按葡萄糖单位校准柱。根据荧光强度收集组分并冻干，然后进行另一轮 MALDI-TOF MS 和 MS/MS 鉴定组分中的聚糖（示例数据见图 24-2）。也可使用正相或非熔融核反相柱 [15]。

24.4　注释

① 用于分析目的的水和其他试剂（乙腈、甲醇、异丙醇）的质量应高且无离子和微生物污染物。

② 一般而言，应避免污染物；为防止来自食物 / 营养源或介质（例如，胎牛血清）的“外来”成分，材料（整个生物体或细胞）应在热处理和均匀化之前洗几次。生物材料采集后如果不立即均匀化，应在 −80℃保存。为防止阴离子或两性离子残基［例如，磷酸盐、唾液酸、磷酸胆碱（phosphorylcholine，PC）或磷酸乙醇胺（phosphoethanolamine，PE）］水解，样品应只在水中而不应在酸性缓冲液中进行热处理；然而，热灭活是必要的以防止内源性糖苷酶降解聚糖。对于少量的生物样品，也可以在 SDS-PAGE 之前使用加蛋白酶抑制剂复合物（Sigma 公司）的裂解缓冲液。细胞裂解后的甲醇沉淀步骤有助于样品脱盐，避免电泳时出现拖尾。

③ 可见胶体考马斯聚集体和小蓝点。每次使用前，确保染色液混合均匀（例如，使用磁力混合器）。

④ 从抗体或凝集素结合得到的结果并不是糖蛋白上 *N*- 聚糖的结构证据，因为它们的特异性有时很宽或不完全确定。数据解释时应考虑阳性和阴性对照，分离出以“预清除”内源性生物素化蛋白质，以及用或不用凝集素 / 抗体（即仅用二抗）或糖苷酶分解后的免疫印迹。表 24-1 中表位的“微型描述”是基于抗体、凝集素或正五聚蛋白与标准配体结合的测定，这些测定绝不是详尽的实验，因为无脊椎动物标准品很少被用于实验 [13, 16]。不过，抗辣根过氧化物酶对筛选核心 β1,2- 木糖和核心 α1,3- 岩藻糖是很有用的 [17]，但是抗血清中的抗木糖和抗岩藻糖成分很难完全分开。PC 表位可以用 TEPC-15 抗体或人 C 反应蛋白检测 [12]。

⑤ 通过 MALDI-TOF MS 离线测量的肽有时会被部分自水解的蛋白酶本身（例如，胰蛋白酶）产生的污染离子抑制。建议使用 MS-digest 软件在线生成蛋白酶和靶蛋白质的理论肽质量。

⑥ 这里描述的方法是一种通过对所选蛋白质 PNGase F 或 PNGase A 分解前后和随后的 MALDI-TOF MS 进行离线肽质量指纹和（糖）肽分析的简单初步的糖蛋白鉴定程序。对于肽的定性 / 定量研究，也可以使用几种在线方法，如 LC-ESI MS/MS。无脊椎动物的 *N*- 聚糖与哺乳动物系统的 *N*- 聚糖有很大的不同，因此，已确定的糖肽上的 *N*- 聚糖归类至少应基于 MS/MS 数据分析，因为仅基于质量的成分可能会产生误导。324Da 的差异可相当于两个己糖或一个甲基氨基乙基膦酸盐修饰的 HexNAc，如在软体动物中所见。此外，176Da 的差异可能是甲基化己糖或葡萄糖醛酸 [11]。然而，146Da、162Da 或 203Da 的分子质量差异可能

表明存在岩藻糖、己糖和 *N*- 乙酰己糖胺残基。有多种生物信息学方法可用于糖肽和聚糖的自动鉴定，以下软件可用于糖肽 MS："GlycoMod"、"GlycoX"、"GlycopepDB"、"Massy tools"和"GlycoSpectrumScan" 以及 MSMS"GlycoMiner"、"Protein Prospector"、"GlycopepID"、"GlycoMasterDB" 等等[18]。由于这些通常应用于哺乳动物的聚糖和糖蛋白组，所以在使用搜索引擎注释无脊椎动物聚糖时需要谨慎。对于发表，考虑用 MIRAGE 指南呈现聚糖学数据[19]以及使用聚糖图解符号[20]。

⑦ PNGase F 可以从糖蛋白和糖肽中释放 *N*- 聚糖，而重组 PNGase Ar 仍然对肽最有效。PNGase F 不释放具有核心 α1,3- 岩藻糖修饰的 *N*- 聚糖（但释放核心 α1,6- 岩藻糖基化或 β1,3- 甘露糖基化结构），而重组 PNGase Ar 可释放取代的核心 α1,3- 岩藻糖基化聚糖[6]。蛋白质脱糖基化的程度可以通过 SDS-PAGE（脱糖基化后蛋白质的大小减小）和免疫印迹（减少或消除 *N*- 聚糖表位结合）来监测。

⑧ 糖肽 PNGase F 或 PNGase A 分解后，应使用 MALDI-TOF MS 分析一小份样品以验证脱糖基化肽和蛋白质 *N*- 糖基化位点的潜在"占用"。释放的糖肽应在 Dowex 阳离子交换色谱前用 10% 醋酸酸化。关于 PNGase F 或 PNGase A 释放后 *N*- 聚糖的回收步骤，请参考我们最近的"无脊椎动物和原生生物 *N*- 聚糖分析"步骤[15]。对于 *O*- 糖基化，没有单一的通用去 *O*- 糖基化酶可用；*O*- 聚糖酶具有有限的底物特异性，不会去除大多数扩展的 GalNAc-Ser/Thr（黏蛋白型）或其他 *O*- 聚糖结构。

⑨ 释放的 *N*- 聚糖应在正离子和负离子模式下测量以鉴定潜在的阴离子残基，如硫酸盐（+80Da）、磷酸盐（+80Da）、葡萄糖醛酸（+176Da）、磷酸乙醇胺（+123Da）和氨基乙基膦酸盐（+107Da；如果甲基化则为 +121Da）[11]。唾液酸在无脊椎动物中很少见，仅在果蝇或棘皮动物中得到了令人信服的证明[21, 22]，而在线虫等动物体内则不存在。

致谢

此项研究由奥地利 zur Förderung der wissenschaftlichen Forschung 基金会提供资助。

参考文献

1. Spiro RG (2002) Protein glycosylation: nature, distribution, enzymatic formation, and disease implications of glycopeptide bonds. Glycobiology 12:43R-56R
2. Aebi M (2013) N-linked protein glycosylation in the ER. Biochim Biophys Acta 1833:2430-2437
3. Schiller B, Hykollari A, Yan S, Paschinger K, Wilson IBH (2012) Complicated N-linked glycans in simple organisms. Biol Chem Hoppe Seyler 393:661-673
4. Eckmair B, Jin C, Abed-Navandi D, Paschinger K (2016) Multi-step fractionation and mass spectrometry reveals zwitterionic and anionic modifications of the N- and O-glycans of a marine snail. Mol Cell Proteomics 15:573-597
5. Stanton R, Hykollari A, Eckmair B, Malzl D, Dragosits M, Palmberger D, Wang P, Wilson IBH, Paschinger K (2017) The underestimated N-glycomes of lepidopteran species. Biochim Biophys Acta 1861:699-714
6. Yan S, Vanbeselaere J, Jin C, Blaukopf M, Wols F, Wilson IBH, Paschinger K (2018) Core richness of N-glycans of Caenorhabditis elegans: a case study on chemical and enzymatic release. Anal Chem 90:928-935
7. Tretter V, Altmann F, Kubelka V, März L, Becker WM (1993) Fucose α1,3-linked to the core region of glycoprotein N-glycans creates an important epitope for IgE from honeybee venom allergic individuals. Int Arch

Allergy Immunol 102:259-266

8. Prasanphanich NS, Mickum ML, Heimburg-Molinaro J, Cummings RD (2013) Glycoconjugates in host-helminth interactions. Front Immunol 4:240
9. Geisler C, Mabashi-Asazuma H, Jarvis DL (2015) An overview and history of glycoengineering in insect expression systems. Methods Mol Biol 1321:131-152
10. Hykollari A, Malzl D, Yan S, Wilson IBH, Paschinger K (2017) Hydrophilic interaction anion exchange for separation of multiply modified neutral and anionic Dictyostelium N-glycans. Electrophoresis 38:2175-2183
11. Paschinger K, Wilson IBH (2016) Analysis of zwitterionic and anionic N-linked glycans from invertebrates and protists by mass spectrometry. Glycoconj J 33:273-283
12. Paschinger K, Gonzalez-Sapienza GG, Wilson IBH (2012) Mass spectrometric analysis of the immunodominant glycan epitope of *Echinococcus granulosus* antigen Ag5. Int J Parasitol 42:279-285
13. Iskratsch T, Braun A, Paschinger K, Wilson IBH (2009) Specificity analysis of lectins and antibodies using remodeled glycoproteins. Anal Biochem 386:133-146
14. Mikolajek H, Kolstoe SE, Pye VE, Mangione P, Pepys MB, Wood SP (2011) Structural basis of ligand specificity in the human pentraxins, C-reactive protein and serum amyloid P component. J Mol Recognit 24:371-377
15. Hykollari A, Paschinger K, Eckmair B, Wilson IBH (2017) Analysis of invertebrate and protist N-glycans. Methods Mol Biol 1503:167-184
16. Purohit S, Li T, Guan W, Song X, Song J, Tian Y, Li L, Sharma A, Dun B, Mysona D, Ghamande S, Rungruang B, Cummings RD, Wang PG, She JX (2018) Multiplex glycan bead array for high throughput and high content analyses of glycan binding proteins. Nat Commun 9:258
17. Paschinger K, Rendic´ D, Wilson IBH (2009) Revealing the anti-HRP epitope in Drosophila and Caenorhabditis. Glycoconj J 26:385-395
18. Tsai PL, Chen SF (2017) A brief review of bioinformatics tools for glycosylation analysis by mass spectrometry. Mass Spectrom (Tokyo) 6:S0064
19. York WS, Agravat S, Aoki-Kinoshita KF, McBride R, Campbell MP, Costello CE, Dell A, Feizi T, Haslam SM, Karlsson N, Khoo KH, Kolarich D, Liu Y, Novotny M, Packer NH, Paulson JC, Rapp E, Ranzinger R, Rudd PM, Smith DF, Struwe WB, Tiemeyer M, Wells L, Zaia J, Kettner C (2014) MIRAGE: the minimum information required for a glycomics experiment. Glycobiology 24:402-406
20. Varki A, Cummings RD, Aebi M, Packer NH, Seeberger PH, Esko JD, Stanley P, Hart G, Darvill A, Kinoshita T, Prestegard JJ, Schnaar RL, Freeze HH, Marth JD, Bertozzi CR, Etzler ME, Frank M, Vliegenthart JF, Lutteke T, Perez S, Bolton E, Rudd P, Paulson J, Kanehisa M, Toukach P, Aoki-Kinoshita KF, Dell A, Narimatsu H, York W, Taniguchi N, Kornfeld S (2015) Symbol nomenclature for graphical representations of glycans. Glycobiology 25:1323-1324
21. Aoki K, Perlman M, Lim JM, Cantu R,Wells L, Tiemeyer M (2007) Dynamic developmental elaboration of N-linked glycan complexity in the Drosophila melanogaster embryo. J Biol Chem 282:9127-9142
22. Miyata S, Sato C, Kumita H, Toriyama M, Vacquier VD, Kitajima K (2006) Flagellasialin: a novel sulfated α2,9-linked polysialic acid glycoprotein of sea urchin sperm flagella. Glycobiology 16:1229-1241

第25章

蛋白质组学研究在鉴定兼职蛋白中的应用

Constance Jeffery

摘要 蛋白质组学研究可以同时描述成百上千种蛋白质的特征，在鉴定兼职蛋白方面起着重要作用，这些蛋白质执行两种或两种以上不同的生理相关的生物化学或生物物理功能。功能试验，包括配体结合试验，可以发现一种跟以前确定的蛋白质功能不同的第二种令人惊讶的功能，例如，氨基酸代谢中一种酶的DNA结合能力。蛋白质-蛋白质相互作用、基因敲除或亚细胞蛋白质定位的大规模试验结果，或氨基酸序列和三维结构的生物信息学分析结果，也可用于预测蛋白质具有附加功能，但在这些情况下，重要的是使用生物化学和生物物理的方法来确定这种蛋白质可以执行每一种功能。

关键词 多职能蛋白质，多功能蛋白质，蛋白质功能预测，蛋白质组学

25.1 引言

许多蛋白质组学研究的目的是确定蛋白质的功能，使这项任务复杂化的是单一蛋白质在不同的细胞类型和/或在不同的亚细胞位置与不同的配体或不同的蛋白质伙伴的不同的细胞结合过程中具有不同的功能。数百种蛋白质已经被鉴定为这类兼职蛋白（moonlighting proteins），它们构成一个并不是因为基因融合、多种RNA剪接变体或多效性影响而执行两种或两种以上不同的生理相关的生物化学或生物物理功能的多功能蛋白质组[1]。首先被鉴定的兼职蛋白是分类单元明确的晶状体蛋白[2, 3]，这种蛋白质在眼睛晶状体中含量很高，但在其他细胞类型中起酶的作用。例如，豚鼠晶状体的ζ-晶状体蛋白与醌氧化还原酶相同[4]。在线MoonProt数据库中描述了超过300种多职能蛋白质[5]。总体来讲，已知的多职能蛋白质执行多种功能和组合功能，不共享可以方便鉴定的序列或结构基序或其他物理特性。虽然解释蛋白质组学研究的结果可能会因为多职能蛋白质的存在而变得复杂，但是多职能蛋白质的多样性意味着在这些大规模分析蛋白质的研究中，在不用事先对每种蛋白质的功能进行假设的情况下，可能是寻找更多多职能蛋白质及其多种功能的最佳途径。

25.2　方法

蛋白质组学实验可以直接或间接地帮助鉴定具有多种功能的蛋白质。基于功能试验的项目可以鉴定已经具有已知功能的蛋白质的第二种功能。分析其他蛋白质特性的研究也可以用来发现某些蛋白质具有第二种功能，尽管它们可能提供或可能无法提供有关该功能是什么的信息。单独使用或与蛋白质组学研究结合使用的生物信息学分析可以用来表明哪些其他蛋白质也可能具有多种功能。

25.2.1　实验方法

在寻找具有多种功能的蛋白质方面最为有用的蛋白质组学方法包括测试与特定分子结合的蛋白质、蛋白质 - 蛋白质相互作用、基因敲除实验的结果以及细胞定位。

25.2.1.1　结合研究

需要筛选数百或数千种蛋白质以找到与 DNA、细胞外基质或其他大分子结合蛋白质的蛋白质组学研究已经鉴定出几十种已知具有不同功能的蛋白质。这并不奇怪，因为许多已知的兼职蛋白至少有一种功能涉及与另一种分子结合——作为可溶性配体或细胞外基质的细胞表面受体，作为与另一细胞受体结合的分泌配体，或作为 DNA 或 RNA 结合蛋白质。

蛋白质、DNA 寡核苷酸或 RNA 寡核苷酸芯片的使用可以筛选大量蛋白质以找到与选定的大分子结合的蛋白质。Hall 和同事筛选了一种与 DNA 寡核苷酸结合的酵母蛋白质芯片，并鉴定出一种精氨酸生物合成途径中的酶线粒体 Arg5,6（*N*- 乙酰谷氨酸激酶 /*N*- 乙酰谷氨酰磷酸还原酶）具有 DNA 结合活性。互补染色质免疫沉淀实验和基因缺失实验证实 Arg5,6 是几个特定的核基因和线粒体基因的转录调控因子[6]。

通过鉴定与特定蛋白质结合的蛋白质的试验还发现了几十种酵母和细菌蛋白质，它们在细胞内表达时具有一种功能，在细胞表面表达时具有第二种功能。病原真菌白假丝酵母（*Candida albicans*）细胞壁蛋白质的蛋白质组学研究用于鉴定 8 种胞质蛋白（磷酸甘油酸变位酶、乙醇脱氢酶、硫氧还蛋白过氧化物酶、过氧化氢酶、转录延伸因子、甘油醛 -3- 磷酸脱氢酶、磷酸甘油酸激酶和果糖二磷酸醛缩酶）作为宿主纤溶酶原的细胞表面受体[7]。对肠道益生细菌乳双歧杆菌（*Bifidobacterium lactis*）的一项类似研究鉴定出胞质酶胆盐水解酶、谷氨酰胺合成酶和磷酸甘油酸变位酶，以及分子伴侣 DnaK 在细胞表面表达时也能与宿主纤溶酶原结合[8]。

25.2.1.2　蛋白质 - 蛋白质相互作用

蛋白质组学规模的蛋白质 - 蛋白质相互作用研究，如酵母双杂交试验，往往产生比预期更复杂的结果，发现单一蛋白质与在多种生化途径、分子机器或多蛋白质复合体中起作用的蛋白质相互作用。这些结果有时被解释为是由于假阳性，但与不同细胞过程的多组蛋白质相互作用是兼职蛋白的一种常见的特征，这些蛋白质 - 蛋白质相互作用的结果可能是由于生理相关的相互作用[9]。在一项人类蛋白质的研究中，Chapple 和他的同事将蛋白质 - 蛋白质相互作用信息与蛋白质功能注释的分析相结合鉴定出 430 种被他们描述为极度多功能的蛋白质[10]。对人类和其他物种的蛋白质 - 蛋白质相互作用网络的进一步分析可以预测可能与不同组的蛋白质伙伴相互作用以执行不同功能的其他蛋白质，以及根据相互作用蛋白质的身份建议其他功能的类型。需要通过生物化学或生物物理试验进行后续测试以证明所观察到的相互作用是由于第二种功能而不是由于假阳性，或者是由于与作为单一功能一部分的多种蛋白质相互作用的蛋白质，例如在信号转导途径中，或者是由于在不同细胞位置执行相同功能的蛋白质。

25.2.1.3　基因敲除

当一种蛋白质参与多种细胞过程时，编码该蛋白质的基因缺失会导致表型变得更加复杂，无法用单一功能的丧失来解释。几个实验室利用酵母遗传学来找用催化缺失突变型代替野生型酶不能重现完全基因敲除结果的酶。因为突变型蛋白质只表现出部分缺失表型，野生型蛋白质一定有第二种功能。酿酒酵母（*Saccharomyces cerevisiae*）糖和氨基酸代谢中的 Bat2 转氨酶以及异亮氨酸 / 缬氨酸生物合成酶 Ilv1 和 Ilv2 除了各自的催化功能外还有第二种功能 [11]。另外两种酵母菌克鲁弗酵母（*Lachancea kluyveri* LkAlt1）和乳酸克鲁维酵母（*Kluyveromyces lactis* KlAlt1）的 Alt1 丙氨酸转氨酶也被发现是兼职蛋白 [12]。

25.2.1.4　表达模式 / 细胞定位

确定一种蛋白质的细胞位置的蛋白质组学项目可以用来表明它可能具有多种功能。许多已知的兼职蛋白在不同的亚细胞位置或细胞类型中执行不同的功能。例如，几十种胞质蛋白，像上面提到的纤溶酶原结合蛋白，在细菌、人类和许多其他物种的细胞表面具有作为受体或黏附素的第二种功能。甘油醛 3- 磷酸脱氢酶（GAPDH）是第一种被发现的结合在致病性链球菌表面的胞质蛋白 [13]，多种物种的几十种的胞质酶也被发现在细胞表面表达，它们在细胞表面起信号转导、黏附或获取营养的作用。通过细胞组分的分级分离和蛋白质分离然后通过质谱鉴定对几十种细菌细胞表面所有蛋白质鉴定的研究，发现许多其他胞质蛋白也结合在细胞表面，有些可能是附加的兼职蛋白 [14, 15]。其他研究蛋白质定位的方法也可以放大规模而用于蛋白质组学研究。在最近的一项研究中使用基于抗体的免疫荧光对 30 种亚细胞结构和 13 种细胞器中的 12003 种人类蛋白质进行了观察，其中约一半的蛋白质在一个以上的隔室中被发现，也可能包括候选的兼职蛋白 [16]。

上面提到的分类单元明确的晶状体蛋白质显然有两种功能，因为这些酶在没有催化底物的眼睛晶状体中浓度很高，而且已知的细胞内 / 细胞表面兼职蛋白已经通过结合研究进行了测试以证实第二种功能的存在。在其他情况下，在一个亚细胞位置发现一种蛋白质并不执行其已知功能可以表明该蛋白质具有第二种功能，但需要该蛋白质在每个位置执行不同功能的实验证据以证明该蛋白质是多功能的。例如，作为信号转导途径的一部分在细胞隔间之间移动的蛋白质不会被认为是兼职蛋白。

25.2.2　生物信息学分析

兼职蛋白之间缺乏共同的序列或结构特征使得很难开发出一种通用的计算方法来预测一种蛋白质具有多种功能，但一些实验室正在利用已知的兼职蛋白的集合信息开发生物信息学方法，如 MoonProt 数据库，作为阳性对照组。遗憾的是，真正没有多种功能的阴性对照蛋白质组是无法获得的，因为目前还不可能知道一种蛋白质是否只有一种功能或者它是否具有尚未被鉴定的其他功能。

对文献和数据库注释进行大规模检索，包括在 UniProt [17, 18] 中检索具有不同 GO 术语的蛋白质，已经在鉴定不同生物学过程中具有多种功能的蛋白质方面取得了一些成功 [19, 20]。

检索已知与特定蛋白质功能相关的氨基酸序列或结构基序可以帮助鉴定具有对应多种功能的基序的蛋白质。例如，使用 X 射线晶体结构揭示了天蓝色链霉菌（*Streptomyces coelicolor*）三环抗生素合成酶也有一个萜烯合成酶活性位点 [21]。然而，基序作为预测功能工具的使用受到许多功能种类缺乏已知基序的限制，例如蛋白质 - 蛋白质相互作用。随着对序列基序、蛋白质 - 蛋白质相互作用表面、组成催化位点的各种氨基酸群以及兼职蛋白的三维结构的了解越来越多，这些方法使得发现兼职蛋白多种功能的能力可能有所提高 [22, 23]。

一些最近的方法将蛋白质序列和结构的分析与蛋白质组学项目（蛋白质 - 蛋白质相互作用、细胞位置等）的信息相结合 [24, 25]。由于鉴定兼职蛋白的挑战，这些结合的方法在未来可能会取得最大的成功。

25.3　结论

兼职蛋白的存在增加了蛋白质组学研究结果的复杂性，但是这些大规模的平行研究方法对于鉴定出更多的这种多功能蛋白质是有价值的，否则多功能蛋白质通常是通过偶然发现的。然而，有一点值得注意的是，只有直接测试特定功能的蛋白质组学方法，如上文提到的纤溶酶原结合试验，才能提供蛋白质执行那种功能的证据。本章描述的其他蛋白质组学和生物信息学方法的结果通常只能用于预测蛋白质具有第二种功能，有必要使用生物化学和生物物理方法来证实一种蛋白质执行这两种功能。

参考文献

1. Jeffery CJ (1999) Moonlighting proteins. Trends Biochem Sci 24(1):8-11. PMID: 10087914
2. Piatigorsky J, Wistow GJ (1989) Enzyme/crystallins: gene sharing as an evolutionary strategy. Cell 57:197-199
3. Wistow GJ, Kim H (1991) Lens protein expression in mammals: taxon specificity and the recruitment of crystallins. J Mol Evol 32:262-269
4. Huang QL, Russell P, Stone SH, Zigler JS Jr (1987) Zeta-crystallin, a novel lens protein from the Guinea pig. Curr Eye Res 6:725-732. PMID: 3595182
5. Mani M, Chen C, Amblee V, Liu H, Mathur T, Zwicke G, Zabad S, Patel B, Thakkar J, Jeffery CJ (2015) MoonProt: a database for proteins that are known to moonlight. Nucleic Acids Res 43:D277-D282
6. Hall DA, Zhu H, Zhu X, Royce T, Gerstein M, Snyder M (2004) Regulation of gene expression by a metabolic enzyme. Science 306:482-484
7. Crowe JD, Sievwright IK, Auld GC, Moore NR, Gow NA, Booth NA (2003) *Candida albicans* binds human plasminogen: identification of eight plasminogen-binding proteins. Mol Microbiol 47:1637-1651. PMID:12622818
8. Candela M, Bergmann S, Vici M, Vitali B, Turroni S, Eikmanns BJ, Hammerschmidt S, Brigidi P (2007) Binding of human plasminogen to Bifidobacterium. J Bacteriol 189:5929-5936. https://doi.org/10.1128/JB.00159-07
9. Gómez A, Hernández S, Amela I, Piñol J, Cedano J, Querol E (2011) Do proteinprotein interaction databases identify moonlighting proteins? Mol BioSyst 7:2379-2382.https://doi.org/10.1039/c1mb05180f
10. Chapple CE, Robisson B, Spinelli L, Guien C, Becker E, Brun C (2015) Extreme multifunctional proteins identified from a human protein interaction network. Nat Commun 6:7412. https://doi.org/10.1038/ncomms8412
11. Espinosa-CantúA, Ascencio D, Herrera-Basurto S, Xu J, Roguev A, Krogan NJ, DeLuna A (2018) Protein moonlighting revealed by noncatalytic phenotypes of yeast enzymes. Genetics 208:419-431. https://doi.

org/10.1534/genetics.117.300377

12. Escalera-Fanjul X, Campero-Basaldua C, Colón M, González J, Márquez D, González A (2017) Evolutionary diversification of alanine transaminases in yeast: catabolic specialization and biosynthetic redundancy. Front Microbiol 8:1150. https://doi.org/10.3389/fmicb.2017.01150
13. Pancholi V, Fischetti VA (1992) A major surface protein on group a streptococci is a glyceraldehyde-3-phosphate-dehydrogenase with multiple binding activity. J Exp Med 176:415-426
14. Olaya-Abril A, Jiménez-Munguía I, Gómez-Gascón L, Rodríguez-Ortega MJ (2014) Surfomics: shaving live organisms for a fast proteomic identification of surface proteins. J Proteome 97:164-176. https://doi.org/10.1016/j.jprot.2013.03.035
15. Wang W, Jeffery CJ (2016) An analysis of surface proteomics results reveals novel candidates for intracellular/surface moonlighting proteins in bacteria. Mol BioSyst 12:1420-1431
16. Thul PJ, Å kesson L, Wiking M, Mahdessian D, Geladaki A, Ait Blal H, Alm T, Asplund A, Björk L, Breckels LM, Bäckström A, Danielsson F, Fagerberg L, Fall J, Gatto L, Gnann C, Hober S, Hjelmare M, Johansson F, Lee S, Lindskog C, Mulder J, Mulvey CM, Nilsson P, Oksvold P, Rockberg J, Schutten R, Schwenk JM, Sivertsson Å, Sjöstedt E, Skogs M, Stadler C, Sullivan DP, Tegel H, Winsnes C, Zhang C, Zwahlen M, Mardinoglu A, Pontén F, von Feilitzen K, Lilley KS, Uhlén M, Lundberg E (2017) A subcellular map of the human proteome. Science 356:eaal3321. https://doi.org/10.1126/science.aal3321
17. Consortium GO (2015) Gene ontology consortium: going forward. Nucleic Acids Res 43:D1049-D1056
18. UniProt Consortium (2015) UniProt: a hub for protein information. Nucleic Acids Res 43:D204-D212
19. Khan IK, Bhuiyan M, Kihara D (2017) DextMP: deep dive into text for predicting moonlighting proteins. Bioinformatics 33:i83-i91. https://doi.org/10.1093/bioinformatics/btx231
20. Pritykin Y, Ghersi D, Singh M (2015) Genome-wide detection and analysis of multifunctional genes. PLoS Comput Biol 11:e1004467. https://doi.org/10.1371/journal.pcbi.1004467
21. Zhao B, Lei L, Vassylyev DG, Lin X, Cane DE, Kelly SL, Yuan H, Lamb DC, Waterman MR (2009) Crystal structure of albaflavenone monooxygenase containing a moonlighting terpene synthase active site. J Biol Chem 284:36711-36719. https://doi.org/10.1074/jbc.M109.064683
22. Khan I, Chitale M, Rayon C, Kihara D (2012) Evaluation of function predictions by PFP, ESG, and PSI-BLAST for moonlighting proteins. BMC Proc 6(Suppl 7):S5. https://doi.org/10.1186/1753-6561-6-S7-S5
23. Hernández S, Franco L, Calvo A, Ferragut G, Hermoso A, Amela I, Gómez A, Querol E, Cedano J (2015) Bioinformatics and moonlighting proteins. Front Bioeng Biotechnol 3:90. https://doi.org/10.3389/fbioe.2015.00090
24. Khan IK, Kihara D (2016) Genome-scale prediction of moonlighting proteins using diverse protein association information. Bioinformatics 32:2281-2288. https://doi.org/10.1093/bioinformatics/btw166
25. Khan I, McGraw J, Kihara D (2017) MPFit: computational tool for predicting moonlighting proteins. Methods Mol Biol 1611:45-57. https://doi.org/10.1007/978-1-4939-7015-5_5

第26章

二维生化纯化方法在全面分析大分子蛋白质复合物中的应用

Reza Pourhaghighi, Andrew Emili

摘要 本章介绍一种用于内源性蛋白质大分子复合物系统纯化和随后的基于质谱鉴定的高分辨率二维蛋白质组分离技术。该方法将预制胶等电聚焦（IEF）与混合床离子交换色谱（IEX）联用以有效地分离细胞或组织来源的可溶性蛋白质混合物，从而使稳定的多蛋白质复合物的理化特性更有效和更客观。在对无细胞裂解物进行系统的2D分离后，每个组分都可以进行定量串联质谱（MS/MS）和随后的计算分析，以确定高度可信的蛋白质-蛋白质相互作用（PPI）。在此，描述了用于这个全面"相互作用组"网络映射平台的实验组成部分（工作流程步骤）。

关键词 蛋白质-蛋白质相互作用，蛋白质复合物，等电聚焦，高效液相色谱（HPLC），生化分离，离子交换色谱，分离，纳升液相色谱-串联质谱（nLC-MS/MS）

26.1 引言

由于稳定的大分子复合物负责活细胞内进行的许多，但不是大多数，关键生化过程，多蛋白质复合物的全面实验分析是系统（网络）生物学领域的一个重要目标。到目前为止，已经报道了几种用于多蛋白质复合物和蛋白质-蛋白质相互作用网络组成（物理相关成分）的系统大规模分析方法[1-4]。在这种背景下，开发了一个灵活的用于在深度定量纳升液相色谱-串联质谱（nanoflow liquid chromatography tandem mass spectrometry，nLC-MS/MS）检测之前基于对天然蛋白质复合物的广泛的生化预分离，以期对不同细胞和组织样品的内源性蛋白质复合物进行全面研究的平台[5]。最近，为了进一步提高分析动态范围，设计出互补的使可溶性无细胞混合物能够快速有效分离的生化分离方法以尽可能高的分辨率分离稳定相关的蛋白质复合物且不干扰大分子的完整性[5]。这包括一种基于非变性预制胶等电聚焦（IEF）与正交的基于离子交换色谱（IEX）的高效液相色谱（HPLC）分离联用的新的联用二维（two-dimensional，2D）分离流程。在这种方法中，首先从生物样品中用比较温和的条件提取天然可溶性蛋白质复合物，通过IEF在pH5～8范围内选择性地富集五种组分，然后对每种组分进行更广泛的盐梯度混合床IEX分离。为了鉴定通过2D IEF-IEX蛋白质分离平台重复共洗脱的稳定结合的相互作用蛋白质，将收集到的蛋白质组分沉淀用胰蛋白酶分解成肽，通过串联质谱对产生的组分进行定量分析。在这一章中，提供了一个详细的实验方案和一个实例说明这种二维蛋白质组学分离技术在分辨微生物大肠埃希菌（*Escherichia coli*）蛋白质复合物的应用以便对微生物相互作用组分析进行全面评估。图 26-1 说明了所描述的蛋白质复合物分析平台。对关键步骤和可能出现问题的分析和排除进行了解释，补充计算数据分析策略在文献 [6] 中进行了描述。

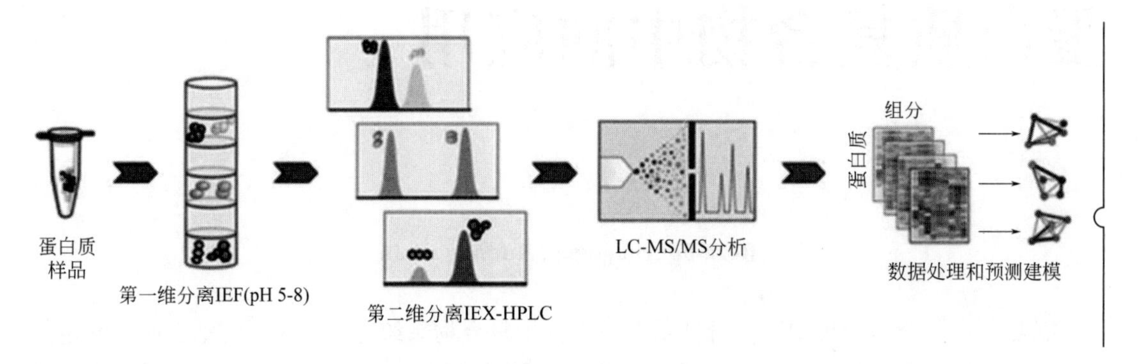

图 26-1　二维大分子复合物分析平台

26.2　材料

必须查阅适当的材料安全数据表以及咨询机构环境卫生和安全办公室以正确处理本方案中使用材料的潜在危险。需要使用分析（HPLC）级水和溶剂配制缓冲液和试剂。

26.2.1　大肠埃希菌细胞的蛋白质提取

① 裂解缓冲液：加入 10%（体积分数）甘油、0.5mmol/L 二硫苏糖醇（DTT）、0.2mg/mL 溶菌酶、2μL/mL DNase Ⅰ和不含乙二胺四乙酸（EDTA）的蛋白酶抑制剂（Thermo Scientific 公司）的改良 B-PER 蛋白质提取缓冲液（Thermo-Scientific 公司）（见注释①）。

② Bradford 试剂：4℃黑暗保存。

26.2.2　非变性等电聚焦

① MicroRotofor cell 等电聚焦蛋白分离仪（Bio-Rad 公司）。

② 高压电源（见注释②）。

③ 真空源和管。

④ MicroRotofor 聚焦槽（Bio-Rad 公司）。

⑤ 密封带。

⑥ 3mL 注射器。

⑦ 阳极和阴极离子交换膜各一张。

⑧ 阳极电解液：0.1mol/L H_3PO_4。

⑨ 阴极电解液：0.1mol/L NaOH。

⑩ 载体两性电解质（Bio-Lyte），pH 5 ～ 8（Bio-Rad 公司）。

⑪ 甘油。

26.2.3　HPLC 分离

① HPLC-IEX 柱：预填充混床 PolyCATWAX 柱（PolyLC Inc.）200mm×2.1mm，5μm，1000Å（见注释③）。

② HPLC MES 流动相 -A：10mmol/L 2-（*N*- 吗啉基）乙磺酸（MES）缓冲液，pH 6，5% 甘油和 0.01%NaN_3 抑制细菌生长。

③ HPLC MES 流动相 -B：10mmol/L MES 缓冲液，pH 6，1.5mol/L NaCl，5% 甘油，0.01%NaN_3。

④ HPLC Tris 流动相 -A：10mmol/L 三（羟甲基）氨基甲烷（Tris）缓冲液，pH 8，5% 甘油和 0.01% NaN_3。

⑤ HPLC Tris 流动相 -B：10mmol/L Tris 缓冲液，pH 8，1.5mol/L NaCl，5% 甘油，0.01%NaN_3。

26.2.4　样品制备和蛋白质分解

① 带温度控制的微型离心机。

② 三氯乙酸（TCA）。4℃保存。

③ 丙酮。−20℃保存。

④ 恒温摇床。

⑤ DTT 原液：将 7.7mg DTT 溶于水，最终浓度为 0.5mol/L（见注释④）。

⑥ 碘乙酰胺（IAA）原液：将 9.2mg IAA 溶解于 500μL 50mmol/L NH_4CO_3 pH 8 溶液获得 0.1mol/L 的 IAA 原液（见注释⑤）。

⑦ 测序级胰蛋白酶（Promega 公司）。

26.2.5　nLC-MS/MS 分析

① 与高分辨率串联 MS 系统的在线连接的微升级液相（nLC）系统。

② 1% 甲酸（FA）。

③ nLC 流动相 -A：0.1% FA。

④ nLC 流动相 -B：80%ACN，0.1%FA。

26.3　方法

在整个方案中，时间控制是至关重要的，整个过程要连贯和紧凑。尽量缩短时间，尤其是在蛋白质样品被分离之前。除非另有说明，否则将样品放在冰上。

26.3.1　可溶性蛋白质提取

① 以 5000×*g* 离心 10min 获得大肠埃希菌细胞沉淀（见注释⑥）。

② 每克细胞沉淀加入 4mL 改良 B-PER 蛋白质提取缓冲液，轻轻混合，直到沉淀完全溶解。

③ 使用摇床将裂解液于 4℃轻轻混合 30min。

④ 将裂解液以 15000×g 于 4℃离心 10min，将可溶性蛋白与不溶物和细胞碎片分开。

⑤ 移出上清液并根据制造商建议的时间和速度用 0.45μm 离心过滤器过滤上清液。

⑥ 使用 Bradford 蛋白质定量法测定获得的裂解液中的蛋白质浓度。

26.3.2 等电聚焦（IEF）

① 在开始聚焦运行前将 MicroRotofor 分离器放置在冷室（4℃）至少 15min。

② 将离子交换阳极（红色）和阴极（黑色）膜分别在 0.1mol/L H_3PO_4 和 0.1mol/L NaOH 溶液中平衡过夜。

③ MicroRotofor 分离器分离室的样品体积约为 2.5mL。制备蛋白质浓度约为 2mg/mL 的 IEF 样品。向蛋白质样品溶液中加入载体两性电解质和甘油至最终浓度分别为 2% 和 10%（体积分数）（见注释⑦）。

④ 用去离子水冲洗平衡的阳极和阴极膜，并将其牢固地嵌入在聚焦槽的两端。

⑤ 电极槽的阳极和阴极分别以红色端和黑色端指示。将它们分别与聚焦槽的阳极膜端和阴极膜端组装。调节电极的通风孔与聚焦槽上的上样口成一直线，并拧紧组件周围的螺纹套管。

⑥ 与电极槽上的通风孔不对齐的聚焦槽的另一排出口，用于收集分离的物质。上样前用一条密封带密封。

⑦ 使用 3mL 注射器，通过聚焦槽的最中央上样口逐渐加入样品溶液。

⑧ 确保聚焦槽的所有腔体都充满了样品溶液，且腔体内没有气泡（见注释⑧）。

⑨ 如果聚焦槽的外表面是湿的，则将其轻轻擦干，并用密封带将聚焦槽的上样口密封。确保所有出口都被完全封住，并且密封带不与收集出口密封带重叠。

⑩ 将聚焦装置放在 MicroRotofor 分离器上，使电极槽的通风孔朝上。

⑪ 使用两支注射器，通过阳极电解液槽（左 / 红色）的通风孔加入 6mL 0.1mol/L H_3PO_4，通过阴极电解液槽（右 / 黑色）的通风孔加入 6mL 0.1mol/L NaOH。

⑫ 盖上制冷模块盖，确保聚焦室和密封带无障碍转动。

⑬ 将绿色盖子盖在底座上，打开电源开关。

⑭ 将 MicroRotofor 盖上的电极连接到电源上，并在 1W 恒定功率下进行聚焦。一般运行通常在 2 ～ 3h 内完成（见注释⑨）。

⑮ IEF 运行完成后，尽快收集组分，避免样品扩散。

⑯ 关闭电源和 MicroRotofor 分离器。

⑰ 将真空装置与 MicroRotofor 底座相连。

⑱ 打开冷却模块盖，从上样口（上排）取下密封带。

⑲ 将聚焦装置放入收集装置上使一排上样口朝上，用力按下使排针刺穿收集口的密封带。

⑳ 分离的样品组分被吸入收集盘后，关闭真空装置并取下收集盘。

㉑ 将组分转移到 1.5mL 管中，4℃保存。

26.3.3　离子交换高效液组色谱（IEX-HPLC）

注：在 IEX-HPLC 分离收集的 IEF 组分之前，无需样品净化和/或缓冲液交换步骤。根据 IEF 组分的 pH，Tris-HCl pH 8（用于 pH 不超过 7 的酸性 IEF 组分）或 MES pH 6 缓冲液（用于 pH>7 的碱性组分）用于 IEF 聚焦蛋白质复合物的 IEX 分离。在 IEX 分离过程中，蛋白质可以用盐（NaCl）梯度从 IEX-HPLC 柱上洗脱，并以生物活性形式回收。

① 在进行蛋白质样品分析之前，通过使用首选的缓冲系统运行两个空白梯度来平衡 IEX-HPLC 柱。同样，在每个梯度后运行 100% 缓冲液 -A 至少 30min 重新平衡柱。

② 设置 HPLC 方法的上样体积，将从 IEF 槽收集的全部样品上样到 IEX 柱（通常在 200 ～ 250μL 之间）。

③ 内径为 2.1mmol/L 柱的建议流速是 0.2mL/min。

④ IEX-HPLC 分离可采用以下典型梯度：

从 0 ～ 3min 为 100%A，接着从 3 ～ 45min 为到 10%B 的梯度，从 45 ～ 65min 为到 35%B 的线性梯度，然后从 65 ～ 80min 为到 100%B 的梯度，之后直到 90min 为保持 100%B 的等浓度。

⑤ 通过 280 nm 紫外吸收信号监测蛋白质洗脱。

⑥ 设置方法为 IEX 分离运行期间以 2min 间隔收集组分。根据色谱图，收集的组分可以进一步合并以减少后续分析的组分总数。

表 26-1 总结了所述的 HPLC-IEX 参数。图 26-2 显示了使用 Tris pH 8 缓冲系统和表 26-1 所述参数运行合并 IEF 组分 1 和 2（pH 5 ～ 5.6）后记录的代表性 IEX-HPLC 色谱图。

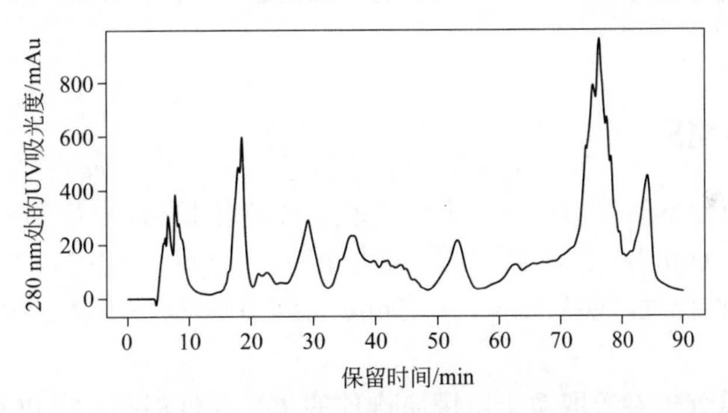

图 26-2　合并 IEF 前组分 1 和 2（pH5 ～ 5.6）后产生的 IEX-HPLC 分离的大肠埃希菌蛋白质提取物的代表性色谱图。具体实验参数见表 26-1

表 26-1　IEX-HPLC 参数

流速	0.2mL/min
时间/min	LC 梯度/%B
0 ～ 3	0
3 ～ 45	0 ～ 10
45 ～ 65	10 ～ 35
65 ～ 80	35 ～ 100
80 ～ 90	100
检测	280nm
组分收集间隔	2min

26.3.4 三氯乙酸（TCA）沉淀

① 如果组分收集在 96 孔板中，仔细地将其转移到单独的 1.5mL 管中。

② 在每个管中加入 10% 体积分数冷 TCA 沉淀蛋白质，短暂涡旋，4℃孵育过夜。

③ 将蛋白质样品在 4℃以 15000×g 离心 30min 使蛋白质沉淀。

④ 轻轻取出上清液，保持蛋白质沉淀完整。考虑到蛋白质沉淀在稀释组分中可能不可见。

⑤ 加入 200μL 冰冷丙酮洗涤白色蛋白质沉淀。短暂涡旋，−20℃孵育样品 1h（见注释⑩）。

⑥ 将样品在 4°C 用 15000×g 离心 30min。

⑦ 再次重复丙酮洗涤步骤。加入丙酮，孵育和离心。

⑧ 取出上清液，让蛋白质沉淀风干约 30min。

26.3.5 胰蛋白酶分解

① 将每一干燥的沉淀溶解于 90μL 的 5mmol/L DTT、50mmol/L NH_4CO_3 pH 8 溶液中，50℃轻轻搅拌孵育样品 15min（见注释⑪）。

② 把蛋白质溶液平衡到室温。加入 10μL 100mmol/L IAA 溶液达到 10mmol/L 的最终浓度，在黑暗中轻轻搅拌孵育样品 15min。

③ 为了猝灭可能过量的 IAA，加入 1μL 0.5mol/L DTT 原液。

④ 以 1∶50 的酶∶蛋白质比例加入测序级胰蛋白酶，在 37℃轻轻搅拌孵育样品过夜。

⑤ 通过加入最终浓度为 1%（体积分数）的甲酸酸化样品使分解猝灭。

⑥ 用真空离心机将肽冻干，然后将干燥的样品溶解于 1% 的甲酸用于随后的 LC-MS/MS 分析（见注释⑫）。

26.3.6 LC-MS/MS

① 设置方法为将分解的蛋白质样品 1 ～ 2μg 上样纳升 LC 柱进行 MS 分析。

② 如下所述的 60min LC 梯度通常适用于所得组分的 nLC MS/MS 分析：从 0 ～ 46min 为 5% 到 30%B 的线性梯度，然后从 46 ～ 50min 为到 100%B 梯度，之后直到 60min 为保持 100%B 的等浓度。

③ 肽组分的质谱分析参数取决于所用质谱仪的类型和性能指标。以 Orbitrap Q-Exactive HF 仪为例，表 26-2 中列出了 60min 方法的推荐 MS 参数。

表 26-2 nLC-MS/MS 参数

时间 /min	LC 梯度 /%B
0 ～ 46	5 ～ 30
46 ～ 50	30 ～ 100
50 ～ 60	100 ～ 100
全谱扫描	
微谱扫描	1
分辨率	60000
自动增益控制目标	3e6
最大离子时间	70ms

续表

扫描次数	1
扫描范围	300 ～ 1650*m*/*z*
dd-MS^2 双联质谱	
微谱扫描	1
分辨率	15000
自动增益控制目标	1e5
最大离子时间	25ms
循环次数	15
分离窗口	1.4*m*/*z*
归一化的碰撞能量	27
dd 双联设置	
电荷排除	未选定，1
排除同位素	开着
动态排除	6s

26.3.7　计算蛋白质组学分析

使用搜索引擎（如 MaxQuant）针对一个适当的 Fasta 文件检索所有 MS/MS 谱。如文献 [6] 所述，计算出的每个 IEX 组分中蛋白质的相关强度可用于计算相似谱，预测蛋白质关联和共复合物成员关系，使用计算算法（例如机器学习分类器）和统计筛选鉴定共洗脱蛋白质之间的高置信物理相互作用。

26.4　注释

① 所示值为每种试剂在 B-PER 缓冲液中的最终浓度。使用前现配裂解缓冲液放在冰上。

② 电源必须能够控制功率在 1W 恒定功率。如果无恒定功率模式，它必须可编程以运行多步恒压方法和能够提供高达 1000V 的电压以及在低电流运行。

③ 或者，可以使用内径为 4.6mm 的 IEX 柱。但是，上样量和梯度流速等实验参数应作相应调整。

④ DTT 易氧化，应使用前现配。将 DTT 溶液放在冰上，其余原液 −20℃保存以备日后使用。

⑤ IAA 对光敏感。现配放在黑暗处。

⑥ 细菌细胞沉淀可在 −80℃冷冻保存。本章所述方法也适用于冷冻细胞沉淀产生的提取物。

⑦ 样品溶液中两性电解质的最终浓度取决于蛋白质浓度，可增加至 3%，以保持蛋白质的溶解性。两性电解质的 pH 和浓度至关重要，建议根据样品和每个分离实验进行优化。

⑧ 气泡会干扰电场，导致 IEF 分离效果差。如果发现气泡，可以从腔体中吸取样品重新上样确保除去所有气泡。

⑨ 在恒定功率下运行 IEF 期间，电压随时间增加。运行通常在电压稳定时完成。过此点之后继续运行 30min 再收集组分。

⑩ 在丙酮加入样品之前将其在 −20℃冷却至少 1h。

⑪ 确保溶液的 pH 高于 7.5 以避免赖氨酸和组氨酸的烷基化。

⑫ 建议使用小 C_{18} 枪头分离柱（Ziptips）进一步清洗分解的样品。

参考文献

1. Krogan NJ, Cagney G, Yu H et al (2006) Global landscape of protein complexes in the yeast *Saccharomyces cerevisiae*. Nature 440:637-643. https://doi.org/10.1038/nature04670
2. Tarassov K, Messier V, Landry CR et al (2008) An in vivo map of the yeast protein interactome. Science 320:1465-1470. https://doi.org/10.1126/science.1153878
3. Uetz P, Giot L, Cagney G et al (2000) A comprehensive analysis of protein-protein interactions in *Saccharomyces cerevisiae*. Nature 403:623-627. https://doi.org/10.1038/35001009
4. Kristensen AR, Gsponer J, Foster LJ (2012) A high-throughput approach for measuring temporal changes in the interactome. Nat Methods 9:907-909. https://doi.org/10.1038/nmeth.2131
5. Havugimana PC, Hart GT, Nepusz T et al (2012) A census of human soluble protein complexes. Cell 150:1068-1081. https://doi.org/10.1016/j.cell.2012.08.011
6. Zhong Ming Hu L, Goebels F, Wan C, et al EPIC: elution profile-based inference of protein complex membership. Nat Methods

第27章

独立于数据的定量获取蛋白质组学数据分析方法

Sami Pietilä, Tomi Suomi, Juhani Aakko, Laura L. Elo

摘要 质谱的数据独立获取（DIA）模式，如SWATH-MS技术，可以实现对蛋白质的精确和持续的测量，这对于比较蛋白质组学研究至关重要。然而，目前还缺乏简单易行的可以处理从原始质谱文件到肽强度矩阵及其下游分析的不同数据处理步骤的数据分析方案。这里，提供一种命名为diatools的数据分析方案，包括质谱库创建到DIA蛋白质组学数据差异表达分析的所有步骤。本方案中使用的数据分析工具是开放源码，该方案作为支持Linux、Windows和macOS操作系统的完整软件环境在Docker Hub上发布。

关键词 蛋白质组学，质谱，DDA，DIA，SWATH-MS，质谱库，数据分析

27.1 引言

目前选择用于大规模蛋白质鉴定和定量的方法是液相色谱串联质谱（LC-MS/MS）[1]。除了质谱的数据相关获取（data-dependent acquisition，DDA）模式外，数据独立获取（data-independent acquisition，DIA）模式也越来越受关注，例如所有理论碎片质谱的顺序窗口获取（sequential windowed acquisition of all theoretical fragment ion mass spectra，SWATH-MS）[2]。

已有研究表明，DIA是将DDA蛋白质组学的高通量优势与靶向分析的高重复性优势相结合，例如选择反应监测（selective reaction monitoring，SRM）[2, 3]。在SWATH-MS中，从样品生成的所有前体在预先设定的质荷比（*m/z*）和保留时间范围内被系统地破碎。质谱生成的肽前体和相应碎片之间没有明确的关联，因此质谱库用于从数据中鉴定肽。对于建立质谱库，可以使用DDA模式下质谱产生的样品数据。

这里，提供一种命名为diatools的全面的数据分析方案以及用于分析DIA数据的开放源码。该方案包括从原始质谱文件到差异表达蛋白质最终结果的所有步骤，重点是SWATH-MS数据。安装所需软件和准备好数据文件夹结构后（27.3.1部分），将原始质谱文件转换为所需的开放格式（27.3.2部分），创建数据库FASTA，其中应包含从整个数据集中可能发现的所有可能蛋白质的序列（27.3.3部分）。然后，27.3.4部分详述了方案可选的自定义参数，27.3.5部分说明了如何运行方案来创建质谱库，为每个样品生成鉴定肽的强度矩阵，以及进行样品组

之间的差异表达分析。质谱库是根据 Schubert 等所描述的方法创建的 [4]。使用包括 TRIC 校准步骤 [6] 的 OpenSWATH 软件 [5] 处理 SWATH-MS 数据。

Diatools 方案以 Docker 镜像的形式发布在 Docker Hub（compbiomed/diatools）上。Docker 是一种提供轻量级的虚拟化软件环境的软件技术，使数据分析方案易于实现 [7]。该方案支持 Linux、Windows 和 macOS 操作系统，但需要 Windows 将原始质谱文件转换为开放格式。

27.2 材料

质谱仪产生的原始质谱文件通常采用专有的供应商特定格式，需要在数据分析之前转换为开放格式。原始质谱文件的格式转换可以在 Windows 平台上使用 ProteoWizard 软件完成 [8]。除此以外，diatools 数据分析方案和所有必需的软件都是以 Docker 镜像发布的，因此，可以在任何支持 Docker 的平台上运行。

在 Docker Hub（compbiomed/diatools）上可以找到 diatools Docker 镜像。此外，使用的源代码是在开放源码通用公共许可证（GPL）3.0 下发布的，可以从 GitHub https://github.com/computationalbiomedicine/diatools.git 下载。Docker 镜像基于 Ubuntu17.04 操作系统，它包含多种蛋白质组学工具，包括 OpenMS 2.3 版本 [9]、Trans-proteomics Pipeline（TPP）5.0 版本 [10]、msproteomicstools 0.6.0 版本和 ProteomWizard 3.0.11252 版本 [8]。下游统计分析使用 R 进行，在 Docker 镜像中也包含了 R 3.3.2 环境和相应的软件包。

对于运行 diatools 数据分析方案，建议根据样本数和序列数据库（FASTA）的大小至少有 128 GB 的 RAM。Docker 镜像需要至少 30 GB 的可用磁盘空间。此外，质谱原始数据通常占用大量空间，因此，根据数据的不同，存储输入文件可能需要数 TB 的磁盘空间。

Diatools 方案假定实验室方案使用 Biognosys 公司的 iRT 试剂盒肽。默认设置用于 Q Exactive HF 质谱仪（Thermo Fisher Scientific，Waltham，Massachusetts，美国），但也可以通过相应调整参数使用其他仪器的数据。

27.3 方法

本章描述了 diatools 数据分析方案的步骤，包括数据转换、肽鉴定、定量和对获得的数据进行差异表达分析。该方案的示意图如图 27-1 所示。

27.3.1 软件安装和数据文件夹结构准备

在 Windows 计算机上安装 ProteoWizard 软件，用于将原始数据文件转换为开放格式。ProteoWizard 软件可从 http://proteowizard.sourceforge.net/ 下载。

在将要运行数据分析方案的计算机上安装 Docker。Linux、Windows 和 macOS 的 Docker 安装包可从 www.docker.org 下载。如果 Linux 发行版是 Ubuntu、RedHat 或 CentOS Linux，Docker 可以从各自的软件库安装（见注释①）。对于 Windows，建议安装最新版本 10。在 Windows 上，允许 Docker 从 Docker 设置中访问所需的驱动器（例如 C:）。

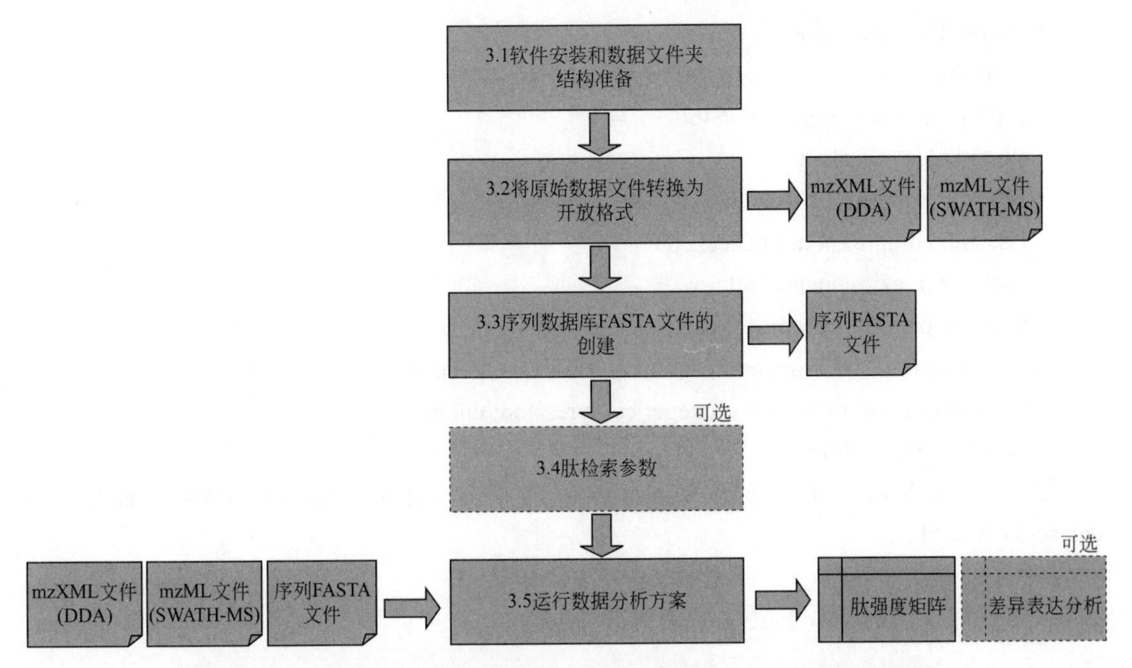

图 27-1　独立于数据的定量获取蛋白质组学数据的 diatools 数据分析方案。方案步骤与其相应的部分号和输入 / 输出文件一起显示。可选步骤用虚线标记

安装 Docker 后，使用以下命令下载数据分析环境：

```
docker pull compbiomed/diatools
```

在进行数据分析的计算机上，创建一个名为 dataset 的文件夹，其中包含以下子文件夹：

- config
- DDA
- DIA
- Ref
- out

27.3.2　将原始数据文件转换为开放格式

使用 ProteoWizard 工具箱将原始数据文件转换为开放格式。

要将原始 DDA 文件转换为 mzXML 格式，请打开 Windows command prompt 并进入包含 DDA 原始数据的文件夹。从 ProteoWizard 运行 qtofpeakpicker 来挑选峰值，并将原始文件转换为 mzXML 格式：

```
FOR %i IN (*.raw) DO "\Program Files\ProteoWizard\ProteoWizard 3.0.11252\qtofpeakpicker.exe" --resolution=2000 --area=1 --threshold=1 --smoothwidth=1.1 --in %i --out %～ni.mzXML
```

方案中的默认设置与 Schubert 等方案中的设置一致[4]。如果 ProteoWizard 的安装位置或版本与本方案不同，请相应地修改命令。

要将原始 SWATH-MS 文件转换为 mzML 格式，请使用 ProteoWizard 软件中的 MSConvert 程序和以下选项：

- Output format：mzML
- Extension: empty
- Binary encoding precision: 64bit
- Write index: checked
- TPP compatibility: checked
- Use zlib compression: unchecked
- Package in gzip: unchecked
- Use numpress linear compression: unchecked
- Use numpress short logged float compression: unchecked
- Use numpress short positive integer compression: unchecked
- Only titleMaker filter

将 DDA mzXML 文件复制到 dataset/DDA 文件夹，将 SWATH-MS mzML 文件复制到 dataset/DIA 文件夹。

27.3.3 序列数据库 FASTA 文件的创建

以 FASTA 格式创建一个序列数据库，其中包含分析样品集中可能存在的所有蛋白质。FASTA 文件用于通过检索针对它的 DDA 文件来创建谱图库。创建一个包含以下蛋白质或肽序列的 FASTA 文件：

- 感兴趣的蛋白质（例如 Swiss-Prot Human）
- IRT 肽[2]（Biognosys |iRT-Kit_WR_fusion）
- 与裂解相关的肽（Uniprot ID: Q7M135）
- 分解酶［典型的是胰蛋白酶（Uniprot ID: P00761）］
- 可能的污染物

不要手动生成 FASTA 文件的诱饵序列。它们是通过反转肽 / 蛋白质序列方法自动生成。将 FASTA 文件复制到 dataset/ref 文件夹并将其命名为 sequences.fasta。

27.3.4 肽检索参数

该方案的默认参数用于与配备有纳升电喷雾电离源的 Q Exactive HF 质谱仪（Thermo Fisher Scientific）连接的纳升 HPLC 系统（Easy-nLC1200，Thermo Fisher Scientific）。设备和实验室方案特定的默认设置如下所示：

- 前体质量公差：10mg/kg（10ppm）
- 碎片离子公差：0.02Da
- 切割位点：Trypsin_P
- 固定修饰：脲甲基（C）
- 可变修饰：氧化（M）

如果使用其他类型的仪器，则需要自定义这些设置（见注释②）。

---

[2] https://biognosys.com/media.ashx/irtfusion.fasta

27.3.5　运行数据分析方案

打开终端提示符，将工作目录设置为 dataset/out 文件夹，其中 LOCALPATH 指的是前面创建的文件夹结构的路径：

```
cd /LOCALPATH/dataset/out
```

使用以下命令运行数据分析方案：

```
docker run --rm \
-v /LOCALPATH/dataset/:/dataset \
--workdir /dataset/out \
-u $ (id -u) :$ (id -g) \
compbiomed/diatools \
/opt/diatools/dia-pipeline.py \
--in-DDA-mzXML ../DDA/*.mzXML \
--in-DIA-mzML ../DIA/*.mzML \
--db ../ref/sequences.fasta \
--use-comet \
--use-xtandem
```

在 Windows 平台上，数据集的路径以下述的形式给出："-v//c/LOCALPATH/dataset:/dataset"，其中 c 是盘符。在 Linux 平台上，Docker 可能只供超级用户使用。在这种情况下，在 docker 命令之前加上 sudo 命令。

要在样品组之间进行可选的差异表达分析，必须在命令中使用附加参数提供组：

```
--design-file <designFilename>
```

设计文件必须定义为制表符分隔的文件（示例见表 27-1），其中列"文件名"是指样品的 SWATH-MS 文件名，列"条件"是样本所属的组，列"BioReplicate"是指生物学重复，列"运行"是指 MS 运行。

表 27-1　示例设计文件

文件名	条件	BioReplicate	运行
样品 1.mzML	处理组	1	1
样品 2.mzML	处理组	2	2
样品 3.mzML	处理组	3	3
样品 4.mzML	对照组	1	4
样品 5.mzML	对照组	2	5
样品 6.mzML	对照组	3	6

默认情况下，diatools 方案用于肽鉴定的错误发现率（false discovery rate，FDR）是 0.01。但是，用户可以调整 FDR 阈值（见注释③）。默认情况下，使用的并行处理线程数为 4 个，但用户可以根据硬件资源选择不同的线程数（见注释④）。对于下游差异表达分析，数据是中位数标准化的，并且使用可从 Bioconductor[12] 获得的 PECA R 包 [11] 对所有可能的样品组进行差异表达分析。

数据分析运行成功完成后，输出文件夹 dataset/out 包含两个制表符分隔的数据文件：DIA-peptide-matrix.tsv 和 DIA-protein-matrix.tsv。这些文件包含每个样品的肽和蛋白质及其各自的强度值，可以使用 MS Excel 或 LibreOffice Calc 打开这些文件。输出文件夹还包含由方案运行的各种外部工具编写的中间结果文件以及包含运行细节的 log.txt 的文件。如果运行失败，可以使用该日志进行问题分析和排除。

如果进行可选的差异表达分析，则这些结果将以制表符分隔的文件存储在 dataset/out 文件夹中，比较的组作为文件名。结果文件包含每种已鉴定蛋白质的蛋白质名称、检验统计值（*t*）、每种蛋白质的肽数（*n*）、显著性 *p* 值（*p*）和估计的错误发现率（p.fdr）。除了通过运行 diatools 方案进行差异表达分析外，还可以使用该方案生成的肽强度文件单独进行差异表达分析（见注释⑤）。

27.4 注释

① 在 Ubuntu、RedHat 或 CentOS 下安装 Docker。如果分析是在 Ubuntu、RedHat 或 CentOS Linux 发行版上完成的，那么 Docker 可以从软件库中安装。

在 Ubuntu 中，使用以下 shell 命令：

```
apt-get install docker.io
```

对于 Ubuntu 来说，将用户加到一个名为 docker 的系统组也很方便，这样就可以在不使用 sudo 命令的情况下运行 docker。

在 RedHat/CentOS 中，使用以下命令：

```
yum install docker
systemctl enable docker
systemctl start docker
```

② 肽检索参数的自定义。diatools 方案的默认参数用于与配备有纳升电喷雾电离源的 Q Exactive HF 质谱仪（Thermo Fisher Scientific）连接的纳升 HPLC 系统（Easy-nLC1200，Thermo Fisher Scientific）。如果使用其他类型的仪器，则需要通过编辑 Comet 和 X!Tandem 搜索引擎参数来自定义设置。这可以通过分别修改 Comet 和 X!Tandem 配置文件 comet.params.template 和 xtandem_settings.xml 来实现，修改文件与方案一起发布。将修改后的文件复制到 dataset/config 文件夹，并在运行方案时给出以下附加参数：

```
--comet-cfg-template config/comet.params.template
--xtandem-cfg-template config/xtandem_settings.xml
```

③ 调整肽鉴定的 FDR。默认情况下，方案使用 0.01 作为谱图库创建的 FDR 阈值。对于 TRIC 校准步骤，以 0.01 为目标，0.05 为最大阈值。在运行 diatools 方案时，可以通过加以下附加参数来调整这些值：

```
--library-FDR
--feature-alignment-FDR
```

例如，以下参数指示使用 0.05 作为谱图库创建的 FDR 阈值：

```
--library-FDR 0.05
```

类似地，以下参数指示使用 0.01 作为目标，0.02 作为 TRIC 校准的最大阈值：

```
--feature-alignment-FDR 0.01 0.02
```

④ 调整并行处理线程数。目前，该方案默认最多使用四个线程来处理数据。如果该方

案在高端桌面或服务器上运行，则可以增加线程数以与 CPU 核心数相对应。它加快了分析速度，但同时也增加了所消耗的 RAM 数量。例如，下面的参数将线程数增加到 20：

```
--threads 20
```

⑤ 使用肽强度文件进行单独的差异表达分析。除了通过运行 diatools 方案进行差异表达分析外，还可以使用该方案生成的肽强度文件（peptide-intensity-matrix.tsv）单独进行分析。

首先，使用 R/Bioconductor 包 SWATH2stats 将肽强度数据转换成合适的格式。要安装 SWATH2stats，请打开 R 并输入：

```
source ("https://bioconductor.org/biocLite.R")
biocLite ("SWATH2stats")
```

要读取肽强度数据，可以使用以下命令：

```
library (data.table)
library (SWATH2stats)
data <- data.frame (fread (file="peptide-intensity-matrix.tsv",
sep='\t', header=TRUE))
```

接下来，去掉不需要的列（第 2 行），删除用于保留时间标准化的 iRT 肽（第 3 行），过滤掉与多种蛋白质对应的行（第 4 行），并缩短蛋白质名称（第 5 行）：

```
data$run_id <- basename (data$filename)
data <- reduce_OpenSWATH_output (data)
data <- data[grep ('iRT', data$ProteinName, invert=TRUE) ,]
data <- data[grep ('^1/', data$ProteinName) ,]
data$ProteinName <- sapply (strsplit (data$ProteinName, "\\|") ,
function (x) unlist (x) [2])
```

要定义样品组，在设计矩阵读入，然后将数据转换成合适的格式以便用 PECA 进行统计分析：

```
design <- read.table ('design.txt', sep="\t", header=TRUE,
stringsAsFactors=FALSE)
data <- sample_annotation (data, design)
data <- convert4PECA (data)
```

PECA 直接使用肽水平测量来确定差异蛋白质表达，而不是使用预先计算的蛋白质水平值的常见做法。首先计算每种测量肽的差异表达统计值，然后通过考虑每种蛋白质的已鉴定肽的数量来估计蛋白质水平的显著性。要安装 PECA，请打开 R 并输入：

```
source ("https://bioconductor.org/biocLite.R")
biocLite ("PECA")
```

对于 DIA 数据，可重复性优化试验统计值（reproducibility-optimized test statistic，ROTS）[13] 是建议在 PECA 中使用的统计值 [14]。这是通过在调用函数时将试验参数设置为 rots 来实现的。以下命令对所有可能的样品组对执行差异表达式分析：

```
library (PECA)
comb <- combn (unique (design$Condition) ,2)
for (i in 1:ncol (comb)) {
  group1 <- paste (design$Condition,
```

```
      design$BioReplicate,sep="_")
      [design$Condition==comb[1,i]]
    group2 <- paste (design$Condition,
      design$BioReplicate,sep="_")
      [design$Condition==comb[2,i]]
    peca.out <- PECA_df (data, group1, group2,
      id="ProteinName", normalize="median",
      test="rots", progress=TRUE)
    write.table (peca.out,
      file=paste ("PECA_",comb[1,i],
      "-",comb[2,i],".txt",sep="") ,
      sep="\t", quote=FALSE, row.names=TRUE,
  col.names=NA)
}
```

参考文献

1. Aebersold R, Mann M (2003) Mass spectrometry-based proteomics. Nature 422:198-207
2. Gillet LC, Navarro P, Tate S et al (2012) Targeted data extraction of the MS/MS spectra generated by data-independent acquisition: a new concept for consistent and accurate proteome analysis. Mol Cell Proteomics 11:O111.016717
3. Huang Q, Yang L, Luo J et al (2015) SWATH enables precise label-free quantification on proteome scale. Proteomics 15:1215-1223
4. Schubert OT, Gillet LC, Collins BC et al (2015) Building high-quality assay libraries for targeted analysis of SWATH MS data. Nat Protoc 10:426-441
5. Röst HL, Rosenberger G, Navarro P et al (2014) OpenSWATH enables automated, targeted analysis of data-independent acquisition MS data. Nat Biotechnol 32:219-223
6. Röst HL, Liu Y, D'Agostino G et al (2016) TRIC: an automated alignment strategy for reproducible protein quantification in targeted proteomics. Nat Methods 13:777-783
7. Merkel D (2014) Docker: lightweight Linux containers for consistent development and deployment. Linux J
8. Chambers MC, Maclean B, Burke R et al (2012) A cross-platform toolkit for mass spectrometry and proteomics. Nat Biotechnol 30:918-920
9. Sturm M, Bertsch A, Gröpl C et al (2008) OpenMS—an open-source software framework for mass spectrometry. BMC Bioinformatics 9:163
10. Deutsch EW, Mendoza L, Shteynberg D et al (2010) A guided tour of the trans-proteomic pipeline. Proteomics 10:1150-1159
11. Suomi T, Corthals GL, Nevalainen OS et al (2015) Using peptide-level proteomics data for detecting differentially expressed proteins. J Proteome Res 14:4564-4570
12. Huber W, Carey VJ, Gentleman R et al (2015) Orchestrating high-throughput genomic analysis with bioconductor. Nat Methods 12:115-121
13. Elo LL, Filén S, Lahesmaa R et al (2008) Reproducibility-optimized test statistic for ranking genes in microarray studies. IEEE/ACM Trans Comput Biol Bioinform 5:423-431
14. Suomi T, Elo LL (2017) Enhanced differential expression statistics for data-independent acquisition proteomics. Sci Rep 7:5869

索引

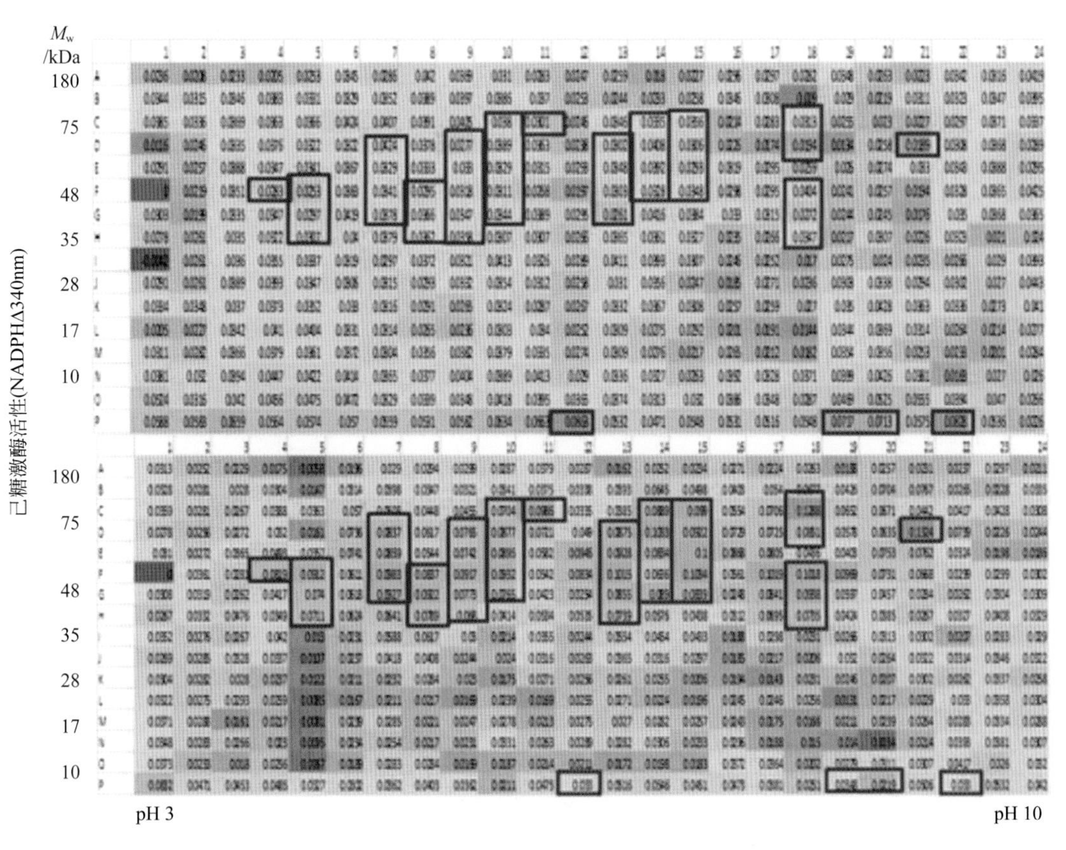

图 4-2（见正文 050 页）

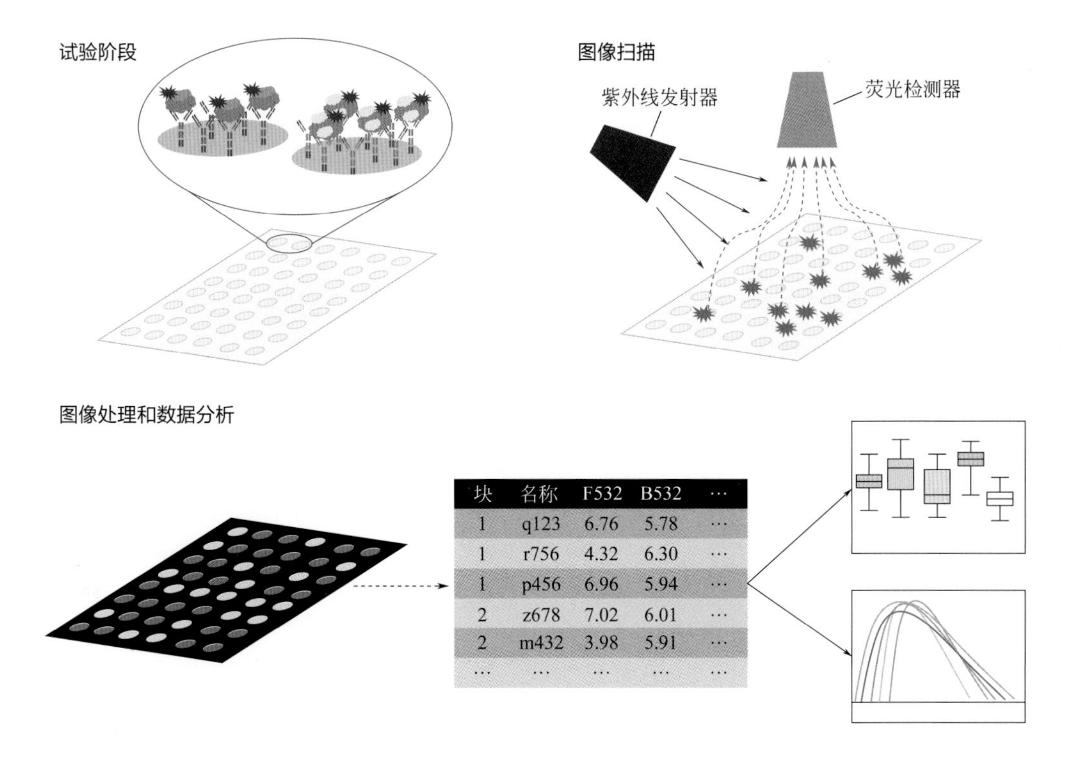

图 7-5（见正文 082 页）

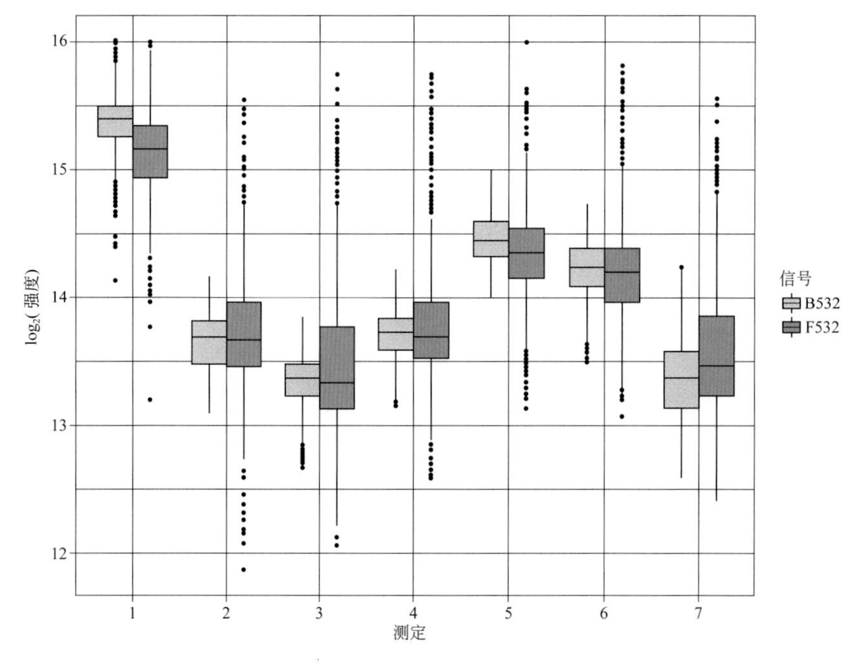

图 7-7（见正文 083 页）

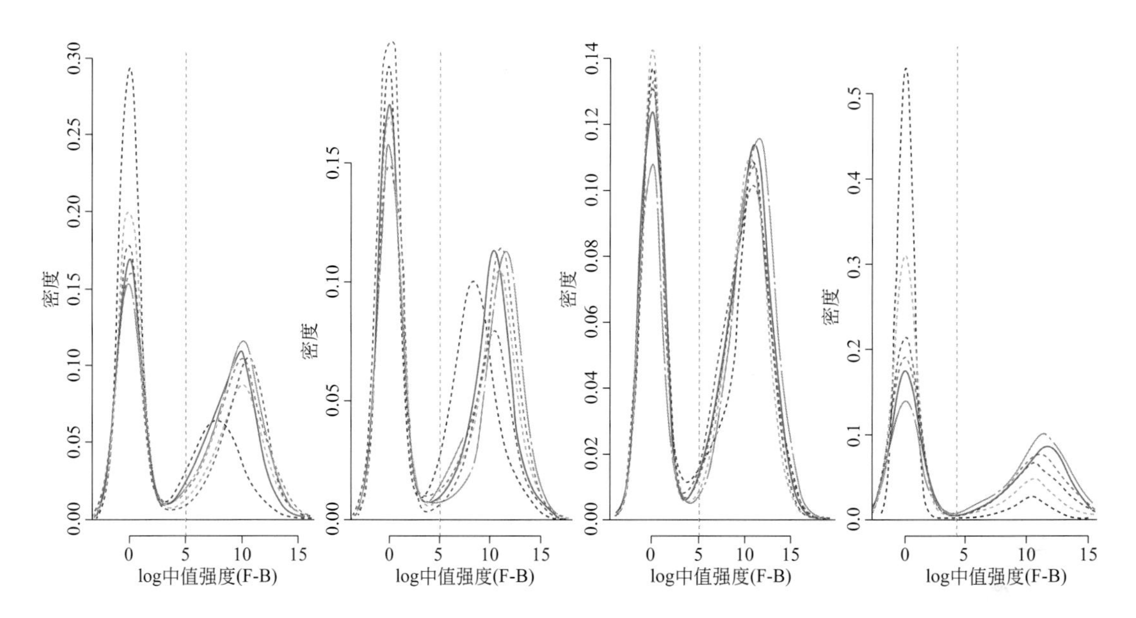

图 7-8（见正文 084 页）

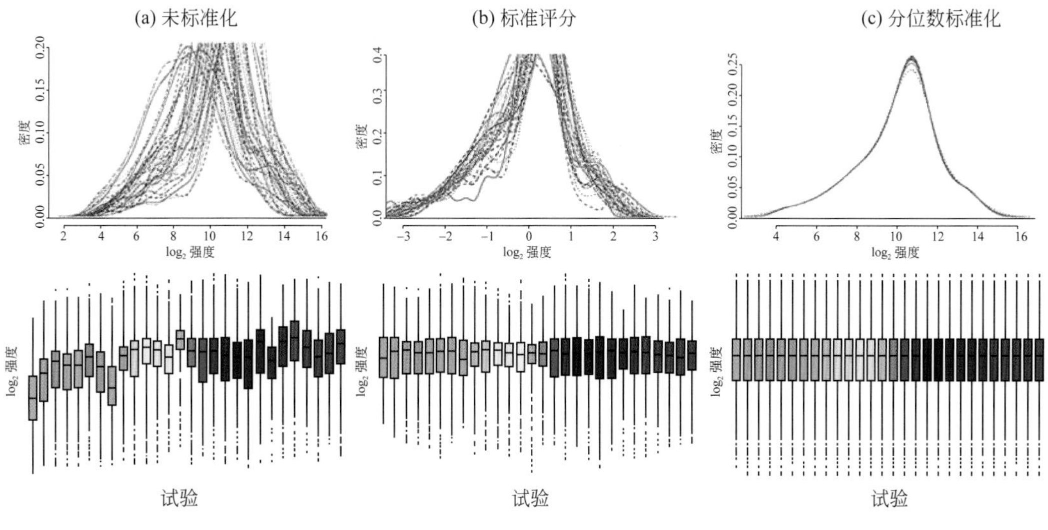

图 7-9（见正文 084 页）

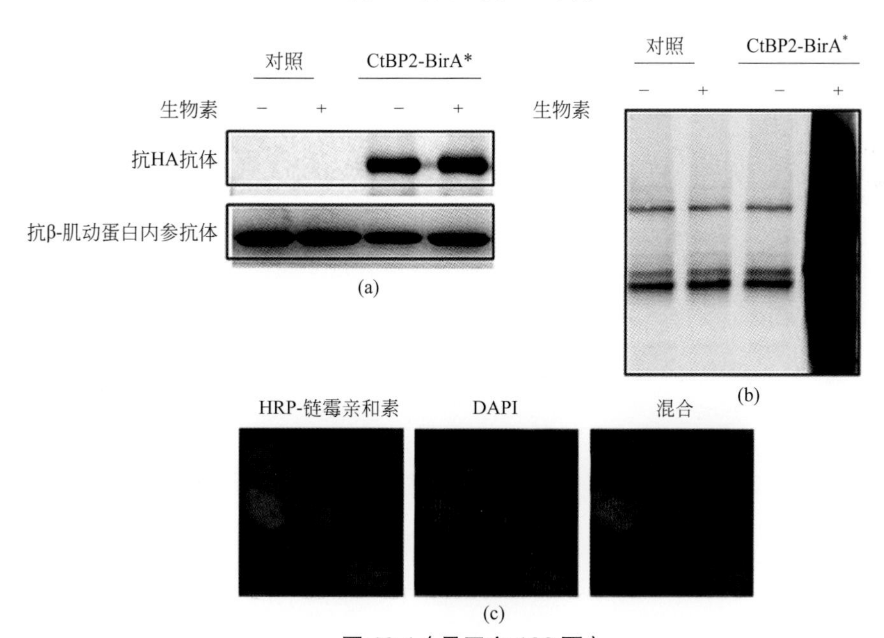

图 10-1（见正文 106 页）

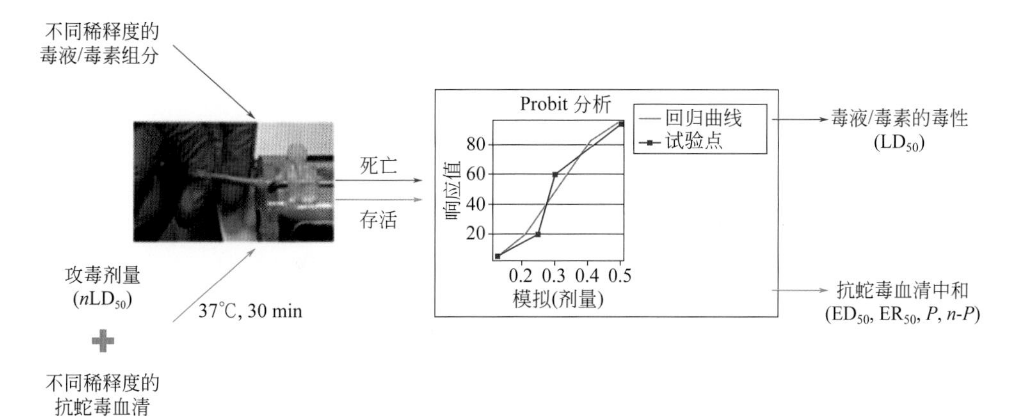

图 11-1（见正文 111 页）

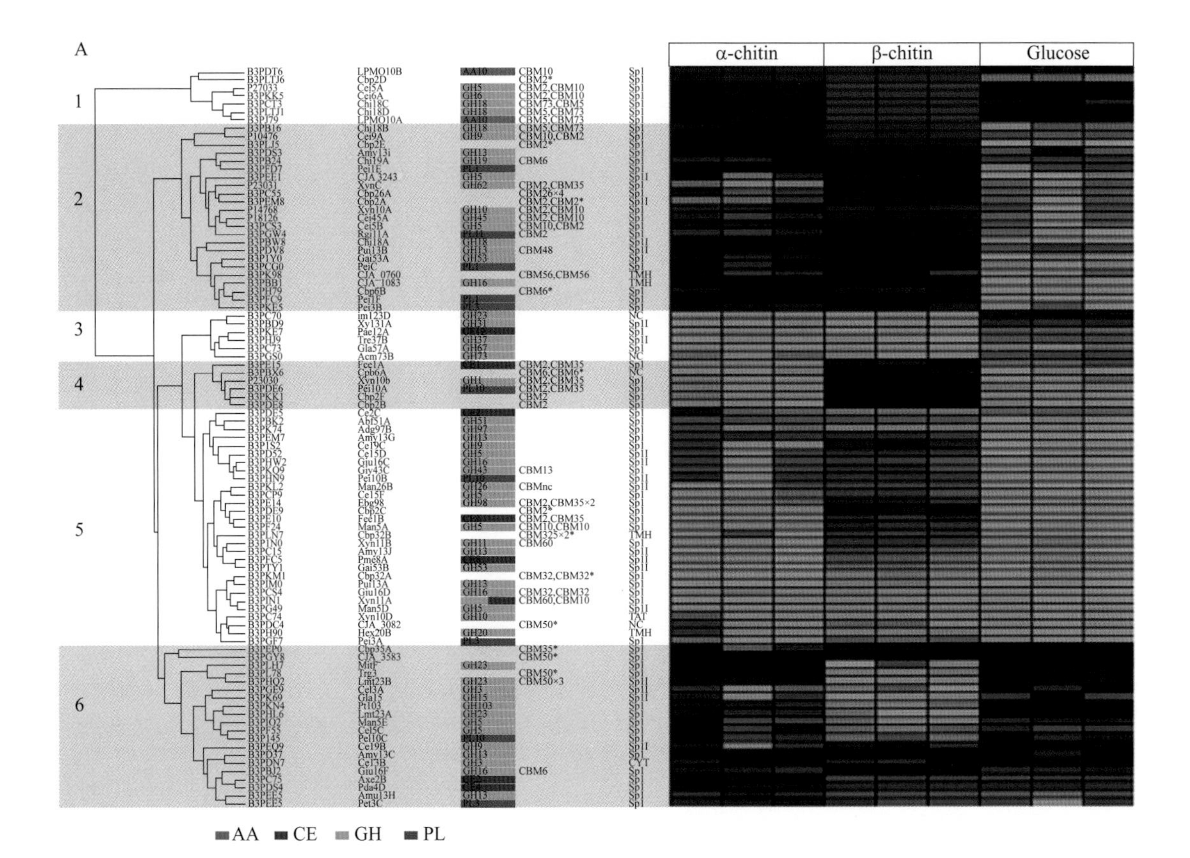

图 12-3（见正文 123 页）

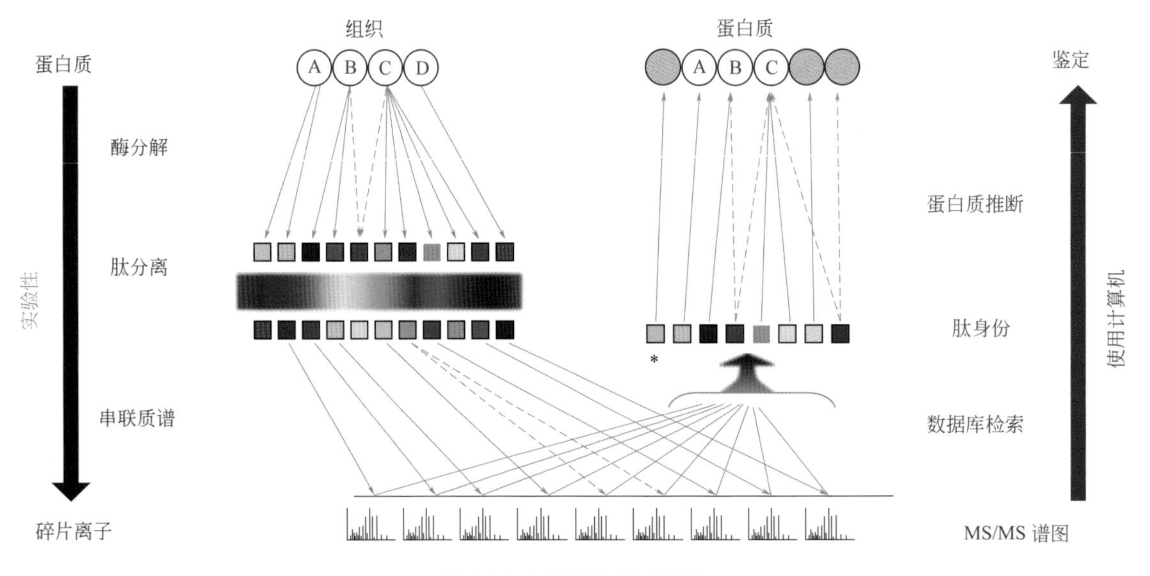

图 13-1（见正文 130 页）

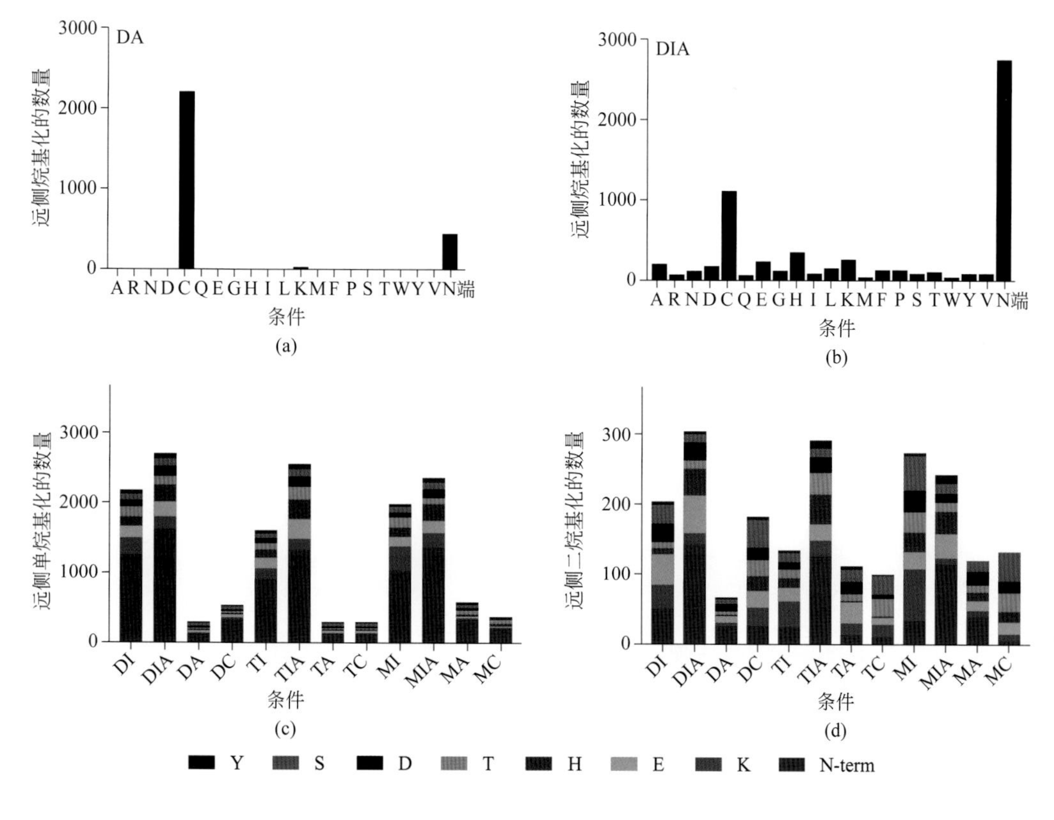

图 15-2（见正文 169 页）

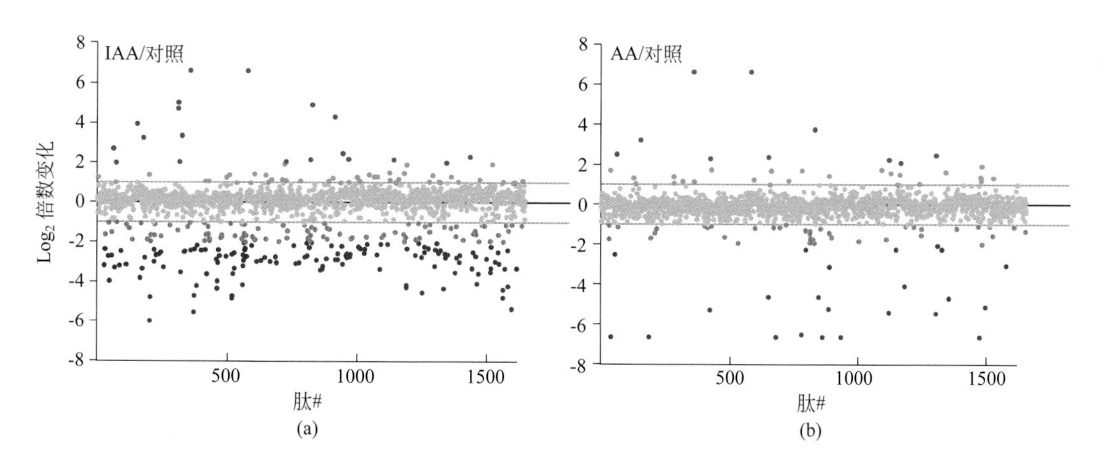

图 15-4（见正文 172 页）

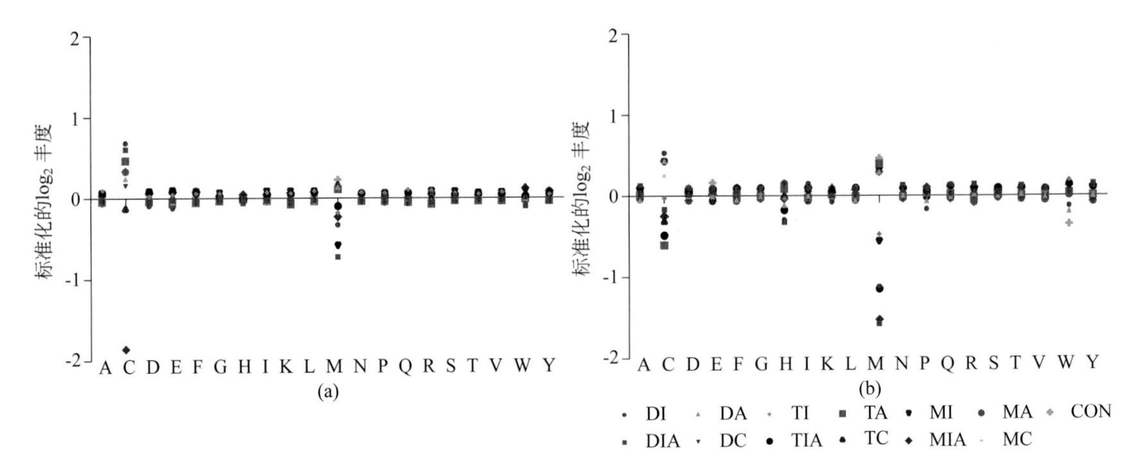

图 15-5（见正文 172 页）

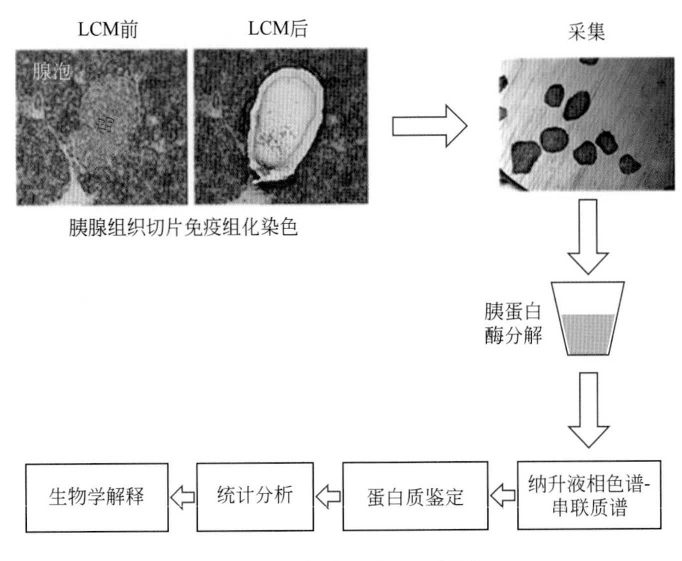

图 16-1（见正文 184 页）

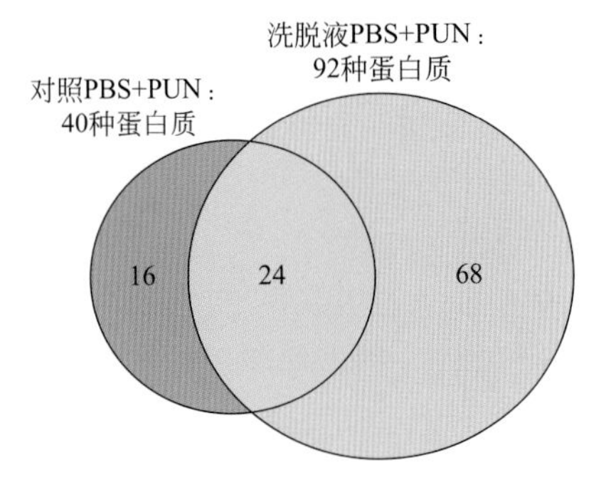

图 21-3（见正文 289 页）